eXamen.press

eXamen.press ist eine Reihe, die Theorie und Praxis aus allen Bereichen der Informatik für die Hochschulausbildung vermittelt.

Gerald Teschl • Susanne Teschl

Mathematik für Informatiker

Band 2: Analysis und Statistik

3., überarbeitete Auflage

Mit 102 Abbildungen

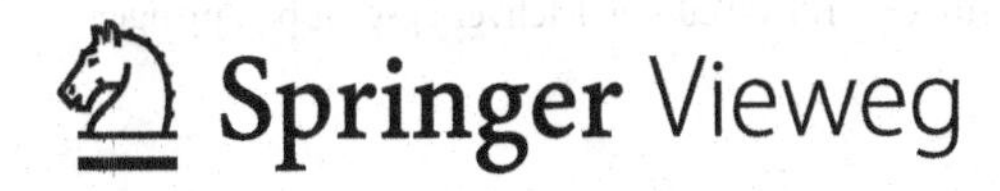

Gerald Teschl
Universität Wien
Fakultät für Mathematik
Oskar-Morgenstern-Platz 1
1090 Wien, Österreich
Gerald.Teschl@univie.ac.at
http://www.mat.univie.ac.at/~gerald/

Susanne Teschl
Fachhochschule Technikum Wien
Höchstädtplatz 6
1200 Wien, Österreich
Susanne.Teschl@technikum-wien.at
http://staff.technikum-wien.at/~teschl/

ISSN 1614-5216
ISBN 978-3-642-54273-2
ISBN 978-3-642-54274-9 (eBook)
DOI 10.1007/978-3-642-54274-9

Die Deutsche Nationalbibliothek verzeichnet diese Publikation in der Deutschen Nationalbibliografie; detaillierte bibliografische Daten sind im Internet über http://dnb.d-nb.de abrufbar.

Springer Vieweg

Gedruckt auf säurefreiem und chlorfrei gebleichtem Papier

Springer Vieweg ist eine Marke von Springer DE. Springer DE ist Teil der Fachverlagsgruppe Springer Science+Business Media.
www.springer-vieweg.de

Vorwort

Band 2

Der vorliegende zweite Band schließt nahtlos an den ersten an und bildet mit diesem eine Einheit. Aufgrund der Stoffauswahl ergibt sich zwar eine weitgehende Unabhängigkeit, aber bestimmte Grundbegriffe aus Band 1 werden natürlich vorausgesetzt. Wir werden Sie aber immer wieder an diese erinnern bzw. auf die entsprechenden Abschnitte in Band 1 verweisen. Insbesondere möchten wir das gleich an dieser Stelle tun, indem wir auf das dortige Vorwort verweisen.

Computereinsatz

Wieder haben wir Beispiele, bei denen uns der Computereinsatz sinnvoll erscheint, mit „→CAS“ gekennzeichnet und im zugehörigen Abschnitt „Mit dem digitalen Rechenmeister“ mit `Mathematica` gelöst. Die Notebooks dazu sind wie gewohnt auf der Website zum Buch (URL siehe unten) zu finden. Dort finden Sie auch die Einführung in `Mathematica` aus Band 1.

Eine Bitte...

Auch in Band 2 haben wir fleißig Unkraut gejätet, es sind aber trotz aller Bemühungen sicher noch ein paar unentdeckte Fehler darin. Wir freuen uns daher, wenn Sie uns diese mitteilen. Auch Ihr Feedback und Verbesserungsvorschläge sind herzlich willkommen. Die Liste der Korrekturen sowie Ergänzungen finden Sie im Internet unter:

http://www.mat.univie.ac.at/~gerald/ftp/book-mfi/

Danksagungen

Unsere Studentinnen und Studenten haben uns auch für diesen Band mit Hinweisen auf Druckfehler und mit Verbesserungsvorschlägen versorgt. Hervorheben möchten wir dabei wieder Markus Horehled, Rudolf Kunschek, Alexander-Philipp Lintenhofer, Christian Scholz, Markus Steindl und Gerhard Sztasek, die sich durch besonders lange Listen ausgezeichnet haben. Unsere Kollegen Harald Englisch, Oliver

Fasching, Markus Fulmek, Emil Simeonov, Harald Stockinger und Karl Unterkofler haben wieder zahlreiche Abschnitte kritisch gelesen und uns mit wertvollem Feedback unterstützt. Unschätzbar war insbesondere die Hilfe von Johanna Michor und Wolfgang Timischl. Ihnen allen möchten wir herzlich danken!

Die Open-Source-Projekte (vor allem TEX, LATEX, TEXShop und Vim), mit welchen diese Seiten erstellt wurden, sollen nicht unerwähnt bleiben.

Wir danken dem Springer-Verlag für die gute Zusammenarbeit, die sich auch bei diesem Band bewährt hat.

Zur zweiten Auflage

An dieser Stelle möchten wir uns für die zahlreichen Rückmeldungen zur ersten Auflage bedanken. Große Änderungen hat es nicht gegeben. Dafür aber eine Reihe kleinerer Detailverbesserungen auf Anregungen unserer Leserinnen und Leser.

Zur dritten Auflage

Seit der letzten Auflage haben wir wieder viele positive Rückmeldungen und wertvolle Hinweise bekommen. Wir danken dafür sehr herzlich, insbesondere für die detaillierten Anregungen von Harald Englisch, Ulrich Kastlunger, Jan Sellner, Emil Simeonov, Harald Stockinger, Wolfgang Timischl und Karl Unterkofler. Wir haben uns bemüht alle Vorschläge in die neue Auflage einzuarbeiten und Druckfehler bzw. Ungereimtheiten auszubessern. Außerdem sind nun alle `Mathematica`-Teile kompatibel mit der aktuellen Version 9. Wir freuen uns weiterhin über Feedback!

Wien, im Dezember 2013 Gerald und Susanne Teschl

Inhaltsverzeichnis

Analysis

18

Elementare Funktionen

18.1 Polynome und rationale Funktionen

Polynome und rationale Funktionen haben die angenehme Eigenschaft, dass man ihre Funktionswerte leicht, nämlich nur unter Verwendung der Grundrechenoperationen $+, -, \cdot, /$, berechnen kann. Das sind aber die einzigen Operationen, die ein Computer von sich aus beherrscht! Mehr muss er aber zum Glück auch nicht können, denn alle komplizierteren Funktionen werden einfach durch Polynome approximiert.

Definition 18.1 Eine Funktion $f : \mathbb{R} \to \mathbb{R}$ der Form

$$f(x) = \sum_{j=0}^{n} a_j x^j = a_0 + a_1 x + \ldots + a_{n-1} x^{n-1} + a_n x^n \quad \text{mit } n \in \mathbb{N}_0$$

heißt (reelles) **Polynom**. Die reellen Zahlen $a_0, a_1, \ldots, a_n$ werden die **Koeffizienten** des Polynoms genannt. Unter der Voraussetzung $a_n \neq 0$ nennt man $n = \deg(f)$ den **Grad** (engl. *degree*) des Polynoms. Der Grad ist also der größte vorkommende Exponent. In diesem Zusammenhang nennt man a_n auch den „höchsten Koeffizienten“. Ein Polynom mit $a_n = 1$ heißt (auf eins) **normiert**.

Auch die identisch verschwindende Funktion, $f(x) = 0$ für alle $x \in \mathbb{R}$, kann als Polynom aufgefasst werden. Damit unsere Formeln auch in diesem Fall richtig bleiben, ordnet man diesem Polynom den Grad $-\infty$ zu.

Wenn zwei Polynome f und g addiert oder multipliziert werden, ergibt sich für den Grad der Summe bzw. des Produktes: $\deg(f+g) \leq \max(\deg(f), \deg(g))$ und $\deg(f \cdot g) = \deg(f) + \deg(g)$.

Beispiel 18.2 Polynome
Welche der folgenden Funktionen sind Polynome? Bestimmen Sie gegebenenfalls den Grad des Polynoms.

a) $f_1(x) = 3x^7 + 5x - 1$ b) $f_2(x) = 4(x-1)(x+3)$ c) $f_3(x) = 4$
d) $f_4(x) = \sqrt{3}x^2 + 4$ e) $f_5(x) = x^3 + x^{\frac{1}{2}}$ f) $f_6(x) = \frac{x}{x^2-1}$

Lösung zu 18.2

a) $f_1(x)$ ist ein Polynom vom Grad 7.

b) Durch Ausmultiplizieren erhalten wir $f_2(x) = 4x^2 + 8x - 12$. $f_2(x)$ ist also ein Polynom vom Grad 2.

c) Die konstante Funktion $f_3(x) = 4 \cdot x^0$ ist ein Polynom vom Grad 0.

d) $f_4(x)$ ist ein Polynom vom Grad 2. Sie haben wegen des Koeffizienten $\sqrt{3}$ gezögert? Er macht keine Probleme, denn die Koeffizienten a_j eines Polynoms können *beliebige reelle Zahlen* sein.

e) $f_5(x)$ ist kein Polynom, denn hier kommt $x^{\frac{1}{2}} = \sqrt{x}$ vor (ein Polynom hat nur nichtnegative *ganzzahlige* Exponenten).

f) $f_6(x)$ ist kein Polynom, weil es sich nicht in der Form $a_0 + a_1 x + \ldots + a_{n-1} x^{n-1} + a_n x^n$ schreiben lässt. ■

Die Summe $p(x) + q(x)$ und das Produkt $p(x)q(x)$ von zwei Polynomen $p(x)$ und $q(x)$ sind wieder Polynome. Jedoch ergibt die Division zweier Polynome nicht unbedingt wieder ein Polynom, wie wir in Beispiel 18.2 f) gesehen haben. Im Allgemeinen entsteht dadurch eine *rationale Funktion*:

Definition 18.3 Eine Funktion, die der Quotient $\frac{p(x)}{q(x)}$ zweier Polynome $p(x)$ und $q(x)$ ist, heißt **rationale Funktion**. Eine rationale Funktion ist nur für jene x definiert, für die das Nennerpolynom $q(x) \neq 0$ ist.

Das war auch bei den ganzen Zahlen so. Summe und Produkt von ganzen Zahlen sind wieder ganze Zahlen, bei der Division einer ganzen Zahl durch eine andere ergibt sich im Allgemeinen eine rationale Zahl.

Wir wollen uns nun einige Polynome genauer ansehen. Ein Polynom vom Grad 0,

$$f(x) = c \qquad \text{mit } c \in \mathbb{R},$$

heißt auch **konstante Funktion**. Sie nimmt für jedes Argument x denselben Funktionswert $f(x) = c$ an. Abbildung 18.1 zeigt die konstante Funktion $f(x) = 2$.

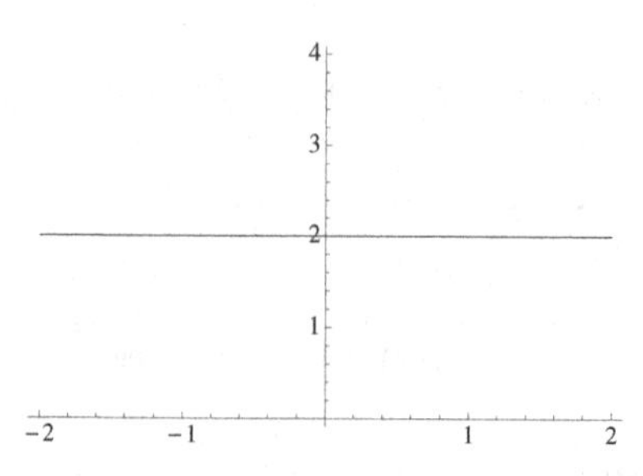

Abbildung 18.1. Konstante Funktion $f(x) = 2$.

Besonders wichtig sind Polynome vom Grad 1, oft geschrieben als

$$f(x) = k\,x + d \qquad \text{mit } k, d \in \mathbb{R}.$$

Der Funktionsgraph eines solchen Polynoms ist eine **Gerade**. Welche anschauliche Bedeutung haben k und d? Für zwei beliebige Stellen x_1 und x_2 ist

$$k = \frac{f(x_2) - f(x_1)}{x_2 - x_1} = \frac{\Delta y}{\Delta x} = \frac{\text{vertikale Differenz}}{\text{horizontale Differenz}}$$

und heißt die **Steigung** der Geraden. Ist $k > 0$, so ist die Gerade streng monoton wachsend, ist $k < 0$, dann ist sie streng monoton fallend. Für $k = 0$ haben wir es mit einer konstanten Funktion zu tun. Der Koeffizient d ist der Funktionswert an der Stelle $x = 0$, also $d = f(0)$. Abbildung 18.2 zeigt die Gerade $f(x) = \frac{1}{2}x + 1$. Wie sieht im Vergleich dazu die Gerade $g(x) = -\frac{1}{2}x + 1$ aus?

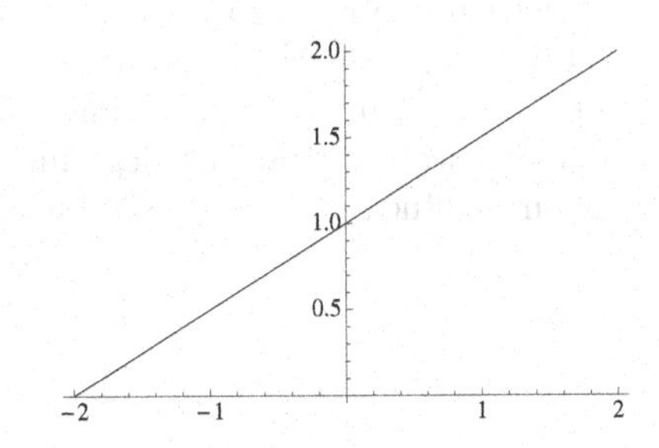

Abbildung 18.2. Gerade $f(x) = \frac{1}{2}x + 1$.

Polynome vom Grad 1 werden oft auch als **lineare Funktionen** bezeichnet. Streng genommen ist die Bezeichnung „lineare Funktion" aber nur für Geraden der Form $f(x) = k\,x$, also wenn die Gerade durch den Ursprung geht, richtig. (Vergleiche auch Abschnitt „Lineare Abbildungen" in Band 1.)

Beispiel 18.4 Lineare Interpolation

a) Bestimmen Sie die Gerade g, die durch $g(2) = 2$ und $g(4) = 3$ bestimmt ist.

b) Von einer Funktion f sind zwei Funktionswerte $f(a)$ und $f(b)$ bekannt. Finden Sie eine Formel für die Gerade g, die an den beiden Stellen a und b mit f übereinstimmt.

Lösung zu 18.4

a) Es ist $g(x) = k\,x + d$. Um die Steigung k zu berechnen, werten wir den Quotienten „vertikale Differenz/horizontale Differenz" an den beiden gegebenen Punkten aus: $k = \frac{g(4)-g(2)}{4-2} = \frac{1}{2}$. Um d zu berechnen, brauchen wir nun nur noch einen Punkt zu kennen, z. B. $g(2) = 2$: $2 = g(2) = 2k + d = 2 \cdot \frac{1}{2} + d$, und damit folgt $d = 1$. Somit lautet die gesuchte Gerade $g(x) = \frac{1}{2}\,x + 1$. Sie ist in Abbildung 18.2 dargestellt.

b) Wieder setzen wir $g(x) = k\,x + d$ an. Die Steigung k ist wieder „vertikale Differenz/horizontale Differenz" an den beiden gegebenen Punkten, also $k = \frac{f(b)-f(a)}{b-a}$. Nun müssen wir noch d berechnen. Wieder verwenden wir, dass wir den Funktionswert von g an der Stelle a kennen: Aus $g(a) = ka + d = f(a)$ folgt damit $d = f(a) - a\,\frac{f(b)-f(a)}{b-a}$ und daher insgesamt

$$g(x) = f(a) + \frac{f(b) - f(a)}{b - a}(x - a) = f(b)\frac{x - a}{b - a} + f(a)\frac{b - x}{b - a}.$$

Zwei Punkte legen also eine Gerade eindeutig fest. ■

Polynome vom Grad 2,

$$f(x) = a_2\,x^2 + a_1\,x + a_0 \qquad \text{mit } a_0, a_1, a_2 \in \mathbb{R}, a_2 \neq 0,$$

werden auch **quadratische Funktionen** genannt. Ihre Funktionsgraphen sind **Parabeln**. Welche Bedeutung haben die Koeffizienten? Ist $a_2 > 0$, so ist die Parabel „nach oben" geöffnet, für $a_2 < 0$ ist sie „nach unten" geöffnet. Ist der Koeffizient $a_1 = 0$, so liegt die Parabel spiegelsymmetrisch zur y-Achse. Abbildung 18.3 zeigt die Parabeln $f(x) = \frac{1}{3}x^2 - 2x + 4$ und $g(x) = \frac{1}{3}x^2$. Bei g verschwinden der lineare Term und der konstante Term (d.h., $a_1 = 0$ und $a_0 = 0$), daher liegt die Parabel symmetrisch zur y-Achse und der Scheitel der Parabel liegt im Koordinatenursprung. Beide Parabeln sind nach oben geöffnet. Zeichnen Sie zum Vergleich die Parabel $h(x) = -x^2$!

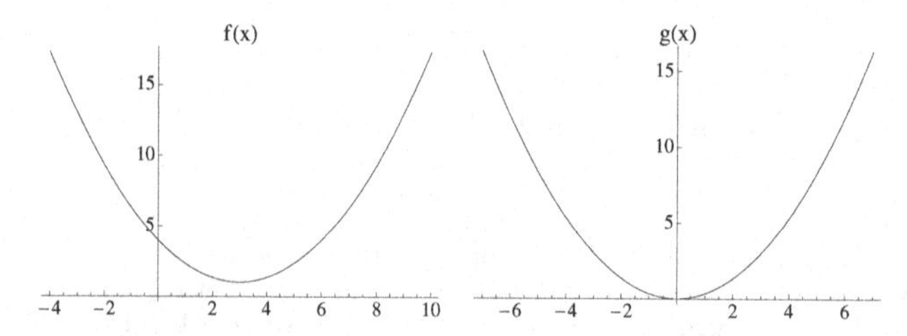

Abbildung 18.3. Parabeln $f(x) = \frac{1}{3}x^2 - 2x + 4$ und $g(x) = \frac{1}{3}x^2$.

Polynome vom Grad 3, also

$$f(x) = a_3\,x^3 + a_2\,x^2 + a_1\,x + a_0 \qquad \text{mit } a_0, a_1, a_2, a_3 \in \mathbb{R}, a_3 \neq 0,$$

heißen **kubische Funktionen**. Ist $a_3 > 0$, so verläuft der Funktionsgraph „von links unten nach rechts oben", ist $a_3 < 0$, so verläuft der Funktionsgraph „von links oben nach rechts unten". Er ist aber nicht notwendigerweise monoton wachsend bzw. fallend! Abbildung 18.4 zeigt zwei typische Beispiele. Zeichnen Sie zum Vergleich die kubische Funktion $h(x) = -x^3$.

Kubische Funktionen werden in der Wirtschaftsmathematik oft als Modelle für **Kostenfunktionen** verwendet. Dabei bedeuten x (eingeschränkt auf $x > 0$) die Produktionsmenge und $y = f(x)$ die zugehörigen Produktionskosten.

Nun wollen wir uns überlegen, welche Eigenschaften Polynome haben (vergleiche Abschnitt „Funktionen" in Band 1). Jede Gerade (mit Steigung $k \neq 0$) wächst über alle Schranken, ebenso jede Parabel und jede kubische Funktion. Allgemein gilt:

Satz 18.5 Jedes nichtkonstante Polynom ist unbeschränkt.

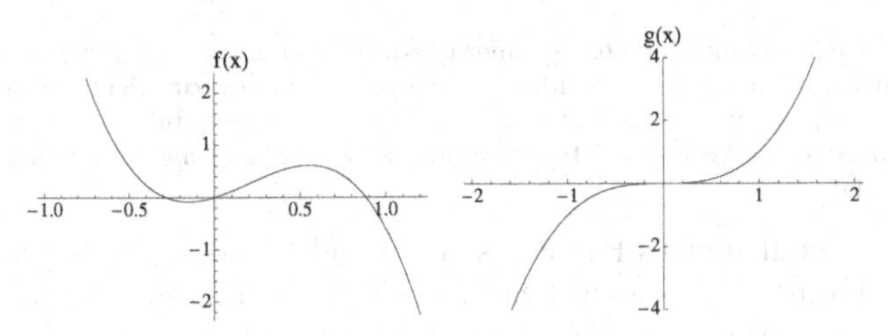

Abbildung 18.4. Kubische Funktionen $f(x) = -\frac{1}{25}x^3 - \frac{3}{5}x^2 + \frac{1}{4}x$ und $g(x) = x^3$.

Das heißt, man kann keine zwei Geraden parallel zur x-Achse (Schranken) finden, sodass der Funktionsgraph des Polynoms ganz zwischen ihnen verläuft.

Beispiel: Die Parabel $f(x) = \frac{1}{3}x^2 - 2x + 4 = \frac{1}{3}x^2(1 - \frac{6}{x} + \frac{12}{x^2})$ verhält sich für betragsmäßig große x wie die Parabel $g(x) = \frac{1}{3}x^2$ in dem Sinn, dass der Ausdruck in der Klammer beliebig nahe bei 1 liegt, wenn $|x|$ groß wird. Da g unbeschränkt ist, muss auch f unbeschränkt sein.

Kommen wir nun zu den Nullstellen von Polynomen. Wir erinnern uns:

Definition 18.6 Eine Stelle x_0, an der $f(x_0) = 0$ ist, heißt **Nullstelle** der Funktion f.

Nullstellen sind also Schnittstellen oder Berührungsstellen des Funktionsgraphen mit der x-Achse. Eine Funktion kann, muss aber keine Nullstellen haben.

Ein Polynom vom Grad 1 hat immer eine Nullstelle (klar, denn eine Gerade mit von Null verschiedener Steigung schneidet die x-Achse immer irgendwo). Die Nullstellen eines Polynoms vom Grad 2 sind die Lösungen x_1, x_2 der **quadratischen Gleichung** $x^2+px+q = 0$ (man kann jede quadratische Gleichung $a_2x^2+a_1x+a_0 = 0$ mit $a_2 \neq 0$ auf diese Form bringen, indem man beide Seiten durch a_2 dividiert):

$$x_{1,2} = -\frac{p}{2} \pm \sqrt{\left(\frac{p}{2}\right)^2 - q}.$$

Je nachdem, welches Vorzeichen der Ausdruck unter der Wurzel hat, ergeben sich zwei, eine oder keine reellen Nullstellen: Für $p^2 - 4q > 0$ gibt es zwei verschiedene reelle Nullstellen; für $p^2 - 4q = 0$ fallen beide reellen Nullstellen zusammen; ist $p^2 - 4q < 0$, so gibt es keine reellen, aber zwei zueinander konjugiert komplexe Nullstellen (siehe Abbildung 18.5).

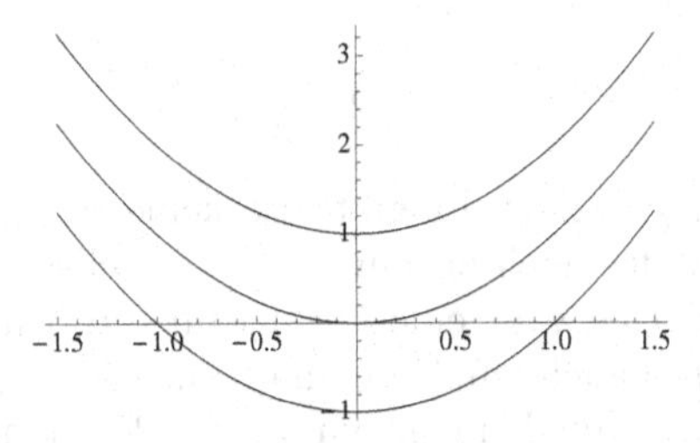

Abbildung 18.5. Die Parabeln $x^2 - 1$, x^2 und $x^2 + 1$.

Der Trick, mit dem die Formel zur Lösung einer quadratischen Gleichung gezeigt wird, ist auch in vielen anderen Situationen nützlich. Die Idee ist, $x^2+px+q=0$ **quadratisch zu ergänzen**. Dazu addieren wir $(\frac{p}{2})^2-q$ auf beiden Seiten von $x^2+px+q=0$. Das ergibt $(x+\frac{p}{2})^2=(\frac{p}{2})^2-q$. Nun brauchen wir nur noch die Wurzel auf beiden Seiten zu ziehen und nach x aufzulösen, und schon steht die Formel da.

Auch für die Nullstellen eines Polynoms vom Grad 3 und 4 gibt es Lösungsformeln (Cardano'sche Formeln). Meist wird das aber schon zu mühsam und man greift lieber auf den Computer zurück. Ab dem Grad 5 ist eine allgemeine Lösung nicht mehr möglich und man muss sich mit numerischen Näherungsverfahren (z. B. Newton-Verfahren) begnügen.

Gerolamo Cardano, 1501–1576, hat als erster die allgemeine Lösungsformel für Polynome dritten und vierten Grades in seinem Werk *Ars Magna* veröffentlicht. Wesentliche Hinweise hat er wohl von Niccolò Fontana Tartaglia, 1499–1557, erhalten, der wiederum die Formel möglicherweise von Scipione del Ferro (ca. 1465–1526) erfahren hat. Da dieses Wissen damals wie ein Schatz gehandelt und geheim gehalten wurde, lässt sich die genaue Urheberschaft nicht mit Sicherheit feststellen. Das hat damals zu einem heftigen Streit zwischen Cardano und Tartaglia geführt.

Beispiel 18.7 (→CAS) Nullstellen von Polynomen

Berechnen Sie die Nullstellen der Funktionen:

a) $f(x)=x^2+3x-4$ b) $g(x)=4x^2-4x+1$ c) $h(x)=x^2-4x+5$

d) Berechnen Sie die Nullstellen von $k(x)=x^3-7x^2+7x-1$.

Lösung zu 18.7

a) Wir müssen die quadratische Gleichung $x^2+3x-4=0$ lösen. Wir erhalten mithilfe der Lösungsformel

$$x_{1,2}=-\frac{3}{2}\pm\sqrt{\frac{9}{4}+4},$$

also die Nullstellen $x_1=1$ und $x_2=-4$. Der Funktionsgraph schneidet die x-Achse an diesen beiden Nullstellen.

b) Wir dividieren $4x^2-4x+1=0$ durch 4 und erhalten $x^2-x+\frac{1}{4}=0$. Daraus liefert die obige Lösungsformel

$$x_{1,2}=\frac{1}{2}\pm\sqrt{\frac{1}{4}-\frac{1}{4}},$$

g hat also nur die eine Nullstelle $x=\frac{1}{2}$. Der Graph von g berührt die x-Achse bei $x=\frac{1}{2}$.

c) $x^2-4x+5=0$ hat die Lösungen

$$x_{1,2}=2\pm\sqrt{4-5},$$

also $x_1=2+\mathrm{i}$ und $x_2=2-\mathrm{i}$. Es gibt also keine reelle Nullstelle. Der Funktionsgraph schneidet weder noch berührt er die x-Achse.

d) Wie oben erwähnt gibt es zwar eine Formel für die Nullstellen eines Polynoms dritten Grades, aber manchmal kann man auch eine Nullstelle erraten. Hier zum Beispiel $x_1=1$. Nun können wir unser Polynom faktorisieren, $k(x)=(x-1)(x^2-6x+1)$ (wie das geht, werden wir gleich sehen). Da die Nullstellen eines Produktes genau dort liegen, wo die Faktoren Nullstellen haben, brauchen wir nur noch die Nullstellen von $x^2 - 6x + 1$ zu berechnen: $x_2 = 3 - 2\sqrt{2} = 0.17$, $x_3 = 3 + 2\sqrt{2} = 5.83$. Der Graph von k schneidet die x-Achse an den drei Stellen $x = 1, 0.17$ und 5.83. ■

Im Beispiel 18.7 d) konnten wir das Polynom als Produkt von Polynomen kleineren Grades schreiben. Diese *Faktorisierung* hat uns die Nullstellensuche entscheidend vereinfacht, denn wir mussten nur noch nach den Nullstellen der Faktoren suchen. Wie beim Rechnen mit natürlichen Zahlen kann man zwei Polynome dividieren, um zu einer Faktorisierung zu gelangen. Wie bei der Division natürlicher Zahlen bleibt dabei im Allgemeinen ein Rest.

Dividieren wir $p(x)$ durch $q(x)$ auf folgende Weise: Seien

$$p(x) = \sum_{j=0}^{n} a_j x^j \qquad \text{und} \qquad q(x) = \sum_{j=0}^{m} b_j x^j,$$

wobei $m \le n$ (m, n sind die Grade der Polynome). Wenn wir nun $k = n - m$ und $c_k = \frac{a_n}{b_m}$ berechnen, so ist $r_k(x) = p(x) - c_k x^k q(x)$ ein Polynom vom Grad höchstens $n - 1$ (da c_k gerade so definiert ist, dass sich die Koeffizienten von x^n wegheben). Nun können wir dieses Verfahren wiederholen, bis zuletzt ein Restpolynom $r(x)$ zurückbleibt, dessen Grad kleiner als der Grad von $q(x)$ ist:

$$\begin{aligned} p(x) &= c_k x^k q(x) + r_k(x) \\ &\vdots \\ &= (c_k x^k + \cdots + c_0) q(x) + r(x). \end{aligned}$$

Diese Überlegung an einem Beispiel veranschaulicht: $p(x) = 3x^4 + x^3 - 2x$ und $q(x) = x^2 + 1$: die Graddifferenz ist $k = 4 - 2 = 2$. Es ist $c_2 = \frac{a_4}{b_2} = \frac{3}{1} = 3$, also $r_2(x) = p(x) - 3x^2 q(x) = 3x^4 + x^3 - 2x - 3x^2(x^2 + 1) = x^3 - 3x^2 - 2x$. Nun kann man dieses Restpolynom wieder durch $q(x)$ dividieren, usw., bis der Grad des Restpolynoms kleiner ist als der Grad von q.

Satz 18.8 (Polynomdivision) Sind $p(x)$ und $q(x)$ Polynome mit $\deg(q) \le \deg(p)$, dann gibt es Polynome $s(x)$ und $r(x)$, sodass

$$p(x) = s(x) q(x) + r(x).$$

Der Grad von $s(x)$ ist die Differenz $\deg(s) = \deg(p) - \deg(q)$, und der Grad des Restpolynoms $r(x)$ ist kleiner als der des Polynoms $q(x)$: $\deg(r) < \deg(q)$.

Wenn $r(x) = 0$ für alle x, dann ist $p(x) = s(x)q(x)$ und wir sprechen von einer **Faktorisierung** von $p(x)$.

Mit der Hand wird bei der Polynomdivision der Übersicht halber nach einem Schema vorgegangen:

Beispiel 18.9 (→CAS) Polynomdivision
Berechnen Sie $(3x^4 + x^3 - 2x) : (x^2 + 1)$.

Lösung zu 18.9 Wir schreiben

$$(3x^4 + x^3 - 2x) : (x^2 + 1) =$$

an und gehen ähnlich wie bei der Division zweier Zahlen vor: Womit muss die höchste Potenz von $q(x)$, also x^2, multipliziert werden, um auf die höchste Potenz von $p(x)$, also $3x^4$, zu kommen? Die Antwort $3x^2$ wird rechts neben das Gleichheitszeichen geschrieben. Dann wird das Polynom $(x^2 + 1)$ mit $3x^2$ multipliziert, das Ergebnis $3x^4 + 3x^2$ wird unter $(3x^4 + x^3 - 2x)$ geschrieben und davon abgezogen. Es bleibt der Rest $x^3 - 3x^2 - 2x$, mit ihm verfährt man gleich weiter:

$$
\begin{array}{rrrrrl}
(3x^4 & +x^3 & & -2x & &) : (x^2+1) = 3x^2 + x - 3 \\
3x^4 & & +3x^2 & & & \\
\hline
& x^3 & -3x^2 & -2x & & \\
& x^3 & & x & & \\
\cline{2-4}
& & -3x^2 & -3x & & \\
& & -3x^2 & & -3 & \\
\cline{3-5}
& & & -3x & +3 &
\end{array}
$$

Wir brechen ab, da das Restpolynom $-3x + 3$ kleineren Grad hat als $q(x) = x^2 + 1$. Somit ist der Quotient $s(x) = 3x^2 + x - 3$ und der Rest ist $r(x) = -3x + 3$. Das Polynom $p(x) = 3x^4 + x^3 - 2x$ kann also in der Form $p(x) = (x^2+1)(3x^2+x-3) - 3x + 3$ geschrieben werden. ■

Es gilt insbesondere:

Satz 18.10 Sei $x_1 \in \mathbb{R}$ (oder $\mathbb{C}$). Das Polynom $p(x)$ lässt sich genau dann ohne Rest durch den **Linearfaktor** $q(x) = x - x_1$ dividieren, also

$$p(x) = s(x)(x - x_1),$$

wenn x_1 eine Nullstelle von $p(x)$ ist.

Warum? Dass x_1 eine Nullstelle von $p(x) = s(x)(x - x_1)$ ist, ist klar. Umgekehrt ist für eine Nullstelle x_1 zu zeigen, dass der Rest verschwindet, wenn wir $p(x)$ durch $x - x_1$ dividieren: Nun, der Rest $r(x) = p(x) - s(x)(x - x_1)$ der Polynomdivision $p(x)$ durch $x - x_1$ ist hier vom Grad kleiner 1, also eine konstante Funktion. Wie sieht der (immer gleiche) Funktionswert aus? Sehen wir ihn uns an der Nullstelle x_1 von p an: $r(x) = r(x_1) = p(x_1) - s(x_1)(x_1 - x_1) = 0$. Also ist $r(x) = 0$ für alle x.

Wenn wir auch komplexe Nullstellen zulassen, so können wir jedes Polynom *vollständig faktorisieren*, d.h. ohne Rest als ein Produkt von Linearfaktoren schreiben:

Satz 18.11 (Fundamentalsatz der Algebra) Jedes Polynom $p(x)$ vom Grad $n \in \mathbb{N}$ (mit reellen oder sogar mit komplexen Koeffizienten) kann in der Form

$$p(x) = a_n \prod_{j=1}^{n} (x - x_j) = a_n\,(x - x_1) \cdots (x - x_n)$$

geschrieben werden, wobei $x_1, \dots, x_n$ die (nicht notwendigerweise verschiedenen) komplexen Nullstellen von $p(x)$ sind. In diesem Sinn hat ein Polynom vom Grad n genau n Nullstellen. Tritt in diesem Produkt ein Linearfaktor k-mal auf, so heißt k die **Vielfachheit** der zugehörigen Nullstelle.

Im folgenden Beispiel sehen wir, dass der Grad des Polynoms gleich der Anzahl der Nullstellen ist, wenn wir sie entsprechend ihrer Vielfachheit zählen und auch komplexe Nullstellen zulassen:

Beispiel 18.12 Fundamentalsatz der Algebra

a) Das Polynom $p(x) = (x-4)(x-5)^2$ hat die Nullstellen 4 und 5. Die Nullstelle 4 hat die Vielfachheit 1, die Nullstelle 5 hat die Vielfachheit 2. In diesem Sinn hat p die drei Nullstellen $4, 5, 5$ (und Grad 3).

b) Das Polynom $p(x) = (x-4)(x^2+1)$ hat die reelle Nullstelle 4 und die zwei zueinander konjugiert komplexen Nullstellen $+\mathrm{i}$ und $-\mathrm{i}$. Es kann daher noch weiter in die Form $p(x) = (x-4)(x+\mathrm{i})(x-\mathrm{i})$ zerlegt werden.

Dass im letzten Beispiel die beiden Nullstellen i und $-\mathrm{i}$ zueinander konjugiert komplex waren, ist kein Zufall:

Satz 18.13 Bei einem Polynom mit reellen Koeffizienten treten allfällige komplexe Nullstellen immer in komplex konjugierten Paaren auf. Das heißt: Für jede komplexe Nullstelle $z_0 = x_0 + \mathrm{i}y_0$ ist auch die konjugiert komplexe Zahl $\overline{z_0} = x_0 - \mathrm{i}y_0$ eine Nullstelle. Außerdem können zwei konjugiert komplexe Linearfaktoren immer zu einem reellen quadratischen Faktor zusammenfasst werden:

$$(x - z_0)(x - \overline{z_0}) = x^2 - 2x_0 x + x_0^2 + y_0^2.$$

Das haben wir auch im Beispiel 18.12 b) gesehen: $(x-\mathrm{i})(x+\mathrm{i}) = x^2+1$. Das Produkt der beiden komplexen Linearfaktoren ergab also ein Polynom vom Grad 2 mit reellen Koeffizienten.

Warum ist mit $z_0 \in \mathbb{C}$ auch $\overline{z_0}$ eine Nullstelle? Hat $p(x)$ reelle Koeffizienten, so gilt nach den Rechenregeln für die Konjugation $\overline{p(x)} = \overline{(\sum a_j x^j)} = \sum \overline{(a_j x^j)} = \sum a_j \overline{(x^j)} = \sum a_j (\overline{x})^j = p(\overline{x})$ (a_j reell impliziert ja $\overline{a_j} = a_j$). Damit folgt aus $0 = p(z_0)$ durch Konjugieren $0 = \overline{p(z_0)} = p(\overline{z_0})$.

Daraus folgt: Jedes reelle Polynom ungeraden Grades hat mindestens eine reelle Nullstelle. Das heißt, dass ein Polynom ungeraden Grades die x-Achse mindestens einmal schneidet. Denken Sie im einfachsten Fall an eine Gerade.

Beschäftigen wir uns als Nächstes mit *rationalen* Funktionen. Ist bei einer rationalen Funktion $\frac{p(x)}{q(x)}$ der Grad von p größer oder gleich wie der von q, so erhalten wir durch Polynomdivision die Darstellung

$$\frac{p(x)}{q(x)} = s(x) + \frac{r(x)}{q(x)},$$

wobei $s(x)$ ein Polynom und $\frac{r(x)}{q(x)}$ eine rationale Funktion mit Zählergrad *kleiner* Nennergrad ist. Das Polynom $s(x)$ wird in diesem Zusammenhang als **asymptotische Näherung** von $\frac{p(x)}{q(x)}$ bezeichnet, weil sich $\frac{p(x)}{q(x)}$ für große Werte von $|x|$ (d.h. x gegen ∞ oder x gegen $-\infty$) mehr und mehr an $s(x)$ „anschmiegt".

Beispiel 18.14 Asymptotisches Verhalten einer rationalen Funktion
Wie verhält sich die Funktion für x gegen $\pm\infty$?

$$\text{a) } f(x) = \frac{x^2-1}{x^2+1} \qquad \text{b) } g(x) = \frac{x^3+x^2+x-1}{x^2-1}$$

Lösung zu 18.14

a) Der Grad des Zählerpolynoms $p(x) = x^2 - 1$ ist gleich dem des Nennerpolynoms $q(x) = x^2+1$. Polynomdivision von $p(x)$ durch $q(x)$ ergibt $x^2-1 = 1\cdot(x^2+1)-2$ bzw.
$$\frac{x^2-1}{x^2+1} = 1 - \frac{2}{x^2+1}.$$
Diese Funktion verhält sich für große Werte von $|x|$ wie $s(x) = 1$ (denn $\frac{2}{x^2+1}$ geht dann gegen 0). Sie ist in Abbildung 18.6 dargestellt.

b) Nach Polynomdivision erhalten wir
$$\frac{x^3+x^2+x-1}{x^2-1} = x+1+\frac{2x}{x^2-1}.$$
Die Funktion verhält sich also asymptotisch wie die Gerade $s(x) = x+1$. Sie ist in Abbildung 18.6 dargestellt. ■

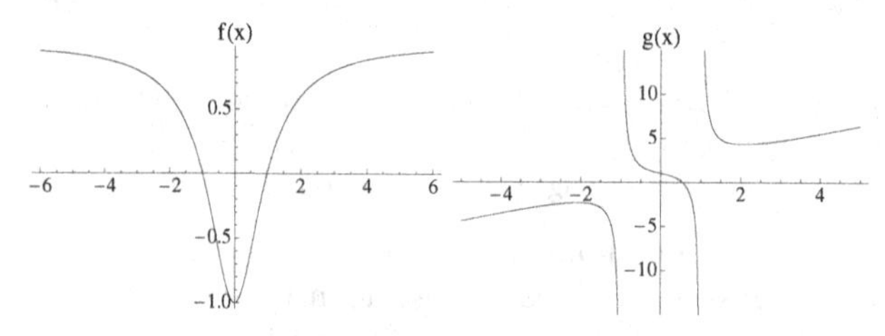

Abbildung 18.6. Rationale Funktionen $f(x) = \frac{x^2-1}{x^2+1}$ und $g(x) = \frac{x^3+x^2+x-1}{x^2-1}$.

Im Beispiel 18.14 b) sehen wir eine weitere Eigenschaft, die eine rationale Funktion besitzen kann: Bei Annäherung von x an die Stellen $x = -1$ und $x = 1$ wachsen die Funktionswerte über alle Schranken:

Definition 18.15 Eine Stelle x_0 heißt **Polstelle** einer rationalen Funktion $f(x) = \frac{p(x)}{q(x)}$, falls die Funktion f bei x_0 unbeschränkt ist. Man sagt, dass die Funktionswerte dort gegen ∞ bzw. $-\infty$ gehen.

Dass f bei x_0 unbeschränkt ist, soll bedeuten, dass f auf jedem noch so kleinen Intervall $(x_0 - \varepsilon, x_0 + \varepsilon)$ unbeschränkt ist.

Wie finden wir die Polstellen einer rationalen Funktion? Ganz einfach. Wir bestimmen die Nullstellen des Nenners und überprüfen, ob dort gleichzeitig auch eine Nullstelle des Zählers vorliegt:

Satz 18.16 Die rationale Funktion $\frac{p(x)}{q(x)}$ hat bei $x_0 \in \mathbb{R}$ eine Polstelle, wenn entweder

- $q(x_0) = 0$ und $p(x_0) \neq 0$ (das heißt, x_0 ist Nullstelle des Nenners, nicht aber des Zählers) oder
- $q(x_0) = 0$ und $p(x_0) = 0$ und die Vielfachheit der Nullstelle des Nenners ist größer als jene des Zählers.

Beispiel 18.17 Polstellen
Finden Sie die Polstellen der Funktion:

$$\text{a) } f(x) = \frac{4x}{x^2 - 1} \qquad \text{b) } g(x) = \frac{x + 1}{x^2 - 1}$$

Lösung zu 18.17 Abbildung 18.7 zeigt die beiden rationalen Funktionen.

a) Die Nullstellen des Nennerpolynoms $x^2 - 1$ sind bei $x = \pm 1$. Hier ist das Zählerpolynom ungleich null. Damit hat $f(x) = \frac{4x}{x^2-1}$ Polstellen an $x = 1$ und $x = -1$.
b) Die Nullstellen des Nennerpolynoms sind wieder $x = \pm 1$ (jeweils Vielfachheit 1). Das Zählerpolynom hat die Nullstelle $x = -1$ mit Vielfachheit 1. Damit ist nur $x = +1$ eine Polstelle von $g(x) = \frac{x+1}{x^2-1}$.

g ist zwar an beiden Stellen $x = -1$ und $x = 1$ nicht definiert, hier gehen die Funktionswerte aber nur bei Annäherung an $x = 1$ gegen $+\infty$ bzw. $-\infty$. Bei Annäherung an $x = -1$ verhalten sich die Funktionswerte nicht irgendwie auffällig. Der Grund dafür ist, dass bei $x = -1$ auch das Zählerpolynom eine Nullstelle hat, die die Nullstelle des Nenners „aufhebt": $g(x) = \frac{x+1}{(x+1)(x-1)} = \frac{1}{x-1}$ für $x \neq -1$. Hier wurden Zähler und Nenner durch den gemeinsamen Linearfaktor $x + 1$ gekürzt.

■

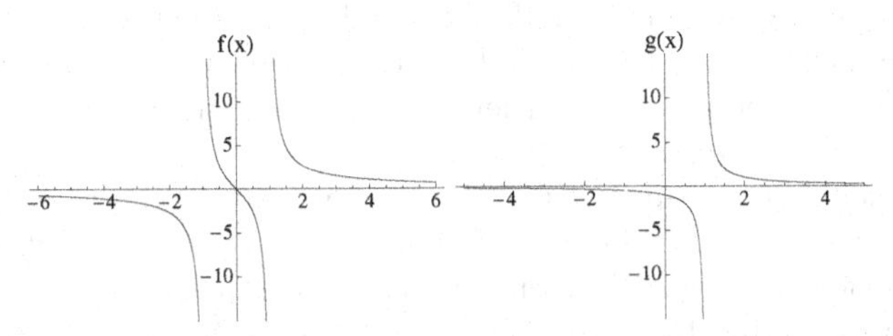

Abbildung 18.7. Rationale Funktionen $f(x) = \frac{4x}{x^2-1}$ und $g(x) = \frac{x+1}{x^2-1}$.

Zerlegt man eine rationale Funktion $f(x) = \frac{p(x)}{q(x)}$ als $f(x) = s(x) + \frac{r(x)}{q(x)}$ mit $\deg(r) < \deg(q)$, so kann man für den Teil $\frac{r(x)}{q(x)}$ eine so genannte **Partialbruchzerlegung** durchführen. Der Ansatz für die Partialbruchzerlegung hängt davon ab, ob die Nullstellen des Nennerpolynoms $q(x)$ alle verschieden sind oder ob es mehrfache Nullstellen gibt:

Sind alle Nullstellen von $q(x) = \prod_{j=1}^{n}(x - x_j)$ verschieden, so gibt es eine Zerlegung in der Form

$$\frac{r(x)}{q(x)} = \sum_{j=1}^{n} \frac{a_j}{x - x_j}.$$

Die Koeffizienten a_j müssen durch Koeffizientenvergleich bestimmt werden: Zum Beispiel können wir $f(x) = \frac{1}{x(x-1)}$ als

$$\frac{1}{x(x-1)} = \frac{a_1}{x} + \frac{a_2}{x-1}$$

ansetzen. Multiplizieren wir auf beiden Seiten mit $q(x) = x(x-1)$, so folgt

$$1 = a_1(x-1) + a_2 x = -a_1 + (a_2 + a_1)x.$$

Koeffizientenvergleich liefert $-a_1 = 1$ und $a_2 + a_1 = 0$. Also $a_1 = -1$, $a_2 = 1$ und damit haben wir die Partialbruchzerlegung

$$\frac{1}{x(x-1)} = \frac{-1}{x} + \frac{1}{x-1}.$$

Tritt eine Nullstelle x_j k-fach auf, so müssen für sie bei der Partialbruchzerlegung k Brüche folgendermaßen angesetzt werden:

$$\frac{a_1}{x - x_j} + \frac{a_2}{(x - x_j)^2} + \cdots + \frac{a_k}{(x - x_j)^k}.$$

Beispiel: $f(x) = \frac{1}{x^2(x-1)}$ hat eine doppelte ($x = 0$) und eine einfache ($x = 1$) Nullstelle, daher machen wir folgenden Ansatz:

$$\frac{1}{x^2(x-1)} = \frac{a_1}{x} + \frac{a_2}{x^2} + \frac{a_3}{x-1}.$$

Die ersten beiden Brüche stammen dabei von der doppelten Nullstelle. Koeffizientenvergleich von

$$1 = a_1 x(x-1) + a_2(x-1) + a_3 x^2 = -a_2 + (a_2 - a_1)x + (a_1 + a_3)x^2,$$

liefert $-a_2 = 1$, $a_2 - a_1 = 0$, $a_1 + a_3 = 0$. Also $a_1 = -1$, $a_2 = -1$, $a_3 = 1$ und damit

$$\frac{1}{x^2(x-1)} = \frac{-1}{x} + \frac{-1}{x^2} + \frac{1}{x-1}.$$

18.1.1 Anwendung: Interpolation

Da ein Computer nur die Grundrechenoperationen beherrscht, können die meisten Funktionen am Computer nicht direkt, sondern nur *näherungsweise* berechnet werden (insbesondere Sinus, Kosinus oder die Exponentialfunktion, die wir in den nächsten Abschnitten besprechen werden). Die Lösung ist nun, wie schon eingangs erwähnt, sie durch *Polynome* anzunähern.

Von $\sin(x)$ kennt man zum Beispiel die Werte $\sin(0) = \sin(\pi) = 0$, $\sin(\frac{\pi}{2}) = 1$. Wir könnten versuchen, $\sin(x)$ durch ein Polynom zu approximieren, das genau durch diese Punkte geht. Mit etwas Probieren ist es nicht schwer folgendes Polynom zu finden, das durch alle drei Punkte geht:

$$P_2(x) = \frac{4}{\pi^2} x(\pi - x).$$

Wie finden wir dieses Polynom? Aufgrund der Nullstellen $x_1 = 0$ und $x_2 = \pi$ ist klar, dass sich das Polynom in der Form $P_2(x) = ax(x - \pi)$ mit Parameter a faktorisieren lässt. Der Wert des Parameters a folgt aus der Forderung, dass $P_2(\frac{\pi}{2}) = a\frac{\pi}{2}(\frac{\pi}{2} - \pi)$ gleich 1 sein muss.

Zeichnen wir beide Funktionen mit dem Computer, so sehen wir, dass sich (auf dem Intervall $[0, \pi]$) eine recht gute Übereinstimmung ergibt. $P_2(x)$ ist eine nach unten geöffnete Parabel, deren Nullstellen mit jenen von $\sin(x)$ auf diesem Intervall übereinstimmen. Ebenso stimmen die Funktionswerte von $\sin(x)$ und Parabel an der Stelle $\frac{\pi}{2}$ überein.

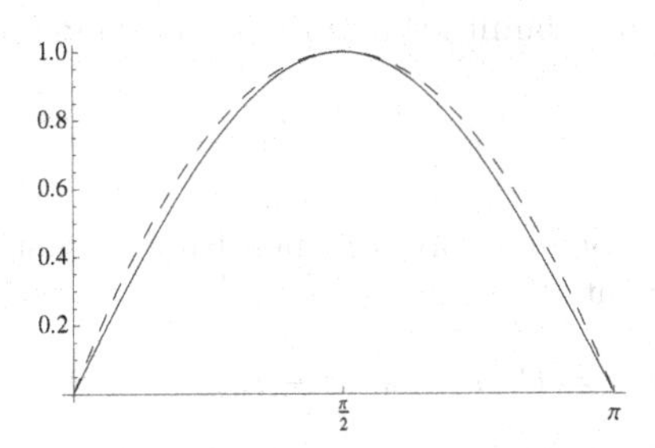

Außerhalb des Intervalls $[0, \pi]$ nähert die Parabel $P_2(x)$ die Funktion $\sin(x)$ natürlich nicht mehr an.

Unsere Hoffnung ist nun, durch Hinzunahme weiterer Punkte, an denen $\sin(x)$ und das Näherungspolynom übereinstimmen sollen, eine noch bessere Näherung auf einem gewünschten Intervall zu erreichen. Dafür wird es aber notwendig sein, ein Polynom entsprechend hohen Grades zu nehmen, denn wir haben gerade gesehen, dass durch die Vorgabe von 3 Punkten das Polynom vom Grad 2 (die Parabel) eindeutig festgelegt war.

Allgemein steht man in der Praxis oft vor der Situation, dass man Punkte (x_j, y_j), auch **Stützpunkte** genannt, vorgegeben hat (z. B. Messwerte), und ein Polynom $P(x)$ sucht, das $P(x_j) = y_j$ erfüllt. Sind $n+1$ Punkte vorgegeben, so folgt aus dem Fundamentalsatz der Algebra, dass es höchstens *ein* Polynom mit Grad kleiner gleich n geben kann, das durch diese Punkte geht. Mit anderen Worten: $n+1$ Punkte legen ein Polynom vom Grad höchstens n eindeutig fest. Demnach ist eine Gerade durch 2 Punkte, eine Parabel durch 3 Punkte usw. eindeutig festgelegt.

Warum? Die Aussage ist klar für $n = 0$: Ein Polynom vom Grad 0 (also eine konstante Funktion) ist eindeutig durch einen einzigen Punkt festgelegt. Wie sieht es im Fall $n \geq 1$ aus: Angenommen, es gäbe *zwei* Polynome $p(x)$ und $q(x)$ vom Grad $n \geq 1$, die an $n+1$ Stellen übereinstimmen: $p(x_i) = q(x_i)$ für verschiedene Stellen (reell oder komplex) $x_1, \dots, x_{n+1}$. Dann ist ihre Differenz $p(x) - q(x)$ ein Polynom vom Grad n (oder niedriger), das (mindestens) an diesen $n+1$ Stellen Nullstellen hat. Ein Polynom vom Grad $n \in \mathbb{N}$ kann nun aber nach dem Fundamentalsatz der Algebra maximal n Nullstellen haben. Also muss die Differenz das Nullpolynom sein, $p(x) - q(x) = 0$ für alle x, d.h., beide Polynome sind gleich. Die Frage ist nun, ob es ein solches Polynom überhaupt gibt und wie wir es finden können.

Diese Aufgabe, durch vorgegebene Punkte ein Polynom zu legen, heißt **Interpolationsproblem**.

Versuchen wir, das Interpolationsproblem zu lösen. Wenn nur ein Punkt (x_0, y_0) vorgegeben ist, so ist dadurch ein Polynom vom Grad 0 eindeutig festgelegt:

$$P_0(x) = y_0$$

ist dann das gesuchte Polynom. Geben wir nun einen weiteren Punkt (x_1, y_1) vor (natürlich mit $x_1 \neq x_0$;-) und suchen nach einem Polynom vom Grad 1. Wenn wir es in der Form

$$P_1(x) = y_0 + k_1(x - x_0)$$

mit Parameter k_1 ansetzen, dann ist damit schon einmal garantiert, dass es durch (x_0, y_0) geht (überzeugen Sie sich davon, indem Sie $P_1(x_0)$ auswerten!). Den Parameter k_1 finden wir durch die Forderung $y_1 = P_1(x_1) = y_0 + k_1(x_1 - x_0)$. Auflösen nach k_1 ergibt $k_1 = \frac{y_1 - y_0}{x_1 - x_0}$ und damit erhalten wir das Polynom

$$P_1(x) = y_0 + \frac{y_1 - y_0}{x_1 - x_0}(x - x_0),$$

das wie gewünscht durch die beiden vorgegebenen Punkte geht. Nun ahnen Sie vielleicht schon, wie es weiter geht. Wir setzen

$$P_2(x) = P_1(x) + k_2(x - x_0)(x - x_1)$$

an und bestimmen k_2 aus $y_2 = P_2(x_2) = P_1(x_2) + k_2(x_2 - x_0)(x_2 - x_1)$. Allgemein erhält man folgenden Algorithmus, der das Interpolationsproblem löst:

Satz 18.18 Zu vorgegebenen Stützpunkten (x_j, y_j), $0 \le j \le n$, gibt es genau ein **Interpolationspolynom** $P_n(x)$ vom Grad höchstens n, das $P(x_j) = y_j$ erfüllt. Es kann rekursiv über

$$\begin{aligned} P_0(x) &= y_0 \\ P_{k+1}(x) &= P_k(x) + (y_{k+1} - P_k(x_{k+1})) \prod_{j=0}^{k} \frac{x - x_j}{x_{k+1} - x_j} \end{aligned}$$

ermittelt werden.

Es gibt noch andere Algorithmen um $P_n(x)$ zu berechnen. Da $P_n(x)$ nach Satz 18.18 eindeutig ist, liefern sie natürlich alle das gleiche Ergebnis. Obiger Algorithmus hat den Vorteil, dass er leicht implementiert werden kann und recht effektiv ist.

Eine explizite Lösung des Interpolationsproblems ist durch die **Lagrange'sche Interpolationsformel** gegeben:

$$P_n(x) = \sum_{k=0}^{n} y_k \prod_{j=0, j\neq k}^{n} \frac{x - x_j}{x_k - x_j}.$$

Benannt nach dem italienischen Mathematikerund Astronom Joseph-Louis de Lagrange (1736–1813).

Beispiel 18.19 Interpolationspolynom
Bestimmen Sie das Polynom vom Grad 2, das durch die Punkte $(0, 1)$, $(2, 3)$ und $(3, 0)$ geht.

Lösung zu 18.19 Wir bestimmen zunächst das Polynom vom Grad 0 (also das konstante Polynom), das durch den Punkt $(0, 1)$ geht: $P_0(x) = 1$. Damit berechnen wir das Polynom vom Grad 1 (die Gerade), das durch die Punkte $(0, 1)$ und $(2, 3)$ geht:

$$P_1(x) = P_0(x) + (y_1 - P_0(x_1)) \cdot \frac{x - x_0}{x_1 - x_0} = 1 + (3 - 1) \cdot \frac{x - 0}{2 - 0} = 1 + x.$$

Mit diesem Polynom wiederum ermitteln wir das Polynom vom Grad 2, das durch alle drei gegebenen Punkte geht:

$$\begin{aligned} P_2(x) &= P_1(x) + (y_2 - P_1(x_2)) \cdot \frac{x - x_0}{x_2 - x_0} \cdot \frac{x - x_1}{x_2 - x_1} = \\ &= 1 + x + (0 - 4) \cdot \frac{x - 0}{3 - 0} \cdot \frac{x - 2}{3 - 2} = -\frac{4}{3}x^2 + \frac{11}{3}x + 1. \end{aligned}$$

Das ist das gesuchte Interpolationspolynom (eine Parabel). ■

Nachdem wir nun wissen, wie wir zu gegebenen Stützpunkten das zugehörige Interpolationspolynom finden, stellt sich als Nächstes die Frage, ob durch *Erhöhung* der Anzahl der Stützpunkte eine immer bessere Übereinstimmung mit einer vorgegebenen Funktion $f(x)$ erreicht werden kann. Ob also zum Beispiel $\sin(x)$ durch Vorgabe von mehr als 3 Punkten auf dem Intervall $[0, \pi]$ besser angenähert wird. Im Fall von $\sin(x)$ ist das tatsächlich so: Man kann zeigen, dass bei 11 gleichmäßig verteilten Stützpunkten der maximale Fehler zwischen $\sin(x)$ und dem Interpolationspolynom im Intervall $[0, \pi]$ kleiner 10^{-8} ist:

$$\max_{x \in [0,\pi]} |P_{10}(x) - \sin(x)| < 10^{-8}.$$

Leider wird aber im Allgemeinen die Güte der Approximation durch eine Erhöhung der Stützpunkteanzahl nicht unbedingt besser, zumindest nicht, wenn man die Stützstellen *gleichmäßig* verteilt. Zum Beispiel macht die Funktion

$$f(x) = \frac{1}{1 + 25x^2}$$

Probleme (**Phänomen von Runge**). Zeichnen wir $f(x)$ und das zu den 13 im Intervall $[-1, 1]$ gleichmäßig verteilten Stützstellen gehörige Interpolationspolynom vom Grad 12 (→CAS), so erleben wir eine Überraschung (Abbildung 18.8). Das Interpo-

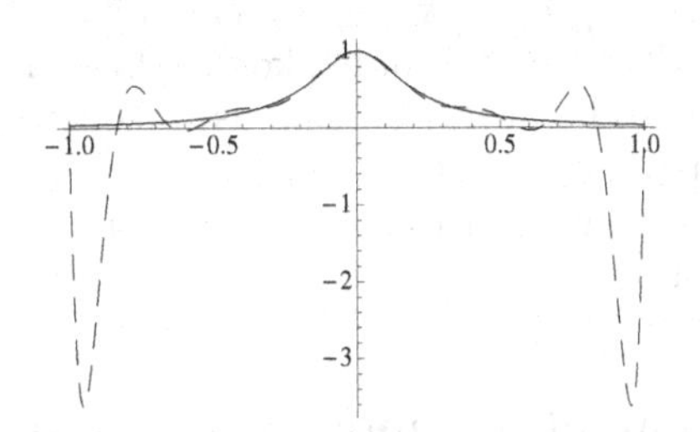

Abbildung 18.8. Phänomen von Runge

lationspolynom weist am Rand starke Oszillationen auf und stimmt daher nicht mit unserer Funktion überein. Das Verhalten kann zwar etwas verbessert werden, wenn wir die Stützstellen am Rand dichter als in der Mitte wählen (**Tschebyscheff Interpolation**, benannt nach dem russischen Mathematiker Pafnuti Lwowitsch Tschebyscheff, 1821–1894), aber das prinzipielle Problem bleibt.

Es kann gezeigt werden, dass jede *stetige* Funktion auf einem Intervall $[a, b]$ beliebig genau durch Polynome approximiert werden kann (**Approximationssatz von Weierstraß**, nach dem deutschen Mathematiker Karl Theodor Wilhelm Weierstraß, 1815–1897). *Wie* aber bei vorgegebenem Grad das Polynom mit dem kleinsten Fehler (d.h., die größte Abweichung $\max_{x\in[a,b]} |f(x) - P_n(x)|$ soll so klein wie möglich sein) gefunden werden kann, ist ein kompliziertes Problem. (Eine *stetige* Funktion ist im Wesentlichen eine Funktion ohne „Sprünge"; die exakte Definition werden wir in Kapitel 19 kennen lernen.)

Deshalb verwendet man in der Praxis meist stückweise Polynome von kleinem Grad (meist 3). Jedes Polynom lebt dabei auf einem der Intervalle (x_j, x_{j+1}), und benachbarte Polynome werden an den Randpunkten (die genau die Stützpunkte sind) möglichst „glatt" (also so, dass keine „Ecken" entstehen) zusammengeklebt. Dieses Verfahren ist unter dem Namen **Splines** bekannt. Wir werden bei der Differentialrechnung in Abschnitt 19.3.1 darauf zurückkommen.

18.1.2 Anwendung: Verteilte Geheimnisse

Angenommen, Sie möchten ein Geheimnis, das als eine Zahl s gegeben ist, auf n Personen verteilen. Dann könnten Sie wie folgt vorgehen (**Shamir's Secret Sharing**):

Adi Shamir (geb. 1953) ist ein israelischer Kryptologe, der viele wichtige Beiträge zur modernen Kryptographie geleistet hat. Unter anderem ist er einer der drei Erfinder des RSA-Verschlüsselungsalgorithmus.

Sie wählen ein Polynom $p(x) = a_0 + a_1 x + \cdots + a_{n-1} x^{n-1}$ vom Grad $n-1$ mit $a_0 = s$ und zufälligen restlichen Koeffizienten a_k, $1 \le k \le n-1$. Nun verteilen Sie die Funktionswerte $y_k = p(k)$, $1 \le k \le n$, an die n Personen, die sich das Geheimnis teilen sollen. Alle zusammen können mittels Interpolation aus den Wertepaaren (k, y_k), $1 \le k \le n$, das Polynom $p(x)$ und damit das Geheimnis $s = p(0)$ rekonstruieren. Fehlt auch nur eine Person, so ist die Rekonstruktion nicht möglich.

Was passiert, wenn nur ein Teil der Personen verfügbar ist? Können wir ein Geheimnis auch so verteilen, dass r Personen ausreichen um das Geheimnis zu rekonstruieren (mit einem zuvor festgelegten $r \le n$), nicht aber weniger Personen? Auch das ist möglich: Dazu wählt man ein Polynom vom Grad $r - 1$ und verteilt $n \ge r$ Funktionswerte $y_k = p(k)$, $1 \le k \le n$. Da ein Polynom vom Grad $r-1$ durch r beliebige Wertepaare eindeutig bestimmt ist, können beliebige r der n Teilgeheimnis-Besitzer das Polynom (und damit das Geheimnis) rekonstruieren.

Das Ganze funktioniert natürlich nicht nur mit reellwertigen Polynomen, sondern man kann $\mathbb{R}$ durch einen beliebigen Körper ersetzen. In der Praxis verwendet man dabei meist endliche Körper.

18.2 Potenz-, Exponential- und Logarithmusfunktionen

Erinnern Sie sich an folgende Schreibweisen für $n \in \mathbb{N}$ und $a \in \mathbb{R}$

$$a^n = \underbrace{a \cdot \ldots \cdot a}_{n \text{ Faktoren}}, \quad a^0 = 1 \ (a \neq 0), \quad a^{-n} = \frac{1}{a^n} \ (a \neq 0), \quad a^{\frac{1}{n}} = \sqrt[n]{a} \ (a \ge 0).$$

Man bezeichnet dabei a^n als die n**-te Potenz von** a und nennt a die **Basis** und n den **Exponent**. Beispiele: $5^3 = 5 \cdot 5 \cdot 5$, $5^0 = 1$, $5^{-1} = \frac{1}{5}$ oder $5^{\frac{1}{3}} = \sqrt[3]{5}$. Für rationale Exponenten haben wir

$$a^{\frac{n}{m}} = (a^{\frac{1}{m}})^n = (\sqrt[m]{a})^n \qquad \text{für } m \in \mathbb{N}, n \in \mathbb{Z}, a > 0$$

definiert. Beispiel: $5^{\frac{2}{3}} = (5^{\frac{1}{3}})^2 = (\sqrt[3]{5})^2$. Diese Definition wird auf *irrationale* Exponenten erweitert, indem wir einen irrationalen Exponenten durch eine Folge von rationalen Exponenten annähern. Beispiel: 2^π wird je nach gewünschter Genauigkeit durch eine der rationalen Zahlen $2^{3.14}$, $2^{3.141}$, $2^{3.1415}$, ... angenähert. (Die Folge der rationalen Exponenten 3.14, 3.141, 3.1415, ... konvergiert dabei gegen π.)

Auch erinnern wir an folgende Regeln:

Satz 18.20 (Rechenregeln für Potenzen) Für $a, b > 0$ und $x, y \in \mathbb{R}$ gilt:

$$a^x \cdot a^y = a^{x+y}, \qquad a^x \cdot b^x = (a \cdot b)^x, \qquad (a^x)^y = a^{(x \cdot y)}, \qquad a^{-x} = \frac{1}{a^x}.$$

Beispiele: $4^{-1} \cdot 4^3 = 4^2$, $2^3 \cdot 5^3 = 10^3$, $(5^{\frac{1}{2}})^6 = 5^3$.

Je nachdem, ob wir bei einer Potenz a^b die Zahl a oder die Zahl b als veränderlich auffassen, sprechen wir von einer *Potenzfunktion* oder von einer *Exponentialfunktion*:

Definition 18.21 Eine Funktion der Form

$$f(x) = x^b \qquad \text{mit } b \in \mathbb{R}, x > 0$$

heißt **Potenzfunktion** und eine Funktion

$$f(x) = a^x \qquad \text{mit } a > 0, x \in \mathbb{R}$$

wird **Exponentialfunktion** genannt.

Potenzfunktionen mit ganzen Exponenten haben wir bereits kennen gelernt. Sie sind spezielle Polynome bzw. rationale Funktionen, zum Beispiel: $f(x) = x^3$, $f(x) = x^{-2} = \frac{1}{x^2}$. Lassen wir nun auch beliebige rationale Exponenten zu, so erhalten wir zum Beispiel die Wurzelfunktion $f(x) = x^{\frac{1}{2}} = \sqrt{x}$, $x \geq 0$, die die Umkehrfunktion zu $g(x) = x^2$, $x \geq 0$, ist. Die Graphen dieser beiden Funktionen sind in Abbildung 18.9 dargestellt.

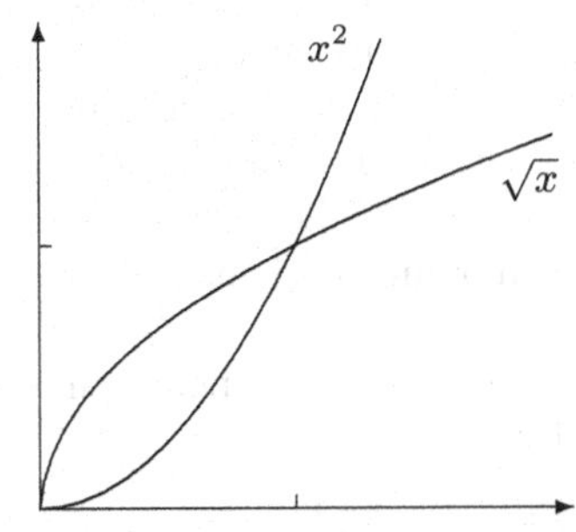

Abbildung 18.9. $f(x) = \sqrt{x}$ und $g(x) = x^2$

Die Funktion $f(x) = x^3$ kann natürlich für alle $x \in \mathbb{R}$ definiert werden, und $f(x) = \frac{1}{x^2}$ kann für $x \in \mathbb{R}$, $x \neq 0$, definiert werden. Die Einschränkung $x > 0$ in Definition 18.21 wurde deshalb gewählt, weil das der größte Definitionsbereich ist, der für *jeden* Exponenten $b \in \mathbb{R}$ möglich ist. Die Funktion $f(x) = \frac{1}{\sqrt{x}}$ verlangt zum Beispiel die Einschränkung auf $x > 0$.

Exponentialfunktionen werden häufig zur Modellierung von Wachstums- oder Zerfallsprozessen verwendet, bei denen eine Menge (z. B. eine Population) in gleichen Zeitabständen um den gleichen Prozentsatz zu- oder abnimmt (**exponentielles Wachstum** bzw. **exponentielle Abnahme**). Beispiele: Wachstum von Bakterien, Verzinsung, radioaktiver Zerfall. Weiters werden Exponentialfunktionen zur Modellierung von Sättigungsprozessen verwendet (z. B. Aufladung eines Kondensators über einen Widerstand, Erwärmung von Motoren) sowie von aperiodischen Schwingungsvorgängen.

Beispiel 18.22 Exponentielles Wachstum
Eine Bakterienkultur (anfangs 1000 Bakterien) kann sich ungehemmt vermehren. Angenommen, sie verdreifacht sich jeweils innerhalb einer Stunde. Stellen Sie den Wachstumsprozess durch eine Funktion dar. Wie viele Bakterien sind es nach 24 Stunden?

Lösung zu 18.22 Bezeichnen wir die Anzahl der Bakterien zur Zeit t mit $n(t)$. Am Anfang, für den wir $t = 0$ setzen, sind es 1000 Bakterien, also $n(0) = 1000$. Nach einer Stunde sind es $n(1) = 3 \cdot n(0)$ Bakterien, nach 2 Stunden sind es $n(2) = 3 \cdot n(1) = 3^2 \cdot n(0)$ Bakterien, usw. Allgemein sind es nach t Stunden $n(t) = 3^t \cdot n(0) = 1000 \cdot 3^t$ Bakterien. Nach 24 Stunden ist die Anzahl der Bakterien daher gleich $n(24) = 1000 \cdot 3^{24} = 282429536481000$. ■

In diesem Beispiel hatten wir es mit der Exponentialfunktion $f(x) = 3^x$ zu tun. Sie hat, wie jede Exponentialfunktion, besondere Eigenschaften:

Satz 18.23 (Charakteristische Eigenschaften der Exponentialfunktion)
Eine Exponentialfunktion $f(x) = a^x$, $a > 0$, hat folgende charakteristische Eigenschaften:

a) Da $a^0 = 1$ gilt, nimmt jede Exponentialfunktion an der Stelle $x = 0$ den Wert 1 an.
b) Jede Exponentialfunktion nimmt nur *positive* Funktionswerte an. Das heißt, der Graph einer Exponentialfunktion liegt oberhalb der x-Achse. Insbesondere hat eine Exponentialfunktion *keine* Nullstellen.
c) Jede Exponentialfunktion mit $a \neq 1$ ist unbeschränkt. Ist die Basis $a > 1$, so ist die Exponentialfunktion streng monoton wachsend. Ist $a < 1$, so ist die Exponentialfunktion streng monoton fallend. (Der Fall $a = 1$ ist nicht besonders interessant, da es sich hier nur um die konstante Funktion $f(x) = 1^x = 1$ handelt.)
d) Bei gleich bleibender Änderung des Arguments ändern sich die Funktionswerte immer um denselben Faktor:

$$a^{x_1+x_2} = a^{x_1} \cdot a^{x_2}.$$

Beispiel 18.24 Eigenschaften der Exponentialfunktion
Machen wir uns die Eigenschaften der Exponentialfunktion anhand der Beispiele $f(x) = 2^x$ und $g(x) = 2^{-x} = (\frac{1}{2})^x$ bewusst (siehe auch Abbildung 18.10).

a) $f(x) = 2^x$ und $g(x) = (\frac{1}{2})^x$ schneiden einander im Punkt $(0, 1)$.
b) Es gibt kein x, das $2^x = 0$ erfüllt. $f(x) = 2^x$ nimmt nur positive Funktionswerte an. Dasselbe gilt für $g(x) = 2^{-x}$.
c) $f(x) = 2^x$ ist streng monoton wachsend, hingegen ist $g(x) = (\frac{1}{2})^x$ streng monoton fallend.
d) Gehen wir bei $f(x) = 2^x$ mit dem Argument x zum Beispiel immer um 3 weiter, so ändern sich die Funktionswerte immer um den Faktor 8: $f(x+3) = 2^{x+3} = 2^x \cdot 2^3 = 8 \cdot f(x)$. Gehen wir analog bei $g(x) = (\frac{1}{2})^x$ immer um 3 weiter, so ändern sich die Funktionswerte jeweils um den Faktor $\frac{1}{8}$.

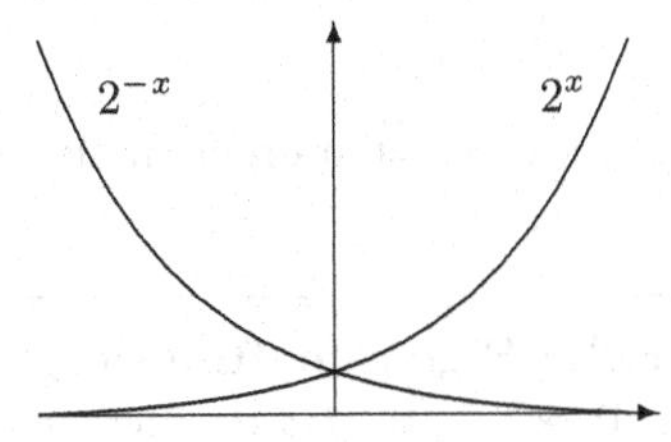

Abbildung 18.10. Die Exponentialfunktionen $f(x) = 2^x$ und $g(x) = 2^{-x} = (\frac{1}{2})^x$.

Die bedeutendste aller Basen bei Exponentialfunktionen ist die Euler'sche Zahl $\mathrm{e} = 2.71828\ldots$ Die Exponentialfunktion $f(x) = \mathrm{e}^x$ wird oft auch mit $\exp(x)$ bezeichnet. Wir werden gleich sehen, dass sich eine Exponentialfunktion mit beliebiger Basis a immer mithilfe der Exponentialfunktion mit Basis e schreiben lässt. Aus diesem Grund ist oft nur e als Basis in Verwendung.

Warum spielt ausgerechnet die Zahl e, die doch gar nicht „natürlich" wirkt, eine so herausragende Rolle? Wir werden in Kapitel 19 sehen, dass $f(x) = \mathrm{e}^x$ die einzigartige Eigenschaft hat, dass die Steigung der Funktionskurve in jedem Punkt gleich dem Funktionswert selbst ist.

Da die Exponentialfunktion $f(x) = a^x$, abgesehen vom uninteressanten Fall $a = 1$, auf ihrem ganzen Definitionsbereich streng monoton ist, ist sie umkehrbar:

Definition 18.25 Sei $a > 0$, $a \neq 1$. Die Umkehrfunktion zu $f : \mathbb{R} \to (0, \infty)$, $f(x) = a^x$, heißt **Logarithmus(funktion) zur Basis** a. Man schreibt

$$f^{-1}(x) = \log_a(x) \quad \text{für } x > 0.$$

Die Umkehrfunktion speziell zu $f(x) = \mathrm{e}^x$ wird

$$f^{-1}(x) = \ln(x) \quad \text{für } x > 0$$

geschrieben und heißt **natürlicher Logarithmus** (siehe Abbildung 18.11). In manchen Büchern ist die Bezeichnung $\log(x)$ statt $\ln(x)$ üblich.

Insbesondere ist $\ln(e^x) = x$ und $e^{\ln(x)} = x$, denn die Hintereinanderausführung von Funktion und Umkehrfunktion auf x ergibt wieder x.

Der Logarithmus macht das Potenzieren einer Zahl rückgängig: Gilt $a^x = b$, so ist $x = \log_a b$. Beispiele: $2^4 = 16$, daher: $4 = \log_2 16$; $10^3 = 1000$, daher: $3 = \log_{10} 1000$; $10^{-2} = 0.01$, daher $-2 = \log_{10} 0.01$.

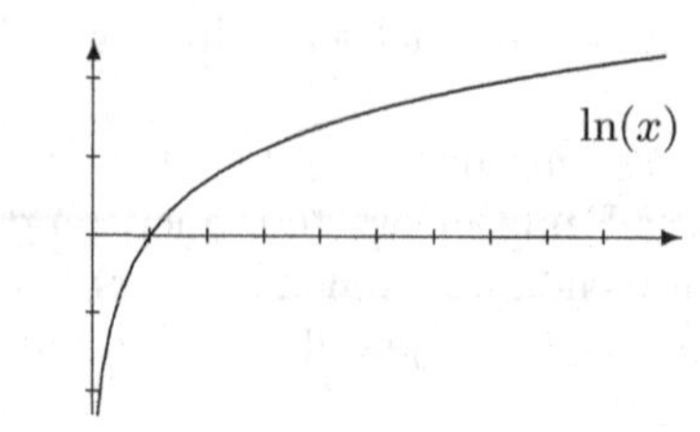

Abbildung 18.11. Der natürliche Logarithmus $f(x) = \ln(x)$.

Die Eigenschaften der Logarithmusfunktion ergeben sich aus den Eigenschaften der Exponentialfunktion:

Satz 18.26 (Charakteristische Eigenschaften der Logarithmusfunktion) Die Logarithmusfunktion $f : (0, \infty) \to \mathbb{R}$, $f(x) = \log_a(x)$, hat folgende charakteristische Eigenschaften:

a) Wegen $a^0 = 1$ ist
$$\log_a(1) = 0.$$
Die Logarithmusfunktion hat also bei $x = 1$ eine Nullstelle.

b) Die Logarithmusfunktion ist unbeschränkt. $f(x) = \log_a(x)$ ist für $a > 1$ streng monoton wachsend und für $a < 1$ streng monoton fallend.

c) $\log_a(x_1 \cdot x_2) = \log_a(x_1) + \log_a(x_2)$

d) $\log_a(x^b) = b \cdot \log_a(x)$

Aus den letzten beiden Eigenschaften folgt weiters, dass $\log_a(\frac{x_1}{x_2}) = \log_a(x_1) - \log_a(x_2)$. Beispiele: $\ln(5x) = \ln(5) + \ln(x)$, $\ln(x^3) = 3\ln(x)$, $\ln(\sqrt{x}) = \frac{1}{2}\ln(x)$, $\ln(\frac{1}{2}) = -\ln(2)$, $\ln(\frac{3}{5}) = \ln(3) - \ln(5)$. Achtung: $\ln(x_1 + x_2) \neq \ln(x_1) + \ln(x_2)$!

Die Eigenschaft c) bedeutet: Ändert man das Argument x immer um denselben Faktor, so erhält man immer dieselbe absolute Änderung des Funktionswertes. Zum Beispiel: $\log_a(2x) = \log_a(x) + \log_a(2)$. Unsere Sinnesorgane messen in gewissen Bereichen annähernd logarithmisch: Bei einer fortschreitenden Verdopplung der Frequenz einer Schallschwingung wird zum Beispiel die Zunahme der Tonhöhe immer als gleich wahrgenommen (Oktave).

Beispiel 18.27 Radioaktiver Zerfall
Radioaktiver Zerfall kann durch $n(t) = n(0) \cdot e^{-\lambda t}$ modelliert werden (λ... griech. Buchstabe „lambda"). Jod 131 hat beispielsweise eine Zerfallskonstante von $\lambda = 1 \cdot 10^{-6} s^{-1}$. Angenommen, es sind zu Beginn 10^{10} Jodkerne vorhanden. Stellen Sie die Anzahl $n(t)$ der noch nicht zerfallenen Kerne als Funktion der Zeit t in Tagen dar. Nach wie vielen Tagen vermindert sich die Anzahl der Kerne auf die Hälfte?

Lösung zu 18.27 Auf die Zeiteinheit „Tage" umgerechnet ist $\lambda = 0.086$ pro Tag. Die Funktion $n(t) = n(0)\mathrm{e}^{-\lambda t} = 10^{10} \cdot \mathrm{e}^{-0.086\,t}$ ist in Abbildung 18.12 dargestellt.

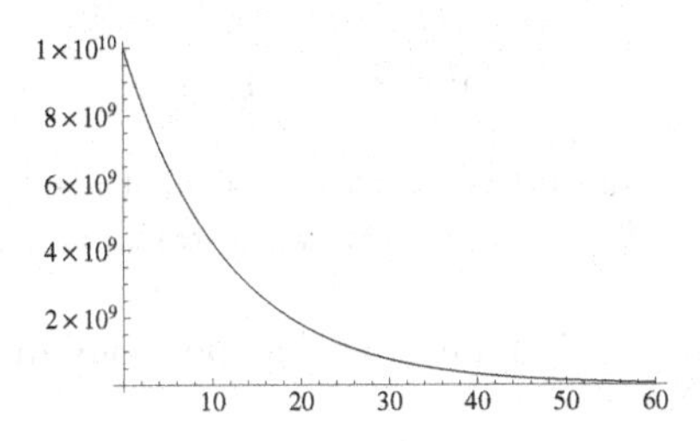

Abbildung 18.12. Radioaktiver Zerfall von Jod: $n(t) = 10^{10} \cdot \mathrm{e}^{-0.086\,t}$.

Die Funktion $n(t)$ ist genau genommen als Mittelung zu verstehen. Die wirkliche Anzahl kann natürlich nur ganzzahlige Werte annehmen und springt jedesmal, wenn ein Kern zerfällt.

Die Halbwertszeit τ bestimmen wir aus der Forderung $n(\tau) = n(0)\mathrm{e}^{-\lambda\,\tau} = \frac{n(0)}{2}$.

Als Symbol für die gesuchte Halbwertszeit haben wir, wie oft üblich, den griechischen Buchstaben τ, gesprochen „tau", verwendet.

Unsere Bedingung für die Halbwertszeit lautet, nach Kürzung durch $n(0)$, also $\mathrm{e}^{-\lambda\,\tau} = \frac{1}{2}$. Wenden wir auf beiden Seiten die natürliche Logarithmusfunktion an, um nach dem Exponenten τ auflösen zu können (wir „logarithmieren" beide Seiten):

$$\ln(\mathrm{e}^{-\lambda\,\tau}) = \ln\left(\frac{1}{2}\right).$$

Daraus erhalten wir (wegen $\ln(\mathrm{e}^x) = x$)

$$-\lambda\,\tau = \ln\left(\frac{1}{2}\right),$$

also $\tau = -\frac{1}{\lambda}\ln\left(\frac{1}{2}\right) = \frac{\ln(2)}{\lambda} = 8.06$. (Im letzten Schritt wurde verwendet, dass $\ln(\frac{1}{2}) = -\ln(2)$ ist). Nach gut 8 Tagen verringert sich also die Anzahl der Kerne jeweils um die Hälfte (charakteristische Eigenschaft der Exponentialfunktion d) aus Satz 18.23). ∎

Satz 18.28 Eine Exponentialfunktion mit beliebiger Basis $a > 0$ kann als Exponentialfunktion mit Basis e ausgedrückt werden:

$$a^x = \mathrm{e}^{x\cdot\ln(a)}.$$

Analog kann eine Logarithmusfunktion mit beliebiger Basis mithilfe des natürlichen Logarithmus dargestellt werden:

$$\log_a(x) = \frac{\ln(x)}{\ln(a)}.$$

Das können wir uns folgendermaßen überlegen: Wegen $x = \mathrm{e}^{\ln(x)}$ gilt auch $a^x = \mathrm{e}^{\ln(a^x)} = \mathrm{e}^{x \cdot \ln(a)}$. Analog überlegt man sich: $x = a^{\log_a(x)}$, daher ist auch $\ln(x) = \ln(a^{\log_a(x)}) = \log_a(x)\ln(a)$.

Für den natürlichen Logarithmus gilt die nützliche Ungleichung

$$\ln(x) \le x - 1.$$

Daraus folgt insbesondere, dass $\ln(x)$ *langsamer* wächst als $f(x) = x-1$. Mit anderen Worten: Der Graph von $\ln(x)$ verläuft immer unterhalb des Graphen von $f(x) = x - 1$.

In vielen Anwendungen trifft man auf folgende Kombinationen von Exponentialfunktionen, die eigene Namen tragen:

Definition 18.29 (Hyperbelfunktionen) Die Funktionen

$$\sinh(x) = \frac{\mathrm{e}^x - \mathrm{e}^{-x}}{2} \quad \text{bzw.} \quad \cosh(x) = \frac{\mathrm{e}^x + \mathrm{e}^{-x}}{2}$$

heißen **Sinus hyperbolicus** bzw. **Kosinus hyperbolicus** (siehe Abbildung 18.13).

Der Graph des Kosinus hyperbolicus liegt symmetrisch zur y-Achse und der Graph

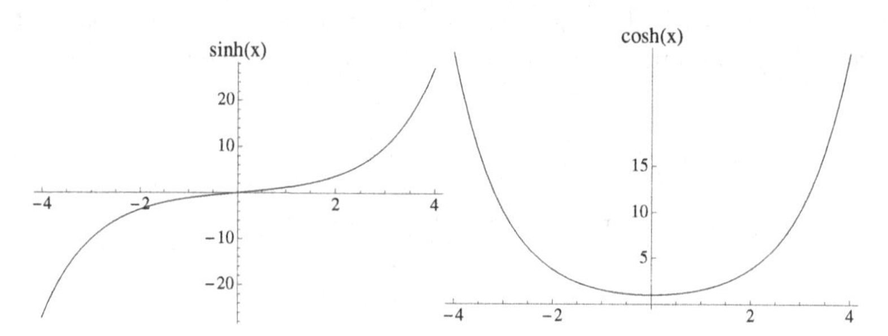

Abbildung 18.13. Sinus hyperbolicus, Kosinus hyperbolicus.

des Sinus hyperbolicus liegt punktsymmetrisch zum Ursprung. Mit anderen Worten:

$$\cosh(-x) = \cosh(x) \quad \text{und} \quad \sinh(-x) = -\sinh(x).$$

Man sagt, dass der Kosinus hyperbolicus eine *gerade* Funktion und der Sinus hyperbolicus eine *ungerade* Funktion ist:

Definition 18.30 Eine Funktion f heißt

- **gerade**, wenn sie $f(-x) = f(x)$ erfüllt. Ihr Graph liegt dann symmetrisch zur y-Achse.
- **ungerade**, wenn sie $f(-x) = -f(x)$ erfüllt. Ihr Graph liegt dann punktsymmetrisch zum Ursprung.

Weitere Beispiele: Potenzfunktionen mit geraden Potenzen sind gerade, z. B. $f(x) = x^2$, $f(x) = \frac{1}{x^4}$. Hingegen sind Potenzfunktionen mit ungeraden Potenzen ungerade: $f(x) = \frac{1}{x}$ oder $f(x) = x^3$.

Jede Funktion $f(x)$ kann übrigens in eine gerade und eine ungerade Funktion zerlegt werden: $f(x) = f_g(x) + f_u(x)$ mit $f_g(x) = \frac{1}{2}(f(x) + f(-x))$ und $f_u(x) = \frac{1}{2}(f(x) - f(-x))$.

Folgende Eigenschaften sind leicht nachzurechnen (Aufwärmübung 18):

Satz 18.31 Die Hyperbelfunktionen haben folgende Eigenschaften:

a) $\sinh(0) = 0$, $\cosh(0) = 1$.
b) $\sinh(x)$ ist ungerade, $\cosh(x)$ ist gerade.
c) $\cosh^2(x) - \sinh^2(x) = 1$.
d) Es gelten die **Additionstheoreme**:

$$\begin{aligned}\sinh(x+y) &= \sinh(x)\cosh(y) + \cosh(x)\sinh(y),\\ \cosh(x+y) &= \cosh(x)\cosh(y) + \sinh(x)\sinh(y).\end{aligned}$$

Eigenschaft c) besagt geometrisch, dass die Punkte $(\cosh(x), \sinh(x))$ auf einer Hyperbel liegen und erklärt damit den Namen.

Der Sinus hyperbolicus ist streng monoton wachsend auf $\mathbb{R}$ und der Kosinus hyperbolicus ist streng monoton wachsend auf $[0, \infty)$. Die Umkehrfunktionen sind die so genannten **Areafunktionen**, die mithilfe des Logarithmus ausgedrückt werden können:

$$\operatorname{arsinh}(x) = \ln(x + \sqrt{x^2+1}), \qquad \operatorname{arcosh}(x) = \ln(x + \sqrt{x^2-1}).$$

Der Areasinus hyperbolicus bildet $\mathbb{R}$ auf $\mathbb{R}$ ab, und der Areakosinus hyperbolicus ist eine Funktion von $[1, \infty)$ auf $[0, \infty)$.

Oft sind auch noch die Abkürzungen

$$\tanh(x) = \frac{\sinh(x)}{\cosh(x)} \quad \text{und} \quad \coth(x) = \frac{\cosh(x)}{\sinh(x)}$$

(**Tangens** und **Kotangens hyperbolicus**) in Verwendung.

18.3 Trigonometrische Funktionen

Trigonometrische Funktionen sind von großer Bedeutung in der Geometrie und bei der Modellierung von periodischen Vorgängen. In der Computergrafik treten sie bei der Berechnung von Ansichten dreidimensionaler Objekte auf.

Betrachten wir den Einheitskreis und lassen darauf einen Punkt P beginnend bei $(1, 0)$ *entgegen* dem Uhrzeigersinn rotieren. Dann wird P eindeutig durch die am Kreisbogen zurückgelegte Länge x charakterisiert. Der Wert von x wird als **Bogenlänge** bezeichnet und ist ein Maß für den Winkel (siehe Abbildung 18.14). Eine volle Umdrehung ist bei einem Winkel von 2π erreicht, was dem Umfang des Einheitskreises entspricht (und als Definition von π aufgefasst werden kann). Wir lassen auch Mehrfachumdrehungen zu und negatives x soll bedeuten, dass der Punkt P *im* Uhrzeigersinn am Kreisbogen entlang läuft (z. B. 3π, π oder $-\pi$ entsprechen demselben Punkt).

Definition 18.32 Sei $x \in \mathbb{R}$ ein beliebiger Winkel und $P = (c, s)$ der zugehörige Punkt am Einheitskreis wie in Abbildung 18.14. Dann definieren wir

$$\sin(x) = s \quad \text{bzw.} \quad \cos(x) = c$$

und nennen die beiden Funktionen **Sinus(funktion)** bzw. **Kosinus(funktion)**.

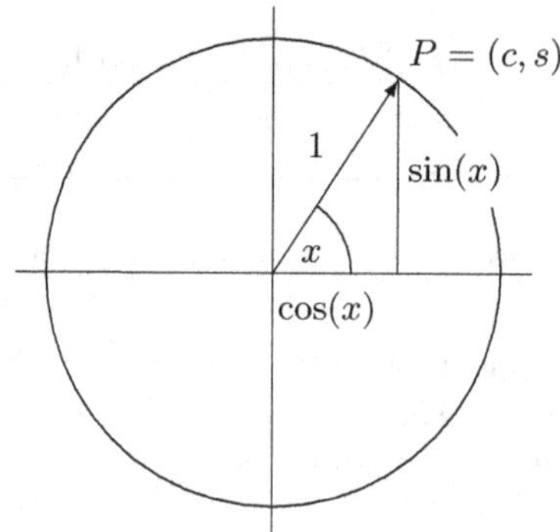

Abbildung 18.14. Definition von Sinus und Kosinus am Einheitskreis.

Diese Definition ist natürlich noch etwas unbefriedigend: Da wir noch nicht wissen, wie die Bogenlänge zu berechnen ist, können wir auch die trigonometrischen Funktionen nicht analytisch berechnen. Wir werden später noch Möglichkeiten (z. B. Taylorreihen) dafür kennen lernen.

Einen Winkel über die Länge des zugehörigen Kreisbogens anzugeben, wird als **Bogenmaß** (Einheit **Radiant**) bezeichnet. Die Umrechnung vom Gradmaß erfolgt mit:

$$\text{Winkelwert im Bogenmaß} = \frac{2\pi}{360} \text{Winkelwert im Gradmaß.}$$

Aus mathematischer Sicht ist das Bogenmaß die „natürlichere" Einheit, da ansonsten der Umrechnungsfaktor $\frac{2\pi}{360}$ in vielen Formeln (z. B. bei der Differentiation) auftauchen würde. Deshalb wird in der Mathematik, wenn nichts anderes gesagt wird, immer im Bogenmaß gerechnet!

In Abbildung 18.14 bilden die Punkte $(0, 0)$, $(c, 0)$ und (c, s) ein rechtwinkliges Dreieck mit **Hypotenuse** (die Seite gegenüber dem rechten Winkel) der Länge 1. Die Dreieckseite gegenüber dem Winkel x (**Gegenkathete**) hat die Länge $\sin(x)$ und die letzte Seite (**Ankathete**) hat die Länge $\cos(x)$. Hat die Hypotenuse irgendeines rechtwinkligen Dreiecks die Länge r, so hat die Gegenkathete die Länge $r\sin(x)$ und die Ankathete die Länge $r\cos(x)$.

Abbildung 18.15 zeigt die Graphen von $\sin(x)$ und $\cos(x)$ im Intervall $[0, 2\pi]$. Insbesondere sehen wir, dass die Graphen von Sinus und Kosinus um $\Delta x = \frac{\pi}{2}$ gegeneinander verschoben sind. Es gilt:

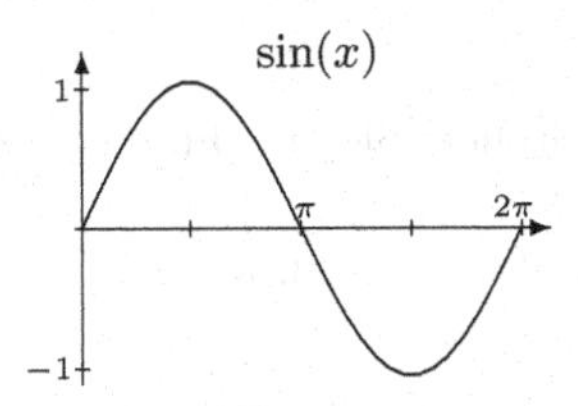

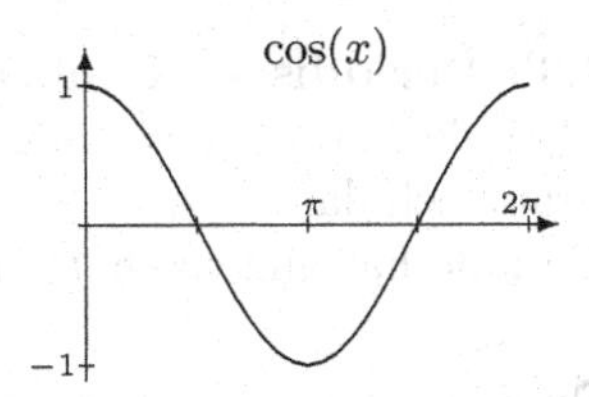

Abbildung 18.15. Sinus- und Kosinusfunktion

$$\cos(x) = \sin(x + \frac{\pi}{2}) \qquad \text{für alle } x \in \mathbb{R}.$$

Eine Kosinusfunktion kann also immer mithilfe einer Sinusfunktion ausgedrückt werden (und umgekehrt). Wir können daher im Prinzip mit einer der beiden Funktionen auskommen.

Beispiel 18.33 Sinus und Kosinus

a) Drücken Sie $\cos(x - \pi)$ durch eine Sinusfunktion aus.

b) Drücken Sie $\sin(2x)$ durch eine Kosinusfunktion aus.

Lösung zu 18.33

a) $\cos(x - \pi) = \sin(x - \pi + \frac{\pi}{2}) = \sin(x - \frac{\pi}{2})$

b) $\sin(2x) = \cos(2x - \frac{\pi}{2})$ ∎

Dreht man den Punkt $P = (c, s)$ in Abbildung 18.14 um eine halbe Umdrehung gegen den Uhrzeigersinn weiter (addiert also π zum Winkel), so gelangt man zum Punkt $-P = (-c, -s)$. Somit gilt:

$$\sin(x + \pi) = -\sin(x) \quad \text{und} \quad \cos(x + \pi) = -\cos(x) \quad \text{für alle } x \in \mathbb{R}.$$

Hat P eine volle Umdrehung hinter sich, so wiederholen sich die Werte von Sinus und Kosinus:

$$\begin{aligned} \sin(x + 2\pi) &= \sin(x) \quad \text{für alle } x \in \mathbb{R}, \\ \cos(x + 2\pi) &= \cos(x) \quad \text{für alle } x \in \mathbb{R}. \end{aligned}$$

Man sagt, Sinus und Kosinus sind periodisch mit der Periode 2π.

Definition 18.34 Eine Funktion $f : \mathbb{R} \to \mathbb{R}$ heißt **periodisch**, wenn es ein $p > 0$ gibt mit

$$f(x + p) = f(x) \qquad \text{für alle } x \in \mathbb{R}.$$

Die *kleinste* positive Zahl p mit dieser Eigenschaft heißt **Periode** von f.

Für Sinus und Kosinus wiederholen sich die Funktionswerte auch nach zwei, drei, ... Umdrehungen, also $\sin(x) = \sin(x+2\pi) = \sin(x+4\pi) = \sin(x+6\pi) = \ldots$ Das *kleinste* $p > 0$ mit $\sin(x) = \sin(x+p)$ ist 2π, daher ist 2π die Periode.

Beispiel 18.35 Periodische Funktionen

a) Welche Periode hat $f(x) = \sin(2x)$? Stellen Sie die Funktionen $\sin(x)$ und $\sin(2x)$ graphisch dar.
b) Welche Periode hat allgemein $f(x) = \sin(n\,x)$, wenn $n \in \mathbb{N}$?

Lösung zu 18.35

a) Gesucht ist das kleinste positive p mit $f(x) = f(x+p)$ für alle $x \in \mathbb{R}$. Wir verwenden, dass die Sinusfunktion die Periode 2π hat: $f(x) = \sin(2x) = \sin(2x + 2\pi) = \sin(2(x+\pi)) = f(x+\pi)$. Die Funktion $f(x) = \sin(2x)$ hat daher die Periode π. Die folgende Abbildung zeigt die Graphen von $\sin(x)$ (durchgehend) und $\sin(2x)$ (strichliert):

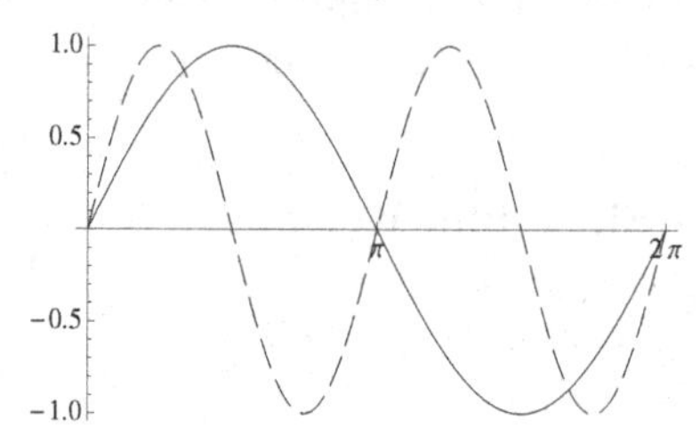

b) Da die Sinusfunktion die Periode 2π hat, ist $f(x) = \sin(n\,x) = \sin(n\,x + 2\pi) = \sin(n(x + \frac{2\pi}{n})) = f(x + \frac{2\pi}{n})$. Die Funktion $f(x)$ hat also die Periode $\frac{2\pi}{n}$. ■

Weitere Eigenschaften von Sinus und Kosinus sind:

Satz 18.36 (Charakteristische Eigenschaften von Sinus und Kosinus)

a) Der Kosinus ist eine gerade und der Sinus eine ungerade Funktion: $\cos(-x) = \cos(x)$ und $\sin(-x) = -\sin(x)$.
b) $\sin^2(x) + \cos^2(x) = 1$ (**Satz des Pythagoras**)
c) Sinus und Kosinus haben **unendlich viele Nullstellen**:

$$\begin{aligned}\sin(x) &= 0 \quad \text{für } x = k\cdot\pi \text{ mit } k \in \mathbb{Z}, \text{ also } x = 0, \pm\pi, \pm 2\pi, \ldots\\ \cos(x) &= 0 \quad \text{für } x = \frac{\pi}{2} + k\cdot\pi \text{ mit } k \in \mathbb{Z}, \text{ also } x = \pm\frac{\pi}{2}, \pm\frac{3\pi}{2}, \ldots\end{aligned}$$

d) Sinus und Kosinus sind **beschränkt**. Die Funktionswerte liegen immer zwischen -1 und $+1$:

$$|\sin(x)| \le 1 \text{ und } |\cos(x)| \le 1.$$

e) Es gelten die **Additionstheoreme**

$$\begin{aligned}\sin(x \pm y) &= \sin(x)\cos(y) \pm \cos(x)\sin(y),\\ \cos(x \pm y) &= \cos(x)\cos(y) \mp \sin(x)\sin(y).\end{aligned}$$

f) Es gelten die Abschätzungen

$$\sin(x) \le x \le \sin(x) + 1 - \cos(x) \quad \text{für } 0 \le x \le \frac{\pi}{2}.$$

g) Einige oft verwendete Funktionswerte sind:

x	0	$\frac{\pi}{4}$	$\frac{\pi}{3}$	$\frac{\pi}{2}$	$\frac{2\pi}{3}$	$\frac{3\pi}{4}$	π
$\sin(x)$	0	$\frac{1}{\sqrt{2}}$	$\frac{\sqrt{3}}{2}$	1	$\frac{\sqrt{3}}{2}$	$\frac{1}{\sqrt{2}}$	0
$\cos(x)$	1	$\frac{1}{\sqrt{2}}$	$\frac{1}{2}$	0	$-\frac{1}{2}$	$-\frac{1}{\sqrt{2}}$	-1

Die Additionstheoreme e) lassen sich aus Abbildung 18.16 ablesen. Die Abschätzungen aus f) lassen sich aus Abbildung 18.14 ablesen. Die Werte aus g) folgen mit einigen Tricks aus den bisherigen Eigenschaften von Sinus und Kosinus. Zum Beispiel sehen wir aus dem Einheitskreis, dass für $x = \frac{\pi}{4}$ Sinus und Kosinus gleich sind. Daraus folgt, zusammen mit der Eigenschaft $\sin^2(\frac{\pi}{4}) + \cos^2(\frac{\pi}{4}) = 1$, dass beide Funktionswerte gleich $\frac{1}{\sqrt{2}}$ sind.

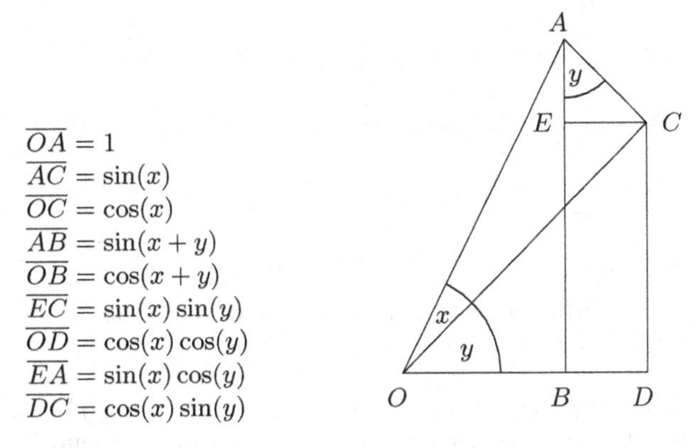

Abbildung 18.16. Additionstheoreme

Das ist nur ein kleiner Ausschnitt, in jeder Formelsammlung finden Sie eine Fülle von weiteren Eigenschaften!

Beispiel 18.37 Trigonometrische Gleichung
Geben Sie alle Lösungen von $\sin(2x + 1) = 0$ an.

Lösung zu 18.37 Es ist $\sin(2x+1) = 0$ immer dann, wenn $2x+1$ ein ganzzahliges Vielfaches von π ist, also wenn $2x + 1 = k\pi$ bzw. wenn $x = \frac{k\pi - 1}{2}$ mit $k \in \mathbb{Z}$ ist. Es gibt also unendlich viele Lösungen dieser Gleichung. ■

Sinus und Kosinus sind umkehrbar, wenn man sie auf Intervalle einschränkt, auf denen sie streng monoton sind. Für den Sinus nimmt man dazu üblicherweise den Definitionsbereich $[-\frac{\pi}{2}, \frac{\pi}{2}]$, für den Kosinus $[0, \pi]$. Die Umkehrfunktionen sind die so genannten **Arcusfunktionen**: Der **Arcussinus** $\arcsin(x)$ und der **Arcuskosinus** $\arccos(x)$ sind somit auf dem Intervall $x \in [-1, 1]$ definiert und liefern Funktionswerte aus $[-\frac{\pi}{2}, \frac{\pi}{2}]$ bzw. aus $[0, \pi]$.

Wenn Sie also zum Beispiel $\cos(x) = 0.5$ nach x auflösen möchten, so liefert Ihr Computer (den gerundeten Wert) $x = \arccos(0.5) = 1.05$, also einen Wert aus dem Intervall $[0, \pi]$. (Liefert Ihr Taschenrechner $\arccos(0.5) = 60$? Dann haben Sie das Gradmaß eingestellt;-)

Natürlich gibt es unendlich viele Werte x, für die $\cos(x) = 0.5$ ist. Schneiden Sie den Funktionsgraphen von $\cos(x)$ mit der konstanten Funktion $f(x) = 0.5$! Die Umkehrfunktion arccos liefert aber, wie es sich für eine Funktion gehört, nur *einen* Funktionswert.

Oft verwendet werden auch der **Tangens** und der **Kotangens** (Abbildung 18.17), die folgendermaßen definiert sind:

$$\tan(x) = \frac{\sin(x)}{\cos(x)} \quad \text{für alle } x \in \mathbb{R} \text{ mit } \cos(x) \neq 0,$$

$$\cot(x) = \frac{1}{\tan(x)} \quad \text{für alle } x \in \mathbb{R} \text{ mit } \sin(x) \neq 0.$$

Der Tangens hat also Polstellen an $x = \pm\frac{\pi}{2}, \pm\frac{3\pi}{2}, \ldots$, der Kotangens an $x = 0, \pm\pi$, $\pm 2\pi, \ldots$. Beide haben die Periode π. Für die Definition der Umkehrfunktionen

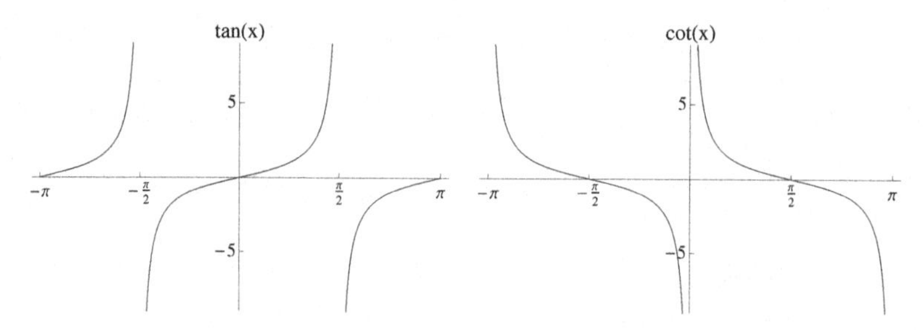

Abbildung 18.17. Tangens und Kotangens

schränkt man den Tangens auf den Definitionsbereich $(-\frac{\pi}{2}, \frac{\pi}{2})$, und den Kotangens auf $(0, \pi)$ ein. Hier ist der Tangens streng monoton wachsend bzw. der Kotangens streng monoton fallend. Die zugehörigen Umkehrfunktionen, **Arcustangens** $\arctan(x)$ und **Arcuskotangens** $\text{arccot}(x)$, sind also auf ganz $\mathbb{R}$ definiert und liefern Winkel aus dem Intervall $(-\frac{\pi}{2}, \frac{\pi}{2})$ (Arcustangens) bzw. aus dem Intervall $(0, \pi)$ (Arcuskotangens).

18.4 Polardarstellung komplexer Zahlen

Trigonometrische Funktionen werden in der Praxis auch zur Beschreibung von komplexen Zahlen verwendet. Erinnern Sie sich daran, dass eine komplexe Zahl $z = x + \mathrm{i}y$ als ein Punkt (oder Zeiger) mit den Koordinaten (x, y) am Kreis mit Radius $r = |z| = \sqrt{x^2 + y^2}$ aufgefasst werden kann (Gauß'sche Zahlenebene, siehe Abbildung 18.18). Die komplexe Zahl (also Position und Länge des Zeigers) ist eindeutig dadurch festgelegt, dass wir Real- und Imaginärteil (x, y) angeben, oder, alternativ, die Länge r des Zeigers und den Winkel φ, der von der x-Achse (d.h. der reellen Achse) weg gemessen wird. Da φ nur bis auf Vielfache von 2π bestimmt ist, müssen wir φ auf ein Intervall der Länge 2π einschränken. Meist wird $\varphi \in (-\pi, \pi]$, manchmal auch $\varphi \in [0, 2\pi)$ verwendet. Man nennt (x, y) die **kartesischen Koordinaten** von z und (r, φ) die **Polarkoordinaten** von z.

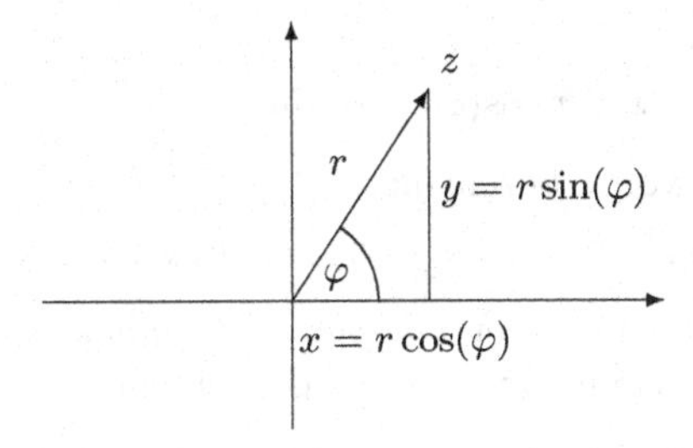

Abbildung 18.18. Polardarstellung einer komplexen Zahl.

Den Zusammenhang zwischen kartesischen und Polarkoordinaten können wir aus Abbildung 18.18 ablesen:

$$x = r\cos(\varphi), \quad y = r\sin(\varphi)$$

bzw.

$$\begin{aligned} r &= \sqrt{x^2+y^2}, \\ \varphi &= \begin{cases} \arccos(\frac{x}{r}), & \text{falls } y \geq 0 \\ -\arccos(\frac{x}{r}), & \text{falls } y < 0 \end{cases}. \end{aligned}$$

Ist $z = 0$, so gilt auch $r = 0$ und φ ist unbestimmt. Der Winkel φ ist natürlich nur bis auf ein Vielfaches von 2π festgelegt. Unsere Definition mithilfe des Arcuskosinus liefert den so genannten **Hauptwert** im Intervall $(-\pi, \pi]$ (da der Arcuskosinus immer Werte im Intervall $[0, \pi]$ liefert).

Die Fallunterscheidung für den Winkel ist notwendig, da der Arcuskosinus ja immer nur einen Funktionswert aus $[0, \pi]$ liefert. Wenn die komplexe Zahl aber einen negativen Imaginärteil hat, dann liegt der zugehörige Winkel in $(-\pi, 0)$. Alternativ kann der Winkel auch mithilfe des Arcustangens berechnet werden.

Beispiel 18.38 (→CAS) Polarkoordinaten

Bestimmen Sie die Polarkoordinaten für:
a) $z = 1$ b) $z = \mathrm{i}$ c) $z = 1 + \mathrm{i}\sqrt{3}$ d) $z = 1 - \mathrm{i}\sqrt{3}$

Lösung zu 18.38

a) $z = 1 + \mathrm{i} \cdot 0$ ist eine reelle Zahl. Der zugehörige Zeiger in der Gauß'schen Zahlenebene hat die Länge $r = 1$ und liegt auf der reellen Achse. Der Winkel φ ist daher 0. Daher sind die Polarkoordinaten von z gleich $(r, \varphi) = (1, 0)$.
b) Nun ist $z = 0 + \mathrm{i} \cdot 1$ rein imaginär. Der zugehörige Zeiger hat die Länge 1 und liegt auf der imaginären Achse. Somit sind die Polarkoordinaten $(r, \varphi) = (1, \frac{\pi}{2})$.
c) Die kartesischen Koordinaten sind $x = 1$ und $y = \sqrt{3}$. Daraus folgt $r = \sqrt{x^2+y^2} = 2$ und $\varphi = \arccos(\frac{x}{r}) = \arccos(\frac{1}{2}) = \frac{\pi}{3}$. Damit sind die Polarkoordinaten $(r, \varphi) = (2, \frac{\pi}{3})$.
d) Die kartesischen Koordinaten sind $x = 1$ und $y = -\sqrt{3}$. Damit ist wieder $r = \sqrt{x^2+y^2} = 2$ und nun aber (negativer Imaginärteil!) $\varphi = -\arccos(\frac{x}{r}) = -\arccos(\frac{1}{2}) = -\frac{\pi}{3}$. Somit lauten die Polarkoordinaten $(r, \varphi) = (2, -\frac{\pi}{3})$. ∎

Die Darstellung

$$z = r\cos(\varphi) + \mathrm{i}\, r\sin(\varphi)$$

wird als **Polardarstellung** von z bezeichnet.

Hier wurden nur Real- und Imaginärteil von $z = x + \mathrm{i}y$ mithilfe von r und φ ausgedrückt.

Die Polardarstellung kann mithilfe der *komplexen Exponentialfunktion* kompakter geschrieben werden. Dazu müssen wir kurz etwas ausholen.

Definition 18.39 Die **komplexe Exponentialfunktion** ist definiert als

$$\begin{aligned} \exp \;:\; & \mathbb{C} \to \mathbb{C} \\ & z = x + \mathrm{i}y \mapsto \mathrm{e}^z = \mathrm{e}^x(\cos(y) + \mathrm{i}\sin(y)). \end{aligned}$$

Beispiel 18.40 (→CAS) Komplexe Exponentialfunktion
Geben Sie den Real- und den Imaginärteil der folgenden komplexen Zahlen an:
a) $\mathrm{e}^{2+\mathrm{i}\frac{\pi}{3}}$ b) $\mathrm{e}^{\mathrm{i}\frac{\pi}{4}}$

Lösung zu 18.40

a) Wir brauchen nur die Definition 18.39 zu verwenden: $\mathrm{e}^{2+\mathrm{i}\frac{\pi}{3}} = \mathrm{e}^2(\cos(\frac{\pi}{3}) + \mathrm{i}\sin(\frac{\pi}{3})) = \mathrm{e}^2(\frac{1}{2} + \mathrm{i}\frac{\sqrt{3}}{2}) = 3.7 + 6.4\mathrm{i}$.
b) $\mathrm{e}^{\mathrm{i}\frac{\pi}{4}} = \mathrm{e}^0(\cos(\frac{\pi}{4}) + \mathrm{i}\sin(\frac{\pi}{4})) = \cos(\frac{\pi}{4}) + \mathrm{i}\sin(\frac{\pi}{4}) = 0.71 + 0.71\mathrm{i}$. ∎

Wenn das Argument der komplexen Exponentialfunktion rein imaginär ist, also $z = 0 + iy$, so ergibt sich die

Satz 18.41 (Formel von Euler)

$$\mathrm{e}^{\mathrm{i}y} = \cos(y) + \mathrm{i}\sin(y) \qquad \text{für beliebiges } y \in \mathbb{R}.$$

Für $y = \pi$ erhält man die „schönste" Formel der Mathematik: $\mathrm{e}^{\mathrm{i}\pi} + 1 = 0$. Sie verknüpft fünf der wichtigsten mathematischen Konstanten: e, i, π, 1 und 0.

Damit können wir die Polardarstellung einer komplexen Zahl z kurz als

$$z = r(\cos(\varphi) + \mathrm{i}\sin(\varphi)) = r \cdot \mathrm{e}^{\mathrm{i}\varphi}$$

schreiben. Für die zugehörige konjugiert komplexe Zahl $\overline{z}$ gilt: $\overline{z} = r \cdot \mathrm{e}^{-\mathrm{i}\varphi}$.

Denn: $\overline{z} = r(\cos(\varphi) - \mathrm{i}\sin(\varphi)) = r(\cos(-\varphi) + \mathrm{i}\sin(-\varphi)) = r \cdot \mathrm{e}^{-\mathrm{i}\varphi}$. Hier haben wir die Eigenschaft verwendet, dass $\cos(-\varphi) = \cos(\varphi)$ und $\sin(-\varphi) = -\sin(\varphi)$, dass also der Kosinus eine gerade und der Sinus eine ungerade Funktion ist.

Beispiel 18.42 Polardarstellung einer komplexen Zahl
Schreiben Sie die komplexen Zahlen aus Beispiel 18.38 in der Form $z = r\mathrm{e}^{\mathrm{i}\varphi}$.

Lösung zu 18.42

a) $z = 1$ hat wegen $r = 1$ und $\varphi = 0$ die Polardarstellung $z = 1(\cos(0) + \mathrm{i}\sin(0)) = \mathrm{e}^{\mathrm{i}\cdot 0}$.

b) $z = \mathrm{i}$ hat die Polarkoordinaten $r = 1$ und $\varphi = \frac{\pi}{2}$, daher die Polardarstellung $z = 1(\cos(\frac{\pi}{2}) + \mathrm{i}\sin(\frac{\pi}{2})) = \mathrm{e}^{\mathrm{i}\cdot\frac{\pi}{2}}$.

c) Die Polarkoordinaten von $1 + \mathrm{i}\sqrt{3}$ sind $(r, \varphi) = (2, \frac{\pi}{3})$, daher ist die Polardarstellung $z = 2(\cos(\frac{\pi}{3}) + \mathrm{i}\sin(\frac{\pi}{3})) = 2\mathrm{e}^{\mathrm{i}\cdot\frac{\pi}{3}}$.

d) Die Polarkoordinaten von $z = 1 - \mathrm{i}\sqrt{3}$ sind $(r, \varphi) = (2, -\frac{\pi}{3})$. Damit ist die Polardarstellung $z = 2(\cos(-\frac{\pi}{3}) + \mathrm{i}\sin(-\frac{\pi}{3})) = 2\mathrm{e}^{-\mathrm{i}\cdot\frac{\pi}{3}}$. ■

Die Rechtfertigung für die auf den ersten Blick etwas seltsam anmutende Definition der komplexen Exponentialfunktion ist, dass sie damit weiterhin die Eigenschaften hat, die wir schon von der reellen Exponentialfunktion gewohnt sind, insbesondere:

Satz 18.43 Für beliebige $z_1, z_2 \in \mathbb{C}$ gilt

$$\mathrm{e}^{z_1+z_2} = \mathrm{e}^{z_1}\mathrm{e}^{z_2}.$$

Das folgt direkt aus den Additionstheoremen der trigonometrischen Funktionen.

In dieser Darstellung können komplexe Zahlen besonders einfach multipliziert werden:

$$z_1 z_2 = (r_1\mathrm{e}^{\mathrm{i}\varphi_1})(r_2\mathrm{e}^{\mathrm{i}\varphi_2}) = (r_1 r_2)\mathrm{e}^{\mathrm{i}(\varphi_1+\varphi_2)}.$$

Die Absolutbeträge werden also multipliziert und die Winkel werden addiert.

Beispiel 18.44 Multiplikation in Polardarstellung
Berechnen Sie für $z_1 = 1 + \mathrm{i}\sqrt{3}$ und $z_2 = \sqrt{2} - \mathrm{i}\sqrt{2}$: a) $z_1 z_2$ b) z_1^2

Lösung zu 18.44

a) Wir können natürlich wie bisher einfach bei den kartesischen Koordinaten bleiben und ausmultiplizieren:

$$z_1 z_2 = (1 + \mathrm{i}\sqrt{3})(\sqrt{2} - \mathrm{i}\sqrt{2}) = \ldots = \sqrt{2}(1 + \sqrt{3}) + \mathrm{i}\sqrt{2}(\sqrt{3} - 1).$$

Oder wir gehen zur Polardarstellung über, $z_1 = 2\mathrm{e}^{\mathrm{i}\frac{\pi}{3}}$ und $z_2 = 2\mathrm{e}^{-\mathrm{i}\cdot\frac{\pi}{4}}$, und multiplizieren nun:

$$z_1 z_2 = 2\mathrm{e}^{\mathrm{i}\frac{\pi}{3}} \cdot 2\mathrm{e}^{-\mathrm{i}\cdot\frac{\pi}{4}} = 4\mathrm{e}^{\mathrm{i}(\frac{\pi}{3}-\frac{\pi}{4})} = 4\mathrm{e}^{\mathrm{i}\frac{\pi}{12}}.$$

b) $z_1 z_1 = (2\mathrm{e}^{\mathrm{i}\frac{\pi}{3}})(2\mathrm{e}^{\mathrm{i}\frac{\pi}{3}}) = 4\mathrm{e}^{\mathrm{i}\frac{2\pi}{3}}$. ■

Im letzten Beispiel b) haben wir z_1^2 berechnet. Allgemein:

Satz 18.45 (Formel von de Moivre) Für $z = r\mathrm{e}^{\mathrm{i}\varphi}$ gilt:

$$z^n = r^n\mathrm{e}^{\mathrm{i}n\varphi} = r^n(\cos(n\varphi) + \mathrm{i}\sin(n\varphi)).$$

Die n-te Potenz von z ist also eine Zahl mit Betrag r^n und n-fachem Winkel.

Denn $z^n = (re^{i\varphi})^n = r^n e^{in\varphi} = r^n(\cos(n\varphi) + i\sin(n\varphi))$. Hier haben wir Satz 18.43 angewendet und das Ergebnis mithilfe von Kosinus und Sinus geschrieben. Die Formel ist benannt nach dem französischen Mathematiker Abraham de Moivre, 1667–1754.

Diese Formel zeigt uns auch, wie wir komplexe Wurzeln ziehen können:

Definition 18.46 Sei $z = re^{i\varphi}$, dann heißt

$$\sqrt[n]{z} = \sqrt[n]{r}\, e^{i\frac{\varphi}{n}}, \quad -\pi < \varphi \le \pi,$$

die n-**te Wurzel** von z.

Statt $\sqrt[2]{z}$ schreibt man wie im reellen Fall einfach $\sqrt{z}$. Aber Achtung: Die aus dem Reellen gewohnten Rechenregeln gelten für komplexe Wurzeln nicht immer! So ist zum Beispiel $\sqrt{z_1 z_2} \neq \sqrt{z_1}\sqrt{z_2}$ (z. B. $1 = \sqrt{1} = \sqrt{(-1)(-1)} \neq \sqrt{-1}\sqrt{-1} = i \cdot i = -1$).

Beispiel 18.47 (→CAS) Komplexe Wurzel
Geben Sie Real- und Imaginärteil an:
a) $\sqrt{1 + i\sqrt{3}}$ b) $\sqrt[3]{8 \cdot e^{i\frac{\pi}{2}}}$ c) $\sqrt[4]{-1}$

Lösung zu 18.47

a) Wir gehen zunächst zur Polardarstellung über, $1 + i\sqrt{3} = 2e^{i\frac{\pi}{3}}$ (siehe Beispiel 18.38 c)), und verwenden dann die Definition 18.46:

$$\sqrt{1 + i\sqrt{3}} = \sqrt{2e^{i\frac{\pi}{3}}} = \sqrt{2}e^{i\frac{\pi}{6}}.$$

Das ist die gesuchte Wurzel. Um davon noch Real- und Imaginärteil zu bekommen, formen wir weiter um:

$$\sqrt{2}e^{i\frac{\pi}{6}} = \sqrt{2}(\cos(\frac{\pi}{6}) + i\sin(\frac{\pi}{6})) = \sqrt{\frac{3}{2}} + \frac{i}{\sqrt{2}}.$$

b) Analog wie zuvor erhalten wir

$$\sqrt[3]{8 \cdot e^{i\frac{\pi}{2}}} = \sqrt[3]{8}e^{i\frac{\pi}{6}} = 2(\cos(\frac{\pi}{6}) + i\sin(\frac{\pi}{6})) = \sqrt{3} + i.$$

c) In Polardarstellung ist $-1 = 1 \cdot e^{i\cdot\pi}$. Damit folgt

$$\sqrt[4]{1 \cdot e^{i\cdot\pi}} = \sqrt[4]{1} \cdot e^{i\cdot\frac{\pi}{4}} = 1(\cos(\frac{\pi}{4}) + i\sin(\frac{\pi}{4})) = \frac{1}{\sqrt{2}} + i\frac{1}{\sqrt{2}}.$$

■

So, wie es für positives x zwei Lösungen zu $w = x^2$ gibt, nämlich $\sqrt{x}$ und $-\sqrt{x}$, so gibt es auch im komplexen Fall mehrere Lösungen der Gleichung $w = z^n$:

Die n-te Wurzel $w = \sqrt[n]{z}$ ist nicht die einzige Lösung der Gleichung $w^n = z$. Es gibt insgesamt n Lösungen:

$$\sqrt[n]{z}, \quad \sqrt[n]{z}\mathrm{e}^{\mathrm{i}2\pi\frac{1}{n}}, \quad \ldots, \quad \sqrt[n]{z}\mathrm{e}^{\mathrm{i}2\pi\frac{n-1}{n}}.$$

Die Zahlen

$$\mathrm{e}^{\mathrm{i}2\pi\frac{k}{n}}, \qquad k = 0, 1, \ldots, n-1,$$

werden als **n-te Einheitswurzeln** bezeichnet. Sie sind gerade die n Lösungen von $w^n = 1$. Man erhält sie graphisch, indem man am Einheitskreis beginnend bei $w = 1$ immer um den Winkel $\frac{2\pi}{n}$ weitergeht, also den Einheitskreis in n gleich große Tortenstücke zerlegt.

Beispiel 18.48 Lösungen von $w^n = z$
Geben Sie alle Lösungen an: a) $w^2 = 1+\mathrm{i}\sqrt{3}$ b) $w^3 = 8\cdot\mathrm{e}^{\mathrm{i}\frac{\pi}{2}}$ c) $w^4 = -1$

Lösung zu 18.48

a) Es gibt insgesamt zwei Lösungen. Aus Beispiel 18.47 a) kennen wir bereits eine Lösung $w_1 = \sqrt{1+\mathrm{i}\sqrt{3}} = \sqrt{2}\mathrm{e}^{\mathrm{i}\frac{\pi}{6}}$. Damit ist die zweite Lösung

$$w_2 = \sqrt{2}\mathrm{e}^{\mathrm{i}\frac{\pi}{6}} \cdot \mathrm{e}^{\mathrm{i}2\pi\frac{1}{2}} = \sqrt{2}\mathrm{e}^{\mathrm{i}\frac{7\pi}{6}}.$$

b) Nun gibt es insgesamt drei Lösungen. Eine Lösung ist wieder die dritte Wurzel, die wir bereits in Beispiel 18.47 b) berechnet haben: $w_1 = 2\mathrm{e}^{\mathrm{i}\frac{\pi}{6}}$. Die beiden anderen Lösungen sind damit

$$w_2 = 2\mathrm{e}^{\mathrm{i}\frac{\pi}{6}}\mathrm{e}^{\mathrm{i}2\pi\frac{1}{3}} = 2\mathrm{e}^{\mathrm{i}\frac{5\pi}{6}}, \qquad w_3 = 2\mathrm{e}^{\mathrm{i}\frac{\pi}{6}}\mathrm{e}^{\mathrm{i}2\pi\frac{2}{3}} = 2\mathrm{e}^{\mathrm{i}\frac{9\pi}{6}}.$$

c) Die vier Lösungen sind (siehe Beispiel 18.47 c)):

$$w_1 = \mathrm{e}^{\mathrm{i}\frac{\pi}{4}}, \quad w_2 = \mathrm{e}^{\mathrm{i}\frac{\pi}{4}}\mathrm{e}^{\mathrm{i}2\pi\frac{1}{4}} = \mathrm{e}^{\mathrm{i}\frac{3\pi}{4}}, \quad w_3 = \mathrm{e}^{\mathrm{i}\frac{5\pi}{4}}, \quad w_4 = \mathrm{e}^{\mathrm{i}\frac{7\pi}{4}}.$$

■

Die Umkehrfunktion zur komplexen Exponentialfunktion ist der komplexe Logarithmus:

Definition 18.49 Der **komplexe Logarithmus** ist definiert als

$$\begin{aligned} \mathrm{Log} \;:\; & \mathbb{C}\backslash\{0\} \to \mathbb{C} \\ & z = r\mathrm{e}^{\mathrm{i}\varphi} \mapsto \mathrm{Log}(z) = \ln(r) + \mathrm{i}\varphi. \end{aligned}$$

Für den Winkel wählt man den **Hauptwert** $\varphi \in (-\pi, \pi]$ und spricht dann vom **Hauptzweig** des komplexen Logarithmus. Der k-te Zweig ist durch $\mathrm{Log}(z) + 2k\pi\mathrm{i}$ mit $k \in \mathbb{Z}$ gegeben.

Beispiel 18.50 (→CAS) Komplexer Logarithmus
Geben Sie den komplexen Logarithmus (den Hauptwert) der folgenden Zahlen an (vergleiche Beispiel 18.38):
a) $z = 1$ b) $z = \mathrm{i}$ c) $z = 1+\mathrm{i}\sqrt{3} = 2\mathrm{e}^{\mathrm{i}\cdot\frac{\pi}{3}}$ d) $z = 1-\mathrm{i}\sqrt{3} = 2\mathrm{e}^{-\mathrm{i}\cdot\frac{\pi}{3}}$.

Lösung zu 18.50

a) Wir brauchen nur die Definition 18.49 zu verwenden: Aus $1 = \mathrm{e}^{\mathrm{i}0}$ folgt $\mathrm{Log}(1) = \ln(1) + \mathrm{i}0 = 0$.
b) Aus $\mathrm{i} = \mathrm{e}^{\mathrm{i}\pi/2}$ folgt $\mathrm{Log}(\mathrm{i}) = \ln(1) + \mathrm{i}\frac{\pi}{2} = \mathrm{i}\frac{\pi}{2}$.
c) Aus $1 + \mathrm{i}\sqrt{3} = 2\mathrm{e}^{\mathrm{i}\cdot\frac{\pi}{3}}$ folgt $\mathrm{Log}(1 + \mathrm{i}\sqrt{3}) = \ln(2) + \mathrm{i}\frac{\pi}{3}$.
d) Aus $1 - \mathrm{i}\sqrt{3} = 2\mathrm{e}^{-\mathrm{i}\cdot\frac{\pi}{3}}$ folgt $\mathrm{Log}(1 - \mathrm{i}\sqrt{3}) = \ln(2) - \mathrm{i}\frac{\pi}{3}$. ■

Für reelles, positives Argument stimmt der komplexe Logarithmus mit dem reellen Logarithmus überein: Wegen $x = x\mathrm{e}^{\mathrm{i}0}$ für $x > 0$ folgt aus der Definition 18.49 $\mathrm{Log}(x) = \ln(x)$. Der komplexe Logarithmus ist also eine Verallgemeinerung des reellen Logarithmus.

Manche Eigenschaften gelten nur im reellen Spezialfall: Für reelle, positive Argumente x_1, x_2 ist uns $\mathrm{Log}(x_1 x_2) = \mathrm{Log}(x_1) + \mathrm{Log}(x_2)$ vertraut. Da bei einer komplexen Zahl der Winkel nur bis auf Vielfache von $2\pi\mathrm{i}$ eindeutig bestimmt ist, ist beim komplexen Logarithmus auch die Formel $\mathrm{Log}(z_1 z_2) = \mathrm{Log}(z_1) + \mathrm{Log}(z_2)$ nur bis auf Vielfache von $2\pi\mathrm{i}$ richtig. So folgt zum Beispiel: $0 = \mathrm{Log}(1) = \mathrm{Log}((-1)\cdot(-1)) \neq \mathrm{Log}(-1) + \mathrm{Log}(-1) = \mathrm{i}\pi + \mathrm{i}\pi = 2\pi\mathrm{i}$.

Mithilfe des komplexen Logarithmus kann man beliebige **Potenzen z^w für komplexe Zahlen** z, w berechnen:

$$z^w = \mathrm{e}^{w\mathrm{Log}(z)}, \qquad z \in \mathbb{C}\backslash\{0\},\ w \in \mathbb{C}.$$

Ist $z = r\mathrm{e}^{\mathrm{i}\varphi}$ die Polardarstellung von z und $w = u + \mathrm{i}v$ die Zerlegung von w in Real- und Imaginärteil, so folgt aus der Euler'schen Formel 18.41

$$z^w = r^u\,\mathrm{e}^{-v\varphi}\,(\cos(u\varphi + v\ln(r)) + \mathrm{i}\sin(u\varphi + v\ln(r)))\,.$$

Die komplexe Potenz ist mithilfe des Hauptzweiges des komplexen Logarithmus definiert. Wenn der Exponent w nicht ganzzahlig ist, so liefern verschiedene Zweige des Logarithmus verschiedene Zweige der Potenzen. Im Spezialfall $w = \frac{1}{n}$ ergibt diese Definition genau die komplexe n-te Wurzel aus Definition 18.46.

Beispiel 18.51 (→CAS) Komplexe Potenzen
Berechnen Sie: a) $3^{-\mathrm{i}}$ b) $(1+\mathrm{i})^{\mathrm{i}}$ c) $(1-\mathrm{i})^{2+3\mathrm{i}}$

Lösung zu 18.51 Wir gehen immer so vor: Zunächst schreiben wir die Basis $z = r\mathrm{e}^{\mathrm{i}\varphi}$ mithilfe des Hauptzweiges des komplexen Logarithmus, also $z = \mathrm{e}^{\ln(r)+\mathrm{i}\varphi}$. Dann fügen wir die Hochzahl hinzu,

$$z^w = \left(\mathrm{e}^{\ln(r)+\mathrm{i}\varphi}\right)^w = \mathrm{e}^{w(\ln(r)+\mathrm{i}\varphi)},$$

und vereinfachen mithilfe der Formel von Euler 18.41.
a) Wir schreiben $z = 3\mathrm{e}^{\mathrm{i}\cdot 0}$ mithilfe des komplexen Logarithmus: $z = \mathrm{e}^{\ln(3)+\mathrm{i}\cdot 0} = \mathrm{e}^{\ln(3)}$ und erhalten damit

$$\begin{aligned} 3^{-\mathrm{i}} &= \left(\mathrm{e}^{\ln(3)}\right)^{-\mathrm{i}} = \mathrm{e}^{-\mathrm{i}\ln(3)} = \cos(-\ln(3)) + \mathrm{i}\sin(-\ln(3)) = \\ &= \cos(\ln(3)) - \mathrm{i}\sin(\ln(3)) = 0.45 - 0.89\mathrm{i}. \end{aligned}$$

b) Zuerst schreiben wir $z = 1 + \mathrm{i} = \sqrt{2}\mathrm{e}^{\mathrm{i}\frac{\pi}{4}}$ mithilfe des komplexen Logarithmus: $z = \mathrm{e}^{\ln(\sqrt{2})+\mathrm{i}\frac{\pi}{4}}$. Daraus folgt

$$\begin{aligned}(1+\mathrm{i})^{\mathrm{i}} &= \left(\mathrm{e}^{\ln(\sqrt{2})+\mathrm{i}\frac{\pi}{4}}\right)^{\mathrm{i}} = \mathrm{e}^{\mathrm{i}\left(\ln(\sqrt{2})+\mathrm{i}\frac{\pi}{4}\right)} = \\ &= \mathrm{e}^{-\frac{\pi}{4}+\mathrm{i}\ln(\sqrt{2})} = \mathrm{e}^{-\frac{\pi}{4}}\left(\cos(\ln(\sqrt{2}))+\mathrm{i}\sin(\ln(\sqrt{2}))\right) = \\ &= 0.43+0.15\mathrm{i}.\end{aligned}$$

c) Wieder drücken wir $z = 1-\mathrm{i} = \sqrt{2}\mathrm{e}^{-\mathrm{i}\frac{\pi}{4}}$ mithilfe des komplexen Logarithmus aus: $z = \mathrm{e}^{\ln(\sqrt{2})-\mathrm{i}\frac{\pi}{4}}$. Somit erhalten wir

$$\begin{aligned}(1-\mathrm{i})^{2+3\mathrm{i}} &= \left(\mathrm{e}^{\ln(\sqrt{2})-\mathrm{i}\frac{\pi}{4}}\right)^{2+3\mathrm{i}} = \mathrm{e}^{(2+3\mathrm{i})\left(\ln(\sqrt{2})-\mathrm{i}\frac{\pi}{4}\right)} = \\ &\quad \text{nach Ausmultiplizieren in der Hochzahl} \\ &= \mathrm{e}^{2\ln(\sqrt{2})+\frac{3\pi}{4}+\mathrm{i}(3\ln(\sqrt{2})-\frac{\pi}{2})} = \\ &\quad \text{mithilfe der Vereinfachung } \ln(\sqrt{2}) = \frac{1}{2}\ln(2) \\ &= 2\mathrm{e}^{\frac{3\pi}{4}}\left(\cos\left(\frac{3\ln(2)}{2}-\frac{\pi}{2}\right)+\mathrm{i}\sin\left(\frac{3\ln(2)}{2}-\frac{\pi}{2}\right)\right) = \\ &\quad \text{da } \cos(x-\frac{\pi}{2}) = \sin(x) \text{ und } \sin(x-\frac{\pi}{2}) = -\cos(x) \\ &= 2\mathrm{e}^{\frac{3\pi}{4}}\left(\sin\left(\frac{3\ln(2)}{2}\right)-\mathrm{i}\cos\left(\frac{3\ln(2)}{2}\right)\right) = -18.20+10.69\mathrm{i}.\end{aligned}$$

■

18.4.1 Anwendung: Komplexe Darstellung von Schwingungen

In der Praxis treten oft Schwingungsvorgänge auf, deren zeitlicher Verlauf durch

$$y(t) = A\sin(\omega t+\varphi)$$

beschrieben werden kann. Zum Beispiel könnte es sich bei $y(t)$ um ein Signal (eine elektromagnetische Welle) oder einen elektrischen Wechselstrom handeln. Dabei wird A als **Amplitude** der Schwingung, ω als **Kreisfrequenz** und φ als **Nullphasenwinkel** bezeichnet. Die Schwingung ist periodisch mit der **Periodendauer** $T = \frac{2\pi}{\omega}$.

Denn $y(t+T) = A\sin(\omega(t+T)+\varphi) = A\sin(\omega t+\omega T+\varphi) = A\sin(\omega t+\omega\frac{2\pi}{\omega}+\varphi) = A\sin(\omega t+2\pi+\varphi) = A\sin(\omega t+\varphi) = y(t)$.

Der Kehrwert der Periodendauer, die **Frequenz** $f = \frac{1}{T} = \frac{\omega}{2\pi}$, gibt an, wie oft pro Zeiteinheit sich die Schwingung wiederholt.

Natürlich könnte man zur Beschreibung einer Schwingung auch den Kosinus verwenden. Wegen

$$A\cos(\omega t+\varphi) = A\sin(\omega t+\varphi+\frac{\pi}{2})$$

bringt das aber nichts Neues.

Jeder Schwingung ordnet man nun formal eine „komplexe Schwingung“

$$z(t) = A\cos(\omega t+\varphi)+\mathrm{i}A\sin(\omega t+\varphi)$$

zu, die mithilfe der Euler'schen Formel 18.41 kompakt in der Form

$$z(t) = A\mathrm{e}^{\mathrm{i}(\omega t+\varphi)}$$

geschrieben werden kann. Die ursprüngliche, physikalisch interpretierbare, Schwingung, ist ihr Imaginärteil. Im Realteil steckt die entsprechende Kosinus-Schwingung. Wir haben durch Übergang zum komplexen $z(t)$ keine Information verloren, aber einiges gewonnen: Erstens ist mit der Exponentialfunktion viel einfacher zu rechnen als mit trigonometrischen Funktionen.

Denn man muss sich nur das Exponentialgesetz (Satz 18.43) merken, im Gegensatz zu den trigonometrischen Additionsgesetzen mitsamt allen Verallgemeinerungen (Satz 18.36).

Wenn man z.B. in $\mathrm{e}^{\mathrm{i}(y_1+y_2)} = \mathrm{e}^{\mathrm{i}y_1}\mathrm{e}^{\mathrm{i}y_2}$ die Euler'sche Formel einsetzt, die rechte Seite ausmultipliziert und dann auf beiden Seiten Real- und Imaginärteil vergleicht, so erhält man die Additionstheoreme für Sinus und Cosinus. Mehr noch, man kann das leicht weiter treiben, und z.B. drei Zahlen y_1, y_2, y_3 betrachten. Auf diese Weise kann man Unmengen von weiteren trigonometrischen Identitäten beweisen, wie man sie in Formelsammlungen findet.

Zweitens lassen sich Schwingungen mithilfe der komplexen Verpackung gut graphisch veranschaulichen: Der Punkt $z(t)$ entspricht der Spitze eines Zeigers (Vektors), der sich entlang des Kreises mit Radius A mit der Frequenz f dreht (vgl. Abbildung 18.19). Die physikalisch relevante Schwingung $y(t)$ ist gerade der Imaginärteil des Zeigers, der bei dieser Kreisbewegung periodisch größer und wieder kleiner wird (und somit wie gewünscht die Schwingung beschreibt). Nun kann man

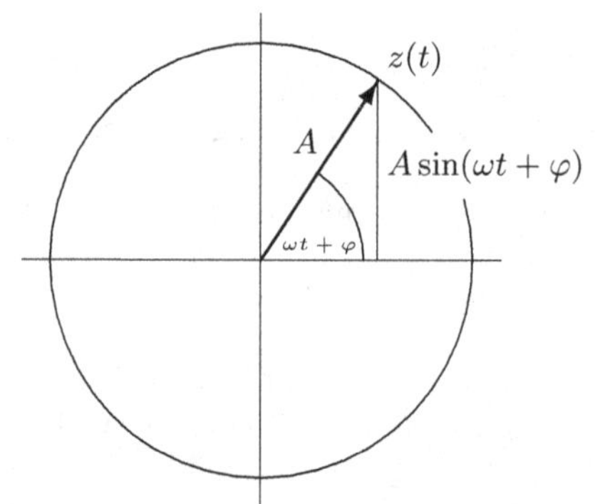

Abbildung 18.19. Veranschaulichung einer Schwingung als Imaginärteil eines komplexen Zeigers, der gegen den Uhrzeigersinn mit der Kreisfrequenz ω rotiert. Das Zeigerdiagramm zeigt die Momentaufnahme zum Zeitpunkt t.

sich auch leicht überlegen, was bei der Überlagerung von zwei Schwingungen *mit gleicher Kreisfrequenz* ω entsteht. Beide Zeiger drehen sich dann ja mit der gleichen Geschwindigkeit und ändern somit ihre relative Lage zueinander nicht. Also spielt es keine Rolle, zu welchem Zeitpunkt man sie addiert, man kann also zum Beispiel den Zeitpunkt $t = 0$ wählen. Durch Addition der beiden Zeiger (Vektoren) zu diesem Zeitpunkt finden wir dann den resultierenden Zeiger, der sich mit derselben Kreisfrequenz dreht:

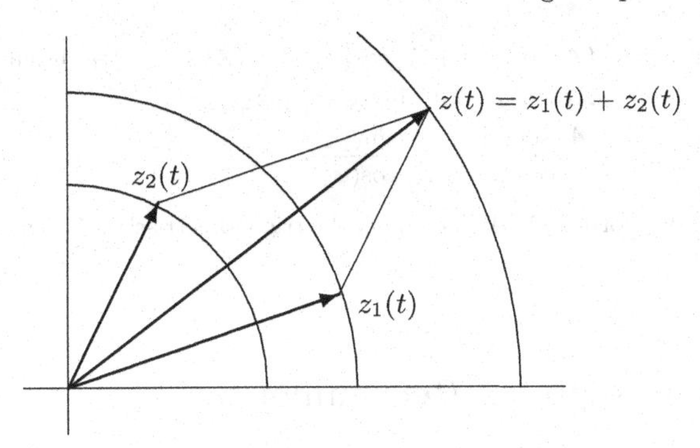

Abbildung 18.20. Die Überlagerung zweier Schwingungen mit gleicher Kreisfrequenz wird im Zeigerdiagramm durch Vektoraddition der beiden Zeiger erhalten.

Satz 18.52 Gegeben seien zwei Schwingungen

$$y_1(t) = A_1 \sin(\omega t + \varphi_1) \quad \text{und} \quad y_2(t) = A_2 \sin(\omega t + \varphi_2)$$

mit derselben Kreisfrequenz ω. Dann ist ihre Überlagerung $y(t) = y_1(t)+y_2(t)$ wieder eine Schwingung mit dieser Kreisfrequenz,

$$y(t) = A \sin(\omega t + \varphi),$$

deren Amplitude A und Nullphasenwinkel φ gegeben sind durch

$$A = \sqrt{A_1^2 + A_2^2 + 2A_1 A_2 \cos(\varphi_2 - \varphi_1)}, \qquad \tan(\varphi) = \frac{A_1 \sin(\varphi_1) + A_2 \sin(\varphi_2)}{A_1 \cos(\varphi_1) + A_2 \cos(\varphi_2)}.$$

Der Satz gilt analog für beliebig viele Schwingungen solange alle die gleiche Kreisfrequenz haben. Aber Achtung: Sind die Kreisfrequenzen *verschieden*, so gilt dieser Satz nicht mehr. Die Überlagerung ist dann im Allgemeinen keine Sinusschwingung mehr.

Die Formeln für A und φ aus Satz 18.52 können wir nachvollziehen, wenn wir die beiden Schwingungen $y_1(t)$ und $y_2(t)$ über ihre komplexen Zeiger addieren:

$$z(t) = z_1(t) + z_2(t) = A_1 e^{i(\omega t + \varphi_1)} + A_2 e^{i(\omega t + \varphi_2)} = e^{i\omega t}(A_1 e^{i\varphi_1} + A_2 e^{i\varphi_2}).$$

Also sehen wir, dass die Summe $z(t)$ wieder eine komplexe Zahl mit Kreisfrequenz ω ist, die wir somit in der Form $z(t) = e^{i\omega t} A e^{i\varphi} = A e^{i(\omega t + \varphi)}$ schreiben können. Der Faktor $e^{i\omega t}$ bewirkt das Weiterdrehen des Zeigers $z(0) = A e^{i\varphi}$ auf seine Position $z(t) = e^{i\omega t} z(0)$ zum Zeitpunkt t. Sehen wir uns nun den Zeiger zum Zeitpunkt $t = 0$ an, um die Formeln für die Amplitude A und den Nullphasenwinkel φ zu bekommen:

$$z(0) = A e^{i\varphi} = A_1 e^{i\varphi_1} + A_2 e^{i\varphi_2}.$$

Wir wenden die Euler'sche Formel 18.41 an und erhalten damit $z(0)$ in kartesischen Koordinaten:

$$\begin{aligned} A_1 e^{i\varphi_1} + A_2 e^{i\varphi_2} &= A_1 (\cos(\varphi_1) + i \sin(\varphi_1)) + A_2 (\cos(\varphi_2) + i \sin(\varphi_2)) = \\ &= A_1 \cos(\varphi_1) + A_2 \cos(\varphi_2) + i (A_1 \sin(\varphi_1) + A_2 \sin(\varphi_2)). \end{aligned}$$

Somit erhalten wir die Amplitude A und den Nullphasenwinkel φ von $z(t)$ durch Berechnen der Polarkoordinaten von $z(0)$:

$$\begin{aligned} A^2 &= (A_1\cos(\varphi_1)+A_2\cos(\varphi_2))^2+(A_1\sin(\varphi_1)+A_2\sin(\varphi_2))^2 = \\ &= A_1^2+A_2^2+2A_1A_2\cos(\varphi_2-\varphi_2), \\ \tan(\varphi) &= \frac{A_1\sin(\varphi_1)+A_2\sin(\varphi_2)}{A_1\cos(\varphi_1)+A_2\cos(\varphi_2)}. \end{aligned}$$

Zur Vereinfachung der Formel für A^2 haben wir die trigonometrischen Eigenschaften aus Satz 18.36 verwendet.

18.5 Mit dem digitalen Rechenmeister

Nullstellen

Der `Solve`-Befehl in `Mathematica` versucht, eine Gleichung nach der angegebenen Variablen aufzulösen. Gleichungen werden mit einem doppelten Gleichheitszeichen eingegeben:

In[1]:= $\texttt{Solve}[x^3 - 7x^2 + 7x - 1 == 0, x]$

Out[1]= $\{\{x \to 1\}, \{x \to 3 - 2\sqrt{2}\}, \{x \to 3 + 2\sqrt{2}\}\}$

`Mathematica` hat also drei Nullstellen gefunden.

Faktorisierung

Polynome können mit dem Befehl

In[2]:= $\texttt{Factor}[x^3 - 1]$

Out[2]= $(-1 + x)(1 + x + x^2)$

faktorisiert und mit dem Befehl

In[3]:= $\texttt{Expand}[\%]$

Out[3]= $-1 + x^3$

ausmultipliziert werden. Eine Faktorisierung erfolgt nur, wenn die Nullstellen rationale Zahlen sind.

Polynomdivision

Den Quotienten $s(x)$ der Polynomdivision $p(x) = s(x)q(x) + r(x)$ können wir mit `PolynomialQuotient`$[p(x), q(x), x]$

In[4]:= $\texttt{PolynomialQuotient}[3x^4 + x^3 - 2x, x^2 + 1, x]$

Out[4]= $-3 + x + 3x^2$

und den Rest $r(x)$ mit `PolynomialRemainder`$[p(x), q(x), x]$

In[5]:= $\texttt{PolynomialRemainder}[3x^4 + x^3 - 2x, x^2 + 1, x]$

Out[5]= $3 - 3x$

berechnen.

Interpolationspolynome

Interpolationspolynome können mittels `InterpolatingPolynomial`$[\{\{x_0, y_0\}, \ldots\}, x]$ berechnet werden, wobei $(x_0, y_0), \ldots$ die gewünschten Stützpunkte sind. Um uns die Eingabe der Stützpunkte zu ersparen, können wir leicht mit dem `Table`-Befehl eine Liste gleichmäßig verteilter Stützpunkte erzeugen. Zum Beispiel:

```
In[6]:= f[x_] = 1/(1 + 25x^2);
        Stuetzpunkte[n_] := Table[{j/n, f[j/n]}, {j, -n, n}];
        P[x_] = InterpolatingPolynomial[Stuetzpunkte[6], x]//Expand
```

Out[8]=
$$1 - \frac{551599221900\,x^2}{28167484501} + \frac{367051586875\,x^4}{1847048164} - \frac{107641853578125\,x^6}{112669938004} + \frac{62017871484375\,x^8}{28167484501} - \frac{65809335937500\,x^{10}}{28167484501} + \frac{25628906250000\,x^{12}}{28167484501}$$

`Stuetzpunkte[n]` erzeugt eine Liste von $2n + 1$ Stützpunkten, die gleichmäßig im Intervall $[-1, 1]$ verteilt sind. Damit wurden hier 13 Stützpunkte erzeugt und dann das Interpolationspolynom $P_{12}(x)$ von $f(x) = \frac{1}{1+25x^2}$ berechnet. Abbildung 18.8 erhalten wir mit `Plot[{f[x],P[x]},{x,-1,1},PlotRange -> All]`.

Graphische Darstellung von Funktionen

Erinnern Sie sich an den `Plot`-Befehl, mit dem Funktionen gezeichnet werden können. Es ist dabei sogar möglich mehrere Funktionen gleichzeitig zu zeichnen, indem man statt einer Funktion eine Liste von Funktionen angibt:

```
In[9]:= Plot[{Sin[x], Sin[2x]}, {x, 0, 2π},
          Ticks -> {{0, π, 2π}, Automatic},
          PlotStyle -> {{}, Dashing[{0.05, 0.02}]}]
```

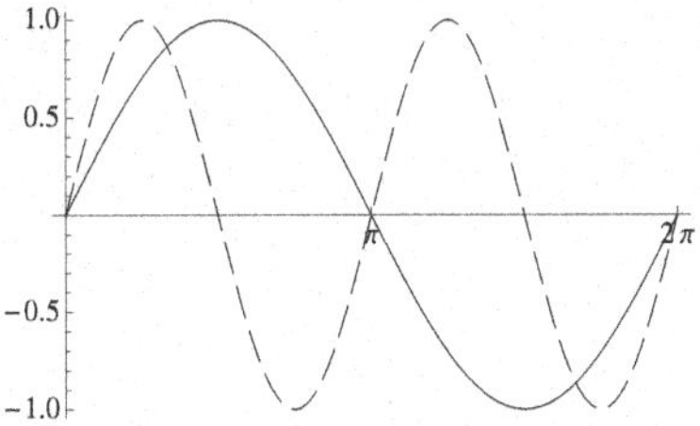

Mit der Option `Ticks` wurde hier festgelegt, dass die x-Achse an den Positionen $0, \pi, 2\pi$ zu beschriften ist (die Beschriftung der y-Achse erfolgt hier automatisch). Mit der Option `PlotStyle` wurde für die zweite Funktion durch `Dashing[{0.05, 0.02}]` eine strichlierte Linie gewählt. Als `PlotStyle` kann durch Angabe von `RGBColor[r, g, b]` auch ein Farbwert gewählt werden (z. B. `RGBColor[1, 0, 0]` für rot).

Bogenmaß und Gradmaß

Winkelwerte werden von `Mathematica` defaultmäßig im Bogenmaß interpretiert:

```
In[10]:= Sin[π/2]
Out[10]= 1
```

Haben Sie den Winkel im Gradmaß gegeben, so muss er mit dem Faktor $\frac{\pi}{180}$ ins Bogenmaß umgerechnet werden. Dafür gibt es die eingebaute Konstante `Degree`, die auch als ° über die Palette eingegeben werden kann:

```
In[11]:= Sin[90 Degree]
Out[11]= 1
```

Funktionen mit komplexen Argumenten, Polardarstellung

Natürlich können wir in `Mathematica` die trigonometrischen (bzw. alle anderen) Funktionen auch mit komplexem Argument aufrufen (Eingabe der imaginären Einheit mit dem Großbuchstaben „I" oder über die Palette).

```
In[12]:= Sin[I]
Out[12]= I Sinh[1]
```

Oder:

In[13]:= $\text{Exp}[2 + \mathrm{i}\frac{\pi}{3}]$//ComplexExpand

Out[13]= $\frac{e^2}{2} + \frac{1}{2}\mathrm{i}\sqrt{3}e^2$

Hier mussten wir noch mit `ComplexExpand` nachhelfen, damit das Ergebnis auch in Real- und Imaginärteil aufgespalten wird.

Der Betrag einer komplexen Zahl kann mit `Abs[z]` und der Winkel mit `Arg[z]` berechnet werden. Der Winkel wird im Bogenmaß ausgegeben. Die Polarkoordinaten von $1 + \mathrm{i}\sqrt{3}$ sind zum Beispiel

In[14]:= $\{\text{Abs}[1 + I\sqrt{3}], \text{Arg}[1 + I\sqrt{3}]\}$

Out[14]= $\{2, \frac{\pi}{3}\}$

Die n-te Wurzel einer komplexen Zahl z wird in der Form $z^{\frac{1}{n}}$ oder über die Palette eingegeben:

In[15]:= $\sqrt{1 + \mathrm{i}\sqrt{3}}$//ComplexExpand

Out[15]= $\sqrt{\frac{3}{2}} + \frac{\mathrm{i}}{\sqrt{2}}$

Oder:

In[16]:= $\sqrt[3]{8e^{\mathrm{i}\frac{\pi}{2}}}$//ComplexExpand

Out[16]= $\mathrm{i} + \sqrt{3}$

Den komplexen Logarithmus erhält man mit

In[17]:= $\text{Log}[1 + \mathrm{i}\sqrt{3}]$//ComplexExpand

Out[17]= $\frac{\mathrm{i}\pi}{3} + \text{Log}[2]$

und analog komplexe Potenzen

In[18]:= $\{3^{\mathrm{i}}, (1 + \mathrm{i})^{\mathrm{i}}, (1 - \mathrm{i})^{2+3\mathrm{i}}\}$//ComplexExpand//Simplify

```
Out[18]= {Cos[Log[3]] - i Sin[Log[3]], e^(-π/4) (Cos[Log[2]/2] + i Sin[Log[2]/2]),
    2e^(3π/4) (-i Cos[3Log[2]/2] + Sin[3Log[2]/2])}
```

18.6 Kontrollfragen

Fragen zu Abschnitt 18.1: Polynome und rationale Funktionen

Erklären Sie folgende Begriffe: Polynom, normiertes Polynom, Grad eines Polynoms, rationale Funktion, Parabel, Nullstelle, Polynomdivision, Faktorisierung eines Polynoms, Linearfaktor, Fundamentalsatz der Algebra, Vielfachheit einer Nullstelle, asymptotische Näherung, Polstelle.

1. Welche der folgenden Funktionen ist ein Polynom? Ist das Polynom normiert? Bestimmen Sie gegebenenfalls den Grad des Polynoms.
   a) $f_1(x) = 3 + 5(x-1) - 4(x-1)^2$ b) $f_2(x) = 3$ c) $f_3(t) = t - t^2$
   d) $f_4(x) = x(x-1) + \sqrt{2}$ e) $f_5(t) = t^3 - \sqrt{t}$ f) $f_6(x) = \frac{x+1}{2}$
   g) $f_7(x) = (x - \sqrt{2})(x + \frac{1}{3})$ h) $f_8(x) = 3x - x^{-2}$
2. Durch die Angabe wie vieler Punkte ist eine kubische Funktion eindeutig bestimmt?
3. Richtig oder falsch:
   a) Eine quadratische Funktion hat zwei reelle Nullstellen.
   b) Eine kubische Funktion hat mindestens eine reelle Nullstelle.
4. Richtig oder falsch:
   a) Um die Nullstellen von $f(x) = g(x)h(x)$ zu suchen, braucht man nur die Nullstellen von $g(x)$ und $h(x)$ zu suchen.
   b) Die Nullstellen von $f(x) = (x+3)(x-2)(x+1)$ sind $3, -2$ und 1.
5. Welcher Graph gehört zu welcher Funktion?
   $f(x) = 3$ $g(x) = \frac{2}{3}x$ $h(x) = \frac{2}{3}x + 1$
   $p(x) = x^2 + x - 1$ $r(x) = \frac{x}{x-1}$ $k(x) = x^3 - 2x + 1$

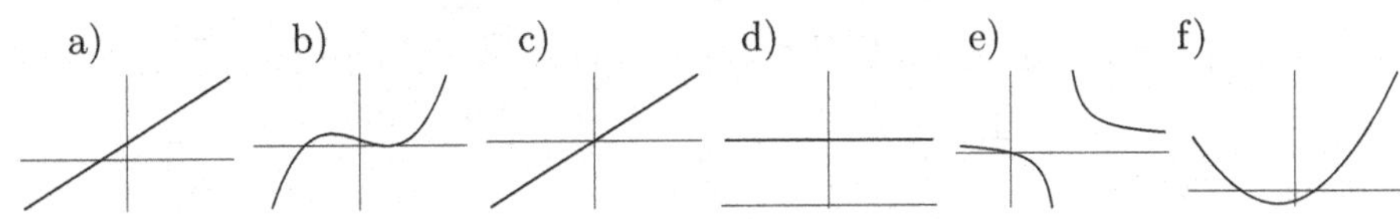

6. Ist das Polynom $p(x) = 2x^3 + 5x^2 - x + 1$ beschränkt?
7. Wenn der Grad von $p(x)$ gleich 5 und der Grad von $q(x)$ gleich 3 ist, was ist dann der Grad des Rests $r(x)$ bei Division von $p(x)$ durch $q(x)$?
8. Falls x_0 eine Nullstelle des Polynoms $p(x)$ ist, was ist dann der Rest $r(x)$ der Polynomdivision $p(x) : (x - x_0)$?
9. Richtig oder falsch: Die Nullstellen einer Funktion $\frac{f(x)}{g(x)}$ sind gerade die Nullstellen des Zählers $f(x)$.
10. Richtig oder falsch?
    a) $f(x) = \frac{x^2+1}{x-1}$ hat keine Nullstellen und eine Polstelle bei $x = 1$.
    b) $g(x) = \frac{x^2+2x-3}{x-1}$ hat die Nullstellen $x = 1$ und $x = -3$ und die Polstelle $x = 1$.

Fragen zu Abschnitt 18.2: Potenz-, Exponential- und Logarithmusfunktionen

Erklären Sie folgende Begriffe: Potenzfunktion, Exponentialfunktion, Basis, Exponent, charakteristische Eigenschaften der Exponentialfunktion, Logarithmusfunktion, charakteristische Eigenschaften der Logarithmusfunktion.

1. Richtig oder falsch?
   a) $\sqrt[3]{a^2} = a^{\frac{3}{2}}$ b) $9^{\frac{3}{2}} = 27$ c) $16^{1.5} = 64$
2. Vereinfachen Sie:
   a) $a^3 \cdot a^4$ b) $x^{-1} \cdot x^3$ c) $y^{\frac{1}{2}} \cdot y^2$ d) $2^x \cdot 3^x$
   e) $10^{-1} \cdot (\frac{1}{2})^{-1}$ f) $(a^2)^{\frac{1}{2}}$ g) $(10^{-2})^2$ h) $(\frac{1}{3})^2 \cdot 3^2$
3. Richtig oder falsch?
   a) $2^3 + 2^5 = 2^8$ b) $x^{\frac{1}{2}} \cdot x^2 = x$ c) $2^x \cdot 3^x = 5^x$ d) $(a^2)^3 = a^5$
   e) $(\frac{1}{2})^x = 2^{-x}$ f) $10^{-1} \cdot 10^3 = 10^2$ g) $2^n \cdot 2^n = 2^{2n} = 4^n$ h) $2^{10} = 4^5$
4. Welcher Graph gehört zu welcher Potenzfunktion:
   $f(x) = x^2$, $g(x) = x^{-2}$, $h(x) = x^{\frac{1}{2}}$
   a) b) c)
5. Welcher Graph gehört zu welcher Funktion: $f(x) = \mathrm{e}^x$, $g(x) = \mathrm{e}^{-x}$, $h(x) = \ln(x)$
   a) b) c)

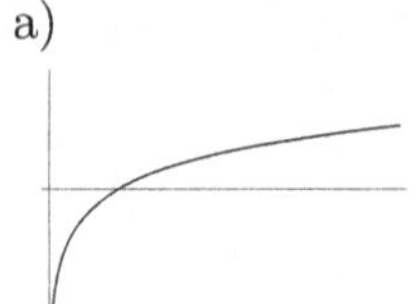

6. Geben Sie die nächsten Funktionswerte des exponentiellen Wachstums- bzw. Abnahmeprozesses an und bestimmen Sie jeweils die Funktionsgleichung $y = f(t)$:

a)

t	0	1	2	3	4	5
y	0.5	1				

b)

t	0	1	2	3	4	5
y	1000	100				

7. Richtig oder falsch?
   a) $\log_{10}(100) = 2$ b) $\log_2(8) = 4$ c) $\log_8(2) = \frac{1}{3}$
   d) $\ln(2^x) = x\ln(2)$ e) $\ln(3x) = \ln(x) + 3$ f) $\ln(1) = 1$
   g) $\ln\left(x^{\frac{1}{2}}\right) = \frac{1}{\sqrt{\ln x}}$ h) $\ln(2) + \ln(x) = \ln(2 + x)$ i) $\ln(\mathrm{e}^x) = x$

Fragen zu Abschnitt 18.3: Trigonometrische Funktionen

Erklären Sie folgende Begriffe: Sinus, Kosinus, Bogenmaß, Gradmaß, Radiant, periodische Funktion, Periode, gerade/ungerade Funktion, charakteristische Eigenschaften von Sinus und Kosinus, Arcussinus, Arcuskosinus, Tangens, Kotangens, Arcustangens, Arcuskotangens.

1. Richtig oder falsch?
   a) $\cos(-\frac{5\pi}{4}) = \cos(\frac{5\pi}{4})$ b) $\sin(-\frac{2\pi}{3}) = \sin(\frac{2\pi}{3})$ c) $\cos(\frac{\pi}{4}) = \sin(\frac{3\pi}{4})$
2. Geben Sie die Periode an: a) $g(x) = \sin(3x)$ b) $h(x) = 3\sin(x)$

Fragen zu Abschnitt 18.4: Polardarstellung komplexer Zahlen

Erklären Sie folgende Begriffe: kartesische Koordinaten, Polarkoordinaten, Polardarstellung, komplexe Exponentialfunktion, Formel von de Moivre, komplexe Wurzel, Einheitswurzeln, komplexer Logarithmus, komplexe Potenzen.

1. Geben Sie die Polarkoordinaten an: a) $z = 2$ b) $z = -\mathrm{i}$ c) $z = 1 + \mathrm{i}$
2. Richtig oder falsch?
   a) $\mathrm{e}^{\mathrm{i}\frac{\pi}{2}} = \mathrm{i}$ b) $3\mathrm{e}^{-\mathrm{i}\frac{\pi}{2}} = -3\mathrm{i}$ c) $4\mathrm{e}^{\mathrm{i}\pi} = -4$ d) $(\mathrm{e}^{\mathrm{i}\frac{\pi}{2}})^2 = -1$
3. Geben Sie an: a) $\sqrt[3]{64\mathrm{e}^{\mathrm{i}\frac{\pi}{5}}}$ b) $\sqrt{\mathrm{i}}$
4. Was trifft zu: Die 2-ten Einheitswurzeln sind a) $1, -1$, b) $\mathrm{i}, -\mathrm{i}$.
5. Was ist $|\mathrm{e}^{\mathrm{i}\varphi}|$?
6. Was ist $\mathrm{Log}(-1)$? a) Nicht definiert, b) i, c) $\mathrm{i}\pi$.

Lösungen zu den Kontrollfragen

Lösungen zu Abschnitt 18.1

1. a) Polynom vom Grad 2, nicht normiert (der höchste Koeffizient ist -4)
   b) $f_2(x) = 3 = 3\,x^0$ ist ein Polynom vom Grad 0, nicht normiert (der höchste Koeffizient ist 3)
   c) Polynom vom Grad 2, nicht normiert
   d) normiertes Polynom vom Grad 2
   e) kein Polynom, da $\sqrt{t} = t^{\frac{1}{2}}$ vorkommt
   f) $f_6(x) = \frac{1}{2}x + \frac{1}{2}$ ist ein Polynom vom Grad 1, nicht normiert
   g) normiertes Polynom vom Grad 2
   h) kein Polynom, da ein negativer Exponent vorkommt
2. Eine kubische Funktion (= Polynom vom Grad 3) ist durch vier Punkte festgelegt.
3. a) Falsch: Es kann (1) keine reelle Nullstelle geben (dann sind beide Nullstellen konjugiert-komplex zueinander; der Funktionsgraph ist eine Parabel, die die x-Achse nie schneidet); oder (2) genau eine reelle Nullstelle der Vielfachheit 2 (dann berührt die Parabel die x-Achse an dieser Stelle); oder (3) genau zwei reelle Nullstellen (die Parabel schneidet die x-Achse an diesen Stellen).
   b) Richtig; das gilt für jedes reelle Polynom *ungeraden* Grades.
4. a) richtig
   b) falsch; die Nullstellen sind $-3, 2$ und -1! (Für diese Werte von x sind die Linearfaktoren gleich 0).
5.

Graph	a)	b)	c)	d)	e)	f)
Funktion	h	k	g	f	r	p

6. Nein, p ist ein (nichtkonstantes) Polynom und daher unbeschränkt.
7. Der Rest hat höchstens Grad $5 - 3 = 2$.

8. Der Rest verschwindet: $r(x) = 0$.
9. Richtig. (Wir gehen davon aus, dass gemeinsame Faktoren von Zähler und Nenner bereits gekürzt sind, es also keine gemeinsamen Nullstellen von Zähler und Nenner gibt.) Da $\frac{f(x)}{g(x)} = f(x) \cdot \frac{1}{g(x)}$, und da $\frac{1}{g(x)}$ keine Nullstellen haben kann, bleiben nur die Nullstellen von $f(x)$ zu finden.
10. a) richtig
    b) Falsch: Die Funktion hat zwar bei $x = -3$ eine Nullstelle, aber bei $x = 1$ keine Polstelle (und auch keine Nullstelle). Denn: Bei $x = 1$ haben sowohl Zähler als auch Nenner eine Nullstelle (derselben Vielfachheit), sodass dieser gemeinsame Linearfaktor gekürzt werden kann: $g(x) = \frac{(x-1)(x+3)}{x-1} = x + 3$.

Lösungen zu Abschnitt 18.2

1. a) falsch; $\sqrt[3]{a^2} = a^{\frac{2}{3}}$ b) richtig c) richtig
2. a) a^7 b) x^2 c) $y^{\frac{5}{2}}$ d) 6^x
   e) $5^{-1} = \frac{1}{5}$ f) a g) 10^{-4} h) $(\frac{1}{3}3)^2 = 1^2 = 1$
3. a) falsch b) falsch; $x^{\frac{1}{2}} \cdot x^2 = x^{\frac{5}{2}}$ c) falsch; $2^x \cdot 3^x = 6^x$
   d) falsch; $(a^2)^3 = a^6$ e) richtig f) richtig
   g) richtig h) richtig, denn $2^{2 \cdot 5} = 4^5$
4.

Graph	a)	b)	c)
Funktion	g	f	h

5.

Graph	a)	b)	c)
Funktion	h	g	f

6. a) Wenn das Argument t um eine Einheit zunimmt, dann wird der Funktionswert mit 2 multipliziert:

t	0	1	2	3	4	5
y	0.5	1	2	4	8	16

   Die Funktionsgleichung lautet: $y(t) = 0.5 \cdot 2^t = 2^{t-1}$.
   b) Wenn t um eine Einheit zunimmt, dann wird der Funktionswert mit $\frac{1}{10}$ multipliziert:

t	0	1	2	3	4	5
y	1000	100	10	1	0.1	0.01

   Funktionsgleichung: $y(t) = 1000 \cdot (0.1)^t = (0.1)^{t-3}$
7. a) richtig b) falsch; es ist $\log_2(8) = 3$, da $2^3 = 8$
   c) richtig d) richtig
   e) falsch; $\ln(3x) = \ln(3) + \ln(x)$ f) falsch; $\ln(1) = 0$
   g) falsch; $\ln(x^{\frac{1}{2}}) = \frac{1}{2}\ln(x)$ h) falsch; $\ln(2) + \ln(x) = \ln(2x)$
   i) richtig

Lösungen zu Abschnitt 18.3

1. a) Richtig, denn der Kosinus ist eine gerade Funktion.
   b) Falsch, denn der Sinus ist eine ungerade Funktion. Daher ist $\sin(-\frac{2\pi}{3}) = -\sin(\frac{2\pi}{3})$.
   c) Richtig, denn $\cos(x) = \sin(x + \frac{\pi}{2})$

2. a) $g(x) = \sin(3x) = \sin(3x + 2\pi) = \sin(3(x + \frac{2}{3}\pi)) = g(x + \frac{2}{3}\pi)$. Die Periode von g ist also gleich $\frac{2}{3}\pi$.
   b) $h(x) = 3\sin(x) = 3\sin(x + 2\pi) = h(x + 2\pi)$. Die Periode von h ist also gleich 2π.

Lösungen zu Abschnitt 18.4

1. a) $r = 2$, $\varphi = 0$ b) $r = 1, \varphi = -\frac{\pi}{2}$ (oder $\varphi = \frac{3\pi}{2}$) c) $r = \sqrt{2}$, $\varphi = \frac{\pi}{4}$
2. a) Richtig: $\mathrm{e}^{\mathrm{i}\frac{\pi}{2}} = \cos(\frac{\pi}{2}) + \mathrm{i}\sin(\frac{\pi}{2}) = 0 + \mathrm{i} \cdot 1 = \mathrm{i}$.
   b) richtig
   c) richtig
   d) Richtig: $(\mathrm{e}^{\mathrm{i}\frac{\pi}{2}})^2 = \mathrm{e}^{\mathrm{i}\frac{\pi}{2}\cdot 2} = \mathrm{e}^{\mathrm{i}\pi} = -1$.
3. a) $4\mathrm{e}^{\mathrm{i}\frac{\pi}{15}}$ b) $\sqrt{\mathrm{i}} = \sqrt{\mathrm{e}^{\mathrm{i}\frac{\pi}{2}}} = \mathrm{e}^{\mathrm{i}\frac{\pi}{4}}$
4. a) 1, -1
5. $|\mathrm{e}^{\mathrm{i}\varphi}| = 1$
6. Wegen $-1 = \mathrm{e}^{\mathrm{i}\pi}$ folgt c) $\mathrm{Log}(-1) = \mathrm{i}\pi$.

18.7 Übungen

Aufwärmübungen

1. Bestimmen Sie die reellen Nullstellen (Kann man schon von vornherein etwas darüber aussagen, wie viele reelle Nullstellen die Funktion höchstens haben wird?): a) $f(x) = 4x^3 + x^2$ b) $g(x) = (x-1)(x^2+3x+4)$ c) $h(x) = x^2+2$
2. Ein Speicherplatz von 1 Byte wird über den Adressbus angesprochen. Die Breite n des Adressbusses (Anzahl der Adressleitungen) legt fest, wie viele Speicheradressen angesprochen werden können, nämlich 2^n Bytes. Wie viele Addressleitungen sind für 64 KB nötig (1 KB = 2^{10} = 1024 Byte)?
3. Lösen Sie die folgenden Gleichungen nach x auf:
   a) $5^x = 12$ b) $1 + \mathrm{e}^{-3x} = 2.4$ c) $\frac{3}{1+\mathrm{e}^{-x}} = 1$
4. Für welche $n \in \mathbb{N}$ gilt
$$(\frac{1}{2})^n < \frac{1}{100}?$$
5. Von einer Funktion f sind zwei Funktionswerte $f(1) = -1$ und $f(3) = 2$ bekannt. Finden Sie eine Gerade g, die an den Stellen $x = 1$ und $x = 3$ mit f übereinstimmt.
6. Sie übernehmen ein Auto mit leerem Tank. Nach dem Tanken befinden sich 40 Liter im Tank. Nach 200 km steht die Tankuhr auf „$\frac{3}{4}$“. Wo wird sie nach 300 km stehen? Nach wie vielen Kilometern müssen Sie spätestens wieder tanken?
7. Skizzieren Sie $f(x) = (x-3)^2$ grob ohne Wertetabelle, indem Sie überlegen: Welche Gestalt hat die Funktionskurve, wo sind die Nullstellen, was ist der Wert $f(0)$?

8. Wie verhält sich die rationale Funktion
$$f(x) = \frac{2x^5 - 6x - 2}{x^2 - 1}$$
asymptotisch?
9. Skizzieren Sie die Funktion
$$f(x) = \frac{1}{x^2 - 1}$$
grob ohne Wertetabelle. Überlegen Sie dafür: Gibt es Nullstellen, Polstellen? Ist die Funktion gerade/ungerade? Was ist der Funktionswert $f(0)$? Wo sind die Funktionswerte positiv/wo negativ? Wie verhalten sich die Funktionswerte für x gegen $+\infty$ bzw. $-\infty$?
10. Der Zeitwert eines Fahrzeuges nach t Jahren sei gegeben durch
$$W(t) = 25\,000 \frac{30 - 2t}{30 + 15t}.$$
Geben Sie den ökonomisch sinnvollen Definitionsbereich an. Wann hat sich der Wert des Fahrzeuges auf die Hälfte reduziert?
11. Zeigen Sie am Einheitskreis die Richtigkeit folgender Beziehungen:
a) $\sin(x + \pi) = -\sin(x)$ b) $\sin(2\pi - x) = -\sin(x)$
c) $\cos(x) = \sin(x + \frac{\pi}{2})$ d) $\cos(2\pi - x) = \cos(x)$
12. Zeichnen Sie die Funktionsgraphen von $\sin(x)$, $\sin(2x)$, $\sin(x + \pi)$ und $2\sin(x)$. Wie wirkt sich die Änderung der Parameter a, b und c auf den Funktionsgraphen von $a\sin(bx + c)$ aus?
13. In welchem der Intervalle $[0, \frac{\pi}{2}]$, $[\frac{\pi}{2}, \pi]$, $[\pi, \frac{3\pi}{2}]$ oder $[\frac{3\pi}{2}, 2\pi]$ kann der Winkel x liegen, wenn:
a) $\sin(x) = 0.3$ b) $\sin(x) = -0.3$ c) $\cos(x) = 0.8$ d) $\cos(x) = -0.8$
(Tipp: Schneiden Sie den Graphen von Sinus bzw. Kosinus mit der jeweiligen konstanten Funktion.)
14. Die Funktion $f(x)$ sei periodisch mit der Periode p. Geben Sie die Periode von $g(x) = f(3x)$ an. Welche Periode hat $f(a\,x)$ mit $a \in \mathbb{R}$?
15. Finden Sie heraus, ob die Funktion gerade oder ungerade ist oder keine dieser Eigenschaften hat:
a) $f(x) = x^3 \sin(x) + \cos(x)$ b) $g(x) = x^2 \tan(x)$ c) $h(x) = x^2 + 3x$
16. Die Funktion $f(x)$ wird folgendermaßen verändert ($a > 0$):
a) $f(x + a)$ b) $f(x - a)$ c) $a \cdot f(x)$ d) $-a \cdot f(x)$ e) $f(a \cdot x)$ f) $f(-a \cdot x)$
Geben Sie die neue Funktionsvorschrift und ggf. den neuen Definitionsbereich an, falls
i) $f(x) = x^2$ ii) $f(x) = \mathrm{e}^x$ iii) $f(x) = \cos(x)$ iv) $f(x) = \ln(x)$
17. Wie ändert sich der Funktionsgraph, wenn man von einer Funktion $f(x)$ zu folgender Funktion übergeht ($a > 0$):
a) $f(x + a)$ b) $f(x - a)$ c) $-f(x)$ d) $f(-x)$ e) $a \cdot f(x)$ f) $f(a \cdot x)$
Überlegen Sie mithilfe eines konkreten Beispiels, wie z. B. $f(x) = x^2$, $f(x) = \ln(x)$ oder $f(x) = \sin(x)$ und $a = 3$ bzw. $a = \frac{1}{3}$.
18. Zeigen Sie die Eigenschaften der Hyperbelfunktionen aus Satz 18.31.

19. **Preispolitik eines Monopolisten**: Ein Unternehmen stellt Gartenzwerge her.
a) Durch Marktanalyse wurde festgestellt, dass bei einem Stückpreis von p ungefähr $x = 200 - 20p$ Stück pro Tag verkauft werden können. Geben Sie den Preis $p(x)$ als Funktion der Stückzahl an. Welcher Definitionsbereich ist sinnvoll?
b) Werden (pro Tag) x Gartenzwerge produziert, dann fallen dabei die Produktionskosten $k(x) = 100 + 4x$ (Fixkosten plus Stückkosten) an. Beim Verkauf von x Gartenzwergen erzielt das Unternehmen dann die Einnahmen $e(x) = x\,p(x)$. Skizzieren Sie die Funktionen $k(x)$ und $e(x)$ grob.
c) Beim Verkauf von x Gartenzwergen macht das Unternehmen den Gewinn $g(x) = e(x) - k(x)$. Skizzieren Sie $g(x)$ grob.
d) Das Unternehmen arbeitet kostendeckend, wenn $g(x) \geq 0$. Welchem Stückzahlenbereich entspricht das?
e) Welchen Preis soll das Unternehmen festlegen, damit der Gewinn maximal wird? (Tipp: Bestimmen Sie zuerst die Stückzahl und dann den zugehörigen Preis. Das Maximum der Parabel liegt symmetrisch bezüglich der Nullstellen.)
20. **Verzinsung eines Guthabens**: Ein Guthaben von 1000 € wird (einschließlich der anfallenden Zinsen) über einen Zeitraum von 10 Jahren jährlich mit 4.9% verzinst.
a) Geben Sie einen funktionellen Zusammenhang für das Guthaben $y(t)$ im Jahr t an und skizzieren Sie grob.
b) Auf welchen Betrag ist das Guthaben nach 10 Jahren gewachsen?
c) Wann könnte man das Geld abheben, wenn man 1500 € braucht (Geldbehebung soll nur zu Jahresende möglich sein)?
21. Die Zunahme der Internetanschlüsse in Österreichs Haushalten könnte durch eine so genannte **logistische Wachstumsfunktion** modelliert werden. Der Ausstattungsgrad $f(t)$ gibt dabei an, wie viele von S Haushalten nach t Jahren im Durchschnitt einen Internetanschluss besitzen: $f(t) = \frac{S}{1+a\,e^{-b\,t}}$. Für $S = 100$, $a = 9$, $b = 0.3$ ist der Graph von f für den Zeitraum $0 \leq t \leq 20$ in der folgenden Abbildung dargestellt:

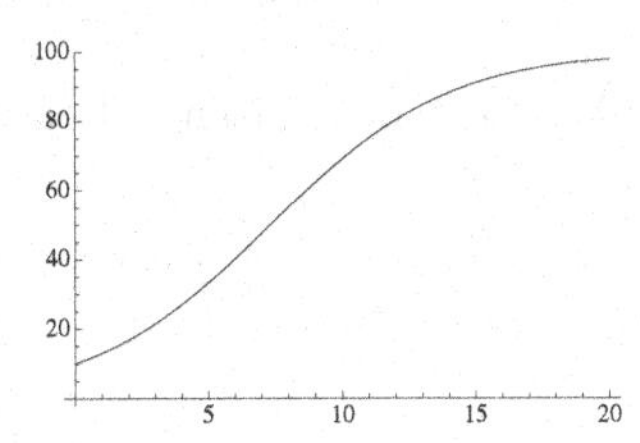

Nach wie vielen Jahren besitzen nach unserem Modell 80% aller Haushalte einen Internetanschluss?
22. Bestimmen Sie die kartesischen Koordinaten und die Polarkoordinaten folgender komplexer Zahlen: a) $z_1 = -1 - \mathrm{i}$ b) $z_2 = \sqrt{2} + \mathrm{i}\sqrt{6}$ c) $z_1 \cdot z_2$ d) z_2^2
23. Finden Sie alle komplexen Lösungen der Gleichung $z^3 = 8$.
24. Berechnen Sie: a) $\mathrm{Log}(\mathrm{i})$ b) $\mathrm{Log}(-1 - \mathrm{i})$.

Weiterführende Aufgaben

1. Skizzieren Sie grob ohne Wertetabelle:

$$\text{a) } f(x) = \frac{x^2+1}{x^2-1} \qquad \text{b) } g(x) = \frac{x^2-x-2}{2x-6}$$

Tipp: Überlegen Sie, wo die (reellen) Nullstellen/Polstellen sind, ob die Funktion gerade/ungerade ist, wo die Funktionswerte positiv/negativ sind, wie sich die Funktion asymptotisch verhält, was der Funktionswert $f(0)$ ist.

2. Schreiben Sie die rationalen Funktionen aus der letzten Aufgabe mithilfe von Polynomdivision in der Form $s(x) + \frac{r(x)}{q(x)}$, wobei $s(x)$ ein Polynom ist und der Grad von $r(x)$ kleiner als der Grad von $q(x)$ ist.
3. Skizzieren Sie grob ohne Wertetabelle, ausgehend vom Graphen von $y = \sqrt{x}$:
a) $f(x) = \sqrt{x} + 3$ b) $f(x) = \sqrt{x} - 3$ c) $f(x) = \sqrt{x+3}$
d) $f(x) = \sqrt{x-3}$ e) $f(x) = \sqrt{-x}$ f) $f(x) = -\sqrt{x}$
Hinweis: Beachten Sie, dass die Funktionen genau für jene x definiert sind, für die der Ausdruck unter der Wurzel nichtnegativ ist.
4. Skizzieren Sie grob ohne Wertetabelle:
a) $f(x) = 1 - (x-3)^2$ b) $g(x) = 2 - |x+2|$
Tipp: Gehen Sie vom Graphen von x^2 (in a)) bzw. von $|x|$ (in b)) aus.
5. **Horner-Schema:** Bestimmen Sie die Rechenzeit für die Berechnung eines Polynoms nach dem klassischen Schema

$$p_n = a_n x^n + a_{n-1}x^{n-1} + \ldots + a_1 x + a_0$$

bzw. nach dem rekursiven Horner-Schema

$$p_0 = a_n, \qquad p_j = x p_{j-1} + a_{n-j},$$

wenn eine Addition A und eine Multiplikation M Sekunden benötigt. (Rechenzeiten für Zuweisungen und Schleifen können vernachlässigt werden.)

6. **Bernsteinpolynome:** Aus dem binomischen Lehrsatz folgt

$$1 = 1^n = ((1-t)+t)^n = \sum_{j=0}^{n} \binom{n}{j} (1-t)^{n-j} t^j = \sum_{j=0}^{n} B_j^n(t),$$

mit

$$B_j^n(t) = \binom{n}{j} (1-t)^{n-j} t^j.$$

Die $B_j^n(t)$ heißen **Bernsteinpolynome** (nach dem russischen Mathematiker Sergei Natanowitsch Bernstein, 1880–1968) und bilden die Basisfunktionen für Bézierkurven (im Vergleich dazu werden bei Splinefunktionen die Monome t^j als Basisfunktionen genommen). Berechnen Sie B_0^0, B_0^1, B_1^1 und zeigen Sie:
a) $B_j^n(t) \geq 0$ für $t \in [0,1]$ (Positivität)
b) $B_j^n(t) = B_{n-j}^n(1-t)$ (Symmetrie)
c) $B_j^n(t) = (1-t)B_j^{n-1}(t) + t\, B_{j-1}^{n-1}(t)$ (Rekursion)
(Tipp: Verwenden Sie die Eigenschaften des Binomialkoeffizienten – siehe Abschnitt „Permutationen und Kombinationen“ in Band 1.)

7. **Wind-Chill-Formel:** Die empfundene Temperatur W hängt von der Temperatur T und der Windgeschwindigkeit V ab. Das National Weather Service gibt dafür folgende Formeln an (http://www.nws.noaa.gov/om/windchill/):
$$\begin{aligned} W &= 33 + (5.49\sqrt{V} + 5.81 - 0.56V)(0.081T - 2.673) \quad \text{(alte Formel)} \\ W &= 13.12 + 0.62T - 13.95V^{0.16} + 0.3965TV^{0.16} \quad \text{(neue Formel)} \end{aligned}$$
Dabei ist T in Grad Celsius und V in Meter pro Sekunde anzugeben, und die Formeln sind für $-40 \leq T \leq 5$, $2 \leq V \leq 30$ gültig.
Das Thermometer zeigt nun $-5°C$, Sie empfinden es aber wie $-10°C$. Wie hoch ist die Windgeschwindigkeit nach der a) alten bzw. b) neuen Formel in Kilometer pro Stunde? (Tipp zu a): Setzen Sie $\sqrt{V} = U$.)
8. Bestimmen Sie jenes Polynom vom Grad 3, das durch die Punkte $(0,0)$, $(1,0)$, $(2,0)$ und $(3,2)$ geht.
9. **Bevölkerungswachstum:** Bei der Volkszählung 2001 wurden in Österreich 8.1 Millionen Einwohner gezählt. Bei der Volkszählung im Jahr 1991 waren es 7.8 Millionen Einwohner.
a) Um wie viel Prozent ist Österreichs Bevölkerung in den letzten 10 Jahren gewachsen?
b) Wenn wir annehmen, dass Österreichs Bevölkerung in den nächsten Jahren mit der gleichen Rate weiterwächst, wie viele Einwohner wird Österreich dann im Jahr 2011 haben? Geben Sie eine Funktionsgleichung an und skizzieren Sie grob.
c) Wann wird die Einwohnerzahl nach diesem Modell die 10-Millionen-Grenze überschreiten?
10. Die Dichtefunktion einer Normalverteilung ist durch
$$f(x) = \frac{1}{\sqrt{2\pi}\sigma} \mathrm{e}^{-\frac{1}{2}(\frac{x-\mu}{\sigma})^2}$$
gegeben. Dabei heißt μ der **Erwartungswert** und σ die **Standardabweichung** der Normalverteilung. Zeichnen Sie die Dichtefunktion für $\mu = 0$ und $\sigma = 1$, für $\mu = 0$ und $\sigma = 2$, sowie für $\mu = 1$ und $\sigma = 1$ (mit dem Computer). Wie wirkt sich die Änderung der Parameter μ und σ auf den Funktionsgraphen aus?
11. Finden Sie alle reellen Zahlen x, die die Gleichung $2\cos(x) + \sin^2(x) = 1.75$ erfüllen. Lösen Sie die Gleichung auch graphisch (z. B. mit dem Computer), indem Sie die Funktionsgraphen von $f(x) = 2\cos(x) + \sin^2(x)$ und von $g(x) = 1.75$ schneiden. Wie viele Lösungen gibt es?
12. Beweisen Sie: $\sin(\frac{\pi}{3}) = \frac{\sqrt{3}}{2}$ und $\cos(\frac{\pi}{3}) = \frac{1}{2}$. Tipp: Formel von de Moivre mit $r = 1$, $\varphi = \frac{\pi}{3}$ und $n = 3$.
13. Skizzieren Sie ohne Wertetabelle:
a) $f(x) = 1 - \mathrm{e}^{-2x}$ b) $g(x) = 3\ln(x+1) + 2$ c) $h(x) = 2\sin(x + \pi)$
d) $k(x) = \cos(2x) + 1$
Tipp: Überlegen Sie z. B: Wie sieht der Funktionsgraph von e^x aus und wie verändert er sich, wenn man zu e^{2x}, danach e^{-2x}, dann $-\mathrm{e}^{-2x}$ und zuletzt $-\mathrm{e}^{-2x} + 1$ übergeht?
14. Zeigen Sie für die komplexe Exponentialfunktion, dass
$$\mathrm{e}^{z_1}\mathrm{e}^{z_2} = \mathrm{e}^{z_1+z_2}, \quad z_1, z_2 \in \mathbb{C}.$$

Tipp: Additionstheoreme von Sinus und Kosinus.

15. Lösen Sie nach x auf:

$$e^x + e^{-x} = 2c, \quad c \geq 1.$$

16. **Entladung eines Kondensators**: Die Spannung an einem Kondensator (mit Kapazität C), der über einen Widerstand R entladen wird, nimmt exponentiell ab (Anfangsspannung U_0, Beginn der Entladung zur Zeit $t = 0$):

$$U(t) = U_0 e^{-\frac{t}{RC}}.$$

a) Stellen Sie den Spannungsverlauf für $U_0 = 30\text{V}$, $R = 100\Omega$ und $C = 20\mu\text{F}$ graphisch dar.
b) Berechnen Sie, nach welcher Zeit sich die Spannung halbiert hat (Halbwertszeit).

17. Zeigen Sie die Richtigkeit folgender Beziehungen am Einheitskreis:
a) $\sin(\frac{\pi}{2} - x) = \cos(x)$ b) $\cos(x + \frac{\pi}{2}) = -\sin(x)$ c) $\cos(x - \pi) = -\cos(x)$
18. Skizzieren Sie:
a) $f(t) = \sin(t)$, $g(t) = \sin(0.5t)$ und $h(t) = \sin(2t)$
b) $f(t) = 3\sin(2t)$, $g(t) = 3\sin(2t + \frac{\pi}{3})$ und $h(t) = 3\sin(2t - \frac{\pi}{4})$
Tipp zu b): Bestimmen Sie die Nullstelle $t_0 = -\frac{\varphi}{\omega}$ von $f(t) = A\sin(\omega t + \varphi)$.
19. Zeigen Sie:
a) Die Summe von geraden/ungeraden Funktionen ist gerade/ungerade.
b) Das Produkt von zwei geraden/ungeraden Funktionen ist gerade.
c) Das Produkt einer geraden mit einer ungeraden Funktion ist ungerade.
20. Finden Sie alle komplexen Lösungen der Gleichung $w^3 = -1 - i$.
21. Berechnen Sie i^i.

Lösungen zu den Aufwärmübungen

1. Man kann von vornherein sagen, dass f und g maximal 3 bzw. h maximal 2 reelle Nullstellen hat, weil ein Polynom vom Grad n maximal n reelle Nullstellen hat.
a) Wir können x^2 herausheben und damit $f(x)$ faktorisieren: $f(x) = x^2(4x + 1) = 0$. Nun sind die Nullstellen von f leicht abzulesen (= die Nullstellen der Faktoren): $x = 0$ (Nullstelle der Vielfachheit 2) und $x = -\frac{1}{4}$.
b) $g(x) = (x - 1)(x^2 + 3x + 4)$ hat nur die reelle Nullstelle $x = 1$. (Denn die Nullstellen von $x^2 + 3x + 4$ sind $x_{1,2} = -\frac{3}{2} \pm \sqrt{\frac{9}{4} - 4} = -\frac{3}{2} \pm i\frac{\sqrt{7}}{2}$, also komplex.)
c) Keine reellen Nullstellen (wie liegt die Parabel?)
2. 64 KB $= 64 \cdot 2^{10} = 2^{16}$ Byte, es sind also $n = 16$ Adressleitungen nötig.
3. a) Wir logarithmieren beide Seiten der Gleichung: $\ln(5^x) = \ln(12)$. Aus $\ln(a^b) = b \cdot \ln(a)$ folgt dann $x\ln(5) = \ln(12)$ und daher $x = \frac{\ln(12)}{\ln(5)} = 1.54$.
b) $e^{-3x} = 1.4$, daher $-3x = \ln(1.4)$, also $x = -0.11$.
c) $3 = 1 + e^{-x}$, daraus $2 = e^{-x}$ und damit $x = -\ln(2)$.
4. Wir logarithmieren beide Seiten der Ungleichung (da der Logarithmus eine streng monoton wachsende Funktion ist, bleibt dabei die Richtung des Ungleichungszeichens erhalten):

$$n \cdot \ln(\frac{1}{2}) < \ln(\frac{1}{100}).$$

Nun dividieren wir beide Seite durch $\ln(\frac{1}{2})$. Dabei dreht sich die Richtung des Ungleichungszeichens um, da $\ln(\frac{1}{2})$ negativ ist:

$$n > \frac{\ln(\frac{1}{100})}{\ln(\frac{1}{2})}.$$

Das kann wegen $\ln(\frac{1}{100}) = -\ln(100)$ und $\ln(\frac{1}{2}) = -\ln(2)$ noch vereinfacht und dann bequem mit dem Computer berechnet werden:

$$n > \frac{\ln(100)}{\ln(2)} = 6.6.$$

Also ist $(\frac{1}{2})^n < \frac{1}{100}$ für $n \geq 7$.

5. Die Gerade hat die Form $g(x) = k\,x + d$. Die Steigung ist $k = \frac{f(3)-f(1)}{3-1} = \frac{3}{2}$. Für d erhalten wir $d = g(3) - \frac{3}{2} \cdot 3 = -\frac{5}{2}$. Damit: $g(x) = \frac{3}{2}\,x - \frac{5}{2}$.
6. Bezeichnen wir mit $f(x)$ die Menge Benzin (in Litern), die nach x Kilometern noch im Tank ist. Wenn wir $f(x) = k\,x + d$ ansetzen, dann erhalten wir $d = 40$ und $k = -\frac{1}{20}$. Nach 300 Kilometern sind noch 25 Liter im Tank. Nach 800 Kilometern wird der Tank leer sein.
7. Die Funktionskurve ist eine nach oben geöffnete Parabel. Da $f(x) = (x-3)^2$ eine Nullstelle (der Vielfachheit 2) bei $x = 3$ hat, berührt die Parabel hier die x-Achse. Da $f(0) = 9$, geht die Parabel durch $(0, 9)$, und aus Symmetriegründen auch durch $(6, 9)$. Damit kann die Parabel grob skizziert werden:

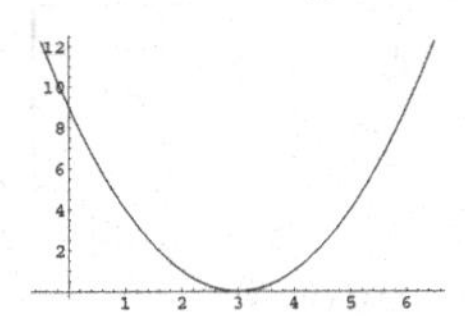

8. Polynomdivision $(2x^5 - 6x - 2) : (x^2 - 1)$ ergibt den Quotient $s(x) = 2x^3 + 2x$ und den Rest $r(x) = -4x - 2$. Also

$$\frac{2x^5 - 6x - 2}{x^2 - 1} = 2x^3 + 2x - \frac{4x + 2}{x^2 - 1}.$$

Der Anteil $\frac{4x+2}{x^2-1}$ kann für x gegen ∞ bzw. $-\infty$ vernachlässigt werden (da der Grad des Nennerpolynoms größer ist als der des Zählerpolynoms). Die Funktion f verhält sich also asymptotisch wie die kubische Funktion $s(x) = 2x^3 + 2x$.

Graphisch kann das mit `Mathematica` schön mit
`Plot[{(2x^5-6x-2)/(x^2-1), 2x^3 + 2x}, {x, -5, 5}, PlotStyle → {{RGBColor[1, 0, 0]}, {RGBColor[0, 0, 1]}}]`
veranschaulicht werden.

9. Die Funktion ist gerade (d.h. liegt spiegelsymmetrisch zur y-Achse). Es gibt keine Nullstellen (sie schneidet daher die x-Achse nie) und zwei Polstellen $x = \pm 1$ (hier gehen also die Funktionswerte gegen $+\infty$ oder $-\infty$). Da der Funktionswert $f(0) = -1$ ist steht fest, dass die Funktion zwischen -1 und $+1$ negativ ist, hier kann die Funktion also schon skizziert werden. Wo ist die Funktion positiv? Genau dort, wo $x^2 - 1 > 0$, also $|x| > 1$. Für x kleiner als -1 und größer als $+1$ sind die Funktionswerte also positiv. (Für x gegen die Polstellen $+1$ und -1 gehen sie

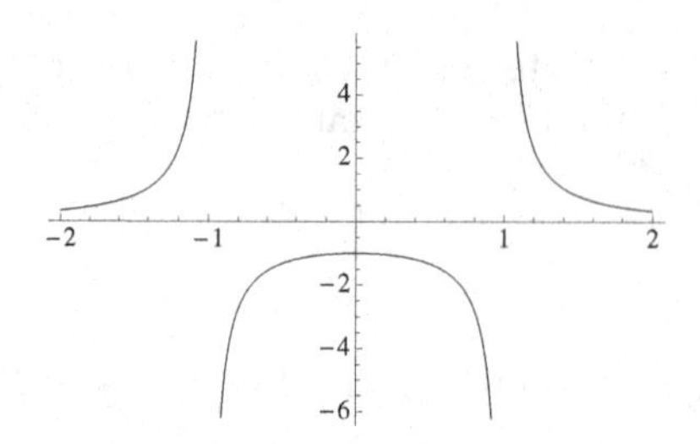

Abbildung 18.21. Graph von $f(x) = \frac{1}{x^2-1}$.

somit gegen ∞). Für x gegen $+\infty$ bzw. $-\infty$ gehen die Funktionswerte gegen 0. Also kann nun die gesamte Funktion skizziert werden (siehe Abbildung 18.21).

10. Da W einen Wert bedeutet, sind nur nichtnegative Funktionswerte ökonomisch sinnvoll, also $W(t) \geq 0$. Also muss $0 \leq t \leq 15$ gelten (d.h., nach 15 Jahren ist das Fahrzeug wertlos). Der Wert hat sich auf die Hälfte reduziert, wenn $W(t) = W(0)/2$. Es muss also $\frac{30-2t}{30+15t} = \frac{1}{2}$ nach t aufgelöst werden: $t = \frac{30}{19} = 1.58$. Nach ca. eineinhalb Jahren ist der Wert also auf die Hälfte gesunken.

11. 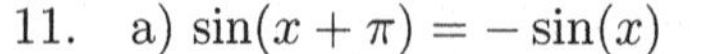 a) $\sin(x+\pi) = -\sin(x)$ 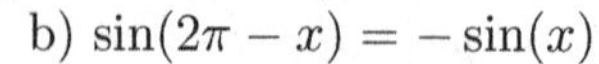 b) $\sin(2\pi - x) = -\sin(x)$

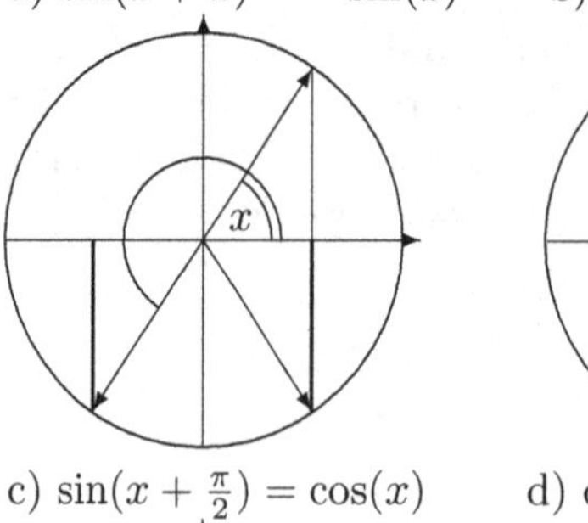

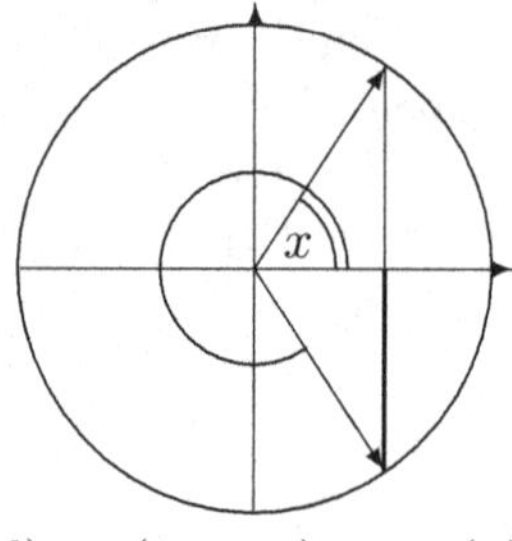

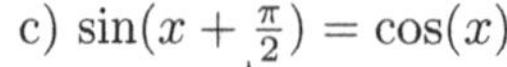 c) $\sin(x+\frac{\pi}{2}) = \cos(x)$ d) $\cos(2\pi - x) = \cos(x)$

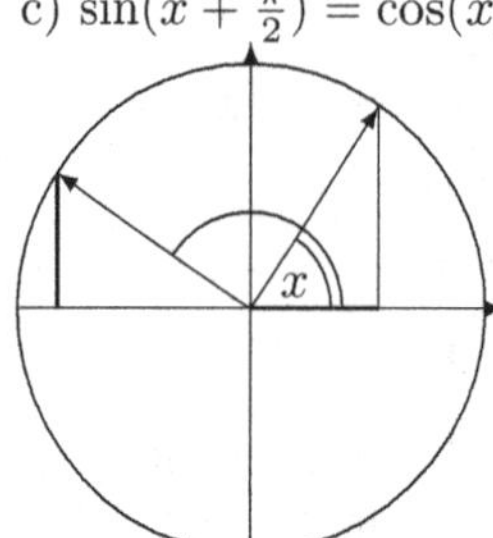

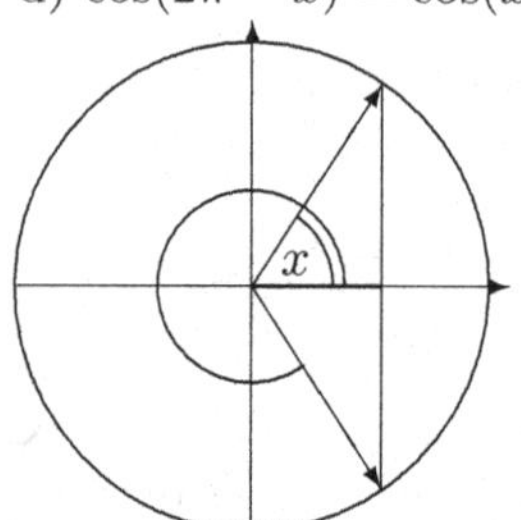

12. Im Vergleich zu $\sin(x)$ hat $\sin(2x)$ eine halb so große Periode (nämlich π); $\sin(x+\pi)$ ist entlang der x-Achse um π nach links verschoben; und $2\sin(x)$ hat doppelt so große Funktionswerte. Änderung des Parameters a in $a\sin(bx+c)$ vergrößert bzw. verkleinert die Funktionswerte, Änderung von b verändert die Periode, und c bewirkt eine Verschiebung des Graphen entlang der x-Achse.

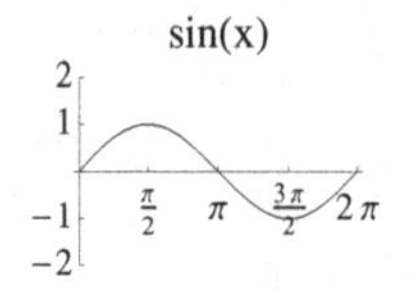

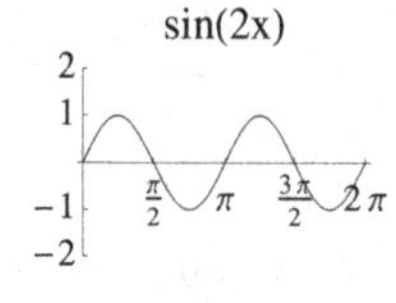

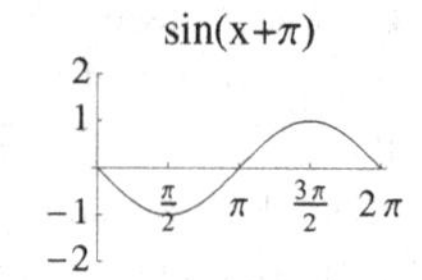

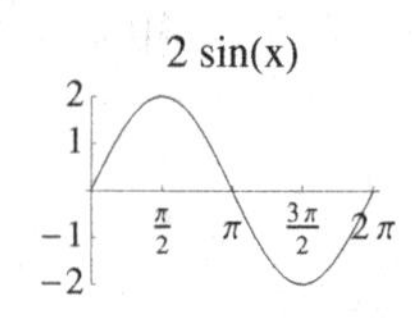

13. a) $x \in [0, \frac{\pi}{2}]$ oder $x \in [\frac{\pi}{2}, \pi]$ b) $x \in [\pi, \frac{3\pi}{2}]$ oder $x \in [\frac{3\pi}{2}, 2\pi]$
c) $x \in [0, \frac{\pi}{2}]$ oder $x \in [\frac{3\pi}{2}, 2\pi]$ d) $x \in [\frac{\pi}{2}, \pi]$ oder $x \in [\pi, \frac{3\pi}{2}]$
14. $g(x) = f(3x) = f(3x+p) = f(3(x+\frac{p}{3})) = g(x+\frac{p}{3})$. Die Periode von $g(x)$ ist also gleich $\frac{p}{3}$. Analog folgt, dass die Periode von $f(a\,x)$ gleich $\frac{p}{|a|}$ für $a \neq 0$ ist (für $a = 0$ ist $f(a\,x) = f(0)$ konstant).
15. a) $f(-x) = (-x)^3 \sin(-x) + \cos(-x) = -x^3(-\sin(x)) + \cos(x) = x^3 \sin(x) + \cos(x) = f(x)$, daher ist f gerade. (Hier haben wir verwendet, dass $\sin(x)$ ungerade und $\cos(x)$ gerade ist.)
b) $g(-x) = (-x)^2 \tan(-x) = x^2(-\tan(x)) = -x^2 \tan(x) = -g(x)$, daher ist g ungerade. (Hier wurde verwendet, dass $\tan(x)$ ungerade ist.)
c) $h(-x) = (-x)^2 + 3(-x) = x^2 - 3x$ ist weder gleich $h(x)$ noch gleich $-h(x)$. Daher ist h weder gerade noch ungerade.
16.

	i)	*ii)*	*iii)*	*iv)*
a)	$(x+a)^2$	e^{x+a}	$\cos(x+a)$	$\ln(x+a), x > -a$
b)	$(x-a)^2$	e^{x-a}	$\cos(x-a)$	$\ln(x-a), x > a$
c)	ax^2	$a\,e^x$	$a\cos(x)$	$a\ln(x)$
d)	$-ax^2$	$-a\,e^x$	$-a\cos(x)$	$-a\ln(x)$
e)	$(ax)^2 = a^2x^2$	e^{ax}	$\cos(ax)$	$\ln(ax)$
f)	$(-ax)^2 = a^2x^2$	e^{-ax}	$\cos(-ax)$	$\ln(-ax), x < 0$

17. a) Der Graph wird entlang der x-Achse um a nach links verschoben. (Das sieht man z. B., wenn man eine Nullstelle verfolgt: Die Funktion $f(x) = (x+3)^2$ hat die Nullstelle bei $x = -3$, also um 3 Einheiten weiter links als $f(x) = x^2$.)
b) Der Graph wird entlang der x-Achse um a nach rechts verschoben.
c) Der Graph wird an der x-Achse gespiegelt.
d) Der Graph wird an der y-Achse gespiegelt.
e) Der Graph wird in y-Richtung gestreckt ($a > 1$) bzw. gestaucht ($a < 1$).
e) Der Graph wird in x-Richtung gestreckt ($a < 1$) bzw. gestaucht ($a > 1$).
18. a) $\sinh(0) = \frac{1}{2}(e^0 - e^0) = 0$, $\cosh(0) = \frac{1}{2}(e^0 + e^0) = \frac{1}{2}(1+1) = 1$. b) Zu zeigen: $\sinh(-x) = -\sinh(-x)$ bzw. $\cosh(-x) = \cosh(-x)$: Dazu setzen wir in die Definition dieser Funktionen ein: $\sinh(-x) = \frac{e^{-x}-e^{x}}{2} = -\frac{e^{x}-e^{-x}}{2} = -\sinh(x)$. Analog für $\cosh(-x)$.
c) $\cosh^2(x) - \sinh^2(x) = \frac{1}{4}(e^{2x} + 2e^{x-x} + e^{-2x}) - \frac{1}{4}(e^{2x} - 2e^{x-x} + e^{-2x}) = 1$.
d) $\sinh(x)\cosh(y) + \cosh(x)\sinh(y) = (\frac{e^x - e^{-x}}{2})(\frac{e^y + e^{-y}}{2}) + (\frac{e^x + e^{-x}}{2})(\frac{e^y - e^{-y}}{2}) = \frac{1}{4}(e^{x+y} + e^{x-y} - e^{-x+y} - e^{-x-y}) + \frac{1}{4}(e^{x+y} - e^{x-y} + e^{-x+y} - e^{-x-y}) = \frac{1}{2}(e^{x+y} - e^{-x-y}) = \sinh(x+y)$. Das zweite Additionstheorem folgt analog.
19. a) Um x Stück pro Tag zu verkaufen, muss man nach diesem Modell $p(x) = \frac{200-x}{20}$ als Preis festlegen. Um insbesondere 200 Gartenzwerge an den Kunden zu bringen, müsste man sie verschenken. Die maximale sinnvolle Stückzahl ist also 200, d.h. es ergibt sich der Definitionsbereich $x \in [0, 200]$.
b), c) siehe untenstehende Abbildung
d) Das Unternehmen arbeitet bei Stückzahlen zwischen $20 \leq x \leq 100$ kostendeckend (denn bei $x = 20$ bzw. $x = 100$ liegen die Nullstellen von g).
e) Das Maximum von g liegt genau in der Mitte der beiden Nullstellen, also bei $x = 60$. Der optimale Preis für einen Gartenzwerg ist daher $p(60) = 7$.

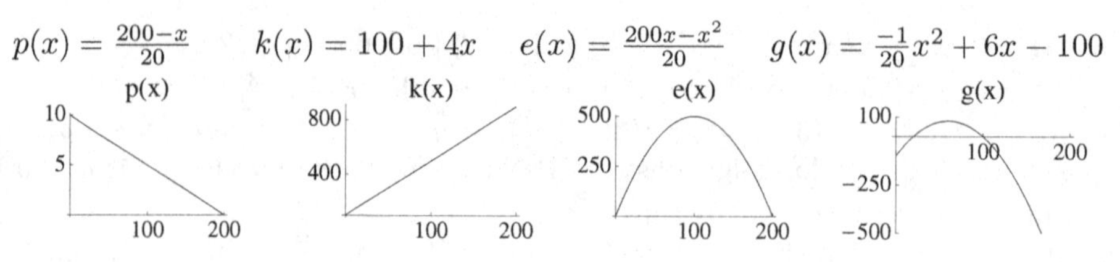

20. a) Das Guthaben nimmt nach 1 Jahr jeweils um den Faktor 1.049 zu: $y(1) = y(0)\,1.049$, $y(2) = y(1)\,1.049 = y(0)\,(1.049)^2$ usw., und allgemein $y(t) = y(0)\,(1.049)^t$. Da diese Verzinsung für einen Zeitraum von 10 Jahren vorausgesetzt wird, ist $y(t)$ für $t = 0, 1, \ldots, 10$ definiert.
b) $y(10) = 1613.4$ Euro.
c) Bezeichnen wir das Jahr, in dem das Guthaben 1500 € erreicht, mit τ. Also $y(\tau) = 1000\,(1.049)^\tau = 1500$, oder umgeformt, $(1.049)^\tau = 1.5$. Logarithmieren wir beide Seiten der Gleichung, so folgt $\tau = \frac{\ln(1.5)}{\ln(1.049)} = 8.48$. Da Geldbehebung nur zu Jahresende möglich ist, muss man 9 Jahre warten, um 1500 € beheben zu können (zu Jahresende des 9. Jahres sind dann mehr als 1500 € am Konto, nämlich $y(9) = 1538.1$ Euro).
21. Bezeichnen wir mit τ das Jahr, in dem 80% aller Haushalte einen Internetanschluss besitzen, also $f(\tau) = \frac{S}{1+a\,e^{-b\,\tau}} = 80$. Daraus berechnen wir $\tau = \frac{1}{b}\ln(\frac{80\,a}{S-80})$=11.945 ≈ 12. Laut diesem Modell besitzen also nach knapp 12 Jahren 80% aller Haushalte einen Internetanschluss.
22. a) Kartesische Koordinaten: $x = \mathrm{Re}(z_1) = -1$, $y = \mathrm{Im}(z_1) = -1$; Polarkoordinaten: $r = \sqrt{2}$, $\varphi = -\arccos(\frac{-1}{\sqrt{2}}) = -\frac{3\pi}{4}$ (oder $\varphi = \frac{5\pi}{4}$).
b) $x = \sqrt{2}$, $y = \sqrt{6}$; $r = \sqrt{8}$, $\varphi = \arccos(\frac{\sqrt{2}}{\sqrt{8}}) = \arccos(\frac{1}{2}) = \frac{\pi}{3}$.
c) Zur effizienten Berechnung drücken wir z_1 und z_2 in Polarkoordinaten aus: $z_1 = \sqrt{2}{\cdot}\mathrm{e}^{-\frac{3\pi}{4}\mathrm{i}}$ und $z_2 = \sqrt{8}{\cdot}\mathrm{e}^{\frac{\pi}{3}\mathrm{i}}$. Damit lässt sich das Produkt schnell berechnen:
$$z_1 z_2 = \sqrt{2}\sqrt{8}\cdot\mathrm{e}^{(-\frac{3\pi}{4}+\frac{\pi}{3})\mathrm{i}} = 4\mathrm{e}^{-\frac{5\pi}{12}\mathrm{i}} = 4(\cos(-\frac{5\pi}{12}) + \mathrm{i}\sin(-\frac{5\pi}{12})).$$
Also sind die kartesischen Koordinaten $x = 4\cos(-\frac{5\pi}{12}) = 1.04$, $y = 4\sin(-\frac{5\pi}{12}) = -3.86$ und die Polarkoordinaten $r = 4$; $\varphi = -\frac{5\pi}{12}$ oder $\varphi = \frac{19\pi}{12}$.
d) Wegen
$$z_2^2 = \sqrt{8}\sqrt{8}\mathrm{e}^{\frac{\pi}{3}\mathrm{i}}\mathrm{e}^{\frac{\pi}{3}\mathrm{i}} = 8\mathrm{e}^{\frac{2\pi}{3}\mathrm{i}} = 8\cos(\frac{2\pi}{3}) + 8\mathrm{i}\sin(\frac{2\pi}{3})$$
sind $x = 8\cos(\frac{2\pi}{3}) = -4$, $y = 8\sin(\frac{2\pi}{3}) = 6.93$ und $r = 8$, $\varphi = \frac{2\pi}{3}$.
23. Es muss $z^3 = r^3\mathrm{e}^{\mathrm{i}3\varphi} = 8 = 2^3$ gelten. Also $r^3 = 8$ und $3\varphi = n2\pi$, $n \in \mathbb{Z}$. Daraus folgt $r = 2$ und $\varphi_n = \frac{2\pi n}{3}$. Für den Winkel sind nur die drei Werte $\varphi_0 = 0$, $\varphi_1 = \frac{2\pi}{3}$ und $\varphi_2 = \frac{4\pi}{3}$ interessant, denn alle anderen sind bis auf Vielfache von 2π gleich einem dieser drei Winkel, entsprechen also der gleichen komplexen Zahl. Wir erhalten also drei Lösungen $z_0 = \mathrm{e}^{\mathrm{i}0} = 2$, $z_1 = 2\mathrm{e}^{\frac{2\pi\mathrm{i}}{3}} = -1 + \mathrm{i}\sqrt{3}$ und $z_0 = 2\mathrm{e}^{\frac{4\pi\mathrm{i}}{3}} = -1 - \mathrm{i}\sqrt{3}$.
24. a) Wegen $\mathrm{i} = \mathrm{e}^{\mathrm{i}\pi/2}$ folgt $\mathrm{Log}(\mathrm{i}) = \mathrm{i}\frac{\pi}{2}$.
b) Wegen $-1 - \mathrm{i} = \sqrt{2}\mathrm{e}^{-\mathrm{i}3\pi/4}$ folgt $\mathrm{Log}(\mathrm{i}) = \ln(\sqrt{2}) - \mathrm{i}\frac{3\pi}{4} = \frac{\ln(2)}{2} - \mathrm{i}\frac{3\pi}{4}$. (Hier haben wir verwendet, dass nach Satz 18.26 d) $\ln(\sqrt{2}) = \ln(2^{\frac{1}{2}}) = \frac{1}{2}\ln(2)$ ist.)

(Lösungen zu den weiterführenden Aufgaben finden Sie in Abschnitt B.18)

19

Differentialrechnung I

19.1 Grenzwert und Stetigkeit einer Funktion

Betrachten wir die Funktion $f(x) = \frac{\sin(x)}{x}$. Sie ist an der Stelle $x_0 = 0$ nicht definiert, es gibt hier also keinen Funktionswert. Wir können uns nun fragen, wie sich die Funktionswerte verhalten, wenn sich das Argument x dem Wert 0 *nähert.* Man könnte vermuten, dass die Funktionswerte dann wegen des Faktors $\frac{1}{x}$ über alle Schranken wachsen. Andererseits verschwindet aber auch $\sin(x)$ an der Stelle $x_0 = 0$, daher könnte man auch vermuten, dass die Funktionswerte sich immer mehr dem Wert 0 nähern. Es könnte aber auch sein, dass sich die Nullstelle des Zählers und des Nenners in irgendeiner Weise „aufheben"!

Nehmen wir als Nächstes den Graphen von f zu Hilfe, der in Abbildung 19.1 dargestellt ist. Daraus sehen wir, dass sich die Funktionswerte $f(x)$ immer mehr

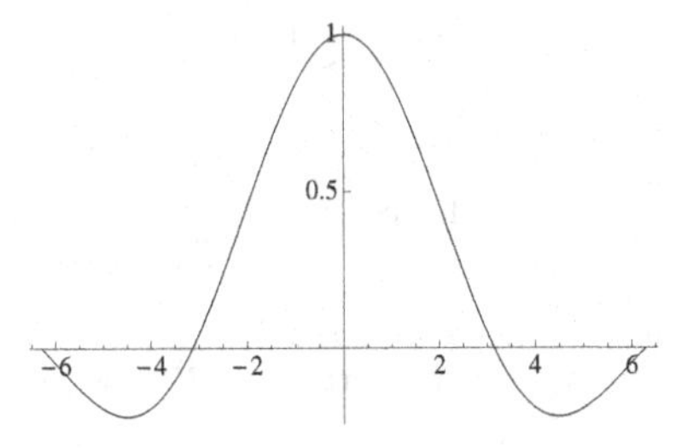

Abbildung 19.1. $f(x) = \frac{\sin(x)}{x}$

dem Wert 1 nähern, je näher x dem Wert 0 kommt! Das bestätigt auch die folgende Wertetabelle (Winkel im Bogenmaß):

x	± 0.1	± 0.01	± 0.001
$f(x)$	0.99833416	0.9999833	0.9999998

Die Funktion $f(x) = \frac{\sin(x)}{x}$ ist also an der Stelle $x_0 = 0$ zwar nicht definiert, die Funktionswerte verhalten sich aber bei Annäherung von x an 0 so, als ob der Funktionswert an der Stelle 0 gleich 1 wäre. Man sagt, dass die Funktion $f(x) = \frac{\sin(x)}{x}$

an der Stelle $x_0 = 0$ den *Grenzwert* $y_0 = 1$ hat. Präzise können wir den Grenzwert mithilfe von Folgen definieren (vergleiche Abschnitt „Folgen" in Band 1):

Definition 19.1 Sei $f : D \subseteq \mathbb{R} \to \mathbb{R}$ eine Funktion und $x_0 \in \mathbb{R}$ (muss nicht notwendigerweise im Definitionsbereich D von f liegen). Wenn für jede Folge $x_n \in D\backslash\{x_0\}$ mit $x_n \to x_0$ gilt, dass $f(x_n) \to y_0$, dann nennt man y_0 den **Grenzwert von $f(x)$ für x gegen x_0** und schreibt dafür kurz:

$$\lim_{x \to x_0} f(x) = y_0.$$

Wie bei Folgen ist $y_0 = \pm\infty$ erlaubt und wir sprechen in diesem Fall wieder von bestimmter Divergenz.

Analog ist der Grenzwert im komplexen Fall definiert, indem man überall $\mathbb{R}$ durch $\mathbb{C}$ ersetzt.

Mit anderen Worten: y_0 ist der Grenzwert von f für x gegen x_0, wenn die Funktionswerte $f(x)$ dem Wert y_0 beliebig nahe kommen, sobald die zugehörigen Argumente x dem Wert x_0 beliebig nahe kommen.

Etwas formaler gesagt („ε-δ-Definition des Grenzwertes"): Für ein beliebiges vorgegebenes $\varepsilon > 0$ existiert ein zugehöriges $\delta > 0$, sodass für alle x mit $|x - x_0| \le \delta$ auch $|f(x) - f(x_0)| \le \varepsilon$ gilt.

In diesem Sinn gilt in unserem Beispiel:

$$\lim_{x \to 0} \frac{\sin(x)}{x} = 1.$$

Diesen Grenzwert kann man zum Beispiel so berechnen: Aus der Abschätzung $\sin(x) \le x \le \sin(x) + 1 - \cos(x)$ für $0 \le x \le \frac{\pi}{2}$ (siehe Abschnitt 18.3) folgt:

$$0 \le 1 - \frac{\sin(x)}{x} \le \frac{1 - \cos(x)}{x}.$$

Für die rechte Seite gilt

$$\frac{1 - \cos(x)}{x} = \frac{x}{1 + \cos(x)} \frac{1 - \cos(x)^2}{x^2} = \frac{x}{1 + \cos(x)} \frac{\sin(x)^2}{x^2} \le x$$

wobei $\sin(x)^2 + \cos(x)^2 = 1$ und im letzten Schritt $1 + \cos(x) \ge 1$ und nochmals $\sin(x) \le x$ verwendet wurde. Der letzte Ausdruck konvergiert gegen Null wenn $x \to 0$ und damit folgt die Behauptung.

In diesem Beispiel legt der Grenzwert nahe, die Lücke im Definitionsbereich zu schließen, indem wir $f(0) = 1$ festlegen.

Natürlich kann es vorkommen, dass eine Funktion gar keinen Grenzwert für x gegen x_0 besitzt (so wie ja auch nicht jede Folge konvergent ist).

Der Begriff des Grenzwertes ermöglicht es, das Verhalten der Funktion in der Umgebung einer Stelle x_0 zu untersuchen. Das ist zum Beispiel dann nützlich, wenn es $f(x_0)$ gar nicht gibt, so wie bei unserem Beispiel zu Beginn. Mithilfe des Grenzwertes konnten wir herausfinden, ob der Funktionsgraph hier eine „Lücke", einen „Sprung" oder eine Polstelle, usw. hat.

Manchmal ist es notwendig zu unterscheiden, ob man sich x_0 von links ($x < x_0$) oder von rechts ($x > x_0$) nähert (weil es z. B. links und rechts von x_0 verschiedene

Funktionsvorschriften gibt). In diesem Fall spricht man, wenn sie existieren, vom **linksseitigen Grenzwert** bzw. vom **rechtsseitigen Grenzwert**. Schreibweise:

$$\lim_{x \to x_0-} f(x) \qquad \text{bzw.} \qquad \lim_{x \to x_0+} f(x).$$

Der Grenzwert existiert genau dann, wenn links- und rechtsseitiger Grenzwert (existieren und) gleich sind.

Aus den Regeln für das Rechnen mit Grenzwerten von Folgen (vergleiche Abschnitt „Folgen" in Band 1) ergeben sich die analogen Regeln für das Rechnen mit Grenzwerten von Funktionen:

Satz 19.2 (Rechenregeln für Grenzwerte) Sind f und g Funktionen mit $\lim_{x \to x_0} f(x) = a$ und $\lim_{x \to x_0} g(x) = b$, so gilt:

$$\begin{aligned}
\lim_{x \to x_0} c \cdot f(x) &= c \cdot a \quad \text{für ein beliebiges } c \in \mathbb{R} \\
\lim_{x \to x_0} (f(x) \pm g(x)) &= a \pm b \\
\lim_{x \to x_0} f(x) \cdot g(x) &= a \cdot b \\
\lim_{x \to x_0} \frac{f(x)}{g(x)} &= \frac{a}{b}, \quad \text{falls } b \neq 0
\end{aligned}$$

Beispiel 19.3 Grenzwert einer Funktion
Wie verhalten sich die Funktionswerte für x gegen x_0?

a) $f(x) = 2x + 1$, $x_0 = 3$.

b)

$$f(x) = \begin{cases} \frac{1}{2}x^2 + 1, & x < 2 \\ -x + 5, & x > 2 \end{cases}, \quad \text{und } x_0 = 2.$$

Lösung zu 19.3

a) Sei x_n eine beliebige Folge, die gegen 3 konvergiert. Dann ist $f(x_n) = 2x_n + 1$ nach den Rechenregeln für konvergente Folgen eine konvergente Folge mit Grenzwert $\lim_{n \to \infty} f(x_n) = 2 \cdot 3 + 1 = 7$. Somit ist der Grenzwert der Funktion nach Definition 19.1

$$\lim_{x \to 3} (2x + 1) = 7.$$

Dieses Beispiel ist natürlich nicht besonders aufregend, weil die Funktion an der Stelle $x_0 = 3$ definiert ist und die Funktionswerte sich für x gegen 3 dem Funktionswert $f(3) = 7$ nähern, so wie man es sich von einer „braven" Funktion erwartet (etwas professioneller werden wir später solche Funktionen „stetig" nennen).

b) Links von $x_0 = 2$ ist $f(x) = \frac{1}{2}x^2 + 1$ (eine Parabel), rechts von $x_0 = 2$ ist $f(x) = -x + 5$ (eine Gerade). Wenn sich x von links an $x_0 = 2$ annähert, erhalten wir den linksseitigen Grenzwert:

$$\lim_{x \to 2-} f(x) = \lim_{x \to 2-} (\frac{1}{2}x^2 + 1) = \frac{1}{2}2^2 + 1 = 3.$$

Bei Annäherung von rechts gegen 2 ergibt sich der rechtsseitige Grenzwert

$$\lim_{x \to 2+} f(x) = \lim_{x \to 2+} (-x + 5) = -2 + 5 = 3.$$

Also ist linksseitiger Grenzwert = rechtsseitiger Grenzwert = 3 und damit gleich *der* Grenzwert für x gegen 2 (siehe Abbildung 19.2). ■

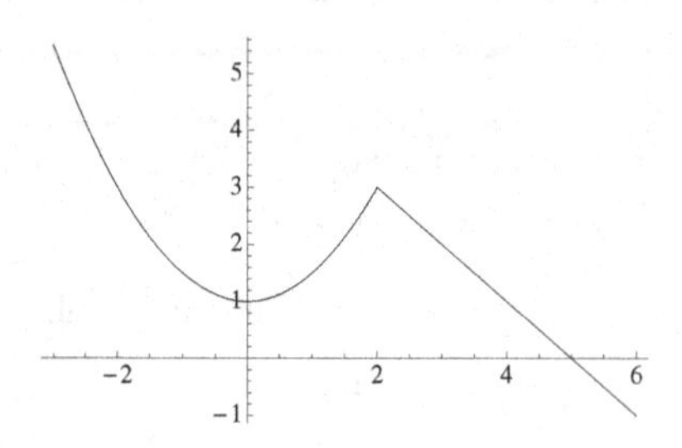

Abbildung 19.2. Stückweise definierte Funktion aus Beispiel 19.3 b)

Nun zu typischen Beispielen von Funktionen, die *keinen* Grenzwert für x gegen eine bestimmte Stelle x_0 besitzen:

Beispiel 19.4 Funktionen ohne Grenzwert
Wie verhalten sich die Funktionswerte für x gegen $x_0 = 0$?
a)

$$f(x) = \text{sign}(x) = \begin{cases} 1, & x \geq 0 \\ -1, & x < 0 \end{cases} \qquad \text{(Vorzeichenfunktion)}$$

b) $f(x) = \cos(\frac{1}{x})$ c) $f(x) = \frac{1}{x^2}$ d) $f(x) = \frac{1}{x}$

Lösung zu 19.4

a) Wenn wir der Stelle 0 mit dem Argument x von links beliebig nahe kommen, so sind die Funktionswerte immer -1, der linksseitige Grenzwert ist also

$$\lim_{x \to 0-} \text{sign}(x) = \lim_{x \to 0-} (-1) = -1.$$

Wenn wir von rechts gegen 0 gehen, so sind dabei die Funktionswerte immer 1, d.h. der rechtsseitige Grenzwert ist

$$\lim_{x \to 0+} \text{sign}(x) = \lim_{x \to 0+} (1) = 1.$$

Linksseitiger Grenzwert und rechtsseitiger Grenzwert existieren zwar, sind aber ungleich. Graphisch bedeutet das: Die Funktion hat einen Sprung (siehe Abbildung 19.3; beachten Sie, dass der Computer bei Sprungstellen meist links- und rechtsseitigen Grenzwert verbindet).

b) Abbildung 19.3 zeigt, dass $f(x)$ für x gegen $x_0 = 0$ immer stärker oszilliert. Wir vermuten deshalb, dass für x gegen 0 gar kein Grenzwert existiert. Wählen wir zum Beispiel die Nullfolge $x_n = \frac{1}{n\pi}$. Hätte die Funktion für x gegen 0 einen Grenzwert, so müsste die Folge $f(x_n)$ gegen diesen Grenzwert konvergieren. Die Werte $f(x_n) = \cos(n\pi) = (-1)^n$ springen aber immer zwischen -1 und 1 hin und her. Von einem Grenzwert der Funktion für x gegen 0 kann also keine Rede sein.

c) Für x gegen 0 (egal, ob von links oder von rechts) wachsen die Funktionswerte über jede Schranke (siehe Abbildung 19.3):

$$\lim_{x \to 0} \frac{1}{x^2} = +\infty.$$

d) Abbildung 19.3 zeigt, dass das Verhalten links und rechts von 0 unterschiedlich ist: Für x gegen $0+$ wachsen die Funktionswerte über jede Schranke, für x gegen $0-$ fallen sie unter jede Schranke. Also:

$$\lim_{x \to 0+} \frac{1}{x} = +\infty \qquad \text{bzw.} \qquad \lim_{x \to 0-} \frac{1}{x} = -\infty.$$

■

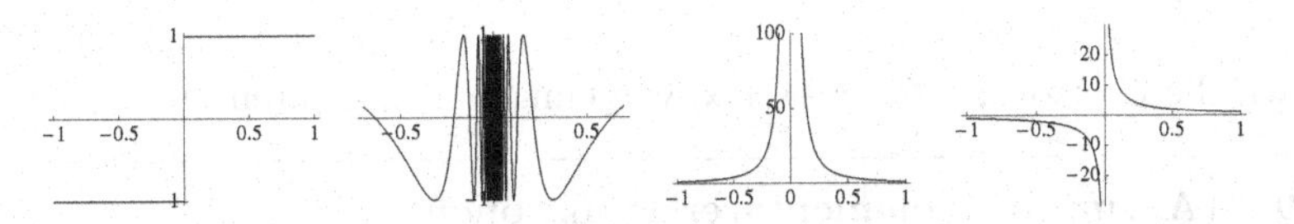

Abbildung 19.3. Die Funktionen sign(x), $\cos(\frac{1}{x})$, $\frac{1}{x^2}$, $\frac{1}{x}$ aus Beispiel 19.4

Bisher haben wir mit der Stelle x_0, der wir uns nähern, immer irgendeine reelle Zahl gemeint. Oft interessiert man sich für das **Verhalten einer Funktion für $x \to +\infty$ bzw. $x \to -\infty$**, das so genannte **asymptotische Verhalten**.

Beispiel 19.5 Asymptotisches Verhalten
Wie verhalten sich die Funktionen
a) $f(x) = \frac{1}{x}$ für $x \to \pm\infty$, b) $f(x) = \frac{3x+1}{4x-2}$ für $x \to \pm\infty$?

Lösung zu 19.5

a) Für eine beliebige Folge $x_n \to \infty$ gilt

$$\lim_{n \to \infty} f(x_n) = \lim_{n \to \infty} \frac{1}{x_n} = 0.$$

Also ist $\lim_{x \to \infty}(\frac{1}{x}) = 0$. Analog ist $\lim_{x \to -\infty}(\frac{1}{x}) = 0$.

b) In Abbildung 19.4 sehen wir, dass sich die Funktionswerte für $x \to \pm\infty$ immer mehr dem Wert $\frac{3}{4}$ nähern. Diesen Grenzwert finden wir rechnerisch mithilfe einer einfachen Umformung (analog zur Vorgehensweise bei Folgen, vergleichen Sie Abschnitt „Folgen" in Band 1). Wir dividieren dazu Zähler und Nenner von

$f(x)$ durch die höchste vorkommende Potenz von x (das ändert ja nichts an der Funktion) und erhalten nun aber eine Form, von der man den Grenzwert ablesen kann:

$$\lim_{x\to\infty} f(x) = \lim_{x\to\infty} \left(\frac{3+\frac{1}{x}}{4-\frac{2}{x}}\right) = \frac{3+0}{4-0} = \frac{3}{4}.$$

Analog argumentieren wir für $x \to -\infty$.

Alternativ hätten wir auch die Polynomdivision zu Hilfe nehmen können:

$$f(x) = \frac{3x+1}{4x-2} = \frac{3}{4} + \frac{5}{2(4x-2)}.$$

Da der Grenzwert von $\frac{5}{2(4x-2)}$ für $x \to \pm\infty$ gleich 0 ist, bleibt asymptotisch nur mehr $\frac{3}{4}$. ∎

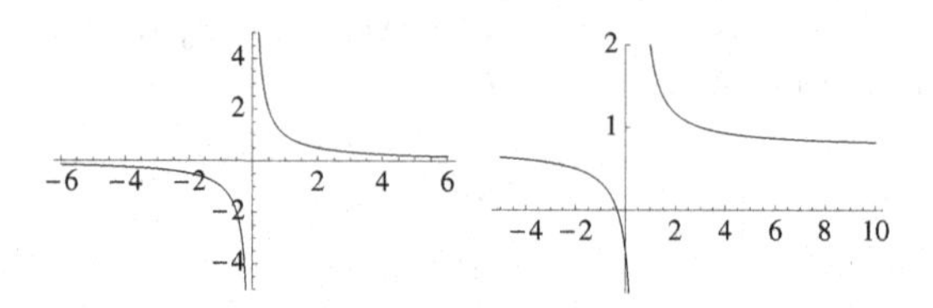

Abbildung 19.4. Die Funktionen $\frac{1}{x}$ und $\frac{3x+1}{4x-2}$ aus Beispiel 19.5

Halten wir die Grenzwerte für $x \to \pm\infty$ von einigen elementaren Funktionen fest:

Satz 19.6 (Asymptotik elementarer Funktionen)

- $\lim_{x\to\infty} x^a = \infty$ für beliebiges $a > 0$; Beispiele: x^3 oder $\sqrt{x}$.
- $\lim_{x\to\infty} \frac{1}{x^a} = 0$ für beliebiges $a > 0$; Beispiel: $\frac{1}{\sqrt{x}}$.
- $\lim_{x\to-\infty} x^n = (-1)^n\infty$ für $n \in \mathbb{N}$; Beispiele: x^2 oder x^3.
- $\lim_{x\to\infty} e^{a\,x} = \infty$, $\lim_{x\to-\infty} e^{ax} = 0$ für $a > 0$.
- $\lim_{x\to\infty} \ln(x) = \infty$, $\lim_{x\to 0} \ln(x) = -\infty$.

Zusammen mit den Grenzwertregeln kann nun eine Vielzahl von Beispielen gelöst werden.

Beispiel 19.7 Logistisches Wachstum
Beim (kontinuierlichen) logistischen Wachstumsmodell ist die Größe einer Population zur Zeit t gegeben durch

$$L(t) = \frac{S}{1-(1-\frac{S}{P_0})e^{-at}}, \qquad S, P_0, a > 0.$$

Bestimmen Sie $\lim_{t\to\infty} L(t)$.

Lösung zu 19.7 Nach den Rechenregeln für Grenzwerte und mit dem Wissen, dass $\lim_{t\to\infty} e^{-at} = 0$ (falls $a > 0$), folgt

$$\lim_{t\to\infty} L(t) = \frac{S}{1-(1-\frac{S}{P_0})\cdot 0} = S.$$

■

Wenn eine Funktion sowohl einen Funktionswert $f(x_0)$ als auch einen Grenzwert für $x \to x_0$ besitzt, dann wünschen wir uns natürlich, dass die beiden übereinstimmen. Anschaulich bedeutet das, dass kleine Abweichungen des Arguments von x_0 auch nur kleine Abweichungen der Funktionswerte von $f(x_0)$ nach sich ziehen.

Mit anderen Worten: Wenn die x in der Nähe von x_0 bleiben, so bleiben die $f(x)$ in der Nähe von $f(x_0)$: „Kleine Fehler im Input bewirken kleine Fehler im Output".

Diese Eigenschaft einer Funktion hat einen eigenen Namen:

Definition 19.8 Eine Funktion f heißt **stetig an der Stelle** x_0, wenn der Grenzwert $\lim_{x\to x_0} f(x)$ existiert und gleich $f(x_0)$ ist. Das heißt, dass für jede Folge x_n mit $x_n \to x_0$

$$\lim_{n\to\infty} f(x_n) = f(\lim_{n\to\infty} x_n) = f(x_0)$$

gilt. Ist die Funktion f *an jeder* Stelle ihres Definitionsbereiches D stetig, so sagt man, **f ist stetig (auf D)**.

Bei stetigen Funktionen können also Grenzwerte ins Argument hineingezogen werden.

Bei stückweise definierten Funktionen kann man verwenden, dass f genau dann stetig bei x_0 ist, wenn links- und rechtseitiger Grenzwert (existieren und) gleich dem Funktionswert sind.

Die Menge der auf D definierten stetigen Funktionen wird mit $C(D)$ oder auch $C^0(D)$ bezeichnet („stetig" heißt auf Englisch *continuous*).

Beispiel 19.9 Stetigkeit

Untersuchen Sie folgende Funktionen auf Stetigkeit:

a) $f(x) = 2x + 1$ b) $f(x) = |x|$ c) $f(x) = \text{sign}(x)$

d) $f(x) = \begin{cases} \frac{1}{2}x^2 + 1, & x \le 2 \\ -x + 5, & x > 2 \end{cases}$

Lösung zu 19.9

a) Für jede beliebige Stelle $x_0 \in \mathbb{R}$ gilt: $\lim_{x\to x_0}(2x+1) = 2x_0 + 1 = f(x_0)$. Also ist f stetig (auf $\mathbb{R}$).

b) Für jedes $x_0 \in \mathbb{R}$ gilt: $\lim_{x\to x_0} |x| = |x_0|$, daher ist die Funktion stetig.

c) Die Funktion $\text{sign}(x)$ ist stetig an jeder Stelle $x_0 \neq 0$. Für $x_0 = 0$ existieren zwar links- und rechtsseitiger Grenzwert, $\lim_{x\to 0-} \text{sign}(x) = -1$ und $\lim_{x\to 0+} \text{sign}(x) = +1$, da sie aber verscheiden sind, ist $\text{sign}(x)$ bei $x_0 = 0$ nicht stetig.

d) Für $x_0 \neq 2$ gibt es keine Probleme und die Funktion ist dort stetig. Für $x_0 = 2$ haben wir in Beispiel 19.3 $\lim_{x\to 2-} f(x) = 3 = \lim_{x\to 2+} f(x)$ gesehen und da $f(2) = 3$ gilt, ist die Funktion stetig auf ganz $\mathbb{R}$. ■

Grob gesagt ist eine Funktion stetig, wenn man ihren Graphen zeichnen kann, ohne den Stift abzusetzen. Ein Knick schadet der Stetigkeit also nicht, ein Sprung bedeutet aber eine Unstetigkeitsstelle!

Insbesondere muss der Funktionsgraph einer stetigen Funktion auf dem Weg von $f(a)$ nach $f(b)$ jeden Wert, der zwischen diesen beiden liegt, annehmen. Das sagt der

Satz 19.10 (Zwischenwertsatz) Ist eine Funktion f im Intervall $[a, b]$ stetig, so nimmt sie jeden Wert zwischen $f(a)$ und $f(b)$ an.

Daraus folgt, dass es in $[a, b]$ mindestens eine Nullstelle geben muss, falls $f(a)$ und $f(b)$ verschiedene Vorzeichen haben.

Möchte man in der Praxis wissen, ob eine Funktion stetig ist, so verwendet man (wie bei der Berechnung von Grenzwerten) nicht die Definition selbst, sondern folgende Regeln, die aus den analogen Regeln für Grenzwerte (Satz 19.2) folgen:

Satz 19.11 Sind $f(x)$ und $g(x)$ stetig an der Stelle x_0, so sind auch Summe $f(x) + g(x)$, Produkt $f(x)g(x)$, Quotient $f(x)/g(x)$ (falls $g(x_0) \neq 0$), Verkettung $f(g(x))$ (falls definiert) und Umkehrabbildung $f^{-1}(x)$ (falls f streng monoton) stetig an der Stelle x_0.

Daraus folgt zum Beispiel, dass alle Polynome und sogar rationale Funktionen in ihrem Definitionsbereich stetig sind.

Insbesondere ist also die Funktion $f(x) = \frac{1}{x}$ stetig. Das verwundert Sie vielleicht, da diese Funktion ja bei Annäherung an $x = 0$ unbeschränkt ist. Aber da die Funktion für $x = 0$ gar nicht definiert ist, macht es auch keinen Sinn, nach der Stetigkeit bei 0 zu fragen! Oft sagt man aber trotzdem, dass $f(x) = \frac{1}{x}$ unstetig bei $x = 0$ ist und meint damit, dass $\frac{1}{x}$ auch durch geeignete Wahl eines Funktionswertes an der Stelle $x = 0$ nicht zu einer stetigen Funktion gemacht werden kann.

Alle Funktionen, die wir in den vorherigen Abschnitten kennen gelernt haben, sind stetig:

Satz 19.12 Die Polynomfunktion, die Potenzfunktion, die Exponentialfunktion, die Logarithmusfunktion sowie die trigonometrischen Funktionen sind in ihrem gesamten Definitionsbereich stetig.

Mit diesem Rüstzeug im Gepäck können wir folgende Funktionen auf Stetigkeit untersuchen.

Beispiel 19.13 Stetigkeit elementarer Funktionen
Sind die Funktionen stetig?
a) $f(x) = 5x^2 - 2x + 1$ b) $f(x) = x^2 \mathrm{e}^x + \sin(x)$ c) $f(x) = \cos(\frac{1}{x})$

Lösung zu 19.13
a) Jedes Polynom ist auf ganz $\mathbb{R}$ stetig, so auch $f(x) = 5x^2 - 2x + 1$.
b) $f(x) = x^2 \mathrm{e}^x + \sin(x)$ ist als Produkt bzw. Summe von stetigen Funktionen wieder stetig.

c) $f(x) = \cos(\frac{1}{x})$ ist als Verkettung von $\cos(x)$ und $\frac{1}{x}$ stetig für $x \neq 0$ (an der Stelle $x = 0$ ist die Funktion nicht definiert). ■

Zum Schluss wollen wir noch festhalten, dass stetige Funktionen auf einem abgeschlossenen Intervall ihr Maximum und Minimum annehmen:

Satz 19.14 (Weierstraß) Jede auf einem abgeschlossenen Intervall $[a, b]$ stetige reelle Funktion f nimmt auf diesem Intervall ihr Maximum und Minimum an. Insbesondere ist f auf $[a, b]$ beschränkt.

Abgeschlossenheit ist wichtig für diesen Satz! Die Funktion $f(x) = \frac{1}{x}$ ist auf $(0, 1)$ stetig, sie hat aber weder ein Minimum noch ein Maximum und ist sogar unbeschränkt.

19.2 Die Ableitung einer Funktion

In der Praxis treten oft komplizierte Funktionen auf, die nur schwer zu untersuchen sind. Die Strategie in der Mathematik ist, diese komplizierten Funktionen durch einfachere zu approximieren und dann Eigenschaften der komplizierten Funktion von der Approximation abzulesen. Ein wesentliches Hilfsmittel ist dabei die Differentialrechnung, die versucht, eine Funktion durch eine Gerade, die Tangente, zu approximieren.

Angenommen, wir möchten eine gegebene Funktion $f(x)$ in der Nähe eines bestimmten Punktes $(x_0, f(x_0))$ möglichst gut approximieren. Die einfachste Möglichkeit wäre natürlich, $f(x)$ durch die konstante Funktion $f(x) = f(x_0)$ zu ersetzen. Etwas besser wollen wir es aber schon haben und deshalb versuchen wir, $f(x)$ durch eine Gerade anzunähern, die durch den Punkt $(x_0, f(x_0))$ geht, also

$$f(x) \approx f(x_0) + k(x - x_0).$$

Die Frage ist nun, wie dabei die Steigung k gewählt werden soll, damit eine möglichst gute Approximation erreicht wird. Wählen wir zum Beispiel eine zweite Stelle x_1 in der Nähe von x_0, so können wir die Steigung so wählen, dass die Gerade durch die beiden Punkte $(x_0, f(x_0))$ und $(x_1, f(x_1))$ geht:

$$k = \frac{f(x_1) - f(x_0)}{x_1 - x_0}.$$

Man nennt eine derartige Gerade durch zwei Punkte des Graphen von f eine **Sekante** (siehe Abbildung 19.5). Es ist klar, dass die Approximation im Punkt $(x_0, f(x_0))$ um so besser wird, je näher x_1 bei x_0 liegt. Die optimale Steigung ist also gegeben durch

$$k_0 = \lim_{x_1 \to x_0} \frac{f(x_1) - f(x_0)}{x_1 - x_0},$$

vorausgesetzt, dieser Grenzwert existiert. Diese optimale Gerade hat die Eigenschaft, dass sie den Graphen von f im Punkt $(x_0, f(x_0))$ gerade berührt und wird deshalb **Tangente** genannt (siehe Abbildung 19.6).

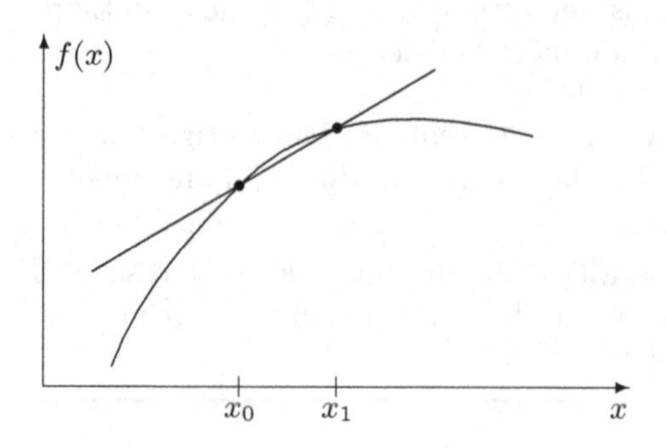

Abbildung 19.5. Sekante

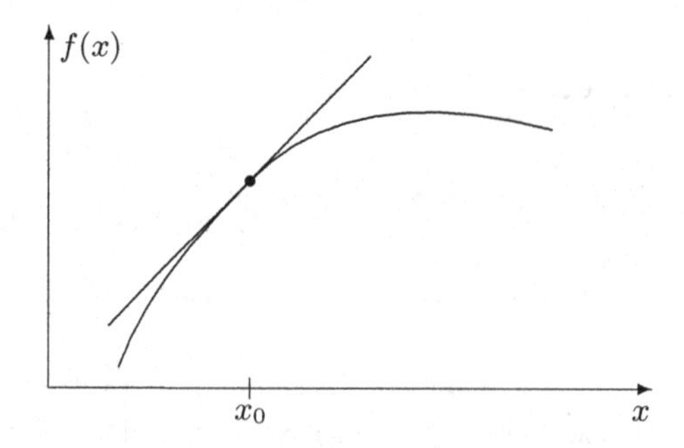

Abbildung 19.6. Tangente

Definition 19.15 Die Funktion f heißt **differenzierbar** an der Stelle x_0 ihres Definitionsbereiches, wenn der Grenzwert der Sekantensteigungen

$$\frac{df}{dx}(x_0) = \lim_{x \to x_0} \frac{f(x) - f(x_0)}{x - x_0}$$

existiert. Dieser Grenzwert ist gleich der Steigung der Tangente im Punkt $(x_0, f(x_0))$ und heißt **Ableitung** oder **Differential** von f in x_0. Man schreibt auch $\frac{df}{dx}(x_0) = f'(x_0)$. Die Gleichung der Tangente durch $(x_0, f(x_0))$ lautet dann:

$$t(x) = f(x_0) + f'(x_0)(x - x_0).$$

Wenn f in *jedem* Punkt ihres Definitionsbereiches D differenzierbar ist, dann ist die **Ableitung** f' ebenfalls eine Funktion, nämlich jene, die jedem x die Ableitung $f'(x)$ an der Stelle x zuordnet. Ist f' stetig, so nennt man f **stetig differenzierbar** auf D.

Die Menge aller auf D stetig differenzierbaren Funktionen wird mit $C^1(D)$ bezeichnet.

Aus der Definition der Ableitung als Grenzwert von $\frac{f(x_1)-f(x_0)}{x_1-x_0}$ ist ersichtlich, dass die Ableitung auch als **lokale Änderungsrate** der Funktion aufgefasst werden kann:

$$\frac{f(x_1) - f(x_0)}{x_1 - x_0} \approx f'(x_0) \quad \text{für } x_1 \text{ nahe bei } x_0.$$

Hier haben wir die Steigung der Sekante durch zwei (nahe beinander liegende) Punkte durch die Steigung der Tangente in einem der beiden Punkte angenähert. Wenn sich also x um $\Delta x = x_1 - x_0$ ändert, dann ändert sich $f(x)$ um $\Delta f = f(x_1) - f(x_0) \approx f'(x_0)\Delta x$. Insbesondere ist $f(x)$ in der Nähe von x_0 streng monoton wachsend, wenn $f'(x_0) > 0$ ist und streng monoton fallend, wenn $f'(x_0) < 0$.

Wenn t als Zeit interpretiert wird, so schreibt man meistens $\dot{f}(t)$ anstelle von $f'(t)$ bzw. $\frac{df}{dt}$. Wenn zum Beispiel $s(t)$ den zurückgelegten Weg eines Fahrzeuges zum Zeitpunkt t beschreibt, so ist $\dot{s}(t)$ die Geschwindigkeit zum Zeitpunkt t.

Die Schreibweise $\frac{df}{dx}$ geht auf den deutschen Philosophen und Mathematiker Gottfried Wilhelm Leibniz (1646–1716) und die Schreibweise $\dot{f}$ auf den englischen Physiker und Mathematiker Isaac Newton (1643–1727) zurück. Leibniz und Newton haben die Grundlagen der Differentialrechnung etwa zur gleichen Zeit, aber unabhängig voneinander, gelegt.

Beispiel 19.16 Differenzierbare Funktionen

Wo sind die folgenden Funktionen differenzierbar?

a) $f(x) = 2x + 1$ b) $f(x) = |x|$ c) $f(x) = \text{sign}(x)$

Lösung zu 19.16

a) Wir müssen untersuchen, für welche x_0 des Definitionsbereiches der Grenzwert $f'(x_0)$ existiert. Für eine beliebige Stelle x_0 ist

$$f'(x_0) = \lim_{x\to x_0} \frac{(2x+1) - (2x_0+1)}{x - x_0} = \lim_{x\to x_0} \frac{2(x - x_0)}{x - x_0} = 2.$$

Die Funktion $f(x)$ ist also überall differenzierbar (x_0 war ja eine *beliebige* Stelle) und ihre Ableitung ist überall gleich 2. Die gleiche Rechnung zeigt allgemein, dass die Funktion $f(x) = k\,x + d$ überall differenzierbar ist und dass $f'(x) = k$ gilt.

b) Für $x_0 \neq 0$ ist die Funktion

$$f(x) = |x| = \begin{cases} -x, & x < 0 \\ x, & x \geq 0 \end{cases}$$

differenzierbar (analog wie a)):

$$f'(x_0) = \begin{cases} -1, & x_0 < 0 \\ 1, & x_0 > 0 \end{cases}.$$

An der Stelle $x_0 = 0$ ist sie aber nicht differenzierbar, denn der Grenzwert der Sekantensteigungen durch Punkte rechts von $x_0 = 0$ ist 1, der Grenzwert von links ist hingegen -1.

Denn der linksseitige Grenzwert ist

$$\lim_{x\to 0-} \frac{f(x) - f(0)}{x - 0} = \lim_{x\to 0-} \frac{-x - 0}{x - 0} = -1,$$

und der rechtsseitige ist

$$\lim_{x\to 0+} \frac{f(x)-f(0)}{x-0} = \lim_{x\to 0+} \frac{x-0}{x-0} = 1.$$

Am Knickpunkt ist die Funktion also nicht differenzierbar.

c) (Vergleiche Beispiel 19.4 a).) Interessant ist wieder nur $x_0 = 0$ (an allen anderen Stellen $x_0 \neq 0$ ist die Funktion differenzierbar mit Ableitung $f'(x_0) = 0$). Bei $x_0 = 0$ besitzt die Funktion keine Ableitung. Denn für Punkte rechts von $x_0 = 0$ ist der Grenzwert der Sekantensteigungen gleich 0. Und für Punkte links von $x_0 = 0$ wachsen die zugehörigen Sekantensteigungen über alle Grenzen (im Grenzwert wäre die Tangente, wenn man von links kommt, senkrecht).

Denn der linksseitige Grenzwert ist

$$\lim_{x\to 0-} \frac{f(x)-f(0)}{x-0} = \lim_{x\to 0-} \frac{-1-1}{x-0} = \lim_{x\to 0-} \frac{-2}{x} = \infty,$$

und der rechtsseitige ist

$$\lim_{x\to 0+} \frac{f(x)-f(0)}{x-0} = \lim_{x\to 0+} \frac{1-1}{x-0} = 0.$$

■

Grob gesagt hat eine differenzierbare Funktion keine Knicke, und schon gar keine Sprünge, denn weder in einem Knickpunkt noch an einer Sprungstelle ist es sinnvoll, von einer Tangente zu sprechen. Differenzierbarkeit ist eine stärkere Eigenschaft als Stetigkeit:

Satz 19.17 Jede differenzierbare Funktion ist stetig (aber nicht umgekehrt).

Beispiel: $|x|$ ist an $x_0 = 0$ stetig, aber nicht differenzierbar. Hier hat die Funktion einen Knick.

Die Approximation einer Funktion durch ihre Tangente wird auch als **Linearisierung** bezeichnet. Dabei wird durch $(x_0, f(x_0))$ eine Tangente gelegt und die Funktionswerte $f(x)$ für x nahe bei x_0 durch die Tangentenfunktionswerte $t(x)$ angenähert:

$$f(x) \approx t(x) = f(x_0) + f'(x_0)(x - x_0).$$

Diese Näherungsformel kann wie folgt verwendet werden: Angenommen, wir benötigen $\sin(x)$ und wissen, dass nur kleine Winkel x auftreten können. So eine Situation tritt zum Beispiel bei Berechnungen in der Computergrafik oft auf. Muss diese Berechnung häufig ausgeführt werden (z. B. innerhalb einer Schleife), so kann man die Rechenzeit verkürzen, indem man $\sin(x)$ durch einen einfacheren Ausdruck ersetzt. Betrachten wir also Abbildung 19.7 und approximieren wir die Funktion $f(x) = \sin(x)$ durch die Tangente an die Kurve im Punkt $(0, 0)$. Im nächsten Abschnitt werden wir sehen, dass die Steigung der Tangente gleich $f'(0) = \cos(0) = 1$ ist. Unsere Näherung ist demnach $\sin(x) \approx x$. Für $x = 0.2$ erhalten wir zum Beispiel $\sin(0.2) \approx 0.2$. Der exakte Wert wäre $\sin(0.2) = 0.198669$. Wir haben also eine für viele Zwecke sicher ausreichende Näherung bekommen. Wie aus Abbildung 19.7 ersichtlich, wird die Güte der Approximation allerdings umso schlechter, je weiter x von 0 entfernt ist. Denn dann wird der Unterschied zwischen exaktem Wert und

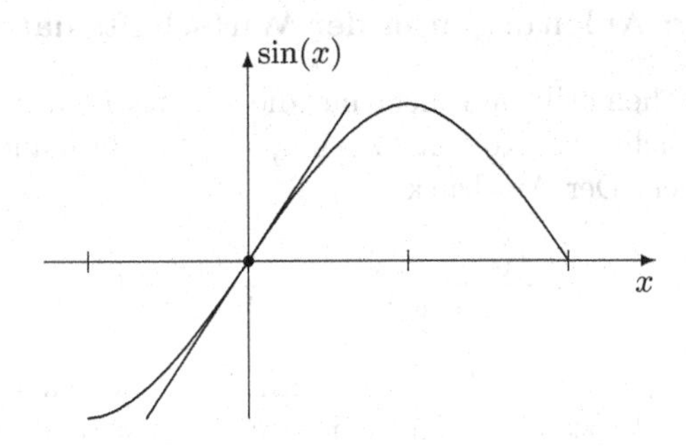

Abbildung 19.7. Tangente an die Kurve $y = \sin(x)$ an der Stelle $x = 0$.

Näherungswert immer größer. Die Linearisierung einer Funktion gibt also eine **lokale** Näherung der Funktion.

Zum Abschluss geben wir noch einen zentralen Satz der Differentialrechnung mit vielen nützlichen Konsequenzen an:

Satz 19.18 (Mittelwertsatz der Differentialrechnung) Die Funktion f sei auf $[a, b]$ stetig und auf (a, b) differenzierbar. Dann gibt es einen Punkt $x_0 \in (a, b)$ mit

$$f'(x_0) = \frac{f(b) - f(a)}{b - a}.$$

Anschaulich bedeutet der Mittelwertsatz, dass es zwischen a und b eine Stelle x_0

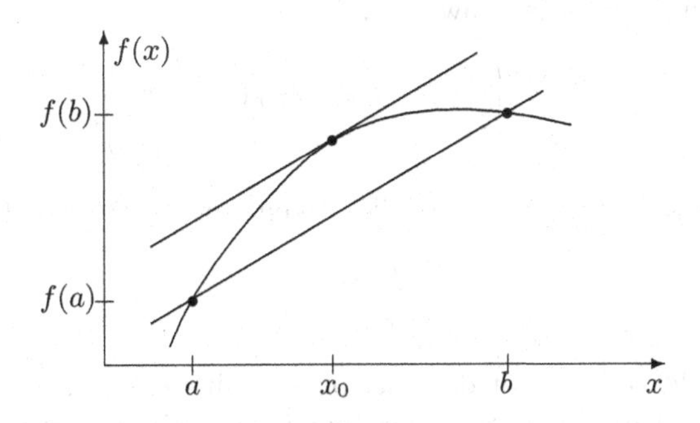

Abbildung 19.8. Mittelwertsatz der Differentialrechnung

gibt, an der die Steigung von f gleich der Steigung der Geraden durch die Punkte $(a, f(a))$ und $(b, f(b))$ ist (siehe Abbildung 19.8).

Der Spezialfall $f(a) = f(b)$ ist als **Satz von Rolle** bekannt: Sind an zwei Punkten die Funktionswerte gleich, so gibt es dazwischen einen Punkt, an dem die Ableitung verschwindet.

19.2.1 Anwendung: Ableitungen in der Wirtschaftsmathematik

In der Wirtschaftsmathematik sind nicht nur die Ableitung, also die Änderungsrate einer Kenngröße f (Nachfrage, Kosten, Gewinn, ...), sondern auch weitere verwandte Begriffe in Gebrauch: Der Ausdruck

$$r = \frac{f(x_1) - f(x_0)}{f(x_0)} = \frac{f(x_1)}{f(x_0)} - 1$$

wird als **relative** oder **prozentuelle Änderung** von f zwischen x_0 und x_1 bezeichnet. Das ist genau der Prozentsatz, um den sich $f(x_0)$ verändert, wenn sich x von x_0 auf x_1 ändert: $f(x_1) = f(x_0) + r\,f(x_0) = (1 + r)f(x_0)$.

Für differenzierbares f gilt $f(x) \approx f(x_0) + f'(x_0)(x - x_0)$ in der Nähe von x_0 (Näherung durch die Tangente). Man kann die relative Änderung daher näherungsweise mithilfe der **relativen Änderungsrate**

$$\frac{f'(x)}{f(x)}$$

berechnen:

$$\frac{f(x_1) - f(x_0)}{f(x_0)} \approx \frac{f'(x_0)}{f(x_0)}(x_1 - x_0).$$

Die relative Änderungsrate ist also jener Faktor, mit dem man (kleine) absolute Änderungen von x näherungsweise in die entsprechenden relativen (prozentuellen) Änderungen von f umrechnen kann.

Die relative Änderungsrate kann auch als **logarithmische Ableitung** interpretiert werden, da $(\ln(f(x)))' = f'(x)/f(x)$ gilt. Das folgt sofort aus der Kettenregel, die wir im nächsten Abschnitt lernen werden.

Betrachtet man die relative Änderung der Funktionswerte $f(x)$ im Verhältnis zur relativen Änderung der Variablenwerte x,

$$\frac{\frac{f(x_1)-f(x_0)}{f(x_0)}}{\frac{x_1-x_0}{x_0}} = \frac{f(x_1) - f(x_0)}{x_1 - x_0}\frac{x_0}{f(x_0)},$$

so erhält man im Grenzwert $x_1 \to x_0$ die so genannte **Elastizität**

$$\frac{f'(x_0)}{f(x_0)}x_0$$

von f an der Stelle x_0. Sie gibt den Faktor an, mit dem man eine (kleine) relative Änderung von x multiplizieren muss, um (näherungsweise) die entsprechende relative Änderung von $f(x)$ zu erhalten.

Es sei $D(p)$ die Nachfragefunktion (engl. *demand*) eines Produktes, also die Menge des Produktes, die abgesetzt werden kann, wenn man den Preis p festlegt. Ihre Elastizität

$$E(p) = \frac{D'(p)}{D(p)}p$$

wird als **Preiselastizität** der Nachfrage bezeichnet. Sie ist immer negativ, da in einem vernünftigen ökonomischen Modell die Nachfrage sinkt, wenn der Preis steigt.

Ist der Betrag $|E(p)| > 1$, so spricht man von **elastischer Nachfrage** und bei $|E(p)| < 1$ von **unelastischer Nachfrage**.

Der Erlös $R(p)$ (engl. *revenue*) ergibt sich aus der abgesetzten Produktmenge multipliziert mit dem Preis

$$R(p) = p\, D(p).$$

Wann kann nun der Erlös durch eine Preiserhöhung gesteigert werden? Dazu berechnen wir die Änderungsrate (Ableitung) der Erlösfunktion, die auch **Grenzerlös** genannt wird,

$$R'(p) = D(p) + pD'(p) = D(p)\left(1 + p\frac{D'(p)}{D(p)}\right) = D(p)(1 - |E(p)|).$$

Hier wurde die Ableitung mithilfe der Produktregel $(f \cdot g)' = f' \cdot g + f \cdot g'$ aus dem nächsten Abschnitt berechnet. Weiters haben wir $E(p) < 0$ und damit $E(p) = -|E(p)|$ verwendet.

Da der Erlös steigt, wenn die Änderungsrate $R'(p) > 0$ ist (positive Ableitung bedeutet ja Wachstum), erhalten wir folgende ökonomische Regel: Bei unelastischer Nachfrage steigt der Erlös bei einer Preiserhöhung, bei elastischer Nachfrage sinkt er.

19.3 Berechnung von Ableitungen

Wie Sie sicher schon erraten haben, werden wir zur Berechnung einer Ableitung nicht die Definition direkt verwenden, sondern einige wenige Ableitungsregeln:

Satz 19.19 (Ableitungsregeln) Die Funktionen f und g seien an der Stelle x differenzierbar. Dann sind auch $f + g$ und $c \cdot f$ (c ist eine Konstante) differenzierbar und es gilt (**Linearität**):

$$\begin{aligned} (f+g)'(x) &= f'(x) + g'(x), \\ (c \cdot f)'(x) &= c \cdot f'(x). \end{aligned}$$

Weiters sind auch $f \cdot g$, $\frac{f}{g}$ und $f \circ g$ differenzierbar mit den Ableitungen

$$\begin{aligned} (f \cdot g)'(x) &= f'(x) \cdot g(x) + f(x) \cdot g'(x) \quad \text{„Produktregel“}, \\ (\frac{f}{g})'(x) &= \frac{f'(x) \cdot g(x) - f(x) \cdot g'(x)}{g(x)^2}, \quad g(x) \neq 0, \quad \text{„Quotientenregel“}, \\ (f \circ g)'(x) &= f'(g(x)) \cdot g'(x) \quad \text{„Kettenregel“}. \end{aligned}$$

Die Ableitungsregeln folgen aus den Rechenregeln für Grenzwerte. Zum Beispiel folgt die Produktregel aus

$$\begin{aligned} f(x)g(x) - f(x_0)g(x_0) &= f(x)g(x) - f(x_0)g(x) + f(x_0)g(x) - f(x_0)g(x_0) \\ &= (f(x) - f(x_0))g(x) + f(x_0)(g(x) - g(x_0)) \end{aligned}$$

womit sich

$$\begin{aligned}(f \cdot g)'(x_0) &= \lim_{x \to x_0} \frac{f(x)g(x) - f(x_0)g(x_0)}{x - x_0} \\ &= \lim_{x \to x_0} \frac{f(x) - f(x_0)}{x - x_0} \lim_{x \to x_0} g(x) + f(x_0) \lim_{x \to x_0} \frac{g(x) - g(x_0)}{x - x_0} \\ &= f'(x_0) \cdot g(x_0) + f(x_0) \cdot g'(x_0)\end{aligned}$$

ergibt.

Damit können wir bereits die Ableitung beliebiger Polynome und rationaler Funktionen berechnen. Da $x' = 1$ gilt, folgt $(x^2)' = (x \cdot x)' = 2x$ und analog $(x^3)' = 3x^2$. Nun ist es nicht schwer, $(x^n)' = nx^{n-1}$ zu erraten.

Um die Ableitungen von komplizierteren Funktionen berechnen zu können, benötigen wir nun noch die Ableitung elementarer Funktionen.

Satz 19.20 (Ableitung elementarer Funktionen)

Funktion $f(x)$	Ableitung $f'(x)$	
c (Konstante)	0	
x^n	$n\,x^{n-1}$	$n \in \mathbb{Z}$
x^a	$a\,x^{a-1}$	$x > 0, a \in \mathbb{R}$
$\log_a(x)$	$\frac{1}{x \ln(a)}$	$a \neq 1, a > 0$
$\ln(x)$	$\frac{1}{x}$	
a^x	$a^x \ln(a)$	$a > 0$
e^x	e^x	
$\sin(x)$	$\cos(x)$	
$\cos(x)$	$-\sin(x)$	

Eine Tabelle mit weiteren nützlichen Ableitungen finden Sie in Abschnitt A.1.

Für die Berechnung dieser Ableitungen muss man ein wenig in die mathematische Trickkiste greifen. Zunächst verwenden wir

$$\log_a'(x_0) = \lim_{x \to x_0} \frac{\log_a(x) - \log_a(x_0)}{x - x_0} = \lim_{h \to 0} \frac{\log_a(x_0 + h) - \log_a(x_0)}{h}.$$

Daraus folgt

$$\log_a'(x_0) = \frac{1}{x_0} \lim_{h \to 0} \frac{x_0}{h} \log_a\left(1 + \frac{h}{x_0}\right) = \frac{1}{x_0} \log_a \lim_{h \to 0} \left(1 + \frac{h}{x_0}\right)^{x_0/h},$$

wobei wir im ersten Schritt die Rechenregeln für $\log_a(x)$ und im zweiten die Stetigkeit von $\log_a(x)$ verwendet haben. Wegen

$$\lim_{n \to \infty} \left(1 + \frac{1}{n}\right)^n = \mathrm{e}$$

(vergleiche dazu das Beispiel zur Eulerschen Zahl im Abschnitt „Folgen" in Band 1) folgt $\log_a'(x) = \frac{1}{x} \log_a(\mathrm{e}) = \frac{1}{x \ln(a)}$. Die Ableitung von a^x ergibt sich dann aus Satz 19.22. Ähnlich folgt die Ableitung von $\sin(x)$ aus den Additionstheoremen und $\lim_{x \to 0} \frac{\sin(x)}{x} = 1$ bzw. $\lim_{x \to 0} \frac{1-\cos(x)}{x} = \lim_{x \to 0} \frac{x}{1+\cos(x)} \frac{\sin(x)^2}{x^2} = 0$. Die Ableitung von x^a folgt aus $x^a = \exp(a \ln(x))$ mit der Kettenregel.

Beispiel 19.21 Berechnung von Ableitungen

Berechnen Sie die Ableitung von:

a) $p(x) = 2x^3 + \sqrt{x} - 1$ b) $q(x) = \frac{x}{x^2-1}$ c) $h(x) = x^2\mathrm{e}^x$ d) $k(x) = \sqrt{3x^5 - x}$

Lösung zu 19.21

a) $p(x) = 2x^3 + x^{\frac{1}{2}} - 1$, daher ist $p'(x) = 6x^2 + \frac{1}{2}x^{-\frac{1}{2}} = 6x^2 + \frac{1}{2\sqrt{x}}$.

b) Mit der Quotientenregel erhalten wir $q'(x) = \frac{1\cdot(x^2-1)-x\cdot 2x}{(x^2-1)^2} = -\frac{x^2+1}{(x^2-1)^2}$.

c) Mit der Produktregel berechnen wir $h'(x) = 2x\mathrm{e}^x + x^2\mathrm{e}^x = x\mathrm{e}^x(2+x)$.

d) Die Funktion $k(x) = k_1(k_2(x))$ ist eine Verkettung der Funktionen $k_1(x) = \sqrt{x}$ und $k_2(x) = 3x^5 - x$. Mit der Kettenregel folgt mit $k_1'(x) = \frac{1}{2\sqrt{x}}$ und $k_2'(x) = 15x^4 - 1$, dass $k'(x) = k_1'(k_2(x))\,k_2'(x) = \frac{15x^4-1}{2\sqrt{3x^5-x}}$. ■

Für die Exponentialfunktion e^x gilt also, dass die Ableitung an jeder Stelle x gleich dem Funktionswert an dieser Stelle ist. (Das gilt *ausschließlich* für Funktionen der Form $c \cdot \mathrm{e}^x$, wobei c eine Konstante ist.) Aus diesem Grund spricht man hier von „natürlichem Wachstum“ und dadurch erklärt sich die besondere Stellung der Zahl e.

Erinnern Sie sich daran, dass f genau dann umkehrbar ist, wenn f streng monoton ist. Insbesondere ist eine differenzierbare Funktion streng monoton wachsend, falls $f'(x) > 0$ und streng monoton fallend, falls $f'(x) < 0$ ist. Für die Ableitung der Umkehrfunktion gilt:

Satz 19.22 (Ableitung der Umkehrfunktion) Ist f differenzierbar mit $f'(x) \neq 0$, so ist f streng monoton und die Ableitung der Umkehrfunktion ist gegeben durch

$$(f^{-1})'(x) = \frac{1}{f'(f^{-1}(x))}.$$

Warum? Differenzieren wir beide Seiten von $f(f^{-1}(x)) = x$: Wir erhalten (links mit der Kettenregel) $f'(f^{-1}(x)) \cdot (f^{-1})'(x) = 1$. Nun brauchen wir nur nach $(f^{-1})'(x)$ aufzulösen, und schon steht die Formel da. Zum Beispiel ergibt sich die Ableitung von $y = a^x$ aus $\log_a'(y) = 1/(y\ln(a))$ durch Differenzieren beider Seiten der Gleichung $\log_a(a^x) = x$ unter Verwendung der Kettenregel:

$$\frac{1}{a^x \ln(a)}(a^x)' = 1.$$

Beispiel 19.23 Ableitung der Umkehrfunktion
Berechnen Sie die Ableitung von $\arcsin(x)$ und $\arccos(x)$.

Lösung zu 19.23 $\arcsin(x)$ ist die Umkehrfunktion von $f(x) = \sin(x)$, die für $x \in (-\frac{\pi}{2}, \frac{\pi}{2})$ streng monoton ist. Die Ableitung $f'(x) = \cos(x)$ ist daher für $x \in (-\frac{\pi}{2}, \frac{\pi}{2})$ ungleich 0. Wir verwenden die Formel für die Ableitung der Umkehrfunktion und $f'(x) = \cos(x) = \sqrt{1 - \sin(x)^2}$ und erhalten

$$\arcsin'(x) = \frac{1}{\cos(\arcsin(x))} = \frac{1}{\sqrt{1 - (\sin(\arcsin(x)))^2}} = \frac{1}{\sqrt{1 - x^2}}.$$

Analog bekommen wir

$$\arccos'(x) = \frac{-1}{\sqrt{1 - x^2}}.$$

■

Natürlich können Ableitungen auch direkt mit dem Computer berechnet werden und deshalb macht es auch wenig Sinn, alle Ableitungsregeln aus diesem Abschnitt auswendig zu lernen! Warum habe ich Ihnen dann das alles überhaupt erzählt, fragen Sie sich jetzt sicherlich? Ich hätte Ihnen ja auch einfach sagen können, die Ableitung von f ist eine Funktion, die mit dem Computer *so* ausgerechnet wird. Damit wären Sie nach weniger als einer Minute in der Lage gewesen, die Ableitung von

$$\frac{\sqrt{x^7 + \log_5(x^2)}}{\sin(x^3 + 27) + 8^{x^3}}$$

zu berechnen. Aber Sie hätten nicht gewusst, was die Ableitung anschaulich bedeutet und wozu sie deshalb verwendet werden kann. Außerdem wissen Sie nun, wie der Computer diese Ableitung ausrechnet: Er kennt einfach alle Ableitungsregeln, die die Mathematiker im Laufe der Zeit zusammengetragen haben, und wendet diese der Reihe nach an.

Eine praktische Anwendung der Ableitung sind folgende Grenzwertregeln von **de l'Hospital** (benannt nach dem französischen Mathematiker Guillaume François Antoine Marquis de l'Hospital, 1661–1704):

Satz 19.24 (Regel von de l'Hospital) Es seien f und g differenzierbare Funktionen. Wenn

$$\lim_{x\to x_0} f(x) = \lim_{x\to x_0} g(x) = 0 \qquad \text{oder} \qquad \lim_{x\to x_0} |f(x)| = \lim_{x\to x_0} |g(x)| = \infty,$$

so ist

$$\lim_{x\to x_0} \frac{f(x)}{g(x)} = \lim_{x\to x_0} \frac{f'(x)}{g'(x)},$$

falls letzterer Grenzwert existiert. Dabei sind die Fälle $x_0 = \pm\infty$ zugelassen und auch der Grenzwert der Ableitungen kann $\pm\infty$ sein.

Achtung: Der Bruch wird also *nicht* nach der Quotientenregel differenziert, sondern es werden Zähler und Nenner getrennt differenziert!

Merkregel: Die Regel von de l'Hospital hilft, wenn der Grenzwert von $\frac{f(x)}{g(x)}$ für x gegen x_0 gesucht ist und wenn

$$\lim_{x\to x_0} \frac{f(x)}{g(x)} = \frac{0}{0} \qquad \text{oder} \qquad \lim_{x\to x_0} \frac{f(x)}{g(x)} = \frac{\pm\infty}{\pm\infty}.$$

In diesem Fall ist der Grenzwert von $\frac{f(x)}{g(x)}$ gleich jenem von $\frac{f'(x)}{g'(x)}$ (falls dieser existiert).

Beispiel 19.25 Regel von de l'Hospital
Berechnen Sie folgende Grenzwerte:
a) $\lim_{x\to 0} \frac{\ln(1+x)}{x}$ b) $\lim_{x\to 0+} (x\ln(x))$ c) $\lim_{x\to\infty} \left(x^2 \mathrm{e}^{-x}\right)$

Lösung zu 19.25

a) Es ist $\frac{\ln(1+0)}{0} = \frac{0}{0}$ und daher kann die Regel von de l'Hospital angewendet werden: Wir differenzieren Zähler und Nenner getrennt und berechnen den Grenzwert des Quotienten der Ableitungen:

$$\lim_{x\to 0} \frac{\ln(1+x)}{x} = \lim_{x\to 0} \frac{\frac{1}{1+x}}{1} = \frac{\frac{1}{1+0}}{1} = 1.$$

b) Auf den ersten Blick scheint hier die Regel von de l'Hospital nicht anwendbar, denn es liegt keiner der Fälle $\frac{0}{0}$ oder $\frac{\pm\infty}{\pm\infty}$ vor. Machen wir aber eine kleine Umformung

$$x\ln(x) = \frac{\ln(x)}{\frac{1}{x}},$$

so haben wir einen Quotienten mit $\frac{\ln(0)}{\frac{1}{0}} = \frac{-\infty}{\infty}$ und damit ist die Regel anwendbar:

$$\lim_{x\to 0+} \frac{\ln(x)}{\frac{1}{x}} = \lim_{x\to 0+} \frac{\frac{1}{x}}{-\frac{1}{x^2}} = \lim_{x\to 0+} (-x) = 0.$$

c) Hier müssen wir die Regel zweimal anwenden, um zum Ziel zu kommen:

$$\lim_{x\to\infty} \frac{x^2}{e^x} = \lim_{x\to\infty} \frac{2x}{e^x} = \lim_{x\to\infty} \frac{2}{e^x} = \frac{2}{\infty} = 0.$$

■

Definition 19.26 Die **höheren Ableitungen** einer Funktion werden rekursiv definiert:

$$f^{(1)} = f', \quad f^{(2)} = f'' = (f')', \quad f^{(3)} = f''' = (f^{(2)})', \quad \dots, \quad f^{(n)} = (f^{(n-1)})'.$$

Man nennt $f^{(n)}$ die n**-te Ableitung** von f. Die Funktion selbst wird auch als 0-te Ableitung bezeichnet, $f = f^{(0)}$.

Beispiel 19.27 (→CAS) Höhere Ableitungen

a) $g(x) = \ln(x)$. Berechnen Sie $g''(5)$.
b) $h(x) = 2e^x$. Geben Sie $h^{(n)}(0)$ für beliebiges $n \in \mathbb{N}$ an.
c) $f(x) = 2x^3 - 4x + 1$. Was ist $f''(2)$?
d) Wie lautet die erste, zweite, dritte und vierte Ableitung von $f(x) = \sin(x)$?

Lösung zu 19.27

a) Es ist $g'(x) = \frac{1}{x}$ und $g''(x) = -\frac{1}{x^2}$, daher $g''(5) = -\frac{1}{25}$.
b) Wegen $(e^x)' = e^x$ gilt $h^{(n)}(x) = 2e^x$, also ist $h^{(n)}(0) = 2$.
c) Es ist $f'(x) = 6x^2 - 4$ und $f''(x) = 12x$, daher ist $f''(2) = 24$.
d) $f'(x) = (\sin(x))' = \cos(x)$, $f''(x) = (\cos(x))' = -\sin(x)$, $f^{(3)}(x) = (-\sin(x))' = -\cos(x)$ und $f^{(4)}(x) = (-\cos(x))' = \sin(x)$. ■

Die Menge der auf $D \subseteq \mathbb{R}$ definierten Funktionen f, die k-mal stetig differenzierbar sind (d.h., für die $f^{(k)}$ existiert und stetig ist), wird mit $C^k(D)$ bezeichnet. Die Menge der Funktionen, die so wie zum Beispiel Sinus oder Kosinus *beliebig oft* stetig differenzierbar sind, bezeichnet man mit $C^\infty(D)$.

Manchmal ist es auch notwendig, Funktionen von mehreren Variablen zu differenzieren. In diesem Fall differenziert man nach einer Variablen und betrachtet alle anderen Variablen als Konstante. Man spricht von **partiellen Ableitungen** und schreibt $\frac{\partial}{\partial x}$ anstelle von $\frac{d}{dx}$.

Das Symbol ∂ für die partielle Ableitung ist ungleich dem griechischen Buchstaben δ.

Zum Beispiel gilt für $f(x,y) = 3xy^2 + \cos(x)$

$$\frac{\partial}{\partial x} f(x,y) = 3y^2 - \sin(x), \qquad \frac{\partial}{\partial y} f(x,y) = 6xy.$$

Im ersten Fall wurde nach x differenziert und y wurde dabei als Konstante betrachtet. Im zweiten Fall wurde nach y differenziert und x wurde konstant angesehen. Mehr dazu in Kapitel 23.

19.3.1 Anwendung: Splines

Erinnern wir uns (Abschnitt 18.1.1), dass wir zu vorgegebenen Stützpunkten (x_j, y_j), $0 \le j \le n$, ein eindeutiges Interpolationspolynom $P_n(x)$ vom Grad n finden können, dass dieses Polynom aber am Rand unter Umständen stark oszilliert und daher zur Interpolation zwischen den Stützpunkten nur bedingt geeignet ist. Besser sind sogenannte Splines, die auch in diesen Situationen einsetzbar sind, wie Abbildung 19.9 für die Funktion $f(x) = (1 + 25x^2)^{-1}$ aus Abschnitt 18.1.1 zeigt.

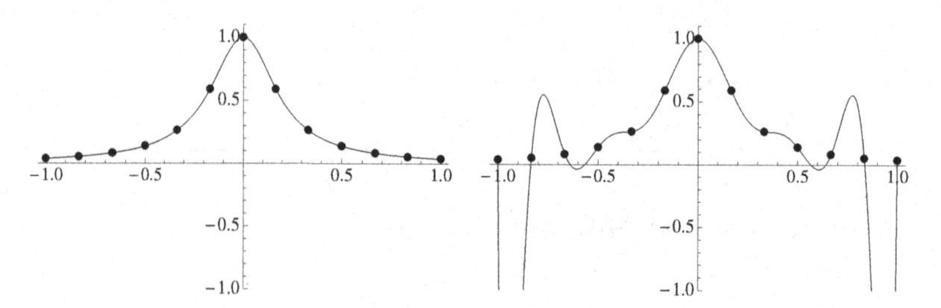

Abbildung 19.9. Spline und Interpolationspolynom

Die Idee ist es, stückweise Polynome von kleinem Grad zu verwenden. Im einfachsten Fall verwenden wir Geradenstücke und erhalten den Ansatz

$$P_j(x) = y_j + k_j(x - x_j), \qquad x \in [x_j, x_{j+1}),$$

für das j-te Teilintervall. Das Polynom $P_j(x)$ gilt nur in diesem Intervall $[x_j, x_{j+1})$ und wir verlangen, dass je zwei benachbarte Polynome stetig zusammenpassen

$$P_j(x_{j+1}) = P_{j+1}(x_{j+1}) = y_{j+1}.$$

Daraus ergibt sich

$$P_j(x) = y_j + \frac{y_{j+1} - y_j}{x_{j+1} - x_j}(x - x_j), \qquad x \in [x_j, x_{j+1}).$$

Damit haben wir auch schon die Definition eines **linearen Splines**. Das ist zwar eine recht einfache Formel, sie hat aber den Nachteil, dass sich die Teilpolynome an den Stützpunkten nicht glatt zusammenfügen, sondern im Allgemeinen dort Knicke aufweisen. Das kann vermieden werden, indem anstelle von Geraden Polynome höheren Grades verwendet werden. Legt man sich auf den Grad k fest, so kann man fordern, dass an den Stützpunkten nicht nur die Funktionswerte, sondern auch die Ableitungen bis zum Grad $k-1$ übereinstimmen. Man spricht in diesem Fall von einem **Spline k-ter Ordnung**.

In der Praxis sind kubische Splines (also Ordnung 3) am verbreitetsten. Dabei können also die Ableitungen bis zum Grad 2 zur Übereinstimmung gebracht werden. Wie findet man nun aber so ein kubisches Spline zu vorgegebenen Stützpunkten?

Zunächst einmal muss $P_j(x)$ ein Polynom von Grad 3 sein und an den Randpunkten $P_j(x_j) = y_j$ bzw. $P_j(x_{j+1}) = y_{j+1}$ erfüllen. Deshalb machen wir den Ansatz

$$P_j(x) = y_j + k_j(x - x_j) + a_j(x - x_j)(x - x_{j+1})^2 + b_j(x - x_j)^2(x - x_{j+1}).$$

Wählen wir

$$k_j = \frac{y_{j+1} - y_j}{x_{j+1} - x_j},$$

so sind auf jeden Fall einmal die Werte an den Rändern richtig (das wird ja gerade durch die Form unseres Ansatzes sicher gestellt). Für die erste Ableitung kann man (mit dem Computer) nachrechnen, dass

$$\begin{aligned} P_j'(x_j) &= k_j + a_j(x_j - x_{j+1})^2, \\ P_j'(x_{j+1}) &= k_j + b_j(x_{j+1} - x_j)^2 \end{aligned}$$

gilt und für die zweite

$$\begin{aligned} P_j''(x_j) &= 2(2a_j + b_j)(x_j - x_{j+1}), \\ P_j''(x_{j+1}) &= 2(a_j + 2b_j)(x_{j+1} - x_j). \end{aligned}$$

Bezeichnen wir die Ableitung am Stützpunkt x_j mit z_j, so folgt aus der Bedingung, dass die ersten Ableitungen benachbarter Polynome übereinstimmen sollen,

$$P_j'(x_j) = z_j, \qquad P_j'(x_{j+1}) = P_{j+1}'(x_{j+1}) = z_{j+1},$$

sofort

$$a_j = \frac{z_j - k_j}{(x_{j+1} - x_j)^2} \quad \text{und} \quad b_j = \frac{z_{j+1} - k_j}{(x_{j+1} - x_j)^2}.$$

Aus der Bedingung, dass auch die zweiten Ableitung zusammenpassen müssen,

$$P_j''(x_{j+1}) = P_{j+1}''(x_{j+1}),$$

erhält man

$$\Delta_{j+1}z_j + 2(\Delta_j + \Delta_{j+1})z_{j+1} + \Delta_j z_{j+2} = 3(k_j\Delta_{j+1} + k_{j+1}\Delta_j), \qquad \Delta_j = x_{j+1} - x_j,$$

also eine inhomogene lineare Rekursion zweiter Ordnung für die Ableitungen z_j an den Stützstellen. Wir wissen, dass die Lösung von zwei freien Parametern abhängt. Meistens verlangt man, dass die zweiten Ableitungen am Anfang und am Ende verschwinden,

$$P_0''(x_0) = P_{n-1}''(x_n) = 0,$$

und spricht dann von einem **natürlichen Spline**. In diesem Fall ergibt sich aus der Bedingung $P_0''(x_0) = 0$

$$z_1 = 3k_0 - 2z_0$$

und wenn u_j die Lösung unserer inhomogenen Rekursion zur Anfangsbedingung $u_0 = 0$, $u_1 = 3k_0$ und v_j die Lösung unserer homogenen Rekursion zur Anfangsbedingung $v_0 = 1$, $v_1 = -2$ ist, so ist die Lösung der inhomogenen Rekursion zur Anfangsbedingung z_0, $z_1 = 3k_0 - 2z_0$ gegeben durch

$$z_j = u_j + z_0 v_j.$$

Aus der Bedingung $P_{n-1}''(x_n) = 0$ folgt

$$z_n = \frac{1}{2}(3k_{n-1} - z_{n-1})$$

und Einsetzen von $z_j = u_j + z_0 v_j$ ergibt

$$z_0 = \frac{3k_{n-1} - u_{n-1} - 2u_n}{2v_n + v_{n-1}}.$$

19.4 Mit dem digitalen Rechenmeister

Grenzwerte

Grenzwerte erhalten wir wie bei Folgen mit dem Befehl `Limit`:

In[1]:= $\text{Limit}[\frac{x^2-1}{x-1}, x \to 1]$

Out[1]= 2

Ableitungen

Ableitungen werden mit dem Befehl `D` berechnet:

In[2]:= $\text{D}[2x^3 - 4x + 1, x]$

Out[2]= $-4 + 6x^2$

Die n-te Ableitung nach x bekommen wir mit `D[f(x), {x, n}]`:

In[3]:= $\text{D}[2x^3 - 4x + 1, \{x, 2\}]$

Out[3]= 12x

Eine Ableitung kann in Mathematica auch einfach als f'[x] anstelle von D[f[x],x] eingegeben werden

```
In[4]:= f[x_] := 2x^3 - 4x + 1; f'[x]
Out[4]= -4 + 6x^2
```

Splines

Mathematica stellt leider keinen Befehl zur Berechnung von Splinefunktionen zur Verfügung, man muss also selbst zur Tat schreiten und den Algorithmus aus Abschnitt 19.3.1 implementieren. (Im Paket NumericalMath'SplineFit' gibt es allerdings eine Funktion SplineFit, die aus gegebenen Stützpunkten eine Splinekurve berechnet.)

19.5 Kontrollfragen

Fragen zu Abschnitt 19.1: Grenzwert und Stetigkeit einer Funktion

Erklären Sie folgende Begriffe: Grenzwert, links-/rechtsseitiger Grenzwert, stetig, Zwischenwertsatz, Satz von Weierstraß.

1. Richtig oder falsch?
   a) Wenn der Grenzwert $\lim_{x\to x_0} f(x)$ existiert und gleich $f(x_0)$ ist, dann nennt man die Funktion stetig an der Stelle x_0.
   b) Eine Funktion ist genau dann stetig bei x_0, wenn hier der links- und der rechtsseitige Grenzwert existieren.
2. Bestimmen Sie den Grenzwert von
   a) $f(x) = 2x^2 + 1$ für $x \to 0$, b) $f(x) = \frac{x^2-4}{x-2}$ für $x \to 2$.
3. Bestimmen Sie den links- und rechtsseitigen Grenzwert an der Stelle x_0:
   a) $f(x) = \begin{cases} 2x - 1 & x < 3 \\ -x + 1 & x > 3 \end{cases}$, $x_0 = 3$
   b) $f(x) = \begin{cases} 0 & x < 0 \\ x^2 + 2 & x > 0 \end{cases}$, $x_0 = 0$
   c) $f(x) = \text{sign}(x) + 3$, $x_0 = 0$
4. Wie verhält sich die Funktion $f(x) = \frac{3x^2-5}{2x^2+1}$ für $x \to \infty$?
5. Welche Funktionen sind in ihrem gesamten Definitionsbereich stetig?
   a) $f(x) = x^3 - 2x + 1$ b) $f(x) = \frac{x}{1+x^2}$ c) $f(x) = \mathrm{e}^{-3x}$
   d) $f(x) = \mathrm{e}^x + \sin(x)$ e) $f(x) = x^2 \cos(x)$ f) $f(x) = \text{sign}(x)$

Fragen zu Abschnitt 19.2: Die Ableitung einer Funktion

Erklären Sie folgende Begriffe: Sekante, Tangente, differenzierbar, Ableitung, stetig differenzierbar.

1. Richtig oder falsch?
   a) Jede stetige Funktion ist auch differenzierbar.

b) Wenn der Grenzwert $\lim_{x\to x_0} \frac{f(x)-f(x_0)}{x-x_0}$ existiert, dann nennt man die Funktion differenzierbar an der Stelle x_0.
c) Die Ableitung von f an der Stelle x_0 ist gleich der Steigung der Tangente im Punkt $(x_0, f(x_0))$.
2. Ist $f(x) = \operatorname{sign}(x)$ an der Stelle $x_0 = 0$ differenzierbar?
3. Was trifft zu? Die lineare Approximation von $f(x) = x^2$ an der Stelle $x_0 = 1$ ist gegeben durch:
a) $g(x) = 1 + 2x$ b) $h(x) = 1 + 2(x-1)$ c) $k(x) = 2x - 1$

Fragen zu Abschnitt 19.3: Berechnung von Ableitungen

Erklären Sie folgende Begriffe: Linearität der Ableitung, Produktregel, Quotientenregel, Kettenregel, Ableitung der Umkehrfunktion, Regel von de l'Hospital, höhere Ableitungen, partielle Ableitung.

1. An welcher Stelle x_0 ist die Ableitung von $f(x) = \ln(x)$ gleich $\frac{1}{2}$?
2. Was ist die Gleichung der Tangente von $h(x) = e^x$ an der Stelle $x_0 = 0$:
a) $t(x) = x + 1$ b) $t(x) = x - 1$ c) $t(x) = 1 - x$
3. Geben Sie die zweite Ableitung an:
a) $f(x) = 2x + 1$ b) $f(x) = e^{-x}$ c) $f(x) = \sin(x)$
4. Was ist die partielle Ableitung $\frac{\partial}{\partial x} xy$?
a) x b) y c) 1

Lösungen zu den Kontrollfragen

Lösungen zu Abschnitt 19.1

1. a) richtig
b) Falsch: Es müssen zusätzlich noch beide Grenzwerte gleich sein.
2. a) $\lim_{x\to 0}(2x^2 + 1) = 2 \cdot 0^2 + 1 = 1$.
b) Für $x \neq 2$ ist $f(x) = \frac{(x-2)(x+2)}{x-2} = x + 2$, daher ist der Grenzwert $\lim_{x\to 2} f(x)$ $= \lim_{x\to 2}(2 + 2) = 4$.
3. a) Für $x < 3$ ist $f(x) = 2x - 1$, daher ist $\lim_{x\to 3-} f(x) = 2 \cdot 3 - 1 = 5$; für $x > 3$ ist $f(x) = -x + 1$, daher ist $\lim_{x\to 3+} f(x) = -3 + 1 = -2$.
b) Für $x < 0$ ist $f(x) = 0$, daher ist $\lim_{x\to 0-} f(x) = 0$; für $x > 0$ ist $f(x) = x^2 + 2$, daher ist $\lim_{x\to 0+} f(x) = 0^2 + 2 = 2$.
c) Für $x < 0$ ist $f(x) = -1 + 3 = 2$, daher ist $\lim_{x\to 0-} f(x) = 2$; für $x > 0$ ist $f(x) = 1 + 3 = 4$, daher ist $\lim_{x\to 0+} f(x) = 4$.
4. Wir dividieren zur Berechnung des Grenzwertes durch die höchste vorkommende Potenz von x: $\lim_{x\to\infty} \frac{3x^2-5}{2x^2+1} = \lim_{x\to\infty} \frac{3-\frac{5}{x^2}}{2+\frac{1}{x^2}} = \frac{3-0}{2+0} = \frac{3}{2}$. Die Funktionswerte kommen also für $x \to \infty$ dem Wert $\frac{3}{2}$ beliebig nahe.
5. a) $f(x) = x^3 - 2x + 1$ ist stetig, weil jedes Polynom stetig ist.
b) $f(x) = \frac{x}{1+x^2}$ ist stetig, weil jede rationale Funktion stetig ist.
c) $f(x) = e^{-3x}$ ist als Verkettung der stetigen Funktionen $g(x) = e^x$ und $h(x) = -3x$ stetig.
d) $f(x) = e^x + \sin(x)$ ist als Summe von stetigen Funktionen stetig.

e) $f(x) = x^2 \cos(x)$ ist als Produkt von stetigen Funktionen stetig.
f) $f(x) = \operatorname{sign}(x)$ ist stetig für alle $x \neq 0$. An der Stelle $x = 0$ hat die Funktion keinen Grenzwert, also kann sie hier auch nicht stetig sein.

Lösungen zu Abschnitt 19.2

1. a) Falsch: Zum Beispiel ist $f(x) = |x|$ zwar stetig an der Stelle $x = 0$, aber nicht differenzierbar.
   b) richtig
   c) richtig
2. Nein! f ist an der Stelle $x_0 = 0$ nicht stetig, daher also erst recht nicht differenzierbar.
3. Die lineare Approximation von $f(x) = x^2$ an der Stelle $x_0 = 1$ ist gegeben durch $f(x) \approx f(1) + f'(1)(x-1) = 1 + 2(x-1) = 2x - 1$. Somit ist a) falsch und b), c) richtig.

Lösungen zu Abschnitt 19.3

1. Die Ableitung an einer beliebigen Stelle $x > 0$ ist $f'(x) = \frac{1}{x}$, daher ist $f'(2) = \frac{1}{2}$.
2. a) ist richtig
3. a) $f'(x) = 2$, daher $f''(x) = 0$
   b) $f'(x) = -\mathrm{e}^{-x}$, $f''(x) = \mathrm{e}^{-x}$
   c) $f'(x) = \cos(x)$, $f''(x) = -\sin(x)$
4. b) y

19.6 Übungen

Aufwärmübungen

1. Berechnen Sie: a) $\lim_{x \to 0}(x^2 + 1)$ b) $\lim_{x \to 3} \frac{x^2-9}{x-3}$
2. Bestimmen Sie den Grenzwert:

$$\text{a)} \lim_{x \to \infty} \frac{5x^2 - 9x}{2x^2 - 3} \qquad \text{b)} \lim_{x \to -\infty} \frac{4x^2 + 5x - 7}{2x^3 - 1} \qquad \text{c)} \lim_{x \to 0+} \frac{4x^3 - 7x}{2x^5 - 3x^2}$$

   (Tipp: Heben Sie im Zähler und Nenner die höchste Potenz heraus.)
3. Bestimmen Sie den links- und rechtsseitigen Grenzwert an der Stelle $x_0 = 0$ von

$$\text{a)} \quad f(x) = \begin{cases} x^2 + 1, & x \geq 0 \\ 1 \quad , & x < 0 \end{cases}, \qquad \text{b)} \quad f(x) = \begin{cases} 5\mathrm{e}^{-x} \ , & x \geq 0 \\ -x + 1, & x < 0 \end{cases}.$$

   Ist f an der Stelle $x = 0$ stetig? Skizzieren Sie die Funktion!
4. Welcher Wert muss für c gewählt werden, damit die Funktion

$$\text{a)} \quad f(x) = \begin{cases} x + c, & x \geq 0 \\ 3\mathrm{e}^{x} \ , & x < 0 \end{cases} \qquad \text{b)} \quad f(x) = \begin{cases} x^2 + c, & x \geq 0 \\ x + 1 \, , & x < 0 \end{cases}$$

   stetig ist? Skizzieren Sie die Funktion!

5. Berechnen Sie die Ableitung von $f(x) = \tan(x)$.
6. Berechnen Sie die Ableitung:
   a) $f(x) = \sqrt{x^2 - 1}$ b) $f(x) = \sin(2x + 1)$ c) $f(x) = \mathrm{e}^{-3x+4}$
   d) $f(x) = \ln(x^2)$ e) $f(x) = \ln(1 - x)$ f) $f(x) = \cos(x^2) + 1$
7. Berechnen Sie die Ableitung:
   a) $f(x) = \cos(x)\mathrm{e}^x$ b) $f(x) = 1 + \sqrt{x}$ c) $f(x) = (x - 1)^2 + \frac{1}{x}$
   d) $f(x) = 4\mathrm{e}^x \cdot \sqrt{x} + \frac{1}{x^2}$ e) $f(x) = \frac{3x^2-1}{x^3+4x}$ f) $f(x) = \frac{\ln(x)}{x^3+7x}$
8. Unter welchem Winkel schneidet der Graph der Sinusfunktion bei $x = 0$ die x-Achse?
9. Berechnen Sie die Ableitung (a, b sind konstante reelle Zahlen):
   a) $f(x) = \sin(a\,x + b)$ b) $f(t) = a(1 - \mathrm{e}^{-\frac{t}{b}})$
10. Wenn eine **Weibull-Verteilung** (nach dem Schweden Waloddi Weibull, 1887–1979) vorliegt, dann wird durch $R(t) = \mathrm{e}^{-(\frac{t}{T})^b}$ der erwartete Anteil von gleichartigen Bauelementen angegeben, der die Nutzungsdauer t überlebt. Berechnen Sie in diesem Fall die so genannte Ausfallrate $\lambda(t) = -\frac{1}{R(t)} \cdot \frac{dR}{dt}$.
11. Zeigen Sie für die so genannten Hyperbelfunktionen $\sinh(x) = \frac{\mathrm{e}^x - \mathrm{e}^{-x}}{2}$ bzw. $\cosh(x) = \frac{\mathrm{e}^x + \mathrm{e}^{-x}}{2}$, dass $\sinh'(x) = \cosh(x)$ bzw. $\cosh'(x) = \sinh(x)$.
12. Berechnen Sie die folgenden Grenzwerte:

$$\text{a)} \lim_{x\to 0} \frac{\mathrm{e}^x - 1}{x} \quad \text{b)} \lim_{x\to 1} \frac{2\ln(x)}{x - 1} \quad \text{c)} \lim_{x\to 0} \frac{\cos(x) - 1}{x} \quad \text{d)} \lim_{x\to 0} \frac{1 + x - \mathrm{e}^x}{x^2}$$

13. Berechnen Sie die zweite Ableitung:
    a) $f(x) = x\sin(x)$ b) $f(x) = x^3 + \ln(x)$ c) $f(x) = \cos(x^2)$
14. Berechnen Sie folgende partielle Ableitungen:
    a) $\frac{\partial}{\partial x} x\sin(y)$ b) $\frac{\partial}{\partial y}(x + y)$ c) $\frac{\partial}{\partial x}(x^2 + x\,y)$

Weiterführende Aufgaben

1. Bestimmen Sie den links- und rechtsseitigen Grenzwert an der Stelle $x_0 = 2$ von

$$f(x) = \begin{cases} x^2 + 1, & x \geq 2 \\ 5\ , & x < 2 \end{cases}.$$

   Ist f an der Stelle $x = 2$ stetig? Skizzieren Sie die Funktion!
2. Für welche Werte von a ist die folgende Funktion für alle $x \in \mathbb{R}$ stetig?

$$f(x) = \begin{cases} ax - 1, & x \leq 1 \\ \sqrt{x} + 1, & x > 1 \end{cases}.$$

   Skizzieren Sie die Funktion!
3. Ist $f(x) = |x|x$ an der Stelle $x_0 = 0$ differenzierbar? Skizzieren Sie die Funktion! Tipp: Verwenden Sie Definition 19.15.
4. Berechnen Sie die Ableitung:
   a) $f(x) = \sin(3x - 1)\ln(x^2)$ b) $f(x) = (5\mathrm{e}^{-3x+4} + 1)\sqrt{x^2 - 1}$
   c) $f(x) = \left(1 + \frac{1}{x}\right)^2$ d) $f(x) = \ln(1 - x) + \frac{\sin(x)}{\cos(x)}$

5. Geben Sie durch geeignete Linearisierung von $f(x) = \mathrm{e}^x$ einen Näherungswert für $\mathrm{e}^{-0.01}$ an.
6. Durch $f(t) = a(1 - \mathrm{e}^{-\frac{t}{b}})$, $t \geq 0$, wird ein exponentielles Wachstum mit Sättigungsgrenze a beschrieben.
   a) Berechnen Sie die Gleichung der Tangente an der Stelle $t = 0$.
   b) Zu welchem Zeitpunkt schneidet die Tangente die Gerade $g(t) = a$?
   c) Berechnen Sie den Grenzwert $\lim_{t\to\infty} f(t)$.
   d) Zeichnen Sie den Funktionsgraphen von f sowie die Tangente an der Stelle $t = 0$ für den konkreten Fall $a = 5$ und $b = 3$.
7. Polynome 3. Grades werden oft zur Modellierung von Kosten verwendet: Dabei ist x die produzierte Warenmenge (in Stückzahlen, Liter, usw.) und $C(x)$ sind die Kosten, die bei der Produktion der Warenmenge x anfallen. Man nennt $C(x)$ daher auch die **Kostenfunktion**.
   a) Approximieren Sie $C(x) = \frac{1}{3}x^3 - \frac{15}{2}x^2 + 60x + 50$ an der Stelle $x = 15$ durch die Tangente.
   b) Geben Sie mithilfe der Tangente den Näherungswert für $C(16)$ an. Um wie viel erhöhen sich die Kosten näherungsweise im Vergleich zu $C(15)$?

   Allgemein steigen die Kosten für $x + 1$ Stück näherungsweise um $C'(x)$ gegenüber jenen für x Stück. Man nennt die erste Ableitung der Kostenfunktion auch **Grenzkostenfunktion**.

8. Eine Firma stellt Kuckucksuhren her. Vom Modell „De Luxe" werden monatlich 400 Stück zum Preis von 200 € verkauft. Eine Marktanalyse kam zu dem Ergebnis, dass eine Preisreduktion um 1 € die Nachfrage um 5 Stück steigert.
   a) Wie lautet die Nachfragefunktion $D(p)$?
   b) In welchem Preisbereich erhöht eine Preisreduktion den Erlös $R(p) = p\,D(p)$?

9. Berechnen Sie die folgenden Grenzwerte mithilfe der Regel von de l'Hospital:

$$\text{a)}\ \lim_{x\to 1} \frac{x-1}{x^2-1} \quad \text{b)}\ \lim_{x\to\infty} \frac{\ln(x)}{x} \quad \text{c)}\ \lim_{x\to 1} \frac{x^3-2x^2+1}{x^3-2x+1} \quad \text{d)}\ \lim_{x\to 0+} x\ln(x)$$

   Tipp zu d): Verwenden Sie $x\ln(x) = \frac{\ln(x)}{1/x}$.
10. Berechnen Sie mithilfe der Regel von de l'Hospital:

$$\lim_{x\to 0+} (x\mathrm{e}^{1/x} - x)$$

   Tipp: Verwenden Sie $x\mathrm{e}^{1/x} - x = \frac{\mathrm{e}^{1/x}-1}{1/x}$.
11. Berechnen Sie die folgenden Grenzwerte:

$$\text{a)}\ \lim_{x\to\infty} \frac{x}{\mathrm{e}^x} \qquad \text{b)}\ \lim_{x\to 1} \frac{4x^2+4x-8}{x^2+2x-3} \qquad \text{c)}\ \lim_{x\to 0+} \frac{2x^3+3x}{2x^4-x^2}$$

   Tipp zu c): Heben Sie in Zähler und Nenner x^2 heraus.

Lösungen zu den Aufwärmübungen

1. a) $\lim_{x\to 0}(x^2+1) = 1$.
   b) $\lim_{x\to 3} \frac{x^2-9}{x-3} = \lim_{x\to 3} \frac{(x-3)(x+3)}{x-3} = \lim_{x\to 3}(x+3) = 6$.

2. a) $\lim_{x\to\infty} \frac{5x^2-9x}{2x^2-3} = \lim_{x\to\infty} \frac{5-\frac{9}{x}}{2-\frac{3}{x^2}} = \frac{5}{2}$.
   b) $\lim_{x\to-\infty} \frac{4x^2+5x-7}{2x^3-1} = \lim_{x\to-\infty} \frac{\frac{4}{x}+\frac{5}{x^2}-\frac{7}{x^3}}{2-\frac{1}{x^3}} = \frac{0}{2} = 0$.
   c) $\lim_{x\to 0+} \frac{4x^3-7x}{2x^5-3x^2} = \lim_{x\to 0+} \frac{-7+4x^2}{x(-3+2x^3)} = \infty$.
3. a) Es gilt $\lim_{x\to 0+} f(x) = \lim_{x\to 0+}(x^2+1) = 1$ und $\lim_{x\to 0-} f(x) = \lim_{x\to 0-} 1 = 1$. Da rechts- und linksseitiger Grenzwert gleich sind, ist $f(x)$ an $x=0$ stetig.
   b) Es gilt $\lim_{x\to 0+} f(x) = \lim_{x\to 0+} 5\mathrm{e}^{-x} = 5$ und $\lim_{x\to 0-} f(x) = \lim_{x\to 0-}(-x+1) = 0+1 = 1$. Also sind rechts- und linksseitiger Grenzwert nicht gleich. Damit ist $f(x)$ an $x=0$ nicht stetig.
4. a) Die Funktion ist an der Stelle $x = 0$ stetig, wenn der Funktionswert $f(0)$ gleich dem Grenzwert $\lim_{x\to 0} f(x)$ ist. Wir berechnen c aus der Bedingung, dass an der Stelle 0 gelten muss: linksseitiger Grenzwert = rechtsseitiger Grenzwert (= Funktionswert): Es ist $\lim_{x\to 0+} f(x) = \lim_{x\to 0+}(x+c) = c$ und $\lim_{x\to 0-} f(x) = \lim_{x\to 0-}(3\mathrm{e}^x) = 3$. Also muss $c = 3$ sein.
   b) Wir berechnen c aus der Bedingung, dass an der Stelle 0 gelten muss: linksseitiger Grenzwert = rechtsseitiger Grenzwert (= Funktionswert): es ist $\lim_{x\to 0+} f(x) = \lim_{x\to 0+}(x^2+c) = c$ und $\lim_{x\to 0-} f(x) = \lim_{x\to 0-}(x+1) = 1$. Also muss $c = 1$ sein.
5. Mit der Quotientenregel erhalten wir $\tan'(x) = \frac{\sin'(x)\cos(x)-\sin(x)\cos'(x)}{\cos(x)^2} = \frac{\cos(x)^2+\sin(x)^2}{\cos(x)^2} = \frac{1}{\cos(x)^2}$.
6. Wir wenden die Kettenregel an:
   a) $f'(x) = \frac{x}{\sqrt{x^2-1}}$ b) $f'(x) = 2\cos(2x+1)$ c) $f'(x) = -3\mathrm{e}^{-3x+4}$
   d) $f'(x) = \frac{2}{x}$ e) $f'(x) = \frac{-1}{1-x}$ f) $f'(x) = -2x\sin(x^2)$
7. a) $f'(x) = \mathrm{e}^x(\cos(x) - \sin(x))$ b) $f'(x) = \frac{1}{2\sqrt{x}}$
   c) $f'(x) = 2(x-1) - \frac{1}{x^2}$ d) $f'(x) = 4\mathrm{e}^x\sqrt{x} + 2\frac{\mathrm{e}^x}{\sqrt{x}} - \frac{2}{x^3}$
   e) $f'(x) = \frac{-3x^4+15x^2+4}{(x^3+4x)^2}$ f) $f'(x) = \frac{-\ln(x)(3x^2+7)+x^2+7}{(x^3+7x)^2}$
8. Die Tangente an der Stelle 0 ist $t(x) = x$. Diese Gerade hat die Steigung 1 und schließt somit mit der x-Achse den Winkel von $\frac{\pi}{4}$ ein.
9. a) $f'(x) = a\cos(a\,x+b)$ b) $f'(t) = \frac{a}{b}\mathrm{e}^{-\frac{t}{b}}$
10. Die Funktion $R(t) = f(g(t))$ ist eine Verkettung der Funktionen $f(t) = \mathrm{e}^t$ und $g(t) = -(\frac{t}{T})^b$. Mit der Kettenregel folgt wegen $f'(t) = \mathrm{e}^t$ und $g'(t) = -\frac{b}{T}(\frac{t}{T})^{b-1}$, dass $R'(t) = f'(g(t))g'(t) = \mathrm{e}^{-(\frac{t}{T})^b}(-\frac{b}{T}(\frac{t}{T})^{b-1})$. Also gilt $\lambda(t) = \frac{b}{T}(\frac{t}{T})^{b-1}$.
11. Es gilt $\cosh'(x) = \frac{1}{2}(\mathrm{e}^x)' + \frac{1}{2}(\mathrm{e}^{-x})' = \frac{1}{2}\mathrm{e}^x - \frac{1}{2}\mathrm{e}^{-x} = \sinh(x)$. Analog $\sinh'(x) = \frac{1}{2}(\mathrm{e}^x)' - \frac{1}{2}(\mathrm{e}^{-x})' = \frac{1}{2}\mathrm{e}^x + \frac{1}{2}\mathrm{e}^{-x} = \cosh(x)$.
12. Wir verwenden die Regel von de l'Hospital:
    a) $\lim_{x\to 0} \frac{\mathrm{e}^x-1}{x} = \frac{1-1}{0} = \frac{0}{0}$, daher folgt: $\lim_{x\to 0} \frac{\mathrm{e}^x-1}{x} = \lim_{x\to 0} \frac{\mathrm{e}^x}{1} = \frac{\mathrm{e}^0}{1} = 1$.
    b) $\lim_{x\to 1} \frac{2\ln(x)}{x-1} = \frac{0}{0}$, daher folgt: $\lim_{x\to 1} \frac{2\ln(x)}{x-1} = \lim_{x\to 1} \frac{2\frac{1}{x}}{1} = \frac{2\frac{1}{1}}{1} = 2$.
    c) $\lim_{x\to 0} \frac{\cos(x)-1}{x} = \frac{0}{0}$, daher folgt: $\lim_{x\to 0} \frac{\cos(x)-1}{x} = \lim_{x\to 0} \frac{-\sin(x)}{1} = \frac{0}{1} = 0$.
    d) $\lim_{x\to 0} \frac{1+x-\mathrm{e}^x}{x^2} = \frac{0}{0}$, daher folgt (zweimal Regel von de l'Hospital): $\lim_{x\to 0} \frac{1+x-\mathrm{e}^x}{x^2}$ $= \lim_{x\to 0} \frac{1-\mathrm{e}^x}{2x} = \lim_{x\to 0} \frac{-\mathrm{e}^x}{2} = \frac{-1}{2}$.
13. a) $f''(x) = (x\cos(x) + \sin(x))' = 2\cos(x) - x\sin(x)$
    b) $f''(x) = (3x^2 + \frac{1}{x})' = 6x - \frac{1}{x^2}$
    c) $f''(x) = (-2x\sin(x^2))' = -4x^2\cos(x^2) - 2\sin(x^2)$
14. a) $\sin(y)$ b) 1 c) $2x + y$

(Lösungen zu den weiterführenden Aufgaben finden Sie in Abschnitt B.19)

20

Differentialrechnung II

20.1 Taylorreihen

Wir haben in Abschnitt 19.2 gesehen, dass eine Funktion f in der Nähe einer Stelle x_0 durch ihre Tangente angenähert werden kann. Oft ist diese Approximation durch ein Polynom vom Grad 1 aber nicht gut genug. Ist es möglich dieses Verfahren zu verfeinern, indem man Polynome *höheren* Grades verwendet? Diese Frage führt uns zu den so genannten Taylorpolynomen bzw. Taylorreihen.

Abbildung 20.1 zeigt, dass sich $\sin(x)$ in der Nähe von $x_0 = 0$ immer besser annähern lässt, indem man Polynome von immer höherem Grad verwendet. Hier sind das die Polynome x, $x - \frac{x^3}{6}$ und $x - \frac{x^3}{6} + \frac{x^5}{120}$. Wie findet man diese Polynome?

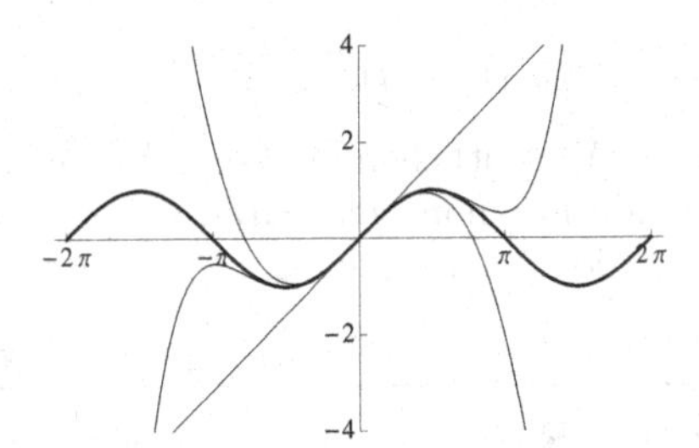

Abbildung 20.1. $\sin(x)$ approximiert durch x, $x - \frac{x^3}{6}$ und $x - \frac{x^3}{6} + \frac{x^5}{120}$.

Gehen wir von der Situation aus, dass wir eine Funktion $f(x)$ für x nahe bei irgendeiner Stelle x_0 durch ein Polynom vom Grad n annähern möchten. Setzen wir das Polynom in der Form

$$T_n(x) = \sum_{k=0}^{n} a_k(x - x_0)^k = a_0 + a_1(x - x_0) + \cdots + a_n(x - x_0)^n$$

an. Die Frage ist nun, wie die Koeffizienten $a_0, a_1, a_2, \ldots, a_n$ zu wählen sind, damit die Approximation $f(x) \approx T_n(x)$ möglichst gut wird. Dazu wollen wir voraussetzen, das $f(x)$ genügend oft differenzierbar ist.

Natürlich sollen $f(x)$ und das Polynom $T_n(x)$ an der Stelle x_0 übereinstimmen. Es muss also $f(x_0) = T_n(x_0) = a_0$ gelten. Damit ist der Koeffizient a_0 festgelegt: Er ist einfach der Funktionswert der zu approximierenden Funktion an der Stelle x_0.

Warum? Wenn wir $x = x_0$ in unseren Ansatz einsetzen, so werden alle Klammerausdrücke $(x - x_0)$ gleich null, und es bleibt nur $T_n(x_0) = a_0$.

Von einer guten Approximation erwarten wir weiters, dass – wie bei der Tangente – die erste Ableitung von f mit jener von T_n an der Stelle x_0 übereinstimmt. Das liefert uns den zweiten Koeffizienten: $f'(x_0) = T_n'(x_0) = a_1$. Er ist also die erste Ableitung der zu approximierenden Funktion an der Stelle x_0.

Denn die erste Ableitung von $T_n(x)$ ist

$$T_n'(x) = a_1 + 2a_2(x - x_0) + 3a_3(x - x_0)^2 + \ldots + na_n(x - x_0)^{n-1}.$$

An der Stelle $x = x_0$ ausgewertet erhalten wir $T_n'(x_0) = a_1$.

Als Nächstes fordern wir, dass auch die zweiten Ableitungen an der Stelle x_0 übereinstimmen, was uns den Koeffizienten a_2 liefert: $f''(x_0) = T_n''(x_0) = 2a_2$ und daher $a_2 = \frac{f''(x_0)}{2}$.

Denn die zweite Ableitung von $T_n(x)$ ist

$$T_n''(x) = 2a_2 + 3 \cdot 2a_3(x - x_0) + \ldots + n(n-1)a_n(x - x_0)^{n-2}.$$

An der Stelle $x = x_0$ ausgewertet erhalten wir $T_n''(x_0) = 2a_2$.

Und so geht es nun weiter: Wir fordern, dass die ersten n Ableitungen von f mit jenen von T_n an der Stelle x_0 übereinstimmen. Das liefert uns der Reihe nach die weiteren Koeffizienten des Polynoms: $a_3 = \frac{f^{(3)}(x_0)}{1 \cdot 2 \cdot 3}$, $a_4 = \frac{f^{(4)}(x_0)}{1 \cdot 2 \cdot 3 \cdot 4}$ und allgemein: $a_k = \frac{f^{(k)}(x_0)}{k!}$.

Erinnern Sie sich dabei an die Fakultät $0! = 1$, $k! = 1 \cdot 2 \cdots k$.

Der Koeffizient a_k ist also im Wesentlichen die k-te Ableitung von f an der Stelle x_0. Um also das approximierende Polynom vom Grad n berechnen zu können, müssen wir den Funktionswert und die ersten n Ableitungen von f an der Stelle x_0 kennen. Fassen wir zusammen:

Definition 20.1 Sei $f : D \to \mathbb{R}$ eine n-mal differenzierbare Funktion und $x_0 \in D$. Das Polynom

$$\begin{aligned} T_n(x) &= \sum_{k=0}^{n} \frac{f^{(k)}(x_0)}{k!}(x - x_0)^k \\ &= f(x_0) + f'(x_0)(x - x_0) + \cdots + \frac{f^{(n)}(x_0)}{n!}(x - x_0)^n \end{aligned}$$

heißt das zu f gehörige **Taylorpolynom** vom Grad n an der Stelle x_0. Die Stelle x_0 wird auch **Entwicklungspunkt** genannt. Wenn man den Entwicklungspunkt betonen möchte, schreibt man auch $T_{n,x_0}(x)$ statt $T_n(x)$.

Das Polynom ist nach dem englischen Mathematiker Brook Taylor (1685–1731) benannt.

Sehen wir uns gleich Beispiele dazu an:

Beispiel 20.2 (→CAS) Taylorpolynom

a) Bestimmen Sie das Taylorpolynom $T_3(x)$ von $f(x) = \sin(x)$ an der Stelle $x_0 = 0$.

b) Bestimmen Sie das Taylorpolynom $T_3(x)$ von $f(x) = \mathrm{e}^x$ an der Stelle $x_0 = 1$.

Lösung zu 20.2

a) Das Taylorpolynom vom Grad 3 an der Stelle $x_0 = 0$ ist

$$T_3(x) = f(0) + f'(0)x + \frac{f''(0)}{2!}x^2 + \frac{f^{(3)}(0)}{3!}x^3.$$

Da $f(0) = \sin(0) = 0$, $f'(0) = \cos(0) = 1$, $f''(0) = -\sin(0) = 0$ und $f^{(3)}(0) = -\cos(0) = -1$, folgt

$$T_3(x) = x - \frac{x^3}{3!} = x - \frac{x^3}{6}.$$

Nun ist auch klar, wie man auf die in Abbildung 20.1 dargestellten Polynome kommt! Wir können daraus auch schön sehen, dass das Taylorpolynom sich in einer Umgebung von $x_0 = 0$ an die Funktion anschmiegt (sie also gut approximiert), mit zunehmender Entfernung aber mehr und mehr von f abweicht.

b) Das Taylorpolynom vom Grad 3 an der Stelle $x_0 = 1$ ist

$$T_3(x) = f(1) + f'(1)(x-1) + \frac{f''(1)}{2!}(x-1)^2 + \frac{f^{(3)}(1)}{3!}(x-1)^3.$$

Wegen $f(x) = f'(x) = f''(x) = f^{(3)}(x) = \mathrm{e}^x$ ist $f(1) = f'(1) = f''(1) = f^{(3)}(1) = \mathrm{e}^1 = \mathrm{e}$. Damit erhalten wir

$$T_3(x) = \mathrm{e} + \mathrm{e}(x-1) + \frac{\mathrm{e}}{2}(x-1)^2 + \frac{\mathrm{e}}{6}(x-1)^3.$$

■

Die Approximation einer Funktion f durch das Taylorpolynom T_n ist nur möglich, wenn f in einer Umgebung von x_0 n-mal differenzierbar ist. Beispiel: Die Funktion $f(x) = |x|$ ist bei $x_0 = 0$ zwar stetig, deshalb existiert das nicht sehr interessante Taylorpolynom vom Grad 0: $T_0(x) = f(0) = 0$. Da $|x|$ aber bei 0 nicht differenzierbar ist, existiert $T_1(x)$ für $x_0 = 0$ nicht. Das Gleiche gilt damit erst recht für alle weiteren Taylorpolynome höheren Grades.

Der Fehler, der im Allgemeinen bei der Approximation $f(x) \approx T_n(x)$ gemacht wird, wird *Restglied* genannt:

Definition 20.3 Sei $f : D \to \mathbb{R}$ eine n-mal differenzierbare Funktion und $T_n(x)$ das zugehörige Taylorpolynom vom Grad n mit Entwicklungspunkt x_0. Der Fehler „exakter Funktionswert minus Näherungswert" an der Stelle x,

$$R_n(x) = f(x) - T_n(x),$$

wird das **Restglied** genannt.

Beispiel: Bei der Approximation von $f(x) = \sin(x)$ durch das Taylorpolynom $T_3(x)$ ist $\sin(x) = x - \frac{x^3}{3!} + R_3(x)$. An der Stelle $x = 0.2$ ist somit $R_3(0.2) = \sin(0.2) - T_3(0.2) = 2.66 \cdot 10^{-6}$.

Für die Abschätzung des Fehlers, den man bei der Approximation durch ein Taylorpolynom macht, gibt es verschiedene Formeln. Eine davon lautet:

Satz 20.4 Sei $f : D \to \mathbb{R}$ eine $(n+1)$-mal differenzierbare Funktion und T_n das Taylorpolynom mit Entwicklungspunkt x_0. Dann gilt für den Fehler:

$$|R_n(x)| = |f(x) - T_n(x)| \leq \frac{C}{(n+1)!}|x - x_0|^{n+1},$$

wobei C eine obere Schranke von $|f^{(n+1)}(x)|$ in D ist.

Wenn also x gegen x_0 geht, dann konvergiert der Fehler $R_n(x)$ (mindestens) so schnell gegen 0 wie $(x - x_0)^{n+1}$. Beispiel: Bei der Approximation $\sin(x) = x - \frac{x^3}{6} + R_3(x)$ ist

$$|R_3(x)| \leq \frac{1}{4!}|x|^4 = \frac{1}{24}|x|^4.$$

Hier haben wir verwendet, dass das Maximum von $|f^{(4)}(x)| = |\sin(x)|$ auf $D = \mathbb{R}$ gleich $C = 1$ ist. Der Fehler an der Stelle x ist also kleiner gleich $\frac{|x|^4}{24}$.

Manchmal notiert man den Fehlerterm auch in der Schreibweise

$$f(x) = T_n(x) + O(x - x_0)^{n+1}.$$

So ist auf den ersten Blick klar, dass approximiert wurde und bei welchem Term abgebrochen wurde.

Dabei ist O das Landausymbol. Allgemein schreibt man $f(x) = O_{x_0}(g(x))$, falls es Konstanten C und a gibt, sodass $|f(x)| \leq C|g(x)|$ für alle $x \in [x_0 - a, x_0 + a]$. Man sagt, f **ist von der Ordnung** g **bei** x_0. Meist lässt man den Index x_0 bei O weg und schreibt auch $O(x - x_0)^n$ anstelle von $O((x - x_0)^n)$.

Was passiert, wenn wir Taylorpolynome immer höheren Grades verwenden, um eine Funktion zu approximieren? Betrachten wir zum Beispiel das Taylorpolynom

$$T_n(x) = \sum_{k=0}^{n} x^k = 1 + x + x^2 + \cdots + x^n.$$

Erinnern Sie sich daran, dass uns dieses Polynom im Abschnitt „Reihen“ in Band 1 schon als n-te Teilsumme der geometrischen Reihe $\sum_{k=0}^{\infty} x^k$ begegnet ist. Wir wissen daher, dass diese Reihe für $|x| < 1$ gegen den Grenzwert

$$\sum_{k=0}^{\infty} x^k = \frac{1}{1-x}$$

konvergiert. Der Grenzwert ist also eine Funktion von x. Wir können das auch von der anderen Seite betrachten: Die Funktion $f(x) = \frac{1}{1-x}$ kann an jeder Stelle x mit $|x| < 1$ durch die Taylorpolynome $T_n(x)$ beliebig genau angenähert und im Grenzwert $n \to \infty$ exakt dargestellt werden!

Definition 20.5 Für eine beliebig oft differenzierbare Funktion $f : D \to \mathbb{R}$ heißt die unendliche Reihe

$$\sum_{k=0}^{\infty} \frac{f^{(k)}(x_0)}{k!}(x - x_0)^k = f(x_0) + f'(x_0)(x - x_0) + \frac{f''(x_0)}{2}(x - x_0)^2 + \ldots$$

Taylorreihe von f mit Entwicklungspunkt x_0.

Taylorreihen werden oft auch als **Potenzreihen** bezeichnet (weil ihre Glieder aus Potenzen von x bestehen). Wie wir schon bei der geometrischen Reihe gesehen haben, muss eine Taylorreihe nicht für alle $x \in \mathbb{R}$ konvergieren:

Satz 20.6 Für jede Taylorreihe existiert ein $r \geq 0$, sodass die Taylorreihe für $|x - x_0| < r$ absolut konvergiert und für $|x - x_0| > r$ divergiert (dabei ist $r = \infty$ zugelassen). Das Intervall $(x_0 - r, x_0 + r)$ wird **Konvergenzbereich** genannt und die Zahl r heißt **Konvergenzradius** der Reihe.

An den Randpunkten $|x - x_0| = r$ (falls $r < \infty$) kann die Taylorreihe divergieren oder konvergieren.

Es kann vorkommen, dass die Taylorreihe nur für $x = x_0$ konvergiert, d.h. den Konvergenzradius $r = 0$ hat. Mehr noch, es kann sogar passieren, dass die Taylorreihe zwar konvergiert, aber nicht gegen $f(x)$: Für die Funktion $f(x) = \exp(-1/x^2)$, $x \neq 0$, und $f(0) = 0$ kann man zum Beispiel zeigen (mit de l'Hospital), dass alle Ableitungen am Nullpunkt verschwinden: $f^{(n)}(0) = 0$. Somit verschwindet die Taylorreihe von $f(x)$ mit Entwicklungspunkt $x_0 = 0$ identisch (konvergiert insbesondere überall), stimmt aber außer für $x = 0$ nirgends mit $f(x)$ überein.

Einige wichtige Taylorreihen zusammen mit ihrem Konvergenzradius sind in folgendem Satz zusammengefasst:

Satz 20.7 (Wichtige Taylorreihen)

$$\begin{aligned}
\frac{1}{1-x} &= 1 + x + x^2 + x^3 + \ldots = \sum_{k=0}^{\infty} x^k, && \text{für } |x| < 1 \\
\ln(1+x) &= x - \frac{x^2}{2} + \frac{x^3}{3} - \frac{x^4}{4} \pm \ldots = \sum_{k=1}^{\infty} \frac{(-1)^{k-1}}{k} x^k, && \text{für } |x| < 1 \\
\mathrm{e}^x &= 1 + x + \frac{x^2}{2!} + \frac{x^3}{3!} + \frac{x^4}{4!} + \ldots = \sum_{k=0}^{\infty} \frac{1}{k!} x^k, && \text{für } x \in \mathbb{R} \\
\sin(x) &= x - \frac{x^3}{3!} + \frac{x^5}{5!} - \frac{x^7}{7!} \pm \ldots = \sum_{k=0}^{\infty} \frac{(-1)^k}{(2k+1)!} x^{2k+1}, && \text{für } x \in \mathbb{R} \\
\cos(x) &= 1 - \frac{x^2}{2!} + \frac{x^4}{4!} - \frac{x^6}{6!} \pm \ldots = \sum_{k=0}^{\infty} \frac{(-1)^k}{(2k)!} x^{2k}, && \text{für } x \in \mathbb{R}
\end{aligned}$$

Die Taylorreihe für $\frac{1}{1-x}$ haben wir schon hergeleitet. Die Taylorreihe von $\ln(1+x)$ folgt daraus wegen $\ln'(1+x) = \frac{1}{1+x}$ zusammen mit der Bemerkung nach Satz 20.9. Für $f(x) = \exp(x)$ gilt $\exp'(x) = \exp(x)$ und somit $f^{(k)}(0) = 1$. Dass diese Reihe tatsächlich gegen $f(x)$ konvergiert, folgt aus Satz 20.4: Schränken wir uns zunächst auf ein Intervall $(-r, r)$ ein, so gilt $|\exp(x)| \le \exp(r)$ und damit $|f(x) - T_n(x)| \le \exp(r)\frac{r^{n+1}}{(n+1)!}$ für $x \in (-r, r)$. Da die Fakultät stärker wächst als jede Exponentialfunktion (siehe Abschnitt „Wachstum von Algorithmen" in Band 1), folgt $\lim_{n\to\infty} \exp(r)\frac{r^{n+1}}{(n+1)!} = 0$. Der Fehler verschwindet also für jedes $x \in (-r, r)$ und da r beliebig war, gilt das sogar für jedes $x \in \mathbb{R}$. Die Reihen für $\sin(x)$ und $\cos(x)$ folgen analog.

Manchmal werden Sinus, Kosinus und die Exponentialfunktion übrigens mithilfe dieser Reihen definiert. Man kann die Eigenschaften dieser Funktionen auch direkt von ihrer Reihendarstellung ablesen (siehe Beispiel 20.10).

In der Taylorreihe von $f(x)$ kann x durch eine beliebige Funktion $g(x)$ ersetzt und somit die Taylorreihe für $f(g(x))$ erhalten werden, sofern $g(x) \in (x_0 - r, x_0 + r)$ ist.

Beispiel 20.8 Taylorreihe von $f(g(x))$
Bestimmen Sie die Taylorreihe von $f(x) = \sin(2x)$.

Lösung zu 20.8 Die Reihe

$$\sin(x) = x - \frac{x^3}{3!} + \frac{x^5}{5!} - \frac{x^7}{7!} \pm \ldots = \sum_{k=0}^{\infty} \frac{(-1)^k}{(2k+1)!} x^{2k+1}$$

ist für alle $x \in \mathbb{R}$ konvergent, daher auch an der Stelle $2x$ für beliebiges $x \in \mathbb{R}$. Wir können also x in der Reihendarstellung durch $2x$ ersetzen:

$$\sin(2x) = 2x - \frac{(2x)^3}{3!} + \frac{(2x)^5}{5!} - \frac{(2x)^7}{7!} \pm \ldots = \sum_{k=0}^{\infty} \frac{(-1)^k}{(2k+1)!} (2x)^{2k+1}.$$

■

Taylorreihen können innerhalb ihres Konvergenzintervalls gliedweise addiert und sogar differenziert werden:

Satz 20.9 Eine Taylorreihe

$$f(x) = \sum_{k=0}^{\infty} a_k (x - x_0)^k$$

ist innerhalb ihres Konvergenzintervalls $(x_0 - r, x_0 + r)$ beliebig oft stetig differenzierbar. Die Ableitungen können durch gliedweises Differenzieren erhalten werden,

$$f'(x) = \sum_{k=1}^{\infty} k\, a_k (x - x_0)^{k-1},$$

wobei der Konvergenzradius unverändert bleibt.

Die Umkehrung dieses Satzes gilt übrigens auch: Ist die Taylorreihe der Ableitung gefunden,

$$f'(x) = \sum_{k=0}^{\infty} b_k \, (x - x_0)^k,$$

so ist die Taylorreihe von f gegeben durch

$$f(x) = f(x_0) + \sum_{k=0}^{\infty} \frac{b_k}{k+1} \, (x - x_0)^{k+1}.$$

Beispiel 20.10 Gliedweises Differenzieren einer Taylorreihe
Bestimmen Sie die Reihendarstellung von $(\mathrm{e}^x)'$, indem Sie die Reihe für e^x gliedweise differenzieren. Zeigen Sie dadurch, dass $(\mathrm{e}^x)' = \mathrm{e}^x$.

Lösung zu 20.10 Es ist nach Satz 20.7

$$\mathrm{e}^x = 1 + x + \frac{x^2}{2!} + \frac{x^3}{3!} + \frac{x^4}{4!} + \dots$$

Wenn wir beide Seiten differenzieren, so erhalten wir

$$\begin{aligned} (\mathrm{e}^x)' &= 1 + \frac{2x}{2 \cdot 1} + \frac{3x^2}{3 \cdot 2!} + \frac{4x^3}{4 \cdot 3!} + \dots \\ &= 1 + x + \frac{x^2}{2!} + \frac{x^3}{3!} + \dots, \end{aligned}$$

also wieder die Reihe für e^x! ■

Man kann in einer Taylorreihe auch *komplexe* Werte für x zulassen und dadurch Funktionen wie e^x auch für komplexe Argumente definieren (für e^x ist das konsistent mit Definition 18.39). Die Werte von x, für welche die Taylorreihe dann konvergiert, liegen in der komplexen Ebene innerhalb eines Kreises mit Mittelpunkt x_0 und Radius r. Daher kommt auch der Name „Konvergenzradius". Wenn man nur reelle Argumente x zulässt, dann reduziert sich dieser Kreis auf ein Intervall auf der reellen Achse.

20.2 Monotonie, Krümmung und Extremwerte

In diesem Abschnitt wollen wir uns ansehen, wie Steigungsverhalten, Krümmungsverhalten und Extremwerte einer Funktion mithilfe von Ableitungen untersucht werden können.

Das Vorzeichen der ersten Ableitung sagt uns, wo eine Funktion monoton wachsend und wo sie fallend ist:

Satz 20.11 Sei $f : D \to \mathbb{R}$ differenzierbar auf dem Intervall $I \subseteq D$. Dann gilt:

$$\begin{aligned} f'(x) \geq 0 \text{ für alle } x \in I \quad &\Leftrightarrow \quad f \text{ ist monoton wachsend auf } I, \\ f'(x) \leq 0 \text{ für alle } x \in I \quad &\Leftrightarrow \quad f \text{ ist monoton fallend auf } I. \end{aligned}$$

Bei streng monotonen Funktionen kann leider nicht einfach $\geq$, $\leq$ durch $>$, $<$ ersetzt werden. Die Ableitung einer streng monotonen Funktion kann nämlich durchaus an *einzelnen* Punkten verschwinden. Sie kann aber nie auf einem ganzen (auch noch so kleinen) Teilintervall von I verschwinden.

Satz 20.12 Sei $f : D \to \mathbb{R}$ differenzierbar auf dem Intervall $I \subseteq D$. Dann gilt:

$f'(x) > 0$ bis auf endlich viele $x \in I \quad \Rightarrow \quad f$ ist streng monoton wachsend auf I,

$f'(x) < 0$ bis auf endlich viele $x \in I \quad \Rightarrow \quad f$ ist streng monoton fallend auf I.

Um nachzuweisen, dass eine monotone Funktion sogar streng monoton ist, müssen wir also sicherstellen, dass die Ableitung nur an *einzelnen* Punkten verschwindet (aber nicht auf einem ganzen Intervall).

Beispiel 20.13 Monotonie mithilfe der 1. Ableitung
Untersuchen Sie das Monotonieverhalten:
a) $f(x) = x^3 + 1$ b) $f(x) = \frac{1}{6}x^3 + \frac{1}{4}x^2 - x + \frac{9}{4}$

Lösung zu 20.13

a) Die erste Ableitung ist $f'(x) = 3x^2$. Sie ist also ≥ 0 für alle $x \in \mathbb{R}$. Daher ist die Funktion auf ganz $\mathbb{R}$ monoton wachsend. Da die Ableitung nur an der einzelnen Stelle $x = 0$ verschwindet, ist die Funktion sogar streng monoton wachsend auf ganz $\mathbb{R}$.

b) Die erste Ableitung ist $f'(x) = \frac{x^2}{2} + \frac{x}{2} - 1$. Ihr Graph ist eine nach oben geöffnete Parabel. Die Nullstellen dieser quadratischen Funktion sind bei $x = -2$ und $x = 1$. Daher ist $f'(x) \leq 0$ für $-2 \leq x \leq 1$, somit ist $f(x)$ auf diesem Intervall monoton fallend. Für $x < -2$ bzw. $x > 1$ ist $f'(x) \geq 0$, somit ist die Funktion auf diesen Intervallen monoton wachsend. Da die Ableitung nur an den einzelnen Stellen $x = -2$ und $x = 1$ verschwindet, ist die Funktion in den angegebenen Teilintervallen sogar *streng* monoton wachsend/fallend. ■

Als Nächstes interessieren wir uns für das Krümmungsverhalten einer Funktion:

Definition 20.14 Eine Funktion f heißt

- **konkav** auf einem Intervall I, wenn die Sekante durch zwei beliebige Punkte $(x_0, f(x_0))$ und $(x_1, f(x_1))$ im Bereich zwischen diesen Punkten auf oder unterhalb des Funktionsgraphen von f liegt:

$$f((1-t)x_0 + t\,x_1) \geq (1-t)f(x_0) + t\,f(x_1) \quad \text{für} \quad t \in (0,1),\ x_0 < x_1.$$

- **konvex** auf einem Intervall I, wenn die Sekante durch zwei beliebige Punkte $(x_0, f(x_0))$ und $(x_1, f(x_1))$ im Bereich zwischen diesen Punkten auf oder oberhalb des Funktionsgraphen von f liegt:

$$f((1-t)x_0 + t\,x_1) \leq (1-t)f(x_0) + t\,f(x_1) \quad \text{für} \quad t \in (0,1),\ x_0 < x_1.$$

Wie kommt man auf diese Bedingung? Wenn t die Werte zwischen 0 und 1 durchläuft, dann durchläuft $(1-t)x_0 + t\,x_1$ die Werte zwischen x_0 und x_1. Die Gleichung der Sekante lautet $s(x) = f(x_0)\frac{x-x_1}{x_0-x_1} + f(x_1)\frac{x-x_0}{x_1-x_0}$. Ist f konkav, muss somit $f((1-t)x_0 + t\,x_1) \geq s((1-t)x_0 + t\,x_1) = (1-t)f(x_0) + t\,f(x_1)$ gelten. Analoges gilt für konvexes f.

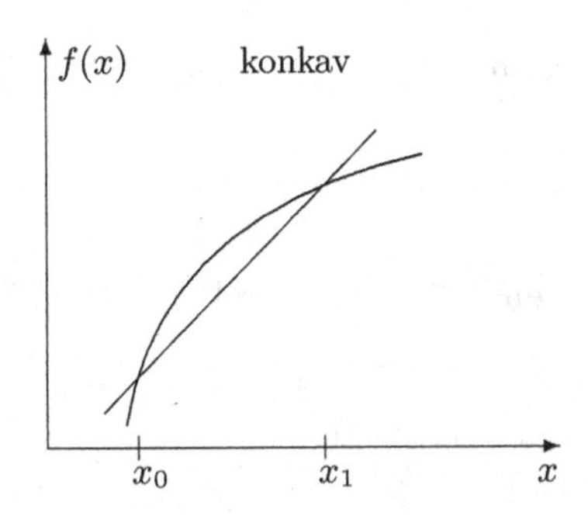

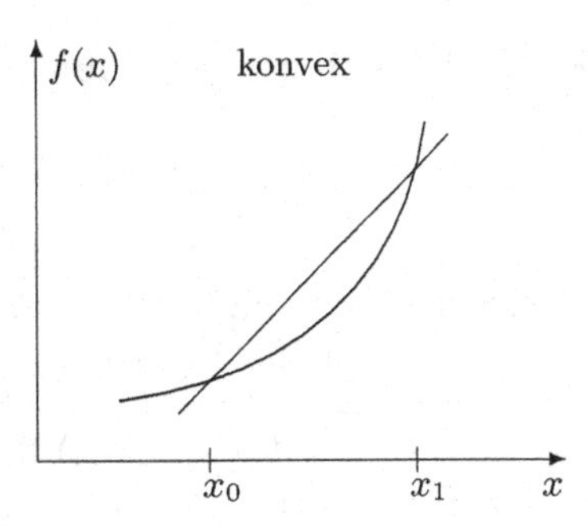

Abbildung 20.2. Konkav und konvex

Anschaulich: „Konkav“ bedeutet, dass der Graph in Richtung wachsender x-Werte eine Rechtskurve macht. Analog bedeutet „konvex“ eine Linkskurve, wenn die x-Werte wachsen.

Über das Krümmungsverhalten gibt uns die zweite Ableitung Auskunft:

Satz 20.15 Ist $f : D \to \mathbb{R}$ zweimal differenzierbar auf einem Intervall $I \subseteq D$, so gilt:

$$f \text{ ist konkav auf } I \quad \Leftrightarrow \quad f''(x) \leq 0 \text{ für alle } x \in I,$$
$$f \text{ ist konvex auf } I \quad \Leftrightarrow \quad f''(x) \geq 0 \text{ für alle } x \in I.$$

Anders gesagt: f ist konvex/konkav, wenn die erste Ableitung monoton wachsend/fallend ist.

Beispiel 20.16 Krümmung mithilfe der 2. Ableitung

Auf welchen Intervallen sind die Funktionen konkav, wo konvex?

a) $f(x) = \mathrm{e}^x$ b) $f(x) = \ln(x)$ c) $f(x) = x^2$ d) $f(x) = x^3$

Lösung zu 20.16

a) Aus $f''(x) = \mathrm{e}^x > 0$ für alle $x \in \mathbb{R}$ folgt, dass die Exponentialfunktion konvex auf ganz $\mathbb{R}$ ist.
b) Wegen $f''(x) = \frac{-1}{x^2} < 0$ für alle $x \in (0,\infty)$ ist der Logarithmus konkav auf seinem gesamten Definitionsbereich.
c) Da $f''(x) = 2 > 0$ für alle $x \in \mathbb{R}$, ist die Parabel konvex auf ganz $\mathbb{R}$.
d) Aus $f''(x) = 6x$ folgt, dass die kubische Funktion konkav für $x \leq 0$ und konvex für $x \geq 0$ ist. ∎

In vielen Anwendungsfällen ist es wichtig, den größten (oder kleinsten) Funktionswert einer Funktion zu bestimmen (man spricht auch von **Optimierung**).

Definition 20.17 Eine Funktion $f : D \to \mathbb{R}$ hat an einer Stelle x_0

- ein **lokales (oder relatives) Maximum**, wenn es eine Umgebung $U_\varepsilon(x_0) = (x_0 - \varepsilon, x_0 + \varepsilon)$ gibt (für irgendein $\varepsilon > 0$), sodass
$$f(x) \le f(x_0) \text{ für alle } x \in U_\varepsilon(x_0) \cap D$$
gilt. Es handelt sich um das **globale Maximum**, wenn
$$f(x) \le f(x_0) \text{ für alle } x \in D$$
gilt.
- ein **lokales (oder relatives) Minimum**, wenn es eine Umgebung $U_\varepsilon(x_0) = (x_0 - \varepsilon, x_0 + \varepsilon)$ gibt (für irgendein $\varepsilon > 0$), sodass
$$f(x) \ge f(x_0) \text{ für alle } x \in U_\varepsilon(x_0) \cap D$$
gilt. Es handelt sich um das **globale Minimum**, wenn
$$f(x) \ge f(x_0) \text{ für alle } x \in D$$
gilt.

Maxima und Minima werden oft mit dem Überbegriff **Extremum** oder **Extremwert** bezeichnet.

Das globale Maximum (Minimum) ist also der höchste (bzw. tiefste) Punkt im ganzen Definitionsbereich von f. Beispielsweise hat die Funktion $f : [a, b] \to \mathbb{R}$ in Abbildung 20.3 bei a ein globales Minimum, bei x_0 ein lokales Maximum, bei x_1 ein lokales Minimum, bei x_2 ein globales Maximum und bei b ein lokales Minimum.

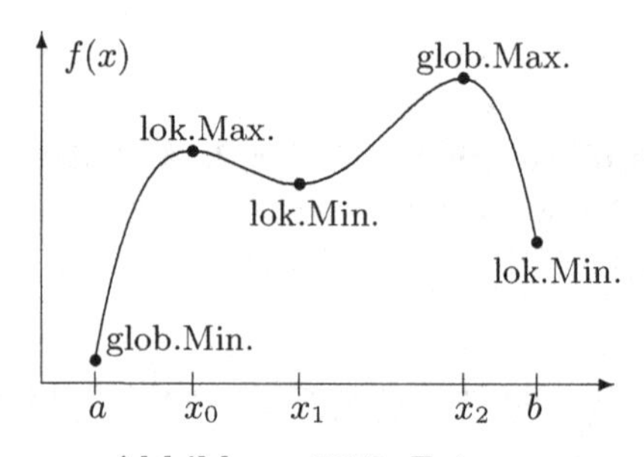

Abbildung 20.3. Extrema

Ein globales Maximum (Minimum) kann an mehreren Stellen vorliegen. Für $\cos(x)$ ist jedes gerade Vielfache von π ein globales Maximum und jedes ungerade Vielfache ein globales Minimum.

Überlegen wir uns, wie wir Extrema aufspüren können und sehen uns dazu die Abbildung 20.3 an. Die abgebildete Funktion hat an der Stelle x_0 ein lokales Maximum. Die Tangente an die Kurve hat für Stellen links von x_0 eine positive Steigung und rechts davon eine negative Steigung. An der Stelle x_0 selbst verschwindet die Ableitung: $f'(x_0) = 0$. Wenn wir also die Stelle mit waagrechter Tangente gefunden haben, haben wir Kandidaten für Extremstellen.

Eine Stelle, wo die erste Ableitung verschwindet, ist erst ein *Kandidat* für eine Extremstelle, denn es gibt auch *Wendepunkte* mit waagrechter Tangente zum Beispiel bei der Funktion $f(x) = x^3$ an der Stelle $x_0 = 0$. In diesem Fall wechselt die Ableitung das Vorzeichen nicht (die Funktion wechselt nicht von fallend auf steigend bzw. umgekehrt). Mehr dazu etwas weiter unten.

Ob es sich tatsächlich um ein Extremum handelt, und wenn ja, um welches, sagen uns die höheren Ableitungen der Funktion:

Satz 20.18 (Kriterium für lokale Extrema) Sei f eine zweimal differenzierbare Funktion in einem offenen Intervall (a, b). Dann gilt für $x_0 \in (a, b)$:

- Ist $f'(x_0) = 0$ und $f''(x_0) > 0$, so hat f bei x_0 ein lokales Minimum.
- Ist $f'(x_0) = 0$ und $f''(x_0) < 0$, so hat f bei x_0 ein lokales Maximum.

Ist $f'(x_0) = f''(x_0) = 0$, so müssen die nächsthöheren Ableitungen untersucht werden (siehe Satz 20.22).

Warum kommt es auf die höheren Ableitungen an? Das können wir uns folgendermaßen vorstellen: Angenommen $f'(x_0) = 0$. Nähern wir die Funktion f in einer Umgebung von x_0 durch ein Taylorpolynom zweiten Grades an,

$$f(x) \approx f(x_0) + \frac{f''(x_0)}{2}(x - x_0)^2,$$

also durch eine Parabel mit Scheitel an der Stelle x_0. Falls nun $f''(x_0) > 0$, so ist die Parabel nach oben geöffnet (Minimum bei x_0). Falls $f''(x_0) < 0$, so ist sie nach unten geöffnet (Maximum bei x_0). Ist $f''(x_0) = 0$, so muss ein Taylorpolynom höheren Grades betrachtet werden.

Etwas präziser argumentiert folgt aus Satz 20.4 (falls $f'''(x)$ stetig ist)

$$f(x) - f(x_0) = \frac{f''(x_0)}{2}(x - x_0)^2(1 + r(x))$$

mit $|r(x)| = |\frac{2R_2(x)}{f''(x_0)(x-x_0)^2}| \leq \frac{C}{3f''(x_0)}|x - x_0|$. Also gilt $\lim_{x\to x_0} r(x) = 0$ und für x nahe genug bei x_0 ist $1 + r(x) > 0$. Somit ist in der Nähe von x_0 das Vorzeichen der rechten Seite gleich dem Vorzeichen von $f''(x_0)$.

Manchmal sind auch *Wendepunkte* einer Funktion f interessant.

Definition 20.19 Eine Funktion f hat an der Stelle x_0 einen **Wendepunkt**, wenn in $(x_0, f(x_0))$ die Krümmung von konkav in konvex übergeht oder umgekehrt.

Das heißt anschaulich, dass der Funktionsgraph von f hier von einer „Rechtskurve" in eine „Linkskurve" übergeht bzw. umgekehrt. Das sind also jene Punkte, an denen die zweite Ableitung $f''(x)$ ihr Vorzeichen ändert. Wie finden wir diese Punkte?

Beim Übergang von konkav zu konvex wird die erste Ableitung links vom Wendepunkt immer kleiner, rechts davon immer größer. An der Stelle des Wendepunkts hat also $f'(x)$ ein Minimum. Analog hat beim Übergang von konvex zu konkav die erste Ableitung an der Stelle des Wendepunkts ein Maximum. Um die Wendepunkte zu finden, müssen wir daher die Extrema der ersten Ableitung finden! Wir wenden also das Kriterium für Extrema aus Satz 20.18 auf $f'(x)$ an und erhalten:

Satz 20.20 (Kriterium für Wendepunkte) Sei f dreimal differenzierbar in einem offenen Intervall (a, b). Dann gilt für $x_0 \in (a, b)$:

- Ist $f''(x_0) = 0$ und $f'''(x_0) \neq 0$, so hat f bei x_0 einen Wendepunkt.
- Wenn zusätzlich auch $f'(x_0) = 0$ ist (d.h., waagrechte Tangente), so wird der Wendepunkt ein **Sattelpunkt** genannt.

Beispiel 20.21 Lokale Extrema, Wendepunkte
Finden Sie Extremstellen bzw. Wendepunkte:
a) $f(x) = x^3 - 6x^2 + 9x + 1$ b) $f(x) = (x - 1)^2$ c) $f(x) = (x - 2)^3 + 5$

Lösung zu 20.21

a) Wir leiten die Funktion dreimal ab: $f'(x) = 3x^2 - 12x + 9$, $f''(x) = 6x - 12$, $f'''(x) = 6$.
Extremwerte: Wir bestimmen zunächst die Nullstellen der ersten Ableitung: $x = 1$ und $x = 3$. Dann betrachten wir noch die zweite Ableitung an diesen Stellen: $f''(1) = -6 < 0$, also liegt bei $x = 1$ ein Maximum vor; $f''(3) = 6 > 0$, also liegt bei $x = 3$ ein Minimum vor. (Wäre die zweite Ableitung an einer dieser Stellen gleich null gewesen, so hätte es sich um einen Wendepunkt handeln können.)
Wendepunkte: Wir bestimmen dazu die Nullstellen der zweiten Ableitung: $f''(x) = 6x - 12$ hat eine Nullstelle $x = 2$. Nun untersuchen wir die dritte Ableitung an dieser Stelle: Da $f'''(2) = 6 \neq 0$, liegt hier ein Wendepunkt vor.

b) Ableitungen: $f'(x) = 2(x - 1)$, $f''(x) = 2$, $f'''(x) = 0$.
Extremwerte: $f'(x) = 2(x - 1)$ besitzt nur die Nullstelle $x = 1$, daher ist das der einzige Kandidat für eine Extremstelle. Nähere Auskunft gibt die zweite Ableitung an dieser Stelle: Da $f''(1) = 2 > 0$, liegt bei $x = 1$ ein Minimum vor.
Wendepunkte: Weil $f''(x) = 2$ keine Nullstellen hat, hat die Funktion keine Wendepunkte.

c) Ableitungen: $f'(x) = 3(x - 2)^2$, $f''(x) = 6(x - 2)$, $f'''(x) = 6$.
Extremwerte: $f'(x) = 3(x - 2)^2$ hat die Nullstelle $x = 2$. Die zweite Ableitung an dieser Stelle ist $f''(2) = 0$. Also ist $x = 2$ auch eine Nullstelle der zweiten Ableitung und somit ein Kandidat für einen Wendepunkt.
Wendepunkte: $x = 2$ ist die einzige Nullstelle der zweiten Ableitung. Da die dritte Ableitung an dieser Stelle ungleich null ist, $f'''(2) = 6 \neq 0$, hat die Funktion bei $x = 2$ einen Wendepunkt (Sattelpunkt). Abbildung 20.4 zeigt den Funktionsgraphen. ■

Zusammenfassend und etwas allgemeiner gilt folgendes Kriterium für Extrema:

Satz 20.22 Sei f mindestens n-mal differenzierbar in einem offenen Intervall (a, b), $x_0 \in (a, b)$, $f'(x_0) = 0$ und $f^{(n)}(x_0)$ die erste Ableitung, die an der Stelle x_0 nicht verschwindet. Dann gilt:

a) Ist n gerade, so besitzt f an der Stelle x_0 ein lokales Maximum bzw. Minimum, falls $f^{(n)}(x_0) < 0$ bzw. $f^{(n)}(x_0) > 0$.
b) Ist n ungerade, so besitzt f an der Stelle x_0 einen Sattelpunkt.

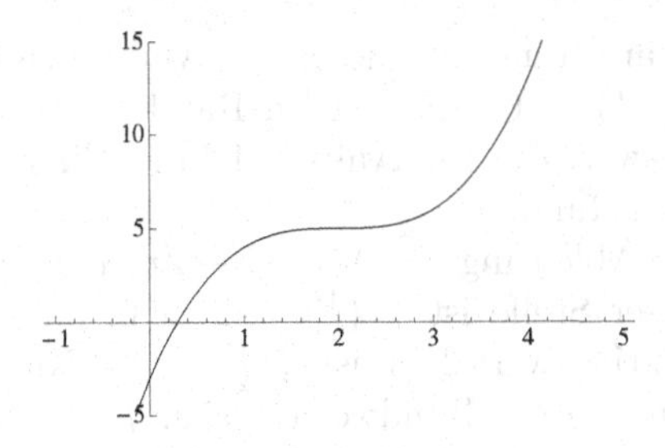

Abbildung 20.4. $f(x) = (x-2)^3 + 5$

Warum? Analog wie zuvor folgt aus Satz 20.4 (falls $f^{(n+1)}(x)$ stetig ist)

$$f(x) - f(x_0) = \frac{f^{(n)}(x_0)}{n!}(x - x_0)^n (1 + r(x))$$

mit $|r(x)| \le \frac{C}{(n+1)f^{(n)}(x_0)}|x - x_0|$.

Beispiel 20.23 Extrema und Sattelpunkte
Bestimmen Sie die Extrema von $f(x) = (x-3)^5$.

Lösung zu 20.23 Die erste Ableitung hat die Nullstelle $x = 3$. Die zweite, dritte und vierte Ableitung an dieser Stelle verschwindet ebenfalls: $f''(3) = f'''(3) = f^{(4)}(3) = 0$. Erst $f^{(5)}(3) \neq 0$. Da 5 eine ungerade Zahl ist, liegt bei $x = 3$ ein Sattelpunkt vor. ■

Maxima oder Minima am *Rand* eines Intervalls können wir mithilfe der Differentialrechnung nicht finden. Betrachten Sie z. B. die Funktion $f(x) = x$ im Intervall $[0, 1]$. Sie hat bei $x = 0$ den kleinsten Funktionswert und bei $x = 1$ den größten Funktionswert ihres Definitionsbereiches. Da die Tangente hier aber nicht waagrecht ist, kommen wir diesen Extremstellen nicht durch Nullsetzen der ersten Ableitung auf die Spur. Das gleiche gilt für Punkte, an denen f nicht differenzierbar ist. Diese Punkte müssen also gesondert untersucht werden:

Daher haben wir bisher immer offene Intervalle vorausgesetzt. Nun gehen wir auf den Fall ein, dass Extrema auf einem abgeschlossenen Intervall gesucht sind.

Beispiel 20.24 Extrema auf einem abgeschlossenen Intervall
Bestimmen Sie das globale Maximum und Minimum von

$$f(x) = \begin{cases} 1 + x & \text{falls } -1 \le x < 0, \\ 1 - x + x^2 & \text{falls } 0 \le x \le 1. \end{cases}$$

Lösung zu 20.24 Die Funktion ist bei 0 zwar stetig, aber linksseitige Ableitung $\lim_{x\to 0-} f'(x) = \lim_{x\to 0}(1 + x)' = \lim_{x\to 0} 1 = 1$ und rechtsseitige Ableitung $\lim_{x\to 0+} f'(x) = \lim_{x\to 0}(1 - x + x^2)' = \lim_{x\to 0}(-1 + 2x) = -1$ stimmen nicht überein. Also ist $f(x)$ bei 0 nicht differenzierbar. Wir müssen also beide Teilintervalle getrennt betrachten:

Auf dem Intervall $(-1, 0)$ hat die erste Ableitung keine Nullstellen, $f'(x) = 1 \neq 0$, also gibt es keine lokalen Extrema in diesem offenen Intervall. Maximum und

Minimum werden somit am Rand angenommen. Am linken Rand ($x = -1$) ist der Funktionswert gleich $f(-1) = 0$, am rechten Rand ($x = 0$) ist $f(0) = 1$. Daher ist der kleinste Funktionswert des Intervalls $[-1, 0]$ am linken Rand und der größte Funktionswert am rechten Rand.

In $(0, 1)$ hat die erste Ableitung $f'(x) = -1 + 2x$ eine Nullstelle bei $x = \frac{1}{2}$. Die zweite Ableitung an dieser Stelle ist $f''(\frac{1}{2}) = 2 > 0$, daher liegt hier ein lokales Minimum vor. Der Funktionswert hier ist $f(\frac{1}{2}) = \frac{3}{4}$. Nun müssen wir noch die Randpunkte untersuchen: Da die Randwerte gleich $f(0) = 1$ bzw. $f(1) = 1$ sind, liegt an beiden Rändern ein globales Maximum des Intervalls $[0, 1]$ vor. Insgesamt

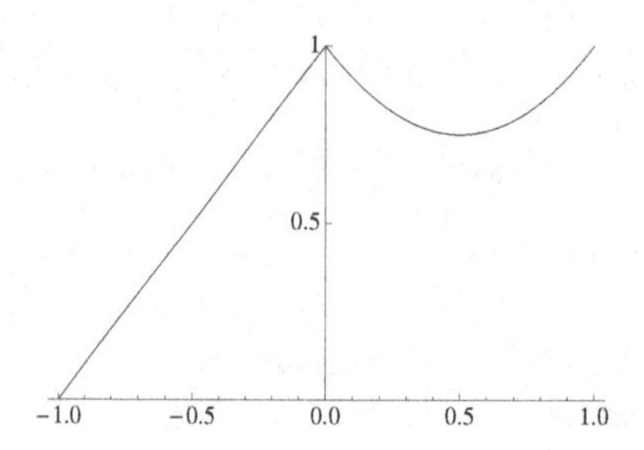

Abbildung 20.5. $f(x) = 1 + x$ für $x < 0$ und $f(x) = 1 - x + x^2$ für $x \geq 0$

liegt somit das globale Maximum auf dem gesamten Definitionsbereich von f bei $x = 0$ bzw. $x = 1$ und das globale Minimum bei $x = -1$ vor. Siehe Abbildung 20.5. ■

Am Rand liegt außer in pathologischen Fällen immer ein lokales Extremum vor (ein pathologisches Beispiel wäre $f(x) = x \sin(1/x)$ auf $[0, 1]$). Ist $f^{(n)}(a)$ die erste Ableitung am linken Rand, die nicht verschwindet, so handelt es sich um ein Maximum, falls $f^{(n)}(a) < 0$ und um ein Minimum, falls $f^{(n)}(a) > 0$. Ist analog $f^{(n)}(b)$ die erste Ableitung am rechten Rand, die nicht verschwindet, so handelt es sich um ein Maximum, falls $(-1)^n f^{(n)}(b) < 0$ und um ein Minimum, falls $(-1)^n f^{(n)}(b) > 0$.

Zur Bestimmung von globalen Extrema (vor allem von Funktionen mehrerer Variablen) wird die **globale Optimierung** verwendet. Globale Optimierung ist meist um ein Vielfaches schwieriger als lokale Optimierung.

Sehen wir uns abschließend noch ein aufwändigeres Beispiel zur Berechnung von Extremstellen an:

Beispiel 20.25 (→CAS) Gauß'sche Glockenkurve
Bestimmen Sie die Extrema und Wendepunkte der Gauß'schen Glockenkurve

$$f(x) = \frac{1}{\sigma\sqrt{2\pi}} \mathrm{e}^{-\frac{(x-\mu)^2}{2\sigma^2}}, \qquad \sigma > 0,$$

die in der Statistik die Normalverteilung beschreibt. Die Parameter μ (griechischer Buchstabe „mü") und σ^2 (griechischer Buchstabe „sigma") heißen dann **Erwartungswert** bzw. **Varianz**. Der Fall $\mu = 0$, $\sigma = 1$ ist in Abbildung 20.6 dargestellt.

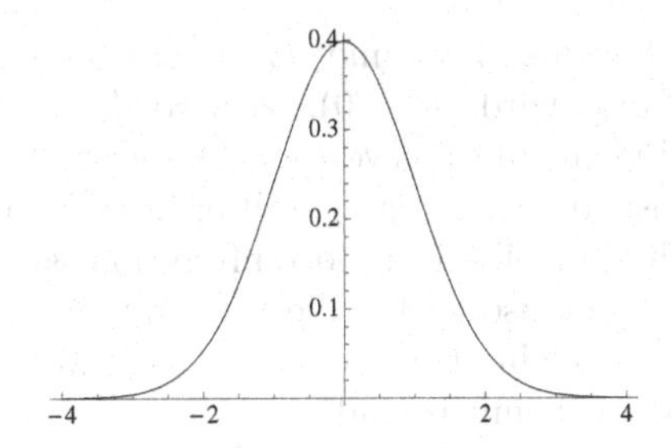

Abbildung 20.6. Gauß'sche Glockenkurve

Lösung zu 20.25 Wir berechnen zunächst die erste Ableitung:

$$f'(x) = -\frac{x-\mu}{\sigma^3\sqrt{2\pi}} \mathrm{e}^{-\frac{(x-\mu)^2}{2\sigma^2}}.$$

Da die Exponentialfunktion immer positiv ist, ist die einzige Nullstelle der ersten Ableitung bei $x = \mu$. Um die zweite Ableitung auszurechnen, schreiben wir die erste Ableitung abkürzend als $f'(x) = -\frac{x-\mu}{\sigma^2} f(x)$, woraus

$$f''(x) = -\frac{1}{\sigma^2} f(x) + \frac{(x-\mu)^2}{\sigma^4} f(x) = \frac{(x-\mu)^2 - \sigma^2}{\sigma^4} f(x)$$

folgt. An der Stelle μ ist die zweite Ableitung negativ,

$$f''(\mu) = -\frac{1}{\sigma^2} f(\mu) = \frac{-1}{\sqrt{2\pi}\sigma^3} < 0,$$

daher liegt bei $x = \mu$ ein Maximum vor. Für die Wendepunkte bestimmen wir die Nullstellen der zweiten Ableitung: $x = \mu \pm \sigma$. Die dritte Ableitung

$$f'''(x) = \frac{3(x-\mu)\sigma^2 - (x-\mu)^3}{\sigma^6} f(x)$$

ist an diesen Stellen ungleich null,

$$f'''(\mu \pm \sigma) = \frac{\pm 1}{\sigma^4} \sqrt{\frac{2}{\mathrm{e}\pi}} \neq 0,$$

daher liegen hier tatsächlich Wendepunkte vor. ∎

20.2.1 Anwendung: Preispolitik eines Monopolisten

Hat ein Betrieb bei einem Produkt eine Monopolstellung, so gibt es zwei Zusammenhänge, die diese Situation beschreiben: die Nachfragefunktion $D(p)$ (engl. *demand*), welche die absetzbare Menge als Funktion des Preises p beschreibt, und die Kostenfunktion $C(x)$ (engl. *cost*), welche die Kosten (Herstellungskosten, Vertrieb, etc.) bei einer abgesetzten Menge x beschreibt.

Die Nachfragefunktion ist monoton fallend (je größer der Preis umso kleiner die Nachfrage). Im einfachsten Fall hat sie die Form einer Gerade, $D(p) = d_1 -$

$d_2\,p$. Was bedeuten die Parameter d_1 und d_2? Betrachten wir den Extremfall, in dem das Produkt *verschenkt* wird ($p = 0$), so wird d_1 abgesetzt, das ist also die Marktsättigungsmenge. Bei einem Preis von $p = \frac{d_1}{d_2}$ (oder darüber) kann nichts mehr abgesetzt werden (dann ist die Nachfrage gleich 0; insbesondere ist nur der Bereich von 0 bis $\frac{d_1}{d_2}$ ökonomisch sinnvoll). Die Kostenfunktion ist monoton wachsend (je größer die abgesetzte Menge umso größer die Kosten). Im einfachsten Fall wird sie wieder durch eine Gerade modelliert, $C(x) = c_1 + c_2\,x$, wobei c_1 die Fixkosten und c_2 die Stückkosten pro Mengeneinheit sind.

Der Erlös (engl. *revenue*) ist gegeben durch die abgesetzte Menge mal dem Preis

$$R(p) = p \cdot x = p\,D(p).$$

Um den Gewinn (engl. *profit*) zu erhalten, müssen noch die Kosten abgezogen werden,

$$P(p) = R(p) - C(x) = pD(p) - C(D(p)).$$

Unser Monopolist muss also nur noch nach dem Maximum des Gewinns $P(p)$ im zulässigen Bereich $0 < p < p_0$ suchen (dabei ist p_0 der maximale Preis, bei dem nichts mehr abgesetzt werden kann: $D(p_0) = 0$).

Man kann statt des Preises natürlich auch die abgesetzte Menge x als Variable nehmen. Da $D(p)$ eine streng monoton fallende Funktion ist, können wir die zugehörige Umkehrfunktion

$$p = D^{-1}(x)$$

betrachten. Sie gibt den Preis in Abhängigkeit von der abgesetzten (= nachgefragten) Menge x an. Dann gilt für den Erlös

$$R(x) = p \cdot x = D^{-1}(x)\,x$$

und für den Gewinn

$$P(x) = R(x) - C(x) = D^{-1}(x)\,x - C(x).$$

Ist die abgesetzte Menge x, bei der der maximale Gewinn erreicht wird, gefunden, so kann aus $p = D^{-1}(x)$ der optimale Preis ermittelt werden. Diese Sichtweise ist besonders dann sinnvoll, wenn die Nachfragefunktion leicht invertiert werden kann und die Kostenfunktion kompliziert ist.

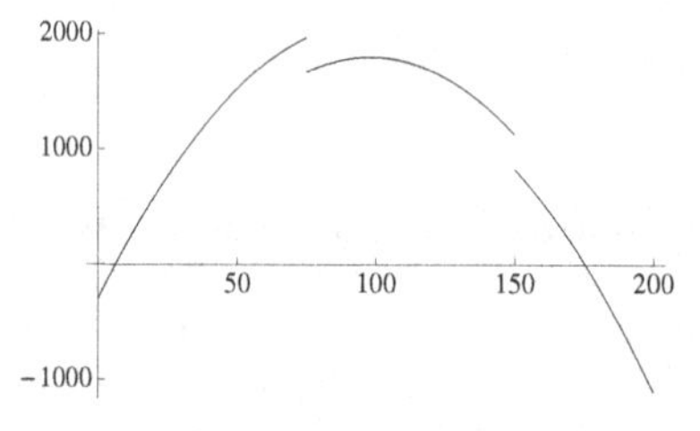

Abbildung 20.7. Gewinn eines Monopolisten bei sprunghaften Kosten

Da die Kostenfunktion auch unstetig sein kann (Fixkosten können bei bestimmten Mengen sprunghaft ansteigen, wenn etwa eine weitere Maschine oder eine weitere

Arbeitskraft notwendig wird), können Maxima nicht immer alleine mit der Differentialrechnung gefunden werden. Man muss in diesem Fall die Sprungstellen in die Untersuchung miteinbeziehen (vergleiche Abbildung 20.7 bzw. Übungsaufgabe 12).

20.3 Iterationsverfahren zur Bestimmung von Nullstellen

In den vorhergehenden Abschnitten haben wir gesehen, dass die Lösung vieler Probleme auf die Bestimmung von Nullstellen hinausläuft.

Auch das Lösen einer Gleichung $f(x) = g(x)$ kann durch die kleine Umformung $f(x) - g(x) = 0$ als Nullstellenproblem formuliert werden.

Wie wir aber wissen, können bereits bei Polynomen ab Grad 5 die Nullstellen nicht mehr analytisch berechnet werden. Wie finden wir nun Nullstellen (zumindest näherungsweise) in der Praxis?

Die erste wichtige Beobachtung ist: Wenn wir zwei Stellen x_0 und x_1 haben, für die $f(x_0)$ und $f(x_1)$ verschiedenes Vorzeichen haben, dann liegt zwischen x_0 und x_1 mindestens eine Nullstelle (falls f stetig ist). Anschaulich ist das klar, denn wenn wir den Funktionsgraphen vom Punkt $(x_0, f(x_0))$ nach $(x_1, f(x_1))$ verfolgen, so müssen wir irgendwann die x-Achse schneiden, da wir wegen der Stetigkeit nicht springen können.

Haben also die Funktionswerte $f(x_0)$ und $f(x_1)$ verschiedene Vorzeichen, so liegt zwischen x_0 und x_1 eine Nullstelle. Wie aber finden wir sie? Betrachten wir Abbildung 20.8. Wenn wir eine Sekante durch die beiden Punkte $(x_0, f(x_0))$ und $(x_1, f(x_1))$ legen, dann können wir die Nullstelle x_2 der Sekante als Näherungswert

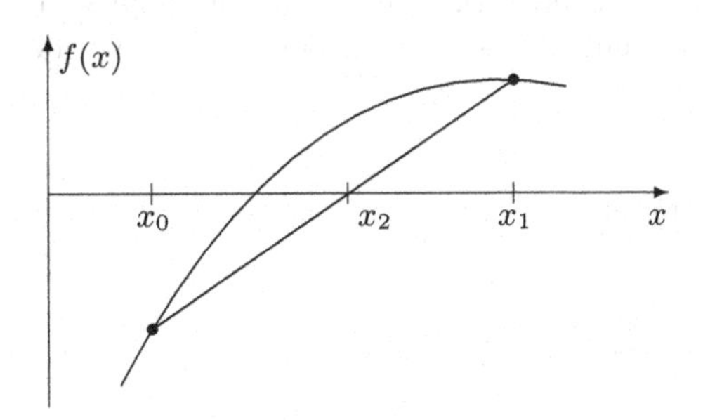

Abbildung 20.8. Regula falsi

für die gesuchte Nullstelle nehmen. Diese Nullstelle der Sekante ist (nach einer kleinen Rechnung) gegeben durch

$$x_2 = x_1 - f(x_1)\frac{x_1 - x_0}{f(x_1) - f(x_0)} = \frac{x_0 f(x_1) - x_1 f(x_0)}{f(x_1) - f(x_0)}.$$

Ist nun zufälligerweise $f(x_2) = 0$, also x_2 auch eine Nullstelle unserer Funktion f, so können wir Feierabend machen. Ansonsten haben entweder $f(x_2)$ und $f(x_0)$ oder

$f(x_2)$ und $f(x_1)$ verschiedenes Vorzeichen und je nachdem können wir das Verfahren auf dem Intervall zwischen x_0 und x_2 beziehungsweise zwischen x_2 und x_1 wiederholen. Dieses Verfahren ist als **Regula falsi** bekannt und konvergiert immer gegen eine Nullstelle. Meistens verzichtet man aber auf den Vorzeichentest und berechnet einfach die Folge von Näherungswerten

$$x_n = x_{n-1} - f(x_{n-1})\frac{x_{n-1} - x_{n-2}}{f(x_{n-1}) - f(x_{n-2})}.$$

Dieses Verfahren ist als **Sekantenverfahren** bekannt. Beim Sekantenverfahren ist es nicht notwendig sicher zu stellen, dass an den Startwerten die Funktionswerte verschiedenes Vorzeichen haben, dafür kann es aber passieren, dass das Verfahren nicht konvergiert.

Beispiel 20.26 (→CAS) Sekantenverfahren
Bestimmen Sie die Nullstelle von $f(x) = x^3 + 2x^2 + 10x - 20$ (es gibt in diesem Fall nur eine Nullstelle).

Lösung zu 20.26 An den Stellen $x_0 = 1$ und $x_1 = 2$ haben die zugehörigen Funktionswerte verschiedenes Vorzeichen: $f(1) = -7$, $f(2) = 16$. Wählen wir sie als Startwerte, so erhalten wir (→CAS): $x_2 = 1.30435$, $x_3 = 1.35791$, $x_4 = 1.36901$, $x_5 = 1.36881, \ldots$ Der letzte stimmt bereits auf fünf Stellen genau mit der gesuchten Nullstelle 1.3688081 überein. ■

Leonardo di Pisa (Fibonacci) hat diese Funktion bereits im Jahr 1225 untersucht. Er konnte die Nullstelle auf mehrere Stellen genau berechnen. Niemand weiß, welche Methode er dazu verwendet hat, es ist aber ein für jene Zeit beachtliches Ergebnis.

Ein anderer Algorithmus zur numerischen Nullstellensuche ist das **Newton-Verfahren**. Dabei werden Tangenten anstelle von Sekanten verwendet: Wir wählen einen

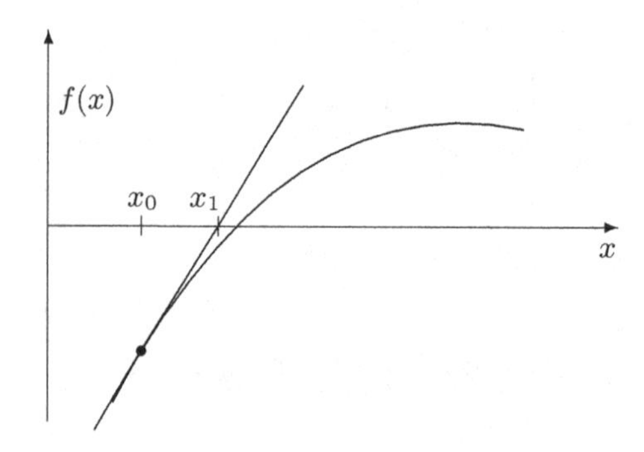

Abbildung 20.9. Newton-Verfahren

Startwert x_0 und legen im Punkt $(x_0, f(x_0))$ die Tangente an die Kurve. Die Nullstelle x_1 der Tangente ist dann gegeben durch $x_1 = x_0 - f(x_0)/f'(x_0)$ und liefert uns einen ersten Näherungswert. So geht es weiter: Wir legen in $(x_1, f(x_1))$ die Tangente an die Kurve und bestimmen deren Nullstelle x_2 usw. Die Folge von Näherungswerten ist damit rekursiv durch

$$x_n = x_{n-1} - \frac{f(x_{n-1})}{f'(x_{n-1})}$$

definiert (vorausgesetzt $f'(x_{n-1}) \neq 0$).

Beispiel 20.27 (→CAS) Newton-Verfahren
Bestimmen Sie eine Lösung der Gleichung $x^2 = 2$.

Lösung zu 20.27 Die Lösungen der Gleichung $x^2 = 2$ sind genau die Nullstellen von $f(x) = x^2 - 2$. Wir definieren also

$$x_n = x_{n-1} - \frac{x_{n-1}^2 - 2}{2x_{n-1}} = \frac{1}{2}(x_{n-1} + \frac{2}{x_{n-1}})$$

und erhalten mit dem Startwert $x_0 = 1$

$$x_1 = x_0 - \frac{x_0^2 - 2}{2x_0} = 1.5,$$

und analog

$$x_2 = 1.41667, \quad x_3 = 1.41422, \quad x_4 = 1.41421.$$

Die Folge konvergiert gegen $\sqrt{2}$ und ist nichts anderes als die Heron'sche Folge (vergleichen Sie mit Abschnitt „Wurzelziehen à la Heron" in Band 1)! ■

Beim Newton-Verfahren ist es wichtig, einen geeigneten Startwert x_0 zu finden (das kann z. B. graphisch geschehen). Liegt der Startwert nicht nahe genug an der gesuchten Nullstelle, so kann es passieren, dass das Newton-Verfahren gegen eine andere Nullstelle oder, noch schlimmer, überhaupt nicht konvergiert. Was aber „nahe genug" in der Praxis bedeutet, und wie die Menge der Startwerte aussieht, für die das Newton-Verfahren gegen eine bestimmte Nullstelle konvergiert, ist in der Regel ein kompliziertes Problem.

Um Ihnen einen kleinen Einblick in dieses faszinierende Problem zu geben, betrachten wir die Gleichung $z^3 - 1 = 0$. Sie besitzt drei Nullstellen: eine reelle, $z = 1$, und zwei komplexe, $z = \frac{-1+\mathrm{i}\sqrt{3}}{2}$ bzw. $z = \frac{-1-\mathrm{i}\sqrt{3}}{2}$. Führt man das Newton-Verfahren für verschiedene Startwerte in der komplexen Ebene aus und färbt die Startwerte nach den Nullstellen ein, gegen die das Newton-Verfahren konvergiert, so erhält man das Bild in Abbildung 20.10. Für alle roten Startwerte konvergiert das Verfahren gegen die Nullstelle $z = \frac{-1-\mathrm{i}\sqrt{3}}{2}$, für alle blauen gegen $z = \frac{-1+\mathrm{i}\sqrt{3}}{2}$ und für alle grünen gegen $z = 1$. Die drei Mengen sind offensichtlich nicht durch glatte Kurven begrenzt, sondern wechseln sich im Grenzbereich immer schneller ab. Vergrößert man einen Ausschnitt, so wiederholen sich immer wieder die gleichen Strukturen (ähnlich wie bei einem Bild, das man erhält, wenn man sich zwischen zwei Spiegel stellt). Solche Mengen werden deshalb auch als **selbstähnlich** oder **fraktal** bezeichnet. Insbesondere kann eine offensichtlich extrem komplizierte Menge durch die Angabe einer einzelnen Funktion $f(z) = z^3 - 1$ charakterisiert werden. Diese Idee liegt der **fraktalen Bildkomprimierung** zugrunde. Außerdem ist zu beachten, dass im Grenzbereich die kleinste Änderung im Startwert die Konvergenz zu einer anderen Nullstelle zur Folge haben kann und dass das Verhalten der Iteration in diesem Bereich als ziemlich chaotisch eingestuft werden kann. Die Untersuchung dieser Phänomene führt also ins Reich des **Chaos** und der **fraktalen Mengen**.

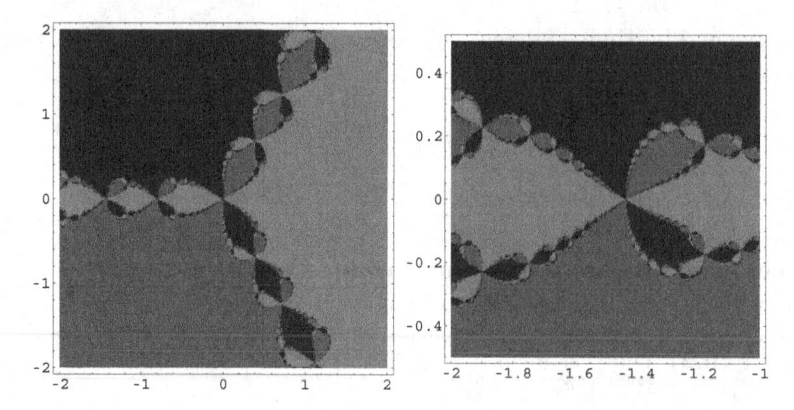

Abbildung 20.10. Konvergenzbereiche des Newton-Verfahrens für $z^3 = 1$.

20.3.1 Ausblick: Kontraktionsprinzip

Das Newton-Verfahren hat eine rekursive Form, die in Anwendungen sehr oft auftritt, nämlich

$$x_{n+1} = F(x_n)$$

mit einer stetigen Funktion F. Man spricht von einer **Iteration** (vergleichen Sie Abschnitt „Iterationsverfahren und Chaos" in Band 1). Wenn nun die Folge x_n gegen einen Grenzwert $\overline{x}$ konvergiert, so gilt

$$\overline{x} = \lim_{n\to\infty} x_{n+1} = \lim_{n\to\infty} F(x_n) = F(\lim_{n\to\infty} x_n) = F(\overline{x}).$$

Der Schritt $\lim_{n\to\infty} F(x_n) = F(\lim_{n\to\infty} x_n)$ bedeutet gerade, dass F stetig ist.

Der Grenzwert $\overline{x}$ ist also eine Lösung der **Fixpunktgleichung** $F(x) = x$ und wird deshalb auch **Fixpunkt** genannt. Fixpunkte werden von der Funktion F auf sich selbst abgebildet. Sie sind die Schnittpunkte von $F(x)$ mit der Geraden $g(x) = x$.

Am Ende wollen wir noch versuchen die Frage zu beantworten, wann die durch $x_{n+1} = F(x_n)$ definierte Folge konvergiert. Dafür gibt es ein einfaches Kriterium von Banach (Stefan Banach, 1892–1945, polnischer Mathematiker). Zunächst aber eine Definition:

Definition 20.28 Gilt

$$|F(x) - F(y)| \le c|x - y|$$

für alle $x, y \in [a, b]$ mit einer Konstante $c < 1$, so nennt man F eine **Kontraktion** auf $[a, b]$. Ist F differenzierbar, so ist diese Eigenschaft insbesondere dann erfüllt, wenn $|F'(x)| \le c$ für alle $x \in [a, b]$ gilt.

Die letzte Behauptung folgt aus dem Mittelwertsatz der Differentialrechnung, der ja insbesondere $|F(x) - F(y)| = |F'(x_0)||x - y| \le c|x - y|$ für ein x_0 zwischen x und y garantiert.

Der Abstand der Bildpunkte ist bei einer Kontraktion also kleiner als der Abstand der Originalpunkte. Wählen wir für $y = \overline{x}$ einen Fixpunkt, so besagt obige Gleichung

$|F(x)-F(\overline{x})| = |F(x)-\overline{x}| \leq c|x-\overline{x}|$, dass $F(x)$ näher bei $\overline{x}$ liegt als x. Wenden wir F also wiederholt an, so erhalten wir eine Folge, die gegen den Fixpunkt $\overline{x}$ konvergiert:

Satz 20.29 (Fixpunktsatz von Banach oder Kontraktionsprinzip) Sei $F : [a,b] \to \mathbb{R}$ eine Kontraktion mit einem Fixpunkt $\overline{x} \in [a,b]$. Dann konvergiert die Folge x_n für jeden Startwert $x_0 \in [a,b]$ gegen den Fixpunkt $\overline{x}$. Dieser Fixpunkt $\overline{x}$ ist der einzige Fixpunkt in $[a,b]$.

Die Existenz des Fixpunktes muss nicht gefordert werden, sondern folgt, wenn die Folge $x_{n+1} = F(x_n)$ in $[a,b]$ bleibt.

Beim Newton-Verfahren haben wir $F(x) = x - \frac{f(x)}{f'(x)}$ und eine kleine Rechnung (Quotientenregel) zeigt, dass

$$F'(x) = \frac{f(x)f''(x)}{f'(x)^2}.$$

Die Folge x_n konvergiert also gegen eine Nullstelle $\overline{x}$ von $f(x)$, falls es in $[a,b]$ eine gibt und

$$|\frac{f(x)f''(x)}{f'(x)^2}| < 1 \quad \text{für alle} \quad x \in [a,b]$$

gilt. Ist $f'(\overline{x}) \neq 0$, so ist $F'(\overline{x}) = 0$. Wegen der Stetigkeit von F' müssen auch die Werte in der Nähe von $\overline{x}$ klein sein und wir können insbesondere ein $\varepsilon > 0$ mit $|F'(x)| < 1$ für $x \in (\overline{x} - \varepsilon, \overline{x} + \varepsilon)$ finden. Für jeden Startwert $x_0 \in (\overline{x} - \varepsilon, \overline{x} + \varepsilon)$ konvergiert die Iteration dann gegen die Nullstelle $\overline{x}$.

Es gibt eine Reihe anderer Kriterien für die Konvergenz des Newton-Verfahrens. Zum Beispiel reicht es, wenn die Funktion (eine Nullstelle hat und;-) konvex oder konkav ist.

20.3.2 Anwendung: Marktgleichgewicht im Oligopol

Wird ein Produkt von mehreren Betrieben angeboten (und gibt es viele Käufer im Vergleich zur Anzahl der Anbieter), so spricht man von einem **Oligopol**. In diesem Fall kann ein einzelner Anbieter nicht mehr den Preis nach seinen eigenen Vorstellungen optimieren (wie das im Monopol möglich ist – vergleiche Abschnitt 20.2.1). Nehmen wir einfachheitshalber an, es gibt nur zwei Anbieter (*Duopol*). Ist die Nachfragefunktion $D(p)$ gegeben, so wird ein Teil x_1 der Nachfrage vom ersten und der restliche Teil x_2 vom zweiten Anbieter befriedigt

$$x_1 + x_2 = D(p).$$

(Wir gehen davon aus, dass beide zum gleichen Preis p anbieten, da sonst nur vom billigeren Anbieter gekauft würde.) Für den Gewinn der beiden Anbieter erhalten wir (vergleiche Abschnitt 20.2.1)

$$P_j(x_j) = R_j(x_j) - C_j(x_j) = p\,x_j - C_j(x_j) = x_j D^{-1}(x_1 + x_2) - C_j(x_j).$$

Der Index $j \in \{1,2\}$ bezeichnet dabei die jeweilige Größe für Anbieter 1 bzw. 2.

Gehen wir davon aus, dass beide Anbieter genauso viel produzieren wie sie verkaufen können (bzw. den Preis senken um die produzierte Ware vollständig abzusetzen – Räumungspreis). Wenn der erste Anbieter die vom zweiten Anbieter verkaufte Menge x_2 schätzt (z. B. mithilfe von Daten aus dem Vormonat), so kann er wie im Fall des Monopolisten seinen Gewinn optimieren und erhält seine optimale Produktionsmenge abhängig vom geschätzten Wert für x_2:

$$x_1 = A_1(x_2).$$

Die Funktion A_1 ist die Reaktionsfunktion des ersten Anbieters. Analog kann der zweite Anbieter vorgehen und erhält seine Reaktionsfunktion A_2. Wurden im Vormonat also die Mengen $(x_{1,0}, x_{2,0})$ produziert, so werden in diesem Monat die Mengen $(x_{1,1}, x_{2,1}) = (A_1(x_{2,0}), A_2(x_{1,0}))$ produziert. Die produzierten Mengen entsprechen somit der Iteration

$$(x_{1,n+1}, x_{2,n+1}) = (A_1(x_{2,n}), A_2(x_{1,n}))$$

und wir erwarten, dass sich das System einem Gleichgewicht, das

$$x_1 = A_1(x_2), \qquad x_2 = A_2(x_1)$$

erfüllt, nähert. Ein solches Gleichgewicht wird als **Nash-Gleichgewicht** bezeichnet, da kein Anbieter durch Änderung seiner Produktion x_j seinen Gewinn vergrößern kann (unter der Voraussetzung, dass der andere seine Produktion unverändert lässt). Für komplizierte Nachfrage- und Kostenfunktionen ist eine Lösung nur noch numerisch möglich.

Der amerikanische Mathematiker John Forbes Nash (geb. 1928) erhielt 1994 den Nobelpreis für Wirtschaftswissenschaften und ist seit dem Film „A Beautiful Mind“ auch der breiten Öffentlichkeit bekannt.

Interessanterweise stellt ein Nash-Gleichgewicht nicht notwendigerweise das Gewinnmaximum aller Anbieter zusammen genommen dar. Das liegt daran, dass Anbieter nicht immer kooperieren.

In der **Spieltheorie** wird diese Tatsache durch das **Gefangenendilemma** beschrieben: Zwei Gefangene haben gemeinsam eine Straftat begangen und erhalten von der Polizei die Aussicht auf eine geringe Strafe, wenn sie den anderen verraten. Objektiv gesehen wäre es für beide Gefangene am besten, wenn sie schweigen, denn dann würden sie wohl aus Mangel an Beweisen frei kommen. Diese Strategie, dass beide schweigen, ist aber kein Nash-Gleichgewicht, da ein Gefangener sich durch den Bruch des Schweigeversprechens (Ändern seiner Strategie) einen Vorteil verschaffen kann (vorausgesetzt, der andere ändert seine Strategie nicht und schweigt). Wenn aber beide sich für „Auspacken“ entscheiden, so kann sich ein Einzelner durch Ändern seiner Entscheidung keinen Vorteil mehr verschaffen, und diese Situation ist ein Nash-Gleichgewicht. Was also tun? Auspacken und eine geringe Strafe in Kauf nehmen oder in der Hoffnung auf Freiheit schweigen und das Risiko tragen, dass der andere doch auspackt?

20.3.3 Anwendung: Dioden-Logik

Elektrische Netzwerke mit einfachen Bauelementen führen auf lineare Gleichungssysteme. Denn an einem Widerstand besteht ein linearer Zusammenhang zwischen Strom und Spannung (Ohm'sches Gesetz); das Gleiche gilt für Spulen bzw. Kondensatoren in einem Wechselstromkreis, wenn man sie formal als komplexe Widerstände beschreibt.

Falls aber kompliziertere Bauelemente enthalten sind, so erhält man ein nichtlineares Gleichungssystem. Zum Beispiel ist der Zusammenhang zwischen Strom und Spannung für eine **Diode** gegeben durch

$$I_D(U) = I_L(\mathrm{e}^{\frac{q}{kT}U} - 1).$$

Dabei ist I_L der Fehlerstrom, $q = 1.60218 \cdot 10^{-19}$ Coulomb die Elementarladung, $k = 1.38065 \cdot 10^{-23}$ Joule pro Kelvin die Boltzmannkonstante und T die absolute Temperatur (in Kelvin). Wenn wir $I_D(U)$ zeichnen (Abbildung 20.11), so sehen wir,

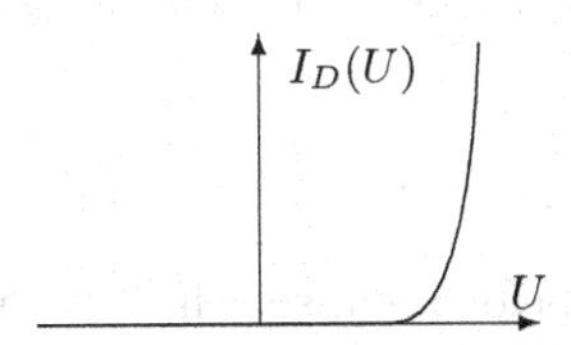

Abbildung 20.11. Strom durch eine Diode als Funktion der Spannung

dass in eine Richtung fast überhaupt kein Strom fließt, in die andere Richtung aber der Strom (ab einer gewissen Schwellenspannung) exponentiell schnell ansteigt. Eine Diode ist also nur in eine Richtung durchlässig.

Dioden können verwendet werden, um logische Schaltungen zu implementieren. Wir möchten zum Beispiel eine Lampe in Abhängigkeit von zwei Schaltern zum Leuchten bringen. Abbildung 20.12 zeigt einen Stromkreis mit zwei Eingangsspannungen (die über Schaltern verschieden gewählt werden können) E_1, E_2, zwei Dioden (dargestellt durch die Dreiecke), einem Widerstand R_3 und einer Lampe (= Widerstand R_0, dargestellt durch den Kreis mit Kreuz). Nach dem Ohm'schen Gesetz gilt

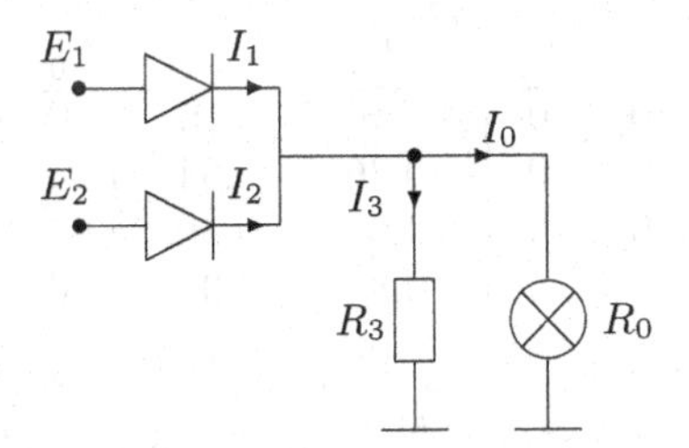

Abbildung 20.12. Diodenschaltung

an einem Widerstand $U = R\,I$ und somit lauten die Gleichungen für die Bauelemente:

$$I_0 = \frac{U_0}{R_0}, \qquad I_1 = I_D(U_1), \qquad I_2 = I_D(U_2), \qquad I_3 = \frac{U_3}{R_3}.$$

Dabei sind U_1, U_2 die Spannungen an den beiden Dioden und U_0, U_3 die Spannungen an den Widerständen R_0 und R_3. Damit liefern die Kirchhoff'schen Regeln folgende Beziehungen zwischen den Spannungen:

$$\begin{aligned} E_1 &= U_1 + R_3 I_3 \\ E_2 &= U_2 + R_3 I_3 \\ I_0 R_0 - R_3 I_3 &= 0 \\ I_1 + I_2 &= I_0 + I_3 \end{aligned}$$

Die Eingangsspannung E_1 ist gleich der Summe der Spannungsabfälle U_1 an der ersten Diode und $U_3 = R_3 I_3$ am Widerstand R_3; analog für E_2. Die Spannungsabfälle $U_0 = I_0 R_0$ am Widerstand R_0 und $U_3 = I_3 R_3$ am Widerstand R_3 sind gleich. Die Summe der Ströme I_1 und I_2, die in den mittleren Knoten hineinfließen ist gleich der Summe der Ströme I_0 und I_3, die wieder hinausfließen.

Lösen wir die letzten beiden Gleichungen nach I_0 und I_3 auf (wobei wir übersichtshalber eine Abkürzung R einführen),

$$I_0 = \frac{R}{R_0}(I_1 + I_2), \quad I_3 = \frac{R}{R_3}(I_1 + I_2), \quad R = \frac{R_0 R_3}{R_0 + R_3},$$

und setzen das in die ersten beiden ein, so erhalten wir

$$\begin{aligned} E_1 &= U_1 + R(I_D(U_1) + I_D(U_2)) \\ E_2 &= U_2 + R(I_D(U_1) + I_D(U_2)). \end{aligned}$$

Zuletzt lösen wir noch nach U_1 auf

$$\begin{aligned} U_1 &= E_1 - E_2 + U_2 \\ U_2 &= E_2 - R(I_D(E_1 - E_2 + U_2) + I_D(U_2)). \end{aligned}$$

Geben wir die Eingangsspannungen E_1 und E_2 vor, so ist die letzte Gleichung eine nichtlineare Gleichung für U_2, die numerisch gelöst werden kann.

Arbeiten wir mit Eingangsspannungen von $0V$ oder $5V$, interpretieren wir eine Spannung kleiner $1.5V$ als logische Null und eine Spannung größer $3.5V$ als logische Eins, und betrachten wir die Spannung $U_0 = R_0 I_0$ an der Lampe R_0 als Ergebnis. Dann erhalten wir als numerische Lösung (→CAS):

E_1	E_2	U_1	U_2	U_0
0	0	0	0	0
5	0	0.36	−4.64	4.64
0	5	−4.64	0.36	4.64
5	5	0.34	0.34	4.66

Dabei wurde $I_L = 10^{-9}$ Ampere, $\frac{q}{kT} = 39.6$ pro Volt angenommen (letzteres ist der Wert bei Raumtemperatur von ca. 293 Kelvin, also 20 Grad Celsius) und $R_0 = 10\,000$ Ohm bzw. $R_3 = 4\,700$ Ohm gewählt.

Wir haben also eine logische Oder-Verknüpfung realisiert! Leider braucht unsere Schaltung zu viel Strom und ist zu langsam. Deshalb verwenden moderne Computer Transistoren, das Prinzip ist aber ähnlich.

20.4 Mit dem digitalen Rechenmeister

Taylorpolynome

Taylorpolynome werden mit dem Befehl `Series` berechnet. Anzugeben ist dabei das Argument der Funktion (hier x), der Entwicklungspunkt (hier 0), sowie der gewünschte Grad des Polynoms (hier 3):

In[1]:= Series[Sin[x], {x, 0, 3}]

Out[1]= $x - \frac{x^3}{6} + O[x]^4$

Den „O-Term" können wir mit

In[2]:= Normal[%]

Out[2]= $x - \frac{x^3}{6}$

entfernen.

Gauß'sche Glockenkurve

Um die Extrema und Wendepunkte der Gauß'schen Glockenkurve zu berechnen, definieren wir zunächst

In[3]:= $f[x\_] := \frac{1}{\sigma\sqrt{2\pi}} e^{-\frac{(x-\mu)^2}{2\sigma^2}}$

und bestimmen dann die Nullstellen der Ableitung:

In[4]:= Solve[f'[x] == 0, x]

Out[4]= $\{\{x \to \mu\}\}$

Es gibt also eine mögliche Extremstelle, $x = \mu$. Da die zweite Ableitung an dieser Stelle

In[5]:= $f''[\mu]$

Out[5]= $\frac{-1}{\sqrt{2\pi}\sigma^3}$

negativ ist, liegt hier ein Maximum vor. Für die Wendepunkte ermitteln wir die Nullstellen der zweiten Ableitung,

In[6]:= Solve[f''[x] == 0, x]

Out[6]= $\{\{x \to \mu - \sigma\}, \{x \to \mu + \sigma\}\}$

und werten die dritte Ableitung an diesen Stellen aus:

In[7]:= $\{f'''[\mu - \sigma], f'''[\mu + \sigma]\}$

Out[7]= $\{-\frac{\sqrt{\frac{2}{e\pi}}}{\sigma^4}, \frac{\sqrt{\frac{2}{e\pi}}}{\sigma^4}\}$

Da das Ergebnis jeweils ungleich null ist, liegen hier tatsächlich Wendepunkte vor.

Sekantenverfahren

Wir definieren die Funktion, deren Nullstellen wir numerisch mit dem Sekantenverfahren bestimmen möchten:

In[8]:= $f[x\_] := x^3 + 2x^2 + 10x - 20$

Dann geben wir die Formel für die rekursive Berechnung der Näherungswerte ein:

In[9] := $\texttt{x[n\_]} := \texttt{x[n}-\texttt{1]} - \texttt{f[x[n}-\texttt{1]]}\dfrac{\texttt{x[n}-\texttt{1]}-\texttt{x[n}-\texttt{2]}}{\texttt{f[x[n}-\texttt{1]]}-\texttt{f[x[n}-\texttt{2]]}}$

Nun geben wir die Startwerte vor und lassen uns eine Liste der nächsten Näherungswerte ausgeben:

In[10] := x[0] = 1.; x[1] = 2.; {x[2], x[3], x[4], x[5]}

Out[10]= {1.30435, 1.35791, 1.36901, 1.36881}

Newton-Verfahren

Wir geben die Funktion $f(x) = x^2 - 2$ ein, deren Nullstellen wir bestimmen möchten, und geben die rekursive Formel für das Newton-Verfahren ein:

In[11] := $\texttt{f[x\_]} := \texttt{x}^2 - 2;$

$\texttt{x[n\_]} := \texttt{x[n}-\texttt{1]} - \dfrac{\texttt{f[x[n}-\texttt{1]]}}{\texttt{f'[x[n}-\texttt{1]]}}$

Mit dem Startwert $x_0 = 1$ lassen wir uns eine Liste der nächsten fünf Näherungswerte ausgeben:

In[12] := x[0] = 1.; {x[1], x[2], x[3], x[4], x[5]}

Out[12]= {2., 1.5, 1.41667, 1.41422, 1.41421}

Natürlich können Sie auch einfach den Befehl `FindRoot[f[x], {x, x0}]` verwenden, um mit dem Startwert x_0 einen Näherungswert für eine Nullstelle von $f(x)$ zu finden.

Dioden-Logik

Wir definieren zuerst $I_D(U)$ und unsere Werte für die Parameter (die Widerstände):

In[13] := $\texttt{I}_\texttt{D}\texttt{[U\_]} = \texttt{10.}^{-9}(\texttt{Exp[39.6 U]} - 1);$

$\texttt{R0} = 10000;\ \texttt{R1} = 4700;\ \texttt{R} = \dfrac{\texttt{R0 R1}}{\texttt{R0} + \texttt{R1}};$

Nun lösen wir mit `FindRoot` die Gleichung für U_2 und geben eine Liste mit den Werten für U_1, U_2, U_0 aus:

In[14] := $\texttt{U0[E1\_, E2\_]} := \{\texttt{E1} - \texttt{E2} + \texttt{U2}, \texttt{U2}, \texttt{E2} - \texttt{U2}\}/.$

$\texttt{FindRoot[U2} == \texttt{E2} - \texttt{R(I}_\texttt{D}\texttt{[E1} - \texttt{E2} + \texttt{U2]} + \texttt{I}_\texttt{D}\texttt{[U2])}, \{\texttt{U2}, -4\}]$

(Der Startwert -4 wurde gewählt, damit das Newton-Verfahren in allen vier untenstehenden Fällen konvergiert;-) Damit erhalten wir

In[15] := {U0[0, 0], U0[5, 0], U0[0, 5], U0[5, 5]}//Chop//TableForm

Out[15]//TableForm=

0	0	0
0.36	−4.64	4.64
−4.64	0.36	4.64
0.34	0.34	4.66

Der Befehl `Chop` ersetzt Werte, die innerhalb der Rechengenauigkeit null sind, durch 0. Das macht die Ausgabe oft leichter lesbar.

20.5 Kontrollfragen

Fragen zu Abschnitt 20.1: Taylorreihen

Erklären Sie folgende Begriffe: Taylorpolynom, Entwicklungspunkt, Restglied, Taylorreihe, Potenzreihe, Konvergenzradius.

1. Richtig oder falsch?
   Das Taylorpolynom ersten Grades an der Stelle x_0 ist die Tangente im Punkt $(x_0, f(x_0))$.
2. Welches ist das Taylorpolynom ersten Grades bei $x_0 = \frac{1}{2}$ der Funktion $f(x) = \mathrm{e}^x$?
   a) $T_1(x) = \frac{\mathrm{e}}{2} + \frac{\mathrm{e}}{2}(x - \frac{1}{2})$ b) $T_1(x) = \sqrt{\mathrm{e}} + \sqrt{\mathrm{e}}\,x$ c) $T_1(x) = \sqrt{\mathrm{e}} + \sqrt{\mathrm{e}}(x - \frac{1}{2})$
3. Welches ist das Taylorpolynom ersten Grades bei $x_0 = 0$ der Funktion $f(x) = 1 - \cos(x)$?
   a) $T_1(x) = 0$ b) $T_1(x) = x$ c) $T_1(x) = -\frac{x^2}{2}$

Fragen zu Abschnitt 20.2: Monotonie, Krümmung und Extremwerte

Erklären Sie folgende Begriffe: konvex, konkav, lokales/globales Maximum/Minimum, Extremwert, Wendepunkt, Sattelpunkt.

1. Richtig oder falsch?
   Wenn $f'(x_0) = 0$, dann liegt bei x_0 entweder ein Maximum oder ein Minimum vor.
2. Falls $f(x)$ bei x_0 ein Maximum hat, hat dann auch $-f(x)$ bei x_0 ein Maximum?
3. Der Graph der Ableitung $f'(x)$ einer Funktion $f(x)$ sei gegeben durch:

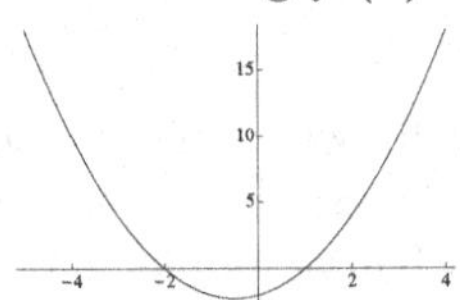

   Welcher der drei folgenden Graphen kommt als Graph von $f(x)$ in Frage?

a) b) c)

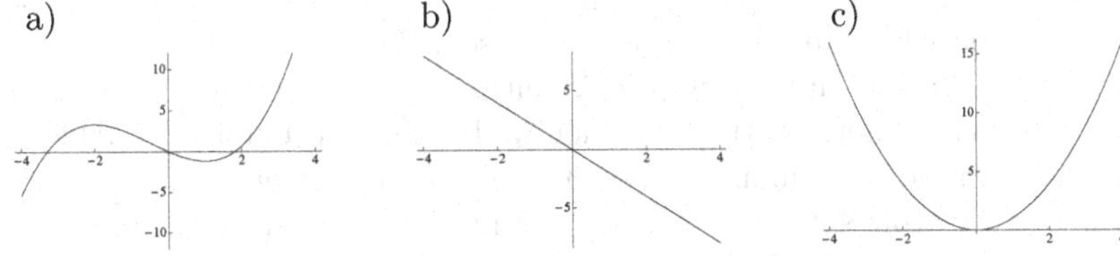

Fragen zu Abschnitt 20.3: Iterationsverfahren

Erklären Sie folgende Begriffe: Iterationsverfahren, Regula falsi, Sekantenverfahren, Newton-Verfahren.

1. Erklären Sie die Grundidee des Sekanten- und des Newton-Verfahrens. Wo liegt der Unterschied?
2. Kann das Sekanten- bzw. das Newton-Verfahren auch für Funktionen eingesetzt werden, deren Ableitung nicht existiert (oder nur schwer berechenbar ist)?
3. Konvergiert das Newton-Verfahren für beliebige Startwerte?
4. Welche Rekursionsformel beschreibt das Newton-Verfahren?
   a) $x_n = x_{n-1} - \frac{f(x_{n-1})}{f'(x_{n-1})}$ b) $x_n = x_{n-1} - \frac{f(x_{n-1})}{f(x_n)}$
   c) $x_n = x_{n-1} - f(x_{n-1})\frac{x_{n-1}-x_{n-2}}{f(x_{n-1})-f(x_{n-2})}$
5. Kann man mit dem Newton-Verfahren auch die Lösungen der Gleichung $f(x) = 5$ ermitteln?

Lösungen zu den Kontrollfragen

Lösungen zu Abschnitt 20.1

1. richtig
2. Es ist $T_1(x) = f(\frac{1}{2}) + f'(\frac{1}{2})(x - \frac{1}{2})$. Wegen $f(\frac{1}{2}) = f'(\frac{1}{2}) = \mathrm{e}^{\frac{1}{2}} = \sqrt{\mathrm{e}}$ folgt $T_1(x) = \sqrt{\mathrm{e}} + \sqrt{\mathrm{e}}(x - \frac{1}{2})$. Die richtige Antwort ist somit c).
3. Es ist $T_1(x) = f(0) + f'(0)x$. Da hier $f(0) = f'(0) = 0$ ist, folgt $T_1(x) = 0$. Die richtige Antwort ist somit a). In diesem Fall ist also $T_1(x) = 0$ die bestmögliche Approximation durch eine Gerade.

Lösungen zu Abschnitt 20.2

1. Nicht immer, es kann hier auch ein Sattelpunkt vorliegen.
2. Nein, die Funktion $-f(x)$ hat in diesem Fall ein Minimum bei x_0.
3. Da $f'(x)$ zwei Nullstellen hat, an denen $f''(x)$ negativ bzw. positiv ist, muss $f(x)$ dort ein Maximum bzw. Minimum haben. Es kommt also nur a) in Frage.

Lösungen zu Abschnitt 20.3

1. Das Sekantenverfahren legt die Sekante durch zwei vorgegebene Kurvenpunkte und erhält als Näherungswert die Nullstelle der Sekante. Das Newton-Verfahren legt die Tangente durch einen vorgegebenen Kurvenpunkt und erhält als Näherungswert die Nullstelle der Tangente. Das Sekantenverfahren benötigt zwei Startwerte, das Newton-Verfahren nur einen. Das Newton-Verfahren benötigt zusätzlich die Ableitung, konvergiert aber schneller.
2. Das Newton-Verfahren benötigt die Ableitung. Ist diese nicht verfügbar, weil die Funktion nicht differenzierbar ist oder weil eine Berechnung der Ableitung zu aufwändig ist, so kann man das Sekantenverfahren verwenden.
3. Nein. Das Newton-Verfahren konvergiert im Allgemeinen nur, wenn der Startwert nahe genug an der Nullstelle gewählt wird.
4. a) ist die Rekursionsformel für das Newton-Verfahren und c) die Rekursionsformel für das Sekantenverfahren.
5. Ja, denn die Lösungen der Gleichung $f(x) = 5$ sind ja gerade die Nullstellen der Funktion $g(x) = f(x) - 5$.

20.6 Übungen

Aufwärmübungen

1. Berechnen Sie das Taylorpolynom zweiten Grades mit Entwicklungspunkt $x_0 = 0$ von $\cos(x)$. Bestimmen Sie damit einen Näherungswert für $\cos(0.2)$.
2. Geben Sie die Taylorreihe von $\cos(2x)$ mit Entwicklungspunkt $x_0 = 0$ an. Wie können Sie sie aus der Taylorreihe für $\cos(x)$ erhalten?
3. Bestimmen Sie die Taylorreihe mit Entwicklungspunkt $x_0 = 0$ der Hyperbelfunktionen
$$\cosh(x) = \frac{\mathrm{e}^x + \mathrm{e}^{-x}}{2},$$
bzw.
$$\sinh(x) = \frac{\mathrm{e}^x - \mathrm{e}^{-x}}{2}.$$
(Tipp: Setzen Sie für $\mathrm{e}^{\pm x}$ die zugehörigen Taylorreihen ein und addieren Sie gliedweise.)
4. Leiten Sie die Taylorreihe von $\sin(x)$ mit Entwicklungspunkt $x_0 = 0$ gliedweise ab und zeigen Sie dadurch, dass $(\sin(x))' = \cos(x)$.
5. Bestimmen Sie die Extremstellen und Wendepunkte:
a) $f(x) = x^2 - 6x + 2$ b) $f(x) = \frac{x^3}{3} - 4x$
6. Bestimmen Sie die Extrema und Wendepunkte der Kostenfunktion $K(x) = x^3 - \frac{15}{2}x^2 + 60x + 50$. Man sagt in der Wirtschaftsmathematik, dass am Wendepunkt das Wachstum von *degressiv* ($K''(x) < 0$) auf *progressiv* ($K''(x) > 0$) wechselt.
7. Bei einer **kryptographischen Hashfunktion** muss es für einen Angreifer praktisch unmöglich sein, ein Dokument mit einem vorgegebenen Hashwert zu erzeugen. Angenommen, es gibt N mögliche Hashwerte (die alle gleich wahrscheinlich sind). Der Angreifer berechnet die Hashwerte von n zufällig gewählten Dokumenten. Die Wahrscheinlichkeit den richtigen Hashwert unter den n Dokumenten zu finden ist dann
$$P(n) = 1 - (1 - \frac{1}{N})^n.$$
Finden Sie die Anzahl der notwendigen Versuche n, damit diese Wahrscheinlichkeit zumindest 50% wird. Finden Sie weiters eine für große N gültige Näherungsformel.
8. **Lagerkostenfunktion:** Für ein Produkt ist der wöchentliche Bedarf gleich b Stück. Die Lagerkosten sind Fixkosten f plus variable Kosten l pro Stück und Woche. Eine Anlieferung verursacht Kosten in der Höhe a (unabhängig von der Stückzahl). Bestellt man x Stück pro Anlieferung, so benötigt man $n = b/x$ Lieferungen und die Transportkosten sind $n\,a = b\,a/x$. Verringert sich das Produkt kontinuierlich, so muss es im Mittel die halbe Zeit zwischen zwei Lieferungen gelagert werden, somit sind die Lagerkosten $b \cdot l/(2n) + f = \frac{l\,x}{2} + f$. Die Gesamtkosten für Transport und Lagerung sind somit
$$K(x) = \frac{a\,b}{x} + \frac{l\,x}{2} + f.$$
Bei welcher Bestellmenge x entstehen minimale Kosten?

9. Bestimmen Sie das globale Minimum und Maximum von

$$f(x) = xe^{-x}$$

im Intervall $[0, 8]$.

10. Führen Sie das Newton-Verfahren zur Lösung der Gleichung

$$f(x) = \frac{x}{\sqrt{1+x^2}} = 0$$

mit den Startwerten a) $x_0 = 0.5$, b) $x_0 = 1$, c) $x_0 = 2$ durch. Mit welchen Startwerten erhalten Sie eine gute Näherung für die Nullstelle? (Nehmen Sie den Computer zu Hilfe.)

11. Bestimmen Sie mit dem Sekantenverfahren Näherungswerte für die positive Nullstelle von $f(x) = x^2 - 4$.

Weiterführende Aufgaben

1. Nähern Sie die Funktion $f(x) = \cos(2x)$ durch ihr Taylorpolynom $T_4(x)$
   a) mit Entwicklungspunkt $x_0 = 0$,
   b) mit Entwicklungspunkt $x_0 = \frac{\pi}{2}$.
   Skizzieren Sie $f(x)$ und die beiden Näherungspolynome.
2. a) Leiten Sie die für kleine x geltende Näherungsformel

$$f(x) = \frac{1}{\sqrt{1+x}} \approx 1 - \frac{x}{2}$$

   her. Skizzieren Sie die Funktion $f(x)$ und das Näherungspolynom.
   b) Wie groß ist der Fehler maximal, wenn Sie $f(x)$ für $x \in [-0.5, 0.5]$ durch dieses Polynom annähern?
   c) Verbessern Sie diese Näherungsformel (für kleine x)!
3. Verwenden Sie die Taylorreihe um e^x, $\sin(x)$ und $\cos(x)$ auch für komplexe Argumente $x \in \mathbb{C}$ zu definieren. Zeigen Sie damit, dass die Euler'sche Formel

$$e^{i\varphi} = \cos(\varphi) + i\sin(\varphi)$$

   gilt. Die Definition über die Taylorreihe ist also konsistent mit unserer Definition 18.39.
4. In welchen Intervallen ist $f(x)$ (streng) monoton fallend/wachsend? (Argumentieren Sie mithilfe der 1. Ableitung.)
   a) $f(x) = x^2 - 4x + 1$
   b) $f(x) = \frac{1}{6}x^3 - \frac{5}{4}x^2 + 2x + 3$
   c) $f(x) = xe^{-x}$ (Tipp: $a(x)e^{-x}$ ist positiv genau dann, wenn $a(x)$ positiv ist, da ja e^{-x} für jedes x positiv ist.)
5. In welchen Intervallen ist $f(x)$ konkav/konvex gekrümmt? (Argumentieren Sie mithilfe der 2. Ableitung.)
   a) $f(x) = x^2 - 4x + 1$
   b) $f(x) = \frac{1}{6}x^3 - \frac{5}{4}x^2 + 2x + 3$
   c) $f(x) = xe^{-x}$ (Tipp: $a(x)e^{-x}$ ist positiv genau dann, wenn $a(x)$ positiv ist, da ja e^{-x} für jedes x positiv ist.)

6. Bestimmen Sie Extrema und Wendepunkte von
$$f(x) = (x-2)^4.$$
Skizzieren Sie!
7. Bestimmen Sie das Minimum bzw. Maximum des Restgliedes $R(x) = \sin(x) - x$ im Intervall $[\frac{-\pi}{2}, \frac{\pi}{2}]$. Skizzieren Sie $R(x)$!
8. Bei n-maliger Messung einer Größe erhält man in der Regel leicht verschiedene Messwerte $x_1, \ldots, x_n$. Als *Ergebnis* der Messung kann man nun zum Beispiel jenen Näherungswert festlegen, für den die Summe der quadratischen Abweichungen bezüglich $x_1, \ldots, x_n$,
$$S(x) = \sum_{k=1}^{n} (x - x_k)^2,$$
minimal ist. Untersuchen Sie, ob $S(x)$ ein Minimum hat und geben Sie es gegebenenfalls an! (Dieses Ausgleichsprinzip für verschiedene Messwerte geht auf C.F. Gauß zurück und heißt **Methode der kleinsten Quadrate**.)
9. Bestimmen Sie im Intervall $[0,4]$ das globale Maximum und Minimum von
$$f(x) = \begin{cases} x^2 - 4x + 4 & \text{falls } x \le 3, \\ x^2 - 8x + 16 & \text{falls } x > 3. \end{cases}$$
Skizzieren Sie die Funktion.
10. Bestimmen Sie mit dem Newton-Verfahren ein Näherungsverfahren zur Berechnung von $\sqrt{a}$. (Tipp: $\sqrt{a}$ ist eine Lösung der Gleichung $x^2 - a = 0$.)
11. Die Nachfragefunktion für ein Produkt sei $D(p) = 100 - 0.1p - 0.2p^2$ und die Kosten seien $C(x) = 100 + x$. Maximieren Sie den Gewinn $P(p) = pD(p) - C(D(p))$
12. **Gewinnoptimierung im Monopol**: Die Nachfragefunktion für eine Hautcreme sei $D(p) = 200 - 4p$, wobei p der Preis ist. Die (Hersteller)Kosten $C(x)$ ergeben sich folgendermaßen aus der Menge x (in Litern): Fixkosten von 300 € je angebrochener Menge von 75 Litern plus Kosten von 1 € pro Liter, d.h.:
$$C(x) = \begin{cases} 300 + x & \text{für } 0 \le x \le 75, \\ 600 + x & \text{für } 75 < x \le 150, \\ 900 + x & \text{für } 150 < x \le 200. \end{cases}$$
Maximieren Sie den Gewinn $P(x) = D^{-1}(x)x - C(x)$.
13. **Marktgleichgewicht im Duopol**: Die Nachfragefunktion für ein Produkt sei $D(p) = 100 - 0.1p$. Das Produkt wird von zwei Herstellern angeboten, die Mengen x_1 bzw. x_2 zu den Kosten von $C_1(x_1) = 100 + x_1$ bzw. $C_2(x_2) = 50 + 0.5x_2^2$ produzieren.
a) Finden Sie die Menge $A_1(x_2)$, die der erste Anbieter produzieren soll, um seinen Gewinn $P_1(x_1) = D^{-1}(x_1 + x_2)x_1 - C_1(x_1)$ für festes x_2 zu maximieren.
b) Finden Sie die Menge $A_2(x_1)$, die der zweite Anbieter produzieren soll, um seinen Gewinn $P_2(x_2) = D^{-1}(x_1 + x_2)x_2 - C_2(x_2)$ für festes x_1 zu maximieren.
c) Wenn die beiden Anbieter in diesem Monat die Mengen $(x_1, x_2) = (20, 30)$ produzieren, welche optimale Menge errechnet jeder Anbieter für sich für den

nächsten Monat? Wird dieser Vorgang über zehn Monate wiederholt, was sind die produzierten Mengen nach diesem Zeitraum?
d) Finden Sie das Marktgleichgewicht, das

$$x_1 = A_1(x_2), \qquad x_2 = A_2(x_1)$$

erfüllt.
14. Beweisen Sie die Abschätzung

$$0 \le x^n \mathrm{e}^{-x} \le n^n \mathrm{e}^{-n}, \quad \text{für alle } x \in (0, \infty), n \in \mathbb{N}.$$

Tipp: Suchen Sie das globale Maximum von $f(x) = x^n \mathrm{e}^{-x}$.

Lösungen zu den Aufwärmübungen

1. Es ist
$$T_2(x) = f(0) + f'(0)x + \frac{f''(0)}{2!}x^2.$$
Wir berechnen den Funktionswert und die benötigten Ableitungen an der Stelle 0: $f(0) = \cos(0) = 1$, $f'(0) = -\sin(0) = 0$ und $f''(0) = -\cos(0) = -1$. Also ist $T_2(x) = 1 - \frac{x^2}{2}$ und damit $\cos(0.2) \approx T_2(0.2) = 0.98$. (Der Taschenrechner liefert $\cos(0.2) = 0.980067$.)
2. Wir kennen die Taylorreihe für $\cos(x)$ und wissen, dass sie für alle $x \in \mathbb{R}$ konvergiert. Daher brauchen wir in ihr nur das Argument x durch $2x$ zu ersetzen:
$$\cos(2x) = 1 - \frac{(2x)^2}{2!} + \frac{(2x)^4}{4!} \mp \ldots = 1 - 2x^2 + \frac{2x^4}{3} \mp \ldots = \sum_{k=0}^{\infty} \frac{(-1)^k 4^k}{(2k)!} x^{2k}.$$
3. Wir ersetzen in $\cosh(x) = \frac{1}{2}(\mathrm{e}^x + \mathrm{e}^{-x})$ die Exponentialfunktionen durch die zugehörigen Taylorreihen. Die Taylorreihe von e^{-x} erhalten wir, indem wir in der Taylorreihe für e^x (siehe Satz 20.7) das Argument x durch $-x$ ersetzen: $\mathrm{e}^{-x} = 1 + (-x) + \frac{(-x)^2}{2!} + \frac{(-x)^3}{3!} + \ldots = 1 - x + \frac{x^2}{2!} - \frac{x^3}{3!} \pm \ldots$. Nun setzen wir ein und vereinfachen:
$$\begin{aligned} \cosh(x) &= \frac{1}{2}(1 + x + \frac{x^2}{2!} + \frac{x^3}{3!} + \ldots + 1 - x + \frac{x^2}{2!} - \frac{x^3}{3!} \pm \ldots) \\ &= \frac{1}{2}(2 + 2\frac{x^2}{2!} + 2\frac{x^4}{4!} + \ldots) = 1 + \frac{x^2}{2!} + \frac{x^4}{4!} + \ldots = \sum_{k=0}^{\infty} \frac{x^{2k}}{(2k)!}. \end{aligned}$$
Analog ergibt sich die Reihe für $\sinh(x)$:
$$\begin{aligned} \sinh(x) &= \frac{1}{2}(1 + x + \frac{x^2}{2!} + \frac{x^3}{3!} + \ldots - (1 - x + \frac{x^2}{2!} - \frac{x^3}{3!} \pm \ldots)) \\ &= \frac{1}{2}(2x + 2\frac{x^3}{3!} + 2\frac{x^5}{5!} + \ldots) = x + \frac{x^3}{3!} + \frac{x^5}{5!} + \ldots = \sum_{k=0}^{\infty} \frac{x^{2k+1}}{(2k+1)!}. \end{aligned}$$
Der Konvergenzbereich ist natürlich in beiden Fällen gleich dem Konvergenzbereich von $\exp(x)$, also ganz $\mathbb{R}$.

4. Wenn wir

$$\sin(x) = x - \frac{x^3}{3!} + \frac{x^5}{5!} - \frac{x^7}{7!} \pm \ldots = \sum_{k=0}^{\infty} \frac{(-1)^k x^{2k+1}}{(2k+1)!}$$

gliedweise differenzieren, dann erhalten wir

$$\sin'(x) = 1 - \frac{x^2}{2!} + \frac{x^4}{4!} - \frac{x^6}{6!} \pm \ldots = \sum_{k=0}^{\infty} \frac{(-1)^k x^{2k}}{(2k)!} = \cos(x).$$

5. a) Die möglichen Extremstellen sind die Nullstellen von $f'(x) = 2x - 6$, also $x = 3$. Es ist $f''(x) = 2$ für alle x, daher $f''(3) = 2 > 0$, somit ist bei $x = 3$ ein Minimum. Da f'' keine Nullstellen hat, gibt es keine Wendepunkte.
   b) Die Nullstellen von $f'(x) = x^2 - 4$ sind $x = \pm 2$. Es ist $f''(x) = 2x$. Wegen $f''(-2) = -4 < 0$ liegt ein Maximum bei $x = -2$; wegen $f''(2) = 4 > 0$ ist bei $x = 2$ ein Minimum. Die einzige Nullstelle von f'' ist $x = 0$. Wegen $f'''(0) = 2 \neq 0$ liegt bei $x = 0$ ein Wendepunkt vor.
6. $K'(x) = 3x^2 - 15x + 60$, $K''(x) = 6x - 15$ und $K'''(x) = 6$. Die Lösungen von $K'(x) = 0$ sind beide komplex, daher gibt es keine Extrema. Wegen $K''(x) = 0$ für $x = \frac{5}{2}$ und $K'''(\frac{5}{2}) \neq 0$ liegt bei $x = \frac{5}{2}$ ein Wendepunkt vor.
7. Wir müssen die Gleichung

$$P(n) = 1 - (1 - \frac{1}{N})^n = \frac{1}{2}$$

nach n auflösen. Nehmen wir auf beiden Seiten von $(1 - \frac{1}{N})^n = \frac{1}{2}$ den Logarithmus, so folgt

$$n = -\frac{\ln(2)}{\ln(1 - \frac{1}{N})}.$$

Ist N groß, so ist $x = \frac{1}{N}$ klein, und wir können $\ln(1-x)$ durch sein Taylorpolynom $T_1(x) = -x$ ersetzen:

$$n \approx \ln(2) N.$$

8. Aus $K'(x) = -\frac{ab}{x^2} + \frac{l}{2} = 0$ ergibt sich $x = \sqrt{\frac{2ab}{l}}$ (die Nullstelle mit negativem Vorzeichen ist hier nicht sinnvoll, da x eine Stückzahl bedeutet). Mit $K''(x) = \frac{2ab}{x^3}$ ergibt sich $K''(\sqrt{\frac{2ab}{l}}) = l\sqrt{\frac{l}{2ab}} > 0$, also handelt es sich um ein Minimum. Für $x = \sqrt{\frac{2ab}{l}}$ sind die Lagerkosten minimal.
9. Extrema im offenen Intervall $(0, 8)$ können mithilfe der Ableitung gefunden werden: $f'(x) = 0$ für $x = 1$. Da $f''(1) = -e^{-1} < 0$, liegt hier ein lokales Maximum vor. Der Funktionswert ist hier $f(1) = e^{-1} = 0.3679$. Nun ist noch zu untersuchen, ob die Funktionswerte am Rand größer oder kleiner sind: $f(0) = 0$ und $f(8) = 8e^{-8} = 0.00268$. Vergleich mit dem Funktionswert bei $x = 1$ ergibt daher, dass das globale Minimum an der Stelle $x = 0$ und das globale Maximum bei $x = 1$ liegt.
10. Wir möchten die Nullstelle $x = 0$ annähern. Geben wir die Funktion und die Rekursionsformel (siehe Seite 101) ein:

```
In[16]:=f[x_] := x/Sqrt[1 + x^2]; x[n_] := x[n - 1] - f[x[n - 1]]/f'[x[n - 1]]
```

Nun geben wir einen Startwert vor und lassen die ersten vier Näherungswerte berechnen:

```
In[17]:=x[0] = 0.5; {x[1], x[2], x[3], x[4]}
Out[17]={-0.125, 0.00195, -7.45058 × 10^-9, 0.}
```

Offenbar konvergiert die Iteration mit diesem Startwert gegen die Nullstelle. Nun ein anderer Startwert:

```
In[18]:=x[0] = 1; {x[1], x[2], x[3], x[4]}
Out[18]={-1, 1, -1, 1}
```

Die Iteration liefert also abwechselnd die Werte -1 und 1, konvergiert also nicht! Für den Startwert $x_0 = 2$ erhalten wir

```
In[19]:=x[0] = 2; {x[1], x[2], x[3], x[4]}
Out[19]={-8, 512, -134217728, 2417851639229258349412352}
```

also offenbar eine divergente Folge. Die folgende Abbildung veranschaulicht, warum $x_0 = 0.5$ ein guter Startwert ist, $x_0 = 1$ und $x_0 = 2$ aber nicht. Gezeigt ist jeweils die Funktion f und die Tangente im Punkt $(x_0, f(x_0))$ (der erste Näherungswert x_1 ist die Nullstelle dieser Tangente).

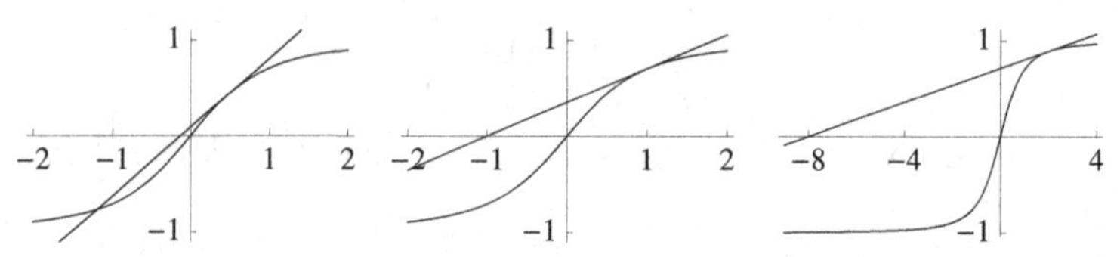

Wenn wir die rechte Seite von $x_n = x_{n-1} - \frac{f(x_{n-1})}{f'(x_{n-1})}$ auswerten, so erhalten wir $x_n = -x_{n-1}^3$, also $x_1 = -x_0^3$, $x_2 = -x_1^3 = x_0^{3\cdot 3}$, $x_3 = -x_2^3 = -x_0^{3\cdot 3\cdot 3}$, usw. und allgemein hängt der n-te Näherungswert in der Form $x_n = (-1)^n x_0^{3^n}$ vom Startwert x_0 ab. Also konvergiert die Folge x_n für $|x_0| < 1$ gegen 0, für $x_0 = \pm 1$ springt sie zwischen $+1$ und -1 hin und her, und für $|x_0| > 1$ divergiert die Folge.

11. Als Startwerte wählen wir $x_0 = 1$ und $x_1 = 3$ (die Vorzeichen von $f(1)$ und $f(3)$ sind verschieden). Mit

$$x_n = x_{n-1} - (x_{n-1}^2 - 4)\frac{x_{n-1} - x_{n-2}}{x_{n-1}^2 - x_{n-2}^2} = x_{n-1} - \frac{x_{n-1}^2 - 4}{x_{n-1} + x_{n-2}}$$

ergibt sich $x_2 = \frac{7}{4} = 1.75$ und $x_3 = \frac{37}{19} = 1.94737$ usw.

(Lösungen zu den weiterführenden Aufgaben finden Sie in Abschnitt B.20)

21

Integralrechnung

21.1 Die Stammfunktion

Im letzten Kapitelhaben wir Funktionen differenziert. Nun wollen wir diese Operation umkehren:

Definition 21.1 Gegeben sei die Funktion $f : I \to \mathbb{R}$, wobei $I \subseteq \mathbb{R}$ ein beliebiges Intervall ist. Unter einer **Stammfunktion** von f versteht man eine Funktion $F : I \to \mathbb{R}$, für die $F'(x) = f(x)$ für alle $x \in I$ gilt.

Mit unserem Wissen über die Ableitung können wir die Stammfunktion manchmal einfach erraten:

Beispiel 21.2 Stammfunktion
Geben Sie eine Stammfunktion von $f(x) = 3x^2$ an.

Lösung zu 21.2 Wir können erraten, dass $F(x) = x^3$ eine Stammfunktion von f ist, denn $(x^3)' = 3x^2$. Aber auch $G(x) = x^3 + 1$ ist eine Stammfunktion von f, da auch $(x^3 + 1)' = 3x^2$ gilt. ■

Das Beispiel zeigt, dass eine Stammfunktion nicht eindeutig bestimmt ist: Wenn $F(x)$ eine Stammfunktion von $f(x)$ ist, so ist $F(x) + C$ eine weitere Stammfunktion (wobei $C \in \mathbb{R}$ eine beliebige Konstante ist). Damit haben wir aber schon alle Stammfunktionen von f gefunden.

Warum sind das schon alle Stammfunktionen? Nun, sind F und G Stammfunktionen von f, also $F' = G' = f$, dann gilt $(F-G)' = F' - G' = 0$. Daher kann die Differenz $F - G$ nur eine Konstante sein (da die Ableitung davon gleich null ist). Es gibt also unendlich viele Stammfunktionen zu f, die sich alle nur um additive Konstanten unterscheiden.

Definition 21.3 Die Menge aller Stammfunktionen von f nennt man **unbestimmtes Integral** von f und schreibt

$$\int f(x)\,dx = F(x) + C,$$

wobei F irgendeine Stammfunktion von f und $C \in \mathbb{R}$ eine Konstante ist. Die Funktion f unter dem Integralzeichen heißt **Integrand**, x ist die **Integrationsvariable** und C wird **Integrationskonstante** genannt.

Man erhält also die verschiedenen Stammfunktionen, indem man zu *irgendeiner* Stammfunktion F alle möglichen Konstanten $C \in \mathbb{R}$ addiert. Geometrisch entspricht das der Verschiebung des Graphen von F in vertikaler Richtung. Daraus folgt, dass eine Stammfunktion eindeutig bestimmt ist, sobald ein Punkt festgelegt ist, durch den ihr Funktionsgraph geht:

Beispiel 21.4 Stammfunktion
Gesucht ist die Stammfunktion von $f(x) = 2x$, die durch den Punkt $(1, 2)$ geht.

Lösung zu 21.4 Jede Stammfunktion von $f(x) = 2x$ hat die Form $\int 2x\,dx = x^2 + C$. (Hier ist $F(x) = x^2$ eine Stammfunktion, die wir leicht erraten konnten.) Wir suchen nun jene Stammfunktion, die durch den Punkt $(1, 2)$ geht, die also $G(1) = 2$ erfüllt. Diese Bedingung legt C fest: $G(1) = 2 = F(1) + C = 1^2 + C$, also $C = 1$. Damit ist $G(x) = x^2 + 1$ die gesuchte Stammfunktion. ■

Wenn es genügt, *irgendeine* Stammfunktion anzugeben (z. B. beim bestimmten Integrieren – siehe nächster Abschnitt), wird C meist weggelassen (d.h., man setzt $C = 0$).

Das Finden einer Stammfunktion ist also die Umkehraufgabe zum Differenzieren. Das lateinische Wort *integer* bedeutet so viel wie *ganz, unversehrt.* In diesem Sinn sucht man beim unbestimmten Integrieren von f eine „unversehrte", noch nicht abgeleitete Funktion F.

Im Folgenden sind Stammfunktionen einiger elementarer Funktionen zusammengestellt (jeweils ohne C angegeben). Durch Ableiten können Sie sofort die Probe machen:

Satz 21.5 (Stammfunktion elementarer Funktionen)

Funktion $f(x)$	Stammfunktion $F(x)$	
c	$c \cdot x$	wobei $c \in \mathbb{R}$ eine Konstante ist
x^a	$\frac{x^{a+1}}{a+1}$	$a \in \mathbb{R}, a \neq -1$
x^{-1}	$\ln \|x\|$	
e^x	e^x	
a^x	$\frac{a^x}{\ln(a)}$	$a \in \mathbb{R}, a > 0$
$\sin(x)$	$-\cos(x)$	
$\cos(x)$	$\sin(x)$	

Eine Tabelle mit weiteren nützlichen Stammfunktionen finden Sie in Abschnitt A.1. Dazu gleich einige Beispiele:

Beispiel 21.6 Unbestimmte Integration
Ermitteln Sie:
a) $\int 3\,dx$ b) $\int x^2\,dx$ c) $\int \frac{1}{\sqrt{t}}\,dt$

Lösung zu 21.6

a) Laut obiger Tabelle ist $F(x) = \int 3\,dx = 3x + C$. Das können wir gleich durch Ableiten bestätigen: $F'(x) = 3$.

b) $\int x^2\,dx = \frac{x^{2+1}}{2+1} + C = \frac{x^3}{3} + C$.

c) Wie die Integrationsvariable bezeichnet wird, ist völlig egal. Hier integrieren wir zur Abwechslung bezüglich t: $\int \frac{1}{\sqrt{t}}\,dt = \int t^{-\frac{1}{2}}\,dt = \frac{t^{-\frac{1}{2}+1}}{-\frac{1}{2}+1} + C = 2\sqrt{t} + C$. ■

Nun wissen wir, wie wir die Stammfunktionen von einigen elementaren Funktionen ermitteln. Wie können wir die Stammfunktion einer Funktion berechnen, die aus elementaren Funktionen zusammengesetzt ist? Für die Summe von Funktionen oder das konstante Vielfache einer Funktion gibt es einfache Regeln:

Satz 21.7 (Linearität) Es seien $f, g : I \to \mathbb{R}$ Funktionen und $k \in \mathbb{R}$. Dann gilt:

$$\begin{aligned} \int (f(x) + g(x))\,dx &= \int f(x)\,dx + \int g(x)\,dx + C, \\ \int (k \cdot f(x))\,dx &= k \cdot \int f(x)\,dx + C. \end{aligned}$$

Eine Stammfunktion einer Summe ist also gleich der Summe der Stammfunktionen und eine Stammfunktion des k-fachen einer Funktion ist das k-fache der Stammfunktion.

Das ergibt sich aus der Linearität der Ableitung: $(F+G)' = F' + G' = f + g$, d.h., Stammfunktion von $f+g$ = Stammfunktion von f + Stammfunktion von $g = F+G$. Analog ist $(kF)' = kF' = kf$.

Beispiel 21.8 (→CAS) Linearität
Berechnen Sie: $\int (a \sin x + 2\mathrm{e}^x - \frac{1}{x})\,dx$, wobei $a \in \mathbb{R}$ ist.

Lösung zu 21.8 Wir verwenden Satz 21.7:

$$\begin{aligned} \int (a \sin x + 2\mathrm{e}^x - \frac{1}{x})\,dx &= \int a \sin(x)\,dx + \int 2\mathrm{e}^x\,dx + \int (-\frac{1}{x})\,dx \\ &= a \int \sin(x)\,dx + 2 \int \mathrm{e}^x\,dx - \int \frac{1}{x}\,dx \\ &= -a \cos(x) + 2\mathrm{e}^x - \ln|x| + C. \end{aligned}$$

Im ersten Schritt haben wir die Summanden gliedweise integriert, im zweiten Schritt die Faktoren a, 2 bzw. -1 vor das Integral gezogen, im dritten Schritt schließlich integriert. ■

Achtung: Ähnlich „einfache" Regeln für die Integration von Produkten, Quotienten oder Verkettungen gibt es leider nicht!

Es ist also insbesondere *nicht* $\int (f(x) \cdot g(x))\,dx$ gleich $\int f(x)\,dx \cdot \int g(x)\,dx$!

Aus der Produktregel der Differentiation erhalten wir:

Satz 21.9 (Partielle Integration)

$$\int f(x)g'(x)\,dx = f(x)g(x) - \int f'(x)g(x)\,dx + C.$$

Beispiel 21.10 Partielle Integration

Berechnen Sie: a) $\int x\cos(x)\,dx$ b) $\int \frac{4\ln(x)}{x}\,dx$ für $x > 0$

Lösung zu 21.10

a) Der Integrand ist ein Produkt, daher versuchen wir es mit partieller Integration. Wir nennen einen Faktor des Integranden f und den anderen g'. Setzen wir zum Beispiel $f(x) = x$ und $g'(x) = \cos(x)$. Diese Wahl ist günstig, denn wir können f leicht ableiten, $f'(x) = 1$, und g leicht integrieren, $g(x) = \sin(x)$, und erhalten mit der Formel für die partielle Integration:

$$\int \underbrace{x}_{f(x)}\underbrace{\cos(x)}_{g'(x)}\,dx = \underbrace{x}_{f(x)}\underbrace{\sin(x)}_{g(x)} - \int \underbrace{1}_{f'(x)}\cdot\underbrace{\sin(x)}_{g(x)}\,dx + C = x\sin(x) + \cos(x) + C.$$

Durch diese Wahl von f und g' im gegebenen Integral wurde die Aufgabe auf die einfachere Integration von $1 \cdot \sin(x)$ zurückgeführt.

Natürlich wäre auch die Wahl $f(x) = \cos(x)$ und $g'(x) = x$ möglich gewesen. Aber dann wäre das Integral, das auf der rechten Seite entsteht, nicht einfacher geworden, wir landen also in einer Sackgasse:

$$\int \underbrace{\cos(x)}_{f(x)}\underbrace{x}_{g'(x)}\,dx = \underbrace{\cos(x)}_{f(x)}\underbrace{\frac{x^2}{2}}_{g(x)} - \int \underbrace{-\sin(x)}_{f'(x)}\cdot\underbrace{\frac{x^2}{2}}_{g(x)}\,dx + C.$$

b) Wir setzen $f(x) = 4\ln(x)$, $g'(x) = \frac{1}{x}$. Es folgt $f'(x) = \frac{4}{x}$ und $g(x) = \ln|x| = \ln(x)$ (weil wir ja $x > 0$ vorausgesetzt haben) und damit

$$\int \frac{4\ln(x)}{x}\,dx = 4\ln(x)\ln(x) - \int \frac{4\ln(x)}{x}\,dx + C.$$

Rechts taucht wieder das zu berechnende Integral auf. Das ist kein Grund, die Flinte ins Korn zu werfen, im Gegenteil: Wir bringen dieses Integral einfach auf die linke Seite,

$$2\int \frac{4\ln(x)}{x}\,dx = 4(\ln(x))^2 + C,$$

und lösen danach auf, indem wir durch 2 dividieren:

$$\int \frac{4\ln(x)}{x}\,dx = 2(\ln(x))^2 + C.$$

■

Manchmal muss die partielle Integration mehrmals hintereinander angewendet werden (siehe Übungen).

Eine andere Integrationsmethode folgt aus der Kettenregel der Differentiation:

Satz 21.11 (Integration durch Substitution)

$$\int f(g(x))g'(x)\,dx = \int f(u)\,du + C.$$

Hier wurde $u = g(x)$ substituiert.

Sei F eine Stammfunktion von f, also $F' = f$. Dann ist die Ableitung von $F(u) = F(g(x))$ nach der Kettenregel gleich $F(g(x))' = F'(g(x))g'(x) = f(g(x))g'(x)$, und somit folgt durch Übergang zur Stammfunktion auf beiden Seiten $F(u) = \int f(g(x))g'(x)dx + C$.

Beispiel 21.12 Integration durch Substitution
Berechnen Sie: a) $\int \sin(x^2)2x\,dx$ b) $\int \sqrt{3x^2-1}\,x\,dx$

Lösung zu 21.12

a) Der Integrand hat die Form $f(g(x))g'(x)$ mit $f(x) = \sin(x)$ und $g(x) = x^2$, $g'(x) = 2x$. Es bietet sich daher die Substitutionsmethode an. Wir führen für $g(x) = x^2$ die neue Variable u ein: $u = x^2$, daraus folgt $\frac{du}{dx} = 2x$. Letzteren Ausdruck lösen wir formal nach dx auf: $dx = \frac{1}{2x}\,du$. Damit können wir im Integral alle x-Ausdrücke durch u-Ausdrücke ersetzen und es ergibt sich ein leicht zu lösendes Integral mit der Integrationsvariablen u:

$$\begin{aligned}\int \sin(x^2)2x\,dx &= \int \sin(u)2x\frac{1}{2x}\,du = \int \sin(u)\,du = \\ &= -\cos(u) + C = -\cos(x^2) + C.\end{aligned}$$

Im letzten Schritt haben wir wieder $u = x^2$ rücksubstituiert.

b) Wir substituieren $u = 3x^2 - 1$, damit ist $\frac{du}{dx} = 6x$, also $dx = \frac{1}{6x}\,du$:

$$\begin{aligned}\int \sqrt{3x^2-1}\,x\,dx &= \int \sqrt{u}\,x\frac{1}{6x}\,du = \int \sqrt{u}\,\frac{1}{6}\,du = \frac{1}{6}\int \sqrt{u}\,du + C = \\ &= \frac{1}{6}\cdot\frac{2}{3}u^{\frac{3}{2}} + C = \frac{1}{9}u^{\frac{3}{2}} + C = \frac{1}{9}(3x^2-1)^{\frac{3}{2}} + C.\end{aligned}$$

Ist Ihnen vielleicht aufgefallen, dass der Integrand in b) nicht genau die Form $f(g(x))g'(x)$, sondern $f(g(x))\frac{1}{6}g'(x)$ hatte? Ein konstanter Faktor, wie hier $\frac{1}{6}$, stört uns aber nicht, denn er kann vor das Integral gezogen werden. Die Methode ist erfolgreich, wenn es gelingt, alle x loszuwerden und durch u zu ersetzen.

■

Es gibt Integrale, die mit beiden Techniken lösbar sind, manchmal funktioniert nur eine, manchmal gar keine. Probieren Sie es einfach aus: Sie merken schon, wenn Sie auf keinen grünen Zweig kommen und die Integrationsaufgabe immer komplizierter anstatt einfacher wird. Mit ein wenig Übung kann man die Erfolgsaussichten schon vorab einschätzen:-)

Sie haben nun vielleicht den Eindruck gewonnen, dass wir von jeder Funktion, von der wir die Ableitung berechnen können, auch das Integral berechnen können. Dem ist aber leider nicht so. Wenn Sie zum Beispiel versuchen, das Integral $\int \frac{\sin(x)}{x}dx$ zu berechnen, so wird es Ihnen nicht gelingen. Das liegt aber nicht an mangelnden Kenntnissen der Integrationstheorie, sondern man kann zeigen, dass die zugehörige Stammfunktion sich nicht mit den uns bekannten elementaren Funktionen ausdrücken lässt! So, wie das Wurzelziehen uns aus dem Bereich der rationalen Zahlen herausgeführt hat, so führt auch das Integrieren aus dem Bereich der elementaren Funktionen heraus. Mathematiker „lösen“ dieses Problem, indem sie der Funktion $\int \frac{\sin(x)}{x} dx$ einfach einen neuen Namen, $\mathrm{Si}(x)$, geben. Wundern Sie sich also nicht, wenn Sie Integrale mit dem Computer lösen und als Antwort irgendwelche Funktionen bekommen, von denen Sie noch nie etwas gehört haben.

Bei manchen Integrationsaufgaben hilft, dass nicht nur endliche Summen, sondern auch (konvergente) unendliche Reihen gliedweise integriert werden dürfen. Es gilt nämlich:

Satz 21.13 Ist die Potenzreihe

$$f(x) = \sum_{k=0}^{\infty} a_k (x - x_0)^k$$

für $|x - x_0| < r$ konvergent (d.h., ihr Konvergenzradius ist r), so ist auch die Reihe, die durch gliedweise Integration entsteht,

$$F(x) = \sum_{k=0}^{\infty} \frac{a_k}{k+1} (x - x_0)^{k+1},$$

für $|x - x_0| < r$ konvergent und eine Stammfunktion von $f(x)$.

Beispiel 21.14 Gliedweise Integration einer Potenzreihe
Finden Sie eine Stammfunktion von $\frac{\sin(x)}{x}$ durch gliedweise Integration der zugehörigen Taylorreihe.

Lösung zu 21.14 Die Taylorreihe für $\frac{\sin(x)}{x}$ ist (einfach die Reihe für $\sin(x)$ gliedweise durch x dividieren)

$$\frac{\sin(x)}{x} = \sum_{k=0}^{\infty} \frac{(-1)^k}{(2k+1)!} x^{2k} = 1 - \frac{x^2}{3!} + \frac{x^4}{5!} - \frac{x^6}{7!} \pm \ldots$$

Diese Reihe ist für alle $x \in \mathbb{R}$ konvergent. Gliedweise Integration dieser Reihe ergibt:

$$\int \frac{\sin(x)}{x} dx = \sum_{k=0}^{\infty} \frac{(-1)^k}{(2k+1)\,(2k+1)!} x^{2k+1} + C = x - \frac{x^3}{3 \cdot 3!} + \frac{x^5}{5 \cdot 5!} - \frac{x^7}{7 \cdot 7!} \pm \ldots + C$$

Das ist die Stammfunktion von $\frac{\sin(x)}{x}$ (dargestellt durch ihre Taylorreihe, die ebenfalls für alle $x \in \mathbb{R}$ konvergent ist). ■

Es gibt noch eine Vielzahl weiterer Integrationsmethoden. Wir möchten es aber bei dieser kurzen Einführung belassen, da Integrale leicht in Tabellenwerken nachgeschlagen oder mittels Computeralgebra-Systemen (der modernen Form von Tabellenwerken;-) berechnet werden können.

21.2 Bestimmte Integration

In vielen Anwendungen ist es notwendig den Flächeninhalt zu bestimmen, der von einem Funktionsgraphen und der x-Achse auf einem Intervall $[a, b]$ eingeschlossen wird. Wenn es sich bei der Funktion im einfachsten Fall um eine konstante Funktion handelt, dann bereitet uns das keine Probleme: Die Fläche zwischen x-Achse und der Funktion $f(x) = k$ über dem Intervall $[a, b]$ ist ja eine Rechtecksfläche, deren Inhalt gleich $k(b - a)$ ist.

Wie aber soll die Fläche berechnet werden, die von einer *gekrümmten* Kurve begrenzt wird? Betrachten wir dazu Abbildung 21.1. Der deutsche Mathematiker Bernhard Riemann (1826–1866) hatte die Idee, die Fläche zwischen Funktionsgraph und x-Achse auf dem Intervall $[a, b]$ durch eine Summe von Rechtecksflächen zu approximieren.

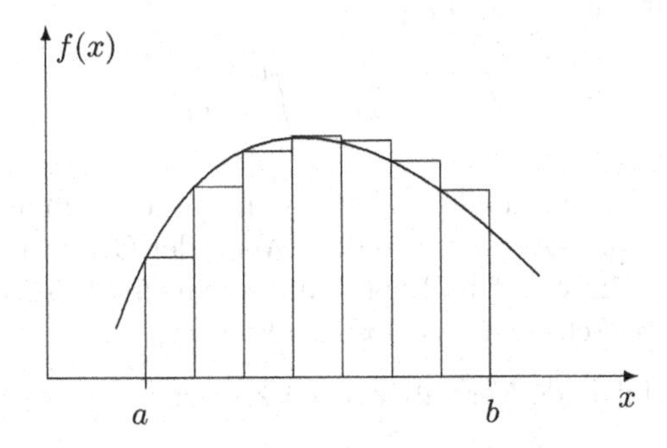

Abbildung 21.1. Approximation einer Fläche durch Rechtecke.

Unterteilen wir das Intervall $[a, b]$ in Abbildung 21.1 in n Teilintervalle gleicher Länge $\Delta_n = \frac{b-a}{n}$, so ist die Summe der dargestellten Rechtecksflächen gleich

$$F_n = \sum_{k=0}^{n-1} f(x_k)\Delta_n,$$

wobei $x_0 = a, x_1 = a + \Delta_n, x_2 = a + 2\Delta_n, \ldots, x_n = a + n\Delta_n = b$. Machen wir nun die Unterteilung des Intervalls $[a, b]$ immer feiner, lassen die Anzahl n der Teilintervalle also immer größer werden, so wird die Fläche unter dem Funktionsgraphen immer besser durch F_n angenähert. Der Grenzwert $\lim_{n\to\infty} F_n$, vorausgesetzt er existiert, entspricht also der eingeschlossenen Fläche.

Definition 21.15 Sei f eine auf $[a, b]$ stetige Funktion. Setzen wir $\Delta_n = \frac{b-a}{n}$ und $x_k = a + k\Delta_n$ für $k = 0, \ldots, n$. Dann konvergiert die Folge der Rechtecksflächen $F_n = \sum_{k=0}^{n-1} f(x_k)\Delta_n$. Man nennt ihren Grenzwert das **bestimmte Integral** von f auf dem Intervall $[a, b]$ und schreibt ihn in der Form

$$\int_a^b f(x)\,dx = \lim_{n\to\infty} \sum_{k=0}^{n-1} f(x_k)\Delta_n.$$

Dabei heißt $f(x)$ **Integrand**, x **Integrationsvariable**, a und b **untere** bzw. **obere Integrationsgrenze** und $[a, b]$ das **Integrationsintervall**.

Bei der Schreibweise $\int_a^b f(x)\,dx$ erinnert das Integralzeichen $\int$ an ein lang gezogenes S („Summe" von Rechtecksflächen) und dx erinnert an Δ_n.

Flächen oberhalb der x-Achse (d.h., $f(x) \geq 0$) ergeben nach dieser Definition ein positives bestimmtes Integral, und Flächen unterhalb der x-Achse (d.h., $f(x) \leq 0$) ergeben ein negatives bestimmtes Integral. Es folgt weiters:

- Das Integrationsintervall kann in Teilintervalle zerlegt werden:

$$\int_a^b f(x)\,dx = \int_a^c f(x)\,dx + \int_c^b f(x)\,dx$$

  für beliebiges $c \in (a,b)$. Es kann also beim Integrieren wo auch immer Sie möchten eine „Zwischenstation" im Integrationsintervall eingelegt werden. Das ist zum Beispiel dann notwendig, wenn der Integrand auf den Teilintervallen durch unterschiedliche Funktionsvorschriften gegeben (also stückweise definiert) ist.
- Ist $f(x) \leq g(x)$ für alle $x \in [a,b]$, so ist

$$\int_a^b f(x)\,dx \leq \int_a^b g(x)\,dx.$$

  Diese Eigenschaft ist anschaulich klar, wenn wir uns einfachheitshalber beide Graphen oberhalb der x-Achse vorstellen: Wenn der Graph von f unter dem von g verläuft, dann ist die von f und der x-Achse eingeschlossene Fläche kleiner als die von g und der x-Achse eingeschlossene Fläche.

Weiters ist es üblich, folgende Vereinbarungen zu treffen:

$$\int_a^a f(x)\,dx = 0, \qquad \int_b^a f(x)\,dx = -\int_a^b f(x)\,dx \qquad (\text{für } a < b).$$

Die erste Vereinbarung bedeutet, dass einzelne Punkte zum Integral nicht beitragen. Daher macht es keinen Unterschied, ob das Integrationsintervall offen, halboffen oder abgeschlossen ist. Die zweite Vereinbarung ist so getroffen, dass Satz 21.17 auch für $b < a$ richtig bleibt (denn die Definition 21.15 wurde für $a < b$ formuliert).

Bevor wir eine Methode kennen lernen, um bestimmte Integrale effizient zu berechnen, wollen wir einige einfache Integrale durch „Hinsehen" finden. Dadurch bekommen wir ein besseres Gefühl für die geometrische Veranschaulichung des bestimmten Integrals:

Beispiel 21.16 Bestimmtes Integral

Geben Sie den Wert des bestimmten Integrals an (Abbildung 21.2):

a) $\int_1^3 4\,dx$ b) $\int_0^1 x\,dx$ c) $\int_{-1}^3 (x-3)\,dx$ d) $\int_{-\pi}^{\pi} \sin(x)\,dx$

Lösung zu 21.16

a) Das ist die Fläche, die von der konstanten Funktion $f(x) = 4$ und der x-Achse auf dem Intervall $[1,3]$ eingeschlossen ist. Diese Rechteckfläche können wir im Kopf berechnen: $\int_1^3 4\,dx = 2 \cdot 4 = 8$.

b) Die Fläche des Dreiecks, das von $f(x) = x$ und der x-Achse auf dem Intervall $[0,1]$ begrenzt wird, ist gleich $\frac{1}{2}$. Also: $\int_0^1 x\,dx = \frac{1}{2}$.

c) Wieder haben wir es mit einer Dreiecksfläche zu tun, und zwar finden wir durch Hinsehen, dass die Fläche gleich 8 ist. Da die Fläche nun unterhalb der x-Achse liegt, ist das bestimmte Integral negativ: $\int_{-1}^{3}(x-3)\,dx = -8$.
d) Nun haben wir es mit zwei gleich großen Flächen zu tun, wobei eine oberhalb und eine unterhalb der x-Achse liegt. Somit haben die zugehörigen bestimmten Integrale unterschiedliche Vorzeichen und heben sich in Summe auf: $\int_{-\pi}^{\pi}\sin(x)\,dx = \int_{-\pi}^{0}\sin(x)\,dx + \int_{0}^{\pi}\sin(x)\,dx = 0$. ■

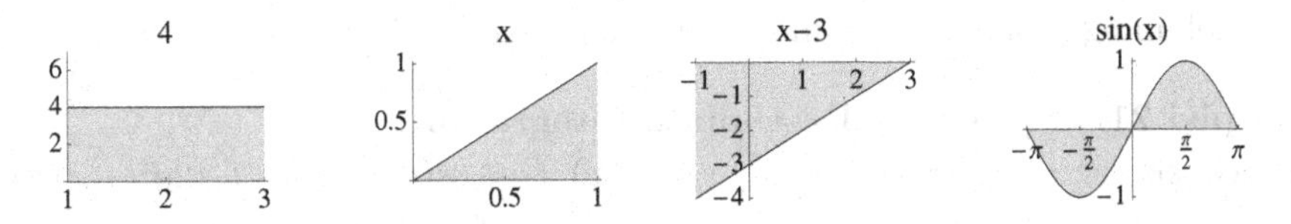

Abbildung 21.2. Die bestimmten Integrale aus Beispiel 21.16.

Durch „Hinsehen" haben wir diese Integrale leicht gefunden. Der Weg über die Definition 21.15 war in diesen einfachen Fällen nicht notwendig, würde aber natürlich dieselben Ergebnisse liefern. Rechnen wir etwa $\int_0^1 x\,dx = \frac{1}{2}$ nach: Wenn wir das Intervall $[0,1]$ in n Teile zerlegen, dann ist $\Delta_n = \frac{1}{n}$ und daher $x_0 = 0$, $x_1 = \frac{1}{n}$, $x_2 = \frac{2}{n}$, ..., $x_{n-1} = \frac{n-1}{n}$. Damit ist

$$\int_0^1 x\,dx = \lim_{n\to\infty}\sum_{k=0}^{n-1} f(x_k)\Delta_n = \lim_{n\to\infty}\sum_{k=0}^{n-1}\frac{k}{n}\frac{1}{n} = \lim_{n\to\infty}\frac{1}{n^2}\sum_{k=0}^{n-1}k = \lim_{n\to\infty}\frac{1}{n^2}\frac{(n-1)n}{2} = \frac{1}{2}.$$

Dabei haben wir die Formel $\sum_{k=0}^{n-1} k = \frac{n(n-1)}{2}$ verwendet (siehe Abschnitt „Vollständige Induktion" in Band 1).

Es ist klar, dass die unmittelbare Definition 21.15 des bestimmten Integrals als Grenzwert zu unhandlich für Berechnungen ist. In der Praxis wird dazu der folgende wichtige Zusammenhang zwischen bestimmter Integration und einer Stammfunktion verwendet:

Satz 21.17 (Hauptsatz der Differential- und Integralrechnung) Sei f stetig auf $[a,b]$ und F irgendeine Stammfunktion von f. Dann gilt

$$\int_a^b f(x)\,dx = F(b) - F(a).$$

Für $F(b) - F(a)$ wird oft auch die Schreibweise $F(x)|_a^b$ verwendet.

Den durch den Hauptsatz ausgedrückten Zusammenhang können wir folgendermaßen verstehen: Die Idee ist, dass man zunächst die obere Integrationsgrenze als variabel betrachtet,

$$G(x) = \int_a^x f(t)\,dt.$$

Diese Funktion ist eine Stammfunktion von f! Es ist nämlich

$$G'(x_0) = \lim_{x\to x_0} \frac{G(x)-G(x_0)}{x-x_0} = \lim_{x\to x_0} \frac{1}{x-x_0}\left(\int_a^x f(t)dt - \int_a^{x_0} f(t)dt\right)$$
$$= \lim_{x\to x_0} \frac{1}{x-x_0}\int_{x_0}^x f(t)dt.$$

Wenn nun x nahe bei x_0 liegt, dann wird das Integral $\int_{x_0}^x f(t)dt$ gut durch die Fläche des Rechtecks $f(x_0)(x-x_0)$ approximiert. Im Grenzwert $x \to x_0$ verschwindet der Fehler (wegen der Stetigkeit von f) und wir erhalten $G'(x_0) = f(x_0)$. G ist also eine Stammfunktion von f, nämlich jene mit $G(a) = \int_a^a f(t)\,dt = 0$. Eine beliebige andere Stammfunktion unterscheidet sich nur durch eine Konstante von G, und zwar

$$F(x) = G(x) + F(a).$$

Für eine beliebige Stammfunktion F ist daher $\int_a^b f(t)\,dt = G(b) = F(b) - F(a)$.

Wie angekündigt können wir nun bestimmte Integrale leicht ausrechnen:

Beispiel 21.18 (→CAS) Bestimmte Integration
Berechnen Sie: a) $\int_0^1 x^2\,dx$ b) $\int_0^1 x\,dx$ c) $\int_{-\pi}^{\pi} \cos(t)\,dt$ d) $\int_0^1 (2e^x + x)\,dx$

Lösung zu 21.18

a) Eine Stammfunktion von $f(x) = x^2$ ist $F(x) = \frac{x^3}{3}$. Daher ist $\int_0^1 x^2\,dx = \frac{x^3}{3}\big|_0^1 = \frac{1}{3} - \frac{0}{3} = \frac{1}{3}$.
b) Eine Stammfunktion von $f(x) = x$ ist $F(x) = \frac{x^2}{2}$ und damit berechnen wir $\int_0^1 x\,dx = \frac{x^2}{2}\big|_0^1 = \frac{1}{2} - \frac{0}{2} = \frac{1}{2}$.
c) $\int_{-\pi}^{\pi} \cos(t)\,dt = \sin(t)\big|_{-\pi}^{\pi} = \sin(\pi) - (\sin(-\pi)) = 0$.
d) $\int_0^1 (2e^x + x)\,dx = (2e^x + \frac{x^2}{2})\big|_0^1 = (2e^1 + \frac{1}{2}) - (2e^0 + \frac{0}{2}) = 2e - \frac{3}{2}$. ■

Die Formeln für die partielle Integration und die Substitution sehen im Fall bestimmter Integration folgendermaßen aus:

Satz 21.19
Partielle Integration:

$$\int_a^b f(x)g'(x)dx = f(x)g(x)\Big|_a^b - \int_a^b f'(x)g(x)dx.$$

Substitution:

$$\int_a^b f(g(x))g'(x)dx = \int_{g(a)}^{g(b)} f(u)du, \quad \text{mit } u = g(x).$$

Hinter diesen Formeln steckt nichts Neues: Die Technik des partiellen Integrierens bzw. der Substitution haben wir ja schon kennen gelernt, sie liefert uns eine Stammfunktion. Um dann das bestimmte Integral zu berechnen, wird nur noch die Stammfunktion an der oberen und unteren Grenze ausgewertet, wie im Hauptsatz 21.17 beschrieben.

Beispiel 21.20 Partielle Integration und Integration durch Substitution
Berechnen Sie: a) $\int_0^1 xe^x\,dx$ b) $\int_0^{\pi} \sin(x^2)x\,dx$

Lösung zu 21.20

a) Wir setzen $f(x) = x$ und $g'(x) = e^x$ und integrieren partiell: Mit $f'(x) = 1$ und $g(x) = e^x$ erhalten wir

$$\int_0^1 xe^x\,dx = xe^x\Big|_0^1 - \int_0^1 1\cdot e^x dx = 1\cdot e^1 - 0\cdot e^0 - e^x\Big|_0^1 = e - e^1 + e^0 = 1.$$

b) Wir substituieren $g(x) = x^2 = u$. Es folgt $g'(x) = 2x = \frac{du}{dx}$. Auch die Grenzen müssen nun von x auf u umgerechnet werden. Für die untere Grenze $x_1 = 0$ erhalten wir $u_1 = x_1^2 = 0^2 = 0$ bzw. für die obere Grenze $x_2 = \pi$ ergibt sich $u_2 = x_2^2 = \pi^2$. Damit:

$$\int_0^{\pi} \sin(x^2)x\,dx = \frac{1}{2}\int_0^{\pi^2} \sin(u)\,du = -\frac{1}{2}\cos(u)\Big|_0^{\pi^2} = -\frac{1}{2}(\cos(\pi^2) - 1) = 0.951.$$

Alternativ kann man auch mit Substitution zuerst nur eine Stammfunktion berechnen,

$$\int \sin(x^2)x\,dx = -\frac{1}{2}\cos(x^2) + C,$$

und dann mithilfe des Hauptsatzes das bestimmte Integral:

$$\int_0^{\pi} \sin(x^2)x\,dx = -\frac{1}{2}\cos(x^2)\Big|_0^{\pi} = -\frac{1}{2}(\cos(\pi^2) - 1) = 0.951.$$

■

Bisher haben wir vorausgesetzt, dass der Integrand auf dem Integrationsintervall stetig ist. Wir können aber auch **stückweise stetige** Funktionen integrieren. Damit sind Funktionen mit endlich vielen Sprungstellen gemeint, also mit Unstetigkeitsstellen, an denen links- und rechtsseitiger Grenzwert existieren.

Zur Integration stückweise stetiger Funktionen wird das Integrationsintervall in die Teilintervalle zwischen den Unstetigkeitsstellen zerlegt, auf denen der Integrand nun stetig ist. Die Unstetigkeit an den Randpunkten spielt dabei keine Rolle, da einzelne Punkte ja keinen Beitrag zum Integral liefern.

Beispiel 21.21 Integration einer stückweise stetigen Funktion
Berechnen Sie das bestimmte Integral von $f(x) = \text{sign}(x)$ (Vorzeichenfunktion) auf $[-1, 2]$.

Lösung zu 21.21 Wir erinnern uns zunächst daran, dass sign durch $\text{sign}(x) = 1$ für $x \geq 0$ und $\text{sign}(x) = -1$ für $x < 0$ definiert ist. Die Funktion hat also eine Unstetigkeitsstelle bei $x = 0$ und ist für $x \neq 0$ stetig. Wir zerlegen das Integrationsintervall $[-1, 2]$ daher in die zwei Teilintervalle $[-1, 0]$ und $[0, 2]$ (machen also eine Zwischenstation bei der Unstetigkeitsstelle). Auf beiden Teilintervallen ist $\text{sign}(x)$ stetig und leicht integrierbar:

$$\int_{-1}^{2} \text{sign}(x)dx = \int_{-1}^{0} (-1)dx + \int_0^2 (+1)dx = -1 + 2 = 1.$$

■

21.2.1 Ausblick: Numerische Integration

Kann eine Stammfunktion nicht ermittelt werden, so müssen zur Berechnung eines bestimmten Integrals **numerische Methoden** verwendet werden. Hierbei kann man eine wie am Anfang gezeigte Zerlegung in Rechtecke verwenden, aber besser ist es, den Integranden durch ein Interpolationspolynom zu ersetzen:

Im einfachsten Fall ersetzt man den Integranden durch die geradlinige Verbindung der beiden Randpunkte und nähert das Integral durch die Fläche des entstandenen Trapezes (siehe Abbildung 21.3):

$$\int_a^b f(x)\,dx \approx \frac{b-a}{2}\big(f(a)+f(b)\big).$$

Diese Formel ist als **Trapezformel** bekannt. Ein besseres Ergebnis erhält man, wenn man einen weiteren Stützpunkt in der Intervallmitte dazunimmt und den Integranden durch eine Parabel durch diese drei Punkte ersetzt. Die entstehende Formel

$$\int_a^b f(x)\,dx \approx \frac{b-a}{6}\left(f(a)+4f(\frac{a+b}{2})+f(b)\right)$$

wurde bereits vom deutschen Mathematiker und Astronomen Johannes Kepler (1571–1630) zur Berechnung des Volumens von Weinfässern verwendet und ist als **Kepler'sche Fassregel** oder **Simpsonregel** (nach dem englischen Mathematiker Thomas Simpson, 1710–1761) bekannt.

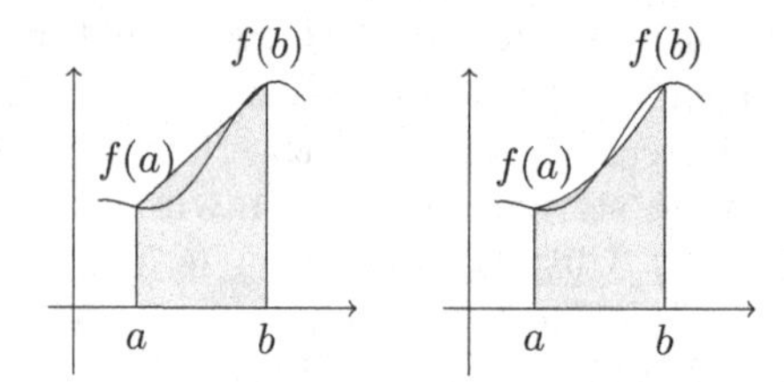

Abbildung 21.3. Trapezregel (links) und Simpsonregel (rechts)

Gute Ergebnisse liefern diese Formeln im Allgemeinen nur bei genügend kleinen Integrationsintervallen. Größere Intervalle zerlegt man daher in kleinere Teilintervalle und wendet dann die entsprechende Regel auf jedem Teilintervall an.

Wenn man zum Beispiel das Intervall $[a,b]$ in N gleiche Teile der Länge $\frac{b-a}{N}$ zerlegt

$$[a,b]=[x_0,x_1]\cup[x_1,x_2]\cup\cdots\cup[x_{N-1},x_N], \qquad x_j=a+j\frac{b-a}{N}, \quad j=0,\ldots,N,$$

und auf jedem dieser Teilintervalle die Trapezregel anwendet, erhält man die **große Trapezregel**

$$\int_a^b f(x)\,dx \approx \frac{b-a}{2N}\left(f(x_0)+f(x_N)+2\sum_{j=1}^{N-1}f(x_j)\right)$$

bzw. bei Zerlegung in $2N$ gleiche Teile der Länge $\frac{b-a}{2N}$ und Anwendung der Fassregel die **große Simpsonformel**

$$\int_a^b f(x)\,dx \approx \frac{b-a}{6N}\left(f(x_0)+f(x_{2N})+2\sum_{j=1}^{N-1} f(x_{2j})+4\sum_{j=1}^{N} f(x_{2j-1})\right).$$

In der Praxis ist es oft wichtig den Fehler abschätzen zu können. Man kann zeigen, dass bei Verwendung der großen Trapezregel der Fehler höchstens $\frac{(b-a)^3}{12N^2}\max_{x\in[a,b]}|f''(x)|$ ist, und bei der großen Simpsonformel höchstens $\frac{(b-a)^5}{2880N^4}\max_{x\in[a,b]}|f^{(4)}(x)|$.

Ein vollkommen anderer Zugang zur Berechnung von bestimmten Integralen ist die Verwendung von statistische Methoden. Um die Fläche unter einer Funktion $0 \le f(x) \le C$ zu ermitteln, kann man wie folgt vorgehen: Ein zufällig ausgewählter Punkt $(x_0, y_0) \in [a,b]\times[0,C]$ liegt genau dann in der von f begrenzten Fläche, wenn $y_0 \le f(x_0)$. Wählt man nun mit einem Zufallsgenerator Punkte $(x_0,y_0)\in[a,b]\times[0,C]$, so verhält sich die Anzahl der Punkte unter der Kurve (also mit $y_0 \le f(x_0)$) zur Gesamtanzahl der Punkte im Rechteck $[a,b]\times[0,C]$ im statistischen Mittel wie die Fläche unter der Kurve zur Gesamtfläche $(b-a)C$. Diese Methode ist als **Monte Carlo Methode** bekannt.

21.3 Uneigentliches Integral

In diesem Abschnitt wollen wir den Integralbegriff auf unendlich lange (also unbeschränkte) Integrationsintervalle bzw. auf unbeschränkte Funktionen erweitern.

Betrachten wir die Funktion $f(x) = \frac{1}{x^2}$ in Abbildung 21.4 auf dem Intervall $[1,\infty)$. Spontan würde man vielleicht sagen, dass die Fläche unter dem Funktionsgraphen auf diesem Intervall unendlich groß sein muss, da ja das Integrationsintervall selbst unendlich lang ist. Integrieren wir zunächst von 1 bis zu irgendeiner Stelle c: $\int_1^c \frac{1}{x^2}\,dx = -\frac{1}{x}\big|_1^c = 1-\frac{1}{c}$. Lassen wir nun dieses c immer größer werden, so erhalten

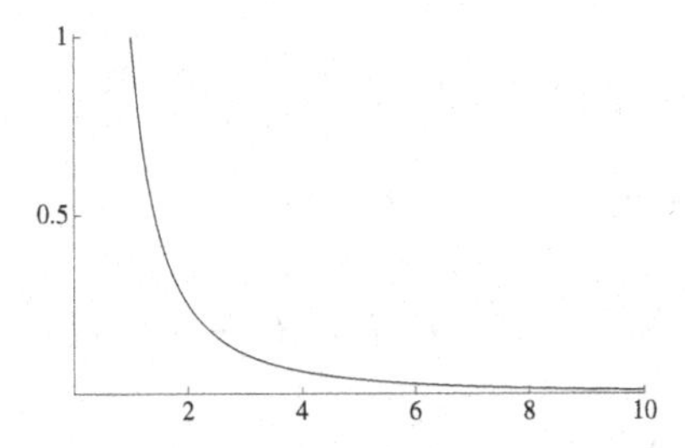

Abbildung 21.4. Uneigentliches Integral über $f(x) = \frac{1}{x^2}$.

wir im Grenzwert

$$\lim_{c\to\infty}\int_1^c \frac{1}{x^2}\,dx = \lim_{c\to\infty}(1-\frac{1}{c}) = 1.$$

Dieser Wert kann als die Fläche zwischen dem Graphen von $\frac{1}{x^2}$ und der x-Achse auf dem Intervall $[1,\infty)$ aufgefasst werden. Man bezeichnet das Integral als konvergent.

„Die Fläche ist gleich 1“ ist hier also so zu verstehen: Auch wenn wir das Integrationsintervall länger und länger machen, so wächst die zugehörige Fläche nicht über alle Schranken, sondern kommt dem Wert 1 beliebig nahe.

Fragen wir nun analog nach der Fläche unter dem Graphen von $f(x) = \frac{1}{x^2}$ auf dem Integrationsintervall von $[0, 1]$. Wieder kann man eine unendlich große Fläche vermuten, da der Integrand $\frac{1}{x^2}$ bei 0 eine Polstelle hat, dort also unbeschränkt ist (siehe Abbildung 21.4). Integrieren wir zunächst wieder nur bis zu einer Stelle $c \in (0, 1)$ und untersuchen dann, was im Grenzwert $c \to 0$ passiert:

$$\lim_{c \to 0} \int_c^1 \frac{1}{x^2}\, dx = \lim_{c \to 0} (\frac{1}{c} - 1) = \infty.$$

Diesmal ist die Fläche nicht endlich, sondern wächst über alle Schranken, wenn c kleiner wird. Man bezeichnet das Integral als divergent.

Auf diese Weise kann der Integralbegriff für unbeschränkte Integrationsintervalle bzw. unbeschränkte Integranden verallgemeinert werden.

Sei f auf $[a, b)$ stetig. Wir nennen den Randpunkt b **singulär**, falls entweder $b = \infty$ oder der rechtsseitige Grenzwert von f bei b nicht existiert (z. B. f ist bei b unbeschränkt oder oszillierend); analog für a. Wenn das Integrationsintervall einen singulären Randpunkt hat, so muss das Integral als Grenzwert definiert werden:

Definition 21.22 Sei f auf $[a, b)$ stetig und b singulär. Wenn der Grenzwert $\lim_{c \to b} \int_a^c f(x)\, dx$ existiert, so definiert man

$$\int_a^b f(x)\, dx = \lim_{c \to b} \int_a^c f(x)\, dx.$$

Man nennt diesen Grenzwert **uneigentliches Integral** von f auf dem Intervall (a, b) und sagt, „f ist uneigentlich integrierbar“ oder das Integral ist konvergent. Ist dies nicht der Fall, so heißt das Integral divergent.
Wenn analog a singulär ist, so definiert man für eine auf $(a, b]$ stetige Funktion

$$\int_a^b f(x)\, dx = \lim_{c \to a} \int_c^b f(x)\, dx.$$

Sind beide Randpunkte singulär, so setzen wir

$$\int_a^b f(x)\, dx = \int_a^c f(x)\, dx + \int_c^b f(x)\, dx$$

für ein beliebiges $c \in (a, b)$.

Beispiel 21.23 (→CAS) Uneigentliches Integral
Berechnen Sie:
a) $\int_1^\infty \frac{1}{t^3}\, dt$ b) $\int_{-\infty}^{-1} \frac{1}{x^2}\, dx$ c) $\int_1^\infty \frac{1}{t}\, dt$ d) $\int_0^1 \frac{1}{\sqrt{x}}\, dx$ e) $\int_{-\infty}^\infty \frac{dx}{1+x^2}$

Lösung zu 21.23

a) Wir berechnen zuerst $\int_1^c \frac{1}{t^3}\,dt = \frac{1}{2} - \frac{1}{2c^2}$, und lassen die obere Integrationsgrenze c gegen $+\infty$ gehen:

$$\int_1^\infty \frac{1}{t^3}\,dt = \lim_{c\to\infty}\left(\frac{1}{2} - \frac{1}{2c^2}\right) = \frac{1}{2}.$$

Je größer also c wird, umso mehr nähert sich die Fläche dem Wert $\frac{1}{2}$.

b) Berechnen wir zunächst $\int_c^{-1} \frac{1}{x^2}\,dx = 1 + \frac{1}{c}$. Lassen wir nun die untere Integrationsgrenze c gegen $-\infty$ gehen: $\int_{-\infty}^{-1} \frac{1}{x^2}\,dx = \lim_{c\to-\infty}(1 + \frac{1}{c}) = 1$. Auch dieses Integral ist konvergent.

c) Es ist $\int_1^\infty \frac{1}{t}\,dt = \lim_{c\to\infty}\left(\int_1^c \frac{1}{t}\,dt\right) = \lim_{c\to\infty}\ln(c) = \infty$. Der Flächeninhalt $\int_1^c \frac{1}{t}\,dt = \ln(c)$ wird also für $c\to\infty$ unendlich groß. Mit anderen Worten: Wir können die Fläche beliebig groß machen, wenn wir das Integrationsintervall nur lang genug wählen.

d) Hier ist zwar das Integrationsintervall endlich, aber der Randpunkt $a = 0$ singulär, da $\frac{1}{\sqrt{x}}$ bei 0 unbeschränkt ist. Somit folgt $\int_0^1 \frac{1}{\sqrt{x}}\,dx = \lim_{c\to0+}(\int_c^1 \frac{1}{\sqrt{x}}\,dx) = \lim_{c\to0+}(2 - 2\sqrt{c}) = 2$. Die Fläche ist endlich.

e) Da nun beide Randpunkte singulär sind, müssen wir das Integral auftrennen:

$$\int_{-\infty}^\infty \frac{dx}{1+x^2} = \int_{-\infty}^0 \frac{dx}{1+x^2} + \int_0^\infty \frac{dx}{1+x^2}.$$

Nun können wir wie gewohnt weitermachen:

$$\int_0^\infty \frac{dx}{1+x^2} = \lim_{c\to\infty}\int_0^c \frac{dx}{1+x^2} = \lim_{c\to\infty}\left(\arctan(c) - \arctan(0)\right) = \frac{\pi}{2}.$$

(Denn aus $\tan(0) = 0$ folgt $\arctan(0) = 0$ und aus $\lim_{x\to\pi/2}\tan(x) = +\infty$ folgt $\lim_{y\to\infty}\arctan(y) = \frac{\pi}{2}$.) Das zweite Integral kann analog berechnet werden; oder wir verwenden, dass es aus Symmetriegründen gleich dem ersten sein muss (gerader Integrand). Insgesamt erhalten wir also $\int_{-\infty}^\infty \frac{dx}{1+x^2} = \pi$. ■

Wenn man ein uneigentliches Integral numerisch berechnen möchte, so muss man zuerst feststellen, ob das Integral überhaupt konvergiert. Dafür ist folgendes Kriterium nützlich:

Satz 21.24 (Majorantenkriterium) Das Integral $\int_a^b f(x)\,dx$ soll auf Konvergenz untersucht werden.

a) Wenn es ein konvergentes Integral $\int_a^b g(x)\,dx$ gibt, mit $g(x) \geq 0$, und wenn $|f(x)| \leq g(x)$, so konvergiert auch $\int_a^b f(x)\,dx$. Der Integrand $g(x)$ ist also größer oder gleich $|f(x)|$. Man nennt daher $g(x)$ **Majorante** für $f(x)$.

b) Wenn es ein divergentes Integral $\int_a^b g(x)\,dx$ gibt, mit $g(x) \geq 0$, und wenn $f(x) \geq g(x)$, so divergiert auch $\int_a^b f(x)\,dx$.

Beispiel 21.25 Majorantenkriterium
Untersuchen Sie folgende uneigentliche Integrale auf Konvergenz:
a) $\int_1^\infty \frac{\cos(x)}{x^2} dx$ b) $\int_0^1 \frac{e^x}{x} dx$

Lösung zu 21.25

a) Wegen $|\cos(x)| \leq 1$ folgt $|\frac{\cos(x)}{x^2}| \leq \frac{1}{x^2}$ und somit ist $\frac{1}{x^2}$ eine Majorante. Das Integral ist also konvergent.
b) Aus $e^x \geq 1$ für $x > 0$ folgt $\frac{e^x}{x} \geq \frac{1}{x}$ für $x > 0$. Da aber $\int_0^1 \frac{dx}{x}$ divergent ist, ist auch das zu untersuchende Integral divergent. ∎

Am Ende kommen wir noch zu einem etwas aufwändigeren Beispiel:

Beispiel 21.26 Gammafunktion
Die Gammafunktion (Abbildung 21.5) ist definiert als

$$\Gamma(x) = \int_0^\infty t^{x-1} e^{-t} \, dt, \qquad x > 0.$$

Zeigen Sie, dass das uneigentliche Integral konvergiert und dass $\Gamma(1) = 1$ und $\Gamma(x+1) = x\Gamma(x)$ gilt. Für $n \in \mathbb{N}$ ist also $\Gamma(n) = (n-1)!$ (das Rufzeichen steht für „Fakultät"). Die Gammafunktion kann also als eine Verallgemeinerung der Fakultät betrachtet werden.

Lösung zu 21.26 Da das Integral an beiden Randpunkten uneigentlich ist, zerlegen wir es in zwei Teile,

$$\int_0^\infty t^{x-1} e^{-t} \, dt = \int_0^{t_0} t^{x-1} e^{-t} \, dt + \int_{t_0}^\infty t^{x-1} e^{-t} \, dt,$$

und untersuchen jeden Teil separat. Für den ersten Teil gilt $|t^{x-1} e^{-t}| \leq t^{x-1}$, denn $|e^{-t}| < 1$ für $t \in (0, t_0)$. Wegen

$$\int_0^{t_0} t^{x-1} \, dt = \frac{t_0^x}{x}$$

ist damit t^{x-1} eine Majorante. Wegen $t^{x-1} = O(e^{t/2})$ folgt $t^{x-1} e^{-t} = O(e^{-t/2})$ und somit existiert eine Konstante C mit $|t^{x-1} e^{-t}| \leq C e^{-t/2}$ für $t \geq t_0$.

O ist das Landausymbol (vergleiche Abschnitt „Wachstum von Algorithmen" in Band 1).

Wegen

$$\int_{t_0}^\infty e^{-t/2} \, dt = \lim_{b \to \infty} 2(-e^{-b/2} + e^{-t_0/2}) = 2e^{-t_0/2}$$

ist $C e^{-t/2}$ eine Majorante für den zweiten Teil. Das Integral $\Gamma(x) = \int_0^\infty t^{x-1} e^{-t} \, dt$ konvergiert also.

Wir können leicht nachrechnen, dass

$$\Gamma(1) = \int_0^\infty e^{-t} \, dt = \lim_{b \to \infty} (-e^{-b} + 1) = 1$$

gilt. Mittels partieller Integration folgt zuletzt noch

$$\Gamma(x+1) = \int_0^\infty t^x \mathrm{e}^{-t}\,dt = -t^x \mathrm{e}^{-t}\Big|_0^\infty + \int_0^\infty x t^{x-1}\mathrm{e}^{-t}\,dt = x\int_0^\infty t^{x-1}\mathrm{e}^{-t}\,dt = x\Gamma(x).$$

■

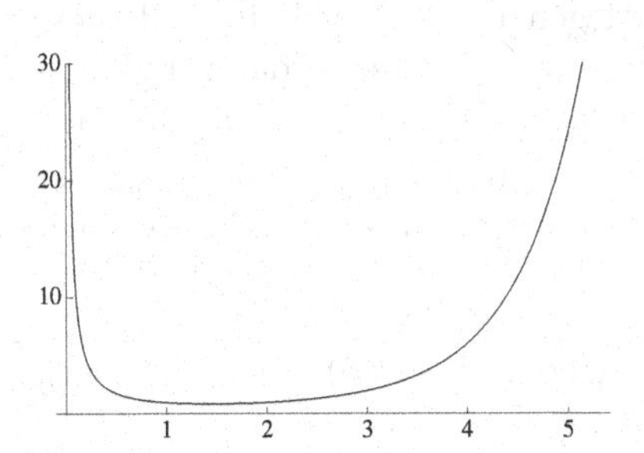

Abbildung 21.5. Gammafunktion $\Gamma(x)$.

Sie wurde von Euler eingeführt, der folgendes Integral zur Interpolation der Fakultät vorschlug: $\Gamma(x) = \int_0^1 \ln(\frac{1}{s})^{x-1} ds$. Unsere Definition erhält man durch die Substitution $t = \ln(\frac{1}{s})$.

Für sie sind unzählige Beziehungen bekannt. Beispielsweise kann sie für halbzahlige Werte berechnet werden: Es gilt

$$\Gamma(\frac{1}{2}) = \sqrt{\pi}$$

und aus $\Gamma(x+1) = x\Gamma(x)$ folgt

$$\Gamma(n+\frac{1}{2}) = \frac{(2n-1)\cdots 5\cdot 3\cdot 1}{2^n}\sqrt{\pi} = \frac{(2n-1)!}{2^{2n-1}(n-1)!}\sqrt{\pi}.$$

21.3.1 Ausblick: Bogenlänge

Wir haben zur Definition von Sinus und Kosinus den Begriff der Bogenlänge verwendet, ohne genau zu definieren, wie die Bogenlänge zu berechnen ist.

Eine stetige Abbildung $\mathbf{x} : [a,b] \to \mathbb{R}^n$, die jedem Punkt t des Intervalls $[a,b]$ einen Punkt $\mathbf{x}(t) \in \mathbb{R}^n$ zuordnet, wird eine **Kurve** genannt. Die Variable t wird als **Parameter** bezeichnet. Wir werden einfachheitshalber nur Kurven im $\mathbb{R}^2$ betrachten.

Wir können zum Beispiel die obere Hälfte des Einheitskreises als Kurve

$$\mathbf{x}(t) = \begin{pmatrix} -t \\ \sqrt{1-t^2} \end{pmatrix}, \qquad t \in [-1,1],$$

beschreiben. Es gibt aber noch andere Möglichkeiten diesen Kreisbogen zu beschreiben, z. B.

$$\mathbf{y}(t) = \begin{pmatrix} \cos(t) \\ \sin(t) \end{pmatrix}, \qquad t \in [0,\pi].$$

Man spricht von verschiedenen Parameterdarstellungen der Kurve, denn die Mengen der Punkte im $\mathbb{R}^2$, die durchlaufen werden, sind gleich:

$$\{\mathbf{x}(t)\,|\,t \in [-1,1]\} = \{\mathbf{y}(t)\,|\,t \in [0,\pi]\}.$$

Eine andere Möglichkeit diesen Kreisbogen zu beschreiben, ist die **implizite Darstellung** als $\{(x,y)\,|\,x^2+y^2=1,\ y \geq 0\}$.

Die Bogenlänge einer differenzierbaren Kurve $\mathbf{x}(t) = (x(t), y(t))$ (d.h., bei der die Komponenten $x(t)$ und $y(t)$ differenzierbar sind) kann ähnlich wie ein Integral berechnet werden: Wir zerlegen das Intervall in Teilstücke und nähern auf jedem Teilstück die Bogenlänge durch die Länge der geradlinigen Verbindungslinien an. Der Grenzwert für immer feinere Unterteilungen wird als Bogenlänge bezeichnet.

Zerlegen wir das Intervall $[a,b]$ wie beim Integral in n Teilintervalle $[t_j, t_{j+1}]$ der Länge $\Delta_n = \frac{b-a}{n}$ (also $t_j = a + j\Delta_n$). Nun nähern wir die Bogenlänge durch die Summe der Längen der Verbindungslinien, also die Summe der Abstände $\|\mathbf{x}(t_{j+1}) - \mathbf{x}(t_j)\|$ der Punkte $\mathbf{x}(t_{j+1})$ und $\mathbf{x}(t_j)$ an:

$$\sum_{j=0}^{n-1} \sqrt{(x(t_{j+1}) - x(t_j))^2 + (y(t_{j+1}) - y(t_j))^2}.$$

Im nächsten Schritt approximieren wir $x(t_{j+1}) - x(t_j) \approx x'(t_j)(t_{j+1} - t_j) = x'(t_j)\Delta_n$ bzw. $y(t_{j+1}) - y(t_j) \approx y'(t_j)\Delta_n$ und erhalten

$$\sum_{j=0}^{n-1} \sqrt{(x'(t_j))^2 + (y'(t_j))^2}\,\Delta_n.$$

Nehmen wir noch den Grenzwert $n \to \infty$ für immer feinere Unterteilungen, so folgt für die Bogenlänge:

Definition 21.27 Die **Bogenlänge** einer differenzierbaren Kurve $\mathbf{x}(t) = (x(t), y(t))$, $t \in [a,b]$, ist gegeben durch

$$\ell(\mathbf{x}(t)) = \int_a^b \sqrt{(x'(t))^2 + (y'(t))^2}\,dt.$$

Beispiel 21.28 Kettenlinie
Eine Hängematte wird durch die Kurve

$$\mathbf{x}(t) = \begin{pmatrix} t \\ \frac{1}{c}(\cosh(ct) - 1) \end{pmatrix}, \qquad t \in [a,b],$$

beschrieben. Sie wollen Ihre 2.5 Meter lange Hängematte zwischen zwei 2.0 Meter entfernten Bäumen spannen. Wie hoch müssen Sie die Hängematte mindestens befestigen, damit Sie beim Schaukeln nicht am Boden schleifen?

Lösung zu 21.28 Wegen $\mathbf{x}'(t) = (1, \sinh(ct))$ ist die Länge gegeben durch

$$\begin{aligned} \ell(\mathbf{x}(t)) &= \int_a^b \sqrt{1 + \sinh^2(ct)}\,dt = \int_a^b \cosh(ct)\,dt = \frac{1}{c}\sinh(ct)\Big|_a^b \\ &= \frac{1}{c}(\sinh(cb) - \sinh(ca)). \end{aligned}$$

Nehmen wir an der Boden sei bei $y = 0$ und die Hängematte wird an den Punkten $(x, y) = (\pm 1, h)$ befestigt. Der tiefste Punkt ist dann bei $(x, y) = (0, 0)$ und die Höhe h ergibt sich aus $(\pm 1, h) = (t, \frac{1}{c}(\cosh(ct) - 1))$:

$$h = \frac{1}{c}(\cosh(c) - 1)).$$

Was fehlt ist nur noch der Parameter c, den wir aus der vorgegebenen Länge bestimmen können:

$$\frac{1}{c}(\sinh(c) - \sinh(-c)) = \frac{2}{c}\sinh(c) = 2.5.$$

Diese Gleichung kann leider nicht analytisch gelöst werden. Eine numerische Lösung ergibt $c = 1.1827$ und damit $h = 0.6636$. Die Hängematte muss also mindestens 0.67 Meter hoch gehängt werden. (In der Praxis wird das wohl nicht reichen, da sich die Hängematte durch Ihr Körpergewicht ausdehnen wird;-) ■

Zum Schluss wollen wir noch eine analytische Definition des Kosinus geben. Dazu betrachten wir die Kurve

$$\mathbf{x}(t) = \begin{pmatrix} -t \\ \sqrt{1-t^2} \end{pmatrix}, \qquad t \in [-1, 1],$$

die die obere Hälfte des Einheitskreisbogens beschreibt. Die Bogenlänge ist nach unserer Definition gleich π und wegen

$$\mathbf{x}'(t) = \begin{pmatrix} -1 \\ \frac{-t}{\sqrt{1-t^2}} \end{pmatrix}, \qquad t \in (-1, 1),$$

erhalten wir folgende analytische Definition der Kreiszahl:

$$\pi = \int_{-1}^{1} \sqrt{1 + \frac{t^2}{1-t^2}}\, dt = \int_{-1}^{1} \frac{1}{\sqrt{1-t^2}} dt.$$

Der Integrand ist bei $t = -1$ und $t = 1$ unbeschränkt. Da aber $\frac{1}{\sqrt{1-t^2}} = \frac{1}{\sqrt{(1-t)(1+t)}} \le \frac{1}{\sqrt{1-t}}$ für $t > 0$ und da $\int_0^1 \frac{1}{\sqrt{1-t}} = -2\sqrt{1-t}|_0^1 = 2$, folgt die Konvergenz aus dem Majorantenkriterium.

Nehmen wir nur die Bogenlänge $\ell(s)$ von -1 bis $-s$

$$\ell(s) = \int_{-1}^{-s} \frac{1}{\sqrt{1-t^2}} dt = \int_{s}^{1} \frac{1}{\sqrt{1-t^2}} dt,$$

so ist $\ell(s)$ auf $[-1, 1]$ streng monoton steigend und es existiert die Umkehrfunktion $\ell^{-1}(s)$. Nach unserer Definition der trigonometrischen Funktionen am Einheitskreis (siehe Abschnitt 18.3) ist $\mathbf{x}(-s) = (s, \sqrt{1-s^2}) = (\cos(\ell(s)), \sin(\ell(s)))$. Setzen wir $s = \ell^{-1}(x)$ so folgt die gewünschte analytische Definition $\cos(x) = \ell^{-1}(x)$ bzw. $\sin(x) = \sqrt{1 - \ell^{-1}(x)^2}$. Insbesondere folgt auch

$$\arccos(s) = \int_{s}^{1} \frac{1}{\sqrt{1-t^2}} dt.$$

21.4 Mit dem digitalen Rechenmeister

Unbestimmtes Integral

Das Integralzeichen geben wir mithilfe der Palette ein. Alternativ kann auch der Befehl `Integrate[f, x]` verwendet werden.

```
In[1]:= ∫(Sin[x] + x^2) dx
```

$$\text{Out[1]=} \ \frac{x^3}{3} - \text{Cos}[x]$$

`Mathematica` gibt keine Integrationskonstante aus.

Bestimmtes Integral

Wieder verwenden wir die Palette oder den Befehl `Integrate[f, {x, xmin, xmax}]`:

$$\text{In[2]:=} \ \int_0^1 (2e^x + x)\, dx$$

$$\text{Out[2]=} \ -\frac{3}{2} + 2e$$

Kann das Integral nicht analytisch berechnet werden, so kann ein numerischer Wert mit dem Befehl `NIntegrate[f, {x, xmin, xmax}]` erhalten werden.

Uneigentliches Integral

Analog berechnen wir ein uneigentliches Integral:

$$\text{In[3]:=} \ \int_1^\infty \frac{1}{t^3}\, dt$$

$$\text{Out[3]=} \ \frac{1}{2}$$

Gammafunktion

Die Gammafunktion ist eingebaut:

```
In[4]:= Gamma[5]
Out[4]= 24
```

21.5 Kontrollfragen

Fragen zu Abschnitt 21.1: Die Stammfunktion

Erklären Sie folgende Begriffe: Stammfunktion, unbestimmtes Integral, Integrand, Integrationsvariable, Integrationskonstante, partielle Integration, Substitution.

1. Eine Stammfunktion von $f(x) = x^2$ ist $F(x) = \frac{x^3}{3}$. Gibt es weitere Stammfunktionen?
2. Was bedeutet es, f „unbestimmt zu integrieren“?
3. Zwei verschiedene Computeralgebrasysteme geben bei unbestimmter Integration *derselben* Funktion f folgende Ergebnisse aus: $\int f(t)\, dt = \frac{t}{t-1}$ bzw. $\int f(t)\, dt = \frac{1}{t-1}$. Hat eines der beiden Systeme einen Programmierfehler?
4. Richtig oder falsch?
   a) $\int x\, dt = \frac{x^2}{2} + C$ b) $\int e^x dx = \frac{e^{x+1}}{x+1} + C$ c) $\int |x| dx = \frac{|x|^2}{2} + C$

Fragen zu Abschnitt 21.2: Bestimmte Integration

Erklären Sie folgende Begriffe: Bestimmtes Integral, Integrationsgrenzen, Integrationsintervall.

1. Entspricht $\int_0^1 (-x^2)\,dx$ dem Inhalt der Fläche, die vom Funktionsgraphen von $f(x) = -x^2$ und der x-Achse auf dem Intervall $[0, 1]$ eingeschlossen wird?
2. Richtig oder falsch?
   a) $\int_0^1 x^2\,dx = \int_1^0 x^2\,dx$ b) $\int_1^1 x^2\,dx = 0$
   c) $\int_0^2 x^2\,dx = \int_0^1 x^2\,dx + \int_1^2 x^2\,dx$ d) $\int_0^1 (t^2 + 2t^3)\,dt = \int_0^1 t^2\,dt + 2\int_0^1 t^3\,dt$
   e) $\int_0^3 (t^2 + 1)\,dt = \int_0^3 t^2\,dt + 1$ f) $\int_0^3 \frac{f(t)}{g(t)}\,dt = \frac{\int_0^3 f(t)\,dt}{\int_0^3 g(t)\,dt}$
3. Was sagt der Hauptsatz der Differential- und Integralrechnung aus?
4. Was kommt als Wert des Integrals $\int_0^1 \frac{1}{1+x^2}\,dx$ in Frage?
   a) 0.785398 b) -0.785398

Fragen zu Abschnitt 21.3: Uneigentliches Integral

Erklären Sie folgende Begriffe: Uneigentliches Integral, Majorantenkriterium.

1. Wie ist $\int_3^\infty f(x)\,dx$ definiert?
2. Welche Randpunkte sind singulär?
   a) $\int_0^1 \ln(1-x)dx$ b) $\int_0^\infty \frac{\exp(-x)}{\sqrt{x}}dx$ c) $\int_{-1}^1 \frac{1}{\sqrt{1-x^2}}dx$

Lösungen zu den Kontrollfragen

Lösungen zu Abschnitt 21.1

1. Ja, es gibt unendlich viele Stammfunktionen, die alle die Form $F(x) = \frac{x^3}{3} + C$ mit einer Konstante C haben.
2. f „unbestimmt zu integrieren" bedeutet eine Stammfunktion von f zu bestimmen.
3. Nein, hier liegt kein Programmierfehler vor. Die beiden Ergebnisse unterscheiden sich um eine Konstante: $\frac{t}{t-1} - \frac{1}{t-1} = \frac{t-1}{t-1} = 1$. Also sind beide Ergebnisse Stammfunktionen von f (keines der Computeralgebrasysteme führt bei der unbestimmten Integration eine Integrationskonstante an).
4. a) Falsch. Es wird nach t und nicht nach x integriert! Eine richtige Stammfunktion wäre $x\,t + C$.
   b) Falsch. Richtig ist $\int e^x dx = e^x + C$.
   c) Falsch. Um eine Stammfunktion zu erhalten, muss man $|x| = x$ für $x > 0$ und $|x| = -x$ für $x < 0$ verwenden. Demnach ist $\frac{x^2}{2} + C$ eine Stammfunktion für $x > 0$ und $-\frac{x^2}{2} + C$ eine Stammfunktion für $x < 0$. Das lässt sich als $\int |x| dx = \frac{x|x|}{2} + C$ schreiben.

Lösungen zu Abschnitt 21.2

1. Nein. Es ist $f(x) = -x^2 \leq 0$ auf $[0,1]$, daher entspricht $\int_0^1 (-x^2)\,dx$ dem mit *negativem* Vorzeichen versehenen Flächeninhalt.
2. a) falsch; $\int_0^1 x^2\,dx = -\int_1^0 x^2\,dx$ b) richtig
   c) richtig d) richtig
   e) falsch; $\int_0^3 (t^2+1)\,dt = \int_0^3 t^2\,dt + \int_0^3 1\,dt$ f) falsch
3. Der Hauptsatz der Differential- und Integralrechnung gibt an, wie man ein bestimmtes Integral mithilfe einer Stammfunktionen berechnen kann: $\int_a^b f(x)\,dx = F(b) - F(a)$, wobei F eine beliebige Stammfunktion von f ist.
4. a) (Es muss ein positiver Wert sein, da der Integrand auf dem gesamten Integrationsintervall ≥ 0 ist.)

Lösungen zu Abschnitt 21.3

1. $\int_3^\infty f(x)\,dx$ ist als Grenzwert definiert: $\int_3^\infty f(x)\,dx = \lim_{b\to\infty} \int_3^b f(x)\,dx$.
2. a) rechter Randpunkt $x = 1$ b) beide Randpunkte c) beide Randpunkte

21.6 Übungen

Aufwärmübungen

1. Berechnen Sie:
   a) $\int x\,dx$ b) $\int 3\cos(x)\,dx$ c) $\int \frac{2}{x^2}\,dx$
   d) $\int (2x^3 + 4x)\,dx$ e) $\int (\mathrm{e}^t - 3t^2)\,dt$ f) $\int (2\sin(t) + 1)\,dt$
2. Berechnen Sie den Flächeninhalt, der vom Funktionsgraphen von $f(x) = \frac{1}{x^2}$ und der x-Achse auf dem Intervall $[1,2]$ eingeschlossen wird.
3. Berechnen Sie und veranschaulichen Sie geometrisch:
   a) $\int_0^1 (x^2+1)\,dx$ b) $\int_{-1}^1 |x|\,dx$ c) $\int_{-\pi}^{\pi} \sin(x)\,dx$
4. Berechnen Sie:
   a) $\int_0^\pi \sin(x)\cdot\cos(x)\,dx$ b) $\int_1^2 \sqrt{4x-3}\,dx$
5. Berechnen Sie:
$$\int \sin^2(x)\,dx.$$
   Tipp: $\cos^2(x) = 1 - \sin^2(x)$.
6. Berechnen Sie:
   a) $\int_1^2 x\cdot\ln(x)\,dx$ b) $\int_{-\pi}^{\pi} x\cdot\sin(x)\,dx$
7. Berechnen Sie:
   a) $\int_0^1 x^3\,dx$ b) $\int_0^1 (\mathrm{e}^t + 2t)\,dt$ c) $\int_0^\pi 4\cos(x)\,dx$ d) $\int_{-2}^1 \mathrm{sign}(x)\,dx$
8. Mithilfe von Integralen können Mittelwerte von Funktionen gebildet werden. In der Elektrotechnik zeigen beispielsweise bei der Messung von zeitlich veränderlichen Strömen oder Spannungen die Messinstrumente einen Mittelwert an. Berechnen Sie den quadratischen Mittelwert (Effektivwert) von $f(t) = \sin(t)$:

$$f_{\text{eff}} = \sqrt{\frac{1}{2\pi}\int_0^{2\pi} f(t)^2 dt}$$

(Tipp: Aufwärmübung 5.)

Ist $f(t) = \sin(t)$ ein Wechselstrom, so ist die an einem ohmschen Widerstand R geleistete Arbeit gleich $W = \int_0^{2\pi} f(t)^2 R\, dt = R2\pi f_{\text{eff}}^2$, also gleich der Arbeit, die von einem Gleichstrom der Stärke $\overline{f}$ während der gleichen Zeit geleistet würde.

9. Die Niederschlagsmenge pro Zeit und Fläche an einem Ort könnte durch $n(t) = n_0(1 + 0.3\sin(2\pi t))$ von der Zeit t abhängen. Wie groß ist der Gesamtniederschlag im Zeitintervall $[0, 8]$? Wie groß ist die mittlere Niederschlagsmenge $\overline{n} = \frac{1}{8}\int_0^8 n(t)\, dt$?
10. Berechnen Sie: a) $\int_0^1 \frac{1}{x^2}\, dx$ b) $\int_0^1 x^{-1/4}\, dx$ c) $\int_1^\infty \frac{3}{x^2}\, dx$

Weiterführende Aufgaben

1. Berechnen Sie:
   a) $\int \ln(x)\, dx$ b) $\int_{-\pi}^{\pi} x^2 \cdot \cos(x)\, dx$
   Tipp zu a): Der Integrand ist $1 \cdot \ln(x)$.
2. Zeigen Sie, dass die Taylorreihe von $\ln(1 + x)$ gleich

$$\ln(1+x) = x - \frac{x^2}{2} + \frac{x^3}{3} - \frac{x^4}{4} \pm \ldots = \sum_{k=1}^{\infty} \frac{(-1)^{k-1}}{k} x^k$$

   für $|x| < 1$ ist. Tipp: Es gilt $\int \frac{1}{1+x}\, dx = \ln(1 + x) + C$.
3. Die Verteilungsfunktion einer standardisierten Normalverteilung ist gegeben durch

$$G(b) = \frac{1}{\sqrt{2\pi}} \cdot \int_{-\infty}^{b} e^{-\frac{t^2}{2}}\, dt.$$

   Der Graph des Integranden $g(t) = \frac{1}{\sqrt{2\pi}} e^{-\frac{t^2}{2}}$ ist die Gauß'sche Glockenkurve. $G(b)$ bedeutet die Wahrscheinlichkeit, dass ein Messwert höchstens gleich b ist und ist gleich dem Flächeninhalt unter der Glockenkurve von $-\infty$ bis b. Die Fläche unter der Gauß'schen Glockenkurve von $-\infty$ bis ∞ ist gleich 1. Berechnen Sie näherungsweise $G(1)$ mithilfe des Taylorpolynoms 2. Grades. (Tipp: Zerlegen Sie das Integral in zwei Teile von $-\infty$ bis 0 und von 0 bis 1. Was ist $G(0)$?)

   Das Integral $G(b)$ ist nicht mit elementaren Funktionen lösbar. Die Werte von $G(b)$ werden in der Praxis aus Tabellen entnommen. Wenn Sie versuchen, es mit dem Computer zu berechnen, dann werden Sie als Ergebnis einen Ausdruck erhalten, in dem die so genannte **Errorfunktion** oder **Fehlerfunktion** $\text{erf}(x) = \frac{2}{\sqrt{\pi}} \int_0^x e^{-t^2}\, dt$ vorkommt.

4. Berechnen Sie und stellen Sie den Integranden und das berechnete Integral graphisch dar:
   a) $\int_1^\infty \frac{1}{\sqrt{x}}\, dx$ b) $\int_{-\infty}^0 e^{2x+1}\, dx$ c) $\int_{-1}^0 \frac{1}{x}\, dx$ d) $\int_{-1}^0 \frac{1}{x^2}\, dx$
5. Wo steckt der Fehler?

$$\int_{-1}^{1} \frac{1}{x^2}\, dx = -\frac{1}{x}\Big|_{-1}^{1} = -(\frac{1}{1} - \frac{1}{-1}) = -2?!$$

Lösungen zu den Aufwärmübungen

1. a) $\int x\,dx = \frac{x^2}{2} + C$
   b) $\int 3\cos(x)\,dx = 3\int \cos(x)\,dx = 3\sin(x) + C$
   c) $\int \frac{2}{x^2}\,dx = 2\int x^{-2}\,dx = 2\frac{x^{-2+1}}{-2+1} + C = \frac{-2}{x} + C$
   d) $\int (2x^3 + 4x)\,dx = 2\int x^3\,dx + 4\int x\,dx = 2\frac{x^4}{4} + 4\frac{x^2}{2} + C = \frac{x^4}{2} + 2x^2 + C$
   e) $\int (\mathrm{e}^t - 3t^2)\,dt = \int \mathrm{e}^t\,dt - 3\int t^2\,dt = \mathrm{e}^t - 3\frac{t^3}{3} + C = \mathrm{e}^t - t^3 + C$
   f) $\int (2\sin(t) + 1)\,dt = 2\int \sin(t)\,dt + \int 1\,dt = -2\cos(t) + t + C$
2. $\int_1^2 \frac{1}{x^2} dx = \frac{1}{2}$
3. a) $\int_0^1 (x^2+1)\,dx = (\frac{x^3}{3} + x)|_0^1 = \frac{1}{3} + 1 - (\frac{0}{3} + 0) = \frac{4}{3}$.
   b) Da $|x| = -x$ für $x \le 0$ und $|x| = x$ für $x \ge 0$, zerlegen wir das Integrationsintervall in zwei Teilintervalle: $\int_{-1}^1 |x|\,dx = \int_{-1}^0 (-x)\,dx + \int_0^1 x\,dx = -\frac{x^2}{2}|_{-1}^0 + \frac{x^2}{2}|_0^1 = -\frac{0^2}{2} - (-\frac{(-1)^2}{2}) + \frac{1^2}{2} - (\frac{0^2}{2}) = 1$.
   c) $\int_{-\pi}^{\pi} \sin(x)\,dx = -\cos(x)|_{-\pi}^{\pi} = -\cos(\pi) - (-\cos(-\pi)) = 0$.
4. a) 0. Lösung mit Substitution oder auch mit partieller Integration möglich (bei letzterer ergibt sich die Form $\int ... = a + \int ...$).
   b) $\frac{1}{6}(5\sqrt{5} - 1)$
5. Der Integrand ist ein Produkt, daher probieren wir die partielle Integration: $f(x) = \sin(x)$ und $g'(x) = \sin(x)$, damit $f'(x) = \cos(x)$ und $g(x) = -\cos(x)$ und daher

$$\int \sin^2(x)\,dx = -\sin(x)\cos(x) + \int \cos^2(x)\,dx + C.$$

(Würden wir nun die partielle Integration nochmals anwenden, so hätten wir nichts gewonnen, denn es ergäbe sich $\int \sin^2(x)\,dx = \int \sin^2(x)\,dx$). Daher versuchen wir die Umformung $\cos^2(x) = 1 - \sin^2(x)$:

$$\begin{aligned}\int \sin^2(x)\,dx &= -\sin(x)\cos(x) + \int (1 - \sin^2(x))\,dx + C\\ &= -\sin(x)\cos(x) + x - \int \sin^2(x)\,dx + C.\end{aligned}$$

Rechts taucht das gegebene Integral wieder auf. Kein Problem, wir bringen es einfach auf die andere Seite,

$$2\int \sin^2(x)\,dx = x - \sin(x)\cos(x) + C,$$

und lösen danach auf:

$$\int \sin^2(x)\,dx = \frac{1}{2}\,(x - \sin(x)\cos(x)) + C.$$

6. a) $-\frac{3}{4} + \ln(4)$ (partiell; Achtung: bei $f(x) = x$ und $g'(x) = \ln(x)$ muss $\ln(x)$ integriert werden; besser ist daher die Aufteilung $f(x) = \ln(x)$ und $g'(x) = x$).
   b) 2π

7. a) $\int_0^1 x^3\,dx = \frac{x^4}{4}|_0^1 = \frac{1^4}{4} - \frac{0^4}{4} = \frac{1}{4}$
   b) $\int_0^1 (\mathrm{e}^t + 2t)\,dt = \left(\mathrm{e}^t + 2\frac{t^2}{2}\right)|_0^1 = \left(\mathrm{e}^1 + 1^2\right) - \left(\mathrm{e}^0 + 0^2\right) = \mathrm{e} + 1 - 1 = \mathrm{e}$
   c) $\int_0^\pi 4\cos(x)\,dx = 4\sin(x)|_0^\pi = 4\sin(\pi) - 4\sin(0) = 0$. Das ist auch am Funktionsgraphen von $\cos(x)$ abzulesen: Auf dem Intervall $[0,\pi]$ heben sich die Flächen unter- und oberhalb der x-Achse weg.
   d) Die Funktion hat bei $x = 0$ einen Sprung. Wir teilen das Integrationsintervall $[-2,1]$ in die zwei Teilintervalle $[-2,0]$ und $[0,1]$: $\int_{-2}^1 \operatorname{sign}(x)\,dx = \int_{-2}^0 \operatorname{sign}(x)\,dx + \int_0^1 \operatorname{sign}(x)\,dx = \int_{-2}^0 (-1)\,dx + \int_0^1 (1)\,dx = -x|_{-2}^0 + x|_0^1 = -(0 - (-2)) + (1 - 0) = -1$.
8. Laut Aufwärmübung 5 ist $\int_0^{2\pi} \sin^2(t)dt = \frac{1}{2}(t - \sin(t)\cos(t))|_0^{2\pi} = \frac{1}{2}(2\pi) = \pi$. Daher ist $f_{\text{eff}} = \sqrt{\frac{1}{2\pi}\int_0^{2\pi} \sin^2(t)dt} = \frac{1}{\sqrt{2}}$.
9. Der Gesamtniederschlag ist $\int_0^8 n(t)dt = n_0 \int_0^8 (1 + 0.3\sin(2\pi t))dt = 8n_0$ und die mittlere Niederschlagsmenge ist $\overline{n} = n_0$.
10. a) $\int_0^1 \frac{1}{x^2}\,dx = \lim_{c\to 0+} \int_c^1 \frac{1}{x^2}\,dx = \lim_{c\to 0+} -\frac{1}{x}|_c^1 = -1 + \lim_{c\to 0+} \frac{1}{c} = \infty$
    b) $\int_0^1 x^{-1/4}\,dx = \lim_{c\to 0+} \int_c^1 x^{-1/4}\,dx = \lim_{c\to 0+} \frac{4}{3}x^{3/4}|_c^1 = \frac{4}{3}$
    c) $\int_1^\infty \frac{3}{x^2}\,dx = \lim_{c\to\infty} \int_1^c \frac{3}{x^2}\,dx = \lim_{c\to\infty}(-\frac{3}{x})|_1^c = \lim_{c\to\infty}(-\frac{3}{c} + \frac{3}{1}) = 3$.

(Lösungen zu den weiterführenden Aufgaben finden Sie in Abschnitt B.21)

22

Fourierreihen

22.1 Fourierreihen

Nehmen wir an, wir haben ein akustisches Signal, das wir auf einem Computer abspeichern möchten. Das Signal könnte wie in Abbildung 22.1 aussehen. Um es abzu-

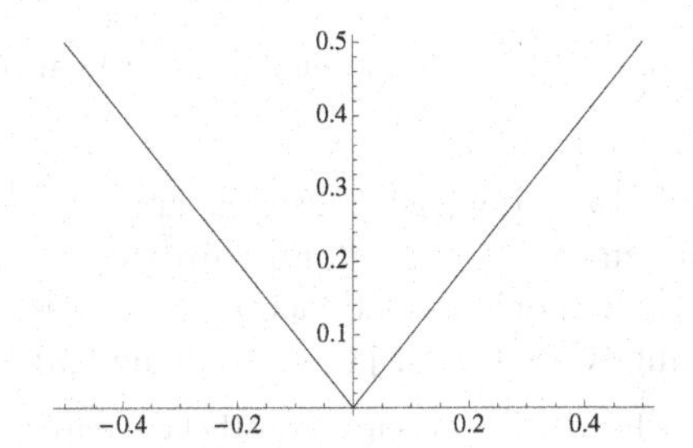

Abbildung 22.1. Akustisches Signal.

speichern wird in der Praxis die Amplitude des Signals in konstanten Zeitabständen, z. B. alle Hundertstelsekunden, gemessen (Samplingrate von 100 Hertz). Es liegen daher etwa nur die Funktionswerte zu den Zeitpunkten $-0.50, -0.49, \ldots, 0.49, 0.50$ vor. Es wäre nun am nahe liegendsten, die gemessenen 100 Funktionswerte abzuspeichern. Das ist vielleicht bei 100 Messwerten kein Problem, kann aber bei einer größeren Anzahl zu Speicherproblemen führen. Die Frage ist also, wie wir das Signal mit möglichst geringem Speicheraufwand aber zugleich möglichst geringem Informationsverlust, abspeichern können.

Wir könnten das Signal zum Beispiel durch ein Taylorpolynom mit etwa zehn Koeffizienten approximieren. Dann müssten nur diese zehn Koeffizienten gespeichert werden, die ja bereits die gesamte Information des Taylorpolynoms enthalten. Das ist auch schon die richtige Idee, nur ergibt sich hier das Problem, dass wir nur die *Funktionswerte* des Signals, nicht aber die Ableitungen kennen, die für die Berechnung der Taylorkoeffizienten notwendig sind. Außerdem würde ein Taylorpolynom eine Näherung geben, die *lokal* um den Entwicklungspunkt t_0 (das wäre im obigen Beispiel der Zeitpunkt 0) sehr gut wäre, aber immer schlechter würde, je weiter wir uns vom Entwicklungspunkt entfernen. Wir suchen also in unserem Beispiel eine Approximation des Signals, die *global* auf dem gesamten Zeitintervall $[-\frac{1}{2}, \frac{1}{2}]$ gut ist und für die die Kenntnis der Funktionswerte (Messwerte) ausreicht.

Es ist nun möglich, nahezu beliebige Funktionen (sogar unstetige) durch ein so genanntes *trigonometrisches Polynom* zu approximieren. Vergleichen wir zum Beispiel unser Signal aus Abbildung 22.1, das durch die Funktion $f(t) = |t|$ gegeben sein könnte, mit

$$F_3(t) = \frac{1}{4} - \frac{2}{\pi^2}\cos(2\pi t) - \frac{2}{9\pi^2}\cos(6\pi t).$$

Abbildung 22.2 zeigt, dass sich beide Funktionen nur geringfügig unterscheiden und

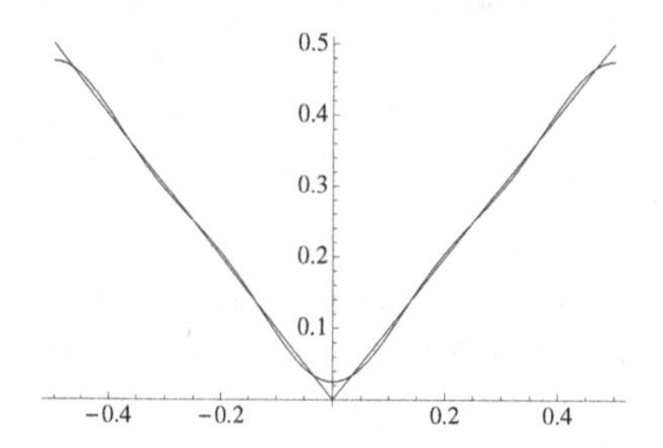

Abbildung 22.2. Signal $f(t) = |t|$ mit trigonometrischem Näherungspolynom.

dass die Annäherung global auf dem gesamten Intervall $[-\frac{1}{2}, \frac{1}{2}]$ gut ist. Wenn wir mit dieser Approximation zufrieden sind, dann würde es also reichen, nur die Koeffizienten $\frac{1}{4}$, $-\frac{2}{\pi^2}$ und $-\frac{2}{9\pi^2}$ zu speichern! Beachten Sie, dass es dabei aber zu einem Informationsverlust kommt (weil es sich ja nur um eine Näherung handelt).

Die gleiche Idee kommt auch bei verschiedenen (verlustbehafteten) Kompressionsverfahren, wie zum Beispiel JPEG oder MP3, zum Einsatz. Mehr dazu im folgenden Unterabschnitt.

Wie erhält man nun eine solche trigonometrische Approximation und was steckt da mathematisch dahinter? Wir haben bisher ein Signal auf dem Intervall $[-\frac{1}{2}, \frac{1}{2}]$ betrachtet. Gehen wir nun allgemeiner vom Intervall $[-\frac{T}{2}, \frac{T}{2}]$ aus:

Definition 22.1 Der Ausdruck

$$\begin{aligned} F_n(t) &= \frac{a_0}{2} + \sum_{k=1}^{n} \Big(a_k \cos(k\omega t) + b_k \sin(k\omega t)\Big) \\ &= \frac{a_0}{2} + a_1 \cos(\omega t) + \cdots + a_n \cos(n\omega t) + b_1 \sin(\omega t) + \cdots + b_n \sin(n\omega t) \end{aligned}$$

mit der Abkürzung $\omega = \frac{2\pi}{T}$ heißt **trigonometrisches Polynom** oder auch **Fourierpolynom** vom Grad n. Die Koeffizienten a_k und b_k heißen **Fourierkoeffizienten** von F_n. (ω ist der griechische Buchstabe „omega“ und wird üblicherweise hier verwendet.)

Im obigen Beispiel ist $F_3(t) = \frac{1}{4} - \frac{2}{\pi^2}\cos(2\pi t) - \frac{2}{9\pi^2}\cos(6\pi t)$ ein Fourierpolynom vom Grad 3 mit den Koeffizienten $a_0 = \frac{1}{2}$, $a_1 = -\frac{2}{\pi^2}$, $a_2 = 0$, $a_3 = -\frac{2}{9\pi^2}$ und $b_1 = b_2 = b_3 = 0$.

Ein trigonometrisches Polynom ist kein Polynom im eigentlichen Sinn, da es nicht von der Form $a_n t^n + a_{n-1}t^{n-1} + \ldots + a_1 t + a_0$ ist. Anstelle der Potenzen t^k enthält ein Fourierpolynom die periodischen Funktionen $\sin(k\omega t)$ und $\cos(k\omega t)$ (mit der Periode $T = \frac{2\pi}{\omega}$). Da mit $\sin(\omega t)$ auch $\sin(k\omega t)$ die Periode T hat, und Analoges für die Kosinusterme gilt, ist auch $F_n(t)$ periodisch mit der Periode T. Es genügt daher, F_n auf einem Intervall der Länge T zu untersuchen, also zum Beispiel auf $[-\frac{T}{2}, \frac{T}{2}]$.

Die Frage ist nun, wie die Koeffizienten a_k und b_k zu wählen sind, um eine vorgegebene Funktion $f(t)$ möglichst gut global anzunähern.

Man muss als Nächstes festlegen, was man unter einer *möglichst guten* globalen Approximation versteht. Eine Möglichkeit wäre zu verlangen, dass der Abstand $|f(t) - F_n(t)|$ über das gesamte Intervall $[-\frac{T}{2}, \frac{T}{2}]$ betrachtet, also das Integral $\int_{-T/2}^{T/2} |f(t) - F_n(t)|\, dt$, minimal wird. Aus mathematischen Gründen verwendet man lieber das Integral über die quadratischen Abweichungen $\int_{-T/2}^{T/2} (f(t) - F_n(t))^2\, dt$, denn für diesen Fall gibt es ein Skalarprodukt und das Problem kann geometrisch gelöst werden – siehe übernächster Unterabschnitt.

Definieren wir als Maß für die Güte der Näherung den Wert

$$\int_{-T/2}^{T/2} (f(t) - F_n(t))^2\, dt, \tag{22.1}$$

also die „Summe der quadratischen Abweichungen". Für welche Koeffizienten a_k und b_k, also für welches Fourierpolynom F_n, wird dieser Wert (Fehler) minimiert? Die Antwort gibt der folgende Satz:

Satz 22.2 Für eine vorgegebene stückweise stetige und beschränkte Funktion $f(t)$ und vorgegebenen Grad n sind die Koeffizienten des bestapproximierenden trigonometrischen Polynoms gegeben durch ($k = 0, \ldots, n$)

$$a_k = \frac{2}{T}\int_{-T/2}^{T/2} \cos(k\omega t) f(t)\, dt,$$

$$b_k = \frac{2}{T}\int_{-T/2}^{T/2} \sin(k\omega t) f(t)\, dt.$$

Demnach ist insbesondere immer $b_0 = \frac{2}{T}\int_{-T/2}^{T/2} 0\, dt = 0$ und $a_0 = \frac{2}{T}\int_{-T/2}^{T/2} f(t)\, dt$. Beachten Sie weiters in Definition 22.1, dass im Fourierpolynom der konstante Anteil gleich $\frac{a_0}{2}$ (und nicht a_0) ist. Der Wert $\frac{a_0}{2}$ ist der **lineare Mittelwert** von $f(t)$. Er wird in den technischen Anwendungen auch oft als **Gleichanteil** bezeichnet.

Bei geraden beziehungsweise ungeraden Funktionen reduziert sich die Anzahl der Koeffizienten:

Satz 22.3 Ist $f(t)$ gerade, so folgt $b_k = 0$ und ist $f(t)$ ungerade, so folgt $a_k = 0$ für $k = 0, \ldots, n$.

Denn das Integral einer ungeraden Funktion über ein symmetrisches Intervall ist 0, da sich die Flächen links und rechts vom Ursprung wegheben. Und $\cos(k\omega t)f(t)$ ist für ungerades f ungerade bzw. $\sin(k\omega t)f(t)$ ist für gerades f ungerade.

Nun ist das Geheimnis also gelüftet und wir können leicht das zu $f(t) = |t|$ gehörige Fourierpolynom vom Grad drei berechnen.

Beispiel 22.4 (→CAS) Fourierpolynom
Berechnen Sie das Fourierpolynom vom Grad 3 für $f(t) = |t|$, $t \in [-\frac{1}{2}, \frac{1}{2}]$.

Lösung zu 22.4 Das Fourierpolynom vom Grad 3 hat laut Definition 22.1 die Form (in diesem Beispiel ist die Länge des Intervalls $T = 1$, daher $\omega = \frac{2\pi}{T} = 2\pi$)

$$\begin{aligned} F_3(t) &= \frac{a_0}{2} + a_1 \cos(2\pi t) + a_2 \cos(4\pi t) + a_3 \cos(6\pi t) \\ &\quad + b_1 \sin(2\pi t) + b_2 \sin(4\pi t) + b_3 \sin(6\pi t). \end{aligned}$$

Die Koeffizienten berechnen sich nach Satz 22.2 und, da die Funktion $f(t) = |t|$ gerade ist, nach Satz 22.3:

$$\begin{aligned} a_k &= 2\int_{-1/2}^{1/2} |t| \cos(2\pi kt)\,dt = 4\int_0^{1/2} t\cos(2\pi kt)\,dt, \\ b_k &= 0 \end{aligned}$$

für $k = 0, 1, 2, 3$.

Wir haben hier verwendet, dass $|t|\cos(2\pi kt)$ als Produkt von zwei geraden Funktionen wieder gerade ist; und dass daher das Integral dieser Funktion über das Intervall $[-\frac{1}{2}, \frac{1}{2}]$ gleich zwei mal dem Integral über das Intervall $[0, \frac{1}{2}]$ ist. Auf diesem Intervall ist $|t| = t$ und wir können uns den Betrag sparen.

Die Koeffizienten a_k können mit partieller Integration (bzw. Formelsammlung oder `Mathematica`) berechnet werden:

$$\begin{aligned} a_0 &= 4\int_0^{1/2} t\,dt = \frac{1}{2} \\ a_1 &= 4\int_0^{1/2} t\cos(2\pi t)\,dt = -\frac{2}{\pi^2} \\ a_2 &= 4\int_0^{1/2} t\cos(4\pi t)\,dt = 0 \\ a_3 &= 4\int_0^{1/2} t\cos(6\pi t)\,dt = -\frac{2}{9\pi^2} \end{aligned}$$

Daher lautet das Fourierpolynom vom Grad 3:

$$F_3(t) = \frac{1}{4} - \frac{2}{\pi^2}\cos(2\pi t) - \frac{2}{9\pi^2}\cos(6\pi t).$$

■

Beachten Sie, dass die Approximation nur auf dem Intervall $[-\frac{T}{2}, \frac{T}{2}]$ erfolgt, also im letzten Beispiel $|t| \approx \frac{1}{4} - \frac{2\cos(2\pi t)}{\pi^2} - \frac{2\cos(6\pi t)}{9\pi^2}$ nur für $t \in [-\frac{1}{2}, \frac{1}{2}]$ gilt (siehe Abbildung 22.3). Eine Approximation auf ganz $\mathbb{R}$ wäre nur gegeben, wenn $f(t)$ periodisch

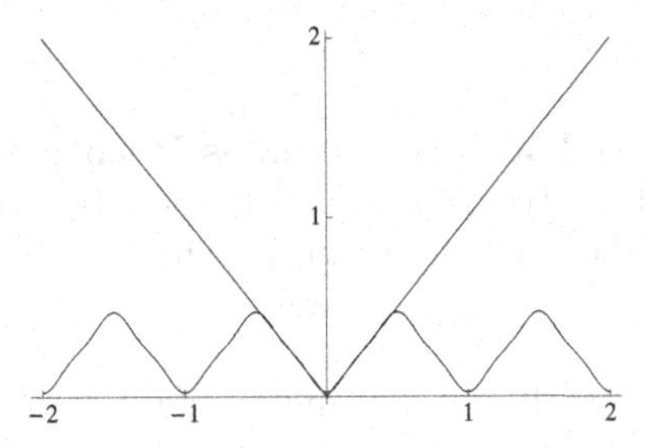

Abbildung 22.3. $|t| \approx \frac{1}{4} - \frac{2\cos(2\pi t)}{\pi^2} - \frac{2\cos(6\pi t)}{9\pi^2}$ nur für $t \in [-\frac{1}{2}, \frac{1}{2}]$, die Approximation ist also nur auf diesem Intervall gut.

mit der Periode T ist.

Anstelle des Intervalls $[-\frac{T}{2}, \frac{T}{2}]$ kann auch $[0, T]$ (oder jedes andere Intervall der Länge T) verwendet werden. Dafür müssen nur die Integrationsgrenzen entsprechend geändert werden. Das Fourierpolynom ändert sich dabei nicht, wenn die Funktion f periodisch mit der Periode T ist (denn wenn wir über eine ganze Periode integrieren, so ist es egal, wo wir beginnen).

In der Praxis ist meist nicht die Funktionsgleichung von $f(t)$ gegeben, sondern nur die Funktionswerte $f(t_k)$ zu bestimmten Zeitpunkten $t_0 = -\frac{T}{2}$, $t_1 = t_0 + \Delta_n$, $t_2 = t_0 + 2\Delta_n$, ..., mit $\Delta_n = \frac{T}{n}$. Dann können die Fourierkoeffizienten a_k und b_k näherungsweise mit der Formel aus Definition 21.15 berechnet werden:

$$a_k = \frac{2}{n}\sum_{j=0}^{n-1}\cos(k\omega t_j)f(t_j), \qquad b_k = \frac{2}{n}\sum_{j=0}^{n-1}\sin(k\omega t_j)f(t_j).$$

Die zugehörige Transformation ist als **diskrete Fouriertransformation** bekannt und die Funktion

$$F_m(t) = \frac{a_0}{2} + \sum_{k=1}^{m}\Big(a_k\cos(k\omega t) + b_k\sin(k\omega t)\Big)$$

stimmt mit f an den Stützstellen t_k überein, falls die Anzahl $2m+1$ der Koeffizienten gleich der Anzahl n der Stützstellen ist. Ist $2m+1 < n$, so ist F_m bestapproximierend in dem Sinn, dass die Summe der quadratischen Abweichungen an den Stützstellen minimal ist. Verwendet man obige Formeln für die Berechnung von a_k und b_k, so sind $O(n^2)$ Rechenoperationen notwendig. In der Praxis ist aber oft n sehr groß und man verwendet dann einen Algorithmus, der als **schnelle Fouriertransformation** (FFT - **F**ast **F**ourier **T**ransform) bekannt ist und nur $O(n\log_2(n))$ Rechenoperationen benötigt.

Was ist, wenn wir im Beispiel 22.4 nicht das Fourierpolynom vom Grad 3, sondern eines mit höherem Grad berechnen? Wir würden intuitiv erwarten, dass die Näherung dann noch besser wird. Mit anderen Worten wäre es schön, wenn die Approximation $f(t) \approx F_n(t)$ durch Fourierpolynome F_n beliebig genau gemacht werden kann, indem man nur den Grad n groß genug wählt. Und das ist auch so:

Satz 22.5 Sei f eine stückweise stetige, beschränkte Funktion mit zugehörigen Fourierpolynomen F_n. Dann konvergiert $\int_{-T/2}^{T/2}(f(t) - F_n(t))^2\,dt$ für $n \to \infty$ gegen Null. An jeder Stelle, an der f differenzierbar ist, konvergiert die Reihe gegen den Funktionswert. Wir schreiben

$$f(t) = \frac{a_0}{2} + \sum_{k=1}^{\infty}\Big(a_k\cos(k\omega t) + b_k\sin(k\omega t)\Big)$$

und bezeichnen die rechte Seite als die **Fourierreihe** von $f(t)$.

Nun gleich wieder zu einem

Beispiel 22.6 (→CAS) **Fourierreihe eines Rechteckimpulses**
Gegeben ist die Funktion $f(t) = 1$ für $t > 0$ und $f(t) = 0$ für $t < 0$ im Intervall $[-\pi, \pi]$. Berechnen Sie die zugehörige Fourierreihe.

Lösung zu 22.6 Das Intervall hat nun die Länge $T = 2\pi$, daher ist $\omega = 1$. Die gesuchte Reihe hat daher die Form

$$f(t) = \frac{a_0}{2} + a_1 \cos(t) + a_2 \cos(2t) + \ldots + b_1 \sin(t) + b_2 \sin(2t) + \cdots,$$

und die Koeffizienten erhalten wir wieder mit den Formeln aus Satz 22.2. Zunächst zu den Koeffizienten der Kosinusterme:

$$\begin{aligned} a_0 &= \frac{1}{\pi}\int_{-\pi}^{\pi} f(t)\,dt = \frac{1}{\pi}\int_0^{\pi} 1\,dt = 1 \\ a_1 &= \frac{1}{\pi}\int_{-\pi}^{\pi} f(t)\cos(t)\,dt = \frac{1}{\pi}\int_0^{\pi} \cos(t)\,dt = 0 \\ a_2 &= \frac{1}{\pi}\int_0^{\pi} \cos(2t)\,dt = 0 \end{aligned}$$

bzw. allgemein

$$a_k = \frac{1}{\pi}\int_0^{\pi} \cos(kt)\,dt = 0 \text{ für } k \geq 1.$$

Nun zu den Koeffizienten der Sinusterme:

$$\begin{aligned} b_1 &= \frac{1}{\pi}\int_{-\pi}^{\pi} f(t)\sin(t)\,dt = \frac{1}{\pi}\int_0^{\pi} \sin(t)\,dt = \frac{2}{\pi} \\ b_2 &= \frac{1}{\pi}\int_0^{\pi} \sin(2t)\,dt = 0 \\ b_3 &= \frac{1}{\pi}\int_0^{\pi} \sin(3t)\,dt = \frac{2}{3\pi} \end{aligned}$$

und allgemein

$$b_k = \frac{1}{\pi}\int_0^{\pi} \sin(kt)\,dt = \frac{1-(-1)^k}{k\pi} \text{ für } k \geq 1.$$

Daher lautet die Fourierreihe:

$$\begin{aligned} f(t) &= \frac{1}{2} + \sum_{k=1}^{\infty} \frac{1-(-1)^k}{k\pi}\sin(kt) \\ &= \frac{1}{2} + \frac{2}{\pi}\sin(t) + \frac{2}{3\pi}\sin(3t) + \frac{2}{5\pi}\sin(5t) + \ldots \end{aligned}$$

Abbildung 22.4 veranschaulicht, dass der Rechteckimpuls immer besser angenähert wird, je höher der Grad des Fourierpolynoms ist. ■

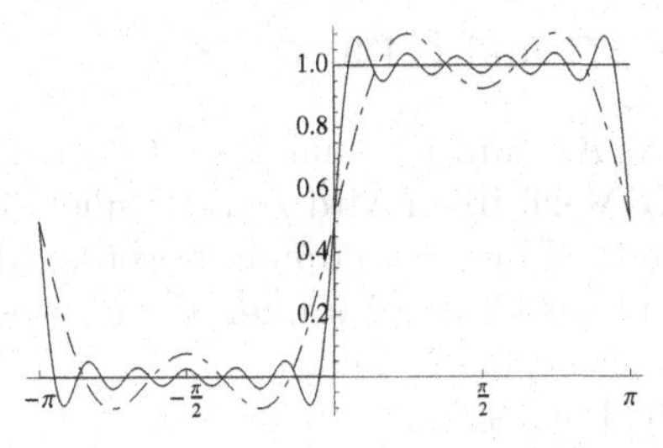

Abbildung 22.4. Rechteckimpuls mit zugehörigen Fourierpolynomen $F_3(t)$ und $F_{12}(t)$.

Finden Sie es nicht auch bemerkenswert, dass eine Funktion mit Sprungstelle, wie der Rechteckimpuls, durch eine Reihe von „glatten" Sinusfunktionen exakt dargestellt werden kann? An der Stelle $t = 0$ ergibt die Fourierreihe den Wert $\frac{1}{2}$, das ist genau der arithmetische Mittelwert aus dem links- und dem rechtsseitigen Grenzwert an der Sprungstelle $t = 0$.

Beachten Sie nochmals den Unterschied zwischen Taylor- und Fourierreihen: Die Näherung eines Funktionswertes $f(t)$ durch ein Taylorpolynom ist *lokal* in der Nähe der Entwicklungsstelle t_0 am besten, wird also im Allgemeinen schlechter, je weiter t von t_0 entfernt ist. Ein Fourierpolynom hingegen gibt eine *globale* Näherung auf einem endlichen Intervall. Weiters sind zur Berechnung eines Taylorpolynoms die *Ableitungen* an der Entwicklungsstelle notwendig, für die Berechnung eines Fourierpolynoms benötigt man die *Funktionswerte.*

Ähnliche Reihen lassen sich nicht nur mit trigonometrischen, sondern auch mit anderen Funktionen aufstellen. Da sich trigonometrische Funktionen am Computer nur indirekt (z. B.) über Näherungspolynome berechnen lassen, verwendet man in der Praxis oft so genannte **Wavelets**, die sich am Computer einfacher berechnen lassen und zusätzlich dem Problem angepasst werden können.

Fourierreihen kann man sich auch als die Überlagerung von **Eigenschwingungen** eines schwingenden Systems vorstellen: Betrachten wir eine an beiden Enden eingespannte Saite. Dann sind die zugehörigen Eigenschwingungen gerade die Funktionen $\sin(2\pi kx)$, $k \in \mathbb{N}$ (die Variable x bedeutet nun den Ort). Unser Satz 22.5 sagt nun aus, dass sich *jede beliebige* Schwingung der Saite

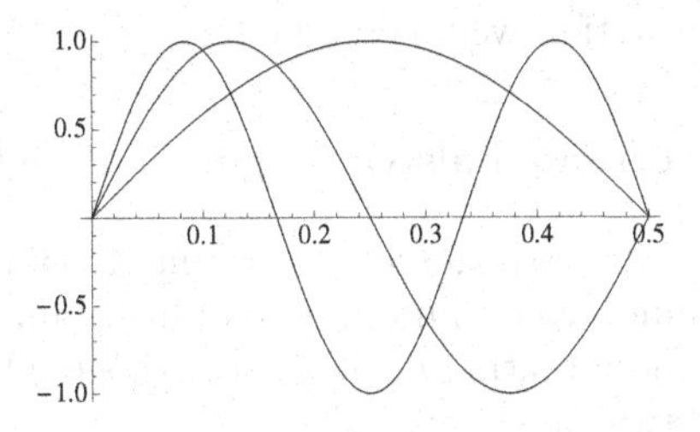

Abbildung 22.5. Eigenschwingungen $\sin(2\pi x)$, $\sin(4\pi x)$ und $\sin(6\pi x)$

als Summe (Überlagerung) von Eigenschwingungen mit verschiedenen Amplituden darstellen lässt. Abbildung 22.5 zeigt die ersten drei Eigenschwingungen. Diese Sichtweise ist für viele Anwendungen von fundamentaler Bedeutung.

22.1.1 Anwendung: JPEG und MP3

Die Ideen aus dem letzten Abschnitt kommen auch in der **Bildkompression** zur Anwendung. Beim **JPEG-Verfahren** wird zum Beispiel das Bild in Quadrate von 8×8 Bildpunkten aufgeteilt. Für die Bildpunkte werden dann die Werte der **Luminanz** Y (Helligkeit) und der **Chrominanzen** C_b, C_r (Farbwerte) betrachtet. Da das menschliche Auge Fehler bei der Helligkeit stärker wahrnimmt als Fehler bei der Farbe, genügt es, nur einen Teil der Chrominanzwerte zu verwenden, wodurch bereits eine Kompression erzielt wird. Diese Daten werden dann durch ein trigonometrisches Polynom dargestellt.

Es handelt sich dabei genau um die diskrete Kosinustransformation aus Abschnitt „Orthogonale Transformationen" in Band 1.

Da es nur endlich viele Punkte sind, ist es möglich, ein trigonometrisches Polynom zu finden, das an diesen Punkten *exakt* mit den gegebenen Werten übereinstimmt. Die Anzahl der Koeffizienten bei exakter Darstellung ist allerdings gleich der Anzahl der Punkte und es würde in diesem Fall keine Kompression erreicht. Durch die Anzahl der Koeffizienten, die man abspeichert, kann man das Verhältnis zwischen Kompressionsrate und Qualitätsverlust wählen.

Ähnlich geht man bei der **Audiokompression** vor. Gleich wie bei der Zerlegung einer Funktion in eine Fourierreihe, zerlegt unser Ohr ein akustisches Signal in einzelne Frequenzen $f = \frac{\omega}{2\pi}$, wobei nur ein bestimmter Frequenzbereich wahrgenommen werden kann (typischerweise 20 Hz bis 18 kHz, also Schwingungen von minimal 20 Perioden pro Sekunde bis maximal 18 000 Perioden pro Sekunde). Untersuchungen der Psychoakustik zeigen weiters, dass bei zwei Frequenzen, von denen eine wesentlich lauter ist als die andere, die leisere nicht wahrgenommen wird. Es bietet sich also an, Frequenzbereiche, die nicht wahrgenommen werden, auch nicht abzuspeichern. Beim **MP3-Verfahren** wird der hörbare Frequenzbereich in an das menschliche Gehör angepasste Teilbereiche zerteilt und gemäß dem psychoakustischen Modell auf verzichtbare Frequenzen untersucht. Die Frequenzen, die gespeichert werden müssen, werden dann ähnlich wie bei JPEG mit einer modifizierten diskreten Kosinustransformation weiterverarbeitet.

22.1.2 Ausblick: Fourierreihen als Orthogonalentwicklung

Was sollen Fourierreihen mit Orthogonalentwicklung zu tun haben? Bei Fourierreihen geht es doch um Summen von Funktionen und nicht um Summen von Vektoren! Abgesehen davon kann eine Funktion doch nicht orthogonal auf eine andere stehen – wie sollte man sich so etwas auch vorstellen?

Gerade das ist der entscheidende Punkt: Jeder kann sich vorstellen, was es bedeutet, wenn zwei Vektoren aufeinander orthogonal stehen. Und mehr noch, wir können aufgrund dieser geometrischen Vorstellung leicht Probleme lösen. Deshalb wäre es doch geradezu ideal, wenn wir diese geometrische Vorstellung auch für andere Probleme verwenden könnten, die auf den ersten Blick nichts mit Vektoren im $\mathbb{R}^3$ zu tun haben.

Um diesen Schritt zu vollziehen, sollten wir uns nicht überlegen, was Funktionen von Vektoren im $\mathbb{R}^3$ unterscheidet, sondern was diese gemeinsam haben! Zunächst können wir reelle Funktionen genauso wie Vektoren addieren und mit reellen Zahlen multiplizieren. Die Rechenregeln sind dabei die gleichen wie für Vektoren im $\mathbb{R}^3$. Wir betrachten also zum Beispiel die Menge $C[-\pi, \pi]$ der stetigen Funktionen auf dem Intervall $[-\pi, \pi]$ als eine Menge von Vektoren, also als einen Vektorraum.

Wann sollen aber zwei Funktionen zueinander orthogonal sein? Wir haben definiert, dass zwei Vektoren orthogonal sind, wenn ihr Skalarprodukt verschwindet. Also benötigen wir ein Skalarprodukt für Funktionen. Wir definieren es wie folgt:

Definition 22.7 (Skalarprodukt zweier stetiger Funktionen)

$$\langle f(x), g(x) \rangle = \int_{-\pi}^{\pi} f(x)g(x)dx.$$

Analog wie das Skalarprodukt im $\mathbb{R}^n$ erfüllt es die folgenden drei (für ein Skalarprodukt) charakteristischen Eigenschaften

- $\langle f(x), f(x) \rangle > 0$ für $f \neq 0$,
- $\langle f(x), g(x) \rangle = \langle g(x), f(x) \rangle$ und
- $\langle af(x) + bg(x), h(x) \rangle = a\langle f(x), h(x) \rangle + b\langle g(x), h(x) \rangle$,

die unmittelbar aus der Definition folgen. Wir wissen, dass mithilfe eines Skalarprodukts ein Längenbegriff festgelegt werden kann. Die *Länge* einer Funktion $f(x)$ ist damit

$$\|f(x)\| = \sqrt{\langle f(x), f(x) \rangle} = \sqrt{\int_{-\pi}^{\pi} f(x)^2 dx}.$$

Warum ist aber genau diese Definition des Skalarprodukts für Funktionen die *richtige* Definition? Die Antwort darauf ist:

Satz 22.8 Die Funktionen

$$\frac{1}{\sqrt{2\pi}}, \frac{\cos(nx)}{\sqrt{\pi}}, \frac{\sin(nx)}{\sqrt{\pi}}, \qquad n \in \mathbb{N},$$

bilden ein Orthonormalsystem auf dem Intervall $[-\pi, \pi]$.

Insbesondere sehen wir, dass es eine unendliche Anzahl von linear unabhängigen Vektoren (Funktionen) gibt und damit einen wichtigen Unterschied zum $\mathbb{R}^n$: Der Vektorraum der stetigen Funktionen $C[-\pi, \pi]$ ist unendlichdimensional!

Dass sich jede stetige Funktion durch ihre Fourierreihe darstellen lässt, kann man nun so interpretieren, dass sich jede Funktion als unendliche Linearkombination schreiben lässt und wir können unser Orthonormalsystem daher mit Recht als Orthonormal*basis* bezeichnen. Die Fourierkoeffizienten a_n, b_n sind nichts anderes als die Projektionen in die *Richtung* der Basisvektoren:

$$a_n = \frac{1}{\sqrt{\pi}} \langle \cos(nx), f(x) \rangle, \qquad b_n = \frac{1}{\sqrt{\pi}} \langle \sin(nx), f(x) \rangle.$$

Mehr noch, dieser Zusammenhang beweist uns (mit unserem Wissen über Orthogonalentwicklungen aus Abschnitt „Orthogonalentwicklungen" in Band 1) auf einen

Schlag auch noch die Aussage von Satz 22.2: Das Fourierpolynom $F_n(x)$ mit obigen Koeffizienten ist genau jenes, für das der Abstand $\|f(x) - F_n(x)\|$ minimal wird.

Indem wir diesen Zusammenhang zwischen Funktionen und Vektoren erkannt haben, war es relativ leicht möglich, jenes trigonometrische Polynom zu finden, das am nächsten zu einer gegebenen Funktion $f(x)$ liegt. Denn wir haben eine geometrische Vorstellung von diesem Problem, indem wir es mit dem $\mathbb{R}^3$ vergleichen. Ohne diesen Zusammenhang wäre die Lösung dieses Problems viel schwerer gewesen und ich hoffe, dass es Sie davon überzeugt, dass Abstraktion ein wichtiges Hilfsmittel bei der Lösung schwieriger Probleme ist.

Um diesen Abschnitt abzuschließen, wollen wir uns noch davon überzeugen, dass die Funktionen aus Satz 22.8 ein Orthonormalsystem sind. Wir betrachten nur den Fall $n, m \in \mathbb{N}$, der Fall $n = 0$ oder $m = 0$ Dazu müssen wir folgende Integrale nachweisen:

$$\begin{aligned}
\int_{-\pi}^{\pi} \cos(nx)\cos(mx)\,dx &= \begin{cases} 2\pi & m = n = 0 \\ \pi & m = n \neq 0 \\ 0 & m \neq n \end{cases}, \\
\int_{-\pi}^{\pi} \sin(nx)\sin(mx)\,dx &= \begin{cases} \pi & m = n \neq 0 \\ 0 & m = n = 0 \\ 0 & m \neq n \end{cases}, \\
\int_{-\pi}^{\pi} \sin(nx)\cos(mx)\,dx &= 0.
\end{aligned}$$

Das letzte Integral ist klar, da der Integrand eine ungerade Funktion ist und sich damit die Flächen links und rechts vom Ursprung wegheben. Für die anderen beiden Integrale benötigen wir die Regel der partiellen Integration aus Satz 21.9. Mit $f(x) = \cos(mx)$ und $g(x) = \sin(nx)$ erhalten wir für $n, m \neq 0$

$$\int_{-\pi}^{\pi} \cos(nx)\cos(mx)\,dx = \frac{m}{n}\int_{-\pi}^{\pi} \sin(nx)\sin(mx)\,dx.$$

Nun machen wir zur weiteren Berechnung dieser Integrale eine elegante Überlegung: Bei Vertauschung von m und n ändern sich die Integrale nicht, es wird aber $\frac{n}{m}$ durch $\frac{m}{n}$ ersetzt. Ist $n \neq m$, so ist $\frac{n}{m} \neq \frac{m}{n}$. Somit müssen beide Integrale gleich Null sein (das ist die einzige Möglichkeit, dass beide Seiten identisch sind). Ist $m = n$, so sind beide Integrale gleich. Wegen $\cos^2(nx) = 1 - \sin^2(nx)$ folgt

$$\int_{-\pi}^{\pi} \cos^2(nx)dx = 2\pi - \int_{-\pi}^{\pi} \sin^2(nx)dx = 2\pi - \int_{-\pi}^{\pi} \cos^2(nx)dx,$$

und Auflösen nach dem Integral ergibt

$$\int_{-\pi}^{\pi} \cos^2(nx)dx = \int_{-\pi}^{\pi} \sin^2(nx)dx = \pi.$$

Die fehlenden Fälle $m = 0$ oder $n = 0$ können leicht nachgerechnet werden.

22.2 Mit dem digitalen Rechenmeister

Fourierpolynom

Natürlich gibt es auch einen Befehl in `Mathematica`, um ein Fourierpolynom zu berechnen:

```
In[1]:= FourierTrigSeries[Abs[t], t, 3, FourierParameters → {1, 2π}]
```

$$\texttt{Out[1]=}\ \frac{1}{4} - \frac{2\,\mathrm{Cos}[2\pi t]}{\pi^2} - \frac{2\,\mathrm{Cos}[6\pi t]}{9\pi^2}$$

`Mathematica` nimmt als Intervall automatisch $[-\frac{\pi}{2}, \frac{\pi}{2}]$ an, den allgemeinen Fall $[-\frac{T}{2}, \frac{T}{2}]$ erhält man mit der Option `FourierParameters` $\to \{0, \frac{2\pi}{T}\}$.

Fourierreihe

Wir definieren zunächst die Funktion

In[2]:= $\texttt{f[t\_]} := \texttt{If[t} > 0, 1, 0]; \texttt{Plot[f[t]}, \{\texttt{t}, -\pi, \pi\}]$

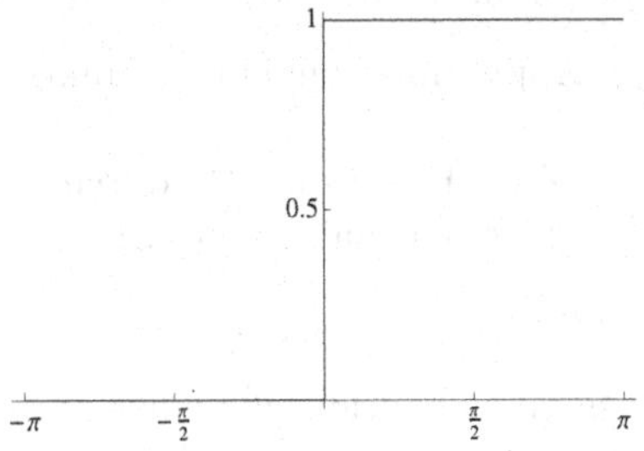

und berechnen

In[3]:= $\texttt{a[0]} = \dfrac{1}{\pi}\int_{-\pi}^{\pi} \texttt{f[t]}\,\texttt{dt}$

Out[3]= 1

Weiters gilt

In[4]:= $\texttt{a[k\_]} = \dfrac{1}{\pi}\int_{-\pi}^{\pi} \texttt{f[t]Cos[k t]}\,\texttt{dt}$

Out[4]= $\dfrac{\texttt{Sin[k}\pi]}{\texttt{k}\pi}$

Das ist aber für ganzzahliges k gleich Null, wie auch mit **Mathematica** leicht zu sehen ist:

In[5]:= $\texttt{Simplify[\%, k} \in \texttt{Integers]}$

Out[5]= 0

(Die Option $\texttt{k} \in \texttt{Integers}$ legt fest, dass k ganzzahlig ist.) Analog berechnen wir

In[6]:= $\texttt{b[k\_]} = \dfrac{1}{\pi}\int_{-\pi}^{\pi} \texttt{f[t]Sin[k t]}\,\texttt{dt}$

Out[6]= $\dfrac{1 - \texttt{Cos[k}\pi]}{\texttt{k}\pi}$

was sich ebenfalls noch etwas vereinfachen lässt:

In[7]:= $\texttt{Simplify[\%, k} \in \texttt{Integers]}$

Out[7]= $-\dfrac{-1 + (-1)^{\texttt{k}}}{\pi\texttt{k}}$

Berechnen wir noch explizit die ersten sechs Koeffizienten b_k:

In[8]:= {b[1], b[2], b[3], b[4], b[5], b[6]}

Out[8]= $\{\dfrac{2}{\pi}, 0, \dfrac{2}{3\pi}, 0, \dfrac{2}{5\pi}, 0\}$.

22.3 Kontrollfragen

Fragen zu Abschnitt 22.1: Fourierreihen

Erklären Sie folgende Begriffe: Fourierpolynom, Fourierkoeffizienten, Fourierreihe.

1. Worin liegen die Unterschiede der Approximation einer Funktion durch ein Fourier- und ein Taylorpolynom?
2. Wählen Sie aus: Die Approximation einer Funktion $f(t)$ durch ein Fourierpolynom $F_n(t)$ auf dem Intervall $[-\frac{T}{2}, \frac{T}{2}]$ ist optimal in dem Sinn, dass folgender Fehler minimal ist:
   a) $\int_{-T/2}^{T/2}(f(t) - F_n(t))^2\,dt$ b) $\int_{-T/2}^{T/2}|f(t) - F_n(t)|\,dt$.
3. Wählen Sie aus: Die allgemeine Form einer Fourierreihe einer Funktion $f(t)$ ist gegeben durch:
   a) $f(t) = \frac{a_0}{2} + a_1\cos(\omega t) + a_2\cos(2\omega t) + \ldots + b_1\sin(\omega t) + b_2\sin(2\omega t) + \ldots$
   b) $f(t) = \frac{a_0}{2} + a_1\cos(\omega t) + a_2\cos(\omega t)^2 + \ldots + b_1\sin(\omega t) + b_2\sin(\omega t)^2 + \ldots$
   c) $f(t) = a_0 + a_1\cos(\omega t) + a_2\cos(2\omega t) + \ldots + b_1\sin(\omega t) + b_2\sin(2\omega t) + \ldots$
   d) $f(t) = a_0 + a_1\cos(\omega t) + a_2\cos(\omega t)^2 + \ldots + b_0 + b_1\sin(\omega t) + b_2\sin(\omega t)^2 + \ldots$
4. Das Fourierpolynom F_3 von $f(t) = |t|$ auf dem Intervall $[-\frac{1}{2}, \frac{1}{2}]$ ist gleich $F_3(t) = \frac{1}{4} - \frac{2}{\pi^2}\cos(2\pi t) - \frac{2}{9\pi^2}\cos(6\pi t)$. Geben Sie F_2 und F_1 an.

Lösungen zu den Kontrollfragen

Lösungen zu Abschnitt 22.1

1. Die Approximation einer Funktion $f(t)$ durch ein Taylorpolynom ist eine *lokale* Approximation, die umso besser ist, je näher t bei der Entwicklungsstelle t_0 liegt. Die Approximation durch ein Fourierpolynom ist eine *globale* Approximation auf einem endlichen Intervall. Für die Berechnung der Taylorkoeffizienten benötigt man die Ableitungen $f'(t_0)$, für die Berechnung der Fourierkoeffizienten sind die Funktionswerte $f(t)$ notwendig.
2. a) ist richtig
3. a) ist richtig
4. Die allgemeine Form von $F_n(t)$ ist (hier für $\omega = 2\pi$)

   $$F_n(t) = \frac{a_0}{2} + a_1\cos(2\pi t) + a_2\cos(4\pi t) + \ldots + b_1\sin(2\pi t) + b_2\sin(4\pi t) + \ldots.$$

   Da wir F_3 bereits kennen, erhalten wir die niedrigeren Fourierpolynome einfach durch Weglassen der entsprechenden Terme: $F_1(t) = \frac{1}{4} - \frac{2}{\pi^2}\cos(2\pi t)$ und $F_2(t) = \frac{1}{4} - \frac{2}{\pi^2}\cos(2\pi t)$ (da hier $a_2 = 0$ ist, ist $F_1(t) = F_2(t)$).

22.4 Übungen

Aufwärmübungen

1. Berechnen Sie den Fourierkoeffizient a_0 von $f(t) = t^2$ auf $[-\frac{1}{2}, \frac{1}{2}]$.
2. Berechnen Sie folgende Integrale für $n \in \mathbb{N}$: a) $\int t\cos(nt)\,dt$ b) $\int t\sin(nt)\,dt$

Weiterführende Aufgaben

1. Berechnen Sie für die „Sägezahnfunktion"

$$f(t) = \begin{cases} t + \frac{1}{2}, & -\frac{1}{2} < t < 0 \\ t \quad, & 0 < t < \frac{1}{2} \end{cases}$$

   die Fourierpolynome F_2 und F_8 und stellen Sie sie zusammen mit f graphisch dar.
2. Entwickeln Sie die Funktion $f(t) = t$, $t \in [-\pi, \pi]$ in eine Fourierreihe.
3. Berechnen Sie b_{27} von $f(t) = t^2$, $t \in [-\pi, \pi]$.
4. Zeigen Sie: Wenn $f(t)$, $t \in [-\pi, \pi]$, die Fourierkoeffizienten a_k, b_k hat, und $g(t)$, $t \in [-\pi, \pi]$, die Fourierkoeffizienten c_k, d_k, so hat $f(t) + g(t)$ die Fourierkoeffizienten $a_k + c_k$, $b_k + d_k$.

Lösungen zu den Aufwärmübungen

1. $a_0 = 2\int_{-1/2}^{1/2} t^2\,dt = \frac{1}{6}$.
2. a) Mit partieller Integration folgt $\int t \cdot \cos(nt)\,dt = \frac{t}{n}\sin(nt) - \frac{1}{n}\int \sin(nt)\,dt = \frac{t}{n}\sin(nt) + \frac{1}{n^2}\cos(nt)$.
   b) Analog ist $\int t \cdot \sin(nt)\,dt = -\frac{t}{n}\cos(nt) + \frac{1}{n^2}\sin(nt)$.

(Lösungen zu den weiterführenden Aufgaben finden Sie in Abschnitt B.22)

23

Differentialrechnung in mehreren Variablen

23.1 Grenzwert und Stetigkeit

Bis jetzt haben wir es fast ausschließlich mit Funktionen einer Variable zu tun gehabt. Nicht in jeder Situation kommt man aber damit aus. So wird z. B. der Ertrag einer Firma im Allgemeinen von mehreren Faktoren abhängen und ist somit eine Funktion von mehreren Variablen. Diesen Fall wollen wir nun eingehender untersuchen.

Eine reellwertige Funktion von mehreren Variablen ist eine Abbildung

$$f : D \subseteq \mathbb{R}^n \to \mathbb{R}, \qquad (x_1, \dots, x_n) \mapsto f(x_1, \dots, x_n)$$

von einer Teilmenge D des $\mathbb{R}^n$ in die reellen Zahlen. Oft wird für die Variablen die abkürzende Vektornotation

$$\mathbf{x} = (x_1, \dots, x_n)$$

verwendet, und man schreibt dann kurz $f(\mathbf{x})$ statt $f(x_1, \dots, x_n)$.

Beispiel 23.1 Betrachten wir die Funktion von zwei Variablen

$$f(x_1, x_2) = 2 - x_1^2 - x_2^2,$$

die jedem Punkt $(x_1, x_2) \in \mathbb{R}^2$ die reelle Zahl $2 - x_1^2 - x_2^2$ zuordnet. Wir können uns ihren Graphen $\{(x_1, x_2, f(x_1, x_2)) \mid (x_1, x_2) \in \mathbb{R}^2\}$ als Fläche im $\mathbb{R}^3$ veranschaulichen (Abbildung 23.1).

Haben wir drei Variablen (oder mehr), zum Beispiel

$$f(x_1, x_2, x_3) = 2 - x_1^2 - x_2^2 - x_3^2,$$

so ist der Graph eine Hyperfläche im $\mathbb{R}^4$ und wir können ihn nicht mehr zeichnen, da unsere Welt leider nur drei Dimensionen hat.

Wie im Fall von einer Variable ist die Ableitung ein zentraler Begriff. Um sie mathematisch fassen zu können, müssen wir zunächst die Begriffe Konvergenz, Grenzwert und Stetigkeit verallgemeinern. Alles verläuft analog wie in einer Dimension.

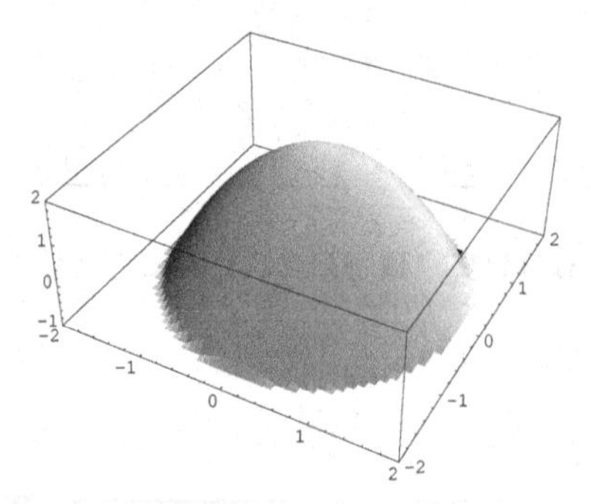

Abbildung 23.1. Graph der Funktion $f(x_1, x_2) = 2 - x_1^2 - x_2^2$.

Definition 23.2 Eine Folge von Vektoren $\mathbf{x}_k \in \mathbb{R}^n$ heißt **konvergent** zum **Grenzwert** $\mathbf{x}_0$, falls der Abstand $\|\mathbf{x}_k - \mathbf{x}_0\| = \sqrt{|x_{k,1} - x_{0,1}|^2 + \cdots + |x_{k,n} - x_{0,n}|^2}$ gegen Null konvergiert; d.h.,

$$\lim_{k\to\infty} \mathbf{x}_k = \mathbf{x}_0 \quad \Leftrightarrow \quad \lim_{k\to\infty} \|\mathbf{x}_k - \mathbf{x}_0\| = 0.$$

Wir schreiben dafür auch kurz $\mathbf{x}_k \to \mathbf{x}_0$. Das ist gleichbedeutend mit der Aussage, dass jede Komponente des Vektors $\mathbf{x}_k$ gegen die entsprechende Komponente des Vektors $\mathbf{x}_0$ konvergiert.

Beispiel 23.3 Berechnen Sie den Grenzwert der Folgen

$$\text{a) } \mathbf{x}_k = \begin{pmatrix} 1 - \frac{1}{k} \\ \frac{2k}{k+1} \end{pmatrix} \qquad \text{b) } \mathbf{x}_k = \begin{pmatrix} \frac{1}{k} \\ \frac{k^2}{k+1} \end{pmatrix}$$

Lösung zu 23.3

a) Die erste Komponente $1 - \frac{1}{k}$ konvergiert gegen 1 und die zweite Komponente $\frac{2k}{k+1}$ konvergiert gegen 2, somit gilt

$$\lim_{k\to\infty} \mathbf{x}_k = \begin{pmatrix} 1 \\ 2 \end{pmatrix}.$$

b) Die erste Komponente konvergiert zwar gegen 0, die zweite divergiert aber. Somit divergiert auch die Folge $\mathbf{x}_k$. ■

Nun können wir den Grenzwert einer Funktion von mehreren Variablen definieren:

Definition 23.4 Sei $f : D \subseteq \mathbb{R}^n \to \mathbb{R}$ eine Funktion von n Variablen. Der Punkt $y_0 \in \mathbb{R}$ heißt Grenzwert von f an der Stelle $\mathbf{x}_0 \in D$, wenn für jede Folge $\mathbf{x}_k \to \mathbf{x}_0$ auch $f(\mathbf{x}_k) \to y_0$ gilt. Wir schreiben dafür

$$\lim_{\mathbf{x}\to\mathbf{x}_0} f(\mathbf{x}) = y_0.$$

Beispiel 23.5 Bestimmen Sie den Grenzwert

$$\lim_{\mathbf{x}\to(0,2)} \frac{x_2 \sin(x_1)}{x_1}.$$

Lösung zu 23.5 Wenn $\mathbf{x} \to (0,2)$, dann konvergiert $x_1 \to 0$ und $x_2 \to 2$. Wegen $\lim_{x_1\to 0} \frac{\sin(x_1)}{x_1} = 1$ und $\lim_{x_2\to 2} x_2 = 2$ folgt

$$\lim_{\mathbf{x}\to(0,2)} x_2 \frac{\sin(x_1)}{x_1} = 2 \cdot 1 = 2.$$

■

In den meisten Fällen wird der Grenzwert gleich dem Funktionswert sein. In diesem Fall heißt die Funktion *stetig* (analog wie bei Funktionen einer Variable):

Definition 23.6 Eine Funktion $f : D \subseteq \mathbb{R}^n \to \mathbb{R}$ heißt **stetig an der Stelle** $\mathbf{x}_0 \in D$ falls

$$\lim_{\mathbf{x}\to\mathbf{x}_0} f(\mathbf{x}) = f(\mathbf{x}_0).$$

Gilt das für *jedes* $\mathbf{x}_0 \in D$, so sagen wir, dass die Funktion f stetig ist.

Die Menge der stetigen Funktionen $f : D \to \mathbb{R}$ wird, wie schon im Fall einer Variable, mit $C(D)$ (bzw. $C^0(D)$) bezeichnet.

Wie überprüft man, ob eine Funktion stetig ist? Analog wie für eine Variable gibt es dazu ein paar Regeln, mit denen man fast alles erledigen kann, was einem in freier Wildbahn so über den Weg läuft: Zunächst ist nicht schwer zu sehen, dass sowohl die konstante Funktion $f(\mathbf{x}) = c$ als auch die Funktionen $f(\mathbf{x}) = x_1, \ldots, f(\mathbf{x}) = x_n$ (die also den Vektor $\mathbf{x}$ jeweils auf eine seiner Komponenten abbilden) stetig sind. Wegen des folgenden Satzes gilt das auch für alle weiteren Funktionen, die sich daraus zusammenbasteln lassen.

Satz 23.7 Sind $f : D \subseteq \mathbb{R}^n \to \mathbb{R}$ und $g : D \subseteq \mathbb{R}^n \to \mathbb{R}$ stetig an der Stelle $\mathbf{x}_0$, so sind auch Summe $f(\mathbf{x}) + g(\mathbf{x})$, Produkt $f(\mathbf{x})g(\mathbf{x})$ und Quotient $f(\mathbf{x})/g(\mathbf{x})$ (falls $g(\mathbf{x}_0) \neq 0$) stetig bei $\mathbf{x}_0$.

Sind $\mathbf{f} : D \subseteq \mathbb{R}^n \to \mathbb{R}$ und $\mathbf{g} : C \subseteq \mathbb{R} \to \mathbb{R}$ stetig an der Stelle $\mathbf{x}_0 \in D$ bzw. $y_0 = f(\mathbf{x}_0)$, dann ist auch die Verkettung $g \circ f$ stetig bei $\mathbf{x}_0$.

Beispiel 23.8 Auf welchem Definitionsbereich ist $f(\mathbf{x}) = \dfrac{x_1 x_2}{x_1^2 + x_2^2}$ stetig?

Lösung zu 23.8 Die Funktionen $x_1 x_2$ und $x_1^2 + x_2^2$ sind stetig als Summe und Produkt von stetigen Funktionen. Somit ist $f(\mathbf{x})$ stetig für alle $\mathbf{x}$, für die der Ausdruck $\dfrac{x_1 x_2}{x_1^2 + x_2^2}$ Sinn macht. Das sind alle $\mathbf{x}$, für die der Nenner nicht verschwindet, also für alle $\mathbf{x} \in D = \{\mathbf{x} \in \mathbb{R}^2 \,|\, \mathbf{x} \neq \mathbf{0}\}$. Die Funktion ist in Abbildung 23.2 dargestellt. ■

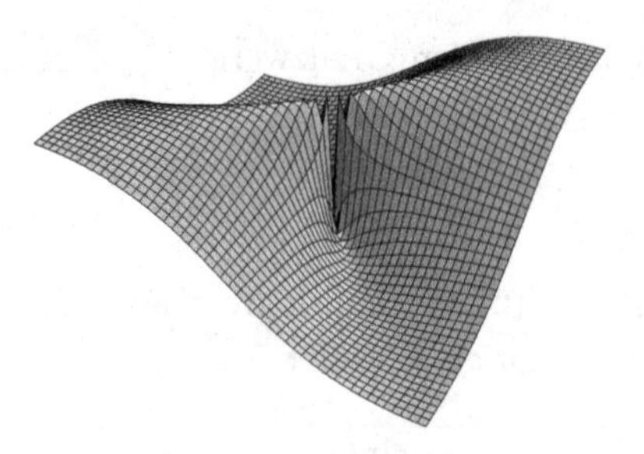

Abbildung 23.2. Graph der Funktion $f(x_1, x_2) = \frac{x_1 x_2}{x_1^2 + x_2^2}$.

Wir wissen zwar, dass $f(\mathbf{x})$ aus dem letzten Beispiel für alle $\mathbf{x} \neq \mathbf{0}$ stetig ist. Was aber an der Stelle $\mathbf{0}$ passiert, ist völlig unklar. Wenn wir uns das genauer ansehen, dann finden wir heraus, dass in diesem Fall $f(\mathbf{x})$ auch durch geeignete Wahl von $f(\mathbf{0})$ nicht für $\mathbf{x} = \mathbf{0}$ stetig gemacht werden kann, da es keinen eindeutigen Grenzwert der Funktion für $\mathbf{x}$ gegen $\mathbf{0}$ gibt: Denn für die Folge $\mathbf{x}_n = (0, \frac{1}{n})$ gilt $f(\mathbf{x}_n) = 0$ und deshalb auch $\lim_{n\to\infty} f(\mathbf{x}_n) = 0$. Für die Folge $\mathbf{x}_n = (\frac{1}{n}, \frac{1}{n})$ gilt aber $f(\mathbf{x}_n) = \frac{(1/n)(1/n)}{1/n^2 + 1/n^2} = \frac{1/n^2}{2/n^2} = \frac{1}{2}$ und deshalb $\lim_{n\to\infty} f(\mathbf{x}_n) = \frac{1}{2}$.

Oft ist es praktisch, mehrere solcher Funktionen gleichzeitig zu betrachten. Sie werden dann als Komponenten eines Vektors $\mathbf{f} = (f_1, \dots, f_m)$ zusammengefasst (vektorwertige Funktionen). Man hat es dann also mit Abbildungen der Form

$$\mathbf{f} : D \subseteq \mathbb{R}^n \to \mathbb{R}^m, \qquad \mathbf{x} \mapsto \mathbf{f}(\mathbf{x})$$

zu tun.

Beispiel 23.9 Stellt eine Firma zwei Produkte her, so könnte man den Gewinn nach Produkten aufschlüsseln: $\mathbf{g} = (g_1, g_2)$, wobei die Komponenten g_1 und g_2 den Gewinn für Produkt 1 bzw. Produkt 2 bedeuten. Wenn g_1 gemäß

$$g_1(p_1, v_1) = 5v_1 - 3p_1 - 4$$

von der produzierten Menge p_1 bzw. der verkauften Menge v_1 von Produkt 1 abhängt und g_2 gemäß

$$g_2(p_2, v_2) = 6v_2 - 4p_2 - 5$$

von der produzierten bzw. verkauften Menge von Produkt 2, so kann man den Gewinn beider Produkte in die vektorwertige Funktion

$$\mathbf{g}(p_1, p_2, v_1, v_2) = \begin{pmatrix} 5v_1 - 3p_1 - 4 \\ 6v_2 - 4p_2 - 5 \end{pmatrix}$$

zusammenfassen. Sie hängt also von vier Variablen ab, und die Funktionswerte haben zwei Komponenten. Es ist also eine Funktion $g : D \subseteq \mathbb{R}^4 \to \mathbb{R}^2$. Der Definitionsbereich D besteht aus allen nichtnegativen Werten für p_1, p_2, v_1, v_2 (da sie ja Mengen, z. B. Liter, bedeuten). Die erste Komponente jedes Funktionswertes bezieht sich auf Produkt 1, die zweite auf Produkt 2.

Analog wie zuvor definieren wir Grenzwert und Stetigkeit nun auch für vektorwertige Funktionen.

Definition 23.10 Sei $\mathbf{f} : D \subseteq \mathbb{R}^n \to \mathbb{R}^m$. Der Punkt $\mathbf{y}_0 \in \mathbb{R}^m$ heißt Grenzwert von $\mathbf{f}$ an der Stelle $\mathbf{x}_0 \in D$, wenn für jede Folge $\mathbf{x}_n \to \mathbf{x}_0$ auch $\mathbf{f}(\mathbf{x}_n) \to \mathbf{y}_0$ gilt. Wir schreiben dafür

$$\lim_{\mathbf{x}\to\mathbf{x}_0} \mathbf{f}(\mathbf{x}) = \mathbf{y}_0.$$

Die Funktion $\mathbf{f}$ heißt **stetig an der Stelle** $\mathbf{x}_0 \in D$, falls

$$\lim_{\mathbf{x}\to\mathbf{x}_0} \mathbf{f}(\mathbf{x}) = \mathbf{f}(\mathbf{x}_0).$$

Gilt das für *jedes* $\mathbf{x}_0 \in D$, so sagen wir, dass die Funktion $\mathbf{f}$ stetig ist.

Die Menge der stetigen Funktionen $\mathbf{f} : D \to \mathbb{R}^m$ wird mit $C(D, \mathbb{R}^m)$ (bzw. $C^0(D, \mathbb{R}^m)$) bezeichnet. Bei der Untersuchung auf Stetigkeit kann *jede Komponente von* $\mathbf{f}$ *einzeln* untersucht werden:

Satz 23.11 Die Funktion $\mathbf{f} : D \subseteq \mathbb{R}^n \to \mathbb{R}^m$ ist genau dann stetig an der Stelle $\mathbf{x}_0 \in D$, wenn jede Komponente $f_1, \dots, f_m$ stetig bei $\mathbf{x}_0$ ist.

Der Grund dafür liegt in Definition 23.2, wonach eine Folge von Vektoren genau dann konvergiert, wenn jede Komponente konvergiert.

Beispiel 23.12 Auf welchem Definitionsbereich ist

$$\mathbf{f}(\mathbf{x}) = \begin{pmatrix} x_1 + x_2 \\ \cos(x_1 x_2) \end{pmatrix}$$

stetig?

Lösung zu 23.12 Wir untersuchen jede Komponente einzeln: Als Summe zweier stetiger Funktionen ist $f_1(x_1, x_2) = x_1 + x_2$ stetig. Als Verkettung von $x_1 x_2$ (=stetig) mit $\cos(x)$ (=stetig) ist auch $f_2(x_1, x_2) = \cos(x_1 x_2)$ stetig. Also ist jede der beiden Komponenten $f_1(x_1, x_2)$ und $f_2(x_1, x_2)$ stetig, und somit auch $\mathbf{f}(\mathbf{x})$ für alle $\mathbf{x} \in \mathbb{R}^2$. ■

23.2 Ableitung

Für eine Funktion, die nur von einer Variablen abhängt, haben wir die Ableitung definiert, indem wir die Funktion durch eine Gerade, die Tangente, approximiert haben. Analog können wir für eine Funktion $f : \mathbb{R}^n \to \mathbb{R}$ versuchen, sie an der Stelle $\mathbf{x}_0$ durch eine (Hyper-)Ebene zu approximieren.

Betrachten wir ein konkretes Beispiel einer Funktion $f : \mathbb{R}^2 \to \mathbb{R}$ (siehe Abbildung 23.1):

$$f(\mathbf{x}) = 2 - x_1^2 - x_2^2.$$

Versuchen wir, diese Funktion an einer Stelle $\mathbf{x}_0 = (x_{0,1}, x_{0,2})$ durch eine Ebene zu approximieren:

$$f(\mathbf{x}) \approx f(\mathbf{x}_0) + a_1(x_1 - x_{0,1}) + a_2(x_2 - x_{0,2}).$$

Die Funktion $x_3 = f(\mathbf{x}_0) + a_1(x_1 - x_{0,1}) + a_2(x_2 - x_{0,2})$ ist die Normalform einer Ebene im $\mathbb{R}^3$ (mit Normalvektor $(a_1, a_2, -1)$), die durch den Punkt $(x_{0,1}, x_{0,2}, f(\mathbf{x}_0))$ geht.

Mit anderen Worten, a_1 und a_2 sollen so gewählt werden, dass die Ebene die Funktion im Punkt $\mathbf{x}_0 = (x_{0,1}, x_{0,2})$ berührt, so, wie das die Tangente bei Funktionen in einer Dimension tut. Man spricht dann von der **Tangentialebene** der Funktion f an der Stelle $\mathbf{x}_0$ (siehe Abbildung 23.3). Suchen wir konkret die Tangentialebene im Punkt

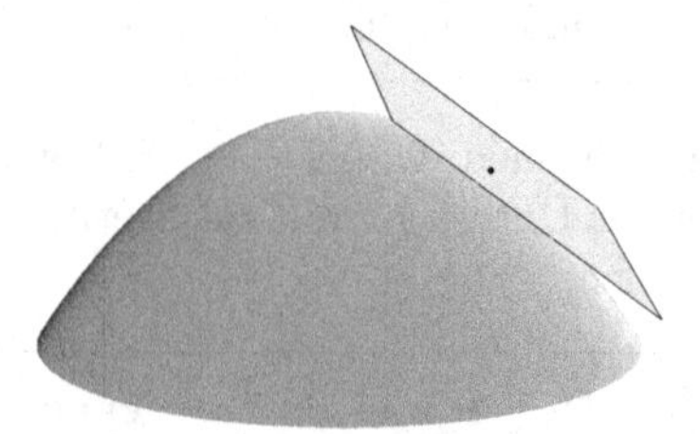

Abbildung 23.3. Tangentialebene der Funktion $f(\mathbf{x}) = 2 - x_1^2 - x_2^2$ an der Stelle $\mathbf{x}_0 = (1, 0)$.

$\mathbf{x}_0 = (x_{0,1}, x_{0,2}) = (1, 0)$. Wegen $f(\mathbf{x}_0) = 1$ gilt

$$f(\mathbf{x}) \approx 1 + a_1(x_1 - 1) + a_2 x_2.$$

Um a_1 und a_2 zu finden, sodass die Ebene die Funktion berührt, machen wir folgende Überlegung: Die Approximation durch die Ebene soll für alle Punkte (x_1, x_2) in der Nähe von $(1, 0)$ bestmöglich sein; also insbesondere für alle jene mit $x_2 = 0$. Wenn wir in $f(x_1, x_2) = 2 - x_1^2 - x_2^2$ nun $x_2 = 0$ setzen, dann ergibt sich die Funktion $g_1(x_1) = f(x_1, 0) = 2 - x_1^2 \approx 1 + a_1(x_1 - 1)$, die nur noch von der Variablen x_1 abhängt. Nun hat sich das Problem darauf reduziert, dass wir die Tangente an diese Kurve legen. Die optimale Wahl für a_1 ist gerade die Steigung der Tangente: $a_1 = g_1'(1) = -2$ (siehe Abbildung 23.4).

Geometrisch bedeutet dieses Vorgehen, dass wir den Graphen von f (also die Fläche) und die im Punkt $(1, 0)$ klebende (gesuchte) Tangentialebene mit der Ebene $x_2 = 0$ schneiden. Die Schnittkurve mit der Fläche ist die Kurve $g_1(x_1)$ und der Schnitt mit der Tangentialebene ist die Tangente von $g_1(x_1)$ (siehe Abbildung 23.4 links).

Analog können wir auch $x_1 = 1$ setzen und die Tangente an die Kurve $g_2(x_2) = f(1, x_2) = 1 - x_2^2$ legen, um zum optimalen Wert $a_2 = g_2'(0) = 0$ zu gelangen (siehe wiederum Abbildung 23.4). Insgesamt ergibt sich damit für die Näherung durch die Tangentialebene:

$$f(\mathbf{x}) \approx 1 - 2(x_1 - 1).$$

Wir haben die Koeffizienten der Tangentialebene also erhalten, indem wir eine Variable festgehalten und nach der jeweils anderen differenziert haben. Dieses Vorgehen heißt partielles Differenzieren (wir haben es in Abschnitt 19.3 schon kurz kennen gelernt).

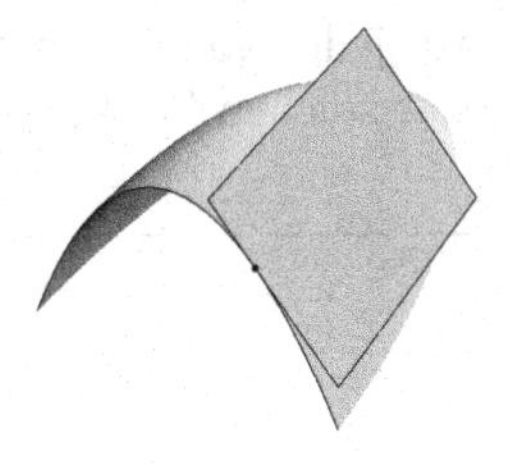

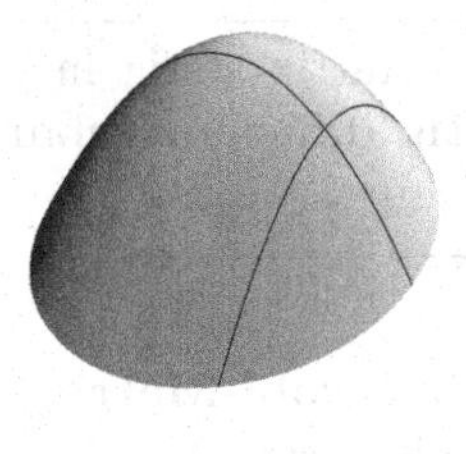

Abbildung 23.4. Links: Schnitt $x_2 = 0$ durch den Graphen von f und seine Tangentialebene. Rechts: Die Kurven $g_1(x_1) = f(x_1, 0)$ und $g_2(x_2) = f(1, x_2)$, an die die Tangenten zur Bestimmung der Tangentialebene gelegt werden.

Definition 23.13 Unter der **partiellen Ableitung** $\frac{\partial f}{\partial x_j}$ der Funktion $f : D \subseteq \mathbb{R}^n \to \mathbb{R}$ versteht man die Ableitung von f nach der Variablen x_j, während man die restlichen Variablen als Konstante auffasst:

$$\frac{\partial f}{\partial x_j}(\mathbf{x}_0) = g_j'(x_{0,j}), \qquad g_j(x_j) = f(x_{0,1}, \ldots, x_{0,j-1}, x_j, x_{0,j+1}, \ldots, x_{0,n}).$$

Beispiel 23.14 Partielle Ableitung
Berechnen Sie die partiellen Ableitungen von $f(x_1, x_2) = 2 - x_1^2 - x_2^2$.

Lösung zu 23.14 Wir differenzieren einfach nach jeder Variablen und behandeln dabei die andere wie eine Konstante:

$$\frac{\partial f}{\partial x_1}(x_1, x_2) = -2x_1, \qquad \frac{\partial f}{\partial x_2}(x_1, x_2) = -2x_2.$$ ■

In unserem Beispiel zuvor haben wir die Tangentialebene von $f(\mathbf{x}) = 2 - x_1^2 - x_2^2$ im Punkt $(1, 0)$ erhalten, indem wir die partiellen Ableitungen in diesem Punkt gebildet haben: $a_1 = \frac{\partial f}{\partial x_1}(1, 0) = -2$ bzw. $a_2 = \frac{\partial f}{\partial x_2}(1, 0) = 0$.

Nun könnte man meinen, dass man an jeden Punkt einer Fläche, an dem die partiellen Ableitungen existieren, eine Tangentialebene kleben kann. Leider kann es aber passieren, dass die Ebene, die mithilfe der partiellen Ableitungen erhalten wird, sich nicht an den Graphen von f „anschmiegt", und daher für eine Approximation unbrauchbar ist. Wir werden in Abschnitt 23.2.1 darauf eingehen. In der Praxis kommt das aber nur selten vor, insbesondere dann nicht, wenn die partiellen Ableitungen stetig sind. Wir wollen deshalb vorerst nur diesen Fall betrachten.

Definition 23.15 Die Matrix der partiellen Ableitungen (falls diese existieren) der Funktion $\mathbf{f} : D \subseteq R^n \to \mathbb{R}^m$

$$\frac{\partial \mathbf{f}}{\partial \mathbf{x}} = \begin{pmatrix} \frac{\partial f_1}{\partial x_1} & \cdots & \frac{\partial f_1}{\partial x_n} \\ \vdots & \ddots & \vdots \\ \frac{\partial f_m}{\partial x_1} & \cdots & \frac{\partial f_m}{\partial x_n} \end{pmatrix}$$

heißt **Jacobi-Matrix**.

Ist die Jacobi-Matrix stetig in ganz D (d.h., ist jede Komponente stetig), so nennt man **f stetig differenzierbar**. Die Menge aller solchen Funktionen wird mit $C^1(D, \mathbb{R}^m)$ bezeichnet.

Beispiel 23.16 Jacobi-Matrix
Berechnen Sie die Jacobi-Matrix
a) der Funktion $f : \mathbb{R}^2 \to \mathbb{R}$, $f(x_1, x_2) = 2 - x_1^2 - x_2^2$. Ist die Funktion auf $\mathbb{R}^2$ stetig differenzierbar?
b) der Funktion $\mathbf{f} : \mathbb{R}^3 \to \mathbb{R}^3$

$$\mathbf{f}(\mathbf{x}) = \begin{pmatrix} x_1 + x_2 + x_3 \\ x_1 x_2 \\ x_2 + x_3^2 \end{pmatrix}.$$

Ist die Funktion auf $\mathbb{R}^3$ stetig differenzierbar?

Lösung zu 23.16

a) Die Jacobi-Matrix besteht aus den partiellen Ableitungen:

$$\frac{\partial f}{\partial \mathbf{x}} = \begin{pmatrix} \frac{\partial f}{\partial x_1} & \frac{\partial f}{\partial x_2} \end{pmatrix} = \begin{pmatrix} -2x_1 & -2x_2 \end{pmatrix}.$$

Da beide Komponenten der Jacobi-Matrix stetig sind, ist f stetig differenzierbar auf $\mathbb{R}^2$. Es gilt also $f \in C^1(\mathbb{R}^2, \mathbb{R})$.

b) Wir müssen nun die einzelnen partiellen Ableitungen der drei Komponenten nach allen drei Variablen $f_1(\mathbf{x}) = x_1 + x_2 + x_3$, $f_2(\mathbf{x}) = x_1 x_2$ und $f_3(\mathbf{x}) = x_2 + x_3^2$ ausrechnen,

$$\frac{\partial f_1}{\partial x_1} = 1, \quad \frac{\partial f_1}{\partial x_2} = 1, \quad \frac{\partial f_1}{\partial x_3} = 1,$$
$$\frac{\partial f_2}{\partial x_1} = x_2, \quad \frac{\partial f_2}{\partial x_2} = x_1, \quad \frac{\partial f_2}{\partial x_3} = 0,$$
$$\frac{\partial f_3}{\partial x_1} = 0, \quad \frac{\partial f_3}{\partial x_2} = 1, \quad \frac{\partial f_3}{\partial x_3} = 2x_3,$$

und in eine Matrix schreiben

$$\frac{\partial \mathbf{f}}{\partial \mathbf{x}} = \begin{pmatrix} 1 & 1 & 1 \\ x_2 & x_1 & 0 \\ 0 & 1 & 2x_3 \end{pmatrix}.$$

Da alle Komponenten der Jacobi-Matrix stetig sind, ist $\mathbf{f}$ stetig differenzierbar auf $\mathbb{R}^3$. Es gilt also $\mathbf{f} \in C^1(\mathbb{R}^3, \mathbb{R}^3)$. ■

Für die Verkettung zweier Funktionen gilt

Satz 23.17 (Kettenregel) Sind $\mathbf{f} : D \subseteq \mathbb{R}^n \to \mathbb{R}^m$ und $\mathbf{g} : E \subseteq \mathbb{R}^m \to \mathbb{R}^k$ differenzierbar an der Stelle $\mathbf{x}_0 \in D$ bzw. $\mathbf{y}_0 = \mathbf{f}(\mathbf{x}_0) \in E$, dann ist auch die Verkettung $\mathbf{g} \circ \mathbf{f}$ differenzierbar an der Stelle $\mathbf{x}_0$ und die Ableitung ist das Produkt der Jacobi-Matrizen

$$\frac{\partial(\mathbf{g} \circ \mathbf{f})}{\partial \mathbf{x}}(\mathbf{x}_0) = \frac{\partial \mathbf{g}}{\partial \mathbf{y}}(\mathbf{y}_0) \cdot \frac{\partial \mathbf{f}}{\partial \mathbf{x}}(\mathbf{x}_0).$$

Achtung: Erinnern Sie sich daran, dass es bei der Matrixmultiplikation auf die Reihenfolge ankommt!

Beispiel 23.18 Kettenregel
Berechnen Sie die Ableitung von $\sin(x_1^2 + x_2^2)$ mit der Kettenregel.

Lösung zu 23.18 Wir können unsere Funktion als $g(f(\mathbf{x}))$ mit $g(y) = \sin(y)$ und $f(\mathbf{x}) = x_1^2 + x_2^2$ schreiben. Die Jacobi-Matrix von g ist $\frac{\partial g}{\partial y} = \cos(y)$ und die von f ist $\frac{\partial f}{\partial \mathbf{x}} = (2x_1 \quad 2x_2)$. Damit ist die Jacobi-Matrix der verketteten Funktion

$$\begin{aligned} \frac{\partial}{\partial \mathbf{x}} \sin(x_1^2 + x_2^2) &= \cos(x_1^2 + x_2^2) \begin{pmatrix} 2x_1 & 2x_2 \end{pmatrix} \\ &= \begin{pmatrix} 2x_1 \cos(x_1^2 + x_2^2) & 2x_2 \cos(x_1^2 + x_2^2) \end{pmatrix}. \end{aligned}$$

■

Höhere partielle Ableitungen werden rekursiv definiert. Wenn wir zum Beispiel zuerst nach x_2 und dann nach x_1 ableiten, so schreiben wir

$$\frac{\partial^2 f}{\partial x_1 \partial x_2} = \frac{\partial}{\partial x_1}\left(\frac{\partial f}{\partial x_2}\right).$$

Die Anzahl der einzelnen Ableitungen wird auch als **Ordnung** der Ableitung bezeichnet. In unserem Beispiel handelt es sich also um eine Ableitung zweiter Ordnung. Die Funktion $\mathbf{f}$ ist zweimal stetig differenzierbar, falls auch die Ableitung wieder stetig differenzierbar ist, usw. Die Menge der k-mal stetig differenzierbaren Funktionen $\mathbf{f} : D \to \mathbb{R}^m$ wird mit $C^k(D, \mathbb{R}^m)$ bezeichnet.

Beispiel 23.19 (→CAS) Berechnen Sie die Ableitungen zweiter Ordnung

$$\frac{\partial^2 f}{\partial x_1^2}, \quad \frac{\partial^2 f}{\partial x_2 \partial x_1}, \quad \frac{\partial^2 f}{\partial x_1 \partial x_2}, \quad \frac{\partial^2 f}{\partial x_2^2}$$

der Funktion $f : \mathbb{R}^2 \to \mathbb{R}$ mit $f(\mathbf{x}) = x_1 x_2^3$.

Lösung zu 23.19 Für $\frac{\partial^2 f}{\partial x_1^2}$ leiten wir zunächst einmal nach x_1 ab,

$$\frac{\partial}{\partial x_1} x_1 x_2^3 = x_2^3,$$

und dann das Ergebnis nochmals nach x_1:

$$\frac{\partial^2 f}{\partial x_1^2} = \frac{\partial}{\partial x_1} x_2^3 = 0.$$

Für $\frac{\partial^2 f}{\partial x_2 \partial x_1}$ leiten wir $\frac{\partial f}{\partial x_1}$ noch einmal nach x_2 ab:

$$\frac{\partial^2 f}{\partial x_2 \partial x_1} = \frac{\partial}{\partial x_2} x_2^3 = 3x_2^2.$$

Analog erhalten wir $\frac{\partial^2 f}{\partial x_1 \partial x_2}$ bzw. $\frac{\partial^2 f}{\partial x_2^2}$ indem wir zuerst nach x_2 ableiten

$$\frac{\partial}{\partial x_2} x_1 x_2^3 = 3x_1 x_2^2$$

und dann das Ergebnis nochmals nach x_1,

$$\frac{\partial^2 f}{\partial x_1 \partial x_2} = \frac{\partial}{\partial x_1} 3x_1 x_2^2 = 3x_2^2,$$

bzw. nach x_2,

$$\frac{\partial^2 f}{\partial x_2^2} = \frac{\partial}{\partial x_2} 3x_1 x_2^2 = 6x_1 x_2,$$

ableiten. ■

Ist Ihnen aufgefallen, dass in diesem Beispiel die Reihenfolge der partiellen Ableitungen keine Rolle spielt? Ob wir zuerst nach x_1 ableiten und dann nach x_2 oder umgekehrt macht hier keinen Unterschied. Das ist kein Zufall, es gilt nämlich:

Satz 23.20 Ist f zweimal stetig differenzierbar, so gilt

$$\frac{\partial^2 f}{\partial x_j \partial x_k} = \frac{\partial^2 f}{\partial x_k \partial x_j}.$$

Die Reihenfolge der partiellen Ableitungen ist also vertauschbar.

Ein analoges Resultat gilt für beliebige höhere Ableitungen.

23.2.1 Ausblick: Differenzierbarkeit und Existenz der Tangentialebene

Wie bereits erwähnt, reicht die Existenz der partiellen Ableitungen an einem Punkt nicht aus, um an diesen Punkt eine Tangentialebene schmiegen zu können. Existenz der partiellen Ableitungen sagt nur etwas über die Glattheit der Fläche in Richtung der Koordinatenachsen aus, nicht aber für andere Richtungen. Betrachten Sie zum Beispiel die Funktion $f(x, y) = 1 - \min(|x|, |y|)$, die zwei ineinander geschobene Dachgiebel beschreibt (Abbildung 23.5). Wenn Sie entlang der beiden Scheitel durch den Schnittpunkt der Giebel spazieren, werden Sie nichts vom Knick merken. Den Knick bemerken Sie erst, wenn Sie quer über's Dach marschieren!

Mehr noch: Es gibt sogar Funktionen, für die die partiellen Ableitungen in einem Punkt existieren, die in diesem Punkt aber nicht einmal stetig sind (von einer

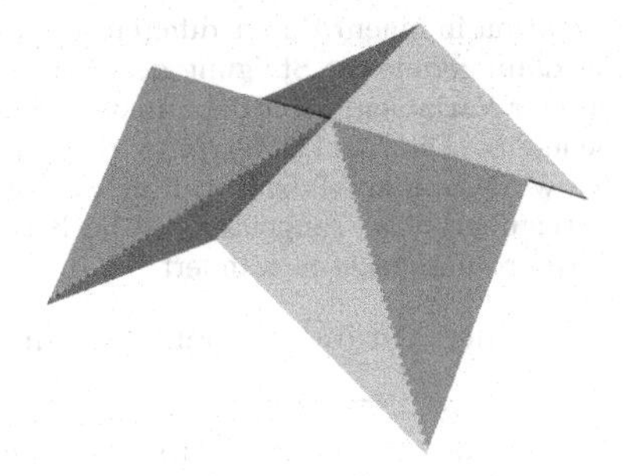

Abbildung 23.5. Graph der Funktion $f(x, y) = 1 - \min(|x|, |y|)$.

Tangentialebene kann dann gleich gar keine Rede sein, denn wo sollte man sie auch ankleben?)!

Ein Beispiel dazu: Betrachten wir nochmals die Funktion $f(x_1, x_2) = \frac{x_1 x_2}{x_1^2 + x_2^2}$ aus Beispiel 23.8 an der Stelle $\mathbf{x}_0 = (0, 0)$. Sie ist unstetig bei $\mathbf{x}_0 = (0, 0)$, aber wegen $f(x_1, 0) = f(0, x_2) = 0$ existiert sowohl $\frac{\partial f}{\partial x_1}(0, 0) = 0$ als auch $\frac{\partial f}{\partial x_2}(0, 0) = 0$.

Damit sich an einem Punkt eine Tangentialebene anschmiegen kann, muss die Differenz zwischen Funktion und Ebene schnell genug verschwinden.

In der Tat ist das im Beispiel $f(x_1, x_2) = 2 - x_1^2 - x_2^2$ im Punkt $(1, 0)$ der Fall: Für die Differenz $r(\mathbf{x}) = f(\mathbf{x}) - f(\mathbf{x}_0) - \frac{\partial f}{\partial \mathbf{x}}(\mathbf{x}_0)(\mathbf{x} - \mathbf{x}_0)$ gilt

$$\begin{aligned} \lim_{\mathbf{x} \to \mathbf{x}_0} \frac{|r(\mathbf{x})|}{\|\mathbf{x} - \mathbf{x}_0\|} &= \lim_{\mathbf{x} \to \mathbf{x}_0} \frac{|f(x_1, x_2) - (1 - 2(x_1 - 1))|}{\sqrt{(x_1 - 1)^2 + x_2^2}} = \lim_{\mathbf{x} \to \mathbf{x}_0} \frac{|1 - 2x_1 + x_1^2 + x_2^2|}{\sqrt{(x_1 - 1)^2 + x_2^2}} \\ &= \lim_{\mathbf{x} \to \mathbf{x}_0} \frac{(x_1 - 1)^2 + x_2^2}{\sqrt{(x_1 - 1)^2 + x_2^2}} = \lim_{\mathbf{x} \to \mathbf{x}_0} \sqrt{(x_1 - 1)^2 + x_2^2} = 0. \end{aligned}$$

Wenn es eine Tangentialebene gibt, so nennt man die Funktion an dieser Stelle *differenzierbar*:

Definition 23.21 Eine Funktion $\mathbf{f} : D \subseteq \mathbb{R}^n \to \mathbb{R}^m$ heißt **differenzierbar** an der Stelle $\mathbf{x}_0 \in D$, wenn es eine (m, n) Matrix $A(\mathbf{x}_0)$ gibt, sodass

$$\mathbf{f}(\mathbf{x}) = \mathbf{f}(\mathbf{x}_0) + A(\mathbf{x}_0)(\mathbf{x} - \mathbf{x}_0) + \mathbf{r}(\mathbf{x})$$

mit

$$\lim_{\mathbf{x} \to \mathbf{x}_0} \frac{\|\mathbf{r}(\mathbf{x})\|}{\|\mathbf{x} - \mathbf{x}_0\|} = 0.$$

Die lineare Abbildung (die Matrix) $A(\mathbf{x}_0)$ heißt die **Ableitung** von $\mathbf{f}$ an der Stelle $\mathbf{x}_0$ und ist gleich der Jacobi-Matrix

$$\frac{\partial \mathbf{f}}{\partial \mathbf{x}}(\mathbf{x}_0) = A(\mathbf{x}_0).$$

Wir nennen $\mathbf{f}$ kurz differenzierbar, wenn $\mathbf{f}$ für *alle* $\mathbf{x}_0 \in D$ differenzierbar ist.

In einer Dimension wird eine Funktion in einem Punkt differenzierbar genannt, wenn es dort eine Tangente gibt. Die Ableitung ist dann gerade die Steigung der Tangente in diesem Punkt.

Analog, für Funktionen mehrerer Variablen, heißt die Funktion differenzierbar in einem Punkt, wenn es dort eine Tangentialebene gibt. Die Jacobi-Matrix (= die Matrix, die die partiellen Ableitungen in diesem Punkt enthält), wird dann als *Ableitung* der Funktion an dieser Stelle bezeichnet. Die Jacobi-Matrix enthält die Steigungen der Tangenten an die Kurven, die sich auf der Fläche ergeben, wenn man entlang der Koordinatenachsen wandert.

Analog wie bei Funktionen in einer Veränderlichen gilt nun:

Satz 23.22 Ist $\mathbf{f}$ differenzierbar bei $\mathbf{x}_0$, so ist $\mathbf{f}$ dort auch stetig.

Definition 23.21 ist für die Praxis unhandlich, es gibt aber ein einfaches Kriterium:

Satz 23.23 Existiert die Jacobi-Matrix $\frac{\partial \mathbf{f}}{\partial \mathbf{x}}$ einer Funktion $\mathbf{f}$ in der Nähe von $\mathbf{x}_0$ und ist $\frac{\partial \mathbf{f}}{\partial \mathbf{x}}$ stetig an der Stelle $\mathbf{x}_0$ (d.h., ist jede Komponente stetig), so ist $\mathbf{f}$ differenzierbar (im Sinne von Definition 23.21) an der Stelle $\mathbf{x}_0$.

Damit schließt sich nun unser Kreis und wir sind wieder bei unserer ursprünglichen Definition 23.15 für stetige Differenzierbarkeit angelangt.

23.3 Extrema

In vielen Situationen sind die Extrema einer Funktion von mehreren Variablen gesucht (z. B. Gewinn eines Unternehmens in Abhängigkeit von mehreren Parametern). Analog wie im Fall einer Variablen bildet die Ableitung den Schlüssel zu diesem Problem. Der folgende Abschnitt macht nur für reellwertige Funktionen Sinn, und nicht für vektorwertige. Denn Vektoren können ja nicht der Größe nach geordnet werden, daher kann man nicht von einem größten oder kleinsten Funktionswert sprechen.

Betrachten wir eine zweimal stetig differenzierbare Funktion $f : \mathbb{R}^n \to \mathbb{R}$. Stellen Sie sich am besten eine Funktion vor, die nur von zwei Variablen x_1, x_2 abhängt. Ihr Graph ist dann eine Fläche im $\mathbb{R}^3$. Um wieder auf vertrautes Gebiet zu kommen, untersuchen wir die Änderung dieser Funktion an einer Stelle $\mathbf{x}_0$ in (irgend)eine Richtung $\mathbf{a}$. Dazu wandern wir entlang der Geraden mit Richtungsvektor $\mathbf{a}$,

$$\mathbf{x} = \mathbf{x}_0 + \mathbf{a}t,$$

durch $\mathbf{x}_0$. Auf der Fläche f ergibt sich damit die Kurve

$$g(t) = f(\mathbf{x}_0 + \mathbf{a}t),$$

also eine Funktion, die nur noch von einer Variablen $t \in \mathbb{R}$ abhängt.

Geometrisch passiert hier das Gleiche wie bei der Suche nach der Tangentialebene, nur wandern wir diesmal nicht notwendigerweise in die Richtungen der Koordinatenachsen.

Unsere Überlegung ist: Hat die Fläche f an der Stelle $\mathbf{x} = \mathbf{x}_0$ ein Maximum (oder Minimum), so muss auch die auf der Fläche verlaufende Kurve g an der Stelle $t = 0$ ein Maximum (oder Minimum) haben.

Der Funktionswert von g für $t = 0$ ist gleich jenem von f für $\mathbf{x} = \mathbf{x}_0$: $g(0) = f(\mathbf{x}_0 + \mathbf{a} \cdot 0) = f(\mathbf{x}_0)$.

Wenn die Kurve g bei $t = 0$ ein Extremum hat, so muss ihre Ableitung hier gleich 0 sein. Es muss also $g'(0) = 0$ gelten. Die Ableitung $g'(0)$ ist nach der Kettenregel (Satz 23.18) gegeben durch das Matrixprodukt

$$g'(0) = \frac{\partial f}{\partial \mathbf{x}}(\mathbf{x}_0) \cdot \mathbf{a} = \sum_{j=1}^{n} \frac{\partial f}{\partial x_j}(\mathbf{x}_0) a_j.$$

Damit $g'(0) = 0$ für *jede* Richtung $\mathbf{a}$ gilt, müssen alle partiellen Ableitungen $\frac{\partial f}{\partial x_j}$ an der Stelle $\mathbf{x}_0$ gleich null sein. Diese Bedingung wird meist mithilfe des so genannten **Gradienten** von f (= Transponierte der Jacobi-Matrix),

$$\text{grad} f = \left(\frac{\partial f}{\partial \mathbf{x}}\right)^T = \begin{pmatrix} \frac{\partial f}{\partial x_1} \\ \vdots \\ \frac{\partial f}{\partial x_n} \end{pmatrix},$$

formuliert:

Satz 23.24 (Notwendige Bedingung für lokale Extrema) An einem lokalen Minimum oder Maximum $\mathbf{x}_0$ einer differenzierbaren Funktion $f : D \subseteq \mathbb{R}^n \to \mathbb{R}$ muss der Gradient verschwinden:

$$\text{grad} f(\mathbf{x}_0) = \mathbf{0}.$$

Der Gradient hat eine anschauliche geometrische Interpretation: Die Ableitung von g kann als Skalarprodukt zwischen dem Gradienten und $\mathbf{a}$,

$$g'(0) = \langle \text{grad} f(\mathbf{x}_0), \mathbf{a} \rangle,$$

geschrieben werden. Diese Ableitung gibt die Steigung der Tangente an die Kurve g für $t = 0$ an. Das ist also gerade die Änderung von f an der Stelle $\mathbf{x}_0$ in Richtung von $\mathbf{a}$. In diesem Sinn wird $\frac{\partial f}{\partial \mathbf{a}} = \langle \text{grad} f(\mathbf{x}_0), \mathbf{a} \rangle$ auch als **Richtungsableitung** von f in Richtung $\mathbf{a}$ bezeichnet. Da das Skalarprodukt den Kosinus des eingeschlossenen Winkels enthält, ist diese Änderung am größten, wenn $\mathbf{a}$ parallel zum Gradienten ist. *Der Gradient weist also in die Richtung des stärksten Anstiegs von f.* Man kann ein Maximum daher numerisch suchen, indem man immer dem Gradienten folgt.

Eine alte Bergsteigerweisheit besagt, dass der schnellste Weg nach oben der steilste ist – also immer dem Gradienten nach, wenn man als Erster am Gipfel sein möchte. Dass das Maximum erreicht ist, wenn der Gradient verschwindet, ist für erfahrene Bergsteiger auch nichts Neues: Am Gipfel ist man dann, wenn es nicht mehr weiter nach oben geht.

Beispiel 23.25 Gradient
Finden Sie die Nullstellen des Gradienten der Funktion $f(\mathbf{x}) = x_1(x_2 - 1) + x_1^3$.

Lösung zu 23.25 Die Bedingung für das Verschwinden des Gradienten lautet

$$\text{grad}(f) = \begin{pmatrix} x_2 - 1 + 3x_1^2 \\ x_1 \end{pmatrix} = \begin{pmatrix} 0 \\ 0 \end{pmatrix}.$$

Es müssen also die beiden Gleichungen $x_2 - 1 + 3x_1^2 = 0$ und $x_1 = 0$ erfüllt sein. Einsetzen der zweiten Gleichung in die erste ergibt $x_2 = 1$. Damit ist die einzige Nullstelle

$$\mathbf{x}_0 = (0, 1).$$ ■

Haben wir nun eine Nullstelle des Gradienten gefunden, woher wissen wir, ob es sich um ein Maximum oder Minimum (oder um gar keines der beiden) handelt? Die Antwort ist, wie im Fall einer Variablen, in den höheren Ableitungen zu finden. Betrachten wir wieder $g(t) = f(\mathbf{x}_0 + \mathbf{a}t)$ und berechnen das zugehörige Taylorpolynom $g(t) \approx g(0)+g'(0)t+\frac{1}{2}g''(0)t^2$. Der erste Term ist $g(0) = f(\mathbf{x}_0)$ und auch den zweiten Term $g'(0) = \frac{\partial f}{\partial \mathbf{x}}(\mathbf{x}_0)\mathbf{a}$ kennen wir schon. Der dritte ist etwas mühsam zu berechnen, aber aus der Kettenregel folgt

$$g''(0) = \mathbf{a}^T \cdot \frac{\partial^2 f}{\partial \mathbf{x}^2}(\mathbf{x}_0) \cdot \mathbf{a},$$

wobei

$$\frac{\partial^2 f}{\partial \mathbf{x}^2} = \begin{pmatrix} \frac{\partial^2 f}{\partial x_1 \partial x_1} & \cdots & \frac{\partial^2 f}{\partial x_1 \partial x_n} \\ \vdots & \ddots & \vdots \\ \frac{\partial^2 f}{\partial x_n \partial x_1} & \cdots & \frac{\partial^2 f}{\partial x_n \partial x_n} \end{pmatrix}$$

die so genannte **Hesse-Matrix** von f ist. Setzen wir alles zusammen, so erhalten wir

$$f(\mathbf{x}_0 + \mathbf{a}t) \approx f(\mathbf{x}_0) + \frac{\partial f}{\partial \mathbf{x}}(\mathbf{x}_0) \cdot \mathbf{a}\, t + \frac{1}{2}\mathbf{a}^T \cdot \frac{\partial^2 f}{\partial \mathbf{x}^2}(\mathbf{x}_0) \cdot \mathbf{a}\, t^2.$$

Das ist die Verallgemeinerung der Taylorreihe für Funktionen von mehreren Variablen, wir wollen hier aber nicht näher darauf eingehen.

Beispiel 23.26 (→CAS) Hesse-Matrix
Berechnen Sie die Hesse-Matrix von $f(\mathbf{x}) = x_1(x_2 - 1) + x_1^3$.

Lösung zu 23.26 Zuerst brauchen wir die partiellen Ableitungen erster Ordnung:

$$\frac{\partial f}{\partial x_1} = x_2 - 1 + 3x_1^2, \qquad \frac{\partial f}{\partial x_2} = x_1.$$

Nun können wir die partiellen Ableitungen zweiter Ordnung berechnen:

$$\frac{\partial^2 f}{\partial x_1^2} = \frac{\partial}{\partial x_1}(x_2 - 1 + 3x_1^2) = 6x_1, \qquad \frac{\partial^2 f}{\partial x_2 \partial x_1} = \frac{\partial}{\partial x_2}(x_2 - 1 + 3x_1^2) = 1,$$
$$\frac{\partial^2 f}{\partial x_1 \partial x_2} = \frac{\partial}{\partial x_1} x_1 = 1, \qquad \frac{\partial^2 f}{\partial x_2^2} = \frac{\partial}{\partial x_2} x_1 = 0.$$

Somit ist die Hesse-Matrix

$$\frac{\partial^2 f}{\partial \mathbf{x}^2} = \begin{pmatrix} 6x_1 & 1 \\ 1 & 0 \end{pmatrix}.$$

■

Die Tatsache, dass die Hesse-Matrix im letzten Beispiel symmetrisch ist, ist kein Zufall, das folgt natürlich aus der Vertauschbarkeit der partiellen Ableitungen (Satz 23.20). Insbesondere hätten wir uns daher die Berechnung einer der beiden gemischten Ableitungen sparen können.

Falls f ein Maximum hat, so muss auch g ein Maximum haben. Eine hinreichende Bedingung dafür ist

$$g''(0) = \mathbf{a}^T \frac{\partial^2 f}{\partial \mathbf{x}^2}(\mathbf{x}_0)\mathbf{a} = \langle \mathbf{a}, \frac{\partial^2 f}{\partial \mathbf{x}^2}(\mathbf{x}_0)\mathbf{a}\rangle < 0$$

für alle $\mathbf{a} \neq \mathbf{0}$. Die Hesse-Matrix sollte also negativ definit sein (siehe Abschnitt „Symmetrische Matrizen" in Band 1). Wie im Fall einer Variablen lautet nun das Kriterium:

Satz 23.27 Eine Funktion $f \in C^2(D, \mathbb{R})$ hat bei $\mathbf{x}_0$ ein lokales Minimum bzw. Maximum, falls der Gradient verschwindet, d.h.,

$$\operatorname{grad} f(\mathbf{x}_0) = \frac{\partial f}{\partial \mathbf{x}}(\mathbf{x}_0) = \mathbf{0},$$

und die Hesse-Matrix

$$\frac{\partial^2 f}{\partial \mathbf{x}^2}(\mathbf{x}_0)$$

positiv bzw. negativ definit ist.

Bleibt am Ende nur noch die Frage, wie man erkennt, ob eine Matrix positiv bzw. negativ definit ist. Erinnern Sie sich dazu an die Definition der Eigenwerte aus Abschnitt „Eigenwerte und Eigenvektoren" in Band 1: Das sind die Nullstellen des charakteristischen Polynoms

$$\det(A - \lambda \mathbb{I}) = 0.$$

Falls A symmetrisch ist (und das ist die Hesse-Matrix), sind diese auf jeden Fall reell und A ist genau dann positiv (negativ) definit, wenn alle Eigenwerte positiv (negativ) sind.

Wir haben also ein Maximum, wenn alle Eigenwerte negativ sind und ein Minimum, wenn alle Eigenwerte positiv sind (Abbildung 23.6). Gibt es Eigenwerte mit

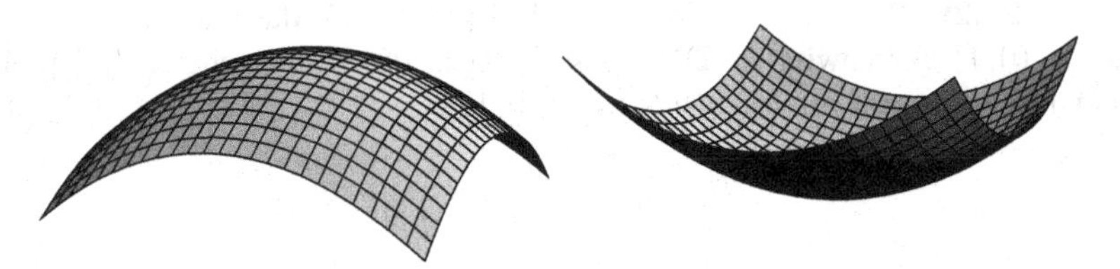

Abbildung 23.6. Maximum bzw. Minimum $\mathbf{x}_0 = \mathbf{0}$ der Funktion $f(\mathbf{x}) = -x_1^2 - x_2^2$ bzw. $f(\mathbf{x}) = x_1^2 + x_2^2$.

verschiedenen Vorzeichen, so gibt es Richtungen, entlang denen ein Maximum vorliegt und Richtungen, entlang denen ein Minimum vorliegt. Man spricht von einem **Sattelpunkt** (Abbildung 23.7). Andernfalls (d.h., falls einer der Eigenwerte Null ist) ist keine Aussage möglich.

Da die Determinante das Produkt der Eigenwerte ist, haben wir speziell in zwei Dimensionen folgende einfache Regel (siehe Abschnitt „Eigenwerte und Eigenvektoren" in Band 1, wo auch der allgemeine Fall behandelt wird):

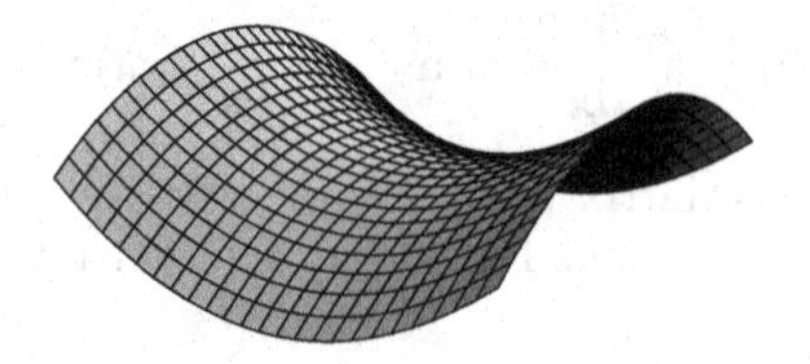

Abbildung 23.7. Sattelpunkt $\mathbf{x}_0 = \mathbf{0}$ der Funktion $f(\mathbf{x}) = x_1^2 - x_2^2$.

Satz 23.28 Der Gradient von $f \in C^2(\mathbb{R}^2, \mathbb{R})$ verschwinde bei $\mathbf{x}_0$. Betrachten wir die Determinante der Hesse-Matrix:

- Ist $\det(\frac{\partial^2 f}{\partial \mathbf{x}^2}(\mathbf{x}_0)) > 0$, so handelt es sich
  - um ein Minimum, falls $\frac{\partial^2 f}{\partial x_1^2}(\mathbf{x}_0) > 0$ und
  - um ein Maximum, falls $\frac{\partial^2 f}{\partial x_1^2}(\mathbf{x}_0) < 0$.
- Ist $\det(\frac{\partial^2 f}{\partial \mathbf{x}^2}(\mathbf{x}_0)) < 0$, so handelt es sich um einen Sattelpunkt.
- Ist $\det(\frac{\partial^2 f}{\partial \mathbf{x}^2}(\mathbf{x}_0)) = 0$, so ist keine Aussage möglich.

Im ersten Punkt kann statt $\frac{\partial^2 f}{\partial x_1^2}$ auch $\frac{\partial^2 f}{\partial x_2^2}$ verwendet werden. Beide haben dasselbe Vorzeichen. Denn ist die Determinante einer symmetrischen $(2, 2)$-Matrix positiv, so sind die Hauptdiagonalelemente entweder beide positiv oder beide negativ.

Beispiel 23.29 Extrema
Untersuchen Sie, welchen Typ von Extremum die Funktion $f(\mathbf{x}) = x_1(x_2 - 1) + x_1^3$ bei $\mathbf{x}_0 = (0, 1)$ hat.

Lösung zu 23.29 Wir wissen bereits aus Beispiel 23.25, dass der Gradient an der Stelle $\mathbf{x}_0 = (0, 1)$ verschwindet. Die Hesse-Matrix, die wir bereits in Beispiel 23.26 berechnet haben, lautet an der Stelle $\mathbf{x}_0 = (0, 1)$

$$\frac{\partial^2 f}{\partial \mathbf{x}^2}(\mathbf{x}_0) = \begin{pmatrix} 0 & 1 \\ 1 & 0 \end{pmatrix}.$$

Das charakteristische Polynom der Hesse-Matrix ist

$$\det(\frac{\partial^2 f}{\partial \mathbf{x}^2}(\mathbf{x}_0) - \lambda \mathbb{I}) = \det \begin{pmatrix} -\lambda & 1 \\ 1 & -\lambda \end{pmatrix} = \lambda^2 - 1.$$

Die Eigenwerte sind somit $+1$ und -1. Sie haben verschiedene Vorzeichen, daher liegt bei $\mathbf{x}_0 = (0, 1)$ ein Sattelpunkt. ■

Zum Schluss noch ein etwas anspruchsvolleres Beispiel:

Beispiel 23.30 Ausgleichsgerade
Gegeben sind n Messwerte (a_i, b_i), $i = 1, \dots, n$. Finden Sie eine Gerade $g(x) = kx + d$, so dass die quadratische Abweichung

$$\sum_{i=1}^{n}(b_i - g(a_i))^2$$

minimal wird (Gauß'sche Methode der kleinsten Quadrate).

Lösung zu 23.30 Wir setzen $(x_1, x_2) = (k, d)$, dann müssen wir das Minimum der Funktion

$$f(\mathbf{x}) = \sum_{i=1}^{n}(b_i - x_1 a_i - x_2)^2$$

finden. Zunächst müssen wir den Gradienten berechnen

$$\operatorname{grad}(f) = \begin{pmatrix} \sum_{j=1}^{n} 2(b_j - x_1 a_j - x_2)(-a_j) \\ \sum_{j=1}^{n} 2(b_j - x_1 a_j - x_2)(-1) \end{pmatrix}$$

und die Nullstellen suchen. Führen wir folgende Abkürzungen ein

$$\overline{a} = \frac{1}{n}\sum_{j=1}^{n} a_j, \quad \overline{b} = \frac{1}{n}\sum_{j=1}^{n} b_j,$$

$$A = \frac{1}{n}\sum_{j=1}^{n} a_j^2, \quad B = \frac{1}{n}\sum_{j=1}^{n} a_j b_j,$$

so lässt sich unser Gradient übersichtlich als

$$\operatorname{grad}(f) = 2n \begin{pmatrix} A x_1 + \overline{a} x_2 - B \\ \overline{a} x_1 + x_2 - \overline{b} \end{pmatrix}$$

schreiben. Das lineare Gleichungssystem $\operatorname{grad}(f) = \mathbf{0}$ für x_1, x_2 kann leicht gelöst werden und die Lösung lautet

$$x_1 = \frac{B - \overline{a}\overline{b}}{A - \overline{a}^2}, \quad x_2 = \frac{\overline{b}A - \overline{a}B}{A - \overline{a}^2} = \overline{b} - \overline{a}x_1.$$

Um nachzuweisen, dass es sich um ein Minimum handelt, müssen wir noch zeigen, dass die Hesse-Matrix

$$\frac{\partial^2 f}{\partial \mathbf{x}^2} = 2n \begin{pmatrix} A & \overline{a} \\ \overline{a} & 1 \end{pmatrix}$$

positiv definit ist. Da $A > 0$ müssen wir nur noch überprüfen, dass

$$\det\left(\frac{\partial^2 f}{\partial \mathbf{x}^2}\right) = 4n^2(A - \overline{a}^2)$$

ebenfalls positiv ist. Dazu verwenden wir

$$\begin{aligned} \sum_{j=1}^{n}(a_j - \overline{a})^2 &= \sum_{j=1}^{n}(a_j^2 - 2a_j\overline{a} + \overline{a}^2) = \sum_{j=1}^{n} a_j^2 - 2\overline{a}\sum_{j=1}^{n} a_j + n\overline{a}^2 \\ &= \sum_{j=1}^{n} a_j^2 - 2n\overline{a}^2 + n\overline{a}^2 = \sum_{j=1}^{n} a_j^2 - n\overline{a}^2 = n(A - \overline{a}^2), \end{aligned}$$

woraus

$$4n^2(A-\overline{a}^2) = 4n\sum_{j=1}^{n}(a_j-\overline{a})^2 > 0$$

folgt. Somit liegt in der Tat ein Minimum vor.

In der Statistik verwendet man statt A, B die Abkürzungen

$$s_a^2 = \frac{1}{n-1}\sum_{j=1}^{n}(a_j-\overline{a})^2, \quad s_{ab} = \frac{1}{n-1}\sum_{j=1}^{n}(a_j-\overline{a})(b_j-\overline{b}),$$

und wir wollen noch kurz den Zusammenhang herstellen. Gerade eben haben wir ja $(n-1)s_a^2 = n(A-\overline{a}^2)$ gezeigt und analog kann man $(n-1)s_{ab} = n(B-\overline{ab})$ nachrechnen. Mit diesen Abkürzungen nimmt unsere Lösung die einem Statistiker vertraute Form

$$x_1 = \frac{s_{ab}}{s_a^2}, \qquad x_2 = \overline{b} - \overline{a}\frac{s_{ab}}{s_a^2}$$

an. ■

23.4 Mit dem digitalen Rechenmeister

Graphische Darstellung

Zur Veranschaulichung einer reellwertigen Funktion von zwei Variablen kann der Befehl `Plot3D[f[x, y], {x, xmin, xmax}, {y, ymin, ymax}]` verwendet werden. Abbildung 23.1 wurde mit

```
In[1]:= Plot3D[2 − x^2 − y^2, {x, −2, 2}, {y, −2, 2}, ClippingStyle → None,
              PlotPoints → 50, Mesh → False, PlotRange → {−1, 2}]
```

erzeugt.

Partielle Ableitungen

Mit `Mathematica` können wir partielle Ableitungen wie folgt berechnen:

```
In[2]:= D[x1 x2^3, x1, x1]
Out[2]= 0
```

oder

```
In[3]:= D[x1 x2^3, x1, x2]
Out[3]= 3x2^2
```

Hesse-Matrix

Mit `Mathematica` erhalten wir die Hesse-Matrix mit

```
In[4]:= Table[D[x1(x2 − 1) + x1^3, xj, xk], {j, 2}, {k, 2}]//MatrixForm
Out[4]//MatrixForm=
```

$$\begin{pmatrix} 6x_1 & 1 \\ 1 & 0 \end{pmatrix}$$

23.5 Kontrollfragen

Fragen zu Abschnitt 23.1: Grenzwert und Stetigkeit

Erklären Sie folgende Begriffe: konvergent, Grenzwert, Stetigkeit.

1. Wo sind folgende Funktionen stetig?
   a) $f(\mathbf{x}) = \cos(x_1 + x_2)$ b) $f(\mathbf{x}) = \frac{5}{x_1+x_2}$
2. Richtig oder falsch?
   a) Jede differenzierbare Funktion ist auch stetig.
   b) Aus der Stetigkeit der partiellen Ableitungen folgt Differenzierbarkeit.

Fragen zu Abschnitt 23.2: Ableitung

Erklären Sie folgende Begriffe: differenzierbar, Ableitung, partielle Ableitung, Jacobi-Matrix, Kettenregel.

1. Richtig oder falsch?
   a) $\frac{\partial}{\partial y}(x + y) = x + 1$ b) $\frac{\partial}{\partial x_2} x_1 = 0$ c) $\frac{\partial}{\partial x_1} x_1 x_2 = 1$
2. Berechnen Sie die partiellen Ableitungen folgender Funktionen:
   a) $f(\mathbf{x}) = \cos(x_1 + x_2)$ b) $f(\mathbf{x}) = \frac{5}{x_1+x_2}$

Fragen zu Abschnitt 23.3: Extrema

Erklären Sie folgende Begriffe: Richtungsableitung, Gradient, Hesse-Matrix, positiv/negativ definit.

1. Richtig oder falsch? An einem lokalen Maximum einer differenzierbaren Funktion verschwindet der Gradient.
2. Richtig oder falsch? Für die zweiten partiellen Ableitungen einer zweimal differenzierbaren Funktion $f(x_1, x_2)$ gilt:

$$\text{a)}\ \frac{\partial^2 f}{\partial x_1 \partial x_1} = \frac{\partial^2 f}{\partial x_2 \partial x_2} \qquad \text{b)}\ \frac{\partial^2 f}{\partial x_1 \partial x_2} = \frac{\partial^2 f}{\partial x_2 \partial x_1}$$

3. Wie lautet die Hesse-Matrix von $f(\mathbf{x}) = x_1 x_2^3$?
4. Richtig oder falsch? Verschwindet der Gradient bei $\mathbf{x}_0$ und sind alle Komponenten der Hesse-Matrix bei $\mathbf{x}_0$ positiv, so ist $\mathbf{x}_0$ ein Minimum.

Lösungen zu den Kontrollfragen

Lösungen zu Abschnitt 23.1

1. a) stetig für alle $\mathbf{x} \in \mathbb{R}^2$
   b) stetig für alle $\mathbf{x} \in D = \{\mathbf{x} \in \mathbb{R}^2 | x_1 + x_2 \neq 0\}$
2. a) richtig b) richtig

Lösungen zu Abschnitt 23.2

1. a) Falsch; richtig ist 1. b) richtig c) Falsch; richtig ist x_2.
2. a) $\frac{\partial f}{\partial x_1} = \frac{\partial f}{\partial x_2} = -\sin(x_1 + x_2)$
   b) $\frac{\partial f}{\partial x_1} = \frac{\partial f}{\partial x_2} = \frac{-5}{(x_1+x_2)^2}$

Lösungen zu Abschnitt 23.3

1. richtig
2. a) falsch b) richtig
3.
$$\frac{\partial^2 f}{\partial \mathbf{x}^2} = \begin{pmatrix} 0 & 3x_2^2 \\ 3x_2^2 & 6x_1x_2 \end{pmatrix}$$
4. Falsch; alle Eigenwerte müssen positiv sein.

23.6 Übungen

Aufwärmübungen

1. Berechnen Sie folgende partielle Ableitungen:
   a) $\frac{\partial}{\partial x}(x + 3y - 7)$ b) $\frac{\partial}{\partial x_1}\sin(x_1x_2)$ c) $\frac{\partial^2}{\partial x_1 \partial x_2}\cos(x_1^2 x_2)$
2. Berechnen Sie den Gradienten von $f(\mathbf{x}) = x_1 + x_2$.
3. Das Risiko bei einem Portfolio aus drei Aktien ist gegeben durch
$$R(\alpha_1, \alpha_2, \alpha_3) = \frac{1}{2}\alpha_1^2 + \alpha_2^2 + \frac{1}{2}\alpha_3^2,$$
   wobei $\alpha_1 + \alpha_2 + \alpha_3 = 1$ und $\alpha_j \in [0, 1]$ die Anteile sind, die in der j-ten Aktie veranlagt wurden. Bei welchen Anteilen ergibt sich das minimale Risiko?

Weiterführende Aufgaben

1. Ist die Funktion
$$f(\mathbf{x}) = \begin{cases} \frac{\sin(x_1x_2)}{x_1^2+x_2^2}, & \mathbf{x} \neq \mathbf{0}, \\ 0, & \mathbf{x} = \mathbf{0} \end{cases}$$
   stetig bei $\mathbf{x}_0 = \mathbf{0}$? Existiert die Jacobi-Matrix bei $\mathbf{0}$? Ist die Funktion differenzierbar bei $\mathbf{0}$?
2. Berechnen Sie
$$\frac{\partial^3}{\partial x_1 \partial x_2^2} \mathrm{e}^{x_1x_2}.$$
3. Berechnen Sie die Hesse-Matrix von $f(x_1, x_2) = \cos(x_1 + x_2)$.
4. Finden Sie alle lokalen Extrema der Funktion $f(\mathbf{x}) = x_1^4 + x_1^2 + x_2^2 - 2x_2$.
5. Finden Sie alle lokalen Extrema der Funktion $f(\mathbf{x}) = \exp(x_1^3 + x_2^2 - 3x_1)$.

6. (**Lagerkostenfunktion**) Durch Lagerung und Transport zweier Produkte entstehen bei einer Bestellmenge $\mathbf{x} = (x_1, x_2)$ der beiden Produkte Kosten von

$$K(\mathbf{x}) = \frac{a}{x_1} + \frac{b}{x_2} + c\,x_1 + d\,x_2 + e.$$

Bei welcher Bestellmenge $\mathbf{x} = (x_1, x_2)$ sind die Kosten minimal?
7. Aus einem Draht der Länge 1 soll ein Quader mit maximalen Inhalt gemacht werden. Was sind die optimalen Kantenlängen x_1, x_2, x_3?

Lösungen zu den Aufwärmübungen

1. a) 1 b) $x_2 \cos(x_1 x_2)$
c) $\frac{\partial}{\partial x_1}\left(-x_1^2 \sin(x_1^2 x_2)\right) = -2x_1^3 x_2 \cos(x_1^2 x_2) - 2x_1 \sin(x_1^2 x_2)$
2. $\text{grad} f(\mathbf{x}) = (1, 1)$
3. Wir verwenden $\alpha_3 = 1 - \alpha_1 - \alpha_2$ um α_3 zu eliminieren:

$$R(\alpha_1, \alpha_2) = \frac{1}{2}\alpha_1^2 + \alpha_2^2 + \frac{1}{2}(1 - \alpha_1 - \alpha_2)^2.$$

Der Gradient lautet

$$\text{grad} R(\alpha_1, \alpha_2) = \begin{pmatrix} 2\alpha_1 + \alpha_2 - 1 \\ \alpha_1 + 3\alpha_2 - 1 \end{pmatrix}$$

und die Nullstelen sind die Lösungen des lineare Gleichungssystems

$$2\alpha_1 + \alpha_2 = 1, \qquad \alpha_1 + 3\alpha_2 = 1.$$

Es gibt nur eine Lösung $\alpha_1 = \frac{2}{5}$, $\alpha_2 = \frac{1}{5}$. Die Hesse-Matrix lautet

$$\begin{pmatrix} 2 & 1 \\ 1 & 3 \end{pmatrix}$$

und ist positiv definit. Unsere Lösung ist also ein Minimum. Die optimalen Anteile sind somit $\alpha_1 = \frac{2}{5}$, $\alpha_2 = \frac{1}{5}$ und $\alpha_3 = \frac{2}{5}$.

(Lösungen zu den weiterführenden Aufgaben finden Sie in Abschnitt B.23)

24

Differentialgleichungen

24.1 Grundlagen

Angenommen, $x(t)$ beschreibt die Größe einer Population (z. B. Bakterien) zur Zeit t. Im einfachsten Fall ist die Zunahme der Population proportional zur vorhandenen Population, d.h.,

$$\frac{d}{dt}x(t) = \mu\, x(t),$$

wobei $\mu > 0$ (griech. Buchstabe „mü") die Wachstumsrate ist. Diese Annahme ergibt also eine Gleichung, die eine unbekannte Funktion $x(t)$ mit ihrer Ableitung verknüpft.

Definition 24.1 Eine Gleichung, die eine reelle Funktion $x(t)$ mit ihren Ableitungen verknüpft,

$$F(x^{(n)}(t), \dots, x(t), t) = 0,$$

(mit einer stetigen Funktion F) wird **(gewöhnliche) Differentialgleichung** genannt. Wir werden immer davon ausgehen, dass eine Differentialgleichung nach der höchsten Ableitung aufgelöst werden kann:

$$x^{(n)}(t) = f(x^{(n-1)}(t), \dots, x(t), t).$$

In diesem Fall ist n die **Ordnung** der Differentialgleichung. Hängt f nicht von t ab, also $x^{(n)}(t) = f(x^{(n-1)}(t), \dots, x(t))$, so spricht man von einer **autonomen** Differentialgleichung.

Eine Funktion $x(t)$, die die Differentialgleichung erfüllt, wird **Lösung der Differentialgleichung** genannt. Meistens sucht man eine Lösung auf einem offenen Intervall I, die an einer Stelle $t_0 \in I$ bestimmte **Anfangswerte** (auch **Anfangsbedingungen**)

$$x^{(n-1)}(t_0) = x_{n-1}, \quad \dots, \quad x(t_0) = x_0$$

erfüllt. Man spricht in diesem Fall von einem **Anfangswertproblem**.

Beispiel 24.2 Lösung einer Differentialgleichung
Zum Beispiel ist

$$x''(t) + x(t) = 0$$

eine autonome Differentialgleichung zweiter Ordnung. Die Funktion $x(t) = \cos(t)$ ist eine Lösung, da $x''(t) + x(t) = -\cos(t) + \cos(t) = 0$. Die Funktion $x(t) = t^2 - 3$ ist keine Lösung, da $x''(t) + x(t) = 2 + t^2 - 3 = t^2 - 1 \neq 0$ (die Gleichung muss für alle t erfüllt sein!).

Im Gegensatz zu *gewöhnlichen* Differentialgleichungen wird eine Gleichung, die eine Funktion von mehreren Variablen mit ihren partiellen Ableitungen verknüpft, eine **partielle Differentialgleichung** genannt. Ein Beispiel ist die Wellengleichung $\frac{\partial^2}{\partial x^2} u(x,t) - \frac{1}{c^2} \frac{\partial^2}{\partial t^2} u(x,t) = 0$, die die Ausbreitung von elektromagnetischen Wellen, Schallwellen, etc. beschreibt. Hier bedeutet $u(x,t)$ die Auslenkung am Ort x zur Zeit t und c ist die Ausbreitungsgeschwindigkeit der Welle. Partielle Differentialgleichung sind um ein Vielfaches komplizierter als gewöhnliche, und wir werden nicht weiter auf sie eingehen.

Das Wachstum unserer Population wird also durch die autonome Differentialgleichung erster Ordnung $x'(t) = \mu\, x(t)$ beschrieben. Da wir wissen, dass die Ableitung der Exponentialfunktion wieder die Exponentialfunktion ergibt, ist es hier nicht schwer, eine Lösung zu erraten:

$$x(t) = \mathrm{e}^{\mu t},$$

denn $x'(t) = \mu\, \mathrm{e}^{\mu t} = \mu\, x(t)$. Wir können diese Lösung sogar noch mit einer beliebigen Konstante $C \in \mathbb{R}$ multiplizieren, $x(t) = C\mathrm{e}^{\mu t}$, und erhalten wieder eine Lösung. Setzen wir $t = 0$, so sehen wir, dass $x(0) = C$ die Anfangspopulation ist. Für eine gegebene Anfangspopulation $x(0) = x_0$ (Anfangsbedingung) ist die Lösung also

$$x(t) = x_0\, \mathrm{e}^{\mu t}.$$

Sie ist für $\mu = 1.2$ und $x(0) = 10$ in Abbildung 24.1 dargestellt.

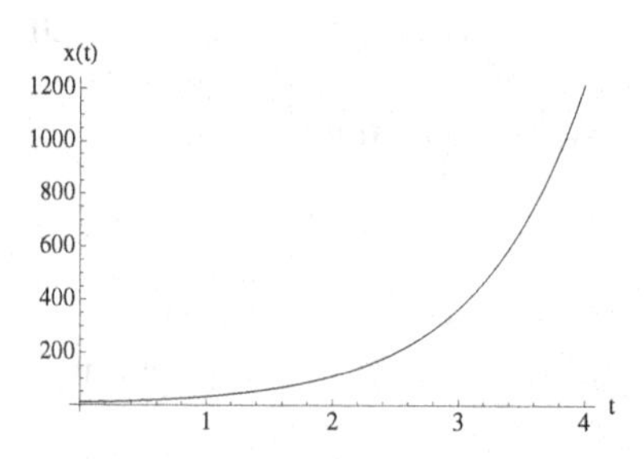

Abbildung 24.1. Exponentielles Wachstum $x'(t) = 1.2\, x(t)$ mit $x(0) = 10$.

Haben wir damit schon alle Lösungen gefunden, oder haben wir noch eine übersehen? Sei $x(t)$ irgendeine Lösung. Dann gilt $\frac{d}{dt}(x(t)\mathrm{e}^{-\mu t}) = x'(t)\mathrm{e}^{-\mu t} - \mu\, x(t)\mathrm{e}^{-\mu t} = (x'(t) - \mu\, x(t))\mathrm{e}^{-\mu t} = 0$ (da für eine Lösung $x'(t) = \mu\, x(t)$ ist). Da die Ableitung von $x(t)\mathrm{e}^{-\mu t}$ verschwindet, ist dieser Ausdruck konstant: $x(t)\mathrm{e}^{-\mu t} = x_0$, d.h., $x(t) = x_0\, \mathrm{e}^{\mu t}$. Somit ist jede Lösung von dieser Form.

Aus praktischer Sicht ist unsere Annahme, dass eine Population unbegrenzt wachsen kann, unrealistisch. Gehen wir davon aus, dass es eine maximale Grenzpopulation gibt, die wir auf $x = 1$ festsetzen (das entspricht 100%). Dann erhält man das **logistische Wachstumsmodell**

$$\frac{d}{dt}x(t) = \mu\,(1 - x(t))x(t).$$

Das Wachstum ist proportional zur vorhandenen Population $x(t)$ und zur verbleibenden Kapazität $1 - x(t)$ (Abstand zur Grenzpopulation). Hier ist es nicht mehr ganz so leicht möglich, die Lösung zu erraten. Beginnen wir daher zunächst mit einer *qualitativen* Diskussion. Das heißt, wir versuchen, qualitative Eigenschaften der Lösung (z. B. Monotonie, Beschränktheit, langfristiges Verhalten) direkt von der Differentialgleichung abzulesen, ohne die Lösung zu kennen.

Schon bei der Integralrechnung haben wir gesehen, dass es Integrale gibt, die nicht mit den uns bekannten Funktionen gelöst werden können. Bei den Differentialgleichungen ist es noch viel schlimmer, denn eine Lösung kann nur in wenigen Spezialfällen explizit angegeben werden. Trotzdem ist es oft möglich, wichtige Eigenschaften der Lösung direkt von der Differentialgleichung abzulesen.

Dazu zeichnen wir zunächst die rechte Seite $f(x) = \mu(1 - x)x$ unserer Differentialgleichung (siehe Abbildung 24.2). Es handelt sich um eine Parabel mit den beiden

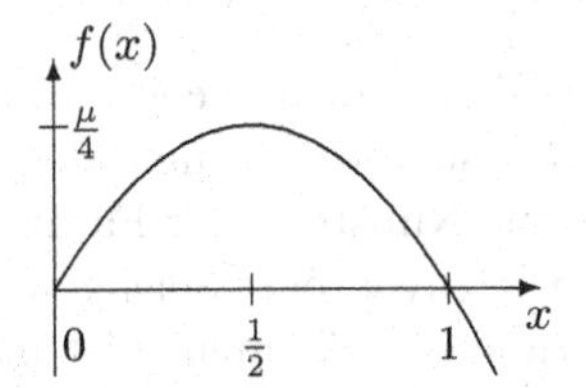

Abbildung 24.2. Wachstumsgeschwindigkeit $f(x) = \mu\,(1 - x)x$ beim logistischen Wachstum.

Nullstellen $x = 0$, $x = 1$ und dem maximalen Wert $\frac{\mu}{4}$ bei $x = \frac{1}{2}$.

Die Differentialgleichung lautet also $\frac{dx}{dt} = f(x)$ mit $f(x) = \mu\,(1 - x)x$. Per Definition ist $f(x)$ somit gerade die zeitliche Änderung (Ableitung) von x. Am Vorzeichen von f für eine bestimmte Population x können wir daher ablesen, ob die Population hier monoton wächst ($f(x) > 0$) oder fällt ($f(x) < 0$).

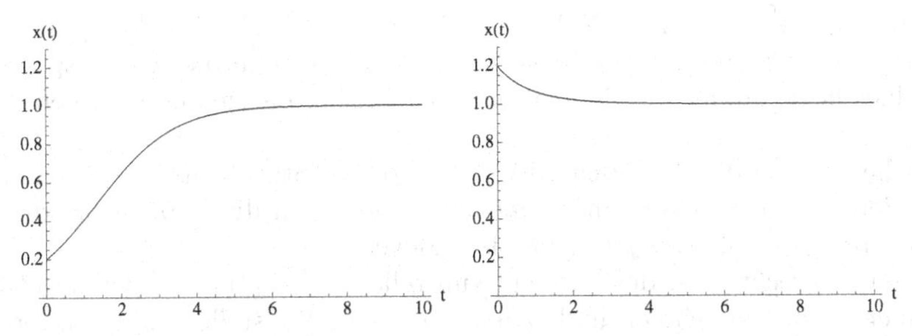

Abbildung 24.3. Logistisches Wachstum $x'(t) = (1 - x(t))x(t)$ mit $x(0) = 0.2$ bzw. $x(0) = 1.2$.

Wenn wir mit einer Population starten, die kleiner als die Grenzpopulation ist, $x(0) = x_0 < 1$, so gilt $f(x_0) > 0$. Unsere Population nimmt also zu (siehe Abbildung 24.3 links). Je näher sie der Grenzpopulation kommt, umso *langsamer* wächst sie (f ist zwar positiv, wird aber immer kleiner – siehe Abbildung 24.2). Die Grenzpopulation (Nullstelle von f) wird daher erst im Grenzwert für $t \to \infty$ erreicht.

Starten wir analog mit einer Anfangspopulation, die größer als die Grenzpopulation ist, $x_0 > 1$, so ist f hier negativ. Die Population nimmt daher monoton ab und konvergiert wiederum für $t \to \infty$ gegen die Grenzpopulation (siehe Abbildung 24.3 rechts).

Beispiel 24.3 Logistisches Wachstum mit Ernte
Eine bestimmte Pilzkultur vermehrt sich nach dem logistischen Wachstumsmodell. Angenommen, es wird kontinuierlich eine Pilzmenge $h > 0$ pro Zeiteinheit geerntet. Was ist die optimale Erntemenge h?

Lösung zu 24.3 Um diese Situation zu modellieren, müssen wir die Ernterate h als zusätzlichen Term auf der rechten Seite der logistischen Differentialgleichung abziehen:

$$\frac{d}{dt}x(t) = \mu\,(1 - x(t))x(t) - h.$$

Geometrisch bedeutet das, dass die ursprüngliche Parabel um h nach unten verschoben wird. Je nachdem, wie groß h ist, wie weit die Parabel also nach unten verschoben wird, gibt es zwei, eine oder keine Nullstelle der Parabel $f_h(x) = \mu\,(1 - x)x - h$. An einer Nullstelle von f besteht, wie zuvor, ein Gleichgewicht zwischen Pilzvermehrung und Ernte (die zeitliche Änderung der Pilzmenge ist null).

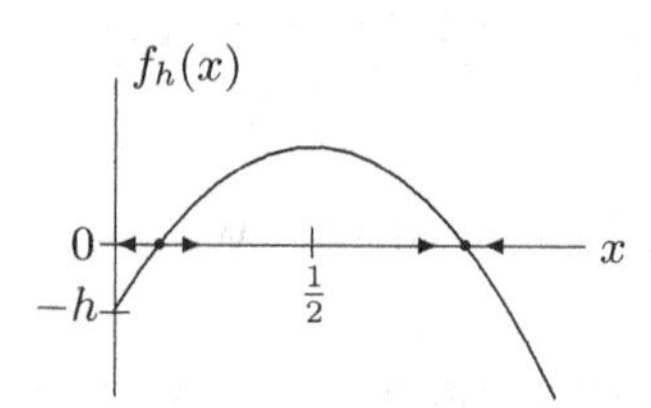

Abbildung 24.4. Wachstumsgeschwindigkeit beim logistischen Wachstum mit Ernte.

- Für $0 < h < \frac{\mu}{4}$ gibt es zwei Nullstellen der Parabel (siehe Abbildung 24.4).
  Links von der ersten Nullstelle ist $f_h(x)$ negativ. Wenn die Anfangspopulation also hier liegt, nimmt die Population monoton ab, bis sie ausgestorben ($x = 0$) ist.
  Zwischen den beiden Nullstellen ist $f_h(x)$ positiv. Startet die Population in diesem Bereich, so wird sie daher zunehmen und gegen die Population, die durch die zweite Nullstelle von f gegeben ist, konvergieren.
  Starten wir rechts von der zweiten Nullstelle, so ist $f_h(x)$ wieder negativ. Die Pilzmenge wird abnehmen und gegen die zweite Nullstelle von f konvergieren. Die Richtung, in die sich die Pilzmenge $x(t)$ ändert, ist in Abbildung 24.4 durch Pfeile angedeutet.

- Für $h = \frac{\mu}{4}$ fallen beide Nullstellen bei $x = \frac{1}{2}$ zusammen. Ist die Population zu Beginn kleiner als $x = \frac{1}{2}$, so nimmt die Pilzkultur ab, bis sie irgendwann ausgestorben ist (d.h., $x = 0$ erreicht ist). Starten wir mit einer Population größer als $x = \frac{1}{2}$, so nimmt sie ebenfalls ab, bis $x = \frac{1}{2}$ erreicht ist.
- Für $h > \frac{\mu}{4}$ sind alle Nullstellen verschwunden und $f_h(x)$ ist überall negativ. Egal, wo wir starten (d.h., wie viele Pilze zu Beginn vorhanden sind), die Population nimmt bei dieser Ernterate h immer ab, bis sie ausgestorben ist.

Diese Überlegungen zeigen, dass $h = \frac{\mu}{4}$ die aus theoretischer Sicht optimale (maximale) Ernterate ist. Praktisch gesehen gibt es dabei aber noch ein kleines Problem: Wie wir uns überlegt haben, konvergiert die Pilzmenge $x(t)$ für die Ernterate $h = \frac{\mu}{4}$ gegen die Nullstelle $\frac{1}{2}$ (falls die Anfangspopulation rechts davon liegt). Sie wird also nach einiger Zeit beliebig nahe bei $\frac{1}{2}$ liegen. Gibt es nun eine kleine Störung und die Pilzmenge sinkt unter $\frac{1}{2}$, so nimmt sie in Folge ab und stirbt aus! Die Lösung ist also *instabil.*

Wählen wir $h < \frac{\mu}{4}$, so gibt es, wie wir oben überlegt haben, den stabilen Bereich rechts von der linken Nullstelle: Wenn die Anfangspopulation irgendwo in diesem Bereich liegt, so wird sie (auch bei kleinen Störungen) immer zur rechten Nullstelle konvergieren. Deshalb ist eine Ernterate knapp unter $\frac{\mu}{4}$ aus praktischer Sicht zu bevorzugen. ■

Ist es nicht ziemlich beachtlich, was man alleine von der Differentialgleichung über die Lösung ablesen kann, ohne die Lösung zu kennen!

Analog kann eine beliebige autonome Differentialgleichung erster Ordnung behandelt werden:

Satz 24.4 Gegeben ist die autonome Differentialgleichung erster Ordnung

$$\frac{d}{dt}x(t) = f(x(t))$$

mit einer differenzierbaren Funktion f. Dann gibt es zu jeder Anfangsbedingung $x(0) = x_0$ eine eindeutige Lösung, die in einem offenen Intervall um $t = 0$ definiert ist. Für diese gilt:

a) Ist $f(x_0) = 0$, so ist $x(t) = x_0$ für alle t. D.h., wenn wir bei einer Nullstelle von $f(x)$ starten, so bleibt die Lösung für alle Zeiten konstant gleich diesem Wert.
b) Ist $f(x_0) \neq 0$, so konvergiert $x(t)$ gegen die erste Nullstelle links ($f(x_0) < 0$) bzw. rechts ($f(x_0) > 0$) von x_0. Gibt es keine solche Nullstelle, so konvergiert die Lösung gegen $-\infty$ bzw. ∞.

Punkt a) entspricht im Erntebeispiel 24.3 dem Fall, dass gleich viel geerntet wird wie nachwächst. Bei dieser Populationsgröße ist also ein *Gleichgewicht* vorhanden:

Definition 24.5 Die Nullstellen von $f(x)$ heißen **Fixpunkte** oder **Gleichgewichtslagen** der Differentialgleichung. Ein Fixpunkt x_0 heißt **asymptotisch stabil**, falls es ein offenes Intervall um x_0 gibt, sodass alle Lösungen, die hier starten, für $t \to \infty$ gegen x_0 konvergieren.

Beispiel: Für die logistische Gleichung $f(x) = \mu(1-x)x$ ist $x_0 = 1$ asymptotisch stabil.

Im Erntebeispiel 24.3 ist, wie wir oben überlegt haben, für $h < \frac{\mu}{4}$ die rechte Nullstelle asymptotisch stabil. Das wird durch die beiden Pfeile bei dieser Nullstelle in Abbildung 24.4 angedeutet. Die Ableitung von f ist an dieser Nullstelle negativ. Allgemein können wir am Vorzeichen der Ableitung von f am Fixpunkt ablesen, ob dieser asymptotisch stabil ist oder nicht:

Satz 24.6 Eine Gleichgewichtslage x_0 ist asymptotisch stabil, falls $f'(x_0) < 0$. Ist $f'(x_0) > 0$, so ist die Gleichgewichtslage x_0 nicht asymptotisch stabil.

Beispiel: Für die logistische Gleichung gilt $f'(1) = -\mu < 0$.

Versuchen wir nun aber doch, die Lösung der logistischen Differentialgleichung zu finden.

Beispiel 24.7 Logistisches Wachstum
Lösen Sie die logistische Gleichung $x'(t) = \mu\, x(t)(1 - x(t))$.

Lösung zu 24.7 Bringen wir zunächst alle $x(t)$ auf die linke Seite, so lautet die Differentialgleichung

$$\frac{x'(t)}{x(t)(1-x(t))} = \mu.$$

Integrieren wir nun auf beiden Seiten von 0 bis t,

$$\int_0^t \frac{x'(s)}{x(s)(1-x(s))} ds = \int_0^t \mu\, ds,$$

und substituieren $y = x(s)$, so erhalten wir

$$\int_{x_0}^{x(t)} \frac{dy}{y(1-y)} = \mu\, t.$$

Verwendet man die *Partialbruchzerlegung* (siehe Abschnitt 18.1)

$$\frac{1}{y(1-y)} = \frac{1}{y} + \frac{1}{1-y},$$

so kann das Integral leicht gelöst werden:

$$\ln(x(t)) - \ln(1-x(t)) - \ln(x_0) + \ln(1-x_0) = \ln \frac{x(t)(1-x_0)}{(1-x(t))x_0} = \mu\, t.$$

Auflösen nach $x(t)$ ergibt schließlich

$$x(t) = \frac{x_0 e^{\mu t}}{1 + x_0(e^{\mu t} - 1)}.$$

Die Lösung ist für $\mu = 1$ und für $x_0 = 0.2$ bzw. $x_0 = 1.2$ in Abbildung 24.3 dargestellt. ■

Beachten Sie, dass das qualitative Verhalten von der expliziten Lösung schwerer als von der Differentialgleichung selbst abgelesen werden kann!

Satz 24.8 (Separation der Variablen) Die Lösung der Differentialgleichung

$$\frac{d}{dt}x(t) = f(x(t))g(t), \qquad x(t_0) = x_0$$

kann durch Auflösen von

$$\int_{x_0}^{x(t)} \frac{dy}{f(y)} = \int_{t_0}^{t} g(s)ds$$

nach $x(t)$ erhalten werden. Man spricht auch von **Trennung der Variablen** und nennt die Differentialgleichung **separierbar** (oder **trennbar**).

Wir haben hier die Integrationsvariablen y bzw. s genannt, um eine Verwechslung mit den Integrationsgrenzen zu vermeiden. Ist keine Anfangsbedingung gegeben, so kann auf beiden Seiten unbestimmt integrieren werden. Es reicht dabei, die Integrationskonstante auf einer Seite zu berücksichtigen.

Der Name „Trennung der Variablen" kommt daher, dass von der Differentialgleichung $\frac{dx}{dt} = f(x)g(t)$ alle Terme mit x auf die eine Seite und alle Terme mit t auf die andere Seite des Gleichheitszeichens gebracht werden. Formal können wir dabei $\frac{dx}{dt}$ wie einen gewöhnlichen Bruch behandeln. Wir erhalten dann:

$$\frac{dx}{f(x)} = g(t)\,dt$$

Danach werden beide Seiten integriert, die linke nach x, die rechte nach t.

Beispiel 24.9 (→CAS) Separation der Variablen
Lösen Sie die Differentialgleichung

$$\frac{dx(t)}{dt} = 2\sqrt{x(t)}, \qquad x(0) = x_0 \geq 0.$$

Geben Sie speziell die Lösungen für die Anfangsbedingungen
a) $x_0 = 3$ und b) $x_0 = 0$ an.

Lösung zu 24.9 Die Differentialgleichung ist separierbar, denn es ist möglich, alle x-Terme auf die eine Seite zu bringen ($f(x) = 2\sqrt{x}$) und alle t-Terme auf die andere Seite (die t-Terme sind hier konstant: $g(t) = 1$):

$$\frac{dx}{2\sqrt{x}} = 1 \cdot dt.$$

Nun fügen wir auf beiden Seiten das Integralzeichen hinzu (und nennen die Integrationsvariablen y bzw. s, weil x bzw. t für die Integrationsgrenzen vergeben sind),

$$\int_{x_0}^{x(t)} \frac{dy}{2\sqrt{y}} = \int_0^t ds,$$

integrieren links und rechts,

$$\sqrt{x(t)} - \sqrt{x_0} = t - 0,$$

und lösen nach $x(t)$ auf:

$$x(t) = (t + \sqrt{x_0})^2, \quad x_0 \geq 0.$$

Setzen wir nun konkrete Anfangswerte x_0 ein:
a) Für die Anfangsbedingung $x_0 = 3$ erhalten wir die Lösung $x(t) = (t + \sqrt{3})^2$.
b) Für die Anfangsbedingung $x_0 = 0$ erhalten wir die Lösung $x(t) = t^2$. Für diesen Anfangswert gibt es eine spezielle Situation: Da $x_0 = 0$ ein Fixpunkt ist, ist auch $x(t) = 0$ eine Lösung (vergleiche Satz 24.4). Es gibt also zur Anfangsbedingung $x_0 = 0$ mehrere Lösungen. Das liegt daran, dass unsere Funktion $f(x) = \sqrt{x}$ bei 0 nicht differenzierbar ist. ■

Für stetig differenzierbares f gibt es immer eine eindeutige Lösung:

Satz 24.10 (Picard-Lindelöf) Es sei f stetig differenzierbar. Dann hat die Differentialgleichung

$$x^{(n)}(t) = f(x^{(n-1)}(t), \ldots, x(t), t)$$

zusammen mit den Anfangsbedingungen

$$x^{(n-1)}(t_0) = x_{n-1}, \quad \ldots, \quad x(t_0) = x_0$$

für jede Wahl der Anfangswerte $x_{n-1}, \ldots, x_0$ eine eindeutige Lösung, die in einem offenen Intervall um t_0 definiert ist.

Dieser Satz wurde zuerst vom finnischen Mathematiker Ernst Leonard Lindelöf (1870–1946) bewiesen. Der moderne Zugang formuliert das Problem als Fixpunktgleichung, die mit Iteration und dem Banach'schen Kontraktionsprinzip gelöst werden kann. Diese Picard-Iteration geht auf den französischen Mathematiker Charles Émile Picard (1856–1941) zurück. Der **Satz von Peano** (benannt nach Giuseppe Peano, italienischer Mathematiker, 1858–1932) besagt, dass es zumindest eine Lösung gibt, wenn f stetig ist.

Die **allgemeine Lösung** einer Differentialgleichung n-ter Ordnung hängt von n Parametern ab. Aus der allgemeinen Lösung erhält man *jede* Lösung der Differentialgleichung durch geeignete Wahl dieser Parameter. Insbesondere werden die Parameter durch die Vorgabe von n Anfangsbedingungen eindeutig bestimmt. Für eine Differentialgleichung erster Ordnung muss man also nur einen Anfangswert $x(t_0) = x_0$ vorgeben, um die Lösung eindeutig festzulegen. Für eine Differentialgleichung zweiter Ordnung benötigt man den Funktionswert $x(t_0) = x_0$ und die Ableitung $x'(t_0) = x_1$ zum Anfangszeitpunkt t_0, etc. Wählt man für die Anfangsbedingungen (bzw. die Parameter) konkrete Zahlenwerte, so spricht man von einer **speziellen Lösung** der Differentialgleichung. In Beispiel 24.9 haben wir zunächst die allgemeine Lösung berechnet, die vom Parameter x_0 abhängt. Danach haben wir die speziellen Lösungen zu den Anfangswerten $x_0 = 3$ bzw. $x_0 = 0$ berechnet.

Auch wenn f auf ganz $\mathbb{R}^{n+1}$ definiert ist, kann es sein, dass die Lösung nur *lokal*, d.h. in der Nähe von t_0, existiert.

Beispiel 24.11 Separation der Variablen
Lösen Sie das Anfangswertproblem

$$x'(t) = x(t)^2, \quad x(0) = x_0.$$

Lösung zu 24.11 Wir trennen die Variablen,

$$\frac{dx}{x^2} = dt,$$

schreiben das Integral an,

$$\int_{x_0}^{x} \frac{dy}{y^2} = \int_0^t ds,$$

und integrieren beide Seiten:

$$\frac{1}{x_0} - \frac{1}{x} = t - 0.$$

Auflösen nach x ergibt

$$x(t) = \frac{x_0}{1 - x_0\,t}.$$

Da die Lösung bei $t = \frac{1}{x_0}$ eine Polstelle hat, ist die Lösung nicht für alle $t \in \mathbb{R}$ definiert. Wenn $x_0 > 0$ ist, so ist das maximale offene Intervall, auf dem die Lösung definiert werden kann, gleich $(-\infty, \frac{1}{x_0})$. Das ist in Abbildung 24.5 für $x_0 = 2$ dargestellt. Ist hingegen $x_0 < 0$, so lebt die Lösung auf dem offenen Intervall $(\frac{1}{x_0}, \infty)$.

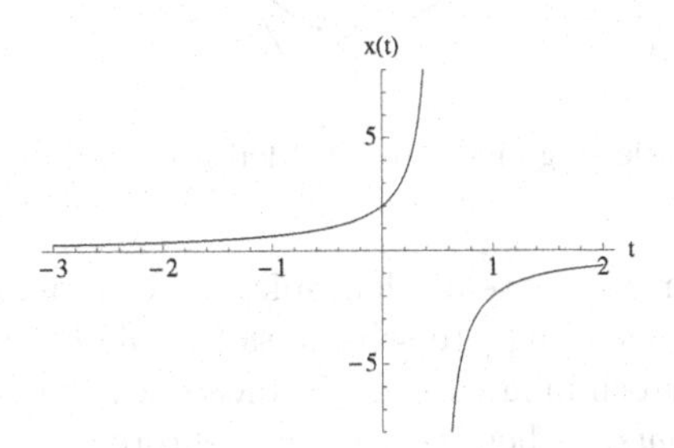

Abbildung 24.5. Die Lösung des Anfangswertproblems $x'(t) = x(t)^2$, $x(0) = 2$ ist auf dem offenen Intervall $(-\infty, \frac{1}{2})$ eindeutig definiert.

Natürlich ist $x(t)$ eine Lösung für alle $t \neq \frac{1}{x_0}$. Wenn die Lösung aber bei $x_0 > 0$ startet, dann verschwindet sie bei $t = \frac{1}{x_0}$ im Unendlichen, und die Werte der Lösung für $t > \frac{1}{x_0}$ haben damit keinerlei praktische Bedeutung mehr. In Abbildung 24.5 hat also die Lösung für $t > \frac{1}{2}$ keine praktische Bedeutung. Analoges gilt für $x_0 < 0$.

Im Fall $x_0 = 0$ gilt $x(t) = 0$ und die Lösung existiert für alle $t \in \mathbb{R}$. ∎

24.1.1 Anwendung: Parabolspiegel

Wir bringen ein interessantes Beispiel aus der Telekommunikation, das zeigt, wie Differentialgleichungen bei der Modellbildung in der Technik eingesetzt werden. Außerdem zeigt es, dass es in der Praxis schnell kompliziert werden kann.

Falls Sie sich schon immer gefragt haben, warum die Satellitenschüssel auf Ihrem Dach die Form eines Paraboloids hat, finden Sie hier die Antwort.

Wir wollen die optimale Form eines Spiegels, der geradlinig einfallende Strahlen in einem Punkt fokussiert, bestimmen.

Damit könnte eine Antenne gemeint sein, die elektromagnetische Wellen einer weit entfernten Quelle (z. B. eines Satelliten im All) auffängt, oder auch ein Scheinwerfer, der Licht von einem Punkt (dem Glühfaden) möglichst geradlinig aussendet.

Wir wählen unser Koordinatensystem so, dass die Strahlen in y-Richtung einfallen und im Ursprung fokussiert werden. Da das Problem rotationssymmetrisch um die y-Achse ist, reicht es, das Profil des Spiegels in der x, y-Ebene zu bestimmen. Wir suchen also das Profil $y(x)$.

Angenommen, ein Strahl trifft im Punkt (x, y) auf den Spiegel. Dann wird er dort reflektiert und in den Ursprung $(0, 0)$ weitergeleitet (siehe Abbildung 24.6). Das Reflexionsgesetz der geometrischen Optik besagt, dass der Winkel zwischen ein-

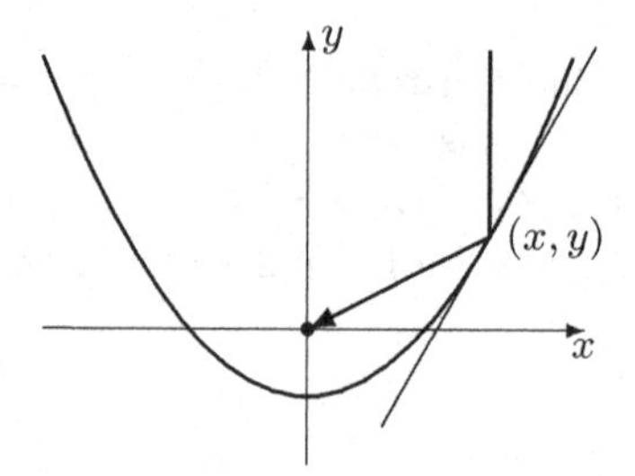

Abbildung 24.6. Fokussierung eines einfallenden Strahls durch einen Parabolspiegel.

fallendem Strahl und der Tangente an den Spiegel gleich dem Winkel zwischen dem reflektierten Strahl und der Tangente sein muss („Einfallswinkel ist gleich Ausfallswinkel"). Aus der Vektorrechnung wissen wir, dass das genau dann der Fall ist, wenn das Skalarprodukt der entsprechenden Einheitsvektoren gleich ist (siehe Abschnitt „Skalarprodukt und orthogonale Projektion" in Band 1).

Der Einheitsvektor des einfallenden Strahls ist $(0, -1)$, der Einheitsvektor des reflektierten Strahls ist $\frac{1}{\sqrt{x^2+y^2}}(-x, -y)$ und der Einheitsvektor der Tangente ist $\frac{1}{\sqrt{1+(y')^2}}(1, y')$. Somit erhalten wir (der Faktor $\frac{-1}{\sqrt{1+(y')^2}}$ kann auf beiden Seiten gekürzt werden)

$$\frac{1}{\sqrt{x^2+y^2}}\left\langle \begin{pmatrix} x \\ y \end{pmatrix}, \begin{pmatrix} 1 \\ y' \end{pmatrix} \right\rangle = \left\langle \begin{pmatrix} 0 \\ 1 \end{pmatrix}, \begin{pmatrix} 1 \\ y' \end{pmatrix} \right\rangle$$

oder, ausmultipliziert,

$$\frac{1}{\sqrt{x^2+y^2}}(x + yy') = y'.$$

Lösen wir nach y' auf, so erhalten wir die Differentialgleichung

$$\begin{aligned} y' = \frac{x}{\sqrt{x^2+y^2} - y} &= \frac{x}{\sqrt{x^2+y^2} - y} \frac{\sqrt{x^2+y^2} + y}{\sqrt{x^2+y^2} + y} = x \frac{\sqrt{x^2+y^2} + y}{(x^2+y^2) - y^2} \\ &= \frac{\sqrt{x^2+y^2} + y}{x} = \sqrt{1 + \left(\frac{y}{x}\right)^2} + \frac{y}{x}. \end{aligned}$$

Diese Differentialgleichung ist zwar nicht separierbar, aber da auf der rechten Seite nur $\frac{y}{x}$ vorkommt, bietet es sich an, die neue Funktion

$$u(x) = \frac{y(x)}{x}, \qquad x > 0,$$

zu betrachten. Wegen

$$u'(x) = \frac{y'(x)}{x} - \frac{y(x)}{x^2} = \frac{1}{x}(y'(x) - \frac{y(x)}{x})$$

erhalten wir aus der Differentialgleichung für y folgende separierbare Differentialgleichung für u:

$$u' = \frac{1}{x}(\sqrt{1+u^2}).$$

Es bleibt also folgendes Integral zu lösen:

$$\int \frac{du}{\sqrt{1+u^2}} = \int \frac{dx}{x}.$$

Das rechte Integral kennen wir, das linke müssen wir entweder in einer Formelsammlung (Tabelle A.1) nachschlagen oder dem Computer vorwerfen (in letzterem Fall hätten wir natürlich auch gleich die Differentialgleichung mit dem Computer lösen können). Als Ergebnis erhalten wir

$$\operatorname{arsinh}(u) = \ln(x) + C,$$

wobei $\operatorname{arsinh}(u)$ die Umkehrfunktion des Sinus hyperbolicus $\sinh(x) = \frac{1}{2}(\mathrm{e}^x - \mathrm{e}^{-x})$ ist.

Sie können das überprüfen, indem Sie $\operatorname{arsinh}'(u) = \frac{1}{\sqrt{1+u^2}}$ mithilfe der Ableitungsregel für die Umkehrfunktion nachrechnen.

Um den $\operatorname{arsinh}(u)$ loszuwerden, nehmen wir beide Seiten als Argument des sinh und erhalten

$$u = \sinh(\ln(x) + C) = \frac{1}{2}(\mathrm{e}^C x - \frac{1}{\mathrm{e}^C x}).$$

Hier haben wir zuletzt den sinh gemäß seiner Definition mit der Exponentialfunktion ausgedrückt. Kürzen wir $\mathrm{e}^C = a$ ab, so sehen wir, dass die optimale Form durch die Parabel

$$y(x) = x\, u(x) = \frac{1}{2}\left(ax^2 - \frac{1}{a}\right)$$

gegeben ist.

24.2 Lineare Differentialgleichungen

Die meisten Differentialgleichungen können zwar nicht explizit gelöst werden, wie aber schon bei den Rekursionen (siehe Abschnitt „Lineare Rekursionen" in Band 1) gibt es eine wichtige Klasse von Differentialgleichungen, nämlich lineare mit konstanten Koeffizienten, bei denen das doch geht. In der Tat sind lineare Rekursionen und lineare Differentialgleichungen analog zu behandeln. Falls Sie lineare Rekursionen schon kennen, werden Sie daher einige Déjà-vu-Erlebnisse haben.

Definition 24.12 Eine Differentialgleichung der Form

$$\begin{aligned} x^{(n)}(t) &= \sum_{j=0}^{n-1} c_j(t)x^{(j)}(t) + g(t) \\ &= c_{n-1}(t)x^{(n-1)}(t) + c_{n-2}(t)x^{(n-2)}(t) + \ldots + c_0(t)x(t) + g(t) \end{aligned}$$

heißt **lineare Differentialgleichung** (n-ter Ordnung). Ist $g(t) = 0$ für alle t, so nennt man die Differentialgleichung **homogen**, ansonsten **inhomogen**. Dementsprechend heißt $g(t)$ auch **inhomogener Anteil** der Differentialgleichung. Hängen die Koeffizienten $c_j(t)$ nicht von t ab, so spricht man von **konstanten Koeffizienten**.

Eine lineare Differentialgleichung ist genau dann autonom, wenn sie konstante Koeffizienten hat und der inhomogene Anteil $g(t)$ nicht vorhanden oder zumindest konstant ist.

Für lineare Differentialgleichungen kann die Aussage des Satzes von Picard-Lindelöf verbessert werden: Sind die Koeffizienten $c_j(t)$ stetig auf $\mathbb{R}$, so existiert eine eindeutige Lösung des Anfangswertproblems für *alle* $t \in \mathbb{R}$.

Da man lineare Differentialgleichungen mit konstanten Koeffizienten ohne Probleme lösen kann, ist es wichtig, sie mit einem Schlag *erkennen* zu können:

Beispiel 24.13 Lineare Differentialgleichung
Klassifizieren Sie die Differentialgleichung:
a) $x'(t) = 3x(t) - t^2$ b) $x'''(t) = x'(t) + x(t)^2$ c) $y''(x) = \sqrt{2}\,y(x)$
d) $y''(x) = 4y'(x) + x^3y(x)$ e) $f''(t) = (1 - f'(t))f(t)$

Lösung zu 24.13
a) linear, inhomogener Anteil $g(t) = -t^2$, konstanter Koeffizient $c_0 = 3$; die Ordnung ist 1
b) nicht linear, da $x(t)^2$ vorkommt; Ordnung 3
c) linear, homogen, Koeffizienten $c_1 = 0$, $c_0 = \sqrt{2}$ sind konstant; Ordnung 2
d) linear, homogen; keine konstanten Koeffizienten, denn c_0 hängt von x ab: $c_0(x) = x^3$, $c_1 = 4$; Ordnung 2
e) nicht linear, da das Produkt $f'(t)f(t)$ vorkommt ■

Folgendes Problem führt zum Beispiel auf eine lineare Differentialgleichung mit konstanten Koeffizienten: Betrachten Sie die Reihenschaltung bestehend aus einem ohm-

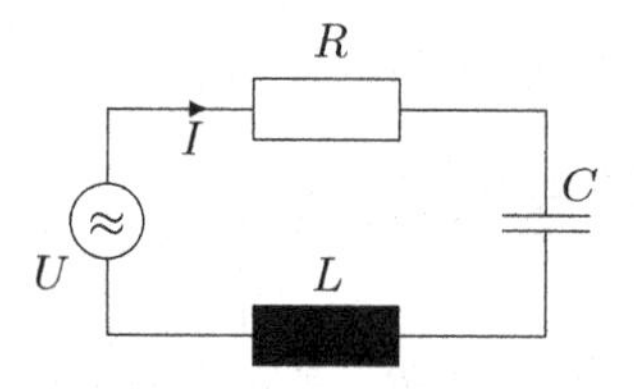

Abbildung 24.7. RLC-Schwingkreis

schen Widerstand R, einem Kondensator mit Kapazität C und einer Spule mit Induktivität L in Abbildung 24.7. Nach der ersten Kirchhoff'schen Regel fließt durch alle Bauteile der gleiche Strom $I(t)$. Nach der zweiten Kirchhoff'schen Regel ist die Summe der Spannungsabfälle an den Bauteilen gleich der von der Spannungsquelle produzierten Spannung:

$$U(t) = U_R(t) + U_C(t) + U_L(t).$$

Für den Widerstand gilt nach dem Ohm'schen Gesetz

$$U_R(t) = R\, I(t).$$

Für die Spule gilt nach dem Induktionsgesetz

$$U_L(t) = L \frac{d}{dt} I(t),$$

und für den Kondensator

$$U_C(t) = \frac{1}{C} Q(t),$$

wobei $Q(t)$ die elektrische Ladung am Kondensator ist. Da der Strom per Definition gleich der Ladungsänderung ist, $I(t) = \frac{d}{dt} Q(t)$, erhalten wir folgende Differentialgleichung für die Ladung am Kondensator:

$$L \frac{d^2}{dt^2} Q(t) + R \frac{d}{dt} Q(t) + \frac{1}{C} Q(t) = U(t).$$

Durch Differenzieren beider Seiten ergibt sich die Differentialgleichung

$$L \frac{d^2}{dt^2} I(t) + R \frac{d}{dt} I(t) + \frac{1}{C} I(t) = \frac{d}{dt} U(t)$$

für den Strom.

Beispiel 24.14 Ladevorgang eines Kondensators
Lösen Sie die Differentialgleichung für die Ladung eines Kondensators

$$R \frac{d}{dt} Q(t) + \frac{1}{C} Q(t) = U_0$$

durch eine Gleichspannung $U(t) = U_0$ (Fall ohne Spule: $L = 0$). Berechnen Sie die Ladung $Q(t)$ am Kondensator, falls der Kondensator zur Zeit $t = 0$ ungeladen ist. Welche Ladung stellt sich langfristig am Kondensator ein (was ist also $\lim_{t\to\infty} Q(t)$)?

Lösung zu 24.14 Die Differentialgleichung ist separierbar:

$$\frac{dQ}{\frac{U_0}{R} - \frac{1}{RC} Q} = dt.$$

Wir können, wie im letzten Abschnitt, die Lösung berechnen, indem wir beide Seiten integrieren (rechts von 0 bis t und links von der Anfangsladung $Q(0) = 0$ bis zur Ladung $Q(t)$ zum Zeitpunkt t):

$$\int_0^{Q(t)} \frac{dy}{\frac{U_0}{R} - \frac{1}{RC}y} = \int_0^t ds$$

bzw., nach der Integration,

$$-RC\left(\ln\left(\frac{U_0}{R} - \frac{1}{RC}Q(t)\right) - \ln\left(\frac{U_0}{R}\right)\right) = t.$$

Durch Umformen,

$$\ln\left(1 - \frac{1}{U_0C}Q(t)\right) = -\frac{t}{RC},$$

und Auflösen nach $Q(t)$ erhalten wir die Lösung

$$Q(t) = U_0C(1 - \mathrm{e}^{-\frac{t}{RC}}).$$

Sie nähert sich exponentiell der maximalen Ladung U_0C: $\lim_{t\to\infty} Q(t) = U_0C$ (siehe Abbildung 24.8). ■

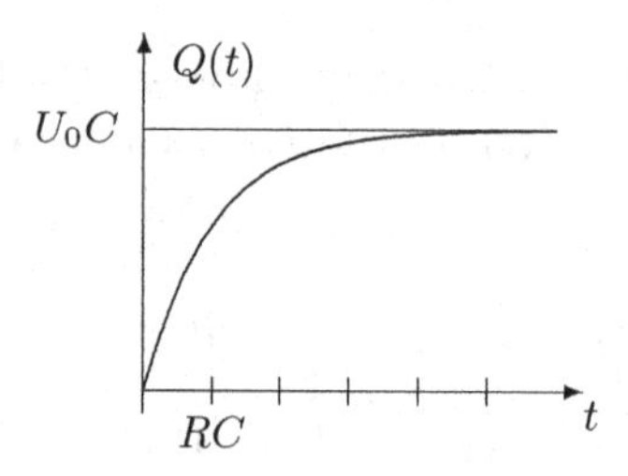

Abbildung 24.8. Aufladung eines Kondensators

Den einfachsten Fall einer homogenen linearen Differentialgleichung erster Ordnung mit konstantem Koeffizient, $x'(t) = cx(t)$, können wir also leicht durch Separation der Variablen lösen: $x(t) = x(0)\mathrm{e}^{ct}$. Auch für die zugehörige inhomogene Differentialgleichung lässt sich die Lösung finden:

Satz 24.15 Die Lösung der linearen Differentialgleichung erster Ordnung

$$x'(t) = cx(t) + g(t)$$

ist

$$x(t) = x(t_0)\mathrm{e}^{c\,(t-t_0)} + \int_{t_0}^t \mathrm{e}^{c\,(t-s)} g(s)ds.$$

Wieder können Sie die Probe durch Differenzieren machen und so überprüfen, ob das in der Tat die Lösung ist!

Es kann sogar die allgemeine lineare Differentialgleichung erster Ordnung (ohne konstante Koeffizienten)

$$x'(t) = c(t)x(t) + g(t)$$

gelöst werden:

$$x(t) = x(t_0)\mathrm{e}^{C(t)-C(t_0)} + \int_{t_0}^{t} \mathrm{e}^{C(t)-C(s)} g(s)ds,$$

wobei $C(t) = \int c(t)dt$ eine Stammfunktion von $c(t)$ ist. Machen Sie wiederum die Probe!

Beispiel 24.16 Kondensator im Wechselstromkreis
Lösen Sie die Differentialgleichung für einen Kondensator im Wechselstromkreis mit einer sinusförmigen Spannungsquelle $U(t) = U_0 \cos(\omega t)$:

$$R\frac{d}{dt}I(t) + \frac{1}{C}I(t) = \frac{d}{dt}U(t) = -\omega U_0 \sin(\omega t).$$

Lösung zu 24.16 Wir werden diese Gleichung nicht direkt lösen, sondern einen in der Elektrotechnik üblichen Trick anwenden. Dazu ersetzen wir formal die Wechselspannung $U(t) = U_0 \cos(\omega t)$ durch $U(t) = U_0 \mathrm{e}^{\mathrm{i}\omega t}$ („komplexe Spannung"). Auf der rechten Seite der Differentialgleichung steht dann also die Ableitung davon:

$$R\frac{d}{dt}I(t) + \frac{1}{C}I(t) = \frac{d}{dt}U(t) = \mathrm{i}\omega U_0 \mathrm{e}^{\mathrm{i}\omega t}.$$

Wir lösen diese Differentialgleichung (die Rechnung wird nun um einiges einfacher!) und nehmen von der erhaltenen (komplexen) Lösung den Realteil. Das ist dann die Lösung der ursprünglichen Differentialgleichung mit Spannung $U(t) = U_0 \cos(\omega t)$!

Warum? Aufgrund der Euler'schen Formel

$$\mathrm{e}^{\mathrm{i}\omega t} = \cos(\omega t) + \mathrm{i}\sin(\omega t)$$

ist die gegebene Spannung gerade der Realteil der formalen komplexen Spannung:

$$U_0 \mathrm{e}^{\mathrm{i}\omega t} = U_0 \cos(\omega t) + \mathrm{i}U_0 \sin(\omega t).$$

Indem wir die Differentialgleichung mit der komplexen Spannung lösen, lösen wir zwei Differentialgleichungen simultan: einmal für die Spannung $U(t) = U_0 \cos(\omega t)$ (Realteil der Rechnung) und einmal für die Spannung $U(t) = U_0 \sin(\omega t)$ (Imaginärteil der Rechnung).

Die Lösung der Differentialgleichung mit komplexer Spannung kann wie im reellen Fall erhalten werden, und auch die Formeln für das Differenzieren und Integrieren ändern sich nicht. Wir können also so rechnen, als ob wir es mit reellen Funktionen zu tun hätten. Lösen wir zunächst nach der Ableitung auf:

$$I' = -\frac{1}{RC}I + \frac{\mathrm{i}\omega U_0}{R}\mathrm{e}^{\mathrm{i}\omega t}.$$

Nach Satz 24.15 gilt nun

$$\begin{aligned}
I(t) &= I(0)\mathrm{e}^{-\frac{t}{RC}} + \int_0^t \mathrm{e}^{-\frac{t-s}{RC}} \frac{\mathrm{i}\omega U_0}{R}\mathrm{e}^{\mathrm{i}\omega s} ds \\
&= I(0)\mathrm{e}^{-\frac{t}{RC}} + \frac{\mathrm{i}\omega U_0}{R}\mathrm{e}^{-\frac{t}{RC}} \int_0^t \mathrm{e}^{\frac{s}{RC}+\mathrm{i}\omega s} ds \\
&= I(0)\mathrm{e}^{-\frac{t}{RC}} + \frac{\mathrm{i}\omega U_0}{R} \frac{1}{\frac{1}{RC}+\mathrm{i}\omega}\mathrm{e}^{-\frac{t}{RC}} \left(\mathrm{e}^{\frac{t}{RC}+\mathrm{i}\omega t} - 1\right) \\
&= \left(I(0) - \frac{U_0}{Z}\right)\mathrm{e}^{-\frac{t}{RC}} + \frac{U_0}{Z}\mathrm{e}^{\mathrm{i}\omega t},
\end{aligned}$$

wobei wir die in der Elektrotechnik übliche Abkürzung

$$Z = R - \mathrm{i}\frac{1}{\omega C}$$

(**Impedanz**) eingeführt haben.

Diese Größe $Z_C = -\mathrm{i}\frac{1}{\omega C}$ kann formal als Widerstand des Kondensators aufgefasst werden.

Wegen $-\frac{1}{RC} < 0$ klingt $\mathrm{e}^{-\frac{t}{RC}}$ exponentiell ab. Daher ist nach kurzer Zeit nur noch der zweite Anteil der Lösung sichtbar:

$$I(t) \approx \frac{1}{Z}U(t).$$

Um die Lösung unseres ursprünglichen Problems zu erhalten, nehmen wir nun davon den Realteil. Dazu schreiben wir $Z = |Z|\mathrm{e}^{\mathrm{i}\varphi}$, dann gilt

$$\mathrm{Re}(I(t)) = \mathrm{Re}(\frac{U_0}{|Z|\mathrm{e}^{\mathrm{i}\varphi}}\mathrm{e}^{\mathrm{i}\omega t}) = \frac{U_0}{|Z|}\mathrm{Re}(\mathrm{e}^{\mathrm{i}(\omega t-\varphi)}) = \frac{U_0}{|Z|}\cos(\omega t - \varphi).$$

Der Kondensator bewirkt also eine zusätzliche Phasenverschiebung um den Winkel φ des Stroms gegenüber der Spannung.

Indem wir für den Kondensator formal den Widerstand Z_C eingeführt und gemeinsam mit R zur Impedanz Z zusammengefasst haben, können wir $U = ZI$ schreiben, was an das Ohm'sche Gesetz erinnert.

Der Realteil R der Impedanz $Z = R - \mathrm{i}\frac{1}{\omega C}$ wird auch als **Wirkwiderstand** und der Imaginärteil $\frac{-1}{\omega C}$ als **Blindwiderstand** bezeichnet. Der Absolutbetrag $|Z| = \sqrt{R^2 + \frac{1}{\omega^2 C^2}}$ heißt **Scheinwiderstand**. ∎

Kommen wir nun zu linearen Differentialgleichungen zweiter Ordnung. Beginnen wir mit der homogenen Differentialgleichung mit konstanten Koeffizienten,

$$x''(t) = c_1 x'(t) + c_0 x(t).$$

Um die allgemeine Lösung zu finden, müssen wir ein wenig ausholen.

Eine wichtige Eigenschaft homogener linearer Differentialgleichungen (beliebiger Ordnung) ist, dass das Vielfache einer Lösung, sowie die Summe zweier Lösungen, wieder Lösungen sind. Ist die Ordnung zwei, so *reichen zwei Lösungen aus*, um *alle* weiteren Lösungen anzugeben:

Satz 24.17 (Superpositionsprinzip) Sind $x_1(t)$ und $x_2(t)$ zwei Lösungen der homogenen linearen Differentialgleichung

$$x''(t) = c_1 x'(t) + c_0 x(t),$$

und ist keine Lösung ein Vielfaches der anderen, so lässt sich jede Lösung als Linearkombination

$$k_1 x_1(t) + k_2 x_2(t)$$

dieser beiden Lösungen schreiben. Die Konstanten k_1 und k_2 können aus den Anfangsbedingungen bestimmt werden.

Das Superpositionsprinzip gilt auch für homogene lineare Differentialgleichungen mit *nicht-konstanten* Koeffizienten $x''(t) = c_1(t)x'(t) + c_0(t)x(t)$. Es besagt, dass die Lösungen einen Vektorraum der Dimension 2 bilden (der von zwei linear unabhängigen Lösungen aufgespannt wird).

Wenn wir also zwei spezielle Lösungen der homogenen Differentialgleichung kennen, die nicht Vielfache voneinander sind, so haben wir damit bereits die allgemeine Lösung der homogenen Differentialgleichung gefunden.

Wie finden wir nun zwei geeignete spezielle Lösungen der homogenen Differentialgleichung? Dazu setzen wir den **Ansatz** $x(t) = \mathrm{e}^{\lambda t}$ (mit einem λ, das wir bestimmen möchten) in die homogene Differentialgleichung

$$x''(t) = c_1 x'(t) + c_0 x(t)$$

ein: $\lambda^2 \mathrm{e}^{\lambda t} = c_1 \lambda \mathrm{e}^{\lambda t} + c_0 \mathrm{e}^{\lambda t}$. Kürzen wir nun auf beiden Seiten durch $\mathrm{e}^{\lambda t}$, so sehen wir, dass der Ansatz $x(t) = \mathrm{e}^{\lambda t}$ genau dann eine Lösung der homogenen Differentialgleichung ist, wenn λ die so genannte **charakteristische Gleichung**

$$\lambda^2 = c_1 \lambda + c_0$$

erfüllt. Nun gibt es (wie bei jeder quadratischen Gleichung) drei Möglichkeiten für die Lösungen λ_1 und λ_2 der charakteristischen Gleichung:

Satz 24.18 (Lineare homogene Differentialgleichung 2. Ordnung)
Gegeben ist die Differentialgleichung

$$x''(t) = c_1 x'(t) + c_0 x(t) \qquad \text{mit } c_1, c_0 \in \mathbb{R}.$$

Sind λ_1, λ_2 die Nullstellen

$$\lambda_1 = \frac{c_1}{2} + \sqrt{\left(\frac{c_1}{2}\right)^2 + c_0}, \quad \lambda_2 = \frac{c_1}{2} - \sqrt{\left(\frac{c_1}{2}\right)^2 + c_0}$$

der **charakteristischen Gleichung** $\lambda^2 = c_1 \lambda + c_0$, so gilt (Fallunterscheidung):

- Wenn λ_1 und λ_2 verschieden und reell sind, dann hat die homogene Differentialgleichung die allgemeine Lösung
$$x(t) = k_1 \mathrm{e}^{\lambda_1 t} + k_2 \mathrm{e}^{\lambda_2 t},$$
wobei k_1, k_2 reelle Zahlen sind, die durch die Anfangsbedingungen festgelegt werden. Sie ergeben sich aus dem Gleichungssystem $x(0) = k_1 + k_2$, $x'(0) = k_1 \lambda_1 + k_2 \lambda_2$.
- Sind die beiden Lösungen der charakteristischen Gleichung identisch, $\lambda_1 = \lambda_2 = \lambda$, so ist die allgemeine Lösung der Differentialgleichung durch
$$x(t) = (k_1 + k_2 t)\mathrm{e}^{\lambda t}$$
gegeben. Die Zahlen k_1, k_2 ergeben sich aus den Anfangsbedingungen $x(0) = k_1$, $x'(0) = k_1 \lambda + k_2$.
- Sind beide Lösungen nicht reell, dann sind sie konjugiert komplex, $\lambda_1 = \alpha + \mathrm{i}\beta$ und $\lambda_2 = \alpha - \mathrm{i}\beta$, und die allgemeine Lösung der Differentialgleichung lautet
$$x(t) = k_1 \mathrm{e}^{\alpha t} \cos(\beta t) + k_2 \mathrm{e}^{\alpha t} \sin(\beta t).$$
Die Zahlen k_1, k_2 ergeben sich aus den Anfangsbedingungen $x(0) = k_1$, $x'(0) = k_1 \alpha + k_2 \beta$.

Sehen wir uns gleich ein Beispiel an:

Beispiel 24.19 Lineare homogene Differentialgleichung 2. Ordnung

a) Lösen Sie die Differentialgleichung $x'' = x' + 6x$ mit den Anfangsbedingungen $x(0) = 1$ und $x'(0) = 8$.
b) Lösen Sie die Differentialgleichung $x'' = 2x' - x$ mit den Anfangsbedingungen $x(0) = 1$ und $x'(0) = 8$.
c) Lösen Sie die Differentialgleichung $x'' = 2x' - 2x$ mit den Anfangsbedingungen $x(0) = 0$ und $x'(0) = 1$.

Lösung zu 24.19

a) Die Koeffizienten sind $c_1 = 1$ und $c_0 = 6$. Daher lautet die charakteristische Gleichung $\lambda^2 = \lambda + 6$. Sie hat die beiden Lösungen $\lambda_1 = 3$, $\lambda_2 = -2$. Damit hat die allgemeine Lösung der Differentialgleichung die Form

$$x(t) = k_1 \mathrm{e}^{3t} + k_2 \mathrm{e}^{-2t}.$$

Die Zahlen k_1 und k_2 werden nun mithilfe der Anfangsbedingungen bestimmt:

$$\begin{aligned} x(0) &= 1 = k_1 + k_2 \\ x'(0) &= 8 = k_1 3 + k_2(-2) = 3k_1 - 2k_2 \end{aligned}$$

Wenn wir diese beiden linearen Gleichungen für k_1 und k_2 lösen, so erhalten wir $k_1 = 2$ und $k_2 = -1$. Die gesuchte spezielle Lösung zu den Anfangsbedingungen $x(0) = 1$ und $x'(0) = 8$ lautet damit $x(t) = 2\mathrm{e}^{3t} - \mathrm{e}^{-2t}$.

b) Nun sind die Lösungen der charakteristischen Gleichung $\lambda^2 = 2\lambda - 1$ identisch: $\lambda_1 = \lambda_2 = 1$. Also ist die allgemeine Lösung $x(t) = k_1\mathrm{e}^t + k_2 t\mathrm{e}^t$. Aus den Anfangsbedingungen folgt $x(0) = k_1 = 1$, $x'(0) = k_1 + k_2 = 8$, daher $x(t) = (1 + 7t)\mathrm{e}^t$.

c) Die charakteristische Gleichung ist $\lambda^2 = 2\lambda - 2$ und diesmal sind die Lösungen konjugiert komplex: $\lambda_{1,2} = 1 \pm \mathrm{i}$. Also ist die allgemeine Lösung $x(t) = k_1\mathrm{e}^t \cos(t) + k_2\mathrm{e}^t \sin(t)$. Aus den Anfangsbedingungen folgt $x(0) = k_1 = 0$ und $x'(0) = k_1 + k_2 = 1$, also $k_2 = 1$. Somit ist $x(t) = \mathrm{e}^t \sin(t)$ die gesuchte Lösung der Differentialgleichung. ■

Nun haben wir homogene Differentialgleichungen mit konstanten Koeffizienten im Griff und können als Nächstes zu inhomogenen Differentialgleichungen kommen. Analog wie im Fall erster Ordnung gilt:

Satz 24.20 (Lineare inhomogene Differentialgleichung 2. Ordnung) Die allgemeine Lösung einer linearen inhomogenen Differentialgleichung zweiter Ordnung mit konstanten Koeffizienten $c_1, c_0 \in \mathbb{R}$,

$$x''(t) = c_1 x'(t) + c_0 x(t) + g(t),$$

hat die Form

$$x(t) = x_h(t) + x_i(t),$$

wobei $x_h(t)$ die allgemeine Lösung der zugehörigen homogenen Differentialgleichung

$$x_h''(t) = c_1 x_h'(t) + c_0 x_h(t)$$

und $x_i(t)$ irgendeine spezielle Lösung der gegebenen inhomogenen Differentialgleichung ist.

Warum? – Sind $x(t)$ und $y(t)$ zwei spezielle Lösungen der inhomogenen Differentialgleichung, so erfüllt ihre Differenz $h(t) = x(t) - y(t)$ die zugehörige homogene Differentialgleichung: $h''(t) = x''(t) - y''(t) = c_1 x'(t) + c_0 x(t) + g(t) - c_1 y'(t) - c_0 y(t) - g(t) = c_1 h'(t) + c_0 h(t)$. Zwei Lösungen der inhomogenen Differentialgleichung unterscheiden sich also um eine Lösung der homogenen Differentialgleichung.

Eine *spezielle* Lösung der inhomogenen Differentialgleichung lässt sich oft erraten bzw. durch einen geschickten Ansatz finden: Ist $g(t) = p(t)\mathrm{e}^{at}$ mit einem Polynom $p(t)$, so kann man auch für die spezielle Lösung eine Funktion dieser Form, $x_i(t) = q(t)\mathrm{e}^{at}$, ansetzen. Dabei hat das Polynom $q(t)$ denselben Grad wie $p(t)$, falls $a \neq \lambda_1, \lambda_2$, um eins höheren Grad als $p(t)$, falls $a = \lambda_1 \neq \lambda_2$ bzw. um zwei höheren Grad als $p(t)$, falls $a = \lambda_1 = \lambda_2$.

Hilfreich bei der Suche nach einer speziellen Lösung der inhomogenen Differentialgleichung ist auch folgende Eigenschaft: Besteht der inhomogene Anteil aus zwei Summanden, $g(t) = g_1(t) + g_2(t)$, so kann für jeden Summanden $g_j(t)$ eine zugehörige spezielle Lösung $x_{i,j}(t)$ ermittelt werden: Wir suchen also eine spezielle Lösung $x_{i,1}$ von $x''(t) = c_1 x'(t) + c_0 x(t) + g_1(t)$, und analog eine spezielle Lösung $x_{i,2}(t)$ von $x''(t) = c_1 x'(t) + c_0 x(t) + g_2(t)$. Die Summe $x_i(t) = x_{i,1}(t) + x_{i,2}(t)$ ist dann eine spezielle Lösung der ursprünglichen Differentialgleichung mit dem inhomogenen Anteil $g(t) = g_1(t) + g_2(t)$.

Es gibt sogar eine explizite Formel, die eine spezielle Lösung der inhomogen Differentialgleichung mithilfe der allgemeinen Lösung der homogenen Differentialgleichung ausdrückt:

$$x_i(t) = \int_0^t s(t-r) g(r) dr,$$

wobei $s(t)$ die Lösung der homogenen Differentialgleichung zu den Anfangsbedingungen $s(0) = 0$, $s'(0) = 1$ ist.

Ist insbesondere $g(t) = g$ konstant, so können wir wieder nach einem Fixpunkt $x(t) = \overline{x}$ suchen (und haben damit eine spezielle Lösung gefunden): Aus $x''(t) = x'(t) = 0$ (das ist die Bedingung für einen Fixpunkt) folgt $0 = c_0 \overline{x} + g$, und daraus $\overline{x} = -\frac{g}{c_0}$.

Satz 24.21 Die lineare Differentialgleichung zweiter Ordnung

$$x''(t) = c_1 x'(t) + c_0 x(t) + g, \qquad \text{mit } c_1, c_0, g \in \mathbb{R},$$

hat für $c_0 \neq 0$ (d.h., $\lambda_1, \lambda_2 \neq 0$) die allgemeine Lösung

$$x(t) = x_h(t) + \overline{x}, \qquad \text{mit } \overline{x} = -\frac{g}{c_0},$$

wobei $x_h(t)$ die allgemeine Lösung der zugehörigen homogenen Differentialgleichung (siehe Satz 24.18) ist.

Haben beide Nullstellen der charakteristischen Gleichung Realteile kleiner null, $\mathrm{Re}(\lambda_1) < 0$ und $\mathrm{Re}(\lambda_2) < 0$, so konvergiert jede Lösung für $t \to \infty$ gegen den Fixpunkt $\overline{x}$.

Ist $c_0 = 0$, so ist $\lambda_1 = 0$ und $\lambda_2 = c_1$. In diesem Fall ist für $c_1 \neq 0$ eine spezielle Lösung durch $x_i(t) = -\frac{g\,t}{c_1}$ gegeben, und für $c_1 = 0$ durch $x_i(t) = \frac{g\,t^2}{2}$.

Sogar lineare inhomogene Differentialgleichungen mit konstanten Koeffizienten *beliebiger* Ordnung n,

$$x^{(n)}(t) = c_{n-1}x^{(n-1)}(t) + c_{n-2}x^{(n-2)}(t) + \ldots + c_0 x(t) + g(t),$$

können immer gelöst werden. Man geht dabei wie im Fall der Ordnung zwei vor: Die allgemeine Lösung hat wieder die Form $x(t) = x_h(t) + x_i(t)$, wobei $x_h(t)$ die allgemeine Lösung der zugehörigen homogenen und $x_i(t)$ eine spezielle Lösung der inhomogenen Differentialgleichung ist. Um x_h zu finden, betrachten wir wieder das charakteristische Polynom. Es hat Grad n und deshalb n Nullstellen. Aus diesen erhalten wir n spezielle Lösungen, und somit die allgemeine Lösung x_h (als Linearkombination aus diesen speziellen Lösungen).

Sind aber die Koeffizienten *nicht konstant* oder ist die Differentialgleichung *nicht linear*, so ist es in der Regel nicht mehr möglich, eine Lösung anzugeben!

Zum Abschluss wollen wir wieder ein etwas aufwändigeres Praxisbeispiel lösen:

Beispiel 24.22 RLC-Schwingkreis
Lösen Sie die Differentialgleichung für den RLC-Schwingkreis

$$L\frac{d^2}{dt^2}I(t) + R\frac{d}{dt}I(t) + \frac{1}{C}I(t) = \frac{d}{dt}U(t)$$

mit einer sinusförmigen Spannungsquelle $U(t) = U_0\cos(\omega t)$.

Lösung zu 24.22 Wir verwenden wieder die komplexe Version $U(t) = U_0 \mathrm{e}^{\mathrm{i}\omega t}$ (vergleiche Beispiel 24.16):

$$I'' = -\frac{R}{L}I' - \frac{1}{LC}I + \mathrm{i}\frac{\omega U_0}{L}\mathrm{e}^{\mathrm{i}\omega t}.$$

Die beiden Nullstellen der charakteristischen Gleichung $\lambda^2 = -\frac{R}{L}\lambda - \frac{1}{LC}$ lauten

$$\lambda_{1,2} = -\frac{R}{2L} \pm \sqrt{\frac{R^2}{4L^2} - \frac{1}{LC}}.$$

Falls $\frac{R^2}{4L^2} - \frac{1}{LC} > 0$, so sind beide Nullstellen negativ und die allgemeine Lösung der homogenen Differentialgleichung ist

$$I_h(t) = k_1\mathrm{e}^{\lambda_1 t} + k_2\mathrm{e}^{\lambda_2 t}.$$

Wenn $\frac{R^2}{4L^2} - \frac{1}{LC} = 0$, so sind beide Nullstellen gleich und die allgemeine Lösung der homogenen Differentialgleichung ist

$$I_h(t) = (k_1 + k_2 t)\mathrm{e}^{-\frac{R}{2L}t}.$$

Für $\frac{R^2}{4L^2} - \frac{1}{LC} < 0$ sind schließlich beide Nullstellen konjugiert komplex und die allgemeine Lösung der homogenen Differentialgleichung lautet

$$I_h(t) = k_1 \mathrm{e}^{-\frac{R}{2L}t} \cos(\beta t) + k_2 \mathrm{e}^{-\frac{R}{2L}t} \sin(\beta t), \qquad \beta = \sqrt{\frac{1}{LC} - \frac{R^2}{4L^2}} > 0.$$

In jedem Fall ist der Realteil $\frac{-R}{2L}$ der beiden Nullstellen negativ und die Lösung der homogenen Differentialgleichung verschwindet daher exponentiell für $t \to \infty$.

Für die inhomogene Lösung machen wir den Ansatz

$$I_i(t) = k\,\mathrm{e}^{\mathrm{i}\omega t}$$

mit einer unbestimmten Konstante k. Wir setzen ihn in die Differentialgleichung ein,

$$(-\omega^2 L + \mathrm{i}\omega R + \frac{1}{C})k\,\mathrm{e}^{\mathrm{i}\omega t} = \mathrm{i}\omega U_0 \mathrm{e}^{\mathrm{i}\omega t},$$

und lösen nach k auf:

$$k = \frac{U_0}{R + \mathrm{i}(L\omega - \frac{1}{\omega C})}.$$

Da die homogene Lösung $I_h(t)$ exponentiell abklingt, gilt nach kurzer Zeit

$$I(t) = I_h(t) + I_i(t) \approx I_i(t) = \frac{U_0}{Z}\mathrm{e}^{\mathrm{i}\omega t} = \frac{1}{Z}U(t),$$

wobei wir analog zu Beispiel 24.16 die Impedanz

$$Z = R + Z_L + Z_C, \qquad Z_L = \mathrm{i}L\omega, \quad Z_C = -\mathrm{i}\frac{1}{\omega C},$$

eingeführt haben. Der Strom $I(t) = \frac{1}{Z}U(t)$ wird maximal, wenn

$$|Z|^2 = R^2 + (L\omega - \frac{1}{\omega C})^2$$

minimal wird, wenn also $L\omega - \frac{1}{\omega C} = 0$, d.h.,

$$\omega = \frac{1}{\sqrt{LC}}$$

gilt. Die Frequenz $\frac{1}{2\pi\sqrt{LC}}$ wird als **Resonanzfrequenz** des Schwingkreises bezeichnet.

Dieses Prinzip liegt zum Beispiel dem Radioempfang zugrunde. Die Spannungsquelle entspricht in diesem Fall dem externen Signal, das von einer Antenne empfangen wird. Wird das Signal auf einer Trägerwelle mit der Frequenz $\frac{\omega}{2\pi}$ übertragen, so gerät der Schwingkreis nur dann in Schwingung, wenn die Frequenz der Trägerwelle mit der Resonanzfrequenz des Schwingkreises übereinstimmt. Die Resonanzfrequenz $\frac{1}{2\pi\sqrt{LC}}$ kann durch Änderung der Kapazität C des Kondensators (oder der Induktivität L der Spule) angepasst werden. Genau das machen Sie nämlich, wenn Sie den Sender einstellen. ■

Das Phänomen der Resonanz kann dramatische Effekte auslösen (**Resonanzkatastrophe**): Eine Kompanie, die über eine Brücke marschiert und die Resonanzfrequenz der Brücke erwischt, kann sie zum Einsturz bringen.

Auch kleine Kinder sind mit Resonanzphänomenen vertraut: Wenn man auf der Schaukel wie wild mit den Füßen strampelt, wird man nie passable Auslenkungen schaffen. Nur wer seine Beine im Takt mit der Schaukel anzieht und streckt, kann die Auslenkung vergrößern!

Unser Beispiel ist übrigens nicht so speziell, wie es auf den ersten Blick erscheinen mag. Jedes schwingungsfähige System lässt sich, zumindest für kleine Amplituden, durch die Differentialgleichung

$$x''(t) + \rho\, x'(t) + \omega_0^2 x(t) = 0, \qquad \rho, \omega_0 > 0,$$

beschreiben. Dabei ist $\frac{\omega_0}{2\pi}$ die Eigenfrequenz und ρ die „Reibungskonstante“. Falls $\rho = 0$, so ist die Lösung eine *freie* (d.h., ungedämpfte) Schwingung $k_1 \cos(\omega_0 t) + k_2 \sin(\omega_0 t)$ mit der Eigenfrequenz $\frac{\omega_0}{2\pi}$. Für $\rho > 0$ ist die Schwingung gedämpft und klingt exponentiell ab (für $\rho > 2\omega_0$ sind beide Nullstellen der charakteristischen Gleichung negativ und es gibt überhaupt keine Schwingung mehr).

24.2.1 Ausblick: Systeme von Differentialgleichungen

Wir haben gesehen, dass das Wachstum einer Population durch eine Differentialgleichung beschrieben werden kann. Was passiert aber, wenn man es mit mehr als einer Spezies zu tun hat, die sich gegenseitig beeinflussen?

Betrachten wir zum Beispiel zwei Populationen $x(t)$ (Beute) und $y(t)$ (Räuber). Ohne Räuber würde sich die Beute gemäß $x'(t) = \alpha x(t)$ vermehren. Sind aber Räuber vorhanden, so vermindert sich die Wachstumsrate um einen Term $\beta y(t)$, der proportional zur Anzahl der Räuber ist. Das führt uns auf die Gleichung

$$x'(t) = (\alpha - \beta y(t))x(t)$$

für die Beutetiere. Analog können wir ansetzen, dass die Räuber ohne Beute mit einer Sterberate γ aussterben würden: $y'(t) = -\gamma y(t)$. Durch das Vorhandensein von Beutetieren vermindert sich die Sterberate um einen Term $\delta x(t)$ proportional zur Anzahl der Beutetiere und wir erhalten die Gleichung

$$y'(t) = -(\gamma - \delta x(t))y(t)$$

für die Räuber. Beide Gleichungen enthalten sowohl $x(t)$ als auch $y(t)$ und können daher nicht getrennt gelöst werden. Sie bilden zusammen ein **System von Differentialgleichungen erster Ordnung**, das sogenannte **Volterra-Lotka Räuber-Beute-Modell**:

$$\begin{aligned} x'(t) &= (\alpha - \beta y(t))x(t), \\ y'(t) &= -(\gamma - \delta x(t))y(t). \end{aligned}$$

Das Modell ist benannt nach dem österreichischen Mathematiker Alfred James Lotka, 1880–1949, und dem italienischen Mathematiker und Physiker Vito Volterra, 1860–1940.

Es kann nur noch numerisch gelöst werden (→CAS). Die Lösung $(x(t), y(t))$ beschreibt eine Kurve im $\mathbb{R}^2$. Durch numerische Berechnung der Lösungen zu verschiedenen Anfangsbedingungen kann man sich meist einen guten Überblick beschaffen. Auf diese Weise erhalten wir zum Beispiel Abbildung 24.9, die den Fixpunkt $(\frac{\gamma}{\delta}, \frac{\alpha}{\beta})$ zeigt, der von geschlossenen Lösungskurven umkreist wird.

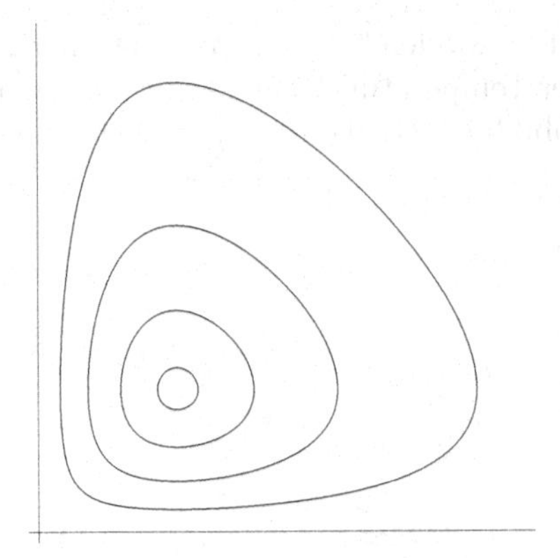

Abbildung 24.9. Lösungskurven der Volterra-Lotka Gleichungen.

Wie zuvor finden wir die Fixpunkte, indem wir nach konstanten Lösungen suchen, also Lösungen mit $(x'(t), y'(t)) = (0, 0)$. Die Fixpunkte sind also die Lösungen des Gleichungssystems $(\alpha - \beta y)x = 0$, $-(\gamma - \delta x)y = 0$. Wir erhalten die beiden Lösungen $(x, y) = (0, 0)$ und $(x, y) = (\frac{\gamma}{\delta}, \frac{\alpha}{\beta})$.

Die geschlossenen Lösungskurven entsprechen periodischen Lösungen: Wenn eine Lösung zu ihrem Ausgangspunkt zurückkehrt, wiederholt sich alles von vorne. Aus der Biologie ist dieses Verhalten wohl bekannt: Auf Zeiten mit vielen Beutetieren folgen Zeiten mit vielen Räubern und umgekehrt.

Dass es zu jeder Anfangsbedingung $(x(0), y(0)) = (x_0, y_0)$ eine eindeutige Lösung gibt, bedeutet übrigens, dass durch jeden Punkt im $\mathbb{R}^2$ genau eine Lösungskurve geht. Zwei verschiedene Lösungskurven können sich also niemals schneiden! In zwei Dimensionen bedeutet das, dass sich Lösungskurven gegenseitig behindern, da sie nicht aneinander vorbei können. Das erzwingt eine gewisse Regularität der Lösungskurven und bewirkt, dass zweidimensionale Systeme in der Regel gut verstanden werden können.

Befindet man sich aber im $\mathbb{R}^3$, so können die Lösungskurven nach oben und unten ausweichen, und das ermöglicht ein viel komplexeres Verhalten: Chaos kann sich ergeben.

Bei Rekursionen ist Chaos bereits in einer Dimension möglich, wie die diskrete logistische Gleichung zeigt (siehe Abschnitt „Iterationsverfahren und Chaos“ in Band 1).

Das dreidimensionale System

$$\begin{aligned} x'(t) &= -\sigma(x(t) - y(t)) \\ y'(t) &= r\,x(t) - y(t) - x(t)z(t) \\ z'(t) &= x(t)y(t) - b\,z(t) \end{aligned}$$

ist als **Lorenz-System** bekannt.

Es wurde erstmals vom amerikanischen Meteorologen Edward N. Lorenz (1917–2008) als einfaches Wettermodell untersucht. Er hat auch den Begriff des „**Schmetterlingseffekts**“ eingeführt, der die sensible Abhängigkeit der Lösung von den Anfangsbedingungen veranschaulicht: Bereits die kleinste Änderung in den Anfangsdaten (der Schlag eines Schmetterlings) ergibt eine Lösung, die nach einer gewissen Zeit weit entfernt von der ursprünglichen liegt.

Es ist ein stark vereinfachtes Modell für die Strömung einer Flüssigkeit zwischen zwei Platten mit verschiedener Temperatur. Eine Lösungskurve für die Parameter $\sigma = 10$, $r = 28$, $b = 8/3$ ist in Abbildung 24.10 dargestellt. Auf den ersten Blick sieht es nicht

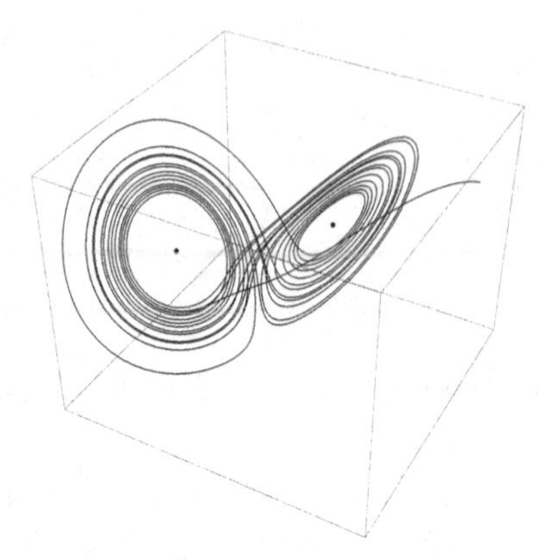

Abbildung 24.10. Lösungskurven der Lorenz-Gleichungen.

so schlimm aus, denn die Lösungskurve scheint mit einer gewissen Regelmäßigkeit die beiden eingezeichneten Fixpunkte zu umkreisen. Eine genauere Untersuchung zeigt aber, dass zum Beispiel die Anzahl der Umrundungen um den rechten oder auch den linken Fixpunkt völlig zufällig und ohne erkennbare Regelmäßigkeit erfolgt. Man kann zeigen, dass sich alle Lösungskurven immer mehr einer Menge annähern, die aber nur sehr schwer zu beschreiben ist. Je näher man dieser Menge kommt, umso komplizierter wird die Lösungskurve. Diese Menge wird deshalb **seltsamer Attraktor** genannt.

In vielen Büchern werden oft nur Systeme von Differentialgleichungen erster Ordnung betrachtet. Der Fall höherer Ordnung kann nämlich immer auf diesen Fall zurückgeführt werden, indem man die höheren Ableitungen als neue Variable hinzufügt. Zum Beispiel kann die Gleichung $x''(t) = -x(t)$ durch Hinzunahme von $y(t) = x'(t)$ als System $x'(t) = y(t)$, $y'(t) = -x(t)$ geschrieben werden.

24.3 Mit dem digitalen Rechenmeister

Differentialgleichungen

Mit `Mathematica` können wir Differentialgleichungen mit dem Befehl `DSolve` lösen:

In[1]:= $\texttt{DSolve}[x'[t] == 2\sqrt{x[t]}, x, t]$

Out[1]= $\{\{x[t] \to \frac{1}{4}\left(4t^2 + 4tC[1] + C[1]^2\right)\}\}$

Die Parameter in der allgemeinen Lösung werden mit C[1], C[2], etc. bezeichnet. Da unsere Gleichung von der Ordnung eins ist, gibt es genau eine Konstante.

Auch Anfangsbedingungen können angegeben werden:

In[2]:= $\texttt{DSolve}[\{x'[t] == 2\sqrt{x[t]}, x[0] == x0\}, x, t]$

```
Out[2]= {{x[t] → t^2 − 2t√x0 + x0}, {x[t] → t^2 + 2t√x0 + x0}}
```

Beachten Sie, dass die erste von **Mathematica** ausgegebene Lösung keine Lösung der gegebenen Differentialgleichung ist (sie erfüllt $x'(t) = -2\sqrt{x(t)}$). Außerdem findet das Programm für $x_0 = 0$ nicht alle Lösungen, die wir in Beispiel 24.9 gefunden haben. (Es schadet also nie, die Ergebnisse des Computers kritisch zu überprüfen;-)

Systeme von Differentialgleichungen

Der `DSolve`-Befehl kann zwar theoretisch auch Systeme lösen, meistens ist aber eine analytische Lösung nicht möglich. Man muss dann das System numerisch mit `NDSolve` lösen.

Eine Lösungskurve $\mathbf{x}(t) = (x(t), y(t))$ des Volterra-Lotka-Systems zu den Anfangsbedingungen $(x(0), y(0)) = (0.7, 0.7)$ im Intervall $t \in [0, 7]$ erhalten wir mit

```
In[3]:= loesung = {x[t], y[t]} /.
          NDSolve[{x'[t] == (1 − y[t])x[t], y'[t] == (x[t] − 1)y[t],
          x[0] == 0.7, y[0] == 0.7}, {x, y}, {t, 0, 7}][[1]];
```

Die Kurve kann mit dem Befehl

```
In[4]:= ParametricPlot[loesung, {t, 0, 7}];
```

gezeichnet werden.

In Abbildung 24.9 wurden die Lösungskurven zu den fünf Anfangsbedingungen $(0.3, 0.3)$, $(0.5, 0.5)$, $(0.7, 0.7)$, $(0.9, 0.9)$ und $(1, 1)$ in eine Grafik zusammengefügt (mit dem Befehl `Show`). Die Anfangsbedingung $(x(0), y(0)) = (1, 1)$ entspricht übrigens dem Fixpunkt.

Analog kann die Lösung der Lorenz-Gleichung mit dem Befehl

```
In[5]:= σ = 10; ρ = 28; β = 8/3;
        loesung = {x[t], y[t], z[t]} /.
          NDSolve[{x'[t] == −σ (x[t] − y[t]), y'[t] == −x[t]z[t] + ρ x[t] − y[t],
           z'[t] == x[t]y[t] − β z[t], x[0] == 30, y[0] == 10, z[0] == 40},
           {x, y, z}, {t, 0, 20}][[1]];
```

berechnet werden. Abbildung 24.10 erhält man mit

```
In[6]:= ParametricPlot3D[loesung, {t, 0, 20}, PlotPoints → 2000,
          Axes → False];
```

24.4 Kontrollfragen

Fragen zu Abschnitt 24.1: Grundlagen

Erklären Sie folgende Begriffe: Differentialgleichung, Ordnung, autonom, Anfangswerte, Lösung einer Differentialgleichung, Fixpunkt, asymptotisch stabil, Separation der Variablen.

1. Welche Anfangswerte müssen vorgegeben werden, um die Lösung der folgenden Differentialgleichungen eindeutig zu bestimmen?
   a) $x''(t) + x(t) = 0$ b) $y'(x) = y(x)^2 - x$ c) $x'''(t) = 0$

2. Handelt es sich um eine autonome Differentialgleichung?
   a) $x''(t) + x(t) = 0$ b) $y'(x) = x \sin(y(x))$ c) $x''(t) = \frac{c_1}{t}x'(t) + \frac{c_2}{t^2}x(t)$
3. Finden Sie die Fixpunkte folgender Differentialgleichungen. Welche sind asymptotisch stabil?
   a) $x'(t) = 3x(t)$ b) $x'(t) = -\frac{1}{2}x(t)(1 - x(t))$
4. Ist die Differentialgleichung separierbar?
   a) $x'(t) = 3x(t) + t$ b) $x'(t) = tx(t)^2$

Fragen zu Abschnitt 24.2: Lineare Differentialgleichungen

Erklären Sie folgende Begriffe: lineare Differentialgleichung, homogen/inhomogen, konstante/nicht-konstante Koeffizienten, Superpositionsprinzip, charakteristische Gleichung.

1. Welche Form hat eine lineare, autonome, inhomogene Differentialgleichung zweiter Ordnung?
2. Klassifizieren Sie die Differentialgleichung (Ordnung? linear? homogen? konstante Koeffizienten?)
   a) $x''(t) = x'(t) + \sqrt{3}x(t)$ b) $x''(t) = x'(t)(1 - x(t))$ c) $y'(x) = (1.4)\,y(x) - \mathrm{e}^x$
   d) $y'(x) = \sqrt{x}\,y(x) + 2$ e) $x''(t) = x'(t)^2 + 7x(t)$ f) $x''''(t) = t^2x''(t) - x(t)$
3. Welche Lösung kommt für eine Differentialgleichung der Form $x''(t) = c_1x'(t) + c_0x(t)$ in Frage?
   a) $x(t) = \mathrm{e}^{2t}$ b) $x(t) = 3 \cdot \mathrm{e}^{2t+1}$ c) $x(t) = t^2$ d) $x(t) = \mathrm{e}^{2t} + 3^t$

Lösungen zu den Kontrollfragen

Lösungen zu Abschnitt 24.1

1. a) $x(t_0)$ und $x'(t_0)$ b) $y(x_0)$ c) $x(t_0)$, $x'(t_0)$ und $x''(t_0)$
2. a) autonom b) nicht autonom c) nicht autonom
3. a) Es ist $f(x) = 3x$ und der einzige Fixpunkt ist $x_0 = 0$. Wegen $f'(0) = 3$ ist x_0 nicht asymptotisch stabil.
   b) Es ist $f(x) = -\frac{1}{2}x(1 - x)$ und es gibt zwei Fixpunkte: $x_0 = 0$ und $x_1 = 1$. Wegen $f'(0) = -\frac{1}{2}$ bzw. $f'(1) = \frac{1}{2}$ ist x_0 asymptotisch stabil und x_1 nicht asymptotisch stabil.
4. a) nicht separierbar b) separierbar

Lösungen zu Abschnitt 24.2

1. $x''(t) = c_1x'(t) + c_0x(t) + g$
2. a) Ordnung 2, linear, homogen, konstante Koeffizienten
   b) Ordnung 2, nicht linear
   c) Ordnung 1, linear, inhomogen, konstante Koeffizienten
   d) Ordnung 1, linear, inhomogen, nicht-konstante Koeffizienten
   e) Ordnung 2, nicht linear
   f) Ordnung 4, linear, homogen, nicht-konstante Koeffizienten

3. Die Lösung kann eine der Formen aus Satz 24.18 annehmen:
   a) möglich b) möglich ($e^{2t+1} = e \cdot e^{2t}$)
   c) unmöglich d) möglich ($3^t = e^{\ln(3)t}$)

24.5 Übungen

Aufwärmübungen

1. Welche Funktionen sind Lösungen der Differentialgleichung $x''(t) + x(t) = 0$?
   a) $x(t) = \sin(t+1)$ b) $x(t) = t$ c) $x(t) = \cos(2t)$
2. Lösen Sie folgende Differentialgleichungen:
   a) $x'(t) = x(t)^3$ b) $y'(x) = y(x) + 1$, $y(0) = 0$
3. Lösen Sie das Anfangswertproblem

$$x''(t) = 3x'(t) - 2x(t), \qquad x(0) = 0,\ x'(0) = 1.$$

Weiterführende Aufgaben

1. Lösen Sie die Differentialgleichung

$$x'(t) = \frac{x(t)}{t}.$$

2. Lösen Sie das Anfangswertproblem

$$x'(t) = \frac{t}{x(t)}, \qquad x(0) = 1.$$

3. Lösen Sie das Anfangswertproblem

$$x'(t) = x(t) + \sin(t), \qquad x(0) = 1.$$

4. Eine Funktion mit konstanter Elastizität

$$\frac{f'(x)}{f(x)}x = c, \qquad x > 0,\ c \in \mathbb{R},$$

   wird in der Wirtschaftsmathematik als **Cobb-Douglas-Funktion** bezeichnet. Was ist die allgemeinste Form einer Cobb-Douglas-Funktion?

5. Nach dem **Newton'schen Abkühlungsgesetz** ist die Temperaturabnahme eines Körpers proportional zur Temperaturdifferenz mit der Umgebungstemperatur T_0:
$$T'(t) = -k(T_0 - T(t)).$$
Detective Horatio findet das Opfer um Mitternacht und stellt eine Körpertemperatur von $28°C$ fest. Eine halbe Stunde später sind es nur noch $26°C$. Wann wurde das Opfer ermordet, wenn die Umgebungstemperatur $18°C$ beträgt und die normale Körpertemperatur $37°C$ ist?
6. Lösen Sie das Anfangswertproblem
$$x''(t) = -2x'(t) - 4x(t), \quad x(0) = 1,\ x'(0) = 2.$$
7. Eine an ihren Enden aufgehängte Kette erfüllt im Gleichgewicht die Differentialgleichung
$$y''(x) = a\sqrt{1 + y'(x)^2}.$$
Finden Sie die Lösung mit Scheitel im Nullpunkt: $y(0) = 0$, $y'(0) = 0$. (Tipp: Setze $z(x) = y'(x)$.)
8. Lösen Sie die Schwingungsgleichung
$$x''(t) + \omega^2 x(t) = 0, \qquad x(0) = x_0,\ x'(0) = x_1.$$
9. (**Freier Fall mit Reibung**) Die Höhe eines Körpers, der nach unten fällt, wird durch
$$x''(t) = -\eta x'(t) - g, \quad \eta, g > 0,$$
beschrieben.
Chefarzt Dr. Frank Hofmann liegt vor seiner Klinik unter einer 10 Meter hohen Palme, als sich zum Zeitpunkt $t = 0$ eine Kokosnuss löst ($x(0) = 10$, $x'(0) = 0$). Finden Sie die Höhe $x(t)$ der Kokosnuss als Funktion der Zeit. Wie viel Zeit hat Dr. Hofmann ungefähr, bevor ihn die Kokosnuss erreicht, falls $\eta = 0.1$ und $g = 9.81$. (Tipp: Kleingedrucktes nach Satz 24.21.)
10. Lösen Sie das Anfangswertproblem
$$x''(t) = 2x'(t) - x(t) - t, \qquad x(0) = 0,\ x'(0) = 1.$$

Lösungen zu den Aufwärmübungen

1. a) $x''(t) = -\sin(t + 1) = -x(t)$, also Lösung.
   b) $x''(t) = 0 \neq -t = -x(t)$, also keine Lösung.
   c) $x''(t) = -4\cos(2t) \neq -\cos(2t) = -x(t)$, also keine Lösung.
2. a) Separation der Variablen liefert
$$\int \frac{dx}{x^3} = -\frac{1}{2x^2} = \int dt = t - C,$$

und Auflösen nach x ergibt

$$x(t) = \frac{1}{\sqrt{2(C-t)}}, \qquad t < C.$$

b) Wiederum verwenden wir Separation der Variablen,

$$\int_0^{y(x)} \frac{dt}{t+1} = \ln(y(x)+1) - \ln(1) = \int_0^x du = x,$$

und lösen nach $y(x)$ auf:

$$y(x) = \mathrm{e}^x - 1.$$

3. Die charakteristische Gleichung lautet $\lambda^2 = 3\lambda - 2$. Ihre Nullstellen sind $\lambda_1 = 2$, $\lambda_2 = 1$. Somit lautet die allgemeine Lösung

$$x(t) = k_1\mathrm{e}^{2t} + k_2\mathrm{e}^t.$$

Die Anfangsbedingungen ergeben $x(0) = k_1 + k_2 = 0$ und $x'(0) = 2k_1 + k_2 = 1$ und die gesuchte Lösung ist damit

$$x(t) = \mathrm{e}^{2t} - \mathrm{e}^t.$$

(Lösungen zu den weiterführenden Aufgaben finden Sie in Abschnitt B.24)

25

Beschreibende Statistik und Zusammenhangsanalysen

25.1 Grundbegriffe

Eine grundlegende Aufgabe der **Statistik** besteht darin, Informationen über bestimmte Objekte zu gewinnen, ohne dass dabei *alle* Objekte untersucht werden müssen. Es werden also Daten über eine *Stichprobe* erhoben und in der Folge ausgewertet, um daraus Schlussfolgerungen ziehen zu können. Man unterscheidet die folgenden drei Teilbereiche:

- **Deskriptive Statistik** (auch **beschreibende Statistik**): Ihre Aufgabe ist die Beschreibung („Deskription") und übersichtliche Darstellung von Daten, die Ermittlung von Kenngrößen und die Datenvalidierung (d.h., das Erkennen und Beheben von Fehlern im Datensatz).
- **Explorative Statistik**: Sie ist eine Weiterführung und Verfeinerung der beschreibenden Statistik. Ihre Aufgabe ist insbesondere die Suche („Exploration") nach Strukturen und Besonderheiten in den Daten.
- **Induktive Statistik** (auch **schließende Statistik, inferentielle Statistik, beurteilende Statistik**): Sie versucht mithilfe der Wahrscheinlichkeitsrechnung über die erhobenen Daten hinaus allgemeinere Schlussfolgerungen zu ziehen.

Man hat es also zunächst mit einer *Grundgesamtheit* zu tun, aus der eine *Stichprobe* gezogen wird, um bestimmte *Merkmale* zu untersuchen. Dabei werden folgende Grundbegriffe verwendet:

- **Statistische Einheiten**: Objekte, an denen interessierende Größen beobachtet und erfasst werden (z. B. Wohnungen, Menschen, Unternehmen, ...).
- **Grundgesamtheit**: alle statistischen Einheiten, über die man Aussagen gewinnen möchte (z. B. alle Mietwohnungen in Wien, alle Wahlberechtigten, alle im Vorjahr gegründeten Unternehmen, ...). Eine Grundgesamtheit kann aus endlich vielen oder aus unendlich vielen Elementen bestehen. Sie kann real oder hypothetisch (z. B. alle potentiellen Kundinnen und Kunden) sein.
- **Stichprobe**: tatsächlich untersuchte Teilmenge der Grundgesamtheit. Sie soll ein möglichst getreues Abbild der Grundgesamtheit sein, diese also möglichst genau repräsentieren (**repräsentative Stichprobe**). Meist handelt es sich daher um eine **Zufallsstichprobe**. Diese ist dadurch gekennzeichnet, dass jede statistische Einheit dieselbe Chance hat, in die Stichprobe zu gelangen.

- **Umfang der Stichprobe**: Anzahl der Einheiten in der Stichprobe.
- **Merkmal** (auch **Variable**): interessierende Größe, die an den statistischen Einheiten in der Stichprobe beobachtet (gemessen, erhoben) wird. Statistische Einheiten heißen in diesem Zusammenhang auch **Merkmalsträger**. In der Regel wird an einem Objekt mehr als ein Merkmal erhoben (z. B. werden die Merkmale „Nettomiete", „Baualter", „Größe" für eine Wohnung ermittelt).
- **(Merkmals)Ausprägungen**: die verschiedenen Werte, die jedes Merkmal annehmen kann (z. B. hat das Merkmal „Geschlecht" die Ausprägungen „männlich"/„weiblich").

Merkmalstypen können auf unterschiedliche Weise eingeteilt werden. Grundsätzlich unterscheidet man qualitative und quantitative Merkmale:

Definition 25.1 Ein Merkmal heißt

- **qualitatives Merkmal**, wenn die Ausprägungen eine *Qualität* wiedergeben (und nicht ein Ausmaß). Insbesondere gibt es nur endlich viele Ausprägungen. Beispiele: Geschlecht, Staatsangehörigkeit oder Studienrichtung.
- **quantitatives Merkmal**, wenn die Ausprägungen ein *Ausmaß* bzw. eine *Intensität* widerspiegeln. Die Ausprägungen sind in diesem Fall Zahlen (mit oder ohne Maßeinheit). Beispiele: Alter, Gewicht oder Einkommen.

Quantitativen Merkmale teilt man weiters in diskrete und stetige Merkmale ein:

Definition 25.2 Ein quantitatives Merkmal heißt

- **diskret**, wenn es endliche viele oder abzählbar unendlich viele Ausprägungen hat. Diskret sind jegliche Art von Zähldaten, zum Beispiel: Einwohneranzahl, Geldbeträge.
- **stetig**, wenn es alle Werte in einem reellen Intervall als Ausprägungen annehmen kann. Stetig sind alle Merkmale, die gemessen werden. Beispiel: Körpergröße, Abfüllgewicht.

Die Unterscheidung ist nicht immer ganz eindeutig. Einerseits werden gewisse Merkmale zwar diskret gemessen, es gibt aber eine sehr feine Abstufung, sodass sie wie stetige Merkmale behandelt werden können (**quasi-stetige Merkmale**). Beispiele: Miete, Einkommen. Andererseits kann man die Ausprägungen eines stetigen Merkmals so zusammenfassen, dass es als diskret angesehen werden kann. Man spricht dann von einer Klasseneinteilung. Beispiel: 70kg Körpergewicht bedeutet, dass das Gewicht zwischen 69.5kg und 70.5kg liegt.

Hinsichtlich der möglichen Operationen (auszählen, ordnen, Differenzen bilden, Quotienten bilden), die für die Merkmalsausprägungen Sinn machen, unterscheidet man vier **Skalierungen** (**Skalenniveaus**):

Definition 25.3 Ein Merkmal heißt

- **nominalskaliert**, wenn seine Ausprägungen Namen (im Gegensatz zu Zahlen) sind, für die es keine natürliche Reihenfolge gibt. D.h., alle Ausprägungen sind gleichberechtigt. Beispiele: Farbe, Religionszugehörigkeit, Geschlecht. Für die bessere Verarbeitung der Daten werden in der Regel Zahlen zugewiesen (*Codierung*). Es sind aber keine Rechenoperationen (Summe, Differenz, ...) möglich, auch hat die Ordnung der Zahlen keine Bedeutung.

- **ordinalskaliert**, wenn seine Ausprägungen Namen oder Zahlen sind, die geordnet werden können (im Sinn von „größer als", „besser als", usw.), aber *Abstände* nicht interpretierbar sind. Beispiele: Dienstgrad, Tabellenplätze in der Fussballliga, Schulnoten.
- **kardinalskaliert** (auch **metrisch skaliert**), wenn seine Ausprägungen Zahlen sind und Abstände interpretiert werden können. Und zwar
  - **intervallskaliert**, wenn der Nullpunkt willkürlich angenommen ist und daher keine Verhältnisse sinnvoll sind. Beispiel: Temperatur in Celsius (hier hat es keinen Sinn, ein Verhältnis wie etwa „es ist doppelt so warm" zu bilden), Kalenderzeitrechnung.
  - **verhältnisskaliert**, wenn es einen natürlichen absoluten Nullpunkt gibt und daher Verhältnisse sinnvoll sind. Beispiele: Körpergröße, Alter, Einkommen.

25.2 Häufigkeitsverteilung einer Stichprobe

Wir besprechen nun grundlegende statistische Methoden, mit denen **univariate Daten** (d.h., Daten, die aus der Beobachtung eines einzigen Merkmals entstehen) dargestellt, beschrieben und untersucht werden können. Diese Methoden bilden die Grundlage für **multivariate** (d.h., mehrere Merkmale werden gleichzeitig untersucht) statistische Fragestellungen.

Zunächst werden die n beobachteten Stichprobenwerte (Messwerte) nacheinander notiert. Die so entstehende Liste $x_1, \ldots, x_n$ bezeichnet man als **Urliste**. Im Allgemeinen werden dabei gewisse Werte *mehrmals* auftreten. Bezeichnen wir diese *verschiedenen* Werte mit $a_1, a_2, \ldots, a_k$ und zählen wir, wie oft jeder dieser Werte in der Stichprobe auftritt. Diese Anzahl h_i nennt man die **absolute Häufigkeit** von a_i ($i = 1, \ldots, k$). Die **relative Häufigkeit** f_i von a_i erhält man, wenn man die absolute Häufigkeit durch den Stichprobenumfang dividiert:

$$f_i = \frac{h_i}{n}.$$

Die Summe der absoluten Häufigkeiten ergibt den Umfang der Stichprobe, d.h. es ist $h_1 + \ldots + h_k = n$. Die Summe der relativen Häufigkeiten ist $f_1 + \ldots + f_k = 1$. Durch die Angabe der verschiedenen in der Stichprobe auftretenden Werte a_i und ihrer absoluten Häufigkeiten h_i bzw. ihrer relativen Häufigkeiten f_i wird die Stichprobe vollständig beschrieben.

Beispiel 25.4 Absolute und relative Häufigkeiten
Bei einem Abfüllprozess wird eine Stichprobe vom Umfang $n = 20$ genommen. Folgende Abfüllmengen (in Gramm) werden dabei notiert (Urliste): 400, 399, 398, 400, 398, 399, 397, 400, 402, 399, 401, 399, 400, 402, 398, 400, 399, 401, 399, 399. Geben Sie die absoluten und die relativen Häufigkeiten der Messwerte an.

Lösung zu 25.4 Die geordnete Urliste ist: 397, 398, 398, 398, 399, 399, 399, 399, 399, 399, 399, 400, 400, 400, 400, 400, 401, 401, 402, 402. Es kommen darin $k = 6$ verschiedenen Werte $a_1, \dots, a_6$ vor:

$$397, 398, 399, 400, 401, 402.$$

Der Wert 397 wurde einmal gemessen, daher ist seine absolute Häufigkeit $h_1 = 1$ und seine relative Häufigkeit ist $f_1 = \frac{1}{20} = 0.05$. Der Wert 398 wurde dreimal gemessen, daher ist $h_2 = 3$ und $f_2 = \frac{3}{20} = 0.15$, usw. Absolute und relative Häufigkeiten aller Werte sind in der folgenden Tabelle angeführt. Oft ermittelt man dabei die absoluten Häufigkeiten zunächst mithilfe einer **Strichliste**:

Häufigkeitsverteilung der Stichprobe aus Beispiel 25.4

Abfüllgewicht a_i	397	398	399	400	401	402	
Strichliste	|	|||	~~||||~~||	~~||||~~	||	||	
absolute Häufigkeit h_i	1	3	7	5	2	2	$\sum h_i = 20$
relative Häufigkeit f_i	0.05	0.15	0.35	0.25	0.1	0.1	$\sum f_i = 1$

Zur Kontrolle haben wir in der letzten Spalte die Summe über alle absoluten Häufigkeiten (sie muss gleich dem Stichprobenumfang sein) bzw. die Summe über alle relativen Häufigkeiten (sie muss gleich 1 sein) berechnet. ■

Die Häufigkeitsverteilung einer Stichprobe lässt sich graphisch durch ein so genanntes **Stabdiagramm** darstellen. Dabei werden auf der horizontalen Achse die verschiedenen vorkommenden Werte a_i aufgetragen und darüber jeweils ein „Stab“ gezeichnet, dessen Höhe proportional der zugehörigen (absoluten oder relativen) Häufigkeit ist. Die Breite des Stabes spielt dabei keine Rolle (siehe Abbildung 25.1, →CAS).

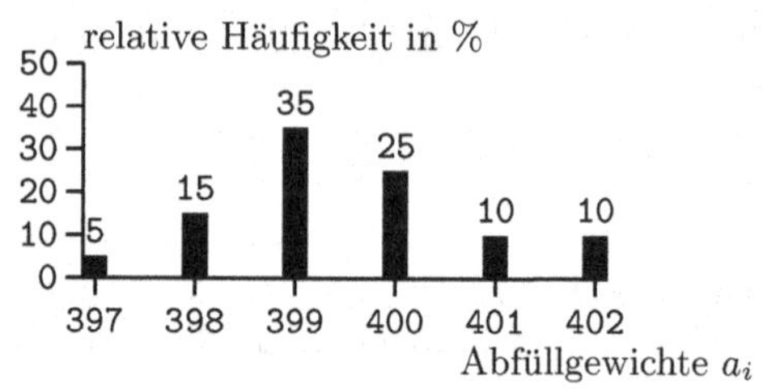

Abbildung 25.1. Stabdiagramm zum Abfüllprozess aus Beispiel 25.4

Die Häufigkeitsverteilung einer Stichprobe kann auch durch die **empirische Verteilungsfunktion**

$$F(x) = \sum_{i:\, a_i \le x} f_i$$

dargestellt werden (siehe Abbildung 25.2). Sie ist eine Stufenfunktion, die monoton von 0 bis 1 wächst, und an den Stellen a_i genau um f_i springt. Dazwischen ist sie konstant.

Bei Stichproben mit vielen verschiedenen Messwerten betrachtet man Intervalle, so genannte **Klassen**, und zählt, wie viele Messwerte in die einzelnen Klassen fallen. Die Anzahl h_i der Messwerte, die in die i-te Klasse fallen, nennt man die **(absolute)**

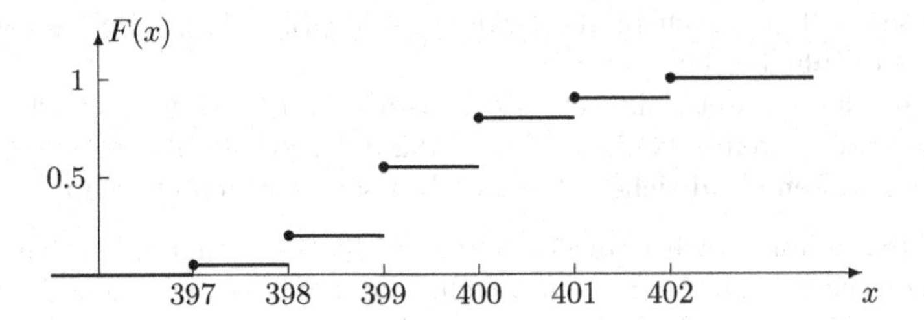

Abbildung 25.2. Empirische Verteilungsfunktion zum Abfüllprozess aus Beispiel 25.4: Beim ersten gemessenen Wert, $x = a_1 = 397$, springt der Funktionswert auf 0.05. Beim zweiten Messwert, $x = a_2 = 398$, springt er um 0.15, usw. Die Höhen der Sprünge sind gleich wie die Stabhöhen aus dem zugehörigen Stabdiagramm.

Häufigkeit der i-ten Klasse. Dividiert man diese Anzahl durch die Gesamtanzahl n aller Messwerte, so erhält man die **relative Häufigkeit** $f_i = \frac{h_i}{n}$ **der i-ten Klasse.**

Beispiel 25.5 Klassenbildung bei umfangreicher Stichprobe
Gegeben ist folgende (bereits geordnete) Urliste einer Stichprobe vom Umfang $n = 20$: 3, 7, 12, 18, 19, 20, 25, 25, 27, 28, 29, 31, 32, 34, 37, 38, 40, 41, 45, 47. Gruppieren Sie die Stichprobenwerte in geeignete Klassen und bestimmen Sie die absoluten und die relativen Häufigkeiten der Klassen.

Lösung zu 25.5 Die Klassen müssen alle vorkommenden Stichprobenwerte überdecken. Der kleinste Stichprobenwert ist 3, der größte ist 47. Wir können daher zum Beispiel die Intervalle $[0, 10)$, $[10, 20)$, $[20, 30)$, $[30, 40)$, $[40, 50)$ als Klassen wählen. Zur ersten Klasse $[0, 10)$ zählen alle Stichprobenwerte x_i mit $0 \leq x_i < 10$. Damit fallen die Stichprobenwerte 3 und 7 in diese Klasse, also ist ihre absolute Häufigkeit $h_1 = 2$. In die zweite Klasse $[10, 20)$ fallen die Stichprobenwerte mit $10 \leq x_i < 20$, also 12, 18, und 19; damit ist $h_2 = 3$. In der dritten Klassen liegen die Stichprobenwerte 20, 25, 25, 27, 28 und 29, daher ist $h_3 = 6$, usw. Die relative Häufigkeit der ersten Klasse ist $f_1 = \frac{2}{20} = 0.1$, usw. Alle absoluten und relativen Häufigkeiten sind in der folgenden Tabelle zusammengefasst:

Häufigkeitsverteilung der klassierten Stichprobe

Klasse	$[0, 10)$	$[10, 20)$	$[20, 30)$	$[30, 40)$	$[40, 50)$
Strichliste	||	|||	~~||||~~ |	~~||||~~	||||
absolute Häufigkeit h_i	2	3	6	5	4
relative Häufigkeit f_i	$\frac{2}{20}$	$\frac{3}{20}$	$\frac{6}{20}$	$\frac{1}{4}$	$\frac{1}{5}$

■

Damit bedeutet jede Klasseneinteilung natürlich einen Informationsverlust, da nur noch angegeben wird, wie viele Werte in einer Klasse liegen, jedoch nicht mehr, wo sie zwischen den Klassengrenzen liegen. Viele Klassen bedeuten weniger Informationsverlust, weniger Klassen bedeuten eine größere Übersicht. Hier muss man also einen Kompromiss finden. Für die Klassenbildung gibt es daher gewisse **Faustregeln**, unter anderem:

- Die Klassen sollten gleich breit gewählt werden (im obigen Beispiel war jedes Intervall 10 Einheiten lang).
- Die Anzahl der Klassen sollte etwa zwischen 5 und 20 liegen, jedoch $\sqrt{n}$ nicht wesentlich überschreiten (wobei n der Umfang der Stichprobe ist). Das stellt bis zu einem gewissen Grad sicher, dass alle Klassen „gut gefüllt" sind.

Eine klassierte Stichprobe wird graphisch dargestellt, indem man über den einzelnen Klassen Rechtecke zeichnet, deren *Fläche* ein Maß dafür ist, wie viele Stichprobenwerte in der zugehörigen Klasse liegen. Das wird dadurch erreicht, indem man als Höhe eines Rechtecks einen Wert proportional $\frac{h_i}{\Delta x_i}$ bzw. $\frac{f_i}{\Delta x_i}$ wählt (wobei Δx_i die Breite der i-ten Klasse bezeichnet). Diese graphische Darstellung von klassierten Stichproben nennt man ein **Histogramm**. Abbildung 25.3 zeigt das Histogramm der klassierten Stichprobe aus Beispiel 25.5 (→CAS).

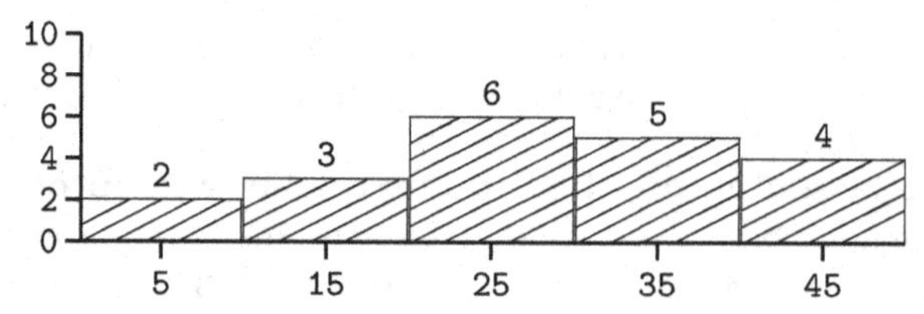

Abbildung 25.3. Histogramm einer klassierten Stichprobe.

Dass die *Fläche* des Rechtecks ein Maß für die Anzahl der Messwerte ist, die in die Klasse fallen, hat den Vorteil, dass sich die graphische Darstellung kaum ändert, wenn Klassen zusammengelegt werden.

Wenn alle Klassen gleich breit sind, dann können wir die Höhen der Rechtecke proportional h_i bzw. f_i wählen (so wie in Beispiel 25.5). In diesem Fall sind sowohl die Höhe als auch die Fläche des Rechtecks ein Maß für die Belegung der zugehörigen Klasse.

25.2.1 Anwendung: Benford'sches Gesetz

Intuitiv würde man vermuten, dass bei statistisch erhobenen Zahlen die Häufigkeit von Zahlen, die mit 1 beginnen, gleich der Häufigkeit von Zahlen ist, die mit 9 beginnen. Für Zahlen, die mit einem Zufallsgenerator erzeugt wurden, ist das auch so. Für viele andere Fälle stellt sich diese Annahme aber als falsch heraus.

Der amerikanische Astronom Simon Newcomb (1835–1909) hat bemerkt, dass in Logarithmentafeln (zu Zeiten, zu denen es noch keine Taschenrechner gab, musste man die Funktionswerte des Logarithmus in Tabellen nachschlagen) die Seiten, in denen die Werte mit 1 starten, am stärksten abgenutzt waren. Seine darauf folgende Untersuchung hat folgende Werte für die relativen Häufigkeiten der ersten Ziffer ergeben:

1	2	3	4	5	6	7	8	9
30.1%	17.6%	12.5%	9.7%	7.9%	6.7%	5.8%	5.1%	4.6%

Seine Beobachtung geriet jedoch in Vergessenheit und wurde erst ca. 60 Jahre später vom Physiker Frank Benford (1883–1948) neu entdeckt. Sie ist heute unter dem Namen **Benford'sches Gesetz** bekannt.

Mathematisch ergibt sich als Häufigkeit für n als erste Ziffer:

$$f_n = \log_{10}(1 + \frac{1}{n}).$$

In der Praxis stellt sich heraus, dass nicht nur die Werte in Logarithmentafeln dem Benford'schen Gesetz gehorchen, sondern praktisch alle Zahlen, die eine Einheit haben (Längen, Geldbeträge, etc.).

Wie erklärt sich diese seltsame Häufigkeitsverteilung? Die Häufigkeiten für z. B. Geldbeträge sollten unabhängig von der verwendeten Währung sein. Beträgt der Umrechnungsfaktor zwischen Euro und Dollar 1€ = 1.2$, so sollte ein Geldbetrag zwischen 1€ und 10€ genauso häufig wie ein Geldbetrag zwischen 1.2$ und 12$ sein. Bei gleichmäßig verteilten Häufigkeiten wäre die Häufigkeit der Euro-Beträge proportional zu $10 - 1 = 9$ und die Häufigkeit der Dollar-Beträge proportional zu $12 - 1.2 = 10.8$. Gehen wir aber davon aus, dass nicht die Zahlen selbst, sondern ihre Logarithmen gleichmäßig verteilt sind, so erhalten wir die gewünschte Unabhängigkeit: $\ln(10) - \ln(1) = \ln(\frac{10}{1}) = \ln(\frac{12}{1.2}) = \ln(12) - \ln(1.2)$.

Interessieren wir uns nur für die erste Ziffer, so schreiben wir jede Zahl als $M \cdot 10^E$ mit einem Exponenten $E \in \mathbb{Z}$ und einer Mantisse $M \in [1, 10)$. Dann ist die erste Stelle der Mantisse gleich n, wenn $M \in [n, n+1)$, und die relative Häufigkeit ist

$$f_n = \frac{\ln(n+1) - \ln(n)}{\ln(10) - \ln(1)} = \frac{\ln(1 + \frac{1}{n})}{\ln(10)} = \log_{10}(1 + \frac{1}{n}).$$

Die Normierung wurde so gewählt, dass $f_1 + \cdots + f_9 = 1$.

Das Benford'sche Gesetz kann in der Praxis verwendet werden, um (umfangreichen) gefälschten Daten auf die Spur zu kommen. Die wenigsten Fälscher kennen nämlich das Benford'sche Gesetz, und Zahlen, die man sich zufällig ausdenkt, erfüllen das Benford'sche Gesetz leider nicht. Auf diese Art und Weise können bei Wirtschaftsprüfungen gefälschte Bilanzen oder aufpolierte Steuererklärungen gefunden werden.

25.2.2 Anwendung: Simpson-Paradoxon

Die University of California, Berkeley (USA), wurde wegen Diskriminierung weiblicher Studierender verklagt, weil die Zulassungsstatistiken für das Wintersemester 1973 zeigten, dass 44% der Bewerber aufgenommen wurden, aber nur 35% der Bewerberinnen. Eine solche Differenz ließ sich nicht mehr durch statistische Schwankungen erklären. Bei einer genaueren Untersuchung erkannte man aber den wahren Grund für die unterschiedlichen Zulassungszahlen: Die Frauen bewarben sich überwiegend für Studienrichtungen mit (für beide Geschlechter) geringen Aufnahmezahlen, die Männer für Studien mit generell höheren Aufnahmezahlen! Wir illustrieren dies anhand eines vereinfachten Beispiels mit fiktiven Zahlen:

	Männer		Frauen	
	aufgenommen	Quote	aufgenommen	Quote
Studium A	10 von 20	50%	2 von 2	100%
Studium B	2 von 10	20%	4 von 18	22%
Gesamt	12 von 30	40%	6 von 30	20%

Da sich die Mehrzahl der Frauen beim Studium B mit der geringeren Gesamtaufnahmezahl beworben haben, erreichen sie insgesamt eine niedrigere Aufnahmezahl; und das, obwohl sie in diesem Beispiel sogar bei jedem einzelnen Studium eine höhere Aufnahmezahl haben! Ein solcher, auf den ersten Blick widersprüchlicher, Sachverhalt ist als **Simpson-Paradoxon** bekannt.

Es ist nach dem britischen Statistiker Edward Hugh Simpson (geb. 1922) benannt, ähnliche Sachverhalte waren aber auch schon vor ihm beschrieben worden.

25.3 Kennwerte einer Stichprobe

Statt eine Stichprobe vollständig (z. B. durch Angabe ihrer relativen Häufigkeiten) zu beschreiben, kann man wesentliche Eigenschaften der Stichprobe bereits durch einige Kennwerte angeben. Besonders gebräuchlich sind zwei Arten von Kennwerten: **Lagekennwerte** geben Information darüber, *wo* die Werte der Stichprobe im Mittel liegen und **Streuungskennwerte** sagen etwas darüber aus, ob die Stichprobenwerte an einer Stelle konzentriert sind oder ob sie stark *streuen*. Beginnen wir mit den Lagekennwerten.

Wenn man kurz vom **Mittelwert** oder **durchschnittlichen Wert** einer Stichprobe spricht, dann meint man in der Regel ihr *arithmetisches Mittel*:

Definition 25.6 Sei $x_1, \ldots, x_n$ eine Stichprobe mit Umfang n, in der die verschiedenen Werte $a_1, \ldots, a_k$ mit den absoluten Häufigkeiten $h_1, \ldots, h_k$ bzw. relativen Häufigkeiten $f_1, \ldots, f_k$ auftreten. Das **arithmetische Mittel** der Stichprobe ist

$$\overline{x} = \frac{1}{n}\sum_{i=1}^{n} x_i = \frac{1}{n}\sum_{i=1}^{k} h_i a_i = \sum_{i=1}^{k} f_i a_i.$$

Beispiel 25.7 (→CAS) Arithmetisches Mittel einer Stichprobe
Gegeben ist die Stichprobe $1, 2, 2, 2, 3, 3, 3, 3, 3, 4, 4$. Berechnen Sie ihr arithmetisches Mittel.

Lösung zu 25.7 Das arithmetische Mittel dieser 11 Stichprobenwerte ist

$$\overline{x} = \frac{1}{11}(1 + 3 \cdot 2 + 5 \cdot 3 + 2 \cdot 4) = \frac{30}{11} = 2.73.$$

■

In manchen Situationen sind oft auch andere Mittelwerte sinnvoll: Das **geometrische Mittel** ist definiert durch

$$\overline{x}_{\text{geom}} = \sqrt[n]{\prod_{i=1}^{n} x_i}.$$

Wenn Sie zum Beispiel ein Kapital K_0 im ersten Jahr mit $q_1 = 1.05$ (d.h., mit Zinssatz 5%) und im zweiten Jahr mit $q_2 = 1.07$ verzinsen, so haben Sie nach zwei Jahren ein Kapital von $K_2 = q_2 q_1 K_0 = 1.1235 K_0$. Nur das geometrische Mittel $\overline{q}_{\text{geom}} = \sqrt{q_1 q_2} = 1.05995$ liefert nach zwei Jahren das gleiche Kapital: $K_2 = \overline{q}_{\text{geom}}^2 K_0$. Daraus ergibt sich der mittlere Zinssatz $0.05995 = 5.995\%$. Das geometrische Mittel ist immer kleiner als das arithmetische Mittel.

Das **harmonische Mittel** ist definiert durch

$$\overline{x}_{\text{har}} = \left(\frac{1}{n} \sum_{i=1}^{n} \frac{1}{x_i} \right)^{-1} .$$

Wenn Sie zum Beispiel die erste Hälfte einer Strecke mit der Geschwindigkeit v_1 durchfahren und die zweite Hälfte mit der Geschwindigkeit v_2, so ist Ihre Durchschnittsgeschwindigkeit das harmonische Mittel $\overline{v}_{\text{har}} = 2\frac{v_1 v_2}{v_1+v_2}$ der beiden Geschwindigkeiten. Wird daher in einem Tunnel, in dem 80 km/h erlaubt sind, die Durchschnittsgeschwindigkeit gemessen (Section Control), und fahren Sie die erste Hälfte mit 60 km/h, so könnten Sie die zweite Hälfte mit 120 km/h fahren ohne einen Strafzettel zu bekommen.

Ein anderer Lagekennwert ist der *Median*:

Definition 25.8 Der **Median** (auch **Zentralwert**) einer *geordneten* Stichprobe $x_1, \ldots, x_n$ ist

$$\tilde{x} = \begin{cases} x_{m+1} & , \quad n = 2m+1 \\ \frac{1}{2}(x_m + x_{m+1}), & n = 2m \end{cases} .$$

$\tilde{x}$ wird als „x Schlange" oder „x Tilde" gelesen.

Um ihn zu ermitteln, ordnet man zunächst die Stichprobenwerte ihrer Größe nach: Ist der Stichprobenumfang n eine *ungerade* Zahl, dann gibt es einen Wert in der Mitte dieser geordneten Liste, und das ist der Median. Ist der Stichprobenumfang n eine *gerade* Zahl, dann gibt es in der Mitte der Liste zwei Stichprobenwerte. Der Median ist dann das arithmetische Mittel dieser beiden Werte.

Beispiel 25.9 (→CAS) Median einer Stichprobe
a) Berechnen Sie den Median der Stichprobe aus Beispiel 25.7.
b) Berechnen Sie den Median der Stichprobe $1, 2, 2, 2, 3, 3, 3, 3, 3, 4$.

Lösung zu 25.9
a) Wir schreiben die Stichprobenwerte der Größe nach geordnet an und bestimmen den Wert in der Mitte
$$1, 2, 2, 2, 3, \mathbf{3}, 3, 3, 3, 4, 4.$$
Der Median ist also $\tilde{x} = 3$.
b) Da die Anzahl der Stichprobenwerte nun 10, also eine gerade Zahl ist, gibt es zwei Werte in der Mitte
$$1, 2, 2, 2, \mathbf{3}, \mathbf{3}, 3, 3, 3, 4.$$
Der Median ist das arithmetische Mittel dieser beiden Werte, also gleich 3. ■

Das arithmetische Mittel berücksichtigt *alle* Stichprobenwerte, insbesondere auch „Ausreißer". Der Median hingegen ist unempfindlich gegenüber Ausreißern.

Das statistische Zentralamt berechnet daher zum Beispiel für das mittlere Einkommen in Österreich nicht das arithmetische Mittel aller Einkommen, sondern das Medianeinkommen. Das ist also jener Wert, über bzw. unter dem genau die Hälfte aller erzielten Einkommen liegt. Im Unterschied zum arithmetischen Mittel gibt das Medianeinkommen einen unverzerrten sozialen Überblick über die Gehaltsstruktur, da die Ausreißer nach oben – also extrem hohe Gehälter – nicht so stark berücksichtigt werden.

Für nominalskalierte Merkmale verwendet man den **Modalwert** als Lagekennwert. Er ist der am häufigsten auftretende Stichprobenwert. Beispiel: In der Stichprobe

„rot, rot, grün, blau, blau, blau, blau, blau, blau“ ist „blau“ der Modalwert. Der Modalwert ist nur dann ein sinnvoller Kennwert, wenn er deutlich öfter auftritt als alle anderen Werte.

Weitere Lagekennwerte sind:

Definition 25.10 Wenn $x_1, \dots, x_n$ die geordneten Stichprobenwerte sind, und $0 < p < 1$, so heißt

$$\tilde{x}_p = \begin{cases} x_{\lfloor np \rfloor + 1} & , \quad np \notin \mathbb{N} \\ \frac{1}{2}(x_{np} + x_{np+1}), & np \in \mathbb{N} \end{cases}$$

das **p-Quantil**. Dabei bezeichnet $\lfloor k \rfloor$ den ganzzahligen Anteil einer Zahl k (z. B. $\lfloor 3.2 \rfloor = \lfloor 3.8 \rfloor = 3$).

Das 0.5-Quantil ist genau der Median, $\tilde{x}_{0.5} = \tilde{x}$, und die Werte $\tilde{x}_{0.25}$, $\tilde{x}$, $\tilde{x}_{0.75}$ werden als **Quartile** bezeichnet. Die Werte $\tilde{x}_{0.1}, \tilde{x}_{0.2}, \dots, \tilde{x}_{0.9}$ heißen **Dezile** und die Werte $\tilde{x}_{0.01}, \tilde{x}_{0.02}, \dots, \tilde{x}_{0.99}$ **Perzentile.**

Die Definition des p-Quantils (bzw. der Quartile) ist nicht immer ganz einheitlich (oft wird im Fall $np \in \mathbb{N}$ z. B. $\tilde{x}_p = x_{np}$ gesetzt). Dieser Unterschied ist für praktische Zwecke unerheblich und verschwindet mit wachsendem n.

Ein p-Quantil zerlegt die geordnete Stichprobe in zwei Teile: Mindestens ein Anteil p der Stichprobenwerte ist kleiner oder gleich $\tilde{x}_p$. Zugleich ist mindestens ein Anteil $1 - p$ größer oder gleich $\tilde{x}_p$. Beispiel: Wenn $p = 0.15$ ist, so gibt $\tilde{x}_{0.15}$ (das kann ein Stichprobenwert oder der Mittelwert zwischen zwei Stichprobenwerten sein) eine Stelle an, so dass mindestens 15% der Werte $\leq \tilde{x}_{0.15}$ sind, und mindestens 85% der Werte $\geq \tilde{x}_{0.15}$ sind.

Beispiel 25.11 (→CAS) p-Quantil einer Stichprobe
Geben Sie die Quartile der Stichprobe aus Beispiel 25.7 an.

Lösung zu 25.11 Da $n = 11$ ist, folgt $np = 11 \cdot 0.25 = 2.75 \notin \mathbb{N}$, also $\tilde{x}_{0.25} = x_{\lfloor 2.75 \rfloor + 1} = x_3 = 2$. Analog erhalten wir $\tilde{x}_{0.5} = x_{\lfloor 5.5 \rfloor + 1} = x_6 = 3$ (= der Median $\tilde{x}$) und $\tilde{x}_{0.75} = x_{\lfloor 8.25 \rfloor + 1} = x_9 = 3$. Die drei Quartile lauten somit 2, 3, 3. ■

Als Nächstes suchen wir ein geeignetes Streuungsmaß, das die „Breite“ der Stichprobe angibt.

Was könnten wir als Streuungsmaß verwenden? Betrachten wir zum Beispiel die Stichproben A: $1, 1, 5, 9, 9$ und B: $3, 4, 5, 6, 7$. Beide haben denselben Mittelwert $\overline{x} = 5$, trotzdem streuen die Werte unterschiedlich um $\overline{x}$. Intuitiv würde man sagen, dass die Daten A stärker streuen, weil hier die Stichprobenwerte „im Durchschnitt“ weiter von $\overline{x} = 5$ entfernt sind als bei den Daten B. Versuchen wir, das durch eine Kennzahl auszudrücken:

a) Berechnen wir z. B. das arithmetische Mittel der *Differenzen* $x_i - \overline{x}$ der Stichprobenwerte vom Mittelwert:

$$\begin{aligned} A: \frac{1}{5}[(1-5)+(1-5)+(5-5)+(9-5)+(9-5)] &= 0 \\ B: \frac{1}{5}[(3-5)+(4-5)+(5-5)+(6-5)+(7-5)] &= 0 \end{aligned}$$

Für beide Stichproben erhalten wir also das Ergebnis 0 (das wird bei *jeder* Stichprobe so sein, da $\frac{1}{n}\sum_{i=1}^n (x_i - \overline{x}) = \frac{1}{n}\sum_{i=1}^n x_i - \frac{1}{n}\sum_{i=1}^n \overline{x} = \overline{x} - \frac{1}{n} n\,\overline{x} = 0$). Die mittlere Differenz $\overline{x_i - \overline{x}}$ sagt also nichts über die Streuung aus.

b) Probieren wir als Nächstes das arithmetische Mittel der Abstände $|x_i - \overline{x}|$:

$$A : \frac{1}{5}[|1-5| + |1-5| + |5-5| + |9-5| + |9-5|] \quad = \quad 3.2$$
$$B : \frac{1}{5}[|3-5| + |4-5| + |5-5| + |6-5| + |7-5|] \quad = \quad 1.2$$

Mit diesem Maß streuen also die Daten A tatsächlich stärker als die Daten B.
c) Versuchen wir nun noch das arithmetische Mittel von $(x_i - \overline{x})^2$, die so genannte mittlere quadratische Abweichung:

$$A : \frac{1}{5}[(1-5)^2 + (1-5)^2 + (5-5)^2 + (9-5)^2 + (9-5)^2] \quad = \quad 12.8$$
$$B : \frac{1}{5}[(3-5)^2 + (4-5)^2 + (5-5)^2 + (6-5)^2 + (7-5)^2] \quad = \quad 2.0$$

Also haben die Daten A auch mit diesem Maß eine größere Streuung als die Daten B. Es sprechen nun einige Gründe dafür, eher dieses Streuungsmaß zu verwenden als den mittleren Abstand:
• Quadrieren „bestraft" große Abweichungen, da das *Quadrat* einer Zahl (d.h. hier eines Abstands) größer ist als die Zahl selbst (vorausgesetzt, die Zahl ist > 1).
• Wenn man einen optimalen „Repräsentanten" a der Stichprobenwerte sucht in dem Sinn, dass $S(a) = (a - x_1)^2 + \ldots + (a - x_n)^2$ minimal sein soll, dann kann man leicht nachrechnen, dass dieses a gerade das arithmetische Mittel $\overline{x}$ ist.

Definition 25.12 Betrachten wir eine Stichprobe $x_1, \ldots, x_n$ vom Umfang n. Ein Maß dafür, wie sehr die Stichprobenwerte x_i um ihren Mittelwert $\overline{x}$ streuen, ist die **(Stichproben-)Varianz** (auch **empirische Varianz**)

$$s^2 = \frac{1}{n-1} \sum_{i=1}^{n} (x_i - \overline{x})^2.$$

Man schreibt die Varianz symbolisch s^2, da man als Maß für die Streuung öfters auch ihre Wurzel

$$s = \sqrt{\frac{1}{n-1} \sum_{i=1}^{n} (x_i - \overline{x})^2}$$

verwendet, die so genannte **(Stichproben-)Standardabweichung** (auch **empirische Standardabweichung**).

Die Standardabweichung hat den Vorteil, dass sie dieselbe Einheit hat wie die einzelnen Stichprobenwerte (z. B. Gramm anstelle von Gramm^2).

Wenn wir wieder die *verschiedenen* Werte der Stichprobe mit $a_1, \ldots, a_k$ bezeichnen, dann können wir die Varianz auch mithilfe der absoluten bzw. relativen Häufigkeiten ausdrücken:

$$s^2 = \frac{1}{n-1} \sum_{i=1}^{k} h_i \,(a_i - \overline{x})^2 = \frac{n}{n-1} \sum_{i=1}^{k} f_i \,(a_i - \overline{x})^2.$$

Sie haben sich vielleicht gewundert, warum man bei s^2 durch $n-1$ dividiert anstelle durch n. Der Grund dafür ist, dass die durch $n-1$ dividierte Summe bessere *Schätzeigenschaften* für die schließende Statistik hat. Dort *schätzt* man die Varianz einer Grundgesamtheit mithilfe der Stichprobenvarianz s^2. Würde man diese mit n im Nenner definieren, dann würde die Schätzung im Mittel zu klein ausfallen. Wir werden in Abschnitt 30.2 darauf zurückkommen.

Die Standardabweichung sagt folgendes aus: Je kleiner s (bzw. s^2) ist, umso stärker sind die Messwerte um den Mittelwert $\overline{x}$ konzentriert.

Für die praktische Berechnung der Varianz ist oft die folgende Formel effizient: (siehe Übungsaufgabe 1):

Satz 25.13 Sei $x_1, \dots, x_n$ eine Stichprobe mit Umfang n, in der die verschiedenen Werte $a_1, \dots, a_k$ mit den absoluten Häufigkeiten $h_1, \dots, h_k$ auftreten. Dann ist die Varianz gleich

$$s^2 = \frac{1}{n-1}\left(\sum_{i=1}^{n} x_i^2 - n \cdot \overline{x}^2\right) = \frac{1}{n-1}\left(\sum_{i=1}^{k} h_i a_i^2 - n \cdot \overline{x}^2\right).$$

Beispiel 25.14 (→CAS) Standardabweichung einer Stichprobe
Berechnen Sie die Standardabweichung der Stichprobe $1, 1, 2, 2, 3, 3, 3, 3, 4, 4, 7$.

Lösung zu 25.14 Der Umfang der Stichprobe ist $n = 11$, das arithmetisches Mittel ist $\overline{x} = 3$. Es kommen die $k = 5$ verschiedenen Werte $1, 2, 3, 4, 7$ vor. Wir berechnen die Varianz mithilfe der Formel in Satz 25.13

$$s^2 = \frac{1}{10}(2 \cdot 1^2 + 2 \cdot 2^2 + 4 \cdot 3^2 + 2 \cdot 4^2 + 7^2 - 11 \cdot 3^2) = \frac{14}{5} = 2.8.$$

Die Standardabweichung ist $s = \sqrt{2.8} = 1.7$. ■

Ein weiteres, eher grobes Streuungsmaß ist die **Spannweite** $R = x_{max} - x_{min}$ (engl. *range*), wobei x_{max} der größte und x_{min} der kleinste Stichprobenwert ist. R ist zwar leichter zu berechnen als s, enthält aber weniger Information (R berücksichtigt nur den kleinsten und den größten, s hingegen *alle* Stichprobenwerte). Außerdem wird R durch „Ausreißer" stärker beeinflusst. Auch der **Interquartilsabstand** $d_Q = \tilde{x}_{0.75} - \tilde{x}_{0.25}$ wird verwendet. Er ist resistent gegen Ausreißer.

Die Verteilung von Stichprobendaten kann übersichtlich in einem so genannten **Box Plot** (auch: **Box-Whisker-Plot**) dargestellt werden. Ein Box-Plot besteht aus einem Rechteck („Box"), dessen untere bzw. obere Kante durch die Quartile $\tilde{x}_{0.25}$ bzw. $\tilde{x}_{0.75}$ gegeben sind, und zwei Strichen („Antennen" oder „Whiskers"), die das Rechteck bis zum kleinsten bzw. größten Stichprobenwert verlängern. Der Median wird als Strich innerhalb des Rechtecks eingezeichnet. Der Box-Plot für die Daten aus Beispiel 25.5 ist in Abbildung 25.4 dargestellt (→CAS).

25.3.1 Ausblick: Lorenz-Kurve und Gini-Koeffizient

Die meisten Dinge im Leben sind nicht gleichmäßig verteilt. Dies ist zum Beispiel der Fall, wenn der Markt von wenigen Herstellern beherrscht wird oder ein hoher Prozentsatz des Gesamteinkommens auf einen kleinen Prozentsatz der Bevölkerung fällt. Man spricht in diesem Fall von **absoluter** bzw. **relativer Konzentration**. Wie kann man eine Ungleichverteilung veranschaulichen beziehungsweise messen?

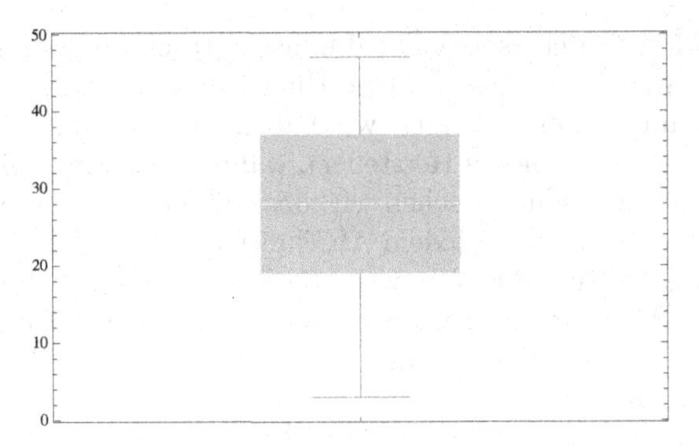

Abbildung 25.4. Box Plot für die Daten aus Beispiel 25.5: Innerhalb der Box befinden sich 50% aller Stichprobendaten (zwischen $\tilde{x}_{0.25} = 19.5$ und $\tilde{x}_{0.75} = 37.5$). Die Whiskers zeigen die Spannweite der Daten ($x_{min} = 3$ bis $x_{max} = 47$). Der Median liegt bei $\tilde{x} = 28.5$.

Auf der Webseite der „Statistik Austria" findet man z.B. die Anzahl der Autos der zehn beliebtesten Hersteller in Österreich im Jahr 2012:[1]

187244, 204044, 210476, 222903, 225007, 227863, 275077, 323840, 344505, 942268.

Wir haben hier einfachheitshalber nur die (aufsteigend sortierten) Autoanzahlen ohne die zugehörigen Hersteller aufgelistet. Nun berechnet man daraus eine neue Liste, deren i-ter Eintrag die Summe der ersten i Werte ist:

187244, 391288, 601764, 824667, 1049674, 1277537, 1552614, 1876454, 2220959, 3163227.

Beginnt man nun bei 0 und verbindet die entsprechenden Punkte in einer Graphik durch gerade Linien, so erhält man die **Lorenz-Kurve** (nach Max Otto Lorenz, 1876–1959, US-amerikanischer Statistiker und Ökonom), die in Abbildung 25.5 dargestellt ist. Zusätzlich zur Lorenz-Kurve haben wir noch die Gerade vom Ursprung

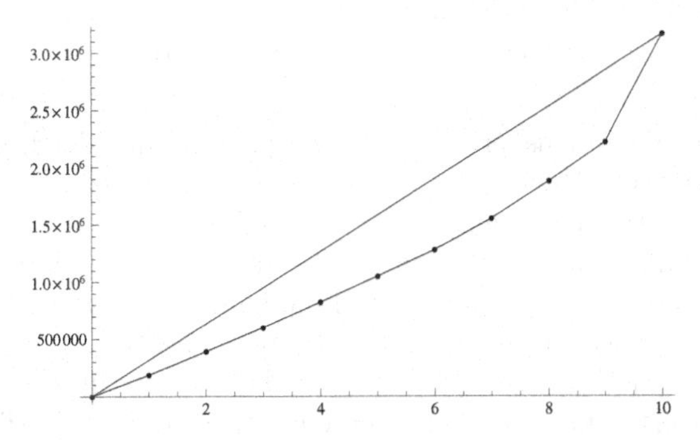

Abbildung 25.5. Lorenz-Kurve für die Verteilung von Automarken in Österreich.

bis zum Maximum der Lorenz-Kurve eingezeichnet. Hätten wir eine Gleichverteilung (jeder Hersteller verkauft gleich viel), so würden alle Punkte genau auf dieser Geraden liegen und die Lorenz-Kurve würde mit ihr zusammenfallen. Die Steigung dieser Geraden ist die Gesamtautoanzahl aller Hersteller geteilt durch die Anzahl

[1] `http://www.statistik.at/web_de/static/kfz-bestand_2012_070180.pdf`

der Hersteller und entspricht somit der durchschnittlich hergestellten Autoanzahl. Herrscht (so wie in unserem Beispiel) eine Ungleichverteilung, so fällt die Steigung am Anfang unterdurchschnittlich aus (wir haben die Liste ja aufsteigend sortiert und am Anfang sind die kleineren Hersteller), während am Ende die Steigung überdurchschnittlich ist. Insbesonders sehen wir, dass die Lorenz-Kurve konvex („Linkskurve") ist (da die Steigungen in jedem Abschnitt zunehmen) und immer unter der Gleichverteilungs-Geraden liegt. Wie weit die Lorenz-Kurve unter dieser Geraden liegt, ist somit ein Maß für die Ungleichverteilung. Eine einfache Kenngröße dafür ist die Fläche zwischen der Geraden und der Lorenzkurve, geteilt durch die Fläche A_g unter der Geraden

$$G = \frac{A_g - A_u}{A_g}.$$

Hier bezeichnet A_u die Fläche unter der Lorenzkurve. Das ist der **Gini-Koeffizient**, benannt nach dem italienischen Statistiker Corrado Gini (1884–1965). Er liegt immer zwischen 0 und 1, wobei $G = 0$ eine Gleichverteilung bedeuten würde. In unserem Beispiel ist $G = 0.3$.

Konkret berechnet sich der Gini-Koeffizient so: Sind $0 \leq x_1 \leq \ldots \leq x_n$ die geordneten Werte und $X_i = \sum_{k=1}^{i} x_k$ die zugehörigen aufsummierten Werte, so erhält man für die Flächen die Formeln

$$A_g = \frac{nX_n}{2}, \qquad A_u = \frac{X_1}{2} + \sum_{i=2}^{n} \frac{X_i + X_{i-1}}{2}.$$

Der größtmögliche Gini-Koeffizient bei 10 Herstellern wäre 0.9, bei n Herstellern allgemein $G = 1 - \frac{1}{n}$. Das würde der Situation entsprechen, dass alles nur von einem *einzigen* Hersteller kommt. Denn dann wäre $x_1 = \cdots = x_{n-1} = 0$, $x_n > 0$, und somit $X_1 = \cdots = X_{n-1} = 0$, $X_n = x_n$, also $A_u = \frac{X_n}{2}$. Das ergibt $G = (\frac{nX_n}{2} - \frac{X_n}{2})/(\frac{nX_n}{2}) = 1 - \frac{1}{n}$.

Oft normiert man beide Koordinatenachsen, indem man statt i die Werte $\frac{i}{n}$ und statt X_i die Werte $\frac{X_i}{X_n}$ aufträgt. Der Gini-Koeffizient ändert sich dabei nicht, da er als Verhältnis invariant unter dieser Normierung ist.

Möchte man die Einkommensverteilung in einem Land mit der Lorenzkurve veranschaulichen, so wird es schwieriger, da der Index i nun über alle Erwerbstätigen laufen müsste. Außerdem werden dafür die Daten eventuell gar nicht im Detail vorliegen. Als Abhilfe können wir Klassen betrachten und für die i-te Klasse das arithmetische Mittel als x_i verwenden (sind die Klassen verschieden groß, so müsste man das durch entsprechende Gewichtung berücksichtigen). Die Information über die Konzentration innerhalb der Klassen geht dadurch natürlich verloren (sie wird durch eine Gleichverteilung innerhalb der Klassen ersetzt) und die *wahre* Lorenz-Kurve liegt unter der erhaltenen Kurve.

Auf der Webseite der „Statistik Austria" findet man z.B. die Dezile für das Nettomonatseinkommen des Jahres 2011:[2]

$$667, 1049, 1317, 1540, 1733, 1933, 2182, 2537, 3200.$$

[2] `http://www.statistik.at/web_de/statistiken/soziales/personen-einkommen/nettomonatseinkommen/057212.html`

Also 10% der Erwerbstätigen verdienen weniger als 667 €, 20% weniger als 1049 €, etc. Wir haben also die benötigte Klasseneinteilung, aber das Durchschnittseinkommen in den Klassen ist leider nicht öffentlich zugänglich. Wir können es aber einfachheitshalber durch den Mittelwert der Klassengrenzen schätzen. Für die unterste Klasse verwenden wir als Untergrenze 370 € (das Nettomonatseinkommen bei geringfügiger Beschäftigung) und für die oberste Klasse als Obergrenze 5444 €, damit als Gesamtmittelwert das ebenfalls veröffentlichte Durchschnittseinkommen von 1906 € erhalten wird. Daraus ergibt sich für die geschätzten Klassenmittelwerte: 518, 857.5, 1182.5, 1428, 1636, 1832.5, 2057, 2359, 2868, 4321.5. Mit diesen können wir die Lorenz-Kurve zeichnen (Abbildung 25.6) und den Gini-Koeffizienten berechnen: $G = 0.3$.

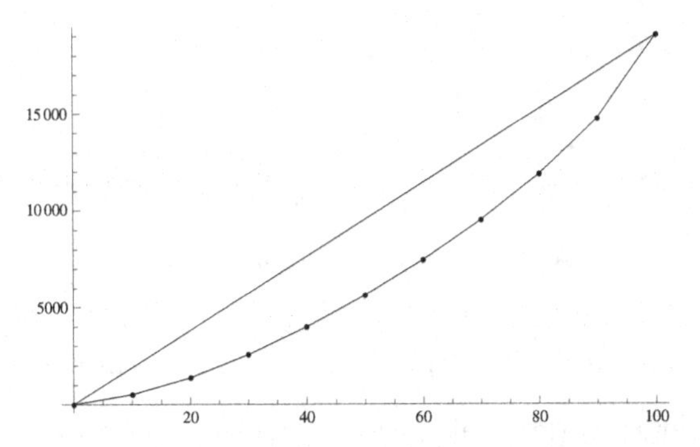

Abbildung 25.6. Lorenz-Kurve für das Nettomonatseinkommen 2011 in Österreich

25.4 Lineare Korrelation

In den bisherigen Beispielen wurde immer nur *ein* Merkmal der Stichprobe beobachtet (gemessen). Misst man zwei Merkmale in derselben Stichprobe, so spricht man auch von einer **zweidimensionalen Stichprobe**. Man kann nun fragen, ob es zwischen den beiden beobachteten Merkmalen einen **Zusammenhang** gibt.

Die Seitenlänge und die Fläche eines Quadrats stehen zum Beispiel in einem exakten Zusammenhang. Zwischen Werbeausgaben und Umsatz eines Unternehmens besteht auch ein Zusammenhang, dieser ist aber ein *statistischer Zusammenhang*: Man kann sagen, dass ein Unternehmen *eher* mehr Umsatz machen wird, wenn es mehr für Werbung ausgibt, aber man kann den Zusammenhang zwischen diesen beiden Merkmalen nicht exakt durch eine Gleichung ausdrücken. Andere Beispiele für einen statistischen Zusammenhang sind: Gewicht und Größe einer Person (eine größere Person ist eher schwer), Außentemperatur und Verbrauch an Mineralwasser, usw.

Stellen wir die Stichprobenwerte der beiden Merkmale graphisch als Punkte in der (x, y)-Ebene dar. Die so entstehende Punktwolke nennt man ein **Streudiagramm**.

Beispiel 25.15 (→CAS) Streudiagramm von zwei zusammenhängenden Merkmalen
Von 15 zufällig ausgewählten erwachsenen Personen werden Körpergröße x und Gewicht y gemessen. Es ergeben sich folgende Wertepaare (x_i, y_i) in cm bzw. kg:

(163, 59), (165, 62), (166, 65), (169, 69), (170, 65), (171, 69), (171, 76), (173, 73), (174, 75), (175, 73) , (177, 80) , (177, 71), (179, 82),(180, 84), (185, 81). Stellen Sie diese Daten graphisch durch ein Streudiagramm dar.

Lösung zu 25.15 Wir tragen in x-Richtung die Körpergröße auf und in y-Richtung das Gewicht. Die Daten der ersten Person werden also durch den Punkt (163, 59) dargestellt, usw. Man erhält das Streudiagramm aus Abbildung 25.7. Aus dieser

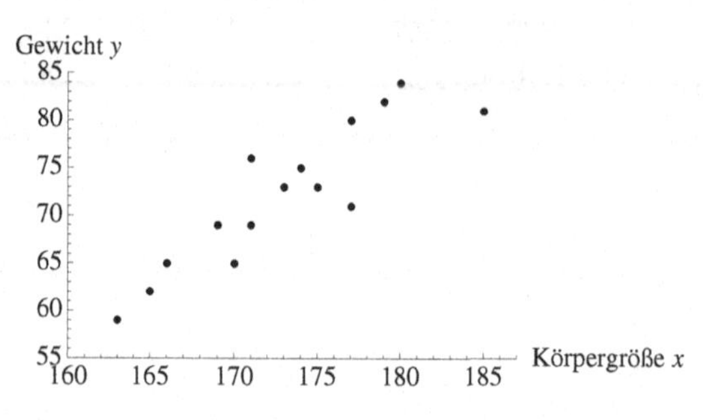

Abbildung 25.7. Streudiagramm

Abbildung kann man gut die Tendenz „je größer, umso schwerer“ herauslesen. ■

Nun ein Beispiel für zwei Merkmale, von denen man nicht erwartet, dass sie zusammenhängen:

Beispiel 25.16 Streudiagramm von zwei nicht-zusammenhängenden Merkmalen
Von 15 zufällig ausgewählten erwachsenen Personen wird deren Körpergröße x und ihr monatliches Einkommen y ermittelt. Es ergeben sich folgende Wertepaare (x_i, y_i) in cm bzw. €: (163, 2900), (165, 1100), (166, 3600), (169, 2300), (170, 4000), (171, 5600), (171, 2100), (173, 5100), (174, 3400), (175, 1800), (177, 2100), (177, 2600), (179, 4600), (180, 3600), (185, 2300). Stellen Sie diese Daten durch ein Streudiagramm dar.

Lösung zu 25.16 Das Streudiagramm ist nun in Abbildung 25.8 dargestellt. Die

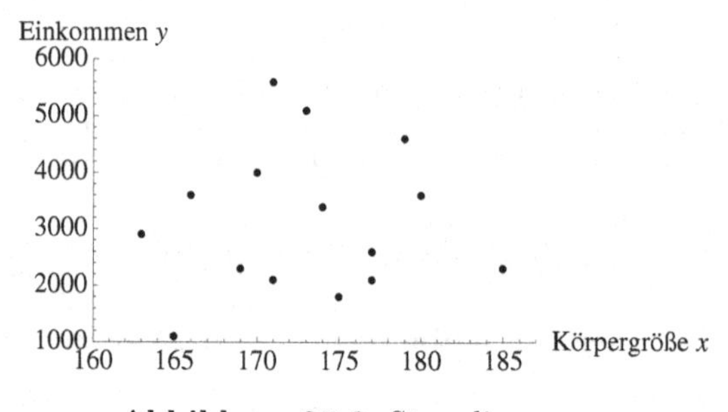

Abbildung 25.8. Streudiagramm

Punkte liegen ziemlich regellos verteilt. Es unterstützt die Vermutung, dass es zwischen Größe und Einkommen einer Person keinen Zusammenhang gibt. ■

Ein letztes Beispiel:

Beispiel 25.17 Streudiagramm von zwei „gegensinnig" zusammenhängenden Merkmalen
Die Messung von zwei Merkmalen x bzw. y ergab folgende zehn Wertepaare (x_i, y_i): $(30, 6)$, $(45, 5)$, $(45, 3)$, $(60, 4)$, $(75, 3)$, $(80, 5)$, $(90, 2)$, $(100, 4)$, $(110, 2)$, $(120, 3)$. Stellen Sie diese Daten durch ein Streudiagramm dar.

Lösung zu 25.17 Das Streudiagramm ist in Abbildung 25.9 dargestellt. Es lässt

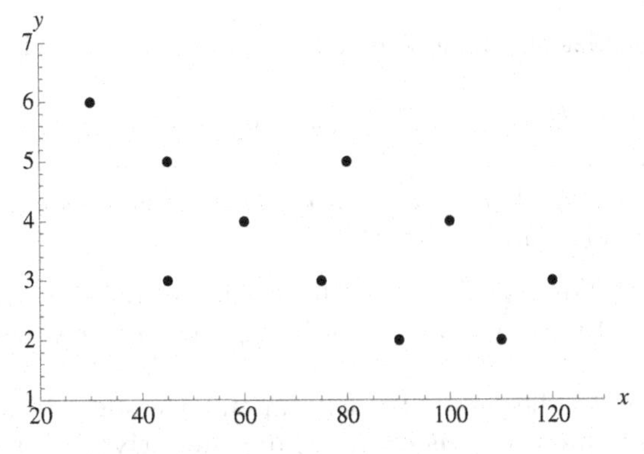

Abbildung 25.9. Streudiagramm

eine gewisse Tendenz erkennen, dass mit größer werdenden x-Werten die y-Werte kleiner werden. Ein Beispiel für einen solchen „gegensinnigen" Zusammenhang wären Trainingszeit x und Laufzeit y eines Läufers. ■

Im ersten Beispiel ließ das Streudiagramm einen deutlichen Zusammenhang, im zweiten Beispiel keinen, und im dritten einen gewissen, aber nicht starken Zusammenhang vermuten.

Über das Ausmaß des *linearen* Zusammenhangs gibt die folgende Kennzahl Auskunft:

Definition 25.18 Gegeben seien die Wertepaare $(x_1, y_1), \ldots, (x_n, y_n)$, wobei nicht alle x_i gleich sind bzw. nicht alle y_i gleich sind. Die Zahl

$$r_{xy} = \frac{s_{xy}}{s_x \cdot s_y}$$

heißt **(empirischer) Korrelationskoeffizient**. Dabei ist

$$s_{xy} = \frac{1}{n-1} \sum_{i=1}^{n} (x_i - \overline{x})(y_i - \overline{y})$$

die **(empirische) Kovarianz**, $\overline{x}$, $\overline{y}$ sind die arithmetischen Mittelwerte und

$$s_x = \sqrt{\frac{1}{n-1}\sum_{i=1}^{n}(x_i - \overline{x})^2}, \qquad s_y = \sqrt{\frac{1}{n-1}\sum_{i=1}^{n}(y_i - \overline{y})^2}$$

sind die (empirischen) Standardabweichungen der x_i bzw. der y_i-Werte.

Das Wort „empirisch" drückt – wie schon bei der empirischen Varianz – aus, dass es sich um eine Kennzahl für eine Stichprobe handelt. Die schließende Statistik verallgemeinert mithilfe der empirischen Kennwerte auf die entsprechenden Parameter der Grundgesamtheit. Er wird nach dem englischen Mathematiker Karl Pearson (1857–1936) auch **Pearson'scher Korrelationskoeffizient** genannt.

Der Korrelationskoeffizient r_{xy} ist so definiert, dass seine Werte immer zwischen -1 und $+1$, liegen, also

$$-1 \leq r_{xy} \leq +1.$$

Satz 25.19 Je näher r_{xy} bei -1 oder bei 1 liegt, umso besser liegen die Punkte (x_i, y_i) um eine Gerade konzentriert. Dabei bedeutet

- $r_{xy} > 0$: Die Punkte liegen tendenziell um eine Gerade mit positiver Steigung (**gleichsinniger linearer Zusammenhang, positive Korrelation**).
- $r_{xy} < 0$: Die Punkte liegen tendenziell um eine Gerade mit negativer Steigung (**gegensinniger linearer Zusammenhang, negative Korrelation**).
- r_{xy} nahe bei 0: kein *linearer* Zusammenhang zwischen den beiden Merkmalen.

Die Werte $+1$ bzw. -1 nimmt r_{xy} an, wenn alle Punkte $(x_1, y_1), \ldots, (x_n, y_n)$ genau auf einer Geraden liegen, und zwar ist $r_{xy} = +1$ genau dann, wenn alle Punkte auf einer Geraden mit positiver Steigung liegen und $r_{xy} = -1$, wenn alle Punkte auf einer Geraden mit negativer Steigung liegen.

Warum? Setzen wir $\mathbf{x} = \frac{1}{\sqrt{n-1}}(x_1 - \overline{x}, \ldots, x_n - \overline{x})$ und $\mathbf{y} = \frac{1}{\sqrt{n-1}}(y_1 - \overline{y}, \ldots, y_n - \overline{y})$, so gilt $s_x = \|\mathbf{x}\|$, $s_y = \|\mathbf{y}\|$ und $s_{xy} = \langle \mathbf{x}, \mathbf{y} \rangle$. Aus der Cauchy-Schwarz-Ungleichung (siehe Abschnitt „Skalarprodukt und orthogonale Projektion" in Band 1) folgt nun $|r_{xy}| \leq 1$, mit Gleichheit genau dann, wenn $\mathbf{y} = k\mathbf{x}$ gilt, wenn also $y_i = kx_i + (\overline{y} - k\overline{x})$ für alle i gilt.

Beispiel 25.20 (→CAS) Empirischer Korrelationskoeffizient
Berechnen Sie den Korrelationskoeffizienten der Stichprobe aus
a) Beispiel 25.17 b) Beispiel 25.15 c) Beispiel 25.16

Lösung zu 25.20

a) Der Mittelwert der x_i-Werte ist $\overline{x} = 75.5$, der Mittelwert der y_i-Werte ist $\overline{y} = 3.7$. Die Standardabweichung der x_i-Werte ist $s_x = 30.134$, die der y_i-Werte ist $s_y = 1.3375$. Die Kovarianz s_{xy} ist

$$s_{xy} = \frac{1}{9}\sum_{i=1}^{10}(x_i - 75.5)(y_i - 3.7) = \frac{1}{9}\Big((30 - 75.5)(6 - 3.7) + \dots$$
$$\dots + (120 - 75.5)(3 - 3.7)\Big) = -25.389$$

Damit ist der Korrelationskoeffizient

$$r_{xy} = \frac{-25.389}{30.134 \cdot 1.3375} = -0.630.$$

Er ist betragsmäßig nicht nahe bei 1, was einen gewissen, aber nicht starken linearen Zusammenhang der beiden Merkmale bedeutet. Das negative Vorzeichen von r_{xy} sagt aus, dass tendenziell mit zunehmenden x_i-Werten die y_i-Werte fallen (siehe Abbildung 25.9).

b) Mit dem Computer (→CAS) berechnen wir $r_{xy} = 0.898$. Wir erhalten also eine stärkere Korrelation als in Beispiel a), da der Wert näher bei 1 liegt. Das positive Vorzeichen von r_{xy} bedeutet, dass tendenziell mit wachsenden x_i-Werten auch die y_i-Werte zunehmen (vergleiche Abbildung 25.7).

c) Wieder mit dem Computer berechnen wir $r_{xy} = 0.0605$. Der Korrelationskoeffizient liegt nun nahe bei 0. Das weist darauf hin, dass die beiden Merkmale nicht linear korreliert sind (siehe Abbildung 25.8). ■

Der Korrelationskoeffizient misst nur den Grad der *linearen* Abhängigkeit. Wenn $r_{xy} = 0$, so kann trotzdem ein Zusammenhang zwischen den Wertepaaren bestehen! Betrachten wir zum Beispiel $(-2,5)$, $(-1,2)$, $(0,1)$, $(1,2)$, $(2,5)$. Obwohl die Wertepaare die Beziehung $y = x^2 + 1$ erfüllen, ist $r_{xy} = 0$. Der Zusammenhang ist allerdings *nichtlinear*.

Aber auch, wenn zwischen zwei Größen eine lineare Korrelation besteht (d.h. r_{xy} ist signifikant von Null verschieden), so muss das noch lange **nicht einen kausalen Zusammenhang bedeuten**! Oder würden Sie zur Steigerung der Geburtenrate Störche ansiedeln, nur weil man nachweisen kann, dass die Anzahl der Störche und die Anzahl der Geburten korreliert sind? Man spricht in einem solchen Fall von einer **Scheinkorrelation**. Das bedeutet, dass man eine Korrelation zwischen zwei Merkmalen beobachtet, die aber inhaltlich nicht sinnvoll ist. So ein scheinbarer Zusammenhang kann dadurch entstehen, dass ein drittes Merkmal übersehen wird, das aber mit den beiden anderen Merkmalen inhaltlich im Zusammenhang steht. Zum Beispiel könnte eine Scheinkorrelation zwischen Störchen und Geburten dadurch zustande kommen, dass mit zunehmender Industrialisierung (= dritte, unberücksichtigte Größe) sowohl die Storchenpopulation als auch die Geburtenrate sinkt.

25.5 Lineare Regression

Aufgabe von linearen **Korrelationsanalysen** ist, das *Ausmaß* des linearen Zusammenhangs zwischen zwei Merkmalen x und y zu untersuchen. Dabei sieht man die beiden Merkmale als *gleichrangig* an, d.h., sowohl gemessene x-Werte als auch gemessene y-Werte können streuen.

Bei so genannten **Regressionsanalysen** untersucht man die *Art* des Zusammenhangs zwischen zwei Merkmalen x und y. Dabei sind x und y nicht mehr gleichrangig, sondern man betrachtet y als abhängig von x. Man geht davon aus, dass x

festgehalten und exakt messbar ist und nur die y-Werte streuen. Zum Beispiel ist x eine bestimmte Körpergröße, und y sind die verschiedenen Gewichte von Personen mit dieser Größe. Man interessiert sich nun dafür, wie sich y in Abhängigkeit von x ändert.

Dazu beobachtet man zu vorgegebenen Werten $x_1, \dots, x_n$ die Werte $y_1, \dots, y_n$, erhält also die Wertepaare $(x_1, y_1), (x_2, y_2), \dots, (x_n, y_n)$. Gesucht ist nun eine Funktion, die die Abhängigkeit der y_i-Werte von den x_i-Werten möglichst gut beschreibt. Um diese zu finden, betrachtet man die durch die Stichprobe gegebene Punktwolke und macht einen geeigneten Ansatz für den funktionellen Zusammenhang zwischen x und y.

Man kann zum Beispiel versuchen, die Punkte (x_i, y_i) durch eine *Gerade* anzunähern. In diesem Fall macht man den Ansatz

$$y = f(x) = kx + d$$

und spricht von **linearer Regression**. Die Gerade heißt **Ausgleichsgerade** oder **Regressionsgerade**. Die Steigung k und der Achsenabschnitt d der Regressionsgeraden werden üblicherweise aus der Forderung bestimmt, dass der mittlere quadratische Fehler (d.h., die mittlere quadratische Abweichung der Messwerte y_i von den Funktionswerten $f(x_i)$) minimal wird. Man spricht von der **Gauß'schen Methode der kleinsten Quadrate**.

Satz 25.21 (Regressionsgerade) Die Gerade $f(x) = kx + d$, für die

$$\sum_{i=1}^{n} (y_i - f(x_i))^2$$

minimal wird, ist gegeben durch

$$k = r_{xy} \frac{s_y}{s_x}, \qquad d = \overline{y} - k\overline{x}.$$

Hier ist r_{xy} der empirische Korrelationskoeffizient, $\overline{x}$, $\overline{y}$ sind die arithmetischen Mittelwerte und s_x, s_y die Standardabweichungen der Stichprobenwerte x_i bzw. y_i.

Warum das so ist, haben wir uns in Beispiel 23.30 in Abschnitt 23.3 überlegt.

Beispiel 25.22 Regressionsgerade
Geben Sie die Regressionsgerade für die Stichprobe aus Beispiel 25.15 an.

Lösung zu 25.22 Wir müssen k und d der Regressionsgerade $y = kx+d$ berechnen. Zunächst finden wir den Mittelwert $\overline{x} = 173$ der x_i-Werte und den Mittelwert $\overline{y} = 72.3$ der y_i-Werte. Die Standardabweichungen sind $s_x = 6.05$ bzw. $s_y = 7.56$. Den Korrelationskoeffizienten haben wir bereits in Beispiel 25.20 berechnet: $r_{xy} = 0.898$. Damit ist

$$\begin{aligned} k &= r_{xy} \frac{s_y}{s_x} = 1.12, \\ d &= \overline{y} - k\overline{x} = -122.02. \end{aligned}$$

Die Regressionsgerade lautet also $y = 1.12x - 122.02$. Sie ist in Abbildung 25.10 dargestellt. ■

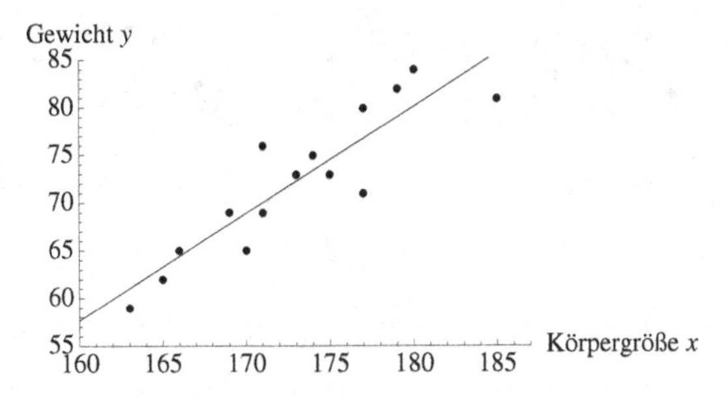

Abbildung 25.10. Regressionsgerade

In vielen Fällen legt die Punktwolke einen *nichtlinearen* Ansatz nahe, zum Beispiel eine Parabel $y = ax^2 + bx + c$, Polynomfunktionen höheren Grades oder Exponential- und Logarithmusfunktionen. Auch dann werden die im Ansatz enthaltenen Parameter mithilfe der Gauß'schen Methode der kleinsten Quadrate bestimmt, und man spricht von **nichtlinearer Regression.**
Wir beenden diesen Abschnitt mit vier warnenden Beispielen des englischen Statistikers Francis Anscombe (1918–2001), die in Abbildung 25.11 dargestellt sind. Alle Datensätze haben den gleichen Korrelationskoeffizienten von 0.816, aber nur beim ersten Datensatz ist das Berechnen der Regressionsgerade sinnvoll! Beim zweiten liegt offensichtlich ein nichtlinearer Zusammenhang vor, beim dritten führt ein Ausreißer zu einer verfälschten Regressionsgerade, und beim letzten führt wiederum ein Ausreißer zu einem zu hohen Korrelationskoeffizienten. Diese Beispiele zeigen, wie wichtig es ist, Daten zu visualisieren und keine voreiligen Schlussfolgerungen zu ziehen.

25.5.1 Ausblick: Multivariate lineare Regression

Bei der multivariaten linearen Regression gibt es statt einer Variablen x mehrere Variablen $x_1, \ldots, x_m$. Für gegebene n Punkte der Stichprobe,

$$x_{1,i}, \ldots, x_{m,i}, y_i, \qquad 1 \le i \le n,$$

wird eine Funktion

$$y = f(x_1, \ldots, x_m) = k_0 + k_1 x_1 + \cdots + k_m x_m$$

gesucht, für die der mittlere quadratische Fehler

$$\sum_{i=1}^{n} |f(x_{1,i}, \ldots, x_{m,i}) - y_i|^2$$

minimal wird. Führen wir die Matrix

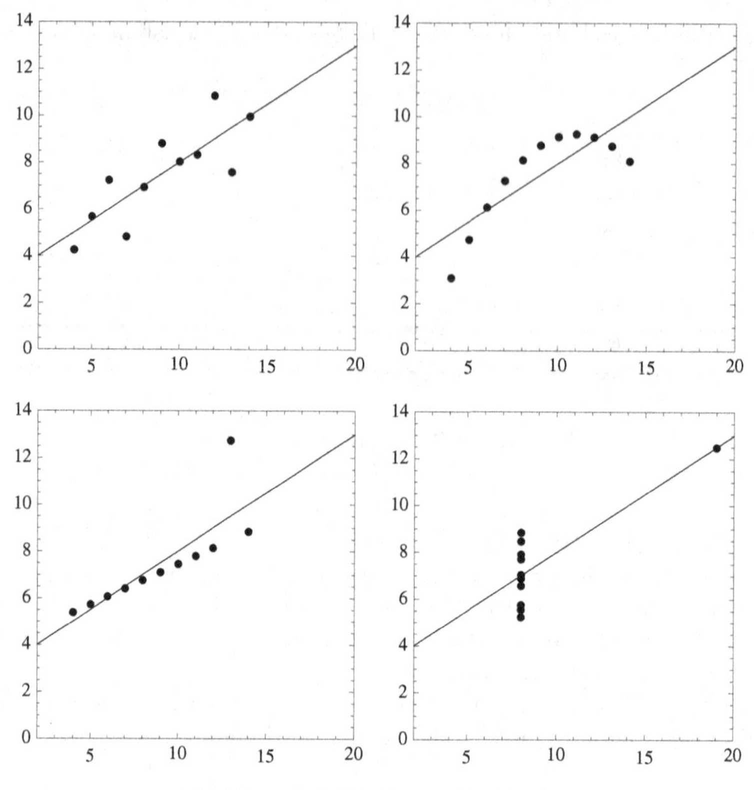

Abbildung 25.11. Anscombe-Quartett

$$A = \begin{pmatrix} 1 & x_{1,1} & \dots & x_{m,1} \\ 1 & x_{1,2} & \dots & x_{m,2} \\ \vdots & \vdots & & \vdots \\ 1 & x_{1,n} & \dots & x_{m,n} \end{pmatrix}$$

und die Vektoren

$$\mathbf{k} = (k_0, \dots, k_m), \quad \mathbf{y} = (y_1, \dots, y_n),$$

ein, so kann der Fehler übersichtlich in Matrixnotation geschrieben werden:

$$\sum_{i=1}^{n} |f(x_{1,i}, \dots, x_{m,i}) - y_i|^2 = \|A\mathbf{k} - \mathbf{y}\|^2.$$

Das Minimum erhalten wir mit einer QR-Zerlegung (siehe Abschnitt „Lösung von Gleichungssystemen mit QR-Zerlegung" in Band 1).

Das können wir übrigens auch bei der univariaten Regression anwenden: Wenn ein nichtlinearer Ansatz in Form eines Polynoms

$$f(x) = k_0 + k_1 x + \dots + k_m x^m$$

gemacht wird und die Datenpaare

$$x_i, y_i, \qquad 1 \le i \le n,$$

gegeben sind, so können die optimalen Koeffizienten des Polynoms bestimmt werden, indem man einfach

$$x_{1,i} = x_i, \quad x_{2,i} = x_i^2, \quad \ldots, \quad x_{m,i} = x_i^m$$

setzt und wie eben beschrieben vorgeht. Natürlich kann man die Monome x^j auch durch beliebige Funktionen $f_j(x)$ ersetzen.

25.6 Mit dem digitalen Rechenmeister

Stabdiagramm

Ein Stabdiagramm kann mit dem Befehl

```
In[1]:= BarChart[{1/20, 3/20, 7/20, 1/4, 1/10, 1/10},
          BarSpacing → 0.5
          ChartLabels → {"397", "398", "399", "400", "401", "402"},
          AxesLabel → {"ai", "fi"}]
```

gezeichnet werden.

Histogramm und Verteilungsfunktion

Ein Histogramm erhalten wir so:

```
In[2]:= Histogram[{3, 7, 12, 18, 19, 20, 25, 25, 27, 28, 29, 31, 32, 34, 37, 38, 40, 41,
          45, 47}, "Count", {{0, 10, 20, 30, 40, 50}},
          Ticks → {{5, 15, 25, 35, 45}, {2, 4, 6}}]
```

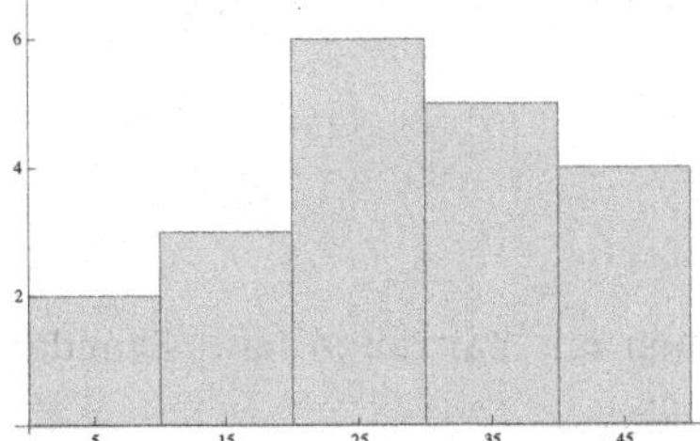

Das erste Argument enthält die Urliste und das zweite (optional) die Klassengrenzen. Mit `Count` wird für die Höhe h_i genommen, mit `Probability` f_i und mit `PDF` $\frac{f_i}{\Delta x_i}$. Verwendet man `CDF`, so erhält man die Verteilungsfunktion:

```
In[3]:= Histogram[{3, 7, 12, 18, 19, 20, 25, 25, 27, 28, 29, 31, 32, 34, 37, 38, 40, 41,
          45, 47}, "CDF", {{0, 10, 20, 30, 40, 50}},
          Ticks → {{5, 15, 25, 35, 45}, {2, 4, 6}}]
```

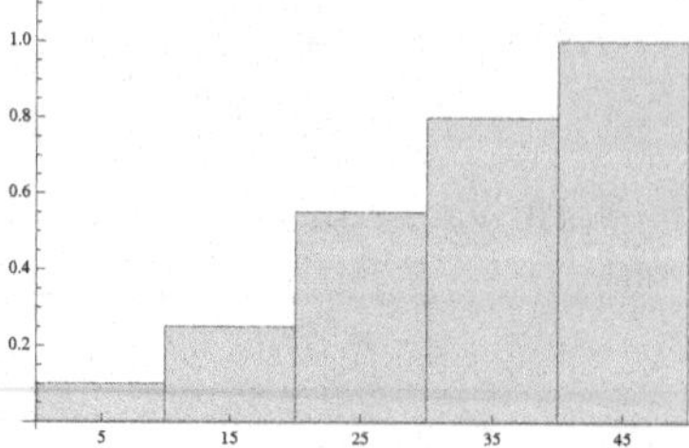

Arithmetisches Mittel

Das arithmetische Mittel kann mit dem Befehl `Mean` berechnet werden:

```
In[4]:= Mean[{1, 2, 2, 2, 3, 3, 3, 3, 3, 4, 4}]
```

Out[4]= $\frac{30}{11}$

Median

Den Median berechnen wir so:

```
In[5]:= data = 1, 2, 2, 2, 3, 3, 3, 3, 3, 4, 4;
        Median[data]
Out[6]= 3
```

Ein p-Quantil (bzw. mehrere gleichzeitig, wenn man die verschiedenen p-Werte als Liste übergibt) erhalten wir mit:

```
In[7]:= Quantile[data, {0.25, 0.5, 0.75}]
Out[7]= {2, 3, 3}
```

(Achtung: `Mathematica` verwendet eine leicht abweichende Definition für das p-Quantil.)

Den Box Plot aus Abbildung 25.4 erbält man mit:

```
In[8]:= BoxWhiskerChart[{3, 7, 12, 18, 19, 20, 25, 25, 27, 28, 29, 31, 32,
          34, 37, 38, 40, 41, 45, 47}]
```

Standardabweichung

Varianz und Standardabweichung können mit `Variance` bzw. `StandardDeviation` berechnet werden:

```
In[9]:= data = {1, 1, 2, 2, 3, 3, 3, 3, 4, 4, 7};
        {Variance[data], StandardDeviation[data]}
```

```
Out[10]= {14/5, Sqrt[14/5]}
```

Streudiagramm

Ein Streudiagramm erhält man leicht auf folgende Weise: Die Stichprobendaten werden als Liste eingegeben (z. B. mit dem Variablennamen `data`),

```
In[11]:= data = {{163, 59}, {165, 62}, {166, 65}, {169, 69}, {170, 65}, {171, 69},
         {171, 76}, {173, 73}, {174, 75}, {175, 73}, {177, 80}, {177, 71},
         {179, 82}, {180, 84}, {185, 81}};
```

Danach wird mit dem Befehl `ListPlot` die Graphik in Abbildung 25.7 erzeugt:

```
In[12]:= ListPlot[data, PlotRange → {{160, 187}, {55, 85}},
         AxesLabel → {Groesse x, Gewicht y}, PlotStyle → PointSize[0.016]]
```

(Hier wurde – was nicht unbedingt notwendig ist – der dargestellte x, y-Bereich mit `PlotRange` gewählt, die Achsen wurden beschriftet und die Punkte vergrößert.)

Korrelationskoeffizient

Nach dem Laden des Zusatzpakets

```
In[13]:= Needs["MultivariateStatistics`"];
```

kann der empirische Korrelationskoeffizient mit dem Befehl `Correlation` berechnet werden:

```
In[14]:= xdata = {163, 165, 166, 169, 170, 171, 171, 173, 174, 175, 177,
         177, 179, 180, 185};
         ydata = {59, 62, 65, 69, 65, 69, 76, 73, 75, 73, 80, 71, 82, 84, 81};
         Correlation[xdata, ydata]//N
Out[16]= 0.897914
```

Regressionsgerade

Der Befehl `Fit` gibt uns eine Regressionsgerade aus:

```
In[17]:= data = {{163, 59}, {165, 62}, {166, 65}, {169, 69}, {170, 65}, {171, 69},
         {171, 76}, {173, 73}, {174, 75}, {175, 73}, {177, 80}, {177, 71},
         {179, 82}, {180, 84}, {185, 81}};
         g = Fit[data, {1, x}, x]
Out[18]= −122.02 + 1.12305x
```

Die Syntax ist `Fit[Daten, Funktionen, Variablen]`. Dadurch werden `Daten` mithilfe der Gauß'schen Methode der kleinsten Quadrate durch eine Linearkombination der `Funktionen` genähert. Hier möchten wir eine Gerade, also eine Linearkombination der Funktionen 1 und x.

25.7 Kontrollfragen

Fragen zu Abschnitt 25.1: Grundbegriffe

Erklären Sie folgende Begriffe: deskriptive/explorative/induktive Statistik, Grundgesamtheit, Stichprobe, Umfang einer Stichprobe, Merkmalsausprägung, diskretes/stetiges Merkmal, nominal-, ordinal-, intervall- bzw. verhältnisskaliertes Merkmal, metrische Skala, qualitatives/quantitatives Merkmal.

1. Wenn Sie einen Menschen beschreiben, welche quantitativen und welche qualitativen Merkmale fallen Ihnen ein?
2. Welches Merkmal ist (zumindest) ordinalskaliert?
   a) Güteklasse b) Schulnote c) Einwohnerzahl d) Augenfarbe

Fragen zu Abschnitt 25.2: Häufigkeitsverteilung einer Stichprobe

Erklären Sie folgende Begriffe: Urliste, Strichliste, absolute/relative Häufigkeit, Stabdiagramm, Klassenbildung, absolute/relative Häufigkeit einer Klasse, Histogramm.

1. Welchen Wert hat die Summe über alle
   a) relativen Häufigkeiten b) absoluten Häufigkeiten
   einer Stichprobe?
2. Richtig oder falsch?
   a) Bei einem Stabdiagramm ist die Höhe eines Stabes ein Maß für die relative Häufigkeit der Ausprägung.
   b) Bei einem Histogramm ist die Höhe eines Rechtecks ein Maß für die relative Häufigkeit der zugehörigen Klasse.

Fragen zu Abschnitt 25.3: Kennwerte einer Stichprobe

Erklären Sie folgende Begriffe: Lagekennwert, Streuungskennwert, arithmetisches Mittel, Median, p-Quantil, Quartile, Modalwert, Varianz, Standardabweichung, Interquartilsabstand, Spannweite.

1. Geben Sie den Median, den Modalwert und die Spannweite der folgenden Stichprobe an: $1, 2, 3, 4, 5, 6, 6, 6, 6$.
2. Welcher Lagekennwert ist für ein nominalskaliertes Merkmal geeignet?
   a) Modalwert b) Median c) arithmetisches Mittel
3. Welcher Lagekennwert ist für ein ordinalskaliertes Merkmal geeignet?
   a) Modalwert b) Median c) arithmetisches Mittel

Fragen zu Abschnitt 25.4: Lineare Korrelation

Erklären Sie folgende Begriffe: zweidimensionale Stichprobe, Streudiagramm, empirischer Korrelationskoeffizient, Kovarianz, positive/negative/keine Korrelation.

1. Richtig oder falsch?
   a) Der empirische Korrelationskoeffizient r kann nur Werte im Intervall $[-1, 1]$ annehmen.
   b) Wenn $r = 1$ ist, dann liegen alle Punkte der Stichprobe auf einer Geraden mit positiver Steigung.
   c) Wenn $r = 0$, dann besteht zwischen den Wertepaaren der Stichprobe kein Zusammenhang.
2. Welcher Korrelationskoeffizient kommt für das Streudiagramm in Frage? Begründen Sie!

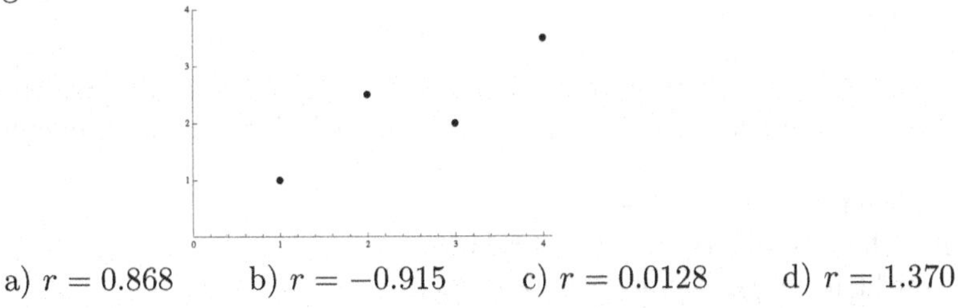

a) $r = 0.868$ b) $r = -0.915$ c) $r = 0.0128$ d) $r = 1.370$

Fragen zu Abschnitt 25.5: Lineare Regression

Erklären Sie folgende Begriffe: Regression, Gauß'sche Methode der kleinsten Quadrate.

1. Was ist der Unterschied zwischen linearer und nichtlinearer Regression?
2. Welcher Zusammenhang besteht zwischen dem Korrelationskoeffizienten und der Steigung der Regressionsgeraden?
3. In welcher Hinsicht ist eine Ausgleichsgerade eine optimale Ausgleichung der Stichprobenwerte?

Lösungen zu den Kontrollfragen

Lösungen zu Abschnitt 25.1

1. Quantitative Merkmale: Körpergröße, Gewicht, Alter, ...
   Qualitative Merkmale: Augenfarbe, Beruf, Wohnort, ...
2. a) ordinalskaliert b) ordinalskaliert
   c) ordinalskaliert (sogar verhältnisskaliert)
   d) nicht ordinalskaliert (nur nominalskaliert)

Lösungen zu Abschnitt 25.2

1. a) 1 b) n
2. a) richtig
   b) Im Allgemeinen falsch. Das gilt nur, wenn alle Klassen gleich breit sind.

Lösungen zu Abschnitt 25.3

1. Median: 5; Modalwert: 6; Spannweite: 5
2. Nur der Modalwert (denn die Ausprägungen können nicht geordnet bzw. addiert werden).
3. Modalwert und Median

Lösungen zu Abschnitt 25.4

1. a) richtig
   b) richtig
   c) Falsch. Wenn $r = 0$, dann besteht zwischen den Wertepaaren der Stichprobe kein *linearer* Zusammenhang. Es kann aber ein nichtlinearer Zusammenhang vorliegen.
2. a) kommt als einziger Wert in Frage.
   b) kommt nicht in Frage (negative Korrelation).
   c) kommt nicht in Frage (keine Korrelation).
   d) kann kein Korrelationskoeffizient sein, da der Wert größer 1 ist.

Lösungen zu Abschnitt 25.5

1. Bei der linearen Regression setzt man als Ausgleichsfunktion eine Gerade an. Bei der nichtlinearen Regression setzt man eine nichtlineare Ausgleichsfunktion (z. B. eine Parabel oder eine Exponentialfunktion) an.
2. Sie sind proportional, $k = r_{xy}\frac{s_y}{s_x}$. Insbesondere haben beide dasselbe Vorzeichen.
3. Die Ausgleichsgerade ist jene Gerade $f(x) = kx + d$, für die die Summe der quadratischen Abweichungen $\sum_{i=1}^{n}(f(x_i) - y_i)^2$ minimal wird, wobei (x_i, y_i) die Stichprobendaten sind.

25.8 Übungen

Aufwärmübungen

1. Die Urliste einer Stichprobe lautet: $3, 5, 6, 2, 4, 5, 5, 4, 3, 4, 6, 1, 3, 5, 4$. Geben Sie die absoluten und die relativen Häufigkeiten an und stellen Sie die Häufigkeitsverteilung durch ein Stabdiagramm dar.
2. 20 Personen wurden nach der Anzahl der Zimmer in ihrer Wohnung gefragt. Es ergab sich folgende Urliste: $2, 4, 3,\ 4, 5, 4,\ 4, 3, 1,\ 3, 3, 5,\ 1, 2, 3,\ 4, 4, 3,\ 3, 2$.
   Geben Sie an, wie viele Prozent der Befragten
   a) maximal 4 Zimmer zur Verfügung haben.
   b) mindestens 2 und maximal 4 Zimmer zur Verfügung haben.
3. Vier Zimmerleute Anton, Berta, Cäsar und Dora zimmern eine Schalung. Alleine würde Anton 12 Tage, Berta 14 Tage, Cäsar 30 Tage und Dora 18 Tage brauchen.
   a) Wie lange brauchen sie gemeinsam?
   b) Wie groß ist dabei die durchschnittliche Arbeitszeit einer Person für eine Schalung?

4. Die Messung der Lebensdauer von 30 Glühbirnen ergab folgende Werte:

Lebensdauer einer Glühbirne (in 100 Tagen)

46	47	48	51	53	57	58	58	59	59
60	60	61	61	62	62	63	63	64	64
66	66	68	69	71	71	75	77	81	83

   Bilden Sie Klassen gleicher Breite, bestimmen Sie deren relative und absolute Häufigkeiten und zeichnen Sie ein Histogramm.
5. Gegeben ist die folgende (bereits geordnete) Urliste einer Stichprobe vom Umfang 25: $1, 2, 2, 3, 3, 3, 4, 4, 4, 5, 5, 6, 6, 6, 7, 7, 7, 7, 7, 8, 8, 8, 9, 9, 10$.
   Bilden Sie Klassen, bestimmen Sie deren relative und absolute Häufigkeiten und zeichnen Sie ein Histogramm. Wie ändert sich das Histogramm, wenn Sie zwei Klassen zusammenlegen?
6. Drei Personen entnehmen derselben Lieferung von Bauteilen je eine Stichprobe mit folgenden Stichprobenumfängen und arithmetischen Mittelwerten (in cm):
   a) $n = 20$, $\overline{x} = 73$ b) $n = 30$, $\overline{x} = 75$ c) $n = 50$, $\overline{x} = 74$.
   Die drei Stichproben werden zu einer einzigen vereinigt. Wie groß ist der Mittelwert der vereinigten Stichprobe?
7. Geben Sie das arithmetische Mittel, den Median, die Quartile, den Modalwert, die Varianz, die Standardabweichung und die Spannweite der folgenden Stichproben an:
   a) $2, 2, 3, 3, 3, 3, 4, 4, 4, 5$
   b) $2, 2, 3, 3, 3, 3, 4, 4, 4, 5, 8$
8. Skizzieren Sie die folgenden zweidimensionalen Stichproben und bestimmen Sie den Korrelationskoeffizienten:
   a) $(2, 2)$, $(3, 1)$, $(5, 3)$, $(6, 4)$ b) $(1, 5)$, $(2, 2)$, $(3, 1)$, $(4, 2)$, $(5, 5)$
   c) $(1, 5)$, $(2, 3)$, $(3, 4)$, $(5, 2)$
9. Bestimmen Sie die Gleichung der Regressionsgeraden für die Daten aus Aufgabe 8, die einen gewissen linearen Zusammenhang nahe legen.

Weiterführende Aufgaben

1. Zeigen Sie, dass

$$\frac{1}{n-1}\sum_{i=1}^{n}(x_i - \overline{x})^2 = \frac{1}{n-1}\left(\sum_{i=1}^{n} x_i^2 - n \cdot \overline{x}^2\right).$$

2. Gegeben sind die Stichprobenwerte $x_1, \ldots, x_n$. Berechnen Sie jenen stellvertretenden Wert a für diese Werte, auf den bezogen die mittlere quadratische Abweichung $S(a) = \frac{1}{n}[(x_1 - a)^2 + (x_2 - a)^2 + \ldots + (x_n - a)^2]$ minimal ist.
3. Bei 15 PKWs desselben Typs wurde der Benzinverbrauch pro 100 km gemessen. Dabei ergab sich folgende Urliste (Liter pro 100 km): 10.8, 9.9, 10.2, 10.4, 11.1, 9.3, 9.1, 10.4, 10.1, 11.7, 10.9, 10.4, 10.8, 11.3, 11.5.
   a) Berechnen Sie das arithmetische Mittel, den Median, die Quartile, die Standardabweichung und die Spannweite.
   b) Welcher Prozentsatz hatte einen Benzinverbrauch von höchstens 10.5 Liter?
   c) Welcher Benzinverbrauch wurde von 50% der PKW nicht überschritten?

4. Gegeben sind Höhe und Stammdurchmesser von sechs Nussbäumen. Geben Sie den empirischen Korrelationskoeffizienten und die Regressionsgerade an. Welchen Stammdurchmesser würden Sie für einen 14 Meter hohen Nussbaum schätzen?

Baumhöhe [m]	13.3	11.1	6.4	3.6	15.1	8.3
Stammdurchmesser [cm]	31.9	30.2	15.7	10.0	40.9	23.1

5. Bei 5 Frauen und 5 Männern wurden Schuhgröße und Einkommen ermittelt: Bei den Frauen ergaben sich folgende (vereinfachte) Daten F: $(1,4)$, $(2,6)$, $(2,3)$, $(3,5)$, $(3,3)$; die Daten der Männer waren M: $(4,6)$, $(5,8)$, $(5,4)$, $(6,7)$, $(6,5)$.
   a) Stellen Sie die Stichprobendaten M und F im selben Streudiagramm dar, markieren Sie aber, welche Punkte zu F und welche zu M gehören.
   b) Ermitteln Sie die Korrelationskoeffizienten von M und von F.
   c) Vereinigen Sie nun die Stichprobendaten M und F zu einer einzigen Stichprobe und ermitteln Sie nun den Korrelationskoeffizienten. Bedeutet das Ergebnis, dass es eine Korrelation zwischen Schuhgröße und Einkommen gibt?
6. Bei 10 PKWs wurden Gewicht und Benzinverbrauch pro 100 km gemessen. Es ergaben sich folgende Daten (Tonnen, Liter): $(1.5, 7.7)$, $(1.8, 9.1)$, $(1.4, 8.3)$, $(2.2, 10.0)$, $(1.3, 7.7)$, $(1.7, 8.3)$, $(1.5, 9.1)$, $(1.7, 8.3)$, $(1.4, 8.3)$, $(1.2, 7.1)$. Bestimmen Sie den Korrelationskoeffizienten und die Regressionsgerade.

Lösungen zu den Aufwärmübungen

1.

Wert a_i	1	2	3	4	5	6	
Strichliste	|	|	|||	||||	||||	||	
absolute Häufigkeit h_i	1	1	3	4	4	2	$\sum h_i = 15$
relative Häufigkeit f_i	$\frac{1}{15}$	$\frac{1}{15}$	$\frac{1}{5}$	$\frac{4}{15}$	$\frac{4}{15}$	$\frac{2}{15}$	$\sum f_i = 1$

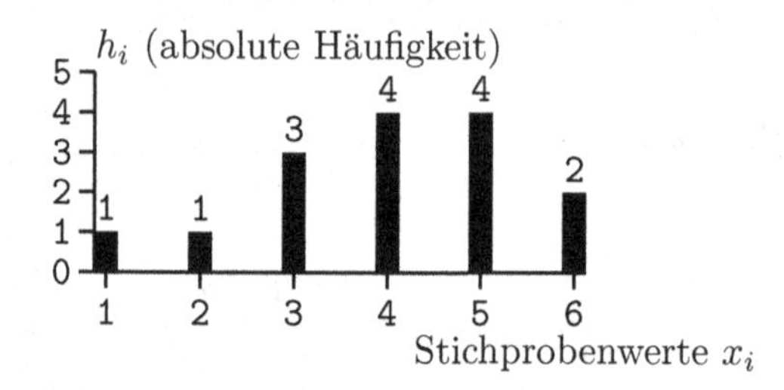

2.

Stichprobenwert x_i	1	2	3	4	5	
absolute Häufigkeit h_i	2	3	7	6	2	$\sum h_i = 20$
relative Häufigkeit f_i	$\frac{1}{10}$	$\frac{3}{20}$	$\frac{7}{20}$	$\frac{3}{10}$	$\frac{1}{10}$	$\sum f_i = 1$

a) $f_1 + f_2 + f_3 + f_4 = \frac{9}{10} = 90\%$ der befragten Personen.
b) $f_2 + f_3 + f_4 = \frac{8}{10} = 80\%$ der befragten Personen.

3. a) Anton schafft $\frac{1}{12}$ Schalung pro Tag, Berta schafft $\frac{1}{14}$ Schalung pro Tag, etc. Gemeinsam schaffen sie $(\frac{1}{12} + \frac{1}{14} + \frac{1}{30} + \frac{1}{18}) = \frac{307}{1260}$ Schalung pro Tag. Nach x Tagen ergibt sich eine ganze Schalung: $\frac{307}{1260}x = 1$, somit brauchen sie gemeinsam $x = \frac{1260}{307} = 4.1$ Tage.

b) Zu viert brauchen sie 4.1 Tage, daher braucht eine/einer im Schnitt $4 \cdot 4.1 = 16.4$ Tage für eine Schalung. Die durchschnittliche Arbeitsdauer einer Person für eine Schalung ist gerade das harmonische Mittel der einzelnen Arbeitszeiten: $4(\frac{1}{12} + \frac{1}{14} + \frac{1}{30} + \frac{1}{18})^{-1} = 16.4$ Tage.

4. Die Anzahl der Klassen sollte etwa gleich $\sqrt{n} = \sqrt{30} = 5.477$ sein. Wir wählen daher 5 Klassen, zum Beispiel:

Klasse	$[45, 53)$	$[53, 61)$	$[61, 69)$	$[69, 77)$	$[77, 85)$
abs. Klassenhäufigkeit h_i	4	8	11	4	3
rel. Klassenhäufigkeit f_i	$\frac{4}{30}$	$\frac{8}{30}$	$\frac{11}{30}$	$\frac{4}{30}$	$\frac{3}{30}$

Da alle Klassen gleich breit sind, kann man im Histogramm für die Höhen der Rechtecke die relativen Klassenhäufigkeiten wählen:

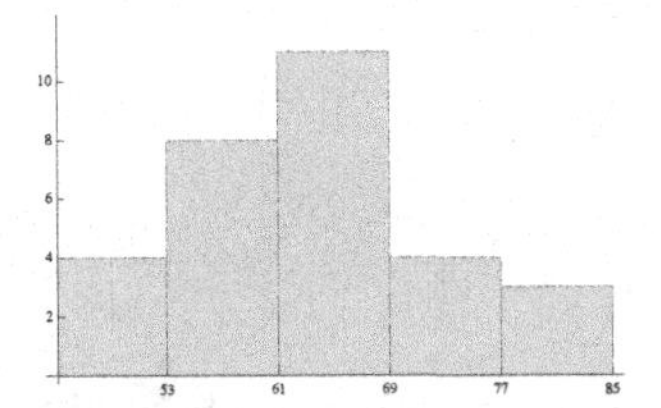

5.

Klasse	$[1, 3)$	$[3, 5)$	$[5, 7)$	$[7, 9)$	$[9, 11)$
abs. Klassenhäufigkeit h_i	3	6	5	8	3
rel. Klassenhäufigkeit f_i	$\frac{3}{25}$	$\frac{6}{25}$	$\frac{5}{25}$	$\frac{8}{25}$	$\frac{3}{25}$

Histogramm: Das Rechteck über der Klasse i hat die Höhe $\frac{f_i}{\Delta x_i}$, wobei Δx_i die Klassenbreite ist. Da alle Klassen gleich breit sind ($\Delta x_i = 2$), ist die Höhe der i-ten Klasse $\frac{f_i}{2}$ (Abbildung 25.12 links). Wenn nun zum Beispiel die Klassen $[7, 9)$

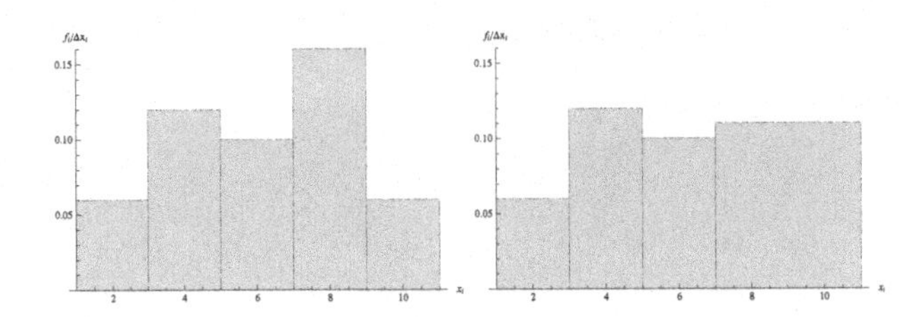

Abbildung 25.12. Klassenzusammenlegung

und $[9, 11)$ zu *einer* Klasse $[7, 11)$ zusammengelegt werden, so ist die zugehörige relative Klassenhäufigkeit $\tilde{f}_4 = \frac{11}{25}$, die Klassenbreite ist 4. Daher wird das Rechteck darüber mit der Höhe $\frac{\tilde{f}_4}{4} = \frac{11}{100}$ gezeichnet. Die Fläche des Rechtecks über der neuen Klasse ist damit gleich der Summe der Rechteckflächen über den beiden ursprünglichen Klassen.

6. Die Summe der Stichprobenwerte ist $n \cdot \overline{x}$. Somit ist die Summe der Stichprobenwerte der drei Personen gleich $20 \cdot 73$, $30 \cdot 75$ bzw. $50 \cdot 74$. Alle drei Personen haben insgesamt $20 + 30 + 50 = 100$ Werte, deren Mittelwert gleich $\frac{1}{100}(20 \cdot 73 + 30 \cdot 75 + 50 \cdot 74) = 74.1$ ist.

7. a) $\overline{x} = 3.3$, $\tilde{x}_{0.25} = x_3 = 3$, $\tilde{x}_{0.5} = \tilde{x} = \frac{1}{2}(x_5+x_6) = 3$; $\tilde{x}_{0.75} = x_8 = 4$, Modalwert $= 3$, $s^2 = 0.90$, $s = 0.95$, $R = 3$.
   b) $\overline{x} = 3.7$, $\tilde{x}_{0.25} = x_3 = 3$, $\tilde{x}_{0.5} = \tilde{x} = x_6 = 3$, $\tilde{x}_{0.75} = x_9 = 4$, Modalwert $= 3$, $s^2 = 2.81$, $s = 1.68$, $R = 6$.
8. a) Wir berechnen $\overline{x} = 4$, $s_x = 1.83$, $\overline{y} = 2.5$, $s_y = 1.29$ und $s_{xy} = 2$. Daraus folgt $r_{xy} = \frac{s_{xy}}{s_x s_y} = 0.85$.
   b) Wir berechnen $\overline{x} = 3$, $s_x = 1.58$, $\overline{y} = 3$, $s_y = 1.87$ und $s_{xy} = 0$. Daraus folgt $r_{xy} = \frac{s_{xy}}{s_x s_y} = 0$.
   c) Wir berechnen $\overline{x} = 2.75$, $s_x = 1.7$, $\overline{y} = 3.5$, $s_y = 1.29$ und $s_{xy} = -1.83$. Daraus folgt $r_{xy} = \frac{s_{xy}}{s_x s_y} = -0.83$.

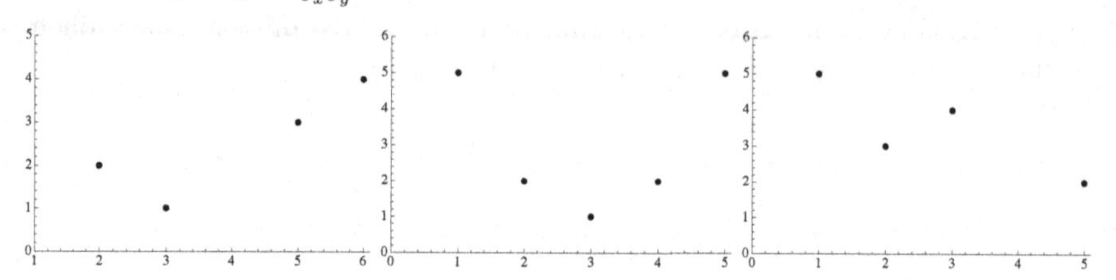

9. a) Mit $\overline{x} = 4$, $s_x = 1.83$, $\overline{y} = 2.5$, $s_y = 1.29$ und $r_{xy} = 0.85$ aus Aufgabe 8 folgt $k = r_{xy}\frac{s_y}{s_x} = 0.6$ und $d = \overline{y} - k\overline{x} = 0.1$, also $f(x) = 0.1 + 0.6x$.
   c) Mit $\overline{x} = 2.75$, $s_x = 1.7$, $\overline{y} = 3.5$, $s_y = 1.29$ und $r_{xy} = -0.83$ aus Aufgabe 8 folgt $k = r_{xy}\frac{s_y}{s_x} = -0.63$ und $d = \overline{y} - k\overline{x} = 5.23$, also $f(x) = 5.23 - 0.63x$.

(Lösungen zu den weiterführenden Aufgaben finden Sie in Abschnitt B.25)

26

Elementare Wahrscheinlichkeitsrechnung

26.1 Zufallsexperimente und Ereignisse

Wenn Sie eine Münze werfen, so bestimmt der „Zufall“, ob das Ergebnis „Kopf“ oder „Zahl“ sein wird. Wenn aus einer Warenlieferung 100 Glühbirnen zufällig entnommen werden, so kann man ebenfalls nicht vorhersagen, wie groß die Anzahl der defekten Glühbirnen darunter sein wird. Wir haben es in beiden Fällen mit einem *Zufallsexperiment* zu tun:

Definition 26.1 Ein **Zufallsexperiment** ist ein Vorgang, der

- *beliebig oft* unter *gleichartigen Bedingungen* wiederholt werden kann und
- dessen Ergebnis nicht mit Sicherheit vorhergesagt werden kann.

Die Menge aller möglichen (sich gegenseitig ausschließenden) Ergebnisse des Zufallsexperiments wird **Ergebnismenge** (oder **Ereignismenge, Ergebnisraum**) genannt und üblicherweise mit Ω bezeichnet (griechischer Buchstabe „Omega“).

Beispiel 26.2 Zufallsexperiment, Ergebnismenge

a) Wenn ein Würfel geworfen und die Augenzahl abgelesen wird, so sind die verschiedenen möglichen Ergebnisse die Augenzahlen 1, 2, ..., 6, also $\Omega = \{1, 2, 3, 4, 5, 6\}$.

b) Wenn die Anzahl der defekten Glühbirnen in einer Stichprobe vom Umfang 100 gezählt werden, so ist als Ergebnis eine Zahl von 0 bis 100 möglich, also $\Omega = \{0, 1, 2, \ldots, 100\}$.

In der Praxis ist man meist nicht so sehr an den einzelnen Ergebnissen interessiert, sondern zum Beispiel daran, ob die Anzahl der defekten Glühbirnen in der Stichprobe unter 3 liegt. Dieses *Ereignis* ist dann eingetreten, wenn die ermittelte Anzahl der defekten Glühbirnen 0, 1 oder 2 ist. Um das mathematisch einfach beschreiben zu können, nimmt man wieder Mengen zuhilfe:

Definition 26.3 Ein **Ereignis** A ist eine Teilmenge von Ω, also $A \subseteq \Omega$. Es ist eingetreten, wenn das Ergebnis des Experiments ein Element von A ist. Die einelementigen Teilmengen von Ω enthalten gerade die möglichen Ergebnisse des Experiments. Man nennt sie auch die **Elementarereignisse**. Die Menge Ω stellt das Ereignis dar, das *in jedem Fall* eintritt, denn Ω besteht ja gerade aus allen möglichen Ergebnissen des Experiments. Man nennt Ω daher auch das **sichere Ereignis**. Die leere Menge $\{\}$ (die ja auch eine Teilmenge von Ω ist) bedeutet ein Ereignis, das nie eintritt: das **unmögliche Ereignis**.

Beispiel 26.4 Zufallsexperiment, Ereignis

a) Wurf eines Würfels: Geben Sie die Ereignisse A = *Wurf einer geraden Augenzahl* und B = *Wurf von Augenzahl* 2 an.
b) Anzahl der defekten Glühbirnen in einer Stichprobe: Geben Sie die Ereignisse A = *keine defekte Glühbirne*, B = *höchstens zwei defekte Glühbirnen* an.
c) Wurf von zwei Münzen: Geben Sie die Ergebnismenge Ω, sowie die Ereignisse A = *Wurf von mindestens einem Kopf*, B = *Wurf von genau einer Zahl* an.
d) Messung der Körpergröße von zehn zufällig ausgewählten Personen: Geben Sie die Ergebnismenge Ω an, und das Ereignis C = *größer als* 160 *cm und kleiner als* 170 *cm*.

Lösung zu 26.4

a) A ist eingetreten, wenn entweder 2, 4 oder 6 gewürfelt wird. Daher ist $A = \{2,4,6\}$. Analog ist $B = \{2\}$. Es ist insbesondere ein Elementarereignis.
b) $A = \{0\}$, $B = \{0,1,2\}$.
c) Werden zwei Münzen geworfen, dann sind die verschiedenen möglichen Ergebnisse die Wurffolgen $\Omega = \{KK, KZ, ZK, ZZ\}$ (wobei K für Kopf und Z für Zahl steht). Dann ist A = *Wurf von mindestens einem Kopf* $= \{KK, KZ, ZK\}$, B = *Wurf von genau einer Zahl* $= \{KZ, ZK\}$.
d) Nimmt man einfachheitshalber an, dass theoretisch jede positive reelle Zahl für eine Körpergröße möglich ist, so ist $\Omega = (0, \infty)$. Weiters ist C gleich dem Intervall $(160, 170)$.

■

Wirklich interessant wird es aber erst, wenn Ereignisse miteinander verknüpft werden:

Im letzten Beispiel haben wir nach dem Ereignis C = *größer als* 160 *cm und kleiner als* 170 *cm* $= (160, 170)$ gefragt. Man kann sich C aus einem Ereignis A = *größer als* 160 *cm* $= (160, \infty)$ und einem Ereignis B = *kleiner als* 170 *cm* $= (0, 170)$ zusammengesetzt denken. Das heißt, für C müssen sowohl A als auch B zutreffen, das Ergebnis des Zufallsexperiments muss also im Durchschnitt von A und B liegen: $C = A \cap B$.

Definition 26.5 Gegeben sind die Ereignisse $A, B \subseteq \Omega$:

- Das Ereignis A **und** B entspricht dem Durchschnitt $A \cap B$.
- Das Ereignis A **oder** B entspricht der Vereinigung $A \cup B$.

- Das **Gegenereignis** von A ist jenes Ereignis, das eintritt, wenn A nicht eintritt. Es wird mit $\overline{A}$ bezeichnet und entspricht dem Komplement $\overline{A} = \Omega \backslash A$.

Wenn der Durchschnitt von zwei Ereignissen leer ist, also $A \cap B = \{\}$, sie also nicht gleichzeitig eintreten können, dann nennt man sie **unvereinbar**. Ist der Durchschnitt von zwei Ereignissen hingegen nichtleer, so heißen sie **vereinbar**.

Beispiel 26.6 Unvereinbarkeit, Gegenereignis
Das Experiment sei wieder der Wurf eines Würfels mit $\Omega = \{1, 2, \ldots, 6\}$. Betrachten wir die Ereignisse

$$A = \textit{gerade Augenzahl} = \{2, 4, 6\}, \; B = \{2, 3, 5\}, \; C = \{1, 3\}.$$

Geben Sie an: a) $\overline{A}$ b) $A \cup B$ c) $A \cap B$ d) $A \cap C$

Lösung zu 26.6
a) Das Gegenereignis zu A ist $\overline{A} = \{1, 3, 5\}$ = *ungerade Augenzahl*.
b) $A \cup B = \{2, 3, 4, 5, 6\}$.
c) $A \cap B = \{2\}$.
d) $A \cap C = \{\}$, denn es ist nicht möglich, dass sowohl A als auch C eintritt. A und C sind also unvereinbar. ■

26.2 Wahrscheinlichkeit

Der nächste Schritt ist, unseren Ereignissen *Wahrscheinlichkeiten* zuzuordnen. Im einfachsten Fall kann das geschehen, indem man „günstige Fälle“ zählt. Dazu müssen folgende Voraussetzungen erfüllt sein:

Definition 26.7 Ein **Laplace-Experiment** ist ein Zufallsexperiment mit folgenden Eigenschaften:

- Das Zufallsexperiment hat nur *endlich viele* mögliche Ergebnisse (**Fälle**).
- Jedes dieser Ergebnisse ist *gleich wahrscheinlich*.

Beispiele: Beim Wurf eines **fairen Würfels** (d.h., nicht gezinkten Würfels) sind alle Augenzahlen gleich wahrscheinlich. Oder: Bei der zufälligen Entnahme einer Stichprobe haben alle Artikel dieselbe Wahrscheinlichkeit, gezogen zu werden.

Die Wahrscheinlichkeitsrechnung entstand aus dem Versuch Glücksspiele zu analysieren und viele Mathematiker glaubten anfänglich, dass eine strenge mathematische Behandlung der Wahrscheinlichkeit nicht möglich sei. Im Jahr 1812 veröffentlichte jedoch der französische Mathematiker, Physiker und Astronom Pierre-Simon Laplace (1749–1827) seine *Théorie Analytique des Probabilités* und widerlegte damit diese damals weit verbreitete These.

Satz 26.8 Bei einem Laplace-Experiment mit n möglichen Ergebnissen hat jedes dieser Ergebnisse die Wahrscheinlichkeit $\frac{1}{n}$. Wenn ein Ereignis A in k von diesen „Fällen" eintritt, dann ist die Wahrscheinlichkeit von A gleich

$$P(A) = \frac{k}{n} = \frac{\text{Anzahl der für } A \textbf{ günstigen Fälle}}{\text{Anzahl der } \textbf{möglichen Fälle}}.$$

Beispiel 26.9 Laplace-Experiment

a) Es wird ein fairer Würfel geworfen. Bestimmen Sie die Wahrscheinlichkeit der Ereignisse $A =$ *gerade Augenzahl* sowie $B=$ *Augenzahl durch* 3 *teilbar*.

b) Eine Warenlieferung von 100 Glühbirnen enthält 15 defekte Birnen. Der Lieferung wird wahllos eine Glühbirne entnommen. Bestimmen Sie die Wahrscheinlichkeit der Ereignisse $A =$ *defekte Glühbirne* sowie $B =$ *keine defekte Glühbirne.*

Lösung zu 26.9

a) Da der Würfel fair ist, ist jede Augenzahl gleich wahrscheinlich mit der Wahrscheinlichkeit $\frac{1}{6}$. Das Ereignis A tritt ein, wenn 2 oder 4 oder 6 geworfen wird (drei günstige Fälle von sechs möglichen Fällen), daher ist $P(A) = \frac{3}{6} = 0.5$. Das Ereignis B tritt ein, wenn 3 oder 6 geworfen wird, daher ist $P(B) = \frac{2}{6} = 0.33$.

b) Es gibt 100 mögliche (gleich wahrscheinliche) Glühbirnen, davon sind 15 defekt (also für das Ereignis A günstig). Die Wahrscheinlichkeit, eine defekte Glühbirne zu ziehen ist daher $P(A) = \frac{15}{100} = 0.15$. Die Wahrscheinlichkeit, eine einwandfreie Glühbirne zu ziehen, ist (da B das Gegenereignis zu A ist) $P(B) = 1 - P(A) = 0.85$. ■

Die Bestimmung der Wahrscheinlichkeiten durch Zählen der günstigen Fälle ist nur unter den speziellen Laplace'schen Voraussetzungen (endlich viele gleich wahrscheinliche Ergebnisse) möglich. Man spricht auch von der **klassischen Wahrscheinlichkeitsdefinition** bzw. der **Laplace'schen Wahrscheinlichkeitsdefinition**.

Was ist aber zu tun, wenn die möglichen Ergebnisse nicht alle gleich wahrscheinlich sind? Die Erfahrung zeigt, dass die meisten Zufallsexperimente eine gewisse statistische Regelmäßigkeit aufweisen. Das heißt, wenn man ein Zufallsexperiment oftmals wiederholt, so scheinen sich die relativen Häufigkeiten eines Ereignisses mit zunehmender Versuchsanzahl um einen bestimmten Wert zu „stabilisieren".

Ein Beispiel: Eine neue Untersuchungsmethode soll die Krankheit Tuberkulose diagnostizieren. Dazu werden verschiedene Gruppen von n Tuberkulosepatienten getestet und es wird festgehalten, wie groß jeweils der Anteil k der richtigen Testresultate ist. Die Daten könnten so wie in folgender Tabelle aussehen:

n	k	relative Häufigkeit $h_n = \frac{k}{n}$
50	48	0.96
100	97	0.97
500	492	0.984
1000	981	0.981

Auf lange Sicht gesehen scheint das Ereignis *richtiges Testresultat* mit einer relativen Häufigkeit von etwa 0.98 einzutreten.

In der Praxis wird daher die **relative Häufigkeit** eines Ereignisses in einer großen Anzahl von Versuchen **als Näherungswert für die Wahrscheinlichkeit** dieses Ereignisses verwendet:

Definition 26.10 Ist $h_n(A)$ die relative Häufigkeit bei n Versuchen, so nennt man

$$P(A) = \lim_{n\to\infty} h_n(A)$$

die **statistische Wahrscheinlichkeit** des Ereignisses A.

In manchen Situationen ist es aber nicht einmal möglich Wahrscheinlichkeiten durch relative Häufigkeiten zu nähern. Man ist dann auf subjektive Schätzungen angewiesen und spricht von **subjektiven Wahrscheinlichkeiten**: Was ist z.B. die Wahrscheinlichkeit, dass die Zinsen im nächsten Monat steigen? Eine Bank muss sich darüber Gedanken machen, wenn sie Ihnen ein festverzinstes Sparbuch anbietet.

Wir halten also fest, dass es in vielen Fällen keine Möglichkeit gibt, exakte Wahrscheinlichkeiten zuzuordnen. Das ist aber auch gar nicht das Ziel der Wahrscheinlichkeitsrechnung. Wie der Name schon sagt, geht es nicht darum, Wahrscheinlichkeiten zu definieren, sondern mit ihnen zu rechnen. Dazu müssen wir zunächst einmal grundsätzliche Eigenschaften festlegen, die Wahrscheinlichkeiten in jedem Fall erfüllen müssen:

Definition 26.11 Um über ein Zufallsexperiment Aussagen machen zu können, muss für jedes Ereignis $A \subseteq \Omega$ die **Wahrscheinlichkeit** $P(A)$ (engl. *probability*) festgelegt sein, mit der das Ereignis A eintritt. Dabei müssen folgende Eigenschaften erfüllt sein:

a) Die Wahrscheinlichkeit von A ist eine reelle Zahl zwischen 0 und 1, also

$$0 \le P(A) \le 1.$$

b) Das sichere Ereignis Ω hat die Wahrscheinlichkeit 1:

$$P(\Omega) = 1.$$

c) **Additionsregel**: Für zwei *unvereinbare* Ereignisse A und B ist die Wahrscheinlichkeit, dass das Ereignis „A oder B" eintritt, gleich der Summe der Wahrscheinlichkeiten von A und B:

$$P(A \cup B) = P(A) + P(B), \qquad \text{falls } A \cap B = \{\}.$$

Setzen wir in der Additionsregel $A = \Omega$ und $B = \{\}$, so folgt

$$P(\{\}) = 0.$$

Dem unmöglichen Ereignis ist also die Wahrscheinlichkeit 0 zugeordnet.

Diese Eigenschaften sind als **Wahrscheinlichkeitsaxiome** bekannt und wurden im Jahr 1933 vom russischen Mathematiker Andrey Kolmogorov (1903–1987) aufgestellt. Er hat damit die Wahrscheinlichkeitstheorie auf eine solide mathematische Basis gestellt.

Hat das Zufallsexperiment unendlich viele mögliche Ereignisse, ist Ω also unendlich, so ist eine Verschärfung dieser Axiome notwendig: Es kann dann passieren, dass für pathologische Teilmengen von Ω keine Wahrscheinlichkeit festgelegt werden kann. In diesem Fall ist die Wahrscheinlichkeit nur für „vernünftige" Mengen aus einer **Ereignisalgebra** (eine Menge von Teilmengen, die abgeschlossen unter abzählbaren Vereinigungen und Komplementbildung ist) definiert, und die Additionsregel wird für abzählbar viele disjunkte Ereignisse gefordert. Wir wollen hier aber nicht näher darauf eingehen.

Aus diesen Eigenschaften folgen weitere:

Satz 26.12 a) Die Wahrscheinlichkeit des Gegenereignisses von A ist

$$P(\overline{A}) = 1 - P(A).$$

b) **Additionsregel für vereinbare Ereignisse**:
Für beliebige (also nicht notwendigerweise unvereinbare) Ereignisse A und B gilt:

$$P(A \cup B) = P(A) + P(B) - P(A \cap B).$$

c) **Additionsregel für mehr als zwei unvereinbare Ereignisse**:
Für mehr als zwei Ereignisse A_k, die paarweise unvereinbar sind, gilt:

$$P(A_1 \cup A_2 \cup \ldots \cup A_n) = P(A_1) + P(A_2) + \ldots + P(A_n).$$

Mit **paarweise unvereinbar** ist gemeint, dass je zwei verschiedene Ereignisse A_j, A_k unvereinbar sind: $A_j \cap A_k = \{\}$ für alle $j \neq k$.

d) Die Wahrscheinlichkeit ist monoton:

$$P(A) \le P(B) \quad \text{für } A \subseteq B.$$

Wenn also A eine Teilmenge von B ist, so ist die Wahrscheinlichkeit von A kleiner oder gleich als jene von B.

Hier folgt a) aus der Additionsregel, indem man $B = \overline{A}$ setzt. b) überlassen wir Ihnen als kleine Knobelaufgabe (Übungsaufgabe 2). c) folgt wieder aus der Additionsregel mit Induktion, indem man $A = A_1 \cup \ldots \cup A_n$ und $B = A_{n+1}$ setzt. d) folgt ebenfalls aus der Additionsregel $P(B) = P(A \cup (B \backslash A)) = P(A) + P(B \backslash A))$.

Nun kommen wir zu einem Beispiel zur empirischen Festlegung von Wahrscheinlichkeiten:

Beispiel 26.13 Verkehrsaufkommen
An 300 Wochentagen wird während der Hauptverkehrszeit von 17 bis 18 Uhr die Anzahl der Autos gezählt, die an einem bestimmten Kontrollpunkt vorbeifahren. Es ergeben sich dabei die folgenden Daten:

Anzahl der Autos	beobachtete Häufigkeit k
≤ 1000	21
1001 – 3000	48
3001 – 5000	144
5001 – 7000	72
> 7000	15

Wenn an einem Tag also zum Beispiel 2543 Autos gezählt wurden, dann wurde die Zahl k in der Kategorie 1001 – 3000 um eins erhöht. Die Ereignisse, die man beobachtet, sind hier A = *bis inkl.* 1000 *Autos* $= \{0, \ldots, 1000\}$, $B = \{1001, \ldots 3000\}$, $C = \{3001, \ldots 5000\}$, $D = \{5001, \ldots 7000\}$ und $E \triangleq$ *mehr als* 7000 *Autos* $= \{7001, \ldots\}$. Wenn man nun davon ausgeht, dass die 300 Beobachtungen „repräsentativ“ sind, dann ordnet man diesen Ereignissen ihre relativen Häufigkeiten als Wahrscheinlichkeit zu, also $P(A) = \frac{21}{300} = 0.07$, $P(B) = \frac{48}{300} = 0.16$, $P(C) = \frac{144}{300} = 0.48$, $P(D) = \frac{72}{300} = 0.24$ und $P(E) = \frac{15}{300} = 0.05$. Das Ereignis, dass weniger als 3001 Autos den Kontrollpunkt passieren, ist dann $A \cup B$ („A oder B“). Die Wahrscheinlichkeit dafür ist nach der Additionsregel (da A und B unvereinbar sind) $P(A \cup B) = P(A) + P(B) = \frac{69}{300} = 0.23$.

Das nächste Beispiel dreht sich um einen **gezinkten**, d.h. nicht fairen, Würfel:

Beispiel 26.14 Gezinkter Würfel
Ein gezinkter Würfel wird geworfen. Man hat für die einzelnen Augenzahlen (empirisch) folgende Wahrscheinlichkeiten gefunden: $P(1) = \frac{1}{12}$, $P(6) = \frac{1}{4}$ und die Wahrscheinlichkeit für jede der übrigen Augenzahlen ist jeweils gleich $\frac{1}{6}$.

Wir lassen hier einfachheitshalber die Mengenklammern weg, schreiben also zum Beispiel $P(1)$ statt $P(\{1\})$.

Wie groß ist die Wahrscheinlichkeit
a) eine gerade Augenzahl b) eine ungerade Augenzahl zu würfeln?

Lösung zu 26.14

a) Das Ereignis A = *gerade Augenzahl* tritt ein, wenn 2, 4 oder 6 gewürfelt wird. Da diese Ereignisse paarweise unvereinbar sind (es kann z. B. nicht gleichzeitig 2 und 4 gewürfelt werden), ist nach Satz 26.12 c) $P(A) = P(2) + P(4) + P(6) = \frac{7}{12} = 0.58$. Das heißt, bei sehr vielen Würfen kann man bei diesem Würfel erwarten, dass in etwa 58% aller Fälle die Augenzahl gerade ist.
b) Das gesuchte Ereignis ist das Gegenereignis zu A = *gerade Augenzahl*. Die Wahrscheinlichkeit, eine ungerade Augenzahl zu werfen, ist daher nach Satz 26.12 a) $P(\overline{A}) = 1 - P(A) = 0.42$ (ist gleich $P(1) + P(3) + P(5)$). ■

Im letzten Beispiel des gezinkten Würfels war $\Omega = \{1, 2, 3, 4, 5, 6\}$ und die Wahrscheinlichkeiten der einzelnen Augenzahlen waren bekannt. Daher konnte die Wahrscheinlichkeit für $A = \{2, 4, 6\}$ leicht berechnet werden: $P(A) = P(2) + P(4) + P(6)$. Allgemein gilt: Wenn es nur endlich viele mögliche Ergebnisse gibt, also $\Omega = \{\omega_1, \omega_2, \ldots, \omega_n\}$, dann reicht es, die Wahrscheinlichkeiten $P(\omega_i)$ der Elementarereignisse zu kennen. Dabei muss

$$\sum_{i=1}^{n} P(\omega_i) = 1$$

gelten. Die Wahrscheinlichkeit irgendeines Ereignisses A ist dann einfach die Summe der Wahrscheinlichkeiten aller Elementarereignisse, die zu A gehören:

$$P(A) = \sum_{\omega_i \in A} P(\omega_i).$$

Wir wollen uns nun näher mit „zusammengesetzten“ Ereignissen befassen, also mit Ereignissen der Form $A \cup B$ bzw. $A \cap B$. Wir wissen bereits (Satz 26.12 b)), dass

$$P(A \cup B) = P(A) + P(B) - P(A \cap B),$$

wobei der letzte Term $P(A \cap B)$ genau dann gleich null ist, wenn beide Ereignisse unvereinbar sind.

Beispiel 26.15 Vereinbare und unvereinbare Ereignisse
Aus einem Spielkartenpaket (32 Karten) wird zufällig eine Karte gezogen:
a) Wie groß ist die Wahrscheinlichkeit eine Herz-Karte oder eine Kreuz-Karte zu ziehen?
b) Wie groß ist die Wahrscheinlichkeit, eine Herz-Karte oder einen König zu ziehen?

Lösung zu 26.15 Die Laplace'schen Bedingungen sind erfüllt, daher wird jede Karte mit der gleichen Wahrscheinlichkeit $\frac{1}{32}$ gezogen.

a) $A =$ *Herz-Karte*, $B=$*Kreuz-Karte*. Sowohl für A als auch für B sind 8 Fälle günstig, daher $P(A) = \frac{8}{32}$, $P(B) = \frac{8}{32}$. Da nicht gleichzeitig eine Herz- und eine Kreuz-Karte gezogen werden kann, sind die Ereignisse A und B unvereinbar. Aus der Additionsregel für unvereinbare Ereignisse (Definition 26.11 c) folgt $P(A \cup B) = P(A) + P(B) = \frac{16}{32} = \frac{1}{2}$.
b) $A =$ *Herz-Karte*, $B=$*König*; $P(A) = \frac{8}{32}$, $P(B) = \frac{4}{32}$. Nun kann aber gleichzeitig eine Herz-Karte und ein König gezogen werden (der Herz-König)! Die Wahrscheinlichkeit dafür ist $P(A \cap B) = \frac{1}{32}$ (ein Herz-König unter 32 Karten). Daher folgt aus der Addiitonsregel für vereinbare Ereignisse (Satz 26.12 b) folgt

$$P(A \cup B) = P(A) + P(B) - P(A \cap B) = \frac{8}{32} + \frac{4}{32} - \frac{1}{32} = \frac{11}{32}.$$

Das Ergebnis hätten wir natürlich auch bekommen, wenn wir die günstigen von den 32 möglichen Fällen gezählt hätten: Herz-Sieben bis Herz-As (hier ist der König schon einmal dabei!), Pik-König, Kreuz-König, Karo-König. ■

26.2.1 Anwendung: Geburtstagsparadoxon und Kollisionen bei Hashfunktionen

Beim Umgang mit Wahrscheinlichkeiten kann man oft nicht auf Alltagserfahrungen zurückgreifen. Deshalb verschätzt man sich leicht und „Bauchentscheidungen“ führen dann zu einem falschen Ergebnis. Ein typisches Beispiel ist das so genannte **Geburtstagsparadoxon**:

Würden Sie auf einer Party mit 23 Personen darauf wetten, dass zumindest zwei davon am gleichen Tag Geburtstag haben? Dem Gefühl nach eher nicht, denn dieser Fall scheint „recht unwahrscheinlich“ zu sein, oder?

Was meint die Wahrscheinlichkeitsrechnung dazu? Zunächst muss man sich klar machen, dass wir die Wahrscheinlichkeit dafür suchen, dass zwei *beliebige* (oder mehr) unter den 23 Personen an einem *beliebigen* gleichen Tag Geburtstag haben. Diese

Wahrscheinlichkeit berechnen wir nun als Gegenwahrscheinlichkeit davon, dass *alle* 23 Personen an *verschiedenen* Tagen Geburtstag haben:

Stellen wir die Personen der Reihe nach auf, dann gibt es 365^{23} Möglichkeiten für die Liste der Geburtstage. Soll die Liste der Geburtstage keine gleichen Tage enthalten, so entspricht das einer (geordneten) Auswahl von 23 (verschiedenen) Geburtstagen aus den 365 möglichen. Dafür gibt es $\frac{365!}{(365-23)!} = \frac{365!}{342!}$ Möglichkeiten (siehe Abschnitt „Permutationen und Kombinationen" in Band 1). Die Wahrscheinlichkeit dafür, dass alle 23 Personen an verschiedenen Tagen Geburtstag haben, ist somit $\frac{365!}{342!365^{23}}$ („Anzahl der günstigen Fälle / Anzahl der möglichen Fälle"). Daher ist die Wahrscheinlichkeit, bei 23 Personen die Wette zu gewinnen, gleich $1 - \frac{365!}{342!365^{23}} = 0.507$, also über 50%!

Wenn Sie also bei einer Party mit mindestens 23 Personen wetten, dass *irgendwelche* zwei der Anwesenden am gleichen Tag Geburtstag haben, sind Ihre Chancen zu gewinnen größer als 50%!

Wetten Sie aber darauf, dass jemand am *gleichen* Tag wie Sie Geburtstag hat (es wird also nun eine bestimmte Person vorgegeben und eine zweite Person mit demselben Geburtstag gesucht), dann ist diese Wahrscheinlichkeit bei 23 Personen nur $1 - (1 - 365^{-1})^{22} = 0.0586 = 5.86\%$, also wohl kaum eine Wette wert. Daher nennt man das Beispiel oben „Geburtstagsparadoxon", weil die dortige Fragestellung oft mit dieser verwechselt wird.

Das Geburtstagsparadoxon hat auch wichtige praktische Konsequenzen. Bei Hashverfahren (siehe Abschnitt „Hashverfahren" in Band 1) gibt es die Wahrscheinlichkeit einer **Kollision** an, also die Wahrscheinlichkeit, dass zwei Datensätzen der gleiche Hashwert zugeordnet wird. Insbesondere bei kryptographischen Hashfunktionen muss man deshalb die Anzahl der möglichen Hashwerte (das entspricht der Anzahl der Geburtstage) so groß wählen, dass eine Kollision hinreichend unwahrscheinlich ist, um darauf basierende Angriffe zu verhindern: Angenommen, es gibt N mögliche Hashwerte und der Angreifer wählt n zufällige Dokumente. Unter der Annahme, dass alle Hashwerte gleich wahrscheinlich sind, ist die Wahrscheinlichkeit für *keine* Kollision gleich

$$P = \frac{N!}{(N-n)!N^n} = \frac{N \cdot (N-1) \cdots (N-n+1)}{N^n},$$

wie wir uns gerade überlegt haben. Wie groß muss n sein, damit P zumindest 50% wird?

Da es nicht möglich ist, die Gleichung $P = \frac{1}{2}$ nach n aufzulösen, schreiben wir P etwas um,

$$P = \frac{N \cdot (N-1) \cdots (N-n+1)}{N^n} = 1 \cdot (1 - \frac{1}{N}) \cdot (1 - \frac{2}{N}) \cdots (1 - \frac{n-1}{N}),$$

und verwenden die Näherung (Taylorreihe)

$$\mathrm{e}^{-x} \approx 1 - x,$$

die für kleine x gültig ist. Damit können wir $1 - \frac{1}{N}$ durch $\mathrm{e}^{-1/N}$, usw., nähern, und erhalten

$$P \approx \mathrm{e}^0 \cdot \mathrm{e}^{-1/N} \cdots \mathrm{e}^{-(n-1)/N} = \mathrm{e}^{-(1+2+\cdots+(n-1))/N} = \mathrm{e}^{-n(n-1)/(2N)},$$

wobei wir Formel $1+2+\cdots+(n-1)=\frac{n(n-1)}{2}$ für die (n-1)-te Partialsumme der arithmetischen Reihe verwendet haben (siehe Abschnitt „Vollständige Induktion“ in Band 1). Diese Näherung gilt, solange $\frac{n}{N}$ genügend klein ist. Die Gleichung

$$e^{-n(n-1)/(2N)} = \frac{1}{2}$$

können wir nun nach n auflösen und erhalten (nur die positive Wurzel ist für uns interessant)

$$n = \frac{1}{2} + \sqrt{\frac{1}{4} + 2\ln(2)N}.$$

Für $N = 365$ (verschiedene Geburtstage bzw. Hashwerte) erhalten wir zum Beispiel $n = 23.0$, also ab ca. 23 zufällig gewählten Personen bzw. Dokumenten ist die Wahrscheinlichkeit für eine Kollision zumindest 50%. Eine handlichere Formel (die daher meist in dieser Form verwendet wird) erhalten wir durch eine weitere Näherung

$$n = \frac{1}{2} + \sqrt{\frac{1}{4} + 2\ln(2)N} \approx \sqrt{2\ln(2)N},$$

die für große N gültig ist (in diesem Fall können wir die Konstanten $\frac{1}{4}$ und $\frac{1}{2}$ vernachlässigen). Diese Näherungsformel liefert für $N = 365$ den Wert $n \approx 22.5$.

Während man zum Auffinden eines Dokuments mit einem vorgegebenen Hashwert $O(N)$ Versuche benötigt (siehe Aufwärmübung 7 in Kapitel 20), so braucht man zum Auffinden einer Kollision also nur $O(\sqrt{N})$ Versuche.

26.3 Bedingte Wahrscheinlichkeit

Oft ist die Wahrscheinlichkeit eines Ereignisses B gesucht, unter der Bedingung (dem Wissen), dass ein Ereignis A bereits eingetreten ist:

Definition 26.16 Die Wahrscheinlichkeit des Ereignisses B unter der Bedingung, dass Ereignis A eingetreten ist, ist definiert als

$$P(B|A) = \frac{P(A \cap B)}{P(A)}.$$

Man spricht von der **bedingten Wahrscheinlichkeit** $P(B|A)$.

Die ursprüngliche Ergebnismenge Ω reduziert sich also auf A, und von B sind nur jene Ergebnisse zu zählen, die auch in A liegen.

Beispiel 26.17 Bedingte Wahrscheinlichkeit
Zwei faire Würfel werden geworfen.
a) Wie groß ist die Wahrscheinlichkeit, die Augensumme 5 zu werfen unter der Bedingung, dass wenigstens einmal die Augenzahl 1 geworfen wird?
b) Wie groß ist die Wahrscheinlichkeit wenigstens einmal die Augenzahl 1 zu werfen unter der Bedingung, dass die Augensumme 5 geworfen wird?

Lösung zu 26.17 Es gibt insgesamt 36 mögliche Wurffolgen. Ereignis A = *zumindest einmal* 1 tritt bei den Wurffolgen $(1,1)$, $(1,2)$, $(1,3)$, $(1,4)$, $(1,5)$, $(1,6)$, $(2,1)$, $(3,1)$, $(4,1)$, $(5,1)$ oder $(6,1)$ ein. Ereignis B = *Augensumme* 5 tritt bei den Wurffolgen $(1,4)$, $(2,3)$, $(3,2)$ oder $(4,1)$ ein. Da A bei 11 Wurffolgen eintritt, ist $P(A) = \frac{11}{36}$. Da B bei 4 Wurffolgen eintritt, ist $P(B) = \frac{4}{36}$ Beide Ereignisse A und B treten bei zwei Wurffolgen ein ($(1,4)$ und $(4,1)$), also ist $P(A \cap B) = \frac{2}{36}$.
a) Gesucht ist

$$P(B|A) = \frac{P(A \cap B)}{P(A)} = \frac{\frac{2}{36}}{\frac{11}{36}} = \frac{2}{11}.$$

b) Gesucht ist

$$P(A|B) = \frac{P(A \cap B)}{P(B)} = \frac{\frac{2}{36}}{\frac{4}{36}} = \frac{1}{2}.$$

■

Wenn man die Definitionsgleichung für die bedingte Wahrscheinlichkeit umformt, so erhält man den

Satz 26.18 (Multiplikationssatz) Gegeben sind Ereignisse A und B mit Wahrscheinlichkeiten ungleich null. Dann gilt:

$$P(A \cap B) = P(A)P(B|A) = P(B)P(A|B).$$

Dass auch $P(A \cap B) = P(B)P(A|B)$ gilt, sehen wir, indem wir die Rollen von A und B in der Definition 26.16 vertauschen.

Beispiel 26.19 Multiplikationssatz
In einer Lade befinden sich 5 alte und 10 neue Batterien. Alte und neue Batterien sind von außen nicht unterscheidbar. Man entnimmt nun hintereinander zufällig zwei Batterien. Wie groß ist die Wahrscheinlichkeit,
a) zwei neue Batterien b) zuerst eine alte und dann eine neue Batterie
c) insgesamt eine alte und eine neue Batterie zu ziehen?

Lösung zu 26.19 Führen wir die Ereignisse A = *erste Batterie ist neu* und B = *zweite Batterie ist neu* ein.

a) Gesucht ist $P(A \cap B)$. Es ist $P(A) = \frac{10}{15}$ und $P(B|A) = \frac{9}{14}$, da nach dem Eintreten von A nur noch 9 neuwertige unter den zurückbleibenden 14 Batterien in der Lade sind. Daher ist

$$P(A \cap B) = P(A) \cdot P(B|A) = \frac{10}{15} \cdot \frac{9}{14} = 0.43.$$

b) Die Wahrscheinlichkeit, zuerst eine alte und dann eine neue Batterie zu ziehen, ist

$$P(\overline{A} \cap B) = P(\overline{A}) \cdot P(B|\overline{A}) = \frac{5}{15} \cdot \frac{10}{14} = 0.24,$$

denn zuerst sind es 5 alte unter insgesamt 15 möglichen Batterien, beim zweiten Zug sind es (noch alle) 10 neuen unter den noch verbleibenden 14 Batterien.

c) Das gewünschte Ereignis tritt ein, wenn entweder die erste Batterie alt und die zweite neu ist ($\overline{A} \cap B$), oder wenn die erste Batterie neu und die zweite alt ist ($A \cap \overline{B}$). Da diese beiden Varianten unvereinbar sind, ist die gesuchte Wahrscheinlichkeit (Additionssatz)

$$\begin{aligned} P(\overline{A} \cap B) + P(A \cap \overline{B}) &= P(\overline{A}) \cdot P(B|\overline{A}) + P(A) \cdot P(\overline{B}|A) = \\ &= \frac{5}{15} \cdot \frac{10}{14} + \frac{10}{15} \cdot \frac{5}{14} = 0.48. \end{aligned}$$

■

Ereignisse und ihre Wahrscheinlichkeiten können oft gut mithilfe eines **Wahrscheinlichkeitsbaums** veranschaulicht werden. Abbildung 26.1 zeigt den Baum zu einem Zufallsexperiment, das sich aus zwei Experimenten zusammensetzt (zum Beispiel zwei Ziehungen hintereinander): Beim ersten gibt es die beiden möglichen Ausgänge A und $\overline{A}$ (mögliche Ergebnisse der ersten Ziehung), und im Anschluss gibt es jeweils die möglichen Ergebnisse B und $\overline{B}$ (mögliche Ergebnisse der zweiten Ziehung). An den Kanten des Baumes sind die entsprechenden Wahrscheinlichkeiten angeschrieben. Nun lassen sich leicht die verschiedenen zusammengesetzten Wahrscheinlichkeiten vom Baum ablesen: Der Weg ausgehend von der „Wurzel" des Baumes nach A und weiter nach B entspricht dem Ereignis $A \cap B$. Die Wahrscheinlichkeit für dieses Ereignis erhalten wir, indem wir die Wahrscheinlichkeiten entlang des Weges multiplizieren: $P(A) \cdot P(B|A) = P(A \cap B)$.

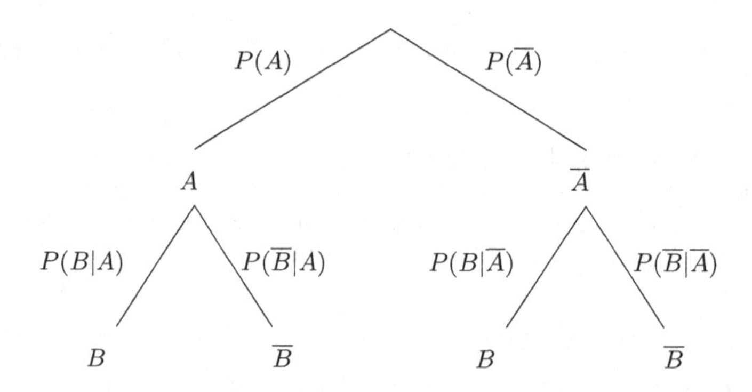

Abbildung 26.1. Wahrscheinlichkeitsbaum

Beispiel 26.20 Wahrscheinlichkeitsbaum
Stellen Sie den Wahrscheinlichkeitsbaum für Beispiel 26.19 auf und lösen Sie das Beispiel nochmal mit seiner Hilfe.

Lösung zu 26.20 Der Baum ist in Abbildung 26.2 dargestellt. In a) finden wir die Wahrscheinlichkeit $P(A \cap B)$, indem wir von der Wurzel weg über A nach B gehen. Die Wahrscheinlichkeiten entlang des Weges multipliziert ergeben:

$$P(A \cap B) = \frac{10}{15} \cdot \frac{9}{14} = 0.43.$$

Analog nehmen wir in b) den Weg über $\overline{A}$ nach B:

$$P(\overline{A} \cap B) = \frac{5}{15} \cdot \frac{10}{14} = 0.24.$$

In c) gibt es zwei mögliche Wege: Wir bilden für jeden Weg die zugehörige Wahrscheinlichkeit, und summieren diese dann auf:

$$P(\overline{A} \cap B) + P(A \cap \overline{B}) = \frac{5}{15} \cdot \frac{10}{14} + \frac{10}{15} \cdot \frac{5}{14} = 0.48.$$

■

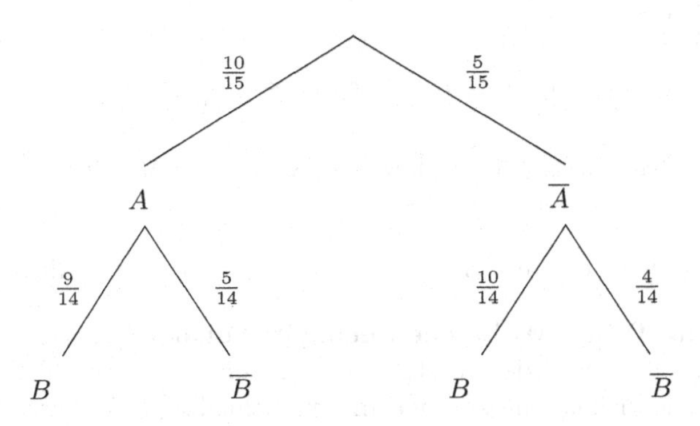

Abbildung 26.2. Wahrscheinlichkeitsbaum zum Batteriebeispiel 26.20.

Die Wahrscheinlichkeit, dass beim zweiten Mal eine alte/neue Batterie gezogen wird, war hier abhängig davon, ob beim ersten Mal eine alte oder eine neue Batterie gezogen worden ist. In vielen Situationen ist aber die Wahrscheinlichkeit, dass ein Ereignis B eintritt, völlig unabhängig davon, ob ein Ereignis A eintritt und umgekehrt. In diesem Fall vereinfacht sich auch der Multiplikationssatz:

Definition 26.21 Zwei Ereignisse A und B heißen **unabhängig**, wenn eine (und damit alle drei) der folgenden Eigenschaften erfüllt ist:

$$\begin{aligned} P(B|A) &= P(B) && \text{mit } P(A) > 0 \text{ bzw.} \\ P(A|B) &= P(A) && \text{mit } P(B) > 0 \text{ bzw.} \\ P(A \cap B) &= P(A) \cdot P(B). \end{aligned}$$

Die letzte Beziehung heißt **Multiplikationssatz für unabhängige Ereignisse**.

In der Praxis geht man oft den Weg, dass die Unabhängigkeit aufgrund der Versuchsbeschreibung als gegeben angenommen wird und daher $P(A \cap B)$ aus den bekannten Wahrscheinlichkeiten $P(A)$ bzw. $P(B)$ berechnet werden kann.

Man nimmt zum Beispiel an, dass zwei Schalter unabhängig voneinander arbeiten. Damit kann man mithilfe des Multiplikationssatzes leicht die Wahrscheinlichkeit ermitteln, dass zum Beispiel beide Schalter ausfallen, indem man die Ausfallswahrscheinlichkeiten beider Schalter multipliziert.

Beispiel 26.22 Unabhängige Ereignisse
Ein Würfel wird zweimal geworfen. Wie groß ist die Wahrscheinlichkeit, beim ersten Wurf 1 und beim zweiten Wurf 2 zu würfeln?

Lösung zu 26.22 (Das Beispiel kann natürlich auch wieder mithilfe eines Wahrscheinlichkeitsbaums veranschaulicht werden.) Gesucht ist $A \cap B$, mit $A =$ *beim ersten Wurf* 1, $B =$ *beim zweiten Wurf* 2. Die Ereignisse A und B sind unabhängig, da das Ergebnis des ersten Wurfes keinen Einfluss auf das Ergebnis des zweiten Wurfes hat. Daher ist

$$P(A \cap B) = P(A) \cdot P(B) = \frac{1}{6} \cdot \frac{1}{6} = \frac{1}{36}.$$

Dasselbe Ergebnis hätten wir natürlich auch bekommen, wenn wir gezählt hätten: Sechsundreißig mögliche Wurffolgen, eine günstige, daher $P((1,2)) = \frac{1}{36}$. ■

Kommen wir wieder zu einem Beispiel mit bedingten Wahrscheinlichkeiten:

Beispiel 26.23 Totale Wahrscheinlichkeit, Formel von Bayes
Ein Computerhersteller bezieht Festplatten von genau drei verschiedenen Lieferanten, in unterschiedlichen Anteilen und in unterschiedlicher Qualität (siehe Tabelle unten).
a) Wie groß ist die Wahrscheinlichkeit, dass eine gelieferte Festplatte fehlerhaft ist?
b) Wie groß ist die Wahrscheinlichkeit, dass eine defekte Festplatte vom Lieferanten 1 stammt?

	Lieferant 1	Lieferant 2	Lieferant 3
Anteil:	40%	25%	35%
Ausschuss:	2%	1%	3%

Lösung zu 26.23

a) Wieder kann ein Wahrscheinlichkeitsbaum zu Hilfe genommen werden: Von der Wurzel weg gibt es drei Verzweigungen, die Lieferant 1, 2 bzw. 3 entsprechen. Im Anschluss gibt es jeweils die beiden Verzweigungen Ausschuss/nicht Ausschuss (A, $\overline{A}$).
Die Wahrscheinlichkeit, dass eine gelieferte Festplatte fehlerhaft (Ausschuss) ist, ist

$$\begin{aligned} P(A) &= P(1) \cdot P(A|1) + P(2) \cdot P(A|2) + P(3) \cdot P(A|3) = \\ &= 0.4 \cdot 0.02 + 0.25 \cdot 0.01 + 0.35 \cdot 0.03 = 0.021, \end{aligned}$$

da sie ja entweder fehlerhaft von Lieferant 1 oder von Lieferant 2 oder von Lieferant 3 kommen kann. Dabei haben wir die bedingten Wahrscheinlichkeiten aus der obigen Tabelle entnommen: $P(A|1) = 0.02$ ist z. B. die Wahrscheinlichkeit, dass wir aus der Lieferung von Lieferant 1 eine defekte Festplatte ziehen.

b) Gesucht ist die Wahrscheinlichkeit $P(1|A)$ (= die Wahrscheinlichkeit, dass wir aus allen Ausschuss-Festplatten eine von Lieferant 1 ziehen). Wir kennen: $P(1) = 0.4$, $P(2) = 0.25$, $P(3) = 0.35$, $P(A|1) = 0.02$, $P(A|2) = 0.01$, $P(A|3) = 0.03$. Aus a) kennen wir weiters $P(A) = 0.021$. Mithilfe des Multiplikationssatzes 26.18 können wir nun $P(1|A)$ durch bekannte Wahrscheinlichkeiten ausdrücken:

$$P(1) \cdot P(A|1) = P(A) \cdot P(1|A),$$

daher

$$P(1|A) = \frac{P(1) \cdot P(A|1)}{P(A)} = \frac{0.4 \cdot 0.02}{0.021} = 0.38.$$

■

In diesem Beispiel stecken zwei Formeln, die wir nun etwas allgemeiner angeben. Voraussetzung für beide Formeln ist, dass die Ereignismenge Ω in unvereinbare Ereignisse $E_1, E_2, \ldots, E_n$ zerteilt wird:

$$\Omega = E_1 \cup \cdots \cup E_n, \qquad E_j \cap E_k = \{\}.$$

Man nennt eine solche Zerteilung eine **Partition** von Ω. Im einfachsten Fall hat man nur zwei Ereignisse $E_1 = E$ und $E_2 = \overline{E}$.

Aus dem Additionssatz folgt

Satz 26.24 (Formel für die totale Wahrscheinlichkeit) Für eine beliebige Partition $E_1, \ldots, E_n$ und ein beliebiges Ereignis $A \subseteq \Omega$ gilt

$$P(A) = \sum_{k=1}^{n} P(A \cap E_k) = \sum_{k=1}^{n} P(E_k) P(A|E_k).$$

Mithilfe dieses Satzes kann man die unbedingte („totale") Wahrscheinlichkeit $P(A)$ berechnen, wenn man die Wahrscheinlichkeiten $P(E_k)$ und die bedingten Wahrscheinlichkeiten $P(A|E_k)$ kennt.

Im Festplatten-Beispiel 26.23 hatten wir als unvereinbare Ereignisse E_1, E_2, E_3 die drei Lieferanten $1, 2, 3$, und A war das Ereignis, dass eine Festplatte Ausschuss ist. In a) haben wir $P(A)$ mithilfe der Formel für die totale Wahrscheinlichkeit berechnet.

Aus dem Multiplikationssatz und der Formel für die totale Wahrscheinlichkeit ergibt sich die folgende Beziehung, die wir auch schon in Beispiel 26.23 gefunden haben. Sie ist nach Thomas Bayes, einem englischen Geistlichen und Mathematiker, benannt (ca. 1702–1761):

Satz 26.25 (Formel von Bayes) Gegeben ist eine beliebige Partition $E_1, \ldots, E_n$ und ein beliebiges Ereignis $A \subseteq \Omega$. Die Wahrscheinlichkeit, dass eines der Ereignisse E_j unter der Bedingung von A eintritt, ist

$$P(E_j|A) = \frac{P(E_j)P(A|E_j)}{P(A)} = \frac{P(E_j)P(A|E_j)}{\sum_{k=1}^{n} P(E_k)P(A|E_k)}.$$

Sie erlaubt, aus der Kenntnis von $P(A|E_k)$ und $P(E_k)$ für alle k, sofort irgendeine der bedingten Wahrscheinlichkeiten $P(E_j|A)$ zu berechnen. Im Spezialfall von nur zwei Ereignissen $E_1 = E$ und $E_2 = \overline{E}$ lautet die Formel von Bayes:

$$P(E|A) = \frac{P(E)P(A|E)}{P(E)P(A|E) + P(\overline{E})P(A|\overline{E})}.$$

In Beispiel 26.23 b) haben wir mithilfe der Formel von Bayes $P(1|A)$ berechnet.

Beispiel 26.26 Formel von Bayes
Ein Test erkennt mit 99%-iger Sicherheit, ob eine Person mit Tuberkulose infiziert ist oder nicht. Man weiß weiters, dass insgesamt 0.1% der Bevölkerung infiziert sind. Eine Person lässt sich testen, der Test fällt positiv aus. Wir groß ist die Wahrscheinlichkeit, dass sie trotzdem nicht mit TBC infiziert ist?

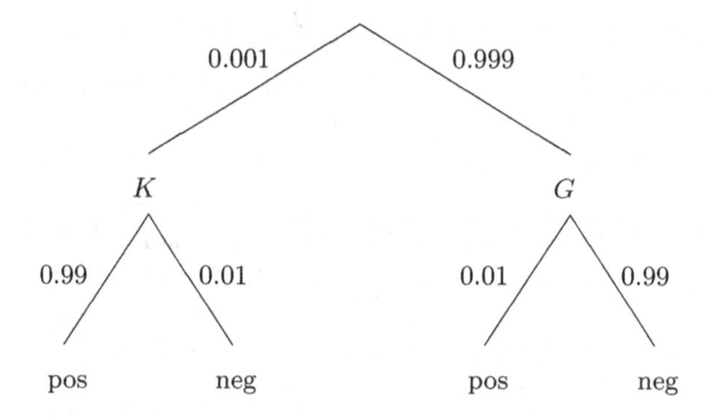

Abbildung 26.3. Wahrscheinlichkeitsbaum zum TBC-Test-Beispiel

Lösung zu 26.26 Der Ereignisraum Ω ist die gesamte Bevölkerung. Laut Angabe ist die Wahrscheinlichkeit, krank zu sein (TBC zu haben), $P(K) = 0.001$. Daher ist die Wahrscheinlichkeit, gesund zu sein (d.h. hier, kein TBC zu haben), $P(G) = 0.999$. Weiters liegt der Test mit Wahrscheinlichkeit 0.99 richtig. Mit anderen Worten:

$$P(pos|K) = P(neg|G) = 0.99 \text{ bzw. } P(neg|K) = P(pos|G) = 0.01.$$

Alle diese Wahrscheinlichkeiten sind im Wahrscheinlichkeitsbaum in Abbildung 26.3 dargestellt. Gesucht ist nun $P(G|pos)$. Das kann nicht so einfach am Wahrscheinlichkeitsbaum abgelesen werden, aber dafür gibt es ja die Formel von Bayes:

$$\begin{aligned} P(G|pos) &= \frac{P(pos|G) \cdot P(G)}{P(pos|G) \cdot P(G) + P(pos|K) \cdot P(K)} \\ &= \frac{0.01 \cdot 0.999}{0.01 \cdot 0.999 + 0.99 \cdot 0.001} = 0.909. \end{aligned}$$

Die Wahrscheinlichkeit, dass eine Person mit positivem Testresultat gesund ist, ist also über 90%! ■

Manche Ärzte geben einer positiv getesteten Person fälschlicherweise die Auskunft, dass das Ergebnis zu 99% sicher sei! Das ist falsch, wie wir gerade gesehen haben. Falls Ihnen das Ergebnis trotzdem unlogisch vorkommt, dann können Sie es auch so verstehen: Von 1000 getesteten Personen ist statistisch gesehen eine krank. Diese wird vom Test in der Regel auch als krank erkannt (eben mit 99%iger Sicherheit). Von den 999 gesunden Personen werden aber in der Regel auch zehn als krank diagnostiziert (denn eine gesunde Person wird mit 99%iger Wahrscheinlichkeit als gesund erkannt, also mit 1%iger Wahrscheinlichkeit als krank: Daher werden von 999 Gesunden $999 \cdot 0.01 \approx 10$ als krank diagnostiziert). Zehn der elf als krank diagnostizierten Personen sind also gesund, womit wir wieder bei unseren 91% sind.

Wir haben in unserem Beispiel einfachheitshalber angenommen, dass $P(pos|K) = P(neg|G)$ gilt. Grundsätzlich bezeichnet man bei medizinischen Tests die Wahrscheinlichkeit $P(pos|K)$ als **Sensitivität** (also die Fähigkeit tatsächlich Kranke als krank zu erkennen) und $P(neg|G)$ als **Spezifität** (also die Fähigkeit tatsächlich Gesunde als gesund zu erkennen) des Tests. Im Allgemeinen sind diese Werte verschieden.

26.3.1 Anwendung: Bayes'scher SPAM-Filter

Die Formel von Bayes kann in der Praxis zur Klassifizierung von Daten verwendet werden. Ein bekanntes Beispiel ist der Bayes'sche SPAM-Filter. Stellen Sie sich dazu folgendes Szenario vor:

Durch statistische Untersuchung Ihrer Mailbox haben Sie herausgefunden, dass 25% davon SPAM-Nachrichten (unverlangte Werbe-Emails) sind. Die Wahrscheinlichkeit, dass eine SPAM-Nachricht das Wort „Gewinn" enthält, ist 19%. Die Wahrscheinlichkeit, dass eine nicht-SPAM-Nachricht dieses Wort enthält, ist 1%. Wenn Sie nun eine neue Nachricht mit dem Wort „Gewinn" erhalten, so folgt aus der Formel von Bayes, dass es sich bei der Nachricht mit einer Wahrscheinlichkeit von 86.4% um SPAM handelt (rechnen Sie nach!).

Nun ist die Strategie klar: Sie teilen Ihre Mailbox in die Kategorien SPAM und HAM (= nicht SPAM) ein und berechnen für jedes Schlüsselwort (z. B. Gewinn) die Wahrscheinlichkeiten, dass es in einer SPAM- bzw. HAM-Nachricht zu finden ist. Mit diesem Wissen kann nun von jeder eintreffenden Nachricht die SPAM-Wahrscheinlichkeit errechnet werden. Wenn diese einen Schwellenwert überschreitet, so wird die Nachricht aussortiert. Damit Ihr SPAM-Filter zuverlässig bleibt, sollten die Wahrscheinlichkeiten laufend aktualisiert werden. Sie sollten Ihren Filter also laufend trainieren.

Natürlich funktioniert das gleiche Prinzip auch mit mehr als zwei Kategorien. Es ist schon lange vor der Verwendung in SPAM-Filtern als **Bayes'sche Klassifizierung** bekannt gewesen.

26.3.2 Anwendung: Optimale Stoppstrategie

Eine weitere Anwendung der Wahrscheinlichkeitsrechnung ist die Berechnung einer optimalen Stoppstrategie. In seiner einfachsten Form kann das Problem wie folgt beschrieben werden:

Angenommen, wir suchen dringend einen Mitarbeiter und schalten ein Inserat. Welchen Bewerber stellen wir ein, d.h., ab wann hat es keinen Sinn mehr, auf einen besseren zu warten? Unsere Strategie sieht wie folgt aus: Wir legen eine Zahl j fest und sehen uns die ersten j Bewerber an, ohne einen davon einzustellen („Abwarte-Phase"). Danach stellen wir den ersten Bewerber ein, der besser ist als alle Vorgänger.

Wie finden wir diese optimale Anzahl j der Bewerber, die wir abwarten? Bezeichnen wir mit P_j die Wahrscheinlichkeit, mit diesem j den besten Bewerber zu finden. Diese Wahrscheinlichkeit müssen wir maximieren:

Aus Erfahrung wissen wir, dass mit n Bewerbern zu rechnen ist. Nehmen wir also an, es gibt genau n Bewerber. Die Wahrscheinlichkeit, dass der beste Bewerber an der k-ten Stelle kommt, ist daher $P(B=k)=\frac{1}{n}$. Mit welcher Wahrscheinlichkeit wird er an dieser Stelle ausgewählt? Ist $k \le j$, so sind wir noch in der Abwarte-Phase und er wird wieder weggeschickt: $P(A=k|B=k)=0$. Ist $k>j$, so wird er genau dann ausgewählt, wenn sich der beste der ersten $k-1$ Bewerber unter den ersten j Bewerbern befindet (d.h., wenn unter seinen Vorgängern der beste noch in der Abwarte-Phase gekommen ist): $P(A=k|B=k)=\frac{j}{k-1}$. Insgesamt ist somit nach dem Multiplikationssatz die Wahrscheinlichkeit, dass der beste Bewerber an k-ter Stelle kommt und dass dieser k-te Bewerber ausgewählt wird,

$$P(B=k\cap A=k)=P(B=k)P(A=k|B=k)=\begin{cases} 0 & k\le j \\ \frac{1}{n}\cdot\frac{j}{k-1} & k>j \end{cases}.$$

Daraus folgt nun die gesuchte Wahrscheinlichkeit mit der Additionsregel:

$$P_j=\sum_{k=1}^{n} P(B=k\cap A=k)=\frac{j}{n}\left(\frac{1}{j}+\cdots+\frac{1}{n-1}\right).$$

Wir müssen also nur noch diese Werte berechnen und das Maximum suchen.

Da $P_j-P_{j+1}=\frac{1}{n}(1-\sum_{k=j+1}^{n-1}\frac{1}{k})$ monoton fallend ist, nimmt P_j zunächst zu und ab einem bestimmten Wert nur noch ab. Genau dieser Wert ist das gesuchte Maximum.

Für $n=12$ Bewerber erhalten wir zum Beispiel (→CAS):

P_1	P_2	P_3	P_4	P_5	P_6	P_7	P_8	P_9	P_{10}	P_{11}
0.25	0.34	0.38	0.40	0.39	0.37	0.33	0.28	0.23	0.16	0.08

Das Maximum liegt also bei P_4. Wenn wir also vier Bewerber abwarten, so finden wir den besten mit einer Wahrscheinlichkeit von 40%.

Führt man diese Rechnung für verschiedene Bewerberanzahlen n durch, so sieht man, dass für großes n der Wert $\frac{j}{n}$ ungefähr bei 36.8% liegt. Als Faustregel für dieses und analoge Probleme folgt also, dass man ca. die ersten 37% Bewerber abwarten sollte, bevor man sich entscheidet.

Um das zu verstehen, approximieren wir die Summe durch ein Integral:

$$\sum_{k=j+1}^{n}\frac{1}{k}\approx\int_j^n\frac{dx}{x}=\ln(n)-\ln(j)=\ln(\frac{n}{j}).$$

Dann erhalten wir

$$P_j\approx -x\ln(x),\qquad x=\frac{j}{n},$$

und das Maximum von $f(x)=-x\ln(x)$ liegt bei $x=\frac{1}{\mathrm{e}}=0.367879$ (aus $f'(x)=-1-\ln(x)=0$ folgt $x=\frac{1}{\mathrm{e}}$, und aus $f''(x)=-\frac{1}{x}$ folgt, dass es sich um ein Maximum handelt).

26.4 Mit dem digitalen Rechenmeister

Optimale Stoppstrategie

Die Wahrscheinlichkeiten für die optimale Stoppstrategie

```
In[1]:= P[n_, j_] := j/n Sum[1/k, {k, j, n-1}]
```

$$\texttt{In[1]:=}\quad P[n\_, j\_] := \frac{j}{n}\sum_{k=j}^{n-1}\frac{1}{k}$$

können mit `Mathematica` leicht berechnet werden:

```
In[2]:= Table[N[P[12, j], 2], {j, 11}]
Out[2]= {0.25, 0.34, 0.38, 0.40, 0.39, 0.37, 0.33, 0.28, 0.23, 0.16, 0.083}
```

26.5 Kontrollfragen

Fragen zu Abschnitt 26.1: Zufallsexperimente und Ereignisse

Erklären Sie folgende Begriffe: Zufallsexperiment, Ergebnismenge, Ereignis, Elementarereignis, sicheres Ereignis, unmögliches Ereignis, Gegenereignis, vereinbare/unvereinbare Ereignisse.

1. Geben Sie die Ereignismenge Ω für die Augensumme zweier Würfel an.
2. Wir betrachten den Wurf eines Würfels und die folgenden Ereignisse: A = *ungerade Augenzahl*; $B = \{2\}$; $C = \{2, 3\}$.
   a) Sind A und B vereinbar?
   b) Sind B und C vereinbar?
   c) Wie lauten die Gegenereignisse?
3. Wenn A und B Ereignisse sind, was ist mit a) $A \cup B$ b) $A \cap B$ gemeint?

Fragen zu Abschnitt 26.2: Wahrscheinlichkeit

Erklären Sie folgende Begriffe: Laplace-Experiment, klassische Wahrscheinlichkeit, Additionsregel.

1. Was bedeutet es, wenn man sagt, dass die Wahrscheinlichkeit eines Ereignisses 32% ist?
2. Kann die Wahrscheinlichkeit eines Ereignisses immer als „günstige Fälle/ mögliche Fälle“ festgelegt werden?
3. Welche Eigenschaft müssen die Ereignisse A, B haben, damit $P(A \cup B) = P(A) + P(B)$ gilt?
4. Bei einem gezinkten Würfel wurden (empirisch) folgende Wahrscheinlichkeiten gefunden: $P(1) = P(3) = \frac{1}{12}$, $P(2) = P(4) = \frac{2}{12}$, $P(5) = P(6) = \frac{3}{12}$. Wie groß ist die Wahrscheinlichkeit
   a) eine gerade Augenzahl b) 3 oder 5 c) eine ungerade Augenzahl
   zu würfeln?

Fragen zu Abschnitt 26.3: Bedingte Wahrscheinlichkeit

Erklären Sie folgende Begriffe: Bedingte Wahrscheinlichkeit, Multiplikationssatz, Wahrscheinlichkeitsbaum, unabhängige Ereignisse, Formel für die totale Wahrscheinlichkeit, Formel von Bayes.

1. Die Wahrscheinlichkeit, dass zwei zufällig ausgewählte Personen am 24. Dezember Geburtstag haben, ist:
   a) $\frac{1}{365} + \frac{1}{365}$ b) $\frac{1}{365} \cdot \frac{1}{365}$ c) $1 - \frac{1}{365^2}$
2. Wann ist $P(A \cap B) = P(A) \cdot P(B)$?

Lösungen zu den Kontrollfragen

Lösungen zu Abschnitt 26.1

1. $\Omega = \{2, 3, \dots, 12\}$.
2. a) A und B sind unvereinbar, da nicht gleichzeitig eine ungerade Augenzahl und die Augenzahl 2 geworfen werden kann.
   b) B und C sind vereinbar, denn beim Wurf von 2 treten beide Ereignisse ein.
   c) $\overline{A} =$ *gerade Augenzahl*; $\overline{B} = \{1, 3, 4, 5, 6\}$; $\overline{C} = \{1, 4, 5, 6\}$.
3. a) Das Ereignis „A oder B“. b) Das Ereignis „A und B“.

Lösungen zu Abschnitt 26.2

1. Wenn man dieses Zufallsexperiment sehr oft durchführt, dann ist es praktisch sicher, dass in etwa 32% der Versuchsdurchführungen das Ereignis eintritt.
2. Nein, das ist nur möglich, wenn
   (1) es nur endlich viele Elementarereignisse gibt (denn $\frac{k}{\infty}$ würde keinen Sinn ergeben) und wenn
   (2) alle Elementarereignisse gleich wahrscheinlich sind.
3. Sie müssen unvereinbar sein.
4. a) $P(\textit{gerade}) = P(2) + P(4) + P(6) = \frac{7}{12}$
   b) $P(3 \textit{ oder } 5) = P(3) + P(5) = \frac{4}{12}$
   c) $P(\textit{ungerade}) = 1 - P(\textit{gerade}) = \frac{5}{12}$

Lösungen zu Abschnitt 26.3

1. Die zufällige Auswahl entspricht unabhängigen Ereignisse, damit kann die Produktregel angewendet werden und deshalb ist die richtige Antwort b).
2. Wenn die Wahrscheinlichkeit, dass A eintritt, nicht vom Eintreten von B abhängt und umgekehrt (die Ereignisse müssen unabhängig voneinander sein).

26.6 Übungen

Aufwärmübungen

1. Wie groß ist die Wahrscheinlichkeit, mit einem fairen Würfel
   a) die Augenzahl 4 b) eine ungerade Augenzahl
   c) eine Augenzahl von mindestens 5 d) Augenzahl 3 oder 4 zu werfen?
2. Ein Würfel wird zweimal geworfen. Wie groß ist die Wahrscheinlichkeit,
   a) beidemal 5 b) wenigstens einmal 1 c) Augensumme 4 zu werfen.
3. Wir groß ist die Wahrscheinlichkeit, beim Wurf von drei fairen Münzen
   a) genau einmal b) höchstens einmal c) mindestens einmal „Zahl" zu werfen?
4. In einer Schublade sind 6 rote und 8 blaue Socken. Wenn Sie in der Dunkelheit (also zufällig) zwei Socken aus der Schublade ziehen, wie groß ist die Wahrscheinlichkeit
   a) zwei rote b) zwei blaue c) zwei verschiedene d) zwei zueinander passende Socken zu treffen?
5. Bei der Fertigung von Bolzen ist die Wahrscheinlichkeit für einen fehlerhaften Durchmesser gleich 6% und die Wahrscheinlichkeit für eine fehlerhafte Länge gleich 3%. Es wird angenommen, dass die Fehler unabhängig voneinander auftreten. Wie groß ist die Wahrscheinlichkeit,
   a) einen fehlerfreien Bolzen
   b) einen fehlerhaften Bolzen
   c) einen Bolzen mit fehlerhaftem Durchmesser und fehlerfreier Länge
   zu fertigen?
6. In einem Behälter befinden sich 5 rote und 3 grüne Kugeln. Es werden hintereinander zufällig 2 Kugeln entnommen (ohne Zurücklegen der ersten Kugel). Wie groß ist die Wahrscheinlichkeit, dass mindestens eine rote Kugel darunter ist?
7. Ein Multiple-Choice Test besteht aus 4 Fragen, bei jeder stehen drei Antworten zur Auswahl. Nur eine davon ist jeweils richtig. Wie groß ist die Wahrscheinlichkeit, durch zufälliges Raten
   a) alle vier Fragen b) nur eine Frage richtig zu beantworten?
8. In einer Warenpackung befinden sich 60 Stück, davon sind 9 fehlerhaft. Man entnimmt eine Stichprobe vom Umfang 5 (ohne Zurücklegen). Wie groß ist die Wahrscheinlichkeit,
   a) kein b) genau ein c) höchstens zwei fehlerhafte Stücke zu ziehen?
9. In den ersten zehn Spieljahren wurden beim Lotto „6 aus 45" insgesamt 8.3 Milliarden Tipps (je sechs Zahlen) abgegeben. 1024 Spieler haben die sechs Richtigen getroffen.
   a) Legen Sie aufgrund dieser Erfahrungstatsache empirisch die Wahrscheinlichkeit, sechs Richtige zu tippen, fest.
   b) Berechnen Sie die Wahrscheinlichkeit für sechs Richtige unter der Laplace-Annahme.
10. **Geburtstagsparadoxon**: Wie groß ist die Wahrscheinlichkeit, dass unter 30 Studierenden (mindestens) zwei am selben Tag Geburtstag haben?

11. **HIV-Test in einer Risikogruppe**: Ein Test erkennt mit 99.9%-iger Wahrscheinlichkeit, ob eine HIV-Infektion vorliegt oder nicht. Wenn man einer HIV-Risikogruppe angehört, so ist die Wahrscheinlichkeit, mit HIV infiziert zu sein, statistisch gleich 1%. Gehört man keiner HIV-Risikogruppe an, so ist die Wahrscheinlichkeit statistisch gleich 0.01%.
Eine Person lässt einen HIV-Test machen. Das Testergebnis ist positiv. Wie groß ist die Wahrscheinlichkeit, dass sie tatsächlich HIV-infiziert ist, wenn sie
a) einer Risikogruppe angehört? b) keiner Risikogruppe angehört?

Weiterführende Aufgaben

1. In einer Warenpackung befinden sich 50 Stück, davon sind 5 fehlerhaft. Man entnimmt eine Stichprobe vom Umfang 2 (ohne Zurücklegen). Wie groß ist die Wahrscheinlichkeit,
a) kein fehlerhaftes Stück b) ein fehlerhaftes Stück c) zwei fehlerhafte Stücke zu ziehen?
2. Leiten Sie die Additionsregel für vereinbare Ereignisse, $P(A \cup B) = P(A) + P(B) - P(A \cap B)$, aus der Definition der Wahrscheinlichkeit her. (Tipp: Zerlegen Sie $A \cup B$ in die drei disjunkten Mengen $A \backslash B$, $B \backslash A$ und $A \cap B$.)
3. Eine Anlage besteht aus zwei unabhängigen Teilen. Die Wahrscheinlichkeit, dass Teil A während eines Zeitraums störungsfrei arbeitet, ist 80%, für Teil B ist diese Wahrscheinlichkeit gleich 90%. Wie groß ist die Wahrscheinlichkeit, dass
a) beide Teile störungsfrei arbeiten b) nur Teil B störungsfrei arbeitet
c) beide Teile ausfallen d) wenigstens einer der beiden Teile störungsfrei arbeitet?
4. **Ziege oder Mercedes?**: In einer Quizsendung wird folgendes Spiel gespielt: Ein Kandidat steht vor drei geschlossenen Türen. Es ist bekannt, dass sich hinter einer ein Mercedes, hinter den anderen beiden aber jeweils eine Ziege befindet. Der Kandidat wählt eine Tür, die aber geschlossen bleibt. Daraufhin öffnet der Quizmaster eine der beiden verbleibenden Türen, hinter denen sich eine Ziege befindet. Nun hat der Kandidat die Möglichkeit, bei seiner gewählten Tür zu bleiben, oder die andere noch verschlossene Tür zu wählen. Was ist die beste Strategie:
a) Der Kandidat entscheidet nach Zufall, welche der beiden noch verschlossenen Türen er wählt.
b) Der Kandidat bleibt bei der Tür, die er zu Beginn gewählt hat.
c) Der Kandidat wechselt zur anderen verschlossenen Tür.
5. **HIV Test**: Ein Test gibt mit 99.9%-iger Wahrscheinlichkeit bei einer mit HIV infizierten Person ein positives Testresultat. Mit 99.8%-iger Wahrscheinlichkeit gibt der Test bei einer nicht mit HIV infizierten Person ein negatives Testresultat. Man weiß weiters, dass insgesamt 0.05% der Menschen in Österreich infiziert sind.
a) Wie viele von 1000 getesteten HIV-positiven Personen erhalten fälschlicherweise ein negatives Testresultat (*falsch negativ*)?
b) Wie viele von 1000 getesteten nicht HIV-positiven Personen erhalten fälschlicherweise ein positives Testresultat (*falsch positiv*)?

c) Eine zufällig ausgewählte Person (nicht aus einer Risikogruppe) lässt sich testen und der Test fällt positiv aus. Wir groß ist die Wahrscheinlichkeit, dass sie trotzdem nicht mit HIV infiziert ist?

6. **DNA-Test**: Am Tatort wird eine DNA-Probe sichergestellt. Von 1 Million Menschen hat statistisch gesehen nur einer ein DNA-Profil, das mit dieser Probe übereinstimmt. Nun wird ein DNA-Test an n Verdächtigen durchgeführt. Die Wahrscheinlichkeit, dass der Test irrt, ist 0.001%.
   a) Bei wie vielen von 10 Millionen Menschen würden Sie ein positives Testergebnis erwarten?
   b) Der Test bei Mr. X ist positiv, und er ist einer von $n = 20$ möglichen Tätern. Wie groß ist die Wahrscheinlichkeit, dass Mr. X unschuldig ist?

Lösungen zu den Aufwärmübungen

1. a) $P(4) = \frac{1}{6}$ b) $P(\textit{ungerade Augenzahl}) = \frac{3}{6}$ c) $P(\textit{mindestens } 5) = \frac{1}{3}$
   d) $P(3 \textit{ oder } 4) = \frac{1}{3}$
2. a) $\frac{1}{36}$
   b) Die Wahrscheinlichkeit für eine der Wurffolgen (1, nicht 1), (nicht 1, 1) oder (1, 1) ist: $\frac{1}{6} \cdot \frac{5}{6} + \frac{5}{6} \cdot \frac{1}{6} + \frac{1}{6} \cdot \frac{1}{6} = \frac{11}{36}$.
   c) $\frac{3}{36}$, denn günstig sind dafür die Wurffolgen $(1,3), (2,2), (3,1)$.
3. Es gibt 8 mögliche Wurffolgen: $ZZZ, KZZ, \dots, KKK$. Die gesuchte Wahrscheinlichkeit ist jeweils „günstige Fälle / mögliche Fälle“:
   a) $\frac{3}{8}$ b) $\frac{4}{8}$ c) $P(\textit{mindestens einmal } Z) = 1 - P(\textit{nie } Z) = \frac{7}{8}$
4. a) $P(\textit{erster und zweiter Socken rot}) = \frac{6}{14} \cdot \frac{5}{13} = 0.165$
   $(= P(\textit{erster Socken rot}) \cdot P(\textit{zweiter Socken rot} \mid \textit{erster Socken rot}))$
   b) $P(\textit{erster und zweiter Socken blau}) = \frac{8}{14} \cdot \frac{7}{13} = 0.308$
   c) $P(\textit{verschiedene Socken}) = \frac{6}{14} \cdot \frac{8}{13} + \frac{8}{14} \cdot \frac{6}{13} = 0.527$
   d) $P(\textit{passende Socken}) = 1 - P(\textit{verschiedene Socken}) = 0.473$
5. Mithilfe des Multiplikationssatzes für unabhängige Ereignisse erhalten wir:
   a) $0.94 \cdot 0.97 = 0.912$ b) $1 - 0.94 \cdot 0.97 = 0.088$ c) $0.06 \cdot 0.97 = 0.058$
6. $1 - \frac{3}{8} \cdot \frac{2}{7} = 89.3\%$
7. a) $\left(\frac{1}{3}\right)^4 = 1.2\%$ b) $4 \cdot \frac{1}{3} \cdot \left(\frac{2}{3}\right)^3 = 39.5\%$
8. a) $\frac{\binom{51}{5}\binom{9}{0}}{\binom{60}{5}} = 0.430$ b) $\frac{\binom{51}{4}\binom{9}{1}}{\binom{60}{5}} = 0.412$ c) $\frac{\binom{51}{5}\binom{9}{0}}{\binom{60}{5}} + \frac{\binom{51}{4}\binom{9}{1}}{\binom{60}{5}} + \frac{\binom{51}{3}\binom{9}{2}}{\binom{60}{5}} = 0.979$
9. a) $P(\textit{sechs Richtige}) \approx$ relative Häufigkeit $= \frac{1024}{8.3 \cdot 10^9} = 1.234 \cdot 10^{-7}$
   b) Es gibt (nach der Ziehung) 6 Richtige und 39 Falsche. Die Wahrscheinlichkeit, in einer Stichprobe vom Umfang 6 genau 6 Richtige zu haben, ist daher

$$P(\textit{sechs Richtige}) = \frac{\binom{6}{6} \cdot \binom{39}{0}}{\binom{45}{6}} = \frac{6}{45} \cdot \frac{5}{44} \cdots \frac{2}{41} \cdot \frac{1}{40} = 1.228 \cdot 10^{-7}.$$

10. A...„mindestens 2 Studenten haben am selben Tag Geburtstag“. Dann ist $\overline{A}=$ „Es gibt keinen Tag, an dem 2 oder mehr Stud. gleichzeitig Geburtstag haben“ = „Alle Stud. haben an verschiedenen Tagen Geburtstag“. Liste alle Geburtstage der Studentengruppe auf, z. B.: {5.Jänner, 30.August, ..., 24.Dezember}. Es gibt 365^n solcher Listen (n...Anzahl der Studenten). $\overline{A}$ bedeutet, dass alle Einträge

der Liste verschieden sind, dafür gibt es $365 \cdot 364 \cdot \ldots (365 - n + 1)$ „günstige" Fälle. Damit:

$$P(\overline{A}) = \frac{365 \cdot 364 \cdot \ldots (365 - n + 1)}{365^n}.$$

Für $n = 30$ ergibt sich: $P(A) = 1 - P(\overline{A}) = 0.706$.

11.

$$P(HIV|pos) = \frac{P(HIV) \cdot P(pos|HIV)}{P(HIV) \cdot P(pos|HIV) + P(\overline{HIV}) \cdot P(pos|\overline{HIV})}$$

a) $P(HIV) = 0.01$, $P(\overline{HIV}) = 0.99$, $P(pos|HIV) = 0.999$ und $P(pos|\overline{HIV}) = 0.001$ liefern $P(HIV|pos) = 90.98\%$.
b) $P(HIV) = 0.0001$, $P(\overline{HIV}) = 0.9999$, $P(pos|HIV) = 0.999$ und $P(pos|\overline{HIV}) = 0.001$ liefern $P(HIV|pos) = 9.08\%$.

(Lösungen zu den weiterführenden Aufgaben finden Sie in Abschnitt B.26)

27

Zufallsvariablen

27.1 Diskrete und stetige Zufallsvariablen

In vielen Zufallsexperimenten sind die Ereignisse durch reelle Zahlen gegeben oder können auf einfache Weise durch reelle Zahlen codiert werden (zum Beispiel beim Münzwurf: Kopf = 1, Zahl = 0). Das führt auf den Begriff der *Zufallsvariablen.*

Wenn wir zwei Würfel werfen, dann wissen wir, dass ihre Augensumme X zwischen 2 und 12 liegen muss. Es hängt aber vom „Zufall" ab, welchen Wert X bei einem Wurf annimmt. Oder: Wenn wir auf einen Zug warten, so kann die Verspätung X eine beliebige Zahl ≥ 0 sein, die vom Zufall abhängt. Zufallsvariablen beschreiben Ereignisse mithilfe von reellen Zahlen:

Definition 27.1 Eine **Zufallsvariable** X ist eine Funktion, die zu einem bestimmten Zufallsexperiment gehört und die jedem Elementarereignis dieses Zufallsexperimentes eine reelle Zahl zuordnet: $X : \Omega \to \mathbb{R}$, $\omega \mapsto X(\omega)$.

Zum Beispiel ist beim Wurf von zwei Würfeln die Zufallsvariable X = *Augensumme* die Funktion, die jedem Augenpaar seine Augensumme zuordnet: $X(1,1) = 2$, $X(1,2) = 3$, usw. Meist braucht man die Elementarereignisse (hier $(1,1), (1,2)$, usw.) nur, um Wahrscheinlichkeiten festzulegen, und konzentriert sich danach auf die (Funktions-)Werte der Zufallsvariablen $X = 2, X = 3$, usw. (hier also auf die Augensummen).

Zufallsvariablen werden üblicherweise mit Großbuchstaben X, Y, ... bezeichnet und die reellen Zahlen, die sie als Werte annehmen können, mit den entsprechenden Kleinbuchstaben $(x, y, \ldots)$ Diese Werte werden auch **Realisationen** (oder **Realisierungen**) der Zufallsvariable genannt. Zum Beispiel hat X = *Augensumme beim Wurf von zwei Würfeln* die Realisationen $2, 3, 4, \ldots, 12$. Oder: X = *Abfüllgewicht einer zufällig ausgewählten Tafel Schokolade* kann theoretisch alle Werte aus dem Intervall $[0, \infty)$ annehmen.

Grundsätzlich unterscheidet man *diskrete* und *stetige* Zufallsvariablen. Zunächst betrachten wir den diskreten Fall:

Definition 27.2 Eine Zufallsvariable X heißt **diskret**, wenn sie nur endlich oder *abzählbar* unendlich viele Werte $x_1, x_2, x_3, \ldots$ annehmen kann. Zu jedem Wert x_i gehört das Ereignis $X = x_i$ (ausgeschrieben: $\{\omega \mid X(\omega) = x_i\}$), das mit der Wahrscheinlichkeit

$$p_i = P(X = x_i)$$

eintritt. Die Realisationen x_i gemeinsam mit den zugehörigen Wahrscheinlichkeiten p_i heißen **(Wahrscheinlichkeits-)Verteilung** der Zufallsvariablen.

Beispiele: X = *Augensumme von zwei Würfeln* kann die Werte $2, 3, 4, \ldots, 12$ annehmen (also endlich viele). Oder: X = *Anzahl der Versuche, bis zum ersten Mal* 1 *gewürfelt wird* hat die Realisationen $1, 2, 3, \ldots$ (abzählbar unendlich viele). Oder:

$$X = \begin{cases} 1, & \text{wenn der Kunde kreditwürdig ist} \\ 0, & \text{wenn der Kunde nicht kreditwürdig ist} \end{cases}$$

ist eine diskrete Zufallsvariable mit zwei Realisationen.

Beispiel 27.3 Diskrete Zufallsvariable
Gegeben ist die Zufallsvariable X = *Augensumme von zwei Würfeln.*
a) Geben Sie die Wahrscheinlichkeit des Ereignisses „Augensumme ist 5“ an.
b) Geben Sie die gesamte Wahrscheinlichkeitsverteilung von X an.
c) Geben Sie $P(X \leq 4)$ an.
d) Geben Sie $P(X > 4)$ an.

Lösung zu 27.3

a) Das Ereignis „Augensumme ist 5“ wird durch $X = 5$ beschrieben. Es hat die Wahrscheinlichkeit $P(X = 5) = \frac{4}{36}$ (denn es gibt vier Wurffolgen $(1, 4)$, $(2, 3)$, $(3, 2)$, $(4, 1)$ mit der Augensumme 5).

b) Wir stellen die möglichen Werte x_i, die X annehmen kann, gemeinsam mit den zugehörigen Wahrscheinlichkeiten $p_i = P(X = x_i)$ zusammen:

x_i	2	3	4	5	6	7	8	9	10	11	12	
p_i	$\frac{1}{36}$	$\frac{2}{36}$	$\frac{3}{36}$	$\frac{4}{36}$	$\frac{5}{36}$	$\frac{6}{36}$	$\frac{5}{36}$	$\frac{4}{36}$	$\frac{3}{36}$	$\frac{2}{36}$	$\frac{1}{36}$	$\sum p_i = 1$

Die Summe über alle Wahrscheinlichkeiten ist gleich 1, denn X nimmt mit Sicherheit eine der Zahlen $2, \ldots, 12$ an.

c) Das Ereignis $X \leq 4$ tritt ein, wenn $X = 2$, $X = 3$ oder $X = 4$ ist. Daher ist die zugehörige Wahrscheinlichkeit (da diese Ereignisse unvereinbar sind):

$$P(X \leq 4) = P(X = 2) + \ldots + P(X = 4) = \frac{1}{36} + \frac{2}{36} + \frac{3}{36} = \frac{6}{36} = 16.7\%.$$

d) Analog wie zuvor ist

$$P(X > 4) = P(X = 5) + \ldots + P(X = 12) = \frac{4}{36} + \ldots + \frac{1}{36} = \frac{30}{36} = 83.3\%.$$

Wir hätten das aber auch einfacher berechnen können: $X > 4$ ist ja das Gegenereignis von $X \leq 4$, daher ist

$$P(X > 4) = 1 - P(X \leq 4) = 1 - \frac{6}{36} = \frac{30}{36} = 83.3\%.$$

■

Die Wahrscheinlichkeiten p_i einer diskreten Zufallsvariablen entsprechen den relativen Häufigkeiten f_i der beschreibenden Statistik. So kann die Wahrscheinlichkeitsverteilung einer diskreten Zufallsvariablen auch graphisch in einem **Stabdiagramm** dargestellt werden: Dabei werden die Realisationen x_i der Zufallsvariablen auf der horizontalen und die zugehörigen Wahrscheinlichkeiten p_i als Stäbe auf der vertikalen Achse aufgetragen. Abbildung 27.1 zeigt die Wahrscheinlichkeitsverteilung zu Beispiel 27.3.

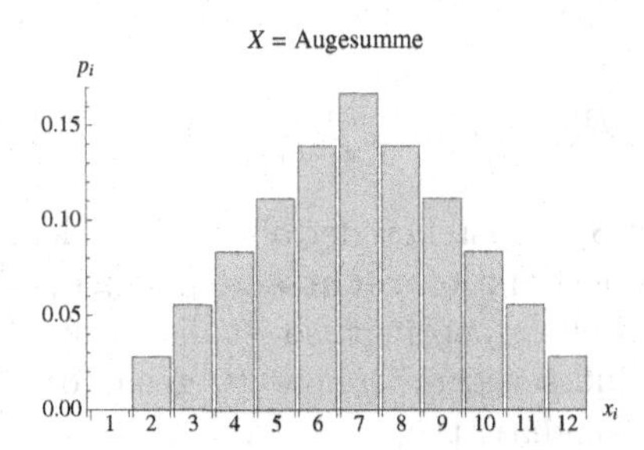

Abbildung 27.1. Wahrscheinlichkeitsverteilung von X = *Augensumme zweier Würfel.*

In Beispiel 27.3 haben wir nach der Wahrscheinlichkeit gefragt, dass X kleiner oder gleich 4 ist. Für solche Fragestellungen gibt es eine eigene Funktion:

Definition 27.4 Sei X eine (diskrete oder stetige) Zufallsvariable. Die Funktion

$$F(x) = P(X \leq x), \qquad \text{für } x \in \mathbb{R},$$

heißt **Verteilungsfunktion** von X.

Im Fall einer diskreten Zufallsvariablen gilt

$$F(x) = \sum_{i:x_i \leq x} p_i.$$

Im Beispiel 27.3 ist $F(4)$ also die Wahrscheinlichkeit, dass eine Augensumme kleiner oder gleich 4 gewürfelt wird bzw. $1 - F(4)$ die Wahrscheinlichkeit, dass eine Augensumme größer 4 gewürfelt wird. Da die Verteilungsfunktion für alle reellen Zahlen definiert ist, muss das Argument nicht unbedingt eine Realisation der Zufallsvariablen sein: $F(3.5) = P(X \leq 3.5) = P(X = 2) + P(X = 3) = \frac{1}{36} + \frac{2}{36} = \frac{3}{36} = 8.3\%$ ist zum Beispiel die Wahrscheinlichkeit, dass eine Augensumme kleiner oder gleich 3.5 gewürfelt wird, usw. Die Verteilungsfunktion einer stetigen Zufallsvariablen werden wir etwas später behandeln. Die Verteilungsfunktion einer Zufallsvariablen hat folgende Eigenschaften:

Satz 27.5 Ist $F(x)$ die Verteilungsfunktion einer (diskreten oder stetigen) Zufallsvariablen X, so gilt:

- Die Verteilungsfunktion wächst monoton von 0 bis 1, d.h.

$$\lim_{x\to-\infty} F(x) = 0, \qquad F(x) \le F(y) \text{ für } x < y, \qquad \lim_{x\to\infty} F(x) = 1.$$

- An jedem Punkt existieren rechts- und linksseitiger Grenzwert der Verteilung, und es gilt

$$\lim_{x\to x_0-} F(x) = P(X < x_0), \qquad \lim_{x\to x_0+} F(x) = P(X \le x_0) = F(x_0).$$

  Das bedeutet, dass an Sprungstellen der obere Wert der Funktionswert ist. Man sagt, dass die Verteilungsfunktion **rechtsseitig stetig** ist.
- Wenn $F(x)$ an einer Stelle x_0 springt, so ist die Sprunghöhe, also die Differenz zwischen rechts- und linksseitigem Grenzwert, genau die Wahrscheinlichkeit, mit der das Ereignis $X = x_0$ eintritt:

$$\lim_{x\to x_0+} F(x) - \lim_{x\to x_0-} F(x) = P(X \le x_0) - P(X < x_0) = P(X = x_0).$$

Warum? Dass F monoton wachsend ist, folgt aus der Monotonie der Wahrscheinlichkeit. Im Grenzwert $x \to -\infty$ bleibt von der Menge $\{X \le x\}$ nur noch die leere Menge übrig, und im Grenzwert $x \to \infty$ erhalten wir alle möglichen Werte von X, also ganz $\mathbb{R}$. Damit folgt $\lim_{x\to-\infty} F(x) = P(X \in \{\}) = 0$ und $\lim_{x\to\infty} F(x) = P(X \in \mathbb{R}) = 1$. Dass links- und rechtsseitiger Grenzwert existieren, folgt, da beschränkte monotone Folgen konvergieren.

Für diskrete Zufallsvariablen hat die Verteilungsfunktion immer die Form einer Treppe. In Abbildung 27.2 ist die Verteilungsfunktion für $X =$ *Augensumme von zwei Würfeln* dargestellt. Wir sehen, dass für Augensummen kleiner als 2 die Vertei-

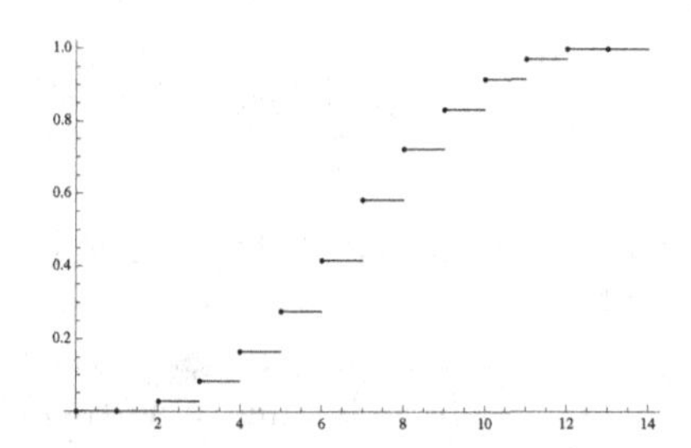

Abbildung 27.2. Verteilungsfunktion von $X =$ *Augensumme zweier Würfel.*

lungsfunktion den Wert 0 hat, dass es an den Realisationen x_i jeweils einen Sprung um die zugehörige Wahrscheinlichkeit p_i nach oben gibt, und dass ab der größten Realisation, Augensumme 12, die Funktion den Wert 1 hat.

Die Höhe eines Sprunges entspricht gerade der Höhe des entsprechenden Stabes im Stabdiagramm.

In der Praxis wird für die *graphische* Darstellung einer diskreten Wahrscheinlichkeitsverteilung allerdings lieber das Stabdiagramm verwendet, da es einen besseren optischen Eindruck der Verteilung gibt.

Der Fall ohne Sprünge, in dem die Verteilungsfunktion also stetig ist, ist von besonderer Bedeutung:

Wenn eine Flüssigkeit automatisch abgefüllt wird, so unterliegt die Abfüllmenge X gewissen Schwankungen. Sie kann *kontinuierlich* Werte annehmen, zum Beispiel jeden reellen Wert zwischen 90 und 110 Gramm. Wie kann man nun eine Wahrscheinlichkeitsverteilung für X angeben?

Aufgrund der begrenzten Messgenauigkeit könnte man sich auf diskrete Werte beschränken, etwa auf die Werte $x_i = 90, 91, 92, \ldots, 110$. Wenn dann $X = 94$, so ist damit gemeint, dass die Füllmenge irgendwo zwischen 93.5 und 94.5 Gramm liegt. Man erhält also eine diskrete Zufallsvariable, indem man die möglichen Abfüllmengen in Intervalle einteilt und die zugehörigen Wahrscheinlichkeiten p_i ermittelt, dass die Füllmenge X in die einzelnen Intervalle fällt. Je kleiner man diese Intervalle wählt, umso kleiner werden die zugehörigen Wahrscheinlichkeiten. (Im Grenzfall schrumpfen die Intervalle auf einen Punkt zusammen und die zugehörigen Wahrscheinlichkeiten gehen gegen 0).

Man kann nun auch anders an das Problem herangehen: Man lässt für X von vornherein *kontinuierlich* alle reellen Werte zwischen 90 und 110 Gramm zu und erhält dadurch eine so genannte *stetige Zufallsvariable.* Das entspricht zuvor dem Grenzfall, dass die Intervalle zu einem Punkt zusammenschrumpfen. Die Wahrscheinlichkeit, dass X *exakt* einen bestimmten Wert annimmt, etwa den Wert $94.000\ldots$, ist nun gleich 0. Man kann aber wie zuvor nach der Wahrscheinlichkeit fragen, dass X in ein bestimmtes Intervall fällt, wobei man dieses Intervall nun je nach Bedarf (groß oder klein) wählen kann. Bei einer stetigen Zufallsvariablen tritt an die Stelle der Wahrscheinlichkeit p_i, dass X exakt den Wert x_i annimmt, die so genannte *Wahrscheinlichkeitsdichte* $f(x)$ für den Wert x. Stellt man diese Funktion graphisch dar, so entspricht die Fläche unter dem Graphen über dem Intervall $[92, 93]$ der Wahrscheinlichkeit, dass die Füllmenge X in diesem Intervall liegt.

Definition 27.6 Eine Zufallsvariable X heißt **stetige Zufallsvariable**, wenn ihre Verteilungsfunktion $F(x) = P(X \leq x)$ eine stetige Funktion ist.

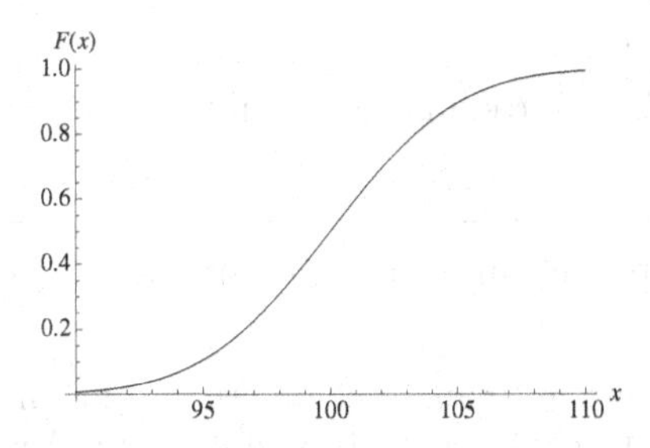

Abbildung 27.3. Eine typische stetige Verteilungsfunktion.

In der Praxis (und wir werden hier auch nur diesen Fall betrachten) ist F zumindest stückweise differenzierbar:

Definition 27.7 Sei X eine stetige Zufallsvariable mit (stückweise) differenzierbarer Verteilungsfunktion F. Die Ableitung

$$f(x) = F'(x)$$

wird **(Wahrscheinlichkeits-)Dichtefunktion** genannt. Umgekehrt erhält man die Verteilungsfunktion durch Integration der Dichtefunktion:

$$F(x) = \int_{-\infty}^{x} f(t)\,dt.$$

Nicht jede stetige Funktion $F(x)$ kann als Integral einer Dichtefunktion geschrieben werden. In der Mathematik werden Funktionen, die eine Dichte haben, als **absolut stetig** bezeichnet.

Das heißt, $F(x) = P(X \le x)$ kann als **Flächeninhalt** unter dem Graphen von f von $-\infty$ bis x dargestellt werden (siehe Abbildung 27.4). (Die Integrationsvariable wurde hier mit t bezeichnet, um sie von der oberen Integrationsgrenze x zu unterscheiden, die das Argument von F ist.)

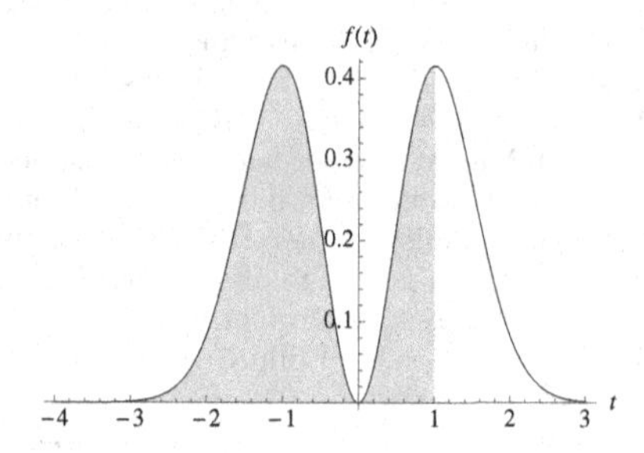

Abbildung 27.4. $F(1) = P(X \le 1)$ = schattierte Fläche unter dem Graphen der Dichtefunktion $f(t)$ von $t = -\infty$ bis $t = 1$.

Bei einer *diskreten* Zufallsvariablen X war zum Beispiel $F(1) = P(X \le 1) = \sum_{i:x_i \le 1} p_i$. Bei einer *stetigen* Zufallsvariablen tritt anstelle der p_i die Dichtefunktion f und anstelle der *Summe* über alle p_i tritt ein *Integral* über f von $-\infty$ bis $x = 1$: $F(1) = \int_{-\infty}^{1} f(t)\,dt$.

Aus den Eigenschaften einer Verteilungsfunktion ergeben sich folgende Eigenschaften der Dichtefunktion:

Satz 27.8 Sei X eine stetige Zufallsvariable mit zugehöriger Dichtefunktion $f(x)$. Dann gilt:

- Die Dichtefunktion f ist auf ganz $\mathbb{R}$ definiert und hat nur nichtnegative Werte. Das heißt, ihr Graph liegt oberhalb (bzw. auf) der x-Achse.
- Die Dichtefunktion ist so normiert, dass die **Gesamtfläche unter dem Graphen von f gleich** 1 ist, das bedeutet:

$$\int_{-\infty}^{\infty} f(x)\,dx = 1.$$

Diese Fläche ist gleich der Wahrscheinlichkeit, dass X *irgendeinen* Wert annimmt.

Sie entsprechen den Eigenschaften einer diskreten Zufallsvariablen, dass die p_i immer nichtnegativ sind und die Summe über alle p_i gleich 1 ist. Die erste Eigenschaft gilt, da F monoton wachsend ist. Die zweite Eigenschaft folgt aus $\lim_{x\to\infty} F(x) = 1$.

Da X genau dann stetig ist, wenn die Verteilungsfunktion F keine Sprünge hat, folgt:

Satz 27.9 Eine Zufallsvariable ist genau dann stetig, wenn

$$P(X = x) = 0 \quad \text{für alle } x \in \mathbb{R}.$$

Das bedeutet, dass die Wahrscheinlichkeit, exakt einen vorgegebenen Wert x anzunehmen, gleich null ist. Nur die Frage nach der Wahrscheinlichkeit, mit der ein Wert in einem Intervall angenommen wird, ist bei einer stetigen Zufallsvariable sinnvoll (siehe Satz 27.10).

Insbesondere sind daher die Wahrscheinlichkeiten für „X kleiner oder gleich x" und „X kleiner als x" bei einer stetigen Zufallsvariable gleich (analog für „X größer oder gleich x" und „X größer als x"):

$$P(X < x) = P(X \le x) \quad \text{bzw.} \quad P(X > x) = P(X \ge x).$$

Denn $P(X \le x) = P(X = x) + P(X < x) = 0 + P(X < x) = P(X < x)$. Bei einer *diskreten* Zufallsvariablen muss aber zwischen $P(X \le x)$ („X höchstens gleich x") und $P(X < x)$ („X kleiner als x") unterschieden werden!

Man kann daher auch ohne weiteres davon sprechen, dass X einen Wert *zwischen* a und b annimmt, ohne festzulegen, ob dabei a bzw. b mit eingeschlossen ist oder nicht (ob also ein offenes oder ein abgeschlossenes Intervall gemeint ist).

Satz 27.10 Sei X eine stetige Zufallsvariable. Die Wahrscheinlichkeit, dass X einen Wert im Intervall $[a, b]$ (oder $(a, b]$ oder $[a, b)$ oder (a, b)) annimmt, ist

$$\begin{aligned} P(a \le X \le b) &= P(a < X \le b) = P(a \le X < b) = P(a < X < b) \\ &= F(b) - F(a) = \int_a^b f(t)\,dt. \end{aligned}$$

Das entspricht dem **Flächeninhalt unter dem Graphen von f zwischen a und b** (siehe Abbildung 27.5).

Beispiel 27.11 Gleichverteilung

Angenommen, eine Straßenbahn fährt pünktlich alle 10 Minuten. Wenn man zufällig zur Haltestelle kommt, dann ist die Wartezeit X eine Zufallsvariable, die kontinuierlich alle Werte von 0 bis 10 annehmen kann, wobei jede Wartezeit gleich wahrscheinlich ist (wenn wir einfachheitshalber das Gesetz von Murphy vernachlässigen;-). Die zugehörige Wahrscheinlichkeitsdichte ist daher

$$f(x) = \begin{cases} k, & \text{für } 0 < x < 10 \\ 0, & \text{sonst} \end{cases}$$

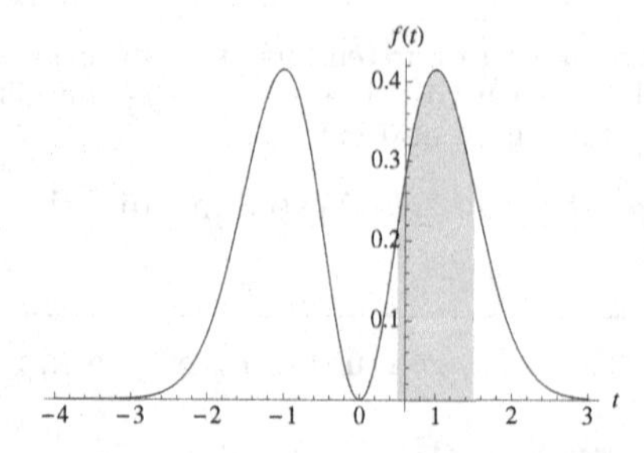

Abbildung 27.5. $F(1.5) - F(0.5) = P(0.5 \le X \le 1.5)$ = schattierte Fläche unter dem Graphen von $f(t)$ von $t = 0.5$ bis $t = 1.5$.

wobei k eine Konstante ist.
a) Bestimmen Sie k.
b) Geben Sie die Verteilungsfunktion F an.
c) Wie groß ist die Wahrscheinlichkeit, höchstens 3 Minuten zu warten?
d) Wie groß ist die Wahrscheinlichkeit, mindestens 2 Minuten zu warten?
e) Wie groß ist die Wahrscheinlichkeit, zwischen 5 und 9 Minuten zu warten?

Lösung zu 27.11

a) Die Konstante muss so gewählt werden, dass die Gesamtfläche unter dem Graphen von f gleich 1 ist, also

$$1 = \int_{-\infty}^{\infty} f(x)\,dx = \int_{0}^{10} k\,dx = 10k.$$

Daher muss $k = 0.1$ sein.

b) Für $x < 0$ ist auch $F(x) = 0$. Für x zwischen 0 und 10 gilt $F(x) = \int_{-\infty}^{x} f(t)\,dt = \int_0^x 0.1\,dt = 0.1 \cdot x$. Für $x > 10$ ist $F(x) = \int_{-\infty}^{x} f(t)dt = \int_0^{10} f(t)dt + \int_{10}^{x} f(t)dt = 1 + 0 = 1$. Insgesamt:

$$F(x) = \begin{cases} 0\ , & \text{für } x \le 0, \\ 0.1x, & \text{für } 0 < x < 10 \\ 1\ , & \text{für } x \ge 10 \end{cases}$$

c) Wir beantworten diese Frage, indem wir in die Verteilungsfunktion $F(x) = 0.1 \cdot x$ einsetzen: $P(X \le 3) = F(3) = 0.1 \cdot 3 = 30\%$. Die Wahrscheinlichkeit, höchstens 3 Minuten zu warten, ist in Abbildung 27.6 dargestellt.

d) Wieder drücken wir die gesuchte Wahrscheinlichkeit mithilfe der Verteilungsfunktion aus: $P(X \ge 2) = 1 - P(X < 2) = 1 - F(2) = 1 - 0.1 \cdot 2 = 80\%$.

e) $P(5 < X < 9) = F(9) - F(5) = 0.1 \cdot 9 - 0.1 \cdot 5 = 40\%$. ■

Beispiel 27.12 Exponentialverteilung

Die Lebensdauer X (in Jahren) eines elektronischen Bauteils, das zufällig (nicht verschleißbedingt) ausfällt, kann oft durch eine Verteilungsfunktion der Form

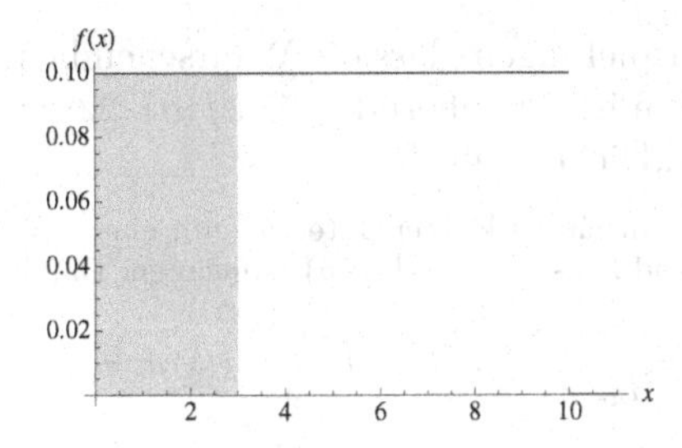

Abbildung 27.6. Schattierte Fläche = Wahrscheinlichkeit, höchstens 3 Minuten zu warten.

$$F(x) = \begin{cases} 1 - \mathrm{e}^{-k\,x}, & \text{für } x \geq 0 \\ 0 \quad , & \text{für } x < 0 \end{cases}$$

angegeben werden. Dabei ist $k > 0$ eine Materialkonstante.
a) Geben Sie die Dichtefunktion f an.
Für ein bestimmtes Bauteil ist $k = 1$: Wie groß ist dann die Wahrscheinlichkeit, dass die Lebensdauer
b) höchstens 1 Jahr c) zwischen 1 und 2 Jahre d) größer als 2 Jahre ist?

Lösung zu 27.12

a) Die Wahrscheinlichkeitsdichte ist die Ableitung von F, also

$$f(x) = F'(x) = \begin{cases} k\,\mathrm{e}^{-k\,x}, & \text{für } x \geq 0 \\ 0 \quad , & \text{für } x < 0 \end{cases}$$

b) $P(X \leq 1) = F(1) = 1 - \mathrm{e}^{-1} = 63.2\%$. Die Verteilungsfunktion ist in Abbildung 27.7 dargestellt.
c) $P(1 < X < 2) = F(2) - F(1) = (1 - \mathrm{e}^{-2}) - (1 - \mathrm{e}^{-1}) = 23.3\%$
d) $P(X > 2) = 1 - P(X \leq 2) = 1 - F(2) = \mathrm{e}^{-2} = 13.5\%$ ■

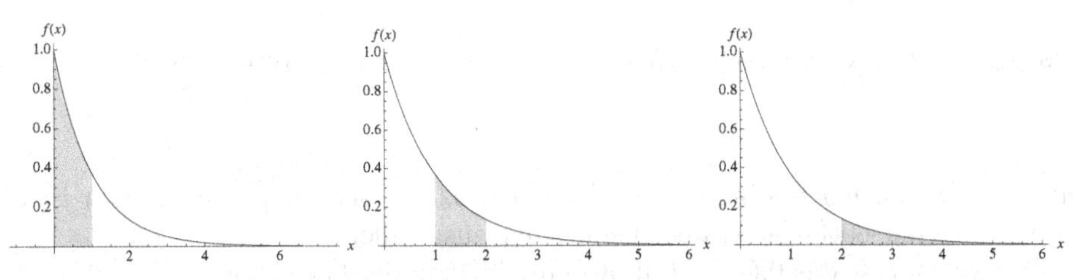

Abbildung 27.7. Exponentialverteilung: Die schattierten Flächen stellen $F(1)$, $F(2) - F(1)$ bzw. $1 - F(2)$ dar.

Die Wahrscheinlichkeit, dass eine stetige Zufallsvariable einen Wert in einem *kleinen* Intervall annimmt, kann näherungsweise so berechnet werden:

$$P(a - \Delta a \leq X \leq a + \Delta a) \approx f(a) \cdot 2\Delta a.$$

Man kann daher zum Beispiel sagen, dass die Wahrscheinlichkeit, dass die Füllmenge X gleich 94.0 ± 0.1 Gramm ist, annähernd gleich $f(a) \cdot 2\Delta a = f(94.0) \cdot 0.2$ ist. Daher kommt die Bezeichnung „Dichte" für f.

Warum gilt diese Näherung? In einem kleinen Intervall um einen Wert a können wir die Wahrscheinlichkeitsdichte annähernd konstant gleich $f(a)$ annehmen. Damit:

$$F(a+\Delta a) - F(a-\Delta a) = \int_{a-\Delta a}^{a+\Delta a} f(t)\,dt \approx \int_{a-\Delta a}^{a+\Delta a} f(a)\,dt = f(a)\int_{a-\Delta a}^{a+\Delta a} 1\,dt = 2f(a)\Delta a.$$

Man nähert also die Fläche unter dem Graphen von $f(t)$ auf dem kleinen Intervall der Länge $2\Delta a$ durch die Rechtecksfläche $2f(a) \cdot \Delta a$ an.

Oft benötigt man den Wert, an dem $F(x)$ eine bestimmte Wahrscheinlichkeit erreicht:

Definition 27.13 Gegeben sei eine (diskrete oder stetige) Zufallsvariable X und $p \in (0,1)$. Ein Wert $x_p \in \mathbb{R}$, für den

$$F(x_p) = p$$

gilt, heißt **p-Quantil** von X. Ein Quantil zu $p = \frac{1}{2}$ heißt **Median.**

Ein Quantil x_p teilt die Fläche unter der Dichte in zwei Teile: eine Fläche p links von x_p und eine Fläche $1-p$ rechts davon.

Ein Quantil muss weder existieren noch eindeutig sein: Da eine diskrete Verteilungsfunktion springt, nimmt $F(x)$ nicht alle Werte zwischen 0 und 1 an. Die Verteilungsfunktion der Augensumme aus Beispiel 27.3 nimmt zum Beispiel nur die Werte $0, \frac{1}{36}, \frac{1}{36}+\frac{2}{36}=\frac{3}{36}, \ldots, 1$ an. Nur für diese Werte existieren zugehörige p-Quantile, diese sind aber nicht eindeutig. So ist zum Beispiel jeder Wert im Intervall $[2,3)$ ein $\frac{1}{36}$-Quantil. In den Fällen, die uns interessieren, ist $F(x)$ jedoch stetig und für Werte zwischen 0 und 1 streng monoton wachsend (also invertierbar). Dann existiert für jedes p ein eindeutiges p-Quantil: $x_p = F^{-1}(p)$.

Beispiel 27.14 p-Quantil

Nach welcher Zeit ist ein Bauteil aus Beispiel 27.12 mit 60%-iger Wahrscheinlichkeit ausgefallen? Geben Sie den Median der Verteilung an.

Lösung zu 27.14 Wir suchen das 0.6-Quantil, also einen Wert x, für den

$$F(x) = 1 - \mathrm{e}^{-x} = 0.6$$

gilt. Auflösen nach x ergibt $x_{0.6} = -\ln(0.4) = 0.92$. Nach knapp einem Jahr ist ein Bauteil also mit 60%-iger Wahrscheinlichkeit ausgefallen.

Der Median ist das 0.5-Quantil, also die Lösung der Gleichung

$$F(x) = 1 - \mathrm{e}^{-x} = 0.5.$$

Damit erhalten wir für den Median $x_{0.5} = -\ln(0.5) = \ln(2) = 0.69$. Mit 50%-iger Wahrscheinlichkeit überlebt ein Bauteil also 0.69 Jahre (also etwas mehr als 8 Monate). ■

Zuletzt übertragen wir den Begriff der *Unabhängigkeit*, den wir schon bei Ereignissen kennen gelernt haben, auf Zufallsvariablen. Mit unabhängigen Zufallsvariablen zu arbeiten ist eine häufige Voraussetzung:

Definition 27.15 Zwei Zufallsvariablen X und Y (egal, ob stetig oder diskret) heißen **unabhängig**, wenn die Ereignisse $X \in A$ und $Y \in B$ für alle möglichen Mengen A und B unabhängig sind, d.h., wenn

$$P((X \in A) \cap (Y \in B)) = P(X \in A) \cdot P(Y \in B) \quad \text{für alle } A, B \subseteq \mathbb{R}.$$

Es reicht, diese Eigenschaft für Ereignisse der Form $X \leq x$ bzw. $Y \leq y$ zu überprüfen:

Satz 27.16 Zwei Zufallsvariable X und Y sind unabhängig genau dann, wenn

$$P((X \leq x) \cap (Y \leq y)) = P(X \leq x) \cdot P(Y \leq y) \quad \text{für alle } x, y \in \mathbb{R}.$$

Für *diskrete* Zufallsvariable X und Y ist das genau dann erfüllt, wenn

$$P((X = x_i) \cap (Y = y_i)) = P(X = x_i) \cdot P(Y = y_i)$$

für beliebige Realisationen x_i von X und y_i von Y gilt.

Bemerkung: Wenn X und Y unabhängige Zufallsvariablen sind, dann sind auch $g(X)$ und $h(Y)$ unabhängig (g und h beliebige reelle Funktionen).

Beispiel 27.17 Unabhängige Zufallsvariablen
Sind beim Wurf von zwei Würfeln die Zufallsvariablen X = *Augenzahl des ersten Würfels* und Y = *Augenzahl des zweiten Würfels* abhängig oder unabhängig?

Lösung zu 27.17 Nach unserer intuitiven Vorstellung sollten die Würfel unabhängig sein, denn wie sollten sie einander beeinflussen? Die Unabhängigkeit folgt natürlich auch aus der Definition: Jede Wurffolge (i, j) hat die Wahrscheinlichkeit $\frac{1}{36}$; also $P((X = i) \cap (Y = j)) = \frac{1}{36}$. Für jeden Würfel gilt $P(X = i) = \frac{1}{6}$ bzw. $P(Y = j) = \frac{1}{6}$. Damit ist insgesamt $P((X = i) \cap (Y = j)) = \frac{1}{36} = \frac{1}{6} \cdot \frac{1}{6} = P(X = i)P(Y = j)$. Die beiden Zufallsvariablen sind also, wie vermutet, unabhängig. ■

Die Verallgemeinerung auf mehr als zwei Zufallsvariablen lautet:

Definition 27.18 Die Zufallsvariablen $X_1, \ldots, X_n$ heißen **unabhängig**, wenn

$$P((X_1 \in A_1) \cap \cdots \cap (X_n \in A_n)) = P(X_1 \in A_1) \cdots P(X_n \in A_n)$$

für alle $A_j \subseteq \mathbb{R}$.

Auch Satz 27.16 überträgt sich analog auf diesen Fall. Beispiel: Beim Wurf von n Würfeln sind die Zufallsvariablen X_i = *Augenzahl des i-ten Würfels* unabhängig. Das ist ein prototypisches Beispiel für unabhängige Zufallsvariablen: Wird ein Zufallsexperiment n-mal unter *gleichen Bedingungen* wiederholt, so entsprechen den Einzelexperimenten unabhängige Zufallsvariablen. Wir werden darauf in Abschnitt 27.3 zurückkommen.

27.2 Erwartungswert und Varianz einer Verteilung

Eine Zufallsvariable X ist durch ihre möglichen Werte und die zugehörigen Wahrscheinlichkeiten (bzw. die Dichtefunktion) vollständig beschrieben. Wichtige Informationen über diese Verteilung liefern uns bestimmte **Parameter**: Der *Erwartungswert* einer Verteilung charakterisiert die Lage der Werte von X, die *Varianz* beschreibt ihre Ausbreitung.

Das ist ganz analog wie in der beschreibenden Statistik: Eine Stichprobe ist durch die Angabe ihrer Werte und der zugehörigen Häufigkeiten vollständig beschrieben. Die Kennwerte einer Stichprobe allein (z. B. arithmetisches Mittel, Varianz) geben aber oft auch schon einen ganz guten Eindruck von der Verteilung der Stichprobenwerte.

Definition 27.19 Sei X eine Zufallsvariable. Der **Erwartungswert** von X ist eine reelle Zahl, die definiert ist durch

$$\mathrm{E}(X) = \begin{cases} \sum_i x_i p_i, & \text{falls } X \text{ diskret ist,} \\ \int_{-\infty}^{\infty} x f(x)\, dx, & \text{falls } X \text{ stetig ist.} \end{cases}$$

Den Erwartungswert bezeichnet man meist mit μ.

Wir haben hier stillschweigend vorausgesetzt, dass die Summe bzw. das Integral in der Definition des Erwartungswerts konvergieren. Das ist zwar theoretisch nicht immer der Fall, wir werden aber nur Verteilungen betrachten, für die

$$\sum_i x_i^2 p_i < \infty \quad \text{bzw.} \quad \int_{-\infty}^{\infty} x^2 f(x)\, dx < \infty$$

gilt. In diesem Fall existieren sowohl der Erwartungswert als auch die Varianz (die wir etwas später einführen werden).

Im diskreten Fall ist der Erwartungswert also die Summe über alle möglichen Werte x_i multipliziert mit den zugehörigen Wahrscheinlichkeiten p_i. Dadurch werden Realisationen, die eine hohe Wahrscheinlichkeit haben, stärker gewichtet als solche mit kleiner Wahrscheinlichkeit. Analoges gilt im stetigen Fall. Nach dem Gesetz der großen Zahlen (Satz 27.45) ist der Erwartungswert das bei einer großen Anzahl von Versuchen erwartete arithmetische Mittel.

Beispiel 27.20 Erwartungswert einer diskreten Zufallsvariablen
Berechnen Sie den Erwartungswert der Zufallsvariablen X = *Augensumme beim Wurf von zwei Würfeln* (vergleiche Beispiel 27.3).

Lösung zu 27.20

Der Erwartungswert von X ist

$$\mu = \frac{1}{36} \cdot 2 + \frac{2}{36} \cdot 3 + \frac{3}{36} \cdot 4 + \ldots + \frac{1}{36} \cdot 12 = 7.$$

Man kann also bei vielen Würfen erwarten, dass im Mittel die Augensumme 7 geworfen wird. ■

In diesem Beispiel ist der Erwartungswert eine ganze Zahl, entspricht also einer Realisation von X. Der Erwartungswert muss aber nicht unbedingt einen der möglichen Werte von X annehmen. Bei gezinkten Würfeln könnte für den Erwartungswert auch 8.73 herauskommen!

Beispiel 27.21 Erwartungswert einer stetigen Zufallsvariablen
Berechnen sie den Erwartungswert für die Wartezeit an der Straßenbahnhaltestelle aus Beispiel 27.11.

Lösung zu 27.21 Der Erwartungswert ist:

$$\mu = \int_{-\infty}^{\infty} x f(x)\, dx = \int_{0}^{10} x \cdot 0.1\, dx = 0.1 \frac{x^2}{2}\Big|_0^{10} = 5.$$

Man wird im Mittel also 5 Minuten warten. ■

Besonders einfach ist der Erwartungswert zu bestimmen, wenn die Dichtefunktion symmetrisch um einen Punkt ist.

Satz 27.22 Ist die Dichtefunktion einer stetigen Zufallsvariablen symmetrisch um einen Wert c, d.h.,

$$f(c - x) = f(c + x) \quad \text{für alle } x,$$

dann ist

$$\mathrm{E}(X) = c.$$

Ist $f(x)$ symmetrisch um c, so ändert $(x-c)f(x)$ bei Spiegelung um c das Vorzeichen. Integrieren wir $(x-c)f(x)$, so heben sich die Flächen links und rechts von c weg: $0 = \int_{-\infty}^{\infty}(x-c)f(x)\,dx = \int_{-\infty}^{\infty} x\, f(x)\,dx - c\int_{-\infty}^{\infty} f(x)\,dx = \mathrm{E}(x) - c$.

Einfach ist es auch, den Erwartungswert der Summe von zwei (oder mehreren) Zufallsvariablen anzugeben:

Satz 27.23 (Linearität des Erwartungswerts) Sind X und Y zwei Zufallsvariablen und $a \in \mathbb{R}$, dann gilt:

$$\mathrm{E}(X + Y) = \mathrm{E}(X) + \mathrm{E}(Y) \quad \text{und} \quad \mathrm{E}(a\,X) = a\,\mathrm{E}(X).$$

Dabei ist es egal, ob die Zufallsvariablen abhängig oder unabhängig sind!

Wir wollen uns nur den Fall, in dem beide Zufallsvariablen diskret (mit endlich vielen Werten) sind, klar machen. Der Fall, in dem eine (oder beide) Zufallsvariable stetig ist, kann behandelt werden, indem man die stetige Verteilung durch eine diskrete approximiert (so wie wir zur Definition des Integrals eine stetige Funktion durch eine Stufenfunktion approximiert haben).

Zunächst zur Eigenschaft $\mathrm{E}(a\,X) = a\,\mathrm{E}(X)$: Wenn $x_1, \ldots, x_n$ die Realisationen von X sind, die mit den Wahrscheinlichkeiten $p_1, \ldots, p_n$ angenommen werden, dann sind $a\,x_1, \ldots, a\,x_n$ die möglichen Werte der Zufallsvariablen aX, die mit denselben Wahrscheinlichkeiten auftreten. Der Erwartungswert von $a\,X$ ist daher

$$\mathrm{E}(a\,X) = \sum_i (a\,x_i)p_i = a\sum_i x_i p_i = a\,\mathrm{E}(X).$$

Wir haben also einfach a herausgehoben, und der Rest ist gerade der Erwartungswert von X.

Nun zur Eigenschaft $\mathrm{E}(X+Y) = \mathrm{E}(X) + \mathrm{E}(Y)$: Nehmen wir an, X und Y sind diskret mit den Werten x_i bzw. y_j und zugehörigen Wahrscheinlichkeiten p_i bzw. q_j. Dann ist $X+Y$ ebenfalls diskret mit den möglichen Werten $x_i + y_j$. Wie sehen die zugehörigen Wahrscheinlichkeiten aus? Nennen wir sie $P_{ij} = P((X = x_i) \cap (Y = y_j))$. Achtung, sie sind nicht notwendigerweise $p_i \cdot q_j$ (denn wir haben nicht vorausgesetzt, dass X und Y unabhängig sind)! Wir versuchen nun nicht, P_{ij} mithilfe von p_i und q_j zu schreiben, sondern gehen die Sache anders an:

Wir formen den Erwartungswert von $X+Y$ (= Summe über alle möglichen Werte $x_i + y_j$ multipliziert mit der zugehörigen Wahrscheinlichkeit P_{ij}) etwas um:

$$\mathrm{E}(X+Y) = \sum_i \sum_j (x_i + y_j)P_{ij} = \sum_i \sum_j x_i P_{ij} + \sum_i \sum_j y_j P_{ij}.$$

Die erste Summe ist nun gerade gleich dem Erwartungswert von X, denn:

$$\sum_i \sum_j x_i P_{ij} = \sum_i x_i \Big(\sum_j P_{ij}\Big) = \sum_i x_i p_i = \mathrm{E}(X).$$

Hier haben wir im zweiten Schritt die Formel für die totale Wahrscheinlichkeit (Satz 26.24) verwendet, nach der $\sum_j P_{ij} = p_i$ ist. Analog ist die zweite Summe gerade der Erwartungswert von Y: $\sum_i \sum_j y_j P_{ij} = \mathrm{E}(Y)$. Damit ist insgesamt $\mathrm{E}(X+Y) = \mathrm{E}(X) + \mathrm{E}(Y)$.

Bemerkung: Ein bestimmter Wert z für $X+Y$ kann unter Umständen durch verschiedene Kombinationen von $x_i + y_j$ erhalten werden (die Augensumme 3 kann z. B. durch die Wurffolgen $(1,2)$ und $(2,1)$ erreicht werden). Um die zugehörigen Wahrscheinlichkeiten $P(z)$ zu erhalten, muss über alle diese Möglichkeiten summiert werden (in unserer obigen Formel für den Erwartungswert wird das automatisch berücksichtigt). Die Verteilung von $X+Y$ lautet also

$$P(X+Y=z) = \sum_t P((X=t) \cap (Y = z-t)),$$

wobei die Summe über alle t, für die $P((X=t) \cap (Y=z-t)) \neq 0$ gilt, zu erstrecken ist. Sind X und Y unabhängig, so ist $P((X=t) \cap (Y=z-t)) = P(X=t)P(Y=z-t)$ und man bezeichnet

$$P(X+Y=z) = \sum_t P(X=t)P(Y=z-t)$$

als **Faltung** der Dichten. Im stetigen Fall erhält man die Dichte der Summe unabhängiger Variablen ebenfalls durch Faltung:

$$f_{X+Y}(z) = \int_{-\infty}^{\infty} f_X(t) f_Y(z-t)dt.$$

Diese Eigenschaft überträgt sich auf Summen von beliebig vielen Zufallsvariablen:

$$\mathrm{E}(a_1X_1 + a_2X_2 + \cdots + a_nX_n) = a_1\mathrm{E}(X_1) + a_2\mathrm{E}(X_2) + \cdots + a_n\mathrm{E}(X_n).$$

Beispiel 27.24 Erwartungswert der Summe von Zufallsvariablen
Berechnen Sie den Erwartungswert der Zufallsvariablen X = *Augensumme beim Wurf von zwei Würfeln* mit Satz 27.23.

Lösung zu 27.24 Wir können $X = X_1 + X_2$ schreiben, wobei X_1 bzw. X_2 die Augenzahl des ersten bzw. zweiten Würfels ist. X_1 nimmt die Werte von 1 bis 6 mit den Wahrscheinlichkeiten $\frac{1}{6}$ an und somit gilt $\mathrm{E}(X_1) = 1 \cdot \frac{1}{6} + 2 \cdot \frac{1}{6} + \cdots + 6 \cdot \frac{1}{6} = 3.5$. Analog erhalten wir $\mathrm{E}(X_2) = 3.5$. Mithilfe Satz 27.23 gilt dann für den Erwartungswert der Augensumme:

$$\mathrm{E}(X) = \mathrm{E}(X_1 + X_2) = \mathrm{E}(X_1) + \mathrm{E}(X_2) = 3.5 + 3.5 = 7.$$

Diesen Wert haben wir schon in Beispiel 27.3 auf mühsamerem Weg gefunden! ■

Aus Satz 27.23 folgt folgende nützliche Formel:

Satz 27.25 Sei X eine Zufallsvariable und a, b beliebige reelle Zahlen. Dann gilt:

$$\mathrm{E}(aX + b) = a\mathrm{E}(X) + b.$$

Warum? Wählen wir in Satz 27.23 für die Zufallsvariable Y die konstante Funktion $Y = b$, so ist $\mathrm{E}(Y) = \mathrm{E}(b) = b$ (der Wert b wird ja mit der Wahrscheinlichkeit 1 angenommen). Mit Satz 27.23 folgt daher $\mathrm{E}(aX + b) = \mathrm{E}(aX) + \mathrm{E}(b) = a\mathrm{E}(X) + b$.

Wenn $g(x)$ eine reelle Funktion ist und X eine Zufallsvariable, so ist auch $g(X)$ eine Zufallsvariable. Der Erwartungswert der neuen Zufallsvariablen $g(X)$ kann leicht mithilfe der Verteilung von X berechnet werden:

Satz 27.26 Sei X eine Zufallsvariable mit Wahrscheinlichkeiten p_i bzw. Dichtefunktion $f(x)$. Weiters sei $g(x)$ eine reelle Funktion. Dann ist der Erwartungswert der Zufallsvariablen $g(X)$ gleich

$$\mathrm{E}(g(X)) = \begin{cases} \sum_i g(x_i)p_i, & \text{falls } X \text{ diskret ist,} \\ \int_{-\infty}^{\infty} g(x)f(x)\,dx, & \text{falls } X \text{ stetig ist.} \end{cases}$$

Achtung: Im Allgemeinen gilt $\mathrm{E}(g(X)) \neq g(\mathrm{E}(X))$!

Warum? Ist X diskret mit den Realisationen x_i und zugehörigen Wahrscheinlichkeiten p_i, so ist auch $g(X)$ diskret mit den möglichen Werten $y_i = g(x_i)$ und denselben Wahrscheinlichkeiten p_i. Damit ist $\mathrm{E}(g(X)) = \sum_i y_i p_i = \sum_i g(x_i)p_i$. Den stetigen Fall kann man wieder zeigen, indem man die stetige Verteilung durch eine diskrete approximiert.

Beispiel 27.27 Erwartete Kosten durch Störfälle

Bei einer Produktion treten Störungen mit folgender Verteilung für X = *Anzahl der Störfälle pro Tag* auf:

x_i	0	1	2	3	4
p_i	0.3	0.4	0.2	0.08	0.02

Für die Behebung der Störungen fallen Kosten in der Höhe von

$$g(x) = 6 - \frac{5}{1+x}$$

an (in 1000 €). Geben Sie die Kosten an, die im Schnitt pro Tag zu erwarten sind.

Lösung zu 27.27 Der Erwartungswert der Kosten wird gebildet, indem wir die Kosten jedes einzelnen Störfalles mit seiner Wahrscheinlichkeit gewichten:

$g(x_i)$	1.00	3.50	4.33	4.75	5.00
p_i	0.3	0.4	0.2	0.08	0.02

Damit erhalten wir:

$$\mathrm{E}(g(X)) = 0.3 \cdot 1.00 + 3.5 \cdot 0.4 + 4.33 \cdot 0.2 + 4.75 \cdot 0.08 + 5.00 \cdot 0.02 = 3.05.$$

Achtung: Der Erwartungswert für die Anzahl der Störfälle ist $\mathrm{E}(X) = 1.12$. Die Kosten dieses Erwartungswerts wären $g(\mathrm{E}(X)) = g(1.12) = 6 - \frac{5}{1+1.12} = 3.64$. Das ist nicht dasselbe wie der oben berechnete Erwartungswert der Kosten $\mathrm{E}(g(X))$! ■

Auch für das Produkt zweier Zufallsvariablen gibt es eine einfache Regel – allerdings nur, wenn die beiden Zufallsvariablen unabhängig sind:

Satz 27.28 Seien X und Y zwei **unabhängige** Zufallsvariablen. Dann ist der Erwartungswert des Produkts gleich dem Produkt der Erwartungswerte:

$$\mathrm{E}(X \cdot Y) = \mathrm{E}(X) \cdot \mathrm{E}(Y).$$

Warum? Wir betrachten wieder nur den diskreten Fall. Die Werte von X bzw. Y seien x_i bzw. y_j mit zugehörigen Wahrscheinlichkeiten p_i bzw. q_j. Wegen der Unabhängigkeit von X und Y tritt der Wert $x_i y_j$ mit der Wahrscheinlichkeit $P(X = x_i \text{ und } Y = y_j) = P(X = x_i) \cdot P(Y = y_j) = p_i q_j$ auf. Daher ist

$$\mathrm{E}(X \cdot Y) = \sum_i \sum_j (x_i y_j)(p_i q_j) = \sum_i \sum_j (x_i p_i)(y_j q_j) = \Big(\sum_i x_i p_i\Big)\Big(\sum_j y_j q_j\Big) = \mathrm{E}(X)\mathrm{E}(Y).$$

Beispiel 27.29 Erwartungswert des Produktes von Zufallsvariablen
Betrachten Sie den Wurf zweier Würfel und sei $X_1 =$ *Augenzahl des ersten Würfels* bzw. $X_2 =$ *Augenzahl des zweiten Würfels.* Die zugehörigen Erwartungswerte sind (siehe Beispiel 27.24) $E(X_1) = E(X_2) = 3.5$. Berechnen Sie:
a) $\mathrm{E}(X_1 \cdot X_2)$ b) $\mathrm{E}(X_1 \cdot X_1)$

Lösung zu 27.29

a) Natürlich könnten wir die Verteilung von $X_1 X_2$ bestimmen und dann den Erwartungswert über seine Definition berechnen. Da X_1 und X_2 aber unabhängig sind, können wir uns das ersparen und Satz 27.28 verwenden: $\mathrm{E}(X_1 \cdot X_2) = \mathrm{E}(X_1)\mathrm{E}(X_2) = 3.5 \cdot 3.5 = 12.25$.
b) Aus Satz 27.26 folgt mit $g(x) = x^2$:

$$\mathrm{E}(X_1 \cdot X_1) = \mathrm{E}(X_1^2) = \frac{1^2}{6} + \frac{2^2}{6} + \cdots + \frac{6^2}{6} = \frac{91}{6} = 15.17.$$

Achtung: Satz 27.28 darf hier nicht verwendet werden, da die Unabhängigkeitsvoraussetzung nicht erfüllt ist! ■

Kommen wir nun zu einem wichtigen Streuungsparameter:

Definition 27.30 Sei X eine Zufallsvariable mit Erwartungswert μ. Die **Varianz** von X ist

$$\operatorname{Var}(X) = \mathrm{E}((X-\mu)^2) = \begin{cases} \sum_i (x_i-\mu)^2 p_i, & \text{falls } X \text{ diskret ist,} \\ \int_{-\infty}^{\infty} (x-\mu)^2 f(x)\,dx, & \text{falls } X \text{ stetig ist.} \end{cases}$$

Für die Varianz schreibt man auch σ^2. Die Varianz ist eine nichtnegative Zahl. Damit kann die Wurzel σ aus ihr gezogen werden, die **Standardabweichung** von X genannt wird.

Wie schon beim Erwartungswert haben wir stillschweigend vorausgesetzt, dass die Summe bzw. das Integral konvergent sind. Wir werden nur diesen Fall betrachten.

Die Varianz ist die erwartete quadratische Abweichung der Zufallsvariablen von ihrem Erwartungswert. Sie ist ein Maß für die „Breite" der Wahrscheinlichkeitsverteilung: Liegen die Realisationen von X weit verstreut um den Erwartungswert μ, so ist σ^2 größer, als wenn die Werte eng um μ liegen.

Die Varianz ist genau dann gleich null, wenn X nur einen Wert (der dann gleichzeitig der Erwartungswert ist), annehmen kann. (In diesem Fall spricht man von einer **entarteten Zufallsvariablen**.)

Wir haben in der beschreibenden Statistik in Kapitel 25 Kennwerte der Häufigkeitsverteilung einer Stichprobe eingeführt (unter anderem arithmetisches Mittel $\overline{x}$, Stichproben-Standardabweichung s und Stichproben-Varianz s^2; man spricht auch von der *empirischen* Standardabweichung bzw. Varianz). Das sind also Kennwerte von konkreten Daten, die der Grundgesamtheit entnommen worden sind. Stichproben-Kennwerte werden immer mit lateinischen Buchstaben bezeichnet.

Die entsprechenden Parameter für die Wahrscheinlichkeitsverteilung einer Zufallsvariablen werden mit griechischen Buchstaben bezeichnet (Erwartungswert μ, Standardabweichung σ, Varianz σ^2).

Die meist unbekannten Parameter μ, σ bzw. σ^2 können durch $\overline{x}$, s bzw. s^2 geschätzt werden. Damit werden wir uns in Kapitel 30 näher beschäftigen.

Für eine effiziente Berechnung der Varianz ist folgende Formel in der Praxis sehr hilfreich:

Satz 27.31 Sei X eine Zufallsvariable mit Erwartungswert μ und Varianz σ^2. Dann gilt:

$$\sigma^2 = \mathrm{E}(X^2) - \mu^2.$$

Denn aus Satz 27.23 folgt: $\sigma^2 = \mathrm{E}((X-\mu)^2) = \mathrm{E}(X^2 - 2\mu X + \mu^2) = \mathrm{E}(X^2) - 2\mu\,\mathrm{E}(X) + \mu^2 = \mathrm{E}(X^2) - \mu^2$.

Beispiel 27.32 Varianz einer diskreten Zufallsvariablen
Berechnen Sie die Varianz und die Standardabweichung der Zufallsvariablen $X =$ *Augensumme beim Wurf von zwei Würfeln* (Beispiel 27.3).

Lösung zu 27.32 Der Erwartungswert ist $\mu = 7$. Zur praktischen Berechnung der Varianz mithilfe Satz 27.31 brauchen wir auch den Erwartungswert von X^2. Die zugehörige Wahrscheinlichkeitsverteilung ist:

x_i	2	3	4	5	6	7	8	9	10	11	12	
x_i^2	4	9	16	25	36	49	64	81	100	121	144	
p_i	$\frac{1}{36}$	$\frac{2}{36}$	$\frac{3}{36}$	$\frac{4}{36}$	$\frac{5}{36}$	$\frac{6}{36}$	$\frac{5}{36}$	$\frac{4}{36}$	$\frac{3}{36}$	$\frac{2}{36}$	$\frac{1}{36}$	$\sum p_i = 1$

Der Erwartungswert von X^2 ist:

$$\mathrm{E}(X^2) = 4\frac{1}{36} + 9\frac{2}{36} + \ldots + 121\frac{2}{36} + 144\frac{1}{36} = \frac{329}{6} = 54.83.$$

Die Varianz ist damit

$$\sigma^2 = E(X^2) - \mu^2 = \frac{329}{6} - 49 = \frac{35}{6} = 5.83.$$

Die Standardabweichung ist $\sigma = \sqrt{5.83} = 2.42$. ■

Beispiel 27.33 Varianz einer stetigen Zufallsvariablen
Berechnen Sie die Varianz für die Wartezeit an der Straßenbahnhaltestelle aus Beispiel 27.11.

Lösung zu 27.33 Der Erwartungswert von X ist $\mu = 5$, jener von X^2 ist

$$\mathrm{E}(X^2) = \int_{-\infty}^{\infty} x^2 f(x)\,dx = \int_0^{10} x^2 \cdot 0.1\,dx = \frac{10^3}{3} \cdot 0.1 = \frac{100}{3} = 33.3.$$

Die Varianz ist damit

$$\sigma^2 = \mathrm{E}(X^2) - \mu^2 = \frac{100}{3} - 25 = \frac{25}{3} = 8.33,$$

und die Standardabweichung ist $\sigma = \frac{5}{\sqrt{3}} = 2.89$. Dieser relativ große Wert der Varianz kommt daher, dass bei der Gleichverteilung alle möglichen Werte der Wartezeit X gleich wahrscheinlich sind. ■

Die Erwartungswerte $\mathrm{E}(X^n)$ werden öfter gebraucht und als **k-te Momente**

$$m_k(X) = \mathrm{E}(X^k)$$

der Verteilung bezeichnet. Ersetzt man X durch $X - \mu$, so spricht man vom **k-ten zentralen Moment**

$$m_k(X - \mu) = \mathrm{E}((X - \mu)^k).$$

Es gilt also $m_0(X) = 1$, $m_1(X) = \mu$ und $m_2(X) = \sigma^2 + \mu^2$ bzw. $m_0(X - \mu) = 1$, $m_1(X - \mu) = 0$ und $m_2(X - \mu) = \sigma^2$.

Die Momente müssen nicht für alle $k \in \mathbb{N}$ existieren, da die zugehörigen Summen bzw. Integrale divergieren könnten.

Der Ausdruck $\gamma = \frac{m_3(X-\mu)}{\sigma^3}$ wird als **Schiefe** und der Ausdruck $\kappa = \frac{m_4(X-\mu)}{\sigma^4} > 0$ als **Kurtosis** der Verteilung bezeichnet. Eine Verteilung mit $\gamma < 0$ heißt **linksschief**, eine Verteilung mit $\gamma > 0$ **rechtsschief**.

Wenn wir aus X die neue Zufallsvariable $aX + b$ bilden, so ändert sich die Varianz um den Faktor a^2:

Satz 27.34 Sei X eine Zufallsvariable und a, b beliebige reelle Zahlen. Dann ist die Varianz der Zufallsvariablen $Y = aX + b$

$$\mathrm{Var}(Y) = a^2 \mathrm{Var}(X).$$

Für die Standardabweichung folgt: $\sigma_Y = |a| \sigma_X$.

Die Verschiebung um b kümmert die Varianz also nicht (im Gegensatz zum Erwartungswert, für den ja $\mathrm{E}(aX + b) = a\,\mathrm{E}(X) + b$ gilt). Insbesondere ist also $\mathrm{Var}(X + b) = \mathrm{Var}(X)$ und $\mathrm{Var}(aX) = a^2 \mathrm{Var}(X)$.

Denn: $\mathrm{Var}(aX + b) = \mathrm{E}((aX + b - a\mu - b)^2) = \mathrm{E}((aX - a\mu)^2) = \mathrm{E}(a^2(X - \mu)^2) = a^2 \mathrm{E}((X - \mu)^2) = a^2 \mathrm{Var}(X)$, wobei wir die Linearität des Erwartungswerts aus Satz 27.23 verwendet haben.

In vielen Situationen ist es praktisch, eine Zufallsvariable zu *standardisieren*:

Satz 27.35 Sei X eine Zufallsvariable mit dem Erwartungswert μ und der Standardabweichung $\sigma \neq 0$. Dann hat die zugehörige **standardisierte** Zufallsvariable

$$Z = \frac{X - \mu}{\sigma}$$

die Parameter

$$\mathrm{E}(Z) = 0 \qquad \text{und} \qquad \mathrm{Var}(Z) = 1.$$

Die Verteilungsfunktionen von X und Z hängen folgendermaßen zusammen:

$$F_X(x) = F_Z(\frac{x - \mu}{\sigma}) \qquad \text{bzw.} \qquad F_Z(z) = F_X(\sigma z + \mu).$$

Für die p-Quantile gilt:

$$x_p = \sigma\, z_p + \mu.$$

Für die Dichten von stetigen Zufallsvariable folgt aus der Kettenregel:

$$f_X(x) = \frac{1}{\sigma} f_Z(\frac{x - \mu}{\sigma}).$$

Der Zusammenhang zwischen $F_X(x)$ und $F_Z(z)$ ist deshalb wichtig, weil es damit in der Praxis für häufig auftretende Verteilungen genügt, den Fall $\mu = 0$, $\sigma = 1$ zu untersuchen bzw. zu tabellieren.

Beispiel 27.36 Standardisierung
Berechnen Sie die standardisierte Zufallsvariable zu X = *Wartezeit an der Straßenbahnhaltestelle* aus Beispiel 27.11 sowie die zugehörige Verteilungsfunktion.

Lösung zu 27.36 Wir kennen bereits den Erwartungswert $\mu = 5$ und die Standardabweichung $\sigma = \frac{5}{\sqrt{3}}$. Mit Satz 27.35 folgt daher $Z = \frac{\sqrt{3}}{5}(X - 5)$. Die Verteilungsfunktion der standardisierten Zufallsvariablen ist

$$F_Z(z) = F_X(\sigma z + \mu) = \begin{cases} 0, & \text{für } z \le -\sqrt{3} \\ \frac{z+\sqrt{3}}{2\sqrt{3}}, & \text{für } -\sqrt{3} < z < \sqrt{3} \\ 1, & \text{für } z \ge \sqrt{3} \end{cases}$$

(denn $0 < \frac{5}{\sqrt{3}} z + 5 < 10$ ist äquivalent zu $-\sqrt{3} < z < \sqrt{3}$). ■

Der Erwartungswert einer Summe von Zufallsvariablen ist immer gleich der Summe der Erwartungswerte. Für die Varianz gilt das nur, wenn die Zufallsvariablen unabhängig sind:

Satz 27.37 Sind X und Y Zufallsvariablen, so gilt für die Varianz der Summe

$$\mathrm{Var}(X+Y) = \mathrm{Var}(X) + 2\mathrm{Cov}(X,Y) + \mathrm{Var}(Y),$$

wobei

$$\mathrm{Cov}(X,Y) = \mathrm{E}((X-\mu_X)(Y-\mu_Y)) = \mathrm{E}(X \cdot Y) - \mu_X \mu_Y$$

die so genannte **Kovarianz** von X und Y ist. Sind X und Y **unabhängige** Zufallsvariablen, dann gilt

$$\mathrm{Cov}(X,Y) = 0 \quad \text{und} \quad \mathrm{Var}(X+Y) = \mathrm{Var}(X) + \mathrm{Var}(Y).$$

Warum? Wegen $\mathrm{E}(X+Y) = \mu_X + \mu_Y$ folgt $\mathrm{Var}(X+Y) = \mathrm{E}((X+Y-\mu_X-\mu_Y)^2) = \mathrm{E}((X-\mu_X)^2 + 2(X-\mu_X)(Y-\mu_Y) + (Y-\mu_Y)^2) = \mathrm{E}((X-\mu_X)^2) + 2\mathrm{E}((X-\mu_X)(Y-\mu_Y)) + \mathrm{E}((Y-\mu_Y)^2) = \mathrm{Var}(X) + 2\mathrm{E}((X-\mu_X)(Y-\mu_Y)) + \mathrm{Var}(Y)$.

Weiters gilt $\mathrm{E}((X-\mu_X)(Y-\mu_Y)) = \mathrm{E}(X \cdot Y - \mu_Y X - \mu_X Y + \mu_X \mu_Y) = \mathrm{E}(X \cdot Y) - \mu_Y \mathrm{E}(X) - \mu_X \mathrm{E}(Y) + \mu_X \mu_Y = \mathrm{E}(X \cdot Y) - \mu_X \mu_Y$, und dieser Ausdruck verschwindet nach Satz 27.28 wenn X und Y unabhängig sind.

Für beliebig viele unabhängige Zufallsvariablen $X_1, \ldots, X_n$ folgt daraus

$$\mathrm{Var}(X_1 + \cdots + X_n) = \mathrm{Var}(X_1) + \cdots + \mathrm{Var}(X_n).$$

Es reicht dafür sogar, dass die Kovarianzen paarweise verschwinden: $\mathrm{Cov}(X_i, X_j) = 0$ für alle $i \neq j$.

Beispiel 27.38 Varianz der Summe von Zufallsvariablen
Berechnen Sie die Varianz der Zufallsvariablen X = *Augensumme beim Wurf von zwei Würfeln* (Beispiel 27.3) mithilfe von Satz 27.37.

Lösung zu 27.38 Wir schreiben $X = X_1 + X_2$, wobei X_1 = *Augenzahl des ersten Würfels* bzw. X_2 = *Augenzahl des zweiten Würfels*. Die Varianzen von X_1 und X_2 sind gleich: $\mathrm{Var}(X_1) = \mathrm{Var}(X_2) = \frac{(1-3.5)^2}{6} + \frac{(2-3.5)^2}{6} + \cdots + \frac{(6-3.5)^2}{6} = \frac{35}{12} = 2.92$. Da X_1 und X_2 unabhängig sind, gilt $\mathrm{Var}(X) = \mathrm{Var}(X_1 + X_2) = \mathrm{Var}(X_1) + \mathrm{Var}(X_2) = 2.92 + 2.92 = 5.83$. ■

Die Kovarianz verschwindet nach Satz 27.37, wenn X und Y unabhängig sind. Maximal wird sie, wenn $Y = a\,X + b$:

Satz 27.39 Sind X und Y Zufallsvariablen, so gilt für die Kovarianz

$$\mathrm{Cov}(X,Y)^2 \le \mathrm{Var}(X)\mathrm{Var}(Y)$$

mit Gleichheit genau dann, wenn eine der Zufallsvariablen konstant ist, oder wenn $Y = a\,X + b$.

Warum? Es reicht, den Fall $\mu_X = \mu_Y = 0$ zu zeigen: Denn wenn die Beziehung für $X - \mu_X$, $Y - \mu_Y$ gilt (diese haben Erwartungswert null), dann gilt sie auch für X, Y, da die Kovarianz (wie auch die Varianz) von einer Verschiebung nichts spürt: $\mathrm{Cov}(X - a, Y - b) = \mathrm{Cov}(X,Y)$. Wir verwenden wieder unsere üblichen Abkürzungen. Mit der Cauchy-Schwarz-Ungleichung (siehe Abschnitt „Skalarprodukt und orthogonale Projektion" in Band 1) folgt $\mathrm{Cov}(X,Y)^2 = \mathrm{E}(X \cdot Y)^2 = (\sum_i \sum_j x_i y_j P_{ij})^2 = (\sum_i \sum_j (x_i \sqrt{P_{ij}})(y_j \sqrt{P_{ij}}))^2 \le (\sum_i \sum_j x_i^2 P_{ij})(\sum_i \sum_j y_j^2 P_{ij}) = (\sum_i x_i^2 p_i))(\sum_j y_j^2 q_j) = \mathrm{Var}(X)\mathrm{Var}(Y)$, wobei wir im vorletzten Schritt die Formel für die totale Wahrscheinlichkeit verwendet haben.

Achtung: Wenn X und Y unabhängig sind, so folgt, dass $\mathrm{Cov}(X,Y) = 0$. Umgekehrt folgt aber aus $\mathrm{Cov}(X,Y) = 0$ nicht die Unabhängigkeit von X und Y! Verschwindet die Kovarianz, so werden die Zufallsvariablen als **unkorreliert** bezeichnet.

Ist z. B. die Dichte $f(x)$ eine gerade Funktion, $f(-x) = f(x)$, so ist $x^n f(x)$ eine ungerade Funktion, falls n ungerade ist. Damit heben sich beim Integral $\int x^n f(x)dx$ die Flächen links und rechts von null weg, es gilt also $\mathrm{E}(X) = \mathrm{E}(X^3) = 0$ (vergleiche Satz 27.22). Damit verschwindet die Kovarianz $\mathrm{Cov}(X, X^2) = \mathrm{E}(X \cdot X^2) - \mathrm{E}(X)\mathrm{E}(X^2) = \mathrm{E}(X^3) - 0 = 0$. X und X^2 sind aber offensichtlich abhängig (denn der Wert von X legt natürlich den Wert von X^2 fest)! Nur die *lineare* Komponente der Abhängigkeit wird von der Kovarianz erfasst.

Zufallsvariablen mit positiver Kovarianz werden als **positiv korreliert**, solche mit negativer Kovarianz als **negativ korreliert** bezeichnet. Um ein normiertes Maß für die Abhängigkeit zu bekommen, definiert man die Kovarianz der standardisierten Zufallsvariablen als **Korrelationskoeffizient**

$$\rho_{XY} = \mathrm{Cov}(\frac{X-\mu_X}{\sigma_X}, \frac{Y-\mu_Y}{\sigma_Y}) = \frac{\mathrm{Cov}(X,Y)}{\sigma_X \sigma_Y}.$$

Für den Korrelationskoeffizient gilt nach Satz 27.39 $|\rho_{XY}| \le 1$.

Er entspricht dem empirischen Korrelationskoeffizient aus Abschnitt 25.4.

Zuletzt sehen wir uns noch eine bekannte Abschätzung an:

Satz 27.40 (Ungleichung von Tschebyscheff) Für eine Zufallsvariable mit Erwartungswert $\mathrm{E}(X) = \mu$ und Varianz $\mathrm{Var}(X) = \sigma^2$ gilt für beliebiges $c > 0$ die Ungleichung

$$P(|X-\mu| \ge c) \le \frac{\sigma^2}{c^2}.$$

In Worten: Die Wahrscheinlichkeit, dass X um c oder mehr vom Erwartungswert abweicht, ist unabhängig von der Verteilung höchstens gleich $\frac{\sigma^2}{c^2}$. Für $c \le \sigma$ liefert die Ungleichung keine neue Information.

Überlegen wir uns wieder nur den diskreten Fall:

$$P(|X-\mu| \geq c) = \sum_{i:|x_i-\mu|\geq c} p_i \leq \sum_{i:|x_i-\mu|\geq c} \frac{(x_i-\mu)^2}{c^2} p_i \leq \sum_i \frac{(x_i-\mu)^2}{c^2} p_i = \frac{\mathrm{Var}(X)}{c^2}.$$

Die erste Ungleichung gilt, da $1 \leq \frac{(x_i-\mu)^2}{c^2}$ für $|x_i - \mu| \geq c$. Die zweite Ungleichung gilt, da die Anzahl der Elemente, über die summiert wird, vergrößert wurde.

Die Ungleichung von Tschebyscheff kann äquivalent auch in der Form

$$P(|X-\mu| < c) \geq 1 - \frac{\sigma^2}{c^2}$$

geschrieben werden.

Beispiel 27.41 Ungleichung von Tschebyscheff
Gegeben ist die Zufallsvariable X = *Augenzahl beim Wurf eines Würfels*. Der Erwartungswert ist $\mu = 3.5$, die Varianz ist $\sigma^2 = \frac{35}{12}$ (siehe Beispiele 27.24 bzw. 27.38).
a) Schätzen Sie die Wahrscheinlichkeit $P(|X - 3.5| < 2)$ (= Wahrscheinlichkeit, dass die Augenzahl um weniger als 2 vom Erwartungswert 3.5 abweicht, also größer 1.5 und kleiner als 5.5 ist) mit der Ungleichung von Tschebyscheff ab.
b) Berechnen Sie $P(|X - 3.5| < 2)$ exakt.

Lösung zu 27.41

a) Wir setzen den Erwartungswert, die Varianz und $c = 2$ in die Ungleichung von Tschebyscheff ein:

$$P(|X-3.5| < 2) \geq 1 - \frac{35/12}{4} = 0.271.$$

Die gesuchte Wahrscheinlichkeit ist also größer oder gleich 27.1%.

b) Es gilt $P(|X - 3.5| < 2) = P(1.5 < X < 5.5) = P(\{2, 3, 4, 5\}) = \frac{4}{6} = 0.667$. Die gesuchte Wahrscheinlichkeit ist also gleich 66.7%. ■

Die Ungleichung von Tschebyscheff liefert hier also nur eine sehr grobe Abschätzung. Ihr Vorteil liegt darin, dass sie auch dann angewendet werden kann, wenn man nur Erwartungswert und Varianz, aber nicht die genaue Verteilung einer Zufallsvariablen kennt.

Manchmal ist folgende einseitige Variante nützlich, die als **Cantelli-Ungleichung** bekannt ist:

$$P(X-\mu \geq c) \leq \frac{\sigma^2}{\sigma^2+c^2}, \qquad c \geq 0.$$

Sie ist nach dem italienischem Mathematiker Francesco Paolo Cantelli (1875–1966) benannt. Der Beweis kann ähnlich wie zuvor geführt werden. Für $Y = X - \mu$ gilt $c^2 = \mathrm{E}(c-Y)^2 \leq \left(\sum_{i:y_i<c} 1 \cdot (c-y_i)p_i\right)^2 \leq \sum_{i:y_i<c} 1^2 p_i \sum_{i:y_i<c}(c-y_i)^2 p_i \leq P(Y<c)\mathrm{E}((c-Y)^2) = P(Y<c)(\sigma^2+c^2)$, wobei die vorletzte Abschätzung wie im Beweis von Satz 27.39 aus der Cauchy-Schwarz-Ungleichung folgt. Auflösen nach $P(X-\mu \geq c) = 1 - P(Y < c)$ liefert die Ungleichung. Als kleine Anwendung können wir festhalten, dass der Fall $c = \sigma$ zeigt, dass der Median im Intervall $[\mu-\sigma, \mu+\sigma]$ liegen muss.

Da die Gleichverteilung und die Exponentialverteilung oft vorkommen, wollen wir ihre Eigenschaften hier allgemein zusammenfassen:

Definition 27.42 (Gleichverteilung oder Rechteckverteilung) Eine Zufallsvariable mit der Verteilungs- bzw. Dichtefunktion

$$F(x) = \begin{cases} 0, & \text{für } x \leq a \\ \frac{x-a}{b-a}, & \text{für } a < x < b \\ 1, & \text{für } x \geq b \end{cases} \quad \text{bzw.} \quad f(x) = \begin{cases} \frac{1}{b-a}, & \text{für } a < x < b \\ 0, & \text{sonst} \end{cases}$$

heißt **gleichverteilt** auf dem Intervall $[a, b]$ (Abbildung 27.8). Erwartungswert und Varianz sind in diesem Fall gegeben durch

$$\mu = \frac{a+b}{2}, \qquad \sigma^2 = \frac{(b-a)^2}{12}.$$

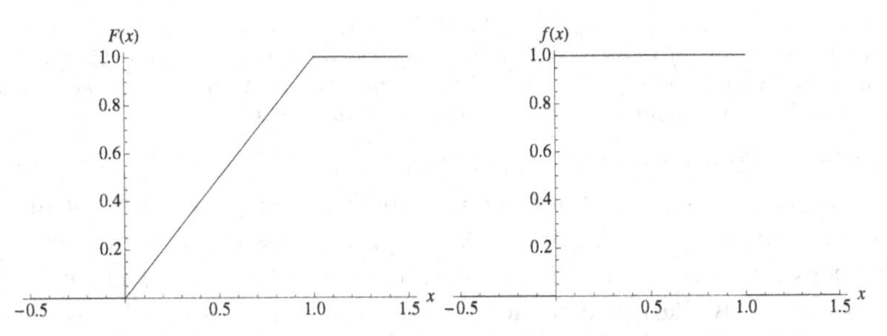

Abbildung 27.8. Verteilungs- bzw. Dichtefunktion der Gleichverteilung für $a = 0$, $b = 1$.

Definition 27.43 (Exponentialverteilung) Eine Zufallsvariable mit der Verteilungs- bzw. Dichtefunktion

$$F(x) = \begin{cases} 1 - \mathrm{e}^{-k\,x}, & \text{für } x > 0 \\ 0, & \text{sonst} \end{cases} \quad \text{bzw.} \quad f(x) = \begin{cases} k\,\mathrm{e}^{-k\,x}, & \text{für } x > 0 \\ 0, & \text{sonst} \end{cases}$$

heißt **exponentialverteilt** (Abbildung 27.9). Erwartungswert und Varianz sind in diesem Fall gegeben durch

$$\mu = \frac{1}{k}, \qquad \sigma^2 = \frac{1}{k^2}.$$

27.2.1 Anwendung: Moderne Portfoliotheorie

Die Überlegungen aus dem letzten Abschnitt sind auch hilfreich bei der Zusammenstellung eines Portfolios aus Wertpapieren mit möglichst geringem Risiko. Diese Portfoliotheorie wurde vom amerikanischen Ökonomen Harry M. Markowitz (geb. 1927) begründet, der für seine Arbeiten im Jahr 1990 den Nobelpreis für Wirtschaftswissenschaften erhielt.

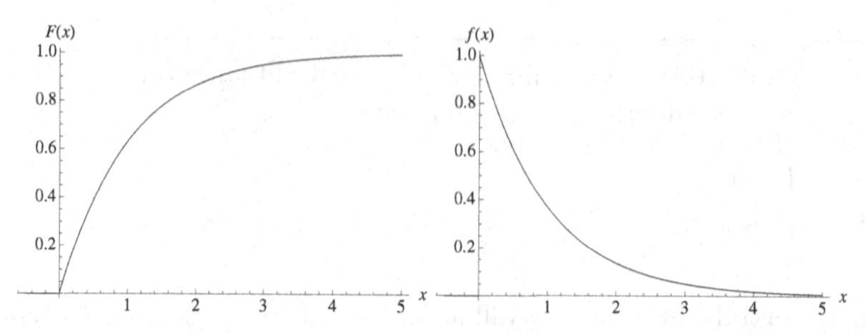

Abbildung 27.9. Verteilungs- bzw. Dichtefunktion der Exponentialverteilung für $k = 1$.

Wir können den Gewinn einer Aktie als Zufallsvariable X auffassen. Der Erwartungswert μ ist der erwartete Gewinn und die Varianz σ^2 ist ein Maß für das Risiko der Aktie.

In der Finanzwelt verwendet man für X nicht absolute Kurse, sondern die so genannte **Rendite** R (relativer Kursgewinn im betrachteten Zeitraum). Davon betrachtet man dann $\ln(1 + R)$, da diese Zufallsvariable eher als *normalverteilt* (siehe Abschnitt 29.1) betrachtet werden kann. Die zugehörige Standardabweichung σ bezeichnet man als **Volatilität**.

Nehmen wir zum Beispiel an, wir haben zwei Aktien X_1 und X_2 mit dem gleichen Erwartungswert $\mu_1 = \mu_2 = \mu$, aber mit verschiedenen Varianzen $\sigma_1^2 = 1$ und $\sigma_2^2 = 2$. Wenn man nur diese beiden Aktien kaufen kann und das Risiko minimieren möchte, so erscheint es auf den ersten Blick logisch, das gesamte Kapital in die erste Aktie (mit dem kleineren Risiko) zu investieren. Das Gefühl trügt hier, wie wir gleich sehen werden.

Bilden wir ein Portfolio, indem wir einen Anteil $\alpha \in [0, 1]$ unseres Kapitals in die erste Aktie und den Rest $1 - \alpha \in [0, 1]$ in die zweite Aktie investieren:

$$\alpha X_1 + (1 - \alpha) X_2.$$

Der Erwartungswert unseres Portfolios ist

$$\mathrm{E}(\alpha X_1 + (1 - \alpha) X_2) = \alpha \mathrm{E}(X_1) + (1 - \alpha) \mathrm{E}(X_2) = \alpha\mu + (1 - \alpha)\mu = \mu.$$

Dass auch für das Aktiengemisch der Gewinn μ erwartet wird, ist nicht überraschend. Die Varianz ist

$$\mathrm{Var}(\alpha X_1 + (1 - \alpha) X_2) = \alpha^2 \mathrm{Var}(X_1) + 2\alpha(1 - \alpha)\mathrm{Cov}(X_1, X_2) + (1 - \alpha)^2 \mathrm{Var}(X_2).$$

Nehmen wir an, dass die beiden Aktien unkorrelliert sind, also $\mathrm{Cov}(X_1, X_2) = 0$. Dann erhalten wir in unserem konkreten Beispiel mit $\mathrm{Var}(X_1) = 1$ und $\mathrm{Var}(X_2) = 2$:

$$\mathrm{Var}(\alpha X_1 + (1 - \alpha) X_2) = \alpha^2 + 2(1 - \alpha)^2.$$

Die Varianz unseres Portfolios ist in Abbildung 27.10 dargestellt. Wir sehen, dass es sich um eine Parabel mit Minimum beim Anteil $\alpha = \frac{2}{3}$ handelt. Wenn wir das Portfolio mit diesem α bilden, $\frac{2}{3}X_1 + \frac{1}{3}X_2$, so ergibt sich das Risiko

$$\mathrm{Var}(\frac{2}{3}X_1 + \frac{1}{3}X_2) = \left(\frac{2}{3}\right)^2 + 2\left(\frac{1}{3}\right)^2 = \frac{4}{9} + 2\frac{1}{9} = \frac{2}{3}.$$

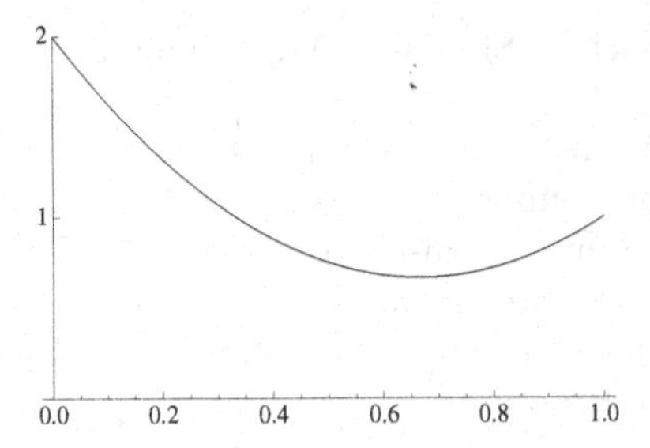

Abbildung 27.10. Risiko (Varianz) eines Portfolios

Dieses Risiko ist kleiner als das der ersten Aktie! Es ist also günstiger, $\frac{2}{3}$ des Kapitals in die erste Aktie und $\frac{1}{3}$ in die zweite Aktie zu investieren, als das gesamte Kapital in die erste Aktie zu investieren!

Im Vergleich zu einer Investition des gesamten Kapitals in ein einziges Risikopapier lässt sich, durch breite Streuung des Kapitals auf verschiedene Titel (**Diversifikation**), das Risiko der Anlage (beschrieben durch die Varianz) vermindern. Voraussetzung hierfür ist, dass die Renditen der Wertpapiere nicht perfekt positiv miteinander korreliert sind: $\rho_{X_1X_2} < 1$. Am besten eignen sich dafür Wertpapiere, die negativ korreliert sind. Im Idealfall einer perfekten negativen Korrelation, $\rho_{X_1X_2} = -1$, kann ein Verlust beim ersten Wertpapier durch einen Gewinn beim zweiten kompensiert werden – man könnte damit ein risikofreies Portfolio zusammenstellen).

In der Praxis hat man natürlich mehrere Wertpapiere $X_1, \dots, X_n$ mit einer zugehörigen Kovarianzmatrix $C_{ij} = \text{Cov}(X_i, X_j)$ (Bemerkung: Die Kovarianzmatrix ist symmetrisch $\text{Cov}(X_i, X_j) = \text{Cov}(X_j, X_i)$ und die Diagonalelemente sind gerade die Varianzen $\text{Cov}(X_i, X_i) = \text{Var}(X_i)$.). Dann gilt für die Varianz des Portfolios

$$\sigma^2 = \langle \alpha, C\alpha \rangle = \sum_{i=1}^{n} \sum_{j=1}^{n} C_{ij}\alpha_i\alpha_j$$

und sie ist unter den Nebenbedingungen

$$\alpha_1 + \cdots + \alpha_n = 1, \qquad \alpha_j \geq 0$$

zu minimieren.

Erwartungswert, Varianz und Kovarianz von Wertpapieren werden in der Praxis aus Daten der Vergangenheit geschätzt.

27.3 Das Gesetz der großen Zahlen

In der Praxis hat man es oft mit dem Fall zu tun, dass ein Experiment mehrfach unter gleichen Bedingungen wiederholt wird (z. B. Entnahme von n Stück aus einer laufenden Produktion). Das prototypische Beispiel dafür ist das n-malige Werfen eines Würfels. Wie verhält sich nun die mittlere Augenzahl bei n Würfen? Wir erwarten uns, dass sie sich für wachsendes n immer mehr dem Erwartungswert für einen Wurf nähert. In welchem Sinn diese Vorstellung richtig ist, wollen wir uns nun überlegen.

Beim zweimaligen Würfeln entspricht jedes Ereignis einem Paar (i, j) von Augenzahlen (i=Augenzahl beim ersten Wurf, j=Augenzahl beim zweiten Wurf). Der zugehörige Ereignisraum ist also das kartesische Produkt $\Omega^2 = \Omega \times \Omega = \{(1,1),(1,2),\ldots,(6,6)\}$ des Ereignisraums $\Omega = \{1,\ldots,6\}$ eines einzelnen Wurfs. Die zugehörigen Wahrscheinlichkeiten sind aufgrund der Unabhängigkeit der beiden Würfe gegeben durch die Produkte

$$P((X_1 \in A_1) \cap (X_2 \in A_2)) = P(X_1 \in A_1)\, P(X_2 \in A_2).$$

Hier ist X_1 = *Augenzahl beim ersten Wurf* bzw. X_2 = *Augenzahl beim zweiten Wurf* und A_1, A_2 sind zwei Ereignisse, zum Beispiel A_1 = *gerade Augenzahl* und $A_2 = \{5, 6\}$. Wenn also ein Einzelexperiment durch den Ereignisraum Ω und Wahrscheinlichkeiten $P(A)$ beschrieben wird, dann wird die n-fache unabhängige Wiederholung durch den **Produktraum** Ω^n zusammen mit den **Produktwahrscheinlichkeiten**

$$P((X_1 \in A_1) \cap \cdots \cap (X_n \in A_n)) = P(X_1 \in A_1) \cdots P(X_n \in A_n)$$

beschrieben. In dieser Situation gilt folgender Satz:

Satz 27.44 Seien $X_1, \ldots, X_n$ unabhängige und identisch verteilte Zufallsvariablen, jeweils mit Erwartungswert μ und Varianz σ^2. Dann ist auch das arithmetische Mittel

$$\overline{X} = \frac{1}{n} \sum_{i=1}^{n} X_i$$

eine Zufallsvariable. Es hat folgende Parameter:

$$\mathrm{E}(\overline{X}) = \mu \qquad \text{und} \qquad \mathrm{Var}(\overline{X}) = \frac{\sigma^2}{n}.$$

Denn: $\mathrm{E}(\frac{1}{n} \sum_{i=1}^{n} X_i) = \frac{1}{n} n\mu = \mu$ aufgrund der Linearität des Erwartungswerts (Satz 27.23). Und analog $\mathrm{Var}(\frac{1}{n} \sum_{i=1}^{n} X_i) = \frac{1}{n^2} n\sigma^2 = \frac{\sigma^2}{n}$, wobei hier verwendet wurde, dass die Zufallsvariablen unabhängig sind (Satz 27.37).

Achtung: Es ist hier nicht gesagt, dass die *Verteilung* von $\overline{X}$ gleich ist wie die der einzelnen X_i, sondern es wird nur etwas über die *Parameter* von $\overline{X}$ ausgesagt! Beispiel: Die Augenzahl eines Würfels ist gleichverteilt, die Augensumme zweier Würfel ist *dreieckverteilt* (siehe Abbildung 27.1).

Wann haben wir es mit **unabhängigen und identisch verteilten Zufallsvariablen** $X_1, \ldots, X_n$ zu tun? In der Praxis stehen $X_1, \ldots, X_n$ für eine Zufallsstichprobe vom Umfang n. Wird eine Stichprobe gezogen, so sind die Stichprobenwerte $x_1, \ldots, x_n$ Realisationen der Zufallsvariablen $X_1, \ldots, X_n$. Damit die Voraussetzung der Unabhängigkeit erfüllt ist, gibt es verschiedene Möglichkeiten, die Zufallsstichprobe zu gewinnen:

- Ziehen **mit Zurücklegen** aus einer endlichen Grundgesamtheit.

- Ziehen **ohne Zurücklegen**: a) aus einer unendlichen Grundgesamtheit (z. B. aus einem laufenden Produktionsprozess); oder b) aus einer sehr großen Grundgesamtheit (z. B. Bevölkerung eines Landes). Dann ändert das Ziehen eines Elements die Grundgesamtheit nur wenig und die Unabhängigkeit ist somit näherungsweise gegeben.
- n Wiederholungen eines Zufallsexperiments unter gleichbleibenden Bedingungen: Das Experiment wird durch die Zufallsvariable X mit Parametern μ und σ^2 beschrieben. Wird das Experiment n-mal durchgeführt, so erhalten wir $X_1, \ldots, X_n$, die alle wie X mit μ und σ^2 verteilt sind. Beispiel: Wurf eines Würfels, $X =$ *Augenzahl* hat den Erwartungswert $\mu = 3.5$ und die Varianz $\sigma^2 = 2.92$. Wenn der Würfel $n = 10$ mal geworfen wird, so entsteht die Wurffolge $X_1, \ldots, X_{10}$, wobei die Zufallsvariable $X_i =$ *Augenzahl beim i-ten Wurf* bedeutet. Bei zwei Durchführungen des Experimentes könnten folgende Wurffolgen entstehen:

	X_1	X_2	X_3	X_4	X_5	X_6	X_7	X_8	X_9	X_{10}	$\overline{X}$
1. Wurffolge	4	1	6	3	1	5	2	2	4	1	2.9
2. Wurffolge	2	4	3	6	3	2	4	5	1	3	3.3

  Da bei jeder Wurffolge andere Werte angenommen werden, sind $X_1, \ldots, X_{10}$ Zufallsvariablen (jede mit Erwartungswert $\mu = 3.5$ und Varianz $\sigma^2 = 2.92$). Auch das daraus berechnete arithmetische Mittel $\overline{X}$ ist demnach eine Zufallsvariable. Der Erwartungswert von $\overline{X}$ ist nach Satz 27.44 gleich 3.5, die Varianz ist aber kleiner als die der einzelnen X_i: $\mathrm{Var}(\overline{X}) = \frac{\sigma^2}{n} = \frac{2.92}{10} = 0.292$. Die Realisationen von $\overline{X}$ streuen also weniger um 3.5 als die von $X =$ *Augenzahl.*

Die Standardabweichung des arithmetischen Mittels geht mit wachsendem n gegen 0. Das bedeutet, dass für großen Stichprobenumfang n die Verteilung des arithmetischen Mittels stark um μ konzentriert ist.

Satz 27.45 (Gesetz der großen Zahlen) Seien $X_1, X_2, \ldots, X_n$ unabhängige und identisch verteilte Zufallsvariablen mit Erwartungswert μ und Varianz σ^2, und sei $\overline{X} = \frac{1}{n}(X_1 + \cdots + X_n)$ ihr arithmetisches Mittel. Dann gilt für jede noch so kleine Zahl $\varepsilon > 0$:

$$\lim_{n \to \infty} P(|\overline{X} - \mu| < \varepsilon) = 1.$$

Man sagt auch: $\overline{X}$ **konvergiert stochastisch** für wachsenden Stichprobenumfang gegen μ.

Warum? Wir können zwar über die Verteilung des arithmetischen Mittels $\overline{X}$ nichts aussagen, aber kennen aus Satz 27.44 dessen Erwartungswert und Varianz. Damit können wir die Ungleichung von Tschebyscheff (Satz 27.40) anwenden: $P(|\overline{X} - \mu| < \varepsilon) \geq 1 - \frac{\sigma^2}{\varepsilon^2 n}$. Da außerdem eine Wahrscheinlichkeit immer kleiner 1 ist, gilt insgesamt

$$1 - \frac{\sigma^2}{\varepsilon^2 n} \leq P(|\overline{X} - \mu| < \varepsilon) \leq 1.$$

Damit bleibt der Folge $P(|\overline{X} - \mu| < \varepsilon)$ nichts anderes übrig, als gegen 1 zu konvergieren. (Denn sie wird wie bei einem Sandwich zwischen den konvergenten Folgen $1 - \frac{\sigma^2}{\varepsilon^2 n}$ und 1 eingeklemmt.)

In Worten: Je größer n, umso größer ist die Wahrscheinlichkeit, dass der Stichprobenmittelwert in ein beliebig klein vorgegebenes Intervall um μ fällt.

Dieses Gesetz ist den Menschen schon vor langer Zeit aufgefallen und wurde wahrscheinlich vom französischen Mathematiker und Physiker Siméon Poisson (1781–1840) erstmals wissenschaftlich formuliert. Von ihm stammt auch der Name des Gesetzes („la loi des grands nombres"). Damit war eine große Anzahl von Versuchen bei einem Experiment gemeint.

Achtung: Das Gesetz der großen Zahlen sagt nicht, dass $\lim_{n\to\infty} \overline{X} = \mu$ gilt (das wäre eine Konvergenz im herkömmlichen Sinn der Analysis, im Unterschied zur oben angegebenen stochastischen Konvergenz). Das würde bedeuten, dass sich das arithmetische Mittel *mit Sicherheit* ab genügend großem n um weniger als ein vorgegebenes $\varepsilon > 0$ vom Erwartungswert μ unterscheidet. Ein solcher Ausreißer (d.h., eine Stichprobe mit einem arithmetischen Mittel, das um mehr als ε von μ entfernt ist), kann aber nach dem Gesetz der großen Zahlen immer vorkommen, nur geht die Wahrscheinlichkeit dafür gegen null.

Aus dem Gesetz der großen Zahlen folgt:

Satz 27.46 (Theorem von Bernoulli) Ein Zufallsexperiment, bei dem das Ereignis A mit der Wahrscheinlichkeit p eintritt, werde n-mal unabhängig wiederholt (Bernoulli-Kette). Dabei sei f_n die relative Häufigkeit des Eintretens von A (der „Erfolge"). Dann gilt für jede noch so kleine Zahl $\varepsilon > 0$:

$$\lim_{n\to\infty} P(|f_n - p| \le \varepsilon) = 1.$$

Das bedeutet: Je mehr Versuche durchgeführt werden, umso wahrscheinlicher liegt der Anteil der Erfolge nahe bei der Wahrscheinlichkeit p.

Jakob Bernoulli, 1654–1705, schweizer Theologe, Astronom und Mathematiker war ein Begründer der modernen Statistik. Er war auf den Beweis dieses Satzes sehr stolz. In seinem Werk *Ars Conjectandi* (Die Kunst des Vorhersagens) schreibt er, dass er dieses Problem 20 Jahre mit sich herumgetragen habe und dass ihm seine Lösung mehr bedeute, als wenn er die Quadratur des Kreises geschafft hätte (die man damals für das schwierigste ungelöste mathematische Problem hielt).

In der Praxis wird die Verteilung einer Zufallsvariablen nicht immer bekannt sein. In diesem Fall versucht man, die Verteilung durch empirische Untersuchungen zu bestimmen. Unsere intuitive Vorstellung ist, dass die empirisch ermittelten Häufigkeiten bei steigendem Stichprobenumfang die Wahrscheinlichkeiten immer besser wiedergeben. Genau das ist die Aussage des Hauptsatzes der Statistik.

Zur exakten Formulierung brauchen wir den Begriff der **empirischen Verteilungsfunktion**. Wir gehen wieder davon aus, dass wir eine Zufallsstichprobe $X_1, X_2, \dots, X_n$ vom Umfang n haben. Die empirische Verteilungsfunktion $\overline{F}(x)$ dieser Zufallsstichprobe ist die Zufallsvariable, die gegeben ist durch die Summe der relativen Häufigkeiten der X_j, deren Realisationen kleiner gleich x sind.

In Formeln:

$$\overline{F}(x) = \frac{1}{n}\sum_{i=1}^{n} \mathbf{1}_{\{X_i \le x\}},$$

mit $\mathbf{1}_{\{y\le x\}} = 1$, falls $y \le x$ und $\mathbf{1}_{\{y\le x\}} = 0$ sonst.

Satz 27.47 (Hauptsatz der Statistik) Seien $X_1, X_2, \dots, X_n$ unabhängige und identisch verteilte Zufallsvariablen mit Verteilungsfunktion $F(x)$ und empirischer Verteilungsfunktion $\overline{F}(x)$. Dann gilt für jede noch so kleine Zahl $\varepsilon > 0$ und jedes $x \in \mathbb{R}$:

$$\lim_{n\to\infty} P(|\overline{F}(x) - F(x)| < \varepsilon) = 1.$$

Man sagt auch: $\overline{F}(x)$ **konvergiert stochastisch** gegen $F(x)$.

Um das zu sehen, können wir wie beim Gesetz der großen Zahlen vorgehen: Die Zufallsvariable $\mathbf{1}_{\{X_j \le x\}}$ kann nur die Werte 1 und 0 mit den Wahrscheinlichkeiten $F(x)$ und $1 - F(x)$ annehmen. Daraus folgt

$$\mathrm{E}(\mathbf{1}_{\{X_i \le x\}}) = F(x), \qquad \mathrm{Var}(\mathbf{1}_{\{X_i \le x\}}) = F(x)(1 - F(x)).$$

Mit den Rechenregeln für Erwartungswert und Varianz erhalten wir

$$\mathrm{E}(\overline{F}(x)) = \frac{1}{n}\sum_{i=1}^{n} \mathrm{E}(\mathbf{1}_{\{X_i \le x\}}) = F(x),$$

beziehungsweise

$$\mathrm{Var}(\overline{F}(x)) = \frac{1}{n^2}\sum_{i=1}^{n} \mathrm{Var}(\mathbf{1}_{\{X_i \le x\}}) = \frac{1}{n}F(x)(1 - F(x)).$$

Den Rest erledigt wieder die Ungleichung von Tschebyscheff für uns.

Beispiel 27.48 (→CAS) Hauptsatz der Statistik
Abbildung 27.11 veranschaulicht den Hauptsatz anhand eines Computerexperiments mit einer exponentialverteilten ($k = 1$) Zufallsvariablen. Es wurden n exponentialverteilte Zufallszahlen bestimmt ($n = 4$ bzw. $n = 50$) und ihre empirische Verteilungsfunktion zusammen mit der exakten Verteilungsfunktion gezeichnet. Je größer n wird, umso besser wird die Übereinstimmung.

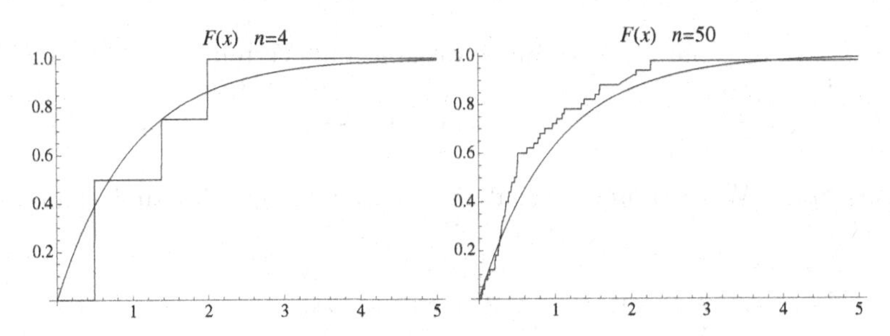

Abbildung 27.11. Hauptsatz der Statistik.

27.4 Mit dem digitalen Rechenmeister

Zufallszahlen

Zur Simulation von komplexen Zufallsvorgängen (z. B. bei der Planung von Großprojekten) benötigt man Zufallszahlen, die bestimmten Verteilungen genügen. In `Mathematica` können im Intervall $[0, 1]$ gleichverteilte Zufallszahlen mit dem Befehl `Random[]` (ohne Argument) erhalten werden.

Mit dem Befehl

```
In[1]:= Random[ExponentialDistribution[1.5]]
Out[1]= 0.349305
```

können exponentialverteilte ($k = 1.5$) Zufallszahlen erhalten werden. Es stehen noch weitere Verteilungen zur Verfügung, die wir später noch kennen lernen werden.

Abbildung 27.11 wurde mit dem Befehl

```
In[2]:= n = 4; xlist = RandomReal[ExponentialDistribution[1], n];
        F[x_] := 1 - e^-x;
        Fn[x_] := Count[xlist, y_ /; (y ≤ x)]/Length[xlist];
        Plot[{Fn[x], F[x]}, {x, 0, 5}]
```

erhalten. Der Befehl Count zählt die Anzahl der Elemente y in der Liste, die die Bedingung $y \leq x$ erfüllen. Division durch die gesamte Anzahl (= Länge der Liste) ergibt die empirische Verteilungsfunktion.

27.5 Kontrollfragen

Fragen zu Abschnitt 27.1: Diskrete und stetige Zufallsvariablen

Erklären Sie folgende Begriffe: Zufallsvariable, Realisation, Wahrscheinlichkeitsverteilung einer Zufallsvariablen, Stabdiagramm, Verteilungsfunktion, Dichtefunktion, p-Quantil, Median, unabhängige Zufallsvariablen.

1. Was ist der Unterschied zwischen einer diskreten und einer stetigen Zufallsvariablen?
2. Was trifft zu: Wenn X eine Zufallsvariable mit Verteilungsfunktion $F(x)$ ist, dann gilt
   a) $P(X \leq x) = F(x)$ b) $P(X > x) = 1 - F(x)$ c) $P(X \geq x) = 1 - F(x)$
   d) $P(X < x) = F(x)$
3. Was trifft zu: Wenn X und Y unabhängige Zufallsvariablen sind, dann gilt
   a) $P((X \in A) \cap (Y \in B)) = P(X \in A) + P(Y \in B)$
   b) $P((X \in A) \cup (Y \in B) = P(X \in A) + P(Y \in B)$
   c) $P((X \in A) \cap (Y \in B)) = P(X \in A)P(Y \in B)$
   d) $P((X \in A) \cup (Y \in B)) = P(X \in A)P(Y \in B)$

Fragen zu Abschnitt 27.2: Erwartungswert und Varianz einer Verteilung

Erklären Sie folgende Begriffe: Erwartungswert, Varianz, Standardabweichung, standardisierte Zufallsvariable, Kovarianz, unkorreliert, positiv/negativ korreliert, Korrelationskoeffizient, Ungleichung von Tschebyscheff, Gleichverteilung, Exponentialverteilung.

1. Unter welchen Voraussetzungen für X und Y gilt
   a) $\mathrm{E}(X + Y) = \mathrm{E}(X) + \mathrm{E}(Y)$ b) $\mathrm{E}(X \cdot Y) = \mathrm{E}(X)\mathrm{E}(Y)$
   c) $\mathrm{Var}(X + Y) = \mathrm{Var}(X) + \mathrm{Var}(Y)$
2. Kann es passieren, dass die Varianz einer Zufallsvariablen X verschwindet?

3. Was trifft zu: Die Verteilungsfunktion der standardisierten Zufallsvariablen $Z = \frac{X-\mu}{\sigma}$ ist
a) $F_Z(z) = F_X(\sigma z + \mu)$ b) $F_Z(z) = \sigma F_X(z) + \mu$ c) $F_Z(z) = F_X(\frac{z-\mu}{\sigma})$

Fragen zu Abschnitt 27.3: Das Gesetz der großen Zahlen

Erklären Sie folgende Begriffe: unabhängige und identisch verteilte Zufallsvariable, Gesetz der großen Zahlen, Theorem von Bernoulli, Hauptsatz der Statistik.

1. Beim Roulette kann die Kugel auf eine Zahl zwischen 0 und 36 rollen, und jeder dieser Werte hat dieselbe Wahrscheinlichkeit $\frac{1}{37}$. Erwartungswert und Varianz können leicht berechnet werden: $\mu = 18$ und $\sigma^2 = 114$. Sie beobachten das Spiel eine Zeit lang und stellen das arithmetische Mittel $\overline{x} = 11.327 < 18$ fest. Sollten Sie nun vermehrt auf Zahlen über 18 setzen, um Ihre Chancen zu verbessern?
2. Beim Roulette gibt es 18 schwarze Zahlen, 18 rote Zahlen und die Null. Wenn man auf „schwarz" setzt, bekommt man bei einer schwarzen Zahl den doppelten Einsatz. Meine Strategie ist: Ich setze so lange auf „schwarz" und verdopple meinen Einsatz, bis „schwarz" kommt. Dann mache ich mit Sicherheit einen Gewinn (da mit Sicherheit irgendwann „schwarz" kommt).
Warum ist mein Name nicht in der Liste der reichsten Leute der Welt zu finden?

Lösungen zu den Kontrollfragen

Lösungen zu Abschnitt 27.1

1. Eine diskrete Zufallsvariable hat endlich viele oder abzählbar unendlich viele mögliche Werte. Eine stetige Zufallsvariable kann alle Werte in einem reellen Intervall annehmen (sie hat überabzählbar viele Werte).
2. a) richtig b) richtig c) falsch (für stetige Verteilungen richtig)
d) falsch (für stetige Verteilungen richtig)
3. a) falsch b) falsch c) richtig d) falsch

Lösungen zu Abschnitt 27.2

1. a) immer b) falls X und Y unabhängig c) falls X und Y unabhängig
2. Ja, genau dann, wenn X nur einen einzigen Wert annehmen kann.
3. a) richtig b) falsch c) falsch

Lösungen zu Abschnitt 27.3

1. Nein. Die Roulettekugel hat kein Gedächtnis, weiß also nicht, welche Zahlen im Defizit sind. Auf lange Sicht wird aufgrund des Gesetzes der großen Zahlen das Defizit der Zahlen über 18 aber ausgeglichen sein (dazu ist es nicht notwendig, dass die folgenden Zahlen im Mittel über 18 sind, denn je mehr Zahlen hinzukommen, umso kleiner wird der Beitrag der Zahlen bis jetzt).
2. Weil ich nicht unendlich viel Geld zur Verfügung habe, um diese Strategie umzusetzen (bzw. weil das Kasino Einsätze begrenzt – siehe Übungsaufgabe 9).

27.6 Übungen

Aufwärmübungen

1. Gegeben ist eine Zufallsvariable X, die die Werte $x_i = 0, 1, 2, 3$ mit den Wahrscheinlichkeiten $p_i = \frac{1}{6}, \frac{1}{6}, \frac{1}{3}$ bzw. $\frac{1}{3}$ annehmen kann.
   a) Sind das bereits alle Werte x_i, die X annehmen kann? Warum?
   b) Wie groß sind $P(X \leq 1)$ und $P(X > 1)$?
   c) Berechnen Sie Erwartungswert, Varianz und Standardabweichung.
2. Sei X = *Anzahl der Jahre, bis ein bestimmtes Bauteil ersetzt werden muss.* Berechnen Sie Erwartungswert und Varianz für die Wahrscheinlichkeitsverteilung

a)

x_i	1	2	3	4
p_i	0.2	0.3	0.3	0.2

b)

x_i	1	2	3	4
p_i	0.05	0.45	0.45	0.05

3. Auf einem Jahrmarkt gibt es folgendes Glücksspiel: Für einen Einsatz von 1 € kann der Spieler zweimal würfeln. Bei der Augensumme 12 erhält der Spieler 20 € und bei der Augensumme 11 erhält er 5 €. In allen anderen Fällen ist der Einsatz verloren. Macht der Spieler langfristig einen Gewinn?
4. Eine faire Münze wird dreimal hintereinander geworfen, es entsteht dabei eine Wurffolge, z. B. „Kopf, Zahl, Kopf" oder „Kopf, Kopf, Zahl", ... Man interessiert sich für X = *Anzahl der Köpfe in der Wurffolge.*
   a) Geben Sie die Wahrscheinlichkeitsverteilung von X an.
   b) Geben Sie Erwartungswert, Varianz und Standardabweichung von X an.
   c) Wie groß ist die Wahrscheinlichkeit, mindestens einmal „Kopf" zu werfen?
5. In einer Warenpackung befinden sich 50 Stück, davon sind 5 fehlerhaft. Man entnimmt eine Stichprobe vom Umfang 2 (mit Zurücklegen). Die Zufallsvariable X = *Anzahl der fehlerhaften Stück in der Stichprobe* hat die Verteilung

x_i	0	1	2
p_i	$\frac{45}{50} \cdot \frac{45}{50}$	$\frac{5}{50} \cdot \frac{45}{50} + \frac{45}{50} \cdot \frac{5}{50}$	$\frac{5}{50} \cdot \frac{5}{50}$

   Wie viele fehlerhafte Stück kann man im Mittel erwarten?
6. Bitfolgen der Länge 3 werden zufällig generiert. Geben Sie die Wahrscheinlichkeitsverteilung der Zufallsvariablen X = *Anzahl der Einsen in einer Bitfolge der Länge* 3 an, sowie ihren Erwartungswert, die Varianz und die Standardabweichung.
7. Gegeben ist eine stetige Zufallsvariable X, die im Intervall $[0, 2]$ gleichverteilt ist. Bestimmen Sie
   a) die Dichtefunktion $f(x)$
   b) die Verteilungsfunktion $F(x)$
   c) die Wahrscheinlichkeit, dass X einen Wert zwischen 0.4 und 0.6 annimmt.
8. Durch einen dünnen Draht fließt ein Strom, dessen Stärke X (in mA) im Intervall $[0, 5]$ gleichverteilt ist. Mit welcher Wahrscheinlichkeit ergibt eine Messung, dass weniger als 3 mA fließen?
9. Die Lebensdauer X (in Jahren) eines elektronischen Bauteils sei exponentialverteilt mit $k = 2$. Wie groß ist die Wahrscheinlichkeit, dass die Lebensdauer

a) höchstens 1 Jahr b) zwischen 1 und 2 Jahren c) größer als 2 Jahre ist?
d) Welche mittlere Lebensdauer kann man erwarten?

10. Ein Tipp beim Lotto „6 aus 45" koste 1 €. Bei einem Sechser erhalten Sie 100 000 €. Wie hoch ist der erwartete Gewinn bei einem Tipp? Wie hoch ist die Standardabweichung?

Weiterführende Aufgaben

1. Bei einem Glücksspiel können Sie eines von drei Losen ziehen (jedes mit der gleichen Wahrscheinlichkeit).
a) Die zugehörigen Gewinne sind $0, 1, 99$ Euro. Wie groß ist der (bei vielen Spielen) erwartete durchschnittliche Gewinn?
b) Angenommen, die zu den Losen gehörenden Gewinne sind $25, 30, 45$ Euro. Wie groß ist nun der erwartete durchschnittliche Gewinn?
c) Berechnen Sie für beide Spiele die Varianz.
d) Ist es sinnvoll, bei Spiel a) oder b) mitzuspielen, wenn der Einsatz (Teilnahmegebühr) 35 Euro ist?
2. Sei X eine Zufallsvariable, die die Werte $i \in \mathbb{N}_0$ mit den Wahrscheinlichkeiten p_i annimmt. Dann heißt
$$\hat{p}(z) = \sum_{i=0}^{\infty} p_i z^i$$
die **erzeugende Funktion** der Verteilung. (Falls X nur endlich viele Werte $0, \ldots, n$ annehmen kann, gilt $p_i = 0$ für $i > n$ und $\hat{p}(z)$ ist ein Polynom vom Grad n.)
Die erzeugende Funktion ist in der Elektrotechnik auch als **z-Transformation** bekannt.
Zeigen Sie (falls der Konvergenzradius von $\hat{p}(z)$ größer eins ist):
a) $\hat{p}(1) = 1$
b) $\mathrm{E}(X) = \hat{p}'(1)$
c) $\mathrm{Var}(X) = \hat{p}''(1) + \hat{p}'(1)(1 - \hat{p}'(1))$
3. **Geometrische Verteilung**: Ein fairer Würfel wird geworfen, X = *Anzahl der Würfe, bis zum ersten Mal die Augenzahl 1 geworfen wird.*
a) Geben Sie die möglichen Werte von X an.
b) Geben Sie die Wahrscheinlichkeitsverteilung von X an.
c) Wie groß ist die Wahrscheinlichkeit, höchstens 3 Würfe zu brauchen, bis zum ersten Mal „Eins" gewürfelt wird?
4. **Geometrische Verteilung**: Ein Experiment, bei dem ein Ereignis A mit der Wahrscheinlichkeit $P(A) = p$ eintritt, wird wiederholt. Die Zufallsvariable X = *Anzahl der Wiederholungen, bis zum ersten Mal A eintritt* heißt geometrisch verteilt:
$$P(X = x) = p(1-p)^{x-1}, \qquad x \in \mathbb{N}.$$
Zeigen Sie
$$\mathrm{E}(X) = \frac{1}{p}, \qquad \mathrm{Var}(X) = \frac{1-p}{p^2}.$$
indem Sie die erzeugende Funktion (Übungsaufgabe 2) berechnen.

5. Ein Einbrecher steht mit einem Schlüsselbund von 10 Schlüsseln vor einem Schloss, zu dem genau einer der Schlüssel passt. $X=$ *Anzahl der Versuche, bis der richtige Schlüssel gefunden ist.* Geben Sie die Verteilung von X an unter der Annahme, dass der Einbrecher
   a) systematisch einen Schlüssel nach dem anderen probiert.
   b) so nervös ist, dass er die Schlüssel zufällig durchprobiert (d.h., er merkt sich nicht, welchen Schlüssel er bereits probiert hat).
   Wie viele Versuche muss der Einbrecher im Mittel für Arbeitsweise a) bzw. b) durchführen?
   Tipp zu b): Übungsaufgabe 4.
6. Die Zeit X (in Stunden), die ein Techniker benötigt, um eine Maschine zu reparieren, sei durch eine Exponentialverteilung mit Parameter $k = 5$ beschrieben. Berechnen Sie die Wahrscheinlichkeit, dass der Techniker
   a) höchstens 15 Minuten,
   b) zwischen 15 und 45 Minuten,
   c) mehr als 1 Stunde
   für die Reparatur benötigt.
7. Beim Roulette gibt es 18 schwarze Felder, 18 rote Felder und die Null. Sie setzen jede Runde auf „schwarz". Rollt die Kugel in einer Runde auf „schwarz", so erhalten Sie den doppelten Einsatz, ansonsten verlieren Sie den Einsatz. Wie hoch ist der erwartete Gewinn bzw. die Standardabweichung (das Risiko), wenn Sie
   a) in einer Runde 100 € setzen? b) in hundert Runden 1 € setzen?
8. Beim Roulette gibt es 18 schwarze Felder, 18 rote Felder und die Null. Sie setzen jede Runde 100 € auf „schwarz". Schätzen Sie die Wahrscheinlichkeit, dass Sie nach a) 100 b) 2000 Runden einen (positiven) Gewinn machen, mithilfe der Ungleichung von Tschebyscheff ab.
   (Tipp: Für $\mu < 0$ gilt $P(X > 0) \le P(|X - \mu| \ge |\mu|)$.)
9. Beim Roulette gibt es 18 schwarze und 18 rote Felder plus die Null. Sie setzen jede Runde auf „schwarz". Sie beginnen mit 100 € und verdoppeln Ihren Einsatz solange Sie verlieren.
   a) Wie hoch ist Ihr Gesamtverlust, wenn nach n Runden nie „schwarz" gekommen ist?
   b) Wie hoch ist Ihr Gewinn, wenn nach n Runden zum ersten Mal „schwarz" kommt?
   c) Nach wie vielen Runden ist Schluss, wenn der Maximaleinsatz 10 000 € ist?
   d) Wenn Sie diese Strategie bis zum Maximaleinsatz durchhalten, was ist die Wahrscheinlichkeit, dass Sie gewinnen bzw. verlieren? Was ist der Erwartungswert für Ihren Gewinn?
10. Zeigen Sie die Formeln für Erwartungswert und Varianz der Gleichverteilung aus Definition 27.42.
11. Zeigen Sie die Formeln für Erwartungswert und Varianz der Exponentialverteilung aus Definition 27.43.
12. Zeigen Sie, dass die Exponentialverteilung gedächtnisfrei ist:

$$P(X \le t) = P(X \le s + t | X \ge s).$$

Die Ausfallwahrscheinlichkeit ist unabhängig vom Alter.
(Tipp: $P(A|B) = \frac{P(A\cap B)}{P(B)}$.)

Lösungen zu den Aufwärmübungen

1. a) Ja, da die Summe über alle Wahrscheinlichkeiten 1 ergibt.
   b) $P(X \leq 1) = P(X = 0) + P(X = 1) = \frac{1}{3}$; $P(X > 1) = P(X = 2) + P(X = 3) = \frac{2}{3}$; (alternativ berechnet mithilfe der Gegenwahrscheinlichkeit: $P(X > 1) = 1 - P(X \leq 1) = 1 - \frac{1}{3} = \frac{2}{3}$).
   c) Der Erwartungswert ist

$$\mu = 0 \cdot \frac{1}{6} + 1 \cdot \frac{1}{6} + 2 \cdot \frac{1}{3} + 3 \cdot \frac{1}{3} = \frac{11}{6} = 1.83.$$

   Die Varianz ist $\sigma^2 = \mathrm{E}(X^2) - \mu^2$. Wir müssen daher noch $\mathrm{E}(X^2)$ berechnen:

$$\mathrm{E}(X^2) = 0^2 \cdot \frac{1}{6} + 1^2 \cdot \frac{1}{6} + 2^2 \cdot \frac{1}{3} + 3^2 \cdot \frac{1}{3} = \frac{9}{2} = 4.5.$$

   Damit ist $\sigma^2 = \frac{9}{2} - \left(\frac{11}{6}\right)^2 = 1.14$. Die Standardabweichung ist die Wurzel daraus: $\sigma = 1.07$.
2. a) Der Erwartungswert ist $\mu = 2.5$, d.h., auf lange Sicht gesehen wird ein Bauteil dieser Art durchschnittlich 2.5 Jahre halten. Die Varianz ist $\sigma^2 = 1.05$.
   b) Der Erwartungswert ist wieder $\mu = 2.5$, die Varianz ist nun $\sigma^2 = 0.45$. Das heißt, größere Abweichungen von μ sind hier weniger wahrscheinlich als unter a). Anders gesagt: Man kann erwarten, dass hier die Lebensdauern der Bauteile nicht so stark um 2.5 Jahre streuen wie unter a).
3. Wir betrachten die Zufallsvariable X = *Gewinn* (ausbezahlter Betrag minus Einsatz). Die möglichen Werte sind $x_i = 19, 4$ bzw. -1 Euro. Die zugehörigen Wahrscheinlichkeiten sind

x_i	19	4	-1
p_i	$\frac{1}{36}$	$\frac{2}{36}$	$\frac{33}{36}$

   denn Augensumme 12 wird mit einer Wahrscheinlichkeit von $\frac{1}{36}$, Augensumme 11 mit einer Wahrscheinlichkeit von $\frac{2}{36}$, und eine der übrigen Augensummen mit einer Wahrscheinlichkeit von $\frac{33}{36}$ geworfen. Der Erwartungswert ist

$$\mu = 19 \cdot \frac{1}{36} + 4 \cdot \frac{2}{36} + (-1) \cdot \frac{33}{36} = -\frac{1}{6} = -0.17.$$

   Es ist also zu erwarten, dass man durchschnittlich bei jedem Spiel 17 Cent verliert.
4. a) Es gibt 8 mögliche Wurffolgen: KKK, KKZ, KZK, ZKK, KZZ, ZKZ, ZZK, ZZZ. Die Wahrscheinlichkeitsverteilung von X= *Anzahl der Köpfe* ist daher:

x_i	0	1	2	3
p_i	$\frac{1}{8}$	$\frac{3}{8}$	$\frac{3}{8}$	$\frac{1}{8}$

b) Erwartungswert: $\mu = 0 \cdot \frac{1}{8} + 1 \cdot \frac{3}{8} + 2 \cdot \frac{3}{8} + 3 \cdot \frac{1}{8} = 1.5$. Varianz: $\sigma^2 = \mathrm{E}(X^2) - \mu^2 = 3 - (1.5)^2 = 0.75$ (mit $E(X^2) = 0^2 \cdot \frac{1}{8} + 1^2 \cdot \frac{3}{8} + 2^2 \cdot \frac{3}{8} + 3^2 \cdot \frac{1}{8} = 3$). Standardabweichung: $\sigma = 0.87$.
c) Mindestens einmal Kopf $= 1 - P(X = 0) = 1 - \frac{1}{8}$.

5. Erwartungswert:

$$\mu = 0 \cdot \frac{45^2}{50^2} + 1 \cdot \frac{2 \cdot 5 \cdot 45}{50^2} + 2 \cdot \frac{5^2}{50^2} = 0.2.$$

Das heißt, im Mittel werden etwa 20 Prozent fehlerhafte Stück gefunden.

6. Es gibt 8 mögliche Bitfolgen: 111, 110, 101, 011, 100, 010, 001, 000. Beobachtet wird die Anzahl X der Einsen. X kann die Werte $x_i = 0, 1, 2, 3$ annehmen. Die Wahrscheinlichkeitsverteilung ist daher:

x_i	0	1	2	3
p_i	$\frac{1}{8}$	$\frac{3}{8}$	$\frac{3}{8}$	$\frac{1}{8}$

Wir erhalten daraus: $\mu = 1.5$, $\sigma^2 = 0.75$, $\sigma = 0.87$.

7. a)

$$f(x) = \begin{cases} 0.5, & \text{für } 0 < x < 2 \\ 0\ , & \text{sonst} \end{cases}$$

b) Die Verteilungsfunktion erhält man durch Integration von f

$$F(x) = \begin{cases} 0\ , & \text{für } x \leq 0 \\ 0.5x, & \text{für } 0 < x < 2 \\ 1\ , & \text{für } x \geq 2 \end{cases}$$

c) $P(0.4 \leq X \leq 0.6) = F(0.6) - F(0.4) = 0.5 \cdot 0.6 - 0.5 \cdot 0.4 = 0.3 - 0.2 = 10\%$

8. Die Verteilungsfunktion ist

$$F(x) = \begin{cases} 0\ , & \text{für } x \leq 0 \\ 0.2x, & \text{für } 0 < x < 5 \\ 1\ , & \text{für } x \geq 5 \end{cases}$$

Damit berechnen wir $P(X < 3) = F(3) = 60\%$.

9. Die Verteilungsfunktion ist

$$F(x) = \begin{cases} 1 - \mathrm{e}^{-2x}, & \text{für } x > 0 \\ 0\ , & \text{für } x \leq 0 \end{cases}$$

Damit berechnen wir:
a) $P(X \leq 1) = F(1) = 1 - \mathrm{e}^{-2} = 86.5\%$
b) $P(1 \leq X \leq 2) = F(2) - F(1) = (1 - \mathrm{e}^{-4}) - (1 - \mathrm{e}^{-2}) = 11.7\%$
c) $P(X > 2) = 1 - F(2) = \mathrm{e}^{-4} = 1.8\%$
d) Der Erwartungswert der Lebensdauer ist $\mu = \frac{1}{k} = 0.5$ Jahre.

10. Wir suchen den Erwartungswert und die Standardabweichung der Zufallsvariablen X = *Gewinn* (= ausbezahlte Summe minus Einsatz). X kann die Werte $x_1 = 10^5 - 1$ bzw. $x_2 = -1$ annehmen. Die Wahrscheinlichkeit für einen Sechser ist $p = \binom{45}{6}^{-1} = 1.22 \cdot 10^{-7}$. Damit ist die Wahrscheinlichkeitsverteilung von X:

x_i	$10^5 - 1$	-1
p_i	p	$1 - p$

Erwartungswert: $\mu = (10^5 - 1)p + (-1)(1 - p) = -0.988$. Im Mittel machen Sie bei diesem Spiel also einen Verlust von 0.99 €. Standardabweichung: $\sigma = \sqrt{(10^5 - 1 - \mu)^2 p + (-1 - \mu)^2 (1 - p)} = 35.0$.

(Lösungen zu den weiterführenden Aufgaben finden Sie in Abschnitt B.27)

Spezielle diskrete Verteilungen

Wir besprechen in diesem Kapiteleinige in der Praxis wichtige diskrete Verteilungen: die hypergeometrische Verteilung, die Binomialverteilung und die Poisson-Verteilung. Im vorhergehenden Kapitelsind Ihnen (ohne dass sie so genannt wurden) bereits hypergeometrisch und binomialverteilte Zufallsvariable begegnet. Da sie so oft auftreten, überlegt man sich in der Praxis nicht von Problemstellung zu Problemstellung die Wahrscheinlichkeitsverteilung neu, sondern greift auf Formeln zurück (bzw. auf Computer-/Taschenrechnerfunktionen). Die Kunst besteht darin zu erkennen, wann es sich um welche Verteilung handelt.

28.1 Die hypergeometrische Verteilung

Die Entnahme einer Stichprobe erfolgt praktisch immer so, dass eine einmal gezogene Einheit vor der Ziehung der nächsten Einheit nicht wieder in die Grundgesamtheit zurückgelegt wird (**Ziehung ohne Zurücklegen**). Das schon aus dem Grund, weil die Prüfung manchmal zur Zerstörung der Einheit führt (z. B. Prüfung der Lebensdauer einer Glühbirne).

Die hypergeometrische Verteilung kommt typischerweise bei der Annahme-/oder Endkontrolle von Waren vor. Es werden dabei Stichproben gezogen und die Anzahl der defekten Artikel in einer Stichprobe gezählt. In diesem Sinn könnten die Kugeln im folgenden Beispiel der Tagesproduktion eines Artikels entsprechen, oder allen Einheiten einer Lieferung, usw., von denen einige fehlerhaft sind.

Beispiel 28.1 Hypergeometrische Verteilung
In einem Behälter befinden sich 20 Kugeln, davon sind 4 blau und 16 rot. Aus dem Behälter werden nun ohne Zurücklegen 5 Kugeln zufällig entnommen.
a) Wie groß ist die Wahrscheinlichkeit, in dieser Stichprobe genau 2 blaue Kugeln vorzufinden?
b) Geben Sie die Wahrscheinlichkeitsverteilung der Zufallsvariablen X = *Anzahl der blauen Kugeln in der Stichprobe* an. Stellen Sie die Wahrscheinlichkeitsverteilung graphisch dar.

Lösung zu 28.1

a) Das Ziehen der Kugeln ist ein Laplace-Zufallsexperiment. Gesucht ist die Wahrscheinlichkeit für das Ereignis $A = 2$ *blaue Kugeln in der Stichprobe.* Es sind insgesamt

$$\binom{20}{5} = \frac{20 \cdot 19 \cdot 18 \cdot 17 \cdot 16}{5!} = 15\,504$$

Stichproben vom Umfang 5 möglich. Günstig sind davon jene Stichproben, die 2 blaue Kugeln enthalten. Ihre Anzahl ist (Abzählung mithilfe der Produktregel: Entnahme von 2 aus 4 blauen Kugeln und Entnahme von 3 aus 16 roten Kugeln (siehe Kapitel „Kombinatorik" in Band 1).)

$$\binom{4}{2}\binom{16}{3} = 3\,360.$$

Damit ist die gesuchte Wahrscheinlichkeit

$$P(2 \textit{ blaue Kugeln}) = \frac{\binom{4}{2} \cdot \binom{16}{3}}{\binom{20}{5}} = 0.217 = 21.7\%.$$

b) Wenn wir die Zufallsvariable $X =$ *Anzahl der blauen Kugeln in der Stichprobe* betrachten, so haben wir gerade berechnet, dass

$$P(X = 2) = \frac{\binom{4}{2} \cdot \binom{16}{3}}{\binom{20}{5}} = 21.7\%$$

ist. Die Anzahl X der blauen Kugeln in der Stichprobe kann allgemein die Werte $x = 0, 1, 2, 3, 4$ annehmen. Die Wahrscheinlichkeit, x blaue Kugeln in der Stichprobe zu finden, ist (mit der gleichen Überlegung wie unter a))

$$P(X = x) = \frac{\binom{4}{x} \cdot \binom{16}{5-x}}{\binom{20}{5}}.$$

Die Wahrscheinlichkeitsverteilung lautet also (gerundet):

x	0	1	2	3	4	
$P(X = x)$	0.282	0.469	0.217	0.031	0.001	$\sum_i p_i = 1$

Es ist also am wahrscheinlichsten, eine Stichprobe mit einer blauen Kugel zu ziehen. Das zugehörige Stabdiagramm ist in Abbildung 28.1 dargestellt. ■

Fassen wir allgemein zusammen:

Definition 28.2 Gegeben ist eine Grundgesamtheit aus N Elementen, von denen M eine bestimmte Eigenschaft haben. Man entnimmt eine Stichprobe vom Umfang n (ohne Zurücklegen). Dann kann die Zufallsvariable $X =$ *Anzahl der Elemente in der Stichprobe mit der gewünschten Eigenschaft* höchstens die Werte $x = 0, 1, 2, \ldots, n$ annehmen. Die Wahrscheinlichkeit, genau x Elemente mit der gewünschten Eigenschaft in der Stichprobe vorzufinden, ist

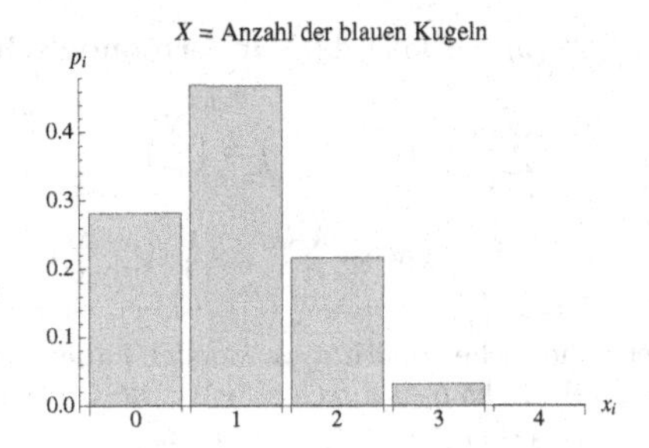

Abbildung 28.1. Hypergeometrische Verteilung mit $N = 20$, $M = 4$, $n = 5$.

$$P(X = x) = \frac{\binom{M}{x} \cdot \binom{N-M}{n-x}}{\binom{N}{n}}$$

(für $x > M$ bzw. $n - x > N - M$ ist $P(X = x) = 0$ nach Definition des Binomialkoeffizienten – wir können nicht mehr blaue bzw. rote Kugeln ziehen als vorhanden sind). Man nennt X **hypergeometrisch verteilt** und die zugehörige Wahrscheinlichkeitsverteilung eine **hypergeometrische Verteilung** mit den **Parametern** n, M und N. Kurzschreibweise: $X \sim H(n; M; N)$.

Die Formel zur Berechnung der Wahrscheinlichkeiten kann man sich so merken:

$$\frac{\binom{\text{BLAU}}{\text{blau}} \cdot \binom{\text{ROT}}{\text{rot}}}{\binom{\text{GRUNDGESAMTHEIT}}{\text{Stichprobe}}}$$

Großbuchstaben beziehen sich auf die Grundgesamtheit, Kleinbuchstaben auf die Stichprobe.

Aus der Definition ergibt sich folgende Rekursion

$$P(X = 0) = \frac{(N - M)!(N - n)!}{(N - M - n)!N!}, \quad P(X = x + 1) = \frac{n - x}{x + 1} \frac{M - x}{(N - n) - (M - x) + 1} P(X = x),$$

die oft nützlich ist.

Um den Erwartungswert und die Varianz einer hypergeometrisch verteilten Zufallsvariablen zu berechnen, muss man nicht die gesamte Wahrscheinlichkeitsverteilung berechnen, um dann diese Parameter laut ihrer Definition zu bestimmen. Es gibt einfachere Formeln, für die nur die Parameter n, M, N notwendig sind:

Satz 28.3 Sei X eine hypergeometrisch verteilte Zufallsvariable mit den Parametern n, M, N. Dann gilt für den Erwartungswert und die Varianz von X:

$$\begin{aligned} \mu = \mathrm{E}(X) &= n\frac{M}{N} \\ \sigma^2 = \mathrm{Var}(X) &= n\frac{M}{N}(1 - \frac{M}{N})\frac{N - n}{N - 1}. \end{aligned}$$

Herleitung der Formeln: Aus $\sum_{i=0}^{M} p_i = 1$ folgt die **Vandermonde'sche Identität**

$$\sum_{i=0}^{M} \binom{M}{i}\binom{N-M}{n-i} = \binom{N}{n}.$$

Für den Erwartungswert berechen wir zunächst $\sum_{i=0}^{M} i\binom{M}{i}\binom{N-M}{n-i} = M\sum_{i=1}^{M}\binom{M-1}{i-1}\binom{N-M}{n-i} = M\sum_{i=0}^{M-1}\binom{M-1}{i}\binom{(N-1)-(M-1)}{(n-1)-i} = M\binom{N-1}{n-1} = M\frac{n}{N}\binom{N}{n}$, wobei wir $i\binom{M}{i} = M\binom{M-1}{i-1}$, eine Indexverschiebung und die Vandermonde'sche Identität verwendet haben. Dividieren wir beide Seiten dieser Identität durch $\binom{N}{n}$, so steht links μ und rechts $M\frac{n}{N}$. Die Formel für σ^2 folgt analog, indem man $\sum_{i=0}^{M} i(i-1)\binom{M}{i}\cdot\binom{N-M}{n-i} = M(M-1)\frac{n(n-1)}{N(N-1)}\binom{N}{n}$ zeigt.

Beispiel 28.4 Erwartungswert und Varianz
Geben Sie den Erwartungswert und die Varianz der hypergeometrischen Zufallsvariablen aus Beispiel 28.1 an.

Lösung zu 28.4 Wir erhalten mit $N = 20$, $M = 4$ und $n = 5$

$$\mu = 5 \cdot \frac{4}{20} = 1.$$

Auf lange Sicht gesehen (d.h. bei einer großen Anzahl von Stichproben vom Umfang 5) wird man also im Schnitt eine blaue Kugel in der Stichprobe vorfinden. Die Varianz ist

$$\sigma^2 = 5 \cdot \frac{4}{20} \cdot (1 - \frac{4}{20}) \cdot \frac{15}{19} = 0.63.$$

■

28.2 Die Binomialverteilung

Definition 28.5 Ein **Bernoulli-Experiment** ist ein Zufallsexperiment, bei dem es nur zwei Ausgänge gibt: Ereignis A tritt ein oder nicht. Wird ein Bernoulli-Experiment n-mal hintereinander unter denselben Bedingungen ausgeführt, so spricht man von einer **Bernoulli-Kette** der Länge n.

Das Eintreten des Ereignisses A wird oft als **Erfolg** oder **Treffer**, das Nichteintreten als **Misserfolg** bezeichnet. Die Wahrscheinlichkeit $P(A) = p$ heißt deshalb auch **Erfolgswahrscheinlichkeit** oder **Trefferwahrscheinlichkeit**.

Beispiel 28.6 Bernoulli-Experiment und Bernoulli-Kette

a) Bernoulli-Experiment: Wurf eines Würfels, A = *Wurf der Augenzahl „Eins“* mit $P(A) = \frac{1}{6}$. Bernoulli-Kette: n-maliger Wurf des Würfels und jeweils Beobachtung von A = *Augenzahl „Eins“*. Die Wahrscheinlichkeit für A ist bei jedem Wurf gleich $\frac{1}{6}$.
b) Bernoulli-Experiment: Wurf einer Münze, A = *Kopf* mit $P(A) = \frac{1}{2}$. Bernoulli-Kette: n-maliger Wurf der Münze und jeweils Beobachtung von A = *Kopf*. Die Wahrscheinlichkeit für A ist bei jedem Wurf gleich $\frac{1}{2}$.

c) Bernoulli-Experiment: Zufälliges Raten bei einer Testfrage, $A =$ *richtige Antwort*, $P(A) = \frac{1}{2}$. Bernoulli-Kette: Zufälliges Raten bei n Testfragen und jeweils Beobachtung von $A =$ *richtige Antwort*. Die Wahrscheinlichkeit für A ist bei jeder Frage gleich $\frac{1}{2}$.
d) Bernoulli-Experiment: Zufällige Auswahl eines Artikels, $A =$ *fehlerhafter Artikel*, $P(A) = p$. Bernoulli-Kette: Zufällige Auswahl (mit Zurücklegen) von n Artikeln und jeweils Beobachtung von $A =$ *fehlerhafter Artikel*. Die Wahrscheinlichkeit für A ist für jeden untersuchten Artikel gleich p.

Eine *Binomialverteilung* entsteht, wenn wir uns für die Anzahl der Erfolge bei einer Bernoulli-Kette interessieren:

Beispiel 28.7 Binomialverteilung
Ein Würfel wird siebenmal geworfen.
a) Wie groß ist die Wahrscheinlichkeit, genau dreimal die Augenzahl 1 zu werfen?
b) Geben Sie die Wahrscheinlichkeitsverteilung der Zufallsvariablen $X =$ *Anzahl der geworfenen Einsen* an. Stellen Sie die Wahrscheinlichkeitsverteilung graphisch dar.

Lösung zu 28.7

a) Die Wahrscheinlichkeit, bei einem Wurf 1 zu erhalten, ist $\frac{1}{6}$. Man wirft nun siebenmal und möchte dabei dreimal 1 werfen, zum Beispiel: $111NNNN$ (wobei N für *„nicht* 1" steht). Die Wahrscheinlichkeit für diese Wurffolge ist (Multiplikationssatz 26.1 für unabhängige Ereignisse)

$$P(111NNNN) = \frac{1}{6} \cdot \frac{1}{6} \cdot \frac{1}{6} \cdot \frac{5}{6} \cdot \frac{5}{6} \cdot \frac{5}{6} \cdot \frac{5}{6} = (\frac{1}{6})^3 \cdot (\frac{5}{6})^4$$

Jede andere Wurffolge mit genau drei Einsen, zum Beispiel $11NNNN1$ oder $NNNN111$ usw. hat dieselbe Wahrscheinlichkeit $\left(\frac{1}{6}\right)^3 \cdot \left(\frac{5}{6}\right)^4$. Das gesuchte Ereignis tritt ein, wenn irgendeine dieser Wurffolgen geworfen wird, also

$$P(\textit{genau dreimal } 1) = P(111NNNN) + \ldots + P(NNNN111),$$

wobei hier alle möglichen Wurffolgen mit genau drei Einsen vorkommen. Da es $\binom{7}{3}$ solcher Wurffolgen mit drei Einsen gibt, ist

$$P(\textit{genau dreimal } 1) = \binom{7}{3} (\frac{1}{6})^3 (\frac{5}{6})^4 = 0.078 = 7.8\%.$$

Wenn man also sehr viele Wurffolgen mit sieben Würfen betrachtet, zum Beispiel 1000 Wurffolgen, dann werden in etwa 78 dieser Wurffolgen genau drei Einsen auftreten.

b) Wir haben gerade für die Zufallsvariable $X =$ *Anzahl der Einsen bei sieben Würfen* berechnet, dass

$$P(X = 3) = \binom{7}{3} (\frac{1}{6})^3 (\frac{5}{6})^4 = 7.8\%$$

ist. Die Zufallsvariable kann insgesamt die Werte $x = 0, 1, 2, \ldots, 7$ annehmen. Die Wahrscheinlichkeit, x mal 1 zu werfen, ist (mit derselben Überlegung wie unter a))

$$P(X = x) = \binom{7}{x} \left(\frac{1}{6}\right)^x \left(\frac{5}{6}\right)^{7-x}.$$

In einer Tabelle zusammengefasst hat X folgende Wahrscheinlichkeitsverteilung (gerundet, in Prozent):

x	0	1	2	3	4	5	6	7
$P(X = x)$	27.9	39.1	23.4	7.81	1.56	0.188	0.013	0.0003

Es ist also am wahrscheinlichsten, bei sieben Würfen genau einmal 1 zu würfeln. Das zugehörige Stabdiagramm ist in Abbildung 28.2 dargestellt. ■

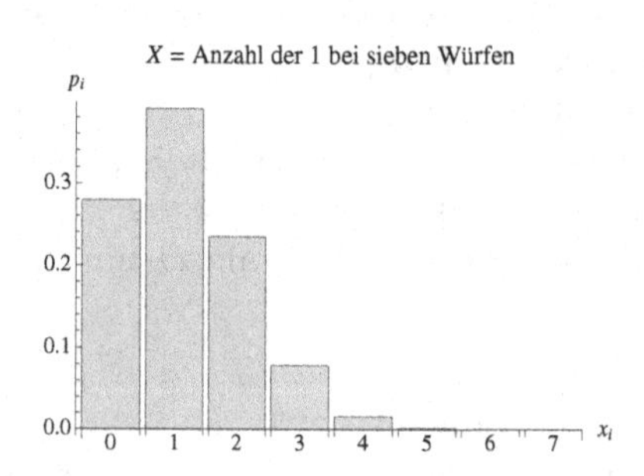

Abbildung 28.2. Binomialverteilung mit $n = 7$, $p = \frac{1}{6}$.

Fassen wir zusammen:

Definition 28.8 Gegeben ist eine Bernoulli-Kette der Länge n. Bei jeder der n Durchführungen kann ein bestimmtes Ereignis A mit der Wahrscheinlichkeit p eintreten (und das Gegenereignis $\overline{A}$ mit der Wahrscheinlichkeit $q = 1 - p$). Man interessiert sich für X = *Anzahl der Versuchsdurchführungen, bei denen A eintritt.* X kann die Werte $x = 0, 1, 2, \ldots, n$ annehmen. Die Wahrscheinlichkeit, dass A genau x-mal eintritt, ist

$$P(X = x) = \binom{n}{x} p^x q^{n-x}.$$

Man nennt die Zufallsvariable X **binomialverteilt** und ihre Wahrscheinlichkeitsverteilung eine **Binomialverteilung** mit den Parametern n, p. Kurzschreibweise: $X \sim Bi(n; p)$.

Die Wahrscheinlichkeiten $P(X = x)$ sind gerade die Summanden des **binomischen Lehrsatzes**

$$(p + q)^n = q^n + \binom{n}{1} q^{n-1} p + \binom{n}{2} q^{n-2} p^2 + \ldots + p^n.$$

Mithilfe dieser Formel können wir uns auch davon überzeugen, dass $\sum_{x=0}^{n} P(X = x) = 1$ ist. Denn das ist gerade der Ausdruck auf der rechten Seite der binomischen Entwicklung, während die linke Seite $(p + q)^n = 1^n = 1$ ergibt (da p und q Wahrscheinlichkeit und Gegenwahrscheinlichkeit zueinander sind).

Aus der Definition der Binomialverteilung ergibt sich folgende Rekursion:

$$P(X=0)=q^n, \quad P(X=x+1)=\frac{n-x}{x+1}\frac{p}{q}P(X=x).$$

Eine binomialverteilte Zufallsvariable X kann auch als Summe unabhängiger und identisch verteilter Zufallsvariablen aufgefasst werden: Ist X_i gleich 1, falls das Ereignis A bei der i-ten Ausführung eingetreten ist, und 0 sonst, so gilt $X = X_1+\cdots+X_n$. Daraus ergeben sich folgende Eigenschaften:

Satz 28.9 (Eigenschaften der Binomialverteilung)

- **Erwartungswert und Varianz** von $X \sim Bi(n;p)$ sind gegeben durch:

$$\begin{aligned} \mu = \mathrm{E}(X) &= np \\ \sigma^2 = \mathrm{Var}(X) &= npq = np(1-p) \end{aligned}$$

- **Symmetrieeigenschaft**: Ist $X \sim Bi(n;p)$, dann ist die Zufallsvariable $Y = n - X$ ebenfalls binomialverteilt: $Y \sim Bi(n; 1-p)$. Es gilt also $P(X = x) = P(Y = y)$ für $y = n - x$.
- **Additionseigenschaft**: Sind $X \sim Bi(m;p)$ und $Y \sim Bi(n;p)$ unabhängig, so ist $X + Y \sim Bi(m+n;p)$.

Da X_i den Wert 1 mit der Wahrscheinlichkeit p und den Wert 0 mit der Wahrscheinlichkeit $1-p$ annimmt, gilt $\mathrm{E}(X_i) = p$ und $\mathrm{Var}(X_i) = p(1-p)$. Aus der Linearität des Erwartungswertes (Satz 27.23) folgt $\mathrm{E}(X) = n\,\mathrm{E}(X_i) = np$ und analog (mit Satz 27.37) $\mathrm{Var}(X) = n\,\mathrm{Var}(X_i) = np(1-p)$. (Siehe auch Übungsaufgabe 6.)

Die Symmetrieeigenschaft bedeutet einfach, dass X = *Anzahl der Treffer in einer Stichprobe vom Umfang* n und Y = *Anzahl der Nieten in dieser Stichprobe* beide binomialverteilt sind; X mit den Parametern n, p, und Y mit den Parametern n, $1-p$. Beispiel: Die Wahrscheinlichkeit für $x = 5$ Treffer in einer Stichprobe vom Umfang 8 ist gleich der Wahrscheinlichkeit für $y = 8 - 5 = 3$ Nieten in dieser Stichprobe. Aufgrund dieser Symmetrieeigenschaft genügt es, in Tabellen nur die Werte der Binomialverteilung für $p \le 0.5$ anzugeben.

Die Additionseigenschaft ist auch anschaulich klar, da die Anzahl der Erfolge in den ersten m Durchführungen plus die Anzahl der Erfolge in den nächsten n Durchführungen gleich der Anzahl der Erfolge in allen $m+n$ Durchführungen zusammen ist.

Beispiel 28.10 Erwartungswert und Varianz einer Binomialverteilung
Geben Sie den Erwartungswert und die Varianz von X aus Beispiel 28.7 an.

Lösung zu 28.10 Es ist $\mu = \frac{7}{6} = 1.17$ und $\sigma^2 = 7 \cdot \frac{1}{6} \cdot \frac{5}{6} = 0.97$. ■

Sehen wir uns nun ein typisches Beispiel aus der Qualitätssicherung an, in der die Binomialverteilung oft verwendet wird:

Beispiel 28.11 Produktion mit gleichbleibendem Ausschussanteil
Eine Serienproduktion von Transistoren erfolgt mit einem *gleichbleibenden* Ausschussanteil von $p = 3\%$. Wie groß ist die Wahrscheinlichkeit, unter $n = 50$ (ohne Zurücklegen) entnommenen Einheiten
a) keine b) genau zwei c) höchstens zwei fehlerhafte Einheiten vorzufinden?
d) Wie groß sind Erwartungswert und Varianz der Anzahl X der fehlerhaften Einheiten?

Lösung zu 28.11 Die Zufallsvariable $X =$ *Anzahl der fehlerhaften Transistoren bei 50-maliger Ziehung* ist binomialverteilt mit den Parametern $n = 50$ und $p = 0.03$.
a) Die Wahrscheinlichkeit, keinen defekten Transistor in der Stichprobe vom Umfang 50 zu finden, ist

$$P(X = 0) = \binom{50}{0} \cdot 0.03^0 (1 - 0.03)^{50} = 1 \cdot 1 \cdot 0.97^{50} = 0.218.$$

b) Die Wahrscheinlichkeit, genau zwei defekte Transistoren in der Stichprobe zu finden, ist

$$P(X = 2) = \binom{50}{2} \cdot 0.03^2 \cdot (1 - 0.03)^{48} = \frac{50 \cdot 49}{2} \cdot 0.03^2 \cdot 0.97^{48} = 0.256.$$

c) Die gesuchte Wahrscheinlichkeit ist

$$F(2) = P(X \leq 2) = P(X = 0) + P(X = 1) + P(X = 2) = 0.812.$$

d) Der Erwartungswert ist $\mu = n \cdot p = 50 \cdot 0.03 = 1.5$. Wenn man also oftmals 50 Einheiten entnimmt, so kann man erwarten, dass im Mittel 1.5 fehlerhafte Einheiten pro 50 Einheiten auftreten. Für die Varianz erhalten wir $\sigma^2 = n \cdot p \cdot (1 - p) = 50 \cdot 0.03 \cdot 0.97 = 1.46$. ■

Da eine Bernoulli-Kette durch eine Summe von unabhängigen und identisch verteilten Zufallsvariablen beschrieben werden kann, gilt für sie alles, was wir bereits in Abschnitt 27.3 besprochen haben. Typische Situationen, in denen die Binomialverteilung vorkommt, sind somit:

- Unabhängige Wiederholungen eines Zufallsexperimentes (z. B. n-maliger Wurf eines Würfels, $X =$ *Anzahl der Sechser*).
- n-maliges Ziehen mit Zurücklegen aus einer endlichen Grundgesamtheit, $X =$ *Anzahl der gezogenen Elemente mit einer bestimmten Eigenschaft.*
- n-maliges Ziehen ohne Zurücklegen aus einer unendlichen Grundgesamtheit (z. B. aus einer laufenden Produktion). Hier beeinflusst das Ziehen eines Elementes den Rest der Grundgesamtheit nicht, sodass beim nächsten Ziehen die Bedingungen wieder gleich sind.
- Näherungsweise bei n-maligem Ziehen ohne Zurücklegen aus einer endlichen, aber sehr großen Grundgesamtheit (z. B. alle Haushalte eines Landes). Hier ändert das Ziehen eines Elementes den Rest der Grundgesamtheit nur wenig, sodass näherungsweise angenommen werden kann, dass beim nächsten Ziehen wieder dieselben Bedingungen vorliegen.

Im letzten Fall wird die Binomialverteilung als Näherung der hypergeometrischen Verteilung verwendet. Dazu noch ein paar Worte:

Wenn zum Beispiel in einem Behälter N Kugeln sind, davon M blaue und $N - M$ rote, dann ist die Wahrscheinlichkeit, eine blaue Kugel zu ziehen, beim Ziehen *mit* Zurücklegen bei jeder Ziehung unverändert gleich

$$p = \frac{M}{N}.$$

Daher ist $X =$ *Anzahl der blauen Kugeln in der Stichprobe* binomialverteilt. Beim Ziehen *ohne* Zurücklegen gilt für die Wahrscheinlichkeit, eine blaue Kugel zu ziehen:

$$\begin{aligned} \text{1. Ziehung : } p &= \frac{M}{N} \\ \text{2. Ziehung : } p &= \frac{M}{N-1} \quad \text{oder} \quad p = \frac{M-1}{N-1}, \\ &\vdots \end{aligned}$$

je nachdem, ob beim ersten Mal eine blaue oder eine rote Kugel gezogen wurde. Die Wahrscheinlichkeit, eine blaue Kugel zu ziehen, ändert sich also von Ziehung zu Ziehung. In diesem Fall ist X = *Anzahl der blauen Kugeln in der Stichprobe* hypergeometrisch verteilt.

Wenn nun der Umfang N der Grundgesamtheit *sehr groß* und der Stichprobenumfang n im Vergleich dazu *sehr klein* ist (d.h., wenn sehr viele Kugeln im Behälter sind und man nicht oft zieht), dann ändert sich bei der Ziehung ohne Zurücklegen der Anteil der blauen Kugeln nur sehr wenig. Daher kann man dafür näherungsweise den konstanten Wert $p = \frac{M}{N}$ verwenden.

In der Praxis verwendet man oft die folgende

Faustregel zur Näherung der hypergeometrischen Verteilung durch die Binomialverteilung: Wenn die Bedingung

$$n \lessapprox \frac{N}{20}$$

erfüllt ist, dann kann man die hypergeometrische Verteilung mit den Parametern n, M, N **näherungsweise** durch die rechnerisch bequemere Binomialverteilung mit den Parametern n und $p = \frac{M}{N}$ ersetzen.

In der Literatur werden Sie, je nach angestrebter Güte, verschiedene Faustregeln finden. Betrachten Sie sie als Richtwert und vergleichen Sie im Zweifelsfall mit der exakten Formel.

Beispiel 28.12 Binomialverteilung als Näherung der hypergeometrischen Verteilung

In einer Lieferung sind 2000 Einheiten, davon sind 60 fehlerhaft. Es wird eine zufällige Stichprobe vom Umfang $n = 50$ entnommen. Wie groß ist die Wahrscheinlichkeit genau zwei fehlerhafte Einheiten zu ziehen? Lösen Sie
a) exakt und b) mit Näherung durch die Binomialverteilung.

Lösung zu 28.12 Wir betrachten X = *Anzahl der fehlerhaften Einheiten bei* 50-*maliger Ziehung.*

a) Die Stichprobe wird durch Ziehen ohne Zurücklegen entnommen, daher ist X hypergeometrisch verteilt, mit den Parametern $n = 50$, $M = 60$, $N = 2000$. Die gesuchte Wahrscheinlichkeit ist daher

$$P(X = 2) = \frac{\binom{60}{2}\binom{1940}{48}}{\binom{2000}{50}} = 0.259.$$

Die Wahrscheinlichkeit, bei einer Stichprobe vom Umfang 50 genau 2 fehlerhafte Einheiten zu finden, ist also gleich 25.9%.

b) Es ist $50 = n < \frac{N}{20} = 100$, daher kann die hypergeometrische Verteilung durch die Binomialverteilung mit den Parametern $n = 50$, $p = \frac{M}{N} = \frac{60}{2000} = 0.03$ angenähert werden:

$$P(X = 2) \approx \binom{50}{2}(0.03)^2(1 - 0.03)^{48} = 0.255.$$

Die Binomialverteilung gibt also hier mit dem Wert 25.5% eine für viele praktische Zwecke gute Näherung für die gesuchte Wahrscheinlichkeit. ■

28.2.1 Anwendung: Moderne Finanzmathematik

Die klassische Finanzmathematik beschäftigt sich mit der Zinseszinsrechnung. Für den modernen Bankenalltag, in dem mit innovativen Finanzprodukten wie (exotischen) Optionen und strukturierten Anleihen gearbeitet wird und der Messung bzw. dem Management von verschiedenen Risiken eine zentrale Bedeutung zukommt, reicht das schon lange nicht mehr aus. Die moderne Finanzmathematik ist daher heute ein anspruchsvolles Teilgebiet der Mathematik, in dem der Zufall die entscheidende Größe ist. In der Praxis führt das auf komplizierte Modelle mit stochastischen Differentialgleichungen (das sind Differentialgleichungen, die von einem zufälligen Parameter abhängen). Eines der wichtigen Resultate in diesem Zusammenhang ist die **Black-Merton-Scholes-Formel**, für die 1998 der Wirtschafts-Nobelpreis verliehen wurde. Damit sind wir aber für diesen Rahmen schon weit über unsere mathematischen Möglichkeiten hinaus. Wir wollen uns in diesem Abschnitt aber trotzdem einige der wesentlichen Ideen klar machen.

Der erste zentrale Grundsatz ist das so genannte *No-Arbitrage-Prinzip*: Ein **Arbitrage-Geschäft** ist ein (unter Umständen sehr komplexes) Finanzgeschäft, das ohne Risiko und ohne nennenswerten Kapital- und Arbeitseinsatz einen Gewinn abwirft (also ein finanzmathematisches Perpetuum Mobile;-). Das einfachste Beispiel wären die Kurse einer Aktie an zwei verschiedenen Börsen: Wären die Kurse verschieden, so könnte man an der billigeren kaufen und an der teureren verkaufen und damit endlos Geld verdienen. In der Praxis gibt es solche Arbitrage-Möglichkeiten aber nicht. In unserem Beispiel würde, aufgrund der erhöhten Nachfrage, der Kurs an der billigeren Börse steigen, und, aufgrund des erhöhten Angebots, an der teureren Börse fallen. Innerhalb kürzester Zeit wäre die Kursdifferenz so weit geschrumpft, dass sich das Geschäft nicht mehr lohnt. Man geht deshalb in der Finanzmathematik meist von folgendem Grundprinzip aus:

No-Arbitrage-Prinzip: Wirtschaftlich idente Güter müssen denselben Preis haben.

Während dieses Prinzip für den internationalen Handel mit Gütern und Aktien sinnvoll ist, lässt es sich auf den Preis für einen Liter Milch im Supermarkt wohl nicht anwenden.

Das No-Arbitrage-Prinzip wird zum Beispiel bei der Bewertung von **Optionen** angewendet. Dabei soll ein **Finanzinstrument** (Rohstoffe, Devisen, Zinsen, Aktien, etc.) zu fixen Konditionen zu einem bestimmten, in der Zukunft liegenden Zeitpunkt, gekauft oder verkauft werden.

- Bei einer **Call-Option** erwerben Sie das Recht (aber nicht die Pflicht), zu einem festen, zukünftigen Zeitpunkt T ein Finanzinstrument zu einem festgelegten *Strike-Preis* zu kaufen. Dieses Recht werden Sie natürlich nur dann ausüben, wenn der tatsächliche Preis zum Zeitpunkt T über dem Strike-Preis liegt.

- Bei einer **Put-Option** erwerben Sie das Recht (aber nicht die Pflicht), zu einem festen, zukünftigen Zeitpunkt T ein Finanzinstrument zu einem festgelegten *Strike-Preis* zu verkaufen. Dieses Recht werden Sie natürlich nur dann ausüben, wenn der tatsächliche Preis zum Zeitpunkt T unter dem Strike-Preis liegt.

Optionen werden in der Praxis zum Beispiel zur Absicherung gegen Kursrisiken verwendet. Wenn eine Firma ihre Produkte im Ausland verkaufen möchte, so hängt der Erlös vom Wechselkurs zum Zeitpunkt des Verkaufs ab und ist somit im Voraus nicht bekannt. Um sicherzustellen, dass die Produktion unabhängig vom Währungsrisiko Gewinn abwirft, kann die Firma eine Put-Option erwerben, um zum Zeitpunkt des Verkaufs die Deviseneinahmen zu einem gewissen Preis verkaufen zu können.

Gegeben ist also ein Finanzinstrument S und eine Option O. Für die Bank stellt sich natürlich die Frage, welchen Preis sie für solch eine Option berechnen soll. Wir interessieren uns hier für den *fairen Preis* f, bei dem die Bank keinen Gewinn macht (wie viel die Bank dann noch als Gewinn aufschlägt, ist kein finanzmathematisches Problem;-).

Um das Problem mathematisch in einem für uns bewältigbaren Rahmen zu halten, wollen wir von einem einfachen binomialen Modell ausgehen. Unser Finanzinstrument kann im Zeitraum von 0 bis T entweder von $S(0) = S$ auf den Wert $S_u(T) = S \cdot u$ steigen („up", $u > 1$) oder auf den Wert $S_d(T) = S \cdot d$ fallen („down", $d < 1$). Der **Payoff** (Auszahlung), den der Käufer mit der Option macht, sei f_u, falls der Kurs des Finanzinstruments steigt, und f_d, falls er fällt.

Beispiel: Im Fall einer Aktie mit Anfangswert $S = 200$ und Wert bei Kursanstieg von $S \cdot u = 220$ bzw. Kursabfall $S \cdot d = 180$ wäre der Payoff einer Call-Option mit Strike-Preis 210 gegeben durch: $f_u = 10$ (wir können zum Strike-Preis von 210 statt zum Marktpreis von 220 kaufen) bzw. $f_d = 0$ (ist der Marktpreis unter dem Strike-Preis, ist die Option wertlos).

Um das No-Arbitrage-Prinzip anwenden zu können, versuchen wir nun, ein risikoloses Portfolio zu bilden. Das bedeutet, die Bank kauft eine bestimmte Menge des Finanzinstruments und verkauft eine bestimmte Menge der Option in einem solchen Verhältnis, dass der Wert des so gebildeten Portfolios unabhängig von einem Kursanstieg oder -abfall ist.

Das bedeutet, dass ein Verlust beim Finanzinstrument durch einen Gewinn bei der Option ausgeglichen werden soll und umgekehrt.

Da es nur auf das Verhältnis ankommt, normieren wir die Anzahl der Optionen auf eins und bezeichnen die Anzahl der Finanzinstrumente mit Δ.

Für ein reales Portfolio müsste Δ ganzzahlig sein, da man keine halben Aktien kaufen kann, für unser hypothetisches Portfolio spielt das aber keine Rolle.

Der Wert unseres Portfolios zum Zeitpunkt $t = 0$ ist also gegeben durch (aus Sicht der Bank):

$$W(0) = \Delta \cdot S - f$$

(Preis für Δ Einheiten des Finanzinstruments minus Preis für eine verkaufte Option). Nun müssen wir Δ so wählen, dass unser Portfolio risikofrei wird. Dann folgt aus dem No-Arbitrage-Prinzip, dass der Wert $W(T)$ zum Zeitpunkt T einer *normalen* risikofreien Veranlagung, also einem fix verzinsten Guthaben, entsprechen muss: $W(T) = W(0)\mathrm{e}^{rT}$ (r steht für den risikofreien Zinssatz in unserer Modellwelt).

Es ist hier üblich den Aufzinsungsfaktor als e^{rT} zu schreiben. Wir können das leicht auf die gewohnte Form $(1+k)^T$ bringen, indem wir $r = \ln(1+k)$ (bzw. $k = \mathrm{e}^r - 1$) setzen.

Für den Wert zum Zeitpunkt T gilt in den Fällen „up“ bzw. „down“:

$$W_u(T) = \Delta \cdot S \cdot u - f_u \quad \text{bzw.} \quad W_d(T) = \Delta \cdot S \cdot d - f_d$$

(Kursgewinn-/verlust des Finanzinstruments minus Payoff der Option). Risikofrei bedeutet

$$W_u(T) = W_d(T).$$

Einsetzen und Auflösen nach Δ ergibt

$$\Delta = \frac{f_u - f_d}{S \cdot (u - d)} \quad \text{bzw.} \quad W(T) = W_u(T) = W_d(T) = \frac{d \cdot f_u - u \cdot f_d}{u - d}.$$

Nun können wir diese beiden Beziehungen in

$$W(T) = W(0)\mathrm{e}^{rT} = (\Delta \cdot S + f)\mathrm{e}^{rT}$$

einsetzen und nach dem fairen Preis auflösen:

$$f = \left(\frac{\mathrm{e}^{rT} - d}{u - d} f_u + \frac{u - \mathrm{e}^{rT}}{u - d} f_d \right) \mathrm{e}^{-rT}.$$

Wir haben also den fairen Preis ohne Kenntnis der Wahrscheinlichkeiten für einen Kursanstieg bzw. -abfall erhalten! Mehr noch, wenn wir die Abkürzungen

$$p = \frac{\mathrm{e}^{rT} - d}{u - d}, \qquad 1 - p = \frac{u - \mathrm{e}^{rT}}{u - d}$$

einführen, können wir diese Formel als

$$f = (p\, f_u + (1 - p)\, f_d)\mathrm{e}^{-rT}$$

schreiben. Der faire Preis f ergibt sich also gerade als der abgezinste Erwartungswert des Payoffs der Option, wenn wir p und $(1 - p)$ als Wahrscheinlichkeiten für einen Kursanstieg bzw. -abfall interpretieren. Führen wir diesen Gedankengang weiter, dann folgt aus der Definition von p auch:

$$(p\, S\, u + (1 - p)\, S\, d) = S\, \mathrm{e}^{rT}.$$

Aus dem No-Arbitrage-Prinzip folgt also, dass der Erwartungswert des Werts unseres Finanzinstruments zum Zeitpunkt T genau der Aufzinsung mit dem riskofreien Zinssatz r entspricht.

Zusammenfassend können wir folgendes festhalten:

- Aus dem No-Arbitrage-Prinzip ergeben sich „Wahrscheinlichkeiten“, die eine risikoneutrale Welt implizieren: Ein Investor erwartet auch von einer riskanten Investition nicht mehr Ertrag als von einer risikofreien.
- Der Wert eines Derivats ergibt sich als der abgezinste Erwartungswert der Auszahlung in einer risikoneutralen Welt.

Diese Prinzipien liegen auch der Black-Merton-Scholes-Formel zugrunde.

28.3 Die Poisson-Verteilung

Diese Verteilung ist nach dem französischen Mathematiker und Physiker Siméon Poisson benannt:

Definition 28.13 Eine Zufallsvariable X, die jeden der unendlich vielen Werte $x = 0, 1, 2, \ldots$ mit den Wahrscheinlichkeiten

$$P(X = x) = \frac{\lambda^x}{x!} \mathrm{e}^{-\lambda} \qquad (\lambda > 0)$$

annehmen kann, heißt **poissonverteilt** mit dem **Parameter** λ. Die zugehörige Verteilung heißt **Poisson-Verteilung**. Kurzschreibweise: $X \sim Po(\lambda)$.
Für den Erwartungswert und die Varianz gilt:

$$\mu = \mathrm{E}(X) = \lambda \qquad \text{und} \qquad \sigma^2 = \mathrm{Var}(X) = \lambda.$$

Dass der Parameter der Poisson-Verteilung gerade ihr Erwartungswert ist, zeigt folgende Überlegung:

$$\mathrm{E}(X) = \sum_{i=0}^{\infty} i \frac{\lambda^i}{i!} \mathrm{e}^{-\lambda} = \lambda \mathrm{e}^{-\lambda} \sum_{i=1}^{\infty} \frac{\lambda^{i-1}}{(i-1)!} = \lambda \mathrm{e}^{-\lambda} \sum_{i=0}^{\infty} \frac{\lambda^i}{i!} = \lambda \mathrm{e}^{-\lambda} \mathrm{e}^{\lambda} = \lambda.$$

Analog sieht die Rechnung für die Varianz aus (siehe auch Übungsaufgabe 9).

Oft interessiert man sich für die Anzahl X_t irgendwelcher Vorkommnisse im Zeitraum von 0 bis t. Die Menge von Zufallsvariablen X_t, $t \ge 0$, heißt **Poisson-Prozess** mit Intensität λ, falls $X_t \sim Po(t\,\lambda)$, falls also

$$P(X_t = x) = \frac{(t\lambda)^x}{x!} \mathrm{e}^{-t\lambda}.$$

Typische Poisson-Prozesse sind z. B. die Anzahl der Unfälle pro Zeiteinheit oder die Anzahl der Fehler pro Längeneinheit, allgemein die Anzahl irgendwelcher Vorkommnisse pro Betrachtungseinheit, wenn folgende drei Voraussetzungen erfüllt sind:

- Die Wahrscheinlichkeit für das Eintreten eines Vorkommnisses ist proportional zur Beobachtungsdauer Δt (bzw. zur Länge Δs des betrachteten Artikels), aber unabhängig davon, ob man zu einem früheren oder späteren Zeitpunkt t beobachtet (bzw. welchen cm eines Zwirns man herausgreift).
- Die Wahrscheinlichkeiten für das Eintreten des Ereignisses in verschiedenen Einheiten sind unabhängig voneinander. (Beispiel: Die Wahrscheinlichkeit, dass in einem bestimmten cm^2 des Blechs ein Lackfehler auftritt, ist unabhängig davon, ob in einem anderen cm^2 ein Fehler ist.)
- Für *kleines* Δt ist die Wahrscheinlichkeit dafür, dass *mehr* als ein Vorkommnis eintritt, im Vergleich zur Wahrscheinlichkeit, dass genau ein Vorkommnis eintritt, *vernachlässigbar klein* (die Wahrscheinlichkeit dafür sollte proportional zu $(\Delta t)^2$ sein).

Unter diesen Voraussetzungen kann zum Beispiel die Anzahl X der Unfälle pro Wochenende, die Anzahl X der während der Hauptgeschäftszeit pro Stunde eintreffenden Anrufe, die Anzahl X der Lackfehler pro cm^2 gefertigtem Blech oder die Anzahl

X der Rosinen pro kg Kuchen poissonverteilt sein. Ob man tatsächlich (näherungsweise) eine Poisson-Verteilung annehmen kann, wird durch bestimmte statistische Tests beurteilt.

Satz 28.14 Es sei $X_t \sim Po(t\,\lambda)$ ein Poisson-Prozess, dann gilt: $X_t - X_s \sim Po((t-s)\,\lambda)$. Das heißt, die Anzahl der Vorkommnisse zwischen s und t ist gleich verteilt wie die Anzahl der Vorkommnisse zwischen 0 und $t-s$ (sie hängt nur von der Intervalllänge, nicht aber von der Lage des Intervalls ab).

Man kann weiters zeigen, dass die Zeiten zwischen zwei Vorkommnissen exponentialverteilt mit Parameter λ sind.

Beispiel 28.15 Poisson-Verteilung
Angenommen, die Anzahl X der zur Hauptgeschäftszeit eintreffenden Anrufe in einer Telefonzentrale ist poissonverteilt. Die Zentrale erhält im Mittel 120 Anrufe pro Stunde (= Schätzwert für den Erwartungswert). Wie groß ist die Wahrscheinlichkeit, dass innerhalb einer Minute
a) kein Anruf b) genau ein c) höchstens drei d) mehr als drei Anrufe eintreffen?
e) Stellen Sie die Wahrscheinlichkeitsverteilung graphisch dar.

Die Annahme der Poisson-Verteilung ist hier sicher nur in gewissen Zeitspannen (z. B. Hauptgeschäftszeit) berechtigt, denn die Anzahl der Anrufer pro Stunde wird nicht über den ganzen Tag konstant bleiben. Um Mitternacht wird es wohl weniger Anrufe als zu Mittag geben.

Lösung zu 28.15 Die Zufallsvariable X = *Anzahl der Anrufe pro Minute* ist poissonverteilt mit dem Erwartungswert $\lambda = 2$. (Denn im Mittel 120 Anrufe pro Stunde bedeuten im Mittel 2 Anrufe pro Minute.) Die Wahrscheinlichkeit für x Anrufe pro Minute ist daher gleich

$$P(X = x) = \frac{2^x}{x!} \cdot \mathrm{e}^{-2}.$$

a) $P(X = 0) = \frac{\lambda^0}{0!} \cdot \mathrm{e}^{-2} = 0.135$. Die Wahrscheinlichkeit, dass kein Anruf innerhalb einer Minute (irgendeiner Minute während der Hauptgeschäftszeit) eintrifft, ist also etwa 13.5%.
b) $P(X = 1) = \frac{\lambda^1}{1!} \cdot \mathrm{e}^{-2} = 0.271$. Es trifft also in etwa 27.1% aller Zeitintervalle der Länge einer Minute genau ein Anruf ein.
c) $F(3) = P(X \le 3) = P(X = 0) + P(X = 1) + P(X = 2) + P(X = 3) = 0.857$. Die Wahrscheinlichkeit, dass bis zu 3 Anrufe innerhalb einer Minute eintreffen, ist also etwa 85.7%.
d) $P(X > 3) = 1 - F(3) = 1 - 0.857 = 0.143$. Es treffen also nur in etwa 14.3% aller Zeitintervalle der Länge einer Minute mehr als 3 Anrufe ein.
e) Siehe Abbildung 28.3. ■

Die Poisson-Verteilung ist eingipfelig. Je kleiner λ ist, desto weiter links liegt der Gipfel. Für größeres λ, etwa ab $\lambda \ge 10$, wird die Verteilung annähernd symmetrisch.

Die Poisson-Verteilung wird in der Praxis oft als **Näherung der Binomialverteilung** verwendet:

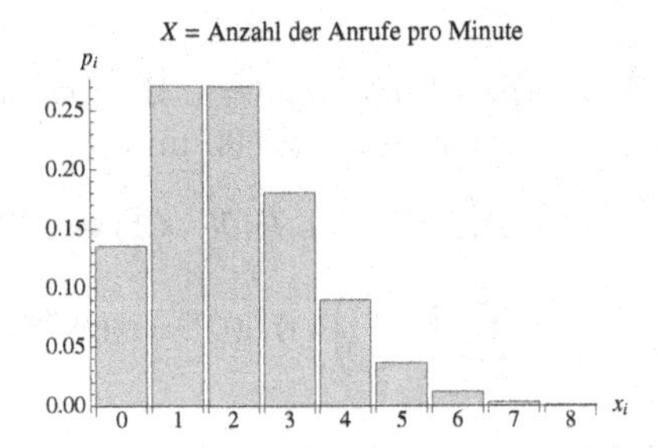

Abbildung 28.3. Poisson-Verteilung mit $\lambda = 2$.

Satz 28.16 Sei X nach $Bi(n;p)$ verteilt. Wenn $n \to \infty$ und $p \to 0$ so, dass das Produkt $\lambda = np$ konstant bleibt, dann ist X näherungsweise poissonverteilt:

$$\lim_{n\to\infty, p\to 0} P(X = x) = \frac{\lambda^x}{x!} \mathrm{e}^{-\lambda} \quad \text{für } x = 0, 1, 2, \ldots$$

Das bedeutet, dass für eine binomialverteilte Zufallsvariable für „n groß und p klein" näherungsweise die einfacher handzuhabende Poisson-Verteilung mit Parameter $\lambda = np$ verwendet werden kann. Dabei gilt folgende Faustregel:

Faustregel: Wenn $n \gtrsim 50$ und $p \lesssim 0.1$ ist, dann kann eine Binomialverteilung mit den Parametern n und p durch die Poisson-Verteilung mit dem Parameter $\lambda = n \cdot p$ genähert werden.

Denn

$$\begin{aligned}
\lim_{n\to\infty} \binom{n}{x} \cdot p^x (1-p)^{n-x} &= \lim_{n\to\infty} \binom{n}{x} \cdot (\frac{\lambda}{n})^x (1 - \frac{\lambda}{n})^{n-x} = \\
&= \lim_{n\to\infty} \frac{n(n-1)(n-x+1)}{x!} (\frac{\lambda}{n})^x (1 - \frac{\lambda}{n})^{n-x} = \\
&= \frac{\lambda^x}{x!} \lim_{n\to\infty} \frac{n(n-1)\cdots(n-x+1)}{n^x} (1 - \frac{\lambda}{n})^{n-x}.
\end{aligned}$$

Und das ist gleich $\frac{\lambda^x}{x!} \cdot \mathrm{e}^{-\lambda}$, denn:

$$\lim_{n\to\infty} \frac{n(n-1)\cdots(n-x+1)}{n^x} = \lim_{n\to\infty} \frac{n}{n} \frac{n-1}{n} \cdots \frac{n-x+1}{n} = 1,$$

da jeder der Faktoren gegen 1 konvergiert. Weiters ist (per Definition) $\lim_{n\to\infty}(1 - \frac{\lambda}{n})^n = \mathrm{e}^{-\lambda}$, und $\lim_{n\to\infty}(1 - \frac{\lambda}{n})^{-x} = 1$, da x irgendeine feste Zahl ist und der Klammerinhalt gegen 1 konvergiert.

Beispiel 28.17 Näherung der Binomialverteilung durch die Poisson-Verteilung

Eine Fabrik produziert Werkstücke mit einem konstanten Ausschussanteil von $p = 0.002$. Wie groß ist die Wahrscheinlichkeit, dass eine Lieferung von $n = 800$ Werkstücken höchstens zwei defekte Werkstücke enthält? Berechnen Sie diese Wahrscheinlichkeit

a) exakt b) näherungsweise mithilfe der Poisson-Verteilung.

Lösung zu 28.17

a) Die Zufallsvariable X = *Anzahl der defekten Werkstücke in der Lieferung* ist binomialverteilt mit den Parametern $n = 800$ und $p = 0.002$. Damit ist

$$\begin{aligned} P(X \leq 2) &= P(X=0) + P(X=1) + P(X=2) \\ &= \sum_{k=0}^{2} \binom{800}{k} \cdot 0.002^k \cdot 0.998^{800-k} = 0.783. \end{aligned}$$

b) Die Zufallsvariable X kann als annähernd poissonverteilt betrachtet werden (da $n = 800 > 50$ und $p = 0.002 < 0.1$ ist), mit dem Parameter $\lambda = 800 \cdot 0.002 = 1.6$. Damit gilt für die gesuchte Wahrscheinlichkeit

$$P(X \leq 2) \approx \mathrm{e}^{-1.6} \frac{1.6^0}{0!} + \mathrm{e}^{-1.6} \frac{1.6^1}{1!} + \mathrm{e}^{-1.6} \frac{1.6^2}{2!} = 0.783.$$

Die gesuchte Wahrscheinlichkeit kann also gut durch die näherungsweise Annahme einer Poisson-Verteilung ermittelt werden. ■

28.4 Mit dem digitalen Rechenmeister

Der Erwartungswert wird mit `Mean`, die Varianz mit `Variance` berechnet. Die Wahrscheinlichkeit $P(X = x)$ erhalten wir mit `PDF` („probability density function“) und die Wahrscheinlichkeit $P(X \leq x)$ wird mit dem Befehl `CDF` („cumulative distribution function“) aufgerufen.

Hypergeometrische Verteilung

Mit `HypergeometricDistribution[n, M, N]` erhalten wir (symbolisch) die hypergeometrische Verteilung mit den Parametern n, M, N. Wir können nun z. B. den Erwartungswert und die Varianz berechnen:

```
In[1]:= hdist = HypergeometricDistribution[5, 4, 20];
        {Mean[hdist], Variance[hdist]}//N
Out[1]= {1., 0.631579}
```

Hier wurde als Abkürzung für die Verteilung die Variable `hdist` eingeführt. Die Wahrscheinlichkeit $P(X = 2)$ bzw. die Verteilungsfunktion $F(2) = P(X \leq 2)$ erhalten wir mit:

```
In[2]:= {PDF[hdist, 2], CDF[hdist, 2]}//N
Out[2]= {0.216718, 0.968008}
```

Binomialverteilung

Mit `BinomialDistribution[n, p]` kann die Binomialverteilung aufgerufen werden:

```
In[3]:= bdist = BinomialDistribution[50, 0.03]; PDF[bdist, 2]
Out[3]= 0.255518
```

Poisson-Verteilung

Der Befehl für die Poisson-Verteilung ist `PoissonDistribution`[λ]:

```
In[4]:= pdist = PoissonDistribution[1.6]; CDF[pdist, 2]
Out[4]= 0.783358
```

28.5 Kontrollfragen

Fragen zu Abschnitt 28.1: Die hypergeometrische Verteilung

Erklären Sie folgende Begriffe: Ziehen mit/ohne Zurücklegen, hypergeometrisch verteilte Zufallsvariable.

1. Wie viele Parameter hat eine hypergeometrische Verteilung? Welche Bedeutung haben sie?
2. Richtig oder falsch?
   In einem Behälter befinden sich $N = 10$ Kugeln, davon $M = 7$ blaue. Es werden aus dem Behälter hintereinander ohne Zurücklegen $n = 5$ Kugeln entnommen. Dann ist die Zufallsvariable X= *Anzahl der Ziehungen, bis zum ersten Mal eine blaue Kugel gezogen wird* hypergeometrisch verteilt mit den Parametern $n = 5$, $M = 7$ und $N = 10$.
3. Geben Sie die Formel für den Erwartungswert einer hypergeometrisch verteilten Zufallsvariablen an.

Fragen zu Abschnitt 28.2: Die Binomialverteilung

Erklären Sie folgende Begriffe: Bernoulli-Experiment, Bernoulli-Kette, binomialverteilte Zufallsvariable, Symmetrieeigenschaft der Binomialverteilung.

1. Wie viele Parameter hat die Binomialverteilung? Welche Bedeutung haben sie?
2. Unter welchen Voraussetzungen kann die Binomialverteilung als Näherung der hypergeometrischen Verteilung verwendet werden?

Fragen zu Abschnitt 28.3: Die Poisson-Verteilung

Erklären Sie folgende Begriffe: poissonverteilte Zufallsvariable, Poisson-Prozess.

1. Wie viele Parameter hat die Poisson-Verteilung? Welche Bedeutung haben sie?
2. Unter welcher Voraussetzung kann die Poisson-Verteilung als Näherung der Binomialverteilung verwendet werden?

Lösungen zu den Kontrollfragen

Lösungen zu Abschnitt 28.1

1. Drei Parameter: n (Stichprobenumfang), M (Anzahl der Elemente in der Grundgesamtheit mit der interessierenden Eigenschaft), N (Umfang der Grundgesamtheit).

2. Falsch: Wenn man sich für die *Anzahl der blauen Kugeln in der Stichprobe* interessiert hätte, dann wäre diese Zufallsvariable hypergeometrisch verteilt gewesen. (Die Zufallsvariable in der Angabe hat eine Gleichverteilung – siehe die Übungsaufgabe 5 a) in Kapitel 27.)
3. $\mu = n \cdot \frac{M}{N}$

Lösungen zu Abschnitt 28.2

1. Zwei Parameter: n (Stichprobenumfang) und p (Wahrscheinlichkeit für „Erfolg").
2. Wenn der Stichprobenumfang n klein ist gegenüber dem Umfang N der Grundgesamtheit, dann sind die Wahrscheinlichkeiten beim Ziehen *ohne* Zurücklegen ($\rightarrow$ führt auf eine hypergeometrische Verteilung) annähernd gleich groß wie beim Ziehen *mit* Zurücklegen ($\rightarrow$ führt auf eine Binomialverteilung). Faustregel für die Anwendung der Näherung: $n \lessapprox \frac{N}{20}$.

Lösungen zu Abschnitt 28.3

1. Einen Parameter: Er ist gleich dem Erwartungswert der Poisson-Verteilung.
2. Wenn bei der Binomialverteilung p „klein" und n „groß" ist; Faustregel: $p \lessapprox 0.1$, $n \gtrapprox 50$.

28.6 Übungen

Aufwärmübungen

1. Eine Lieferung von 50 Geräten enthält 10 defekte Geräte. Wie groß ist die Wahrscheinlichkeit, in einer Stichprobe vom Umfang 4
   a) kein defektes Gerät b) höchstens ein defektes Gerät c) mehr als ein defektes Geräte vorzufinden?
   d) Berechnen Sie den Erwartungswert der Anzahl an defekten Geräten.
2. Ein Batterietestgerät kann gleichzeitig 5 Batterien prüfen. Unter 25 Batterien sind 2 fehlerhaft. Wie groß ist die Wahrscheinlichkeit, dass diese gleich beim ersten Test entdeckt werden?
3. Ein Würfel wird 5-mal geworfen. Geben Sie die gesamte Wahrscheinlichkeitsverteilung der Zufallsvariablen X = *Anzahl der geworfenen Einsen* an und stellen Sie sie in einem Stabdiagramm dar.
   Wie groß ist die Wahrscheinlichkeit, bei 5 Würfen des Würfels
   a) höchstens zwei Einsen b) mindestens drei Einsen zu würfeln?
   c) Wie viele Einsen kann man auf lange Sicht (bei vielen Wurffolgen mit 5 Würfen) erwarten?
4. In einer Produktion ist der Anteil fehlerhafter Einheiten gleichbleibend 4%. Wie groß ist die Wahrscheinlichkeit, dass in einer zufälligen Stichprobe von 50 Einheiten a) keine b) genau eine c) mehr als eine fehlerhafte Einheit gefunden wird?

5. Beim Toto sind 12 Tipps abzugeben. Berechnen Sie den Erwartungswert der richtigen Tipps unter der Annahme, dass Sie von Fussball keine Ahnung haben (d.h., bei jedem Tipp ist die Wahrscheinlichkeit, dass Sie richtig tippen, gleich $\frac{1}{3}$).
6. Ein Stoppschild wird von 10% der Fahrzeuge ignoriert. Wie groß ist die Wahrscheinlichkeit, dass von 50 Fahrzeugen mehr als 2 das Stoppschild ignorieren?
7. In einem Gerät werden 6 Bauteile gleich stark beansprucht. Die Ausfallwahrscheinlichkeit liegt bei einem Bauteil (unabhängig von den anderen) bei 3%. Wie groß ist die Wahrscheinlichkeit, dass mehr als ein Bauteil gleichzeitig ausfällt?
8. In einer Lieferung von 120 Bauteilen sind 18 defekt. Man entnimmt eine zufällige Stichprobe vom Umfang 10. Wie groß ist die Wahrscheinlichkeit, mehr als einen defekten Bauteil in der Stichprobe vorzufinden? Lösen Sie a) exakt und b) näherungsweise.
9. Bei der Herstellung von optischen Speichermedien treten störende Staubteilchen auf. Es wird angenommen, dass die Anzahl der Staubteilchen poissonverteilt ist, mit durchschnittlich 0.05 Staubteilchen pro cm^2. Wie groß ist die Wahrscheinlichkeit, auf einer CD von 100 cm^2 weniger als 3 Staubteilchen zu finden?
10. Im Durchschnitt treffen 180 Anrufe pro Stunde bei der Telefonauskunft ein. Man nimmt an, dass die Anzahl der Anrufe poissonverteilt ist. Wie groß ist die Wahrscheinlichkeit, dass innerhalb von drei Minuten mehr als 5 Anrufe eintreffen?
11. Bei einer Fertigung ist der Anteil fehlerhafter Einheiten gleichbleibend gleich 2%. Mit welcher Wahrscheinlichkeit findet man unter 50 entnommenen Einheiten a) keine b) höchstens zwei fehlerhafte Einheiten? Lösen Sie exakt und mithilfe einer Näherung durch die Poisson-Verteilung.
12. In Mitteleuropa besitzen 45% der Menschen die Blutgruppe A. Wie groß ist die Wahrscheinlichkeit, unter 5 zufälligen Blutspendern mindestens einen mit dieser Blutgruppe vorzufinden?
13. Angenommen, die Anzahl der Druckfehler pro Seite ist durchschnittlich $\lambda = 0.2$. Mit welcher Wahrscheinlichkeit (Annahme einer Poisson-Verteilung) befinden sich mehr als 2 Fehler auf 10 Seiten?
14. Lotto „6 aus 45“: $X =$ *Anzahl der richtigen Zahlen unter sechs gezogenen Zahlen.* Geben Sie die gesamte Wahrscheinlichkeitsverteilung von X an und stellen Sie sie graphisch dar. Wie viele richtig getippte Zahlen können Sie durchschnittlich pro ausgefülltem Lottoschein erwarten (Zusatzzahl wird nicht berücksichtigt)?

Weiterführende Aufgaben

1. Ein Kunde bezieht von einem Lieferanten Bauteile in Lieferungen zu je 1000 Einheiten. Bevor er eine Lieferung annimmt, macht er eine Stichprobenprüfung im Umfang von 100 Einheiten. Er nimmt die Lieferung an, wenn er in der Stichprobe höchstens 3 fehlerhafte Stück findet. Wie groß ist die Wahrscheinlichkeit für eine Annahme, wenn in der Lieferung
a) 10 b) 20 c) 100 Einheiten fehlerhaft sind?
2. Bitfolgen der Länge 3 werden über einen Nachrichtenkanal gesendet, der Störungen ausgesetzt ist. Die Wahrscheinlichkeit, dass ein Bit falsch übertragen wird (d.h., dass eine gesendete Null als eine Eins ankommt oder umgekehrt), ist

$p = 0.001$ („Bitfehlerwahrscheinlichkeit"). Man interessiert sich für X = *Anzahl der Bitfehler in einer zufällig gesendeten Bitfolge der Länge* 3.
a) Geben Sie die Wahrscheinlichkeitsverteilung von X an.
b) Wie groß ist die Wahrscheinlichkeit, dass (mindestens) ein Bitfehler auftritt?
c) Wie viele Fehler sind im Mittel pro gesendeter Bitfolge zu erwarten?

3. Eine Fluggesellschaft weiß aus empirischen Untersuchungen, dass im Durchschnitt 10% der gebuchten Flugplätze storniert werden. Daher verkauft sie für eine Maschine mit 100 Sitzplätzen von vornherein 5% mehr Flugtickets. Wie groß ist die Wahrscheinlichkeit, dass die Maschine überbucht ist?
4. In einem Unternehmen passieren pro Woche durchschnittlich $\mu = 0.6$ Arbeitsunfälle. Wie groß ist die Wahrscheinlichkeit (Poisson-Verteilung),
a) dass sich innerhalb einer Woche mehr als ein Unfall ereignet?
b) dass sich in zwei aufeinanderfolgenden Wochen kein Unfall ereignet?
5. Leiten Sie die Symmetrieeigenschaft der Binomialverteilung (Satz 28.9) aus der Symmetrieeigenschaft des Binomialkoeffizienten ($\binom{n}{x} = \binom{n}{n-x}$) her.
6. Berechnen Sie die erzeugende Funktion (Übungsaufgabe 2 in Kapitel 27) der Binomialverteilung. Leiten Sie daraus die Formel für den Erwartungswert und die Varianz der Binomialverteilung her.
7. Ein Unternehmen produziert mit einem konstanten Ausschussanteil von 3%. Wie groß ist die Wahrscheinlichkeit, unter 50 hintereinander entnommenen Einheiten genau eine fehlerhafte Einheit vorzufinden? Lösen Sie exakt und mithilfe der Näherung durch eine Poisson-Verteilung.
8. Kater Karlo zahlt in einer Bank 60 Hundert-Euro-Scheine ein, von denen 10 seiner eigenen Produktion entstammen. Der Bankangestellte prüft 3 der eingezahlten Scheine auf Echtheit. Mit welcher Wahrscheinlichkeit fliegt Kater Karlo auf? Lösen Sie exakt und mithilfe einer Näherung durch die Binomialverteilung.
9. Berechnen Sie die erzeugende Funktion (Übungsaufgabe 2 in Kapitel 27) der Poisson-Verteilung. Leiten Sie daraus die Formel für den Erwartungswert und die Varianz der Poisson-Verteilung her.

Lösungen zu den Aufwärmübungen

1. X = *Anzahl der defekten Geräte in der Stichprobe* ist hypergeometrisch verteilt mit $n = 4$, $M = 10$, $N = 50$.
a) $P(X = 0) = \frac{\binom{10}{0}\binom{40}{4}}{\binom{50}{4}} = 39.7\%$
b) $P(X \le 1) = P(X = 0) + P(X = 1) = \frac{2717}{3290} = 82.6\%$
c) $P(X > 1) = 1 - P(X \le 1) = 1 - \frac{2717}{3290} = 17.4\%$
Erwartungswert: $\mu = 0.8$
2. X = *Anzahl der defekten Batterien unter fünf getesteten Batterien* ist hypergeometrisch verteilt mit $n = 5$, $M = 2$, $N = 25$. Daher $P(X = 2) = 3.33\%$.
3. X ist binomialverteilt mit $n = 5$, $p = \frac{1}{6}$. Mögliche Werte: $x = 0, 1, 2, 3, 4, 5$. Wahrscheinlichkeit, genau x-mal Einsen zu werfen:

$$P(X = x) = \binom{5}{x}(\frac{1}{6})^x(\frac{5}{6})^{5-x}$$

Gesamte Wahrscheinlichkeitsverteilung daher:

x	0	1	2	3	4	5
$P(X = x)$	0.4019	0.4019	0.1608	0.0322	0.0032	0.0001

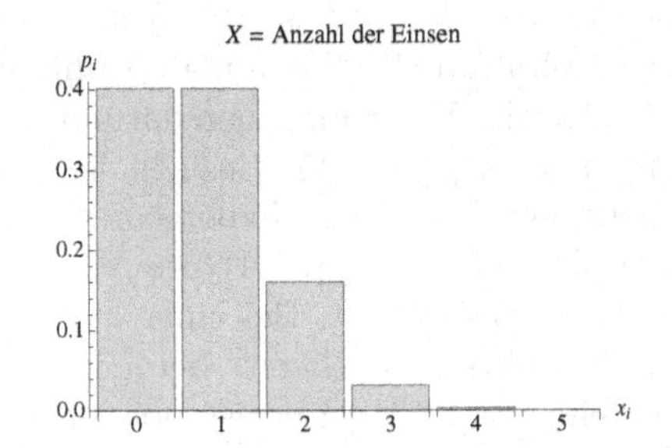

a) $P(X \leq 2) = P(X = 0) + P(X = 1) + P(X = 2) = \frac{625}{648} = 96.5\%$
b) $P(X \geq 3) = 1 - P(X \leq 2) = 3.55\%$
c) Erwartungswert $\mu = n \cdot p = \frac{5}{6}$.

4. X=*Anzahl der fehlerhaften Einheiten in der Stichprobe* ist binomialverteilt mit $n = 50$, $p = 0.04$.
a) $P(X = 0) = \binom{50}{0} 0.04^0 (1 - 0.04)^{50} = 1 \cdot 1 \cdot 0.1299 = 12.99\%$
b) $P(X = 1) = 27.06\%$
c) $P(X > 1) = 1 - P(X = 0) - P(X = 1) = 59.95\%$
5. X=*Anzahl der richtigen Tipps* ist binomialverteilt mit $n = 12$, $p = \frac{1}{3}$; Erwartungswert: $\mu = n \cdot p = 4$.
6. X=*Anzahl der Lenker, die das Schild ignorieren* ist binomialverteilt mit $n = 50$, $p = 0.1$; $P(X > 2) = 1 - P(X = 0) - P(X = 1) - P(X = 2) = 88.83\%$
7. X=*Anzahl der Bauteile, die ausfallen* ist binomialverteilt mit $n = 6, p = 0.03$; $P(X > 1) = 1.25\%$
8. X = *Anzahl der defekten Einheiten* ist hypergeometrisch verteilt mit $n = 10$, $M = 18$, $N = 120$.
a) $P(X > 1) = 1 - P(X = 0) - P(X = 1) = 46.13\%$
b) Näherung durch die Binomialverteilung mit $n = 10, p = \frac{18}{120} = 0.15$: $P(X > 1) \approx 1 - \binom{10}{0} 0.15^0 (1 - 0.15)^{10} - \binom{10}{1} 0.15^1 (1 - 0.15)^9 = 45.57\%$
9. Die Zufallsvariable X = *Anzahl der Staubteilchen pro* 100 cm^2 ist poissonverteilt mit dem Parameter $\lambda = 5$ (0.05 Staubteilchen pro cm^2 entsprechen 5 Staubteilchen pro 100 cm^2). Daher:
$$P(X < 3) = \frac{5^0}{0!} e^{-5} + \frac{5^1}{1!} e^{-5} + \frac{5^2}{2!} e^{-5} = 12.47\%.$$
10. X = *Anzahl der Anrufe pro drei Minuten* ist poissonverteilt mit $\lambda = 9$ (180 Anrufe pro 60 Minuten entsprechen 9 Anrufen pro 3 Minuten). Damit: $P(X > 5) = 1 - P(X \leq 5) = 88.43\%$.
11. X=*Anzahl der fehlerhaften Einheiten in der Stichprobe* ist binomialverteilt mit den Parametern $n = 50$ und $p = 0.02$. Daher:
a) $P(X = 0) = \binom{50}{0} 0.02^0 (1 - 0.02)^{50} = 36.42\%$
b) $P(X \leq 2) = P(X = 0) + P(X = 1) + P(X = 2) = 92.16\%$
Da $n \geq 50$ und $p \leq 0.1$ ist, kann die Poisson-Verteilung mit $\lambda = 1$ als Näherung verwendet werden:

a) $P(X = 0) \approx \frac{1^0}{0!} \cdot \mathrm{e}^{-1} = 36.79\%$

b) $P(X \leq 2) \approx \frac{1^0}{0!} \cdot \mathrm{e}^{-1} + \frac{1^1}{1!} \cdot \mathrm{e}^{-1} + \frac{1^2}{2!} \cdot \mathrm{e}^{-1} = 91.97\%$

12. Für jeden Menschen in Mitteleuropa ist die Wahrscheinlichkeit, Blutgruppe A zu haben, konstant gleich $p = 0.45$. Wenn man 5 zufällig ausgewählte Menschen untersucht, so ist die Anzahl X der Personen darunter, die Blutgruppe A haben, binomialverteilt mit $n = 5$, $p = 0.45$. Gesucht ist $P(X \geq 1) = 1 - P(X = 0) = 94.97\%$. (Bemerkung: X ist nicht hypergeometrisch verteilt, da die Wahrscheinlichkeit für Erfolg (=Blutgruppe A) pro Versuchsdurchführung (= Test der Blutgruppe) immer konstant ist. Bei einer hypergeometrischen Verteilung ändert sich die „Erfolgswahrscheinlichkeit" bei jeder Versuchsdurchführung).
13. Die Anzahl X der Fehler pro 10 Seiten ist poissonverteilt mit $\lambda = 2$. Daher: $P(X > 2) = 1 - P(X \leq 2) = 32.33\%$.
14. Die Anzahl X der richtigen Zahlen ist hypergeometrisch verteilt mit $n = 6$, $M = 6$, $N = 45$. Wahrscheinlichkeitsverteilung:

x	0	1	2	3	4	5	6
$P(X = x)$	40.1%	42.4%	15.1%	2.2%	0.1%	0.0029%	0.000012%

Erwartungswert: $\mu = 6\frac{6}{45} = \frac{4}{5} = 0.8$. D.h., im Mittel kann man 0.8 richtig getippte Zahlen pro Lottoschein erwarten (ohne Berücksichtigung der Zusatzzahl).

(Lösungen zu den weiterführenden Aufgaben finden Sie in Abschnitt B.28)

29

Spezielle stetige Verteilungen

29.1 Die Normalverteilung

Die Normalverteilung ist ohne Zweifel die wichtigste Verteilung der Statistik. Sie ist zu erwarten, wenn ein Merkmal, zum Beispiel die Füllmenge X von automatisch abgefüllten Gläsern, sich aus einer Summe von vielen zufälligen, unabhängigen Einflüssen, von denen keiner dominierend ist, zusammensetzt. Solche Einflüsse können zum Beispiel sein: Auswirkungen von Temperatur oder Feuchtigkeit auf Automaten und Material; kleine, anhaltende Erschütterungen verschiedener Ursachen; Unregelmäßigkeiten in der Zusammensetzung eines Materials, usw. Alle diese Einflüsse addieren sich zu möglichen Werten von X, die sich um eine mittlere Lage häufen und symmetrisch nach kleineren und größeren Werten hin immer seltener vorkommen. Diese Tatsache wird durch den *zentralen Grenzwertsatz* beschrieben, den wir im nächsten Abschnitt näher beleuchten werden.

Definition 29.1 Eine Zufallsvariable X heißt **normalverteilt** mit den Parametern μ und σ, wenn sie die Dichtefunktion

$$f(x) = \frac{1}{\sigma\sqrt{2\pi}} \cdot \mathrm{e}^{-\frac{1}{2}\left(\frac{x-\mu}{\sigma}\right)^2}$$

besitzt. Kurzschreibweise: $X \sim N(\mu; \sigma^2)$. Die zugehörige Wahrscheinlichkeitsverteilung heißt **Normalverteilung** oder auch **Gauß-Verteilung**. Der Graph der Dichtefunktion wird **Gauß'sche Glockenkurve** genannt. Die Parameter μ und σ, die in der Dichtefunktion vorkommen, sind Erwartungswert bzw. Standardabweichung der Verteilung.

Der Name der Verteilung ist verbunden mit dem deutschen Mathematiker Carl Friedrich Gauß, der eine Theorie der Beobachtungsfehler entwickelt hat. Die Normalverteilung wurde jedoch schon zuvor vom französischen Mathematiker Abraham de Moivre (1667–1754) untersucht. Er musste, da er Hugenotte war, nach England fliehen, wo er keine adäquate Anstellung als Professor fand. Daher musste er seinen Lebensunterhalt als Consultant für Glücksspiele bestreiten.

Die Normierungseigenschaft $\int_{-\infty}^{\infty} f(x)\,dx = 1$ ist leider nicht so einfach nachzuvollziehen. Dass der Erwartungswert μ ist, folgt aus der Symmetrie um μ (Satz 27.22). Die Varianz kann mit partieller Integration nachgerechnet werden. Es reicht, diese Rechnung für die standardisierte Zufallsvariable Z mit $\mu = 0$, $\sigma = 1$ zu machen (Übungsaufgabe 6).

Die Dichtefunktion der Normalverteilung mit Parametern μ und σ hat folgende Eigenschaften (vergleiche Beispiel 20.25):

- Die Gauß'sche Glockenkurve ist symmetrisch zu $x = \mu$ und hat hier ihr einziges **Maximum**. Es gibt **zwei Wendepunkte** an den Stellen $\mu \pm \sigma$. Damit legt σ (= Abstand der Wendepunkte von μ) die Breite der Glocke fest.
- Der **Flächeninhalt** unter der Gauß'schen Glockenkurve ist gleich 1. Das wird durch den Faktor $\frac{1}{\sigma\sqrt{2\pi}}$ sichergestellt. Es folgt: Eine schmale Glocke (σ klein) ist hoch, eine breite Glocke (σ groß) ist niedrig.

Abbildung 29.1 zeigt die Dichtefunktion für verschiedene Werte von σ.

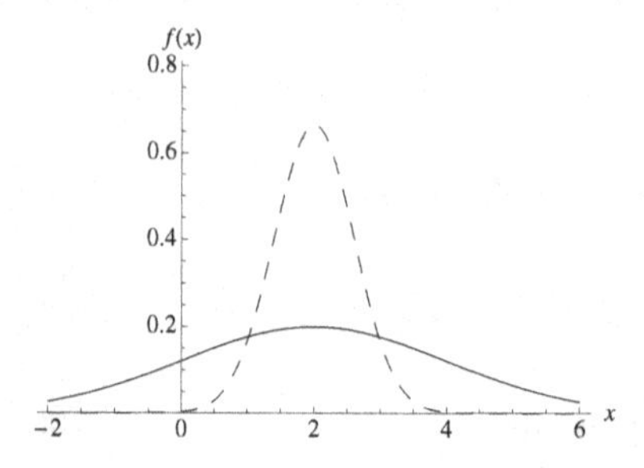

Abbildung 29.1. Gauß'sche Glockenkurve mit $\mu = 2$ und $\sigma = 2$ (—) bzw. $\sigma = 0.6$ (- - -).

Die zugehörige Verteilungsfunktion

$$F(x) = P(X \leq x) = \frac{1}{\sigma\sqrt{2\pi}} \int_{-\infty}^{x} \mathrm{e}^{-\frac{1}{2}\left(\frac{t-\mu}{\sigma}\right)^2} dt.$$

kann nur numerisch berechnet werden, da die Dichtefunktion f der Normalverteilung keine elementare Stammfunktion besitzt. In der Praxis verwendet man zur Bestimmung von $F(x)$ daher oft Tabellen. Das Problem, dass $F(x)$ für verschiedenste Werte von μ und σ tabelliert werden müsste, wird dadurch gelöst, dass sich jede Normalverteilung auf die *Standardnormalverteilung* zurückführen lässt. Deren Werte werden dann aus der Tabelle abgelesen.

Definition 29.2 Eine Zufallsvariable Z heißt **standardnormalverteilt**, wenn sie normalverteilt ist mit den Parametern $\mu = 0$ und $\sigma^2 = 1$. Ihre Dichtefunktion ist dann also

$$\varphi(z) = \frac{1}{\sqrt{2\pi}} \mathrm{e}^{-\frac{z^2}{2}},$$

und ihre Verteilungsfunktion ist

$$\Phi(z) = P(Z \leq z) = \frac{1}{\sqrt{2\pi}} \int_{-\infty}^{z} \mathrm{e}^{-\frac{t^2}{2}} dt.$$

Für die Standardnormalverteilung wird meist der Buchstabe z oder u verwendet.

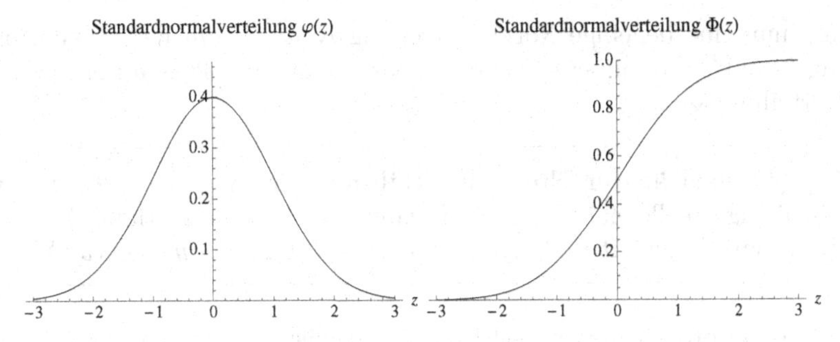

Abbildung 29.2. Standardnormalverteilung: $\mu = 0$ und $\sigma = 1$.

Die Standardnormalverteilung ist symmetrisch um null und hat (wie jede um null symmetrische Verteilung) die folgende praktisch wichtige Eigenschaft:

Satz 29.3 Für die Verteilungsfunktion der Standardnormalverteilung gilt:

$$\Phi(-z) = 1 - \Phi(z).$$

Das ist in Abbildung 29.3 veranschaulicht: Der Flächeninhalt unter der Glockenkurve ist gleich 1, und aus Symmetriegründen ist daher $\Phi(-1.5)$ (= Flächeninhalt von $-\infty$ bis -1.5) gleich $1 - \Phi(1.5)$ (= 1 minus Flächeninhalt von $-\infty$ bis 1.5). Aufgrund

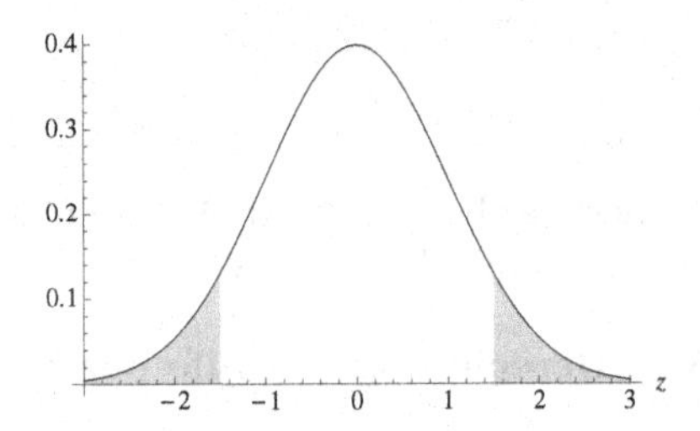

Abbildung 29.3. Symmetrieeigenschaft der Standardnormalverteilung: $\Phi(-z) = 1 - \Phi(z)$, hier für $z = 1.5$.

dieser Eigenschaft ist es ausreichend, die Werte $\Phi(z)$ nur für positives z zu tabellieren. Beispiel: Um $\Phi(-1.5)$ zu erhalten, schlägt man $\Phi(1.5) = 0.9332$ in einer Tabelle nach (siehe Abschnitt A.2) und berechnet dann $\Phi(-1.5) = 1 - \Phi(1.5) = 0.0668$.

Folgende Erwartungswerte sind oft nützlich:

Satz 29.4 Für die Momente einer standardnormalverteilten Zufallsvariablen Z gilt:

$$\mathrm{E}(Z^n) = \begin{cases} 0, & \text{falls } n \text{ ungerade} \\ 1 \cdot 3 \cdot 5 \cdots (n-1), & \text{falls } n \text{ gerade} \end{cases}$$

Das Nachrechnen dieser Formel eignet sich gut als Übungsaufgabe 6.

Wie hängt nun eine beliebige Normalverteilung $N(\mu;\sigma^2)$ mit der Standardnormalverteilung $N(0;1^2)$ zusammen? Das sehen wir, wenn wir folgende Eigenschaft einer Normalverteilung kennen:

Satz 29.5 (Linearität der Normalverteilung) Sei X nach $N(\mu;\sigma^2)$ verteilt und a, b beliebige reelle Zahlen, $a \neq 0$. Dann ist die Zufallsvariable $Y = aX + b$ **ebenfalls normalverteilt** und hat die Parameter $\mathrm{E}(Y) = a\mu + b$, $\mathrm{Var}(Y) = a^2\sigma^2$.

Das Besondere hier ist, dass die neue Zufallsvariable, die durch lineare Transformation entsteht, wieder normalverteilt ist. Das folgt sofort aus $F_Y(y) = P(Y \leq y) = P(aX + b \leq y) = P(X \leq \frac{y-b}{a}) = F_X(\frac{y-b}{a})$, indem Sie $f_Y(y) = \frac{1}{a} f_X(\frac{y-b}{a})$ ausrechnen. Die Formeln für den Erwartungswert und die Varianz von Y kennen wir bereits aus Satz 27.25 und Satz 27.34.

Daraus folgt:

Satz 29.6 Sei X nach $N(\mu;\sigma^2)$ verteilt. Dann ist die zugehörige standardisierte Zufallsvariable

$$Z = \frac{X - \mu}{\sigma}$$

standardnormalverteilt. Zwischen den Verteilungsfunktionen $F(x) = P(X \leq x)$ und $\Phi(z) = P(Z \leq z)$ besteht folgender Zusammenhang:

$$F(x) = \Phi(\frac{x-\mu}{\sigma}) \qquad \text{bzw.} \qquad f(x) = \frac{1}{\sigma}\varphi(\frac{x-\mu}{\sigma}).$$

Für die p-Quantile gilt:

$$x_p = \sigma\, z_p + \mu.$$

Die Werte $\Phi(z)$ sind tabelliert (siehe Abschnitt A.2). Sucht man also $F(x)$, so berechnet man $z = \frac{x-\mu}{\sigma}$ und entnimmt dann den Wert $\Phi(z)$ einer Tabelle.

Beispiel 29.7 (→CAS) Berechnung mithilfe der Standardnormalverteilung
Gegeben sind normalverteilte Messwerte mit dem Erwartungswert $\mu = 4$ und der Standardabweichung $\sigma = 2$. Wie groß ist die Wahrscheinlichkeit, dass ein Messwert a) höchstens 6 ist b) mindestens 2 ist c) zwischen 3.8 und 7 liegt? (Siehe Abbildung 29.4.)

Lösung zu 29.7

a) Die gesuchte Wahrscheinlichkeit ist gleich dem Flächeninhalt unter der Glockenkurve bis $x = 6$. Diese Fläche ist gleich $F(6)$, was wir mithilfe der Verteilungsfunktion der Standardnormalverteilung berechnen:

$$F(6) = \Phi(\frac{6-\mu}{\sigma}) = \Phi(\frac{6-4}{2}) = \Phi(1) = 0.8413 = 84.1\%,$$

wobei der Wert $\Phi(1)$ numerisch berechnet oder einer Tabelle (siehe Abschnitt A.2) entnommen werden muss.

b) Nun suchen wir den Flächeninhalt unter der Glockenkurve ab $x = 2$. Diese Fläche ist gleich $1 - F(2)$:

$$1 - F(2) = 1 - \Phi(\frac{2-4}{2}) = 1 - \Phi(-1) = 1 - (1 - \Phi(1)) = 0.8413 = 84.1\%.$$

Hier haben wir die Symmetrieeigenschaft der Standardnormalverteilung verwendet, da nur die positiven Werte von Φ tabelliert sind.

c) Die gesuchte Wahrscheinlichkeit ist gleich dem Flächeninhalt unter der Glockenkurve zwischen $x = 3.8$ und $x = 7$:

$$F(7) - F(3.8) = \Phi(1.5) - \Phi(-0.1) = \Phi(1.5) - 1 + \Phi(0.1) = 47.3\%.$$

■

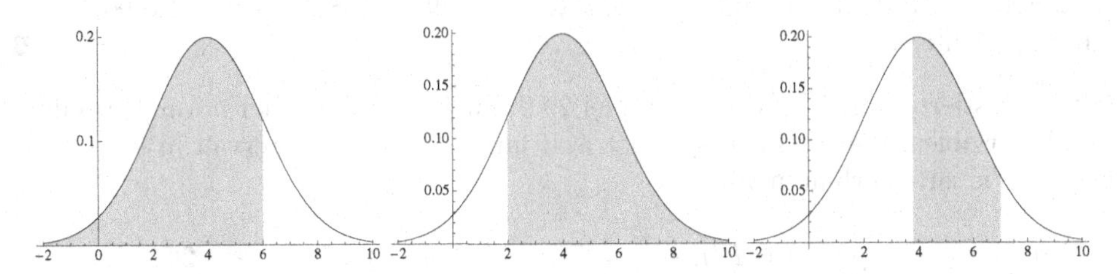

Abbildung 29.4. Gauß'sche Glockenkurve mit $\mu = 4$ und $\sigma = 2$. Die schattierten Flächeninhalte sind gleich $F(6)$, $1 - F(2)$ bzw. $F(7) - F(3.8)$.

Auch die p-Quantile z_p der Standardnormalverteilung sind tabelliert. (Falls man nur eine Tabelle von $\Phi(z)$ hat, kann man auch p im *Inneren* der Tabelle suchen und dann das zugehörige z_p ablesen). Es reicht, die Quantile für $p > 0.5$ zu tabellieren, denn aus der Symmetrie der Standardnormalverteilung folgt:

Satz 29.8 Sei $0 < p < 1$ und z_p das zugehörige p-Quantil der Standardnormalverteilung. Dann gilt:

$$z_p = -z_{1-p}.$$

Sucht man daher z_p mit $p < 0.5$, so berechnet man $1 - p$, sucht z_{1-p} und verwendet $z_p = -z_{1-p}$. Beispiel: $z_{0.2} = -z_{0.8} = -0.8416$.

Beispiel 29.9 (→CAS) p-Quantile
Pakete werden abgefüllt. Das Abfüllgewicht ist erfahrungsgemäß normalverteilt mit $\mu = 100$ Gramm und $\sigma = 5$ Gramm. Legen Sie jenen Toleranzbereich $\mu \pm c$ fest, in den 90% aller Abfüllgewichte fallen.

Lösung zu 29.9 Nun haben wir es mit der umgekehrten Fragestellung zu tun, bei der ein Flächeninhalt gegeben und ein Intervall gesucht ist. Wenn 90% aller Abfüllgewichte innerhalb von $100 \pm c$ fallen sollen, so ist das gleichbedeutend damit, dass links von $100 - c$ und rechts von $100 + c$ jeweils 5% aller Abfüllgewichte liegen (siehe Abbildung 29.5). Es ist also

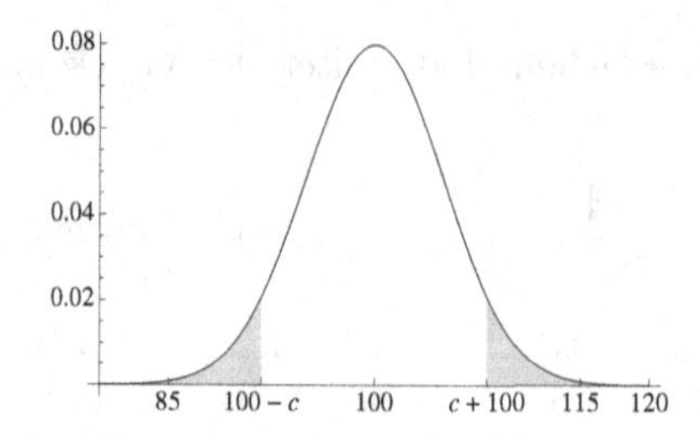

Abbildung 29.5. Gesucht ist jener Wert c, für den $F(100 - c) = 0.05$.

$$0.05 = F(100 - c) = \Phi(\frac{100 - c - 100}{5}) = \Phi(\frac{-c}{5}) = 1 - \Phi(\frac{c}{5}).$$

Daraus folgt $\Phi(\frac{c}{5}) = 0.95$ bzw. $\frac{c}{5} = z_{0.95}$. Daher ist $c = 5z_{0.95} = 5 \cdot 1.6449 = 8.22$. Innerhalb von 100 ± 8.2 Gramm, d.h. im Intervall $[91.8, 108.2]$, liegen also 90% aller Abfüllgewichte. ■

Oft interessiert man sich, wie in Beispiel 29.9, für jene Werte einer normalverteilten Zufallsvariablen, die in einem symmetrisch um μ gelegenen Intervall $[\mu - c, \mu + c]$ liegen. Wie zuvor erhalten wir

$$P(\mu - c \leq X \leq \mu + c) = F(\mu + c) - F(\mu - c) = \Phi(\frac{c}{\sigma}) - \Phi(-\frac{c}{\sigma}) = 2\Phi(\frac{c}{\sigma}) - 1.$$

Wenn insbesondere der Abstand zu μ als Vielfaches von σ angegeben wird, also $c = k\sigma$ mit $k > 0$, so spricht man von einem **$k\sigma$-Intervall**. Dann hängt die Wahrscheinlichkeit nur von k, nicht aber von μ oder σ ab. Sie ist also für alle Normalverteilungen gleich! Zur Kontrolle von Ergebnissen bzw. zur schnellen Abschätzung ist es praktisch, sich folgende Wahrscheinlichkeiten zu merken, die wir speziell für $k = 1, 2, 3$ erhalten:

Satz 29.10 Bei *jeder* Normalverteilung ist die Wahrscheinlichkeit, dass X

- einen Wert zwischen $\mu - \sigma$ und $\mu + \sigma$ annimmt, etwa 68.3%.
- einen Wert zwischen $\mu - 2\sigma$ und $\mu + 2\sigma$ annimmt, etwa 95.5%.
- einen Wert zwischen $\mu - 3\sigma$ und $\mu + 3\sigma$ annimmt, etwa 99.7%.

Man kann also sagen: X nimmt fast immer einen Wert zwischen den **3σ-Grenzen** $\mu \pm 3\sigma$ an. Mit anderen Worten: Bei sehr vielen Versuchsdurchführungen (Messungen) werden nur etwa 3 von 1000 Werten außerhalb der 3σ Grenzen liegen.

Umgekehrt können wir auch, wie in Beispiel 29.9, jenes Intervall $[\mu - c, \mu + c]$ suchen, in das p Prozent aller beobachteten Werte fallen. Dazu brauchen wir nur $p = 2\Phi(\frac{c}{\sigma}) - 1$ nach c aufzulösen,

$$c = \sigma \cdot z_{\frac{1+p}{2}}.$$

Das wird bei der Berechnung von *Konfidenzintervallen* verwendet (Abschnitt 30.3).

Ob tatsächlich eine Normalverteilung vorliegt, und mit welchem μ und σ, kann nur empirisch mithilfe einer Stichprobe ermittelt werden.

Das macht man zum Beispiel, indem man die empirische Verteilungsfunktion $F(x)$ der Stichprobe in ein so genanntes *Wahrscheinlichkeitsnetz* einzeichnet. Das ist ein spezielles Koordinatensystem, bei dem der Maßstab der y-Achse so gewählt ist, dass die Verteilungsfunktion einer Normalverteilung durch eine Gerade dargestellt wird und daher leicht erkannt werden kann. (In einem kartesischen, also „unverzerrten" Koordinatensystem hat sie einen S-förmigen Verlauf). Vielleicht haben Sie schon einmal mit einem logarithmischen Papier gearbeitet – das Wahrscheinlichkeitspapier „funktioniert" analog.

29.1.1 Anwendung: Value at Risk

In der Finanzmathematik ist außer der Standardabweichung (*Volatilität*) ein weiteres Maß für die Risikoabschätzung üblich. Ist X eine normalverteilte Zufallsvariable, dann gibt das 0.05-Quantil jenen Wert an, unter den X mit 95%-iger Wahrscheinlichkeit nicht fallen wird. Nach unseren Überlegungen ist dieser Wert gegeben durch

$$x_{0.05} = \mu - z_{0.95}\sigma = \mu - 1.65\sigma.$$

Der Wert 1.65σ wird als **Value at Risk** (VaR) zum Konfidenzniveau 95% bezeichnet. Er ist ein Risikomaß für den maximalen Verlust einer Aktie in einer vorgegebenen Zeitspanne. Üblicherweise wird der VaR für die Zeitspanne von einem Tag und ein Konfidenzniveau von 95% (VaR 1d,95%) oder für zehn Tage und ein Konfidenzniveau von 99% (VaR 10d,99%) ermittelt. Der VaR steigt mit dem Konfidenzniveau und der Zeitspanne.

29.2 Die Normalverteilung als Näherung

In diesem Abschnitt steht der zentrale Grenzwertsatz im Mittelpunkt. Er erklärt nicht nur das Entstehen einer Normalverteilung, sondern bildet auch die Grundlage dafür, um verschiedene andere Wahrscheinlichkeitsverteilungen (die umständlicher handzuhaben sind) durch eine Normalverteilung zu approximieren. Insbesondere können auch *diskrete* Verteilungen auf diese Weise genähert werden.

Zuerst halten wir wir folgende Eigenschaft der Normalverteilung fest:

Satz 29.11 (Additionssatz der Normalverteilung) Seien X und Y unabhängig und normalverteilt mit $X \sim N(\mu_X; \sigma_X^2)$ bzw. $Y \sim N(\mu_Y; \sigma_Y^2)$. Dann ist ihre Summe $X+Y$ **ebenfalls normalverteilt** mit Erwartungswert $\mu_X+\mu_Y$ und Varianz ${\sigma_X}^2 + \sigma_Y^2$, also:

$$X + Y \sim N(\mu_X + \mu_Y; {\sigma_X}^2 + \sigma_Y^2).$$

Interessant ist hier, dass die Summe *wieder normalverteilt* ist. Das ist eine Besonderheit der Normalverteilung. Voraussetzung für diese Additionseigenschaft ist allerdings, dass die normalverteilten Zufallsvariablen unabhängig sind.

Die Summe von zwei gleichverteilten Zufallsvariablen ist zum Beispiel nicht mehr gleichverteilt, sondern dreieckverteilt. (Die Augenzahl eines Würfels ist gleichverteilt, die Augensumme zweier Würfel ist dreieckverteilt: Abbildung 27.1.)

Dass die Erwartungswerte bzw. Varianzen sich addieren, ist keine Besonderheit von Normalverteilungen. Das gilt für unabhängige Zufallsvariable mit beliebigen Verteilungen (siehe Satz 27.23 bzw. Satz 27.37).

Satz 29.12 (Zentraler Grenzwertsatz) Seien $X_1, \ldots, X_n$ unabhängige und identisch verteilte Zufallsvariablen (sie brauchen nicht normalverteilt zu sein). Ihr Erwartungswert sei jeweils μ, die Varianz σ^2. Dann hat die Summe $S = X_1 + \ldots + X_n$ den Erwartungswert $n\mu$ und die Varianz $n\sigma^2$. Für die zugehörige standardisierte Zufallsvariable

$$Z = \frac{S - n\mu}{\sqrt{n}\sigma} = \frac{\overline{X} - \mu}{\sigma/\sqrt{n}}$$

gilt:

$$\lim_{n\to\infty} P(Z \le z) = \Phi(z).$$

Das bedeutet: Für hinreichend großes n ist Z praktisch standardnormalverteilt.

Für endliches n ist Z umso besser näherungsweise normalverteilt, je symmetrischer die Verteilung der X_i ist. Je asymmetrischer die Verteilung, umso größer muss n vergleichsweise gewählt werden, um eine ähnliche Approximationsgüte zu erreichen.

In der Regel formuliert man den zentralen Grenzwertsatz, so wie hier, für die standardisierte Summe Z der X_i. Damit sind aber auch die Summe $S = X_1 + \ldots + X_n$ und das arithmetische Mittel $\overline{X} = \frac{1}{n}S$ für $n \to \infty$ normalverteilt, denn alle drei Zufallsvariablen unterscheiden sich nur um eine lineare Transformation. Man sagt, dass sie **asymptotisch** (d.h. für $n \to \infty$) bzw. **approximativ** (= näherungsweise, für großes n) **normalverteilt** sind und deutet das durch das Symbol „$\overset{a}{\sim}$" an:

$$\begin{aligned} S &= X_1 + \ldots + X_n \overset{a}{\sim} N(n\mu; n\sigma^2) \\ \overline{X} &= \frac{1}{n}(X_1 + \ldots + X_n) \overset{a}{\sim} N(\mu; \frac{\sigma^2}{n}) \\ Z &= \frac{\overline{X} - \mu}{\sigma/\sqrt{n}} \overset{a}{\sim} N(0;1). \end{aligned}$$

Ein Grund, warum man den zentralen Grenzwertsatz nicht für S formuliert, ist, dass für $n \to \infty$ der zugehörige Erwartungswert $n\mu$ und die Varianz $n\sigma^2$ unendlich groß werden.

Wesentlich an den Voraussetzungen zum zentralen Grenzwertsatz ist, dass die X_i nicht normalverteilt zu sein brauchen, sondern nur unabhängig und identisch verteilt sein müssen. Man kann sogar zeigen, dass der zentrale Grenzwertsatz noch allgemeiner gilt: Die X_i dürfen abhängig und verschieden verteilt sein, nur darf keines der X_i die übrigen deutlich dominieren. Damit ist der zentrale Grenzwertsatz die Begründung dafür, dass eine Zufallsvariable X in guter Näherung normalverteilt ist, wenn sie als Summe von vielen kleinen zufälligen Effekten entsteht. Beispiele: Messfehler (= Summe vieler zufälliger, unabhängiger Fehlerquellen, von denen keine dominant ist), Gesamtumsatz eines größeren Unternehmens (= Summe von vielen zufälligen und unabhängigen Einflüssen), der Gesamtenergieverbrauch einer Stadt, usw.

Beispiel 29.13 Zentraler Grenzwertsatz
Betrachten wir die Augensumme X beim Wurf von n Würfeln:

$$X = X_1 + X_2 + \cdots + X_n,$$

wobei X_i die Augenzahl des i-ten Würfels ist. Die X_i sind unabhängig und jedes X_i ist gleichverteilt mit Erwartungswert $\mu = 3.5$ und Varianz $\sigma^2 = \frac{35}{12} = 2.92$.

Abbildung 29.6 zeigt die Wahrscheinlichkeitsverteilung für $n = 1, 2, 10$ Würfel (anstelle der Stäbe wurden nur deren Höhen p_i durch Punkte markiert) und die entsprechende Gauß'sche Glockenkurve. Kleine oder große Augensummen treten mit geringer Wahrscheinlichkeit auf, denn es kommt selten vor, dass alle Würfel nur kleine oder nur große Augenzahlen haben. Je mehr Würfel man nimmt (d.h., je mehr unabhängige Einflüsse man hat), umso besser ergibt sich ein glockenförmiges Aussehen.

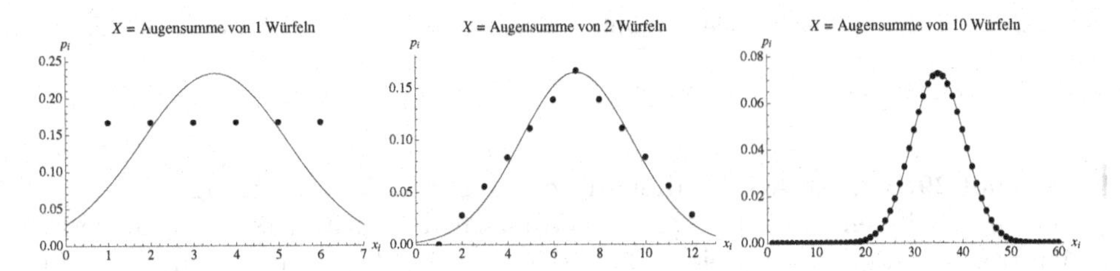

Abbildung 29.6. Wahrscheinlichkeitsverteilung der Augensumme von n Würfeln.

Aus dem zentralen Grenzwertsatz folgt, dass sich eine Binomial- oder eine Poisson-Verteilung durch eine Normalverteilung nähern lassen:

Denn wir können ja eine binomialverteilte Zufallsvariable mit $\mu = n \cdot p$ als Summe von n unabhängigen binomialverteilten Zufallsvariablen mit jeweils $\mu = 1 \cdot p$ schreiben. Analog kann eine poissonverteilte Zufallsvariable mit Parameter μ als Summe von n unabhängigen poissonverteilten Zufallsvariablen mit jeweils Parameter $\frac{\mu}{n}$ aufgefasst werden.

Satz 29.14 (Näherung einer Binomialverteilung) Sei X binomialverteilt mit den Parametern n und p. Falls die Produkte $n\,p$ und $n\,(1-p)$ groß genug sind, kann die Verteilungsfunktion $F_B(x)$ der Binomialverteilung durch die Verteilungsfunktion $F_N(x)$ der Normalverteilung mit den Parametern

$$\mu = n \cdot p \qquad \text{und} \qquad \sigma^2 = n \cdot p \cdot (1-p)$$

genähert werden:

$$F_B(x) \approx F_N(x + 0.5) = \Phi\Big(\frac{x + 0.5 - n\,p}{\sqrt{n\,p\,(1-p)}}\Big).$$

Faustregel: $n \cdot p \cdot (1-p) \gtrapprox 9$.

Wie immer stellt diese Faustregel nur einen Richtwert dar. Im Zweifelsfall sollten Sie mit dem exakt berechneten Wert vergleichen.

Dadurch, dass man F_N an der Stelle $x + 0.5$ (und nicht an der Stelle x) als Näherung verwendet, gleicht man aus, dass eine binomialverteilte Zufallsvariable diskret, die Normalverteilung aber eine stetige Verteilung ist. Dadurch wird erreicht, dass die Übereinstimmung gerade an den Sprungstellen besonders gut wird (siehe Abbildung 29.7).

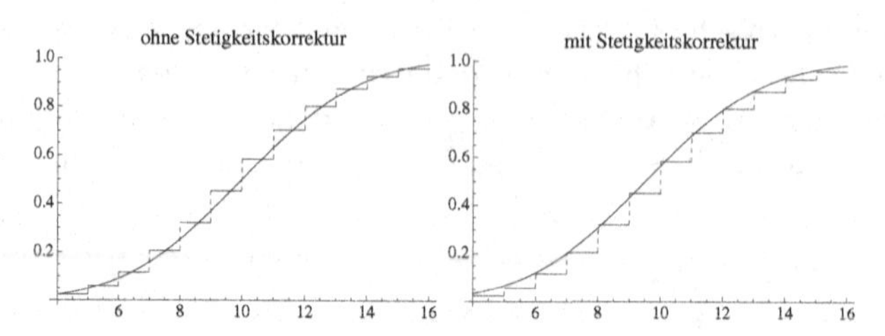

Abbildung 29.7. Binomialverteilung mit und ohne Stetigkeitskorrektur durch eine Normalverteilung genähert.

Beispiel 29.15 (→CAS) Näherung einer Binomialverteilung
Bei einer digitalen Übertragung ist die Wahrscheinlichkeit, dass ein Bit fehlerhaft übertragen wird, immer gleich 10^{-5}. Wie groß ist die Wahrscheinlichkeit, dass unter 10 Millionen Bit mehr als 90 Bit fehlerhaft übertragen werden?

Lösung zu 29.15 Die Anzahl X der fehlerhaft übertragenen Bit ist binomialverteilt mit $n = 10^7$ und $p = 10^{-5}$. Da $np(1-p) = 99.999 > 9$, kann die Verteilungsfunktion $F_B(x) = P(X \le x)$ der Binomialverteilung durch jene der Normalverteilung mit $\mu = np = 100$ und $\sigma = \sqrt{np(1-p)} = 9.99995$ genähert werden. Die Wahrscheinlichkeit, dass mehr als 90 Bit fehlerhaft übertragen werden, ist daher näherungsweise

$$\begin{aligned} P(X > 90) = 1 - F_B(90) &\approx 1 - \Phi(\frac{90 + 0.5 - \mu}{\sigma}) = 1 - \Phi(-0.95) = \\ &= \Phi(0.95) = 82.89\%. \end{aligned}$$

Der exakte Wert wäre $1 - F_B(90) = 82.86\%$. ■

Satz 29.16 (Näherung einer Poisson-Verteilung) Sei X poissonverteilt mit dem Parameter λ. Wenn λ groß genug ist, kann die Verteilungsfunktion $F_P(x)$ der Poisson-Verteilung durch die Verteilungsfunktion $F_N(x)$ der Normalverteilung mit den Parametern

$$\mu = \lambda \quad \text{und} \quad \sigma^2 = \lambda$$

genähert werden:

$$F_P(x) \approx F_N(x + 0.5) = \Phi(\frac{x + 0.5 - \lambda}{\sqrt{\lambda}}).$$

Faustregel: $\lambda \gtrsim 9$.

Auch hier verbessert die Stetigkeitskorrektur die Güte der Approximation an den Sprungstellen der Poisson-Verteilung.

Beispiel 29.17 (→**CAS**) **Näherung einer Poisson-Verteilung**
Die Anzahl von Staubteilchen pro Volumseinheit sei poissonverteilt mit dem Erwartungswert 20. Wie groß ist die Wahrscheinlichkeit, weniger als 15 Staubteilchen pro Volumseinheit vorzufinden?

Lösung zu 29.17 Da der Erwartungswert $\lambda = 20 > 9$ ist, nähern wir durch die Normalverteilung mit $\mu = 20, \sigma = \sqrt{20}$:

$$P(X \le 14) = F_P(14) \approx \Phi(\frac{14 + 0.5 - 20}{\sqrt{20}}) = 1 - \Phi(1.23) = 10.93\%.$$

Der exakte Wert wäre $F_P(14) = 10.49\%$. ∎

Auch die hypergeometrische Verteilung $H(n, M, N)$ kann durch die Normalverteilung mit den Parametern $\mu = n\frac{M}{n}$ und $\sigma^2 = n\frac{M}{N}(1 - \frac{M}{N})\frac{N-n}{N-1}$ genähert werden:

$$F_H(x) \approx F_N(x + 0.5) = \Phi(\frac{x + 0.5 - n\frac{M}{n}}{\sqrt{n\frac{M}{N}(1 - \frac{M}{N})\frac{N-n}{N-1}}}).$$

Faustregel: $n\frac{M}{N} \gtrapprox 4$.

29.3 Drei wichtige Prüfverteilungen

Wir besprechen in diesem Abschnitt wichtige Verteilungen, die von *Prüfgrößen* angenommen werden: die Chi-Quadrat-Verteilung, die t-Verteilung und die F-Verteilung. Eine **Prüfgröße** ist eine Vorschrift, nach der aus einer vorliegenden Stichprobe ein Wert berechnet wird. Sie ist somit selbst eine Zufallsvariable. Beispiele für Prüfgrößen sind der Stichprobenmittelwert oder das Verhältnis der Varianzen aus zwei Stichproben.

Die Chi-Quadrat-Verteilung

Definition 29.18 Seien $Z_1, \ldots, Z_m$ unabhängige und standardnormalverteilte Zufallsvariablen. Dann heißt die Verteilung der Zufallsvariablen

$$X = Z_1^2 + \ldots + Z_m^2$$

Chi-Quadrat-Verteilung (oder χ^2-Verteilung) mit m **Freiheitsgraden**. Kurzschreibweise: $X \sim \chi^2(m)$.
Erwartungswert und Varianz sind gegeben durch:

$$\mathrm{E}(X) = m, \quad \mathrm{Var}(X) = 2m.$$

Die Formeln für Erwartungswert und Varianz folgen sofort aus Satz 27.23 bzw. Satz 27.37 zusammen mit den Formeln $\mathrm{E}(Z^2) = 1$, $\mathrm{E}(Z^4) = 3$ für die Standardnormalverteilung (nach Satz 29.4).

Die Anzahl der Freiheitsgrade einer Zufallsvariablen kann man sich als die Anzahl der „frei" verfügbaren Beobachtungen vorstellen: Das ist der Stichprobenumfang n minus der Anzahl der aus der Stichprobe geschätzten Parameter. Wenn man zum Beispiel die Summe aus drei Messwerten kennt, dann lassen sich zwei Messwerte frei wählen. Der dritte ist nicht frei wählbar, da er durch die vorgegebene Summe festgelegt ist. Von n Messwerten, deren Summe bekannt ist, sind also $n-1$ frei wählbar. Daher ist zum Beispiel $n-1$ der Freiheitsgrad der Varianz.

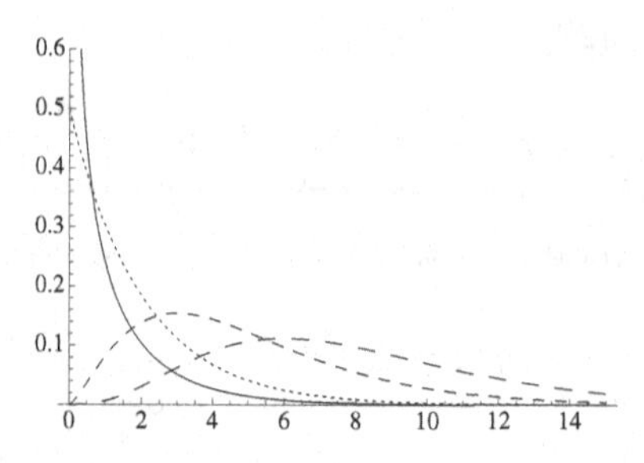

Abbildung 29.8. χ^2-Verteilungen mit $m=1$ (—), $m=2$ (···), $m=5$ (- -) und $m=8$ (– –) Freiheitsgraden.

Abbildung 29.8 zeigt die Dichtekurven von χ^2-Verteilungen mit verschiedenen Freiheitsgraden. Sie sind unsymmetrisch und ab $m=3$ **unimodal** (d.h., sie besitzen genau ein Maximum). Für wachsende Anzahl m der Freiheitsgrade werden sie weniger unsymmetrisch und nähern sich (gemäß dem zentralen Grenzwertsatz) der Gauß'schen Glockenkurve der Normalverteilung mit $\mu=m$ und $\sigma^2=2m$.

Die Dichte kann explizit angegeben werden:

$$f(x)=\frac{1}{2^{m/2}\Gamma(\frac{m}{2})}x^{\frac{m}{2}-1}\mathrm{e}^{-\frac{x}{2}}$$

für $x>0$ und $f(x)=0$ sonst. Dabei ist $\Gamma(x)$ die Gammafunktion (siehe Beispiel 21.26).

Die Quantile der Verteilung werden in der Praxis aus einer Tabelle abgelesen (siehe Abschnitt A.3) bzw. numerisch berechnet. Für hinreichend großes m können die p-Quantile $\chi^2_{m;p}$ der χ^2-Verteilung mit m Freiheitsgraden durch jene der Normalverteilung approximiert werden: $\chi^2_{m;p}\approx\sqrt{2m}\,z_p+m$. Eine etwas bessere Approximation erhält man mit

$$\chi^2_{m;p}\approx m\big(1-\frac{2}{9m}+z_p\sqrt{\frac{2}{9m}}\big)^3 \quad \text{für} \quad m\gtrapprox 30,$$

wobei z_p das p-Quantil der Standardnormalverteilung ist.

Satz 29.19 Sei S^2 die Varianz und $\overline{X}$ das arithmetische Mittel einer zufälligen Stichprobe $X_1,\ldots,X_n$ vom Umfang n, die aus einer normalverteilten Grundgesamtheit mit Varianz σ^2 stammt. Wir setzen voraus, dass die n Beobachtungen $X_1,\ldots,X_n$ unabhängig erfolgt sind. Dann besitzt die Zufallsvariable

$$\sum_{i=1}^{n}\left(\frac{X_i-\overline{X}}{\sigma}\right)^2=\frac{(n-1)S^2}{\sigma^2}$$

eine χ^2-Verteilung mit $m=n-1$ Freiheitsgraden.

Diese Aussage erscheint auf den ersten Blick offensichtlich, da die $Y_i = \frac{X_i - \overline{X}}{\sigma}$ normalverteilt sind. Sie sind aber nicht unabhängig, da $Y_1 + \cdots + Y_n = 0$ gilt. Eine kann also durch die restlichen ausgedrückt werden, und das ist auch der Grund warum es nur $n-1$ Freiheitsgrade sind!

Analog wie für die Normalverteilung gibt es auch für die χ^2-Verteilung einen Additionssatz:

Satz 29.20 (Additionseigenschaft) Wenn zwei unabhängige Zufallsvariable X_1 und X_2 nach $\chi^2(m_1)$ bzw. $\chi^2(m_2)$ verteilt sind, dann ist die Zufallsvariable $X_1 + X_2$ ebenfalls χ^2-verteilt mit $m_1 + m_2$ Freiheitsgraden.

Die t-Verteilung

Diese Verteilung wurde vom englischen Chemiker und Statistiker William Gosset, 1876–1937, eingeführt. Er hat unter der Pseudonym „Student" veröffentlicht, was den Namen der Verteilung erklärt.

Definition 29.21 Gegeben sind die beiden unabhängigen Zufallsvariablen X und Z, wobei X chi-quadrat-verteilt mit m Freiheitsgraden und Z standardnormalverteilt sei. Dann heißt die Verteilung der Zufallsvariablen

$$T = \frac{Z}{\sqrt{X/m}}$$

t-Verteilung (oder **Student-Verteilung**) mit m Freiheitsgraden. Kurzschreibweise: $T \sim t(m)$. Erwartungswert und Varianz sind gegeben durch:

$$\begin{aligned} \mathrm{E}(T) &= 0 \quad \text{für } m > 1, \\ \mathrm{Var}(T) &= \frac{m}{m-2} \quad \text{für } m > 2. \end{aligned}$$

Der Erwartungswert existiert für $m = 1$ nicht, da das zugehörige Integral divergiert. Die Varianz existiert für $m = 1, 2$ nicht. Die Dichte der t-Verteilung ist

$$f(x) = \frac{\Gamma(\frac{m+1}{2})}{\sqrt{m\pi}\,\Gamma(\frac{m}{2})} \left(1 + \frac{x^2}{m}\right)^{-\frac{m+1}{2}},$$

wobei $\Gamma(x)$ wieder die Gammafunktion bedeutet.

Abbildung 29.9 zeigt die Dichtekurven von t-Verteilungen mit verschiedenen Freiheitsgraden. Sie sind alle symmetrisch um null mit dem einzigen Maximum bei null. Im Vergleich zur Standardnormalverteilung sind sie niedriger und zu den Enden dafür flacher verlaufend. Für $m \to \infty$ konvergieren die Dichtekurven gegen die Glockenkurve der Standardnormalverteilung.

Die Quantile der Verteilung werden in der Praxis aus einer Tabelle abgelesen (siehe Abschnitt A.4) bzw. numerisch berechnet. Sie werden vor allem für Schätz- und Testverfahren für den Erwartungswert einer Normalverteilung benötigt, deren Varianz nicht bekannt ist. Für hinreichend großes m können die p-Quantile $t_{m;p}$

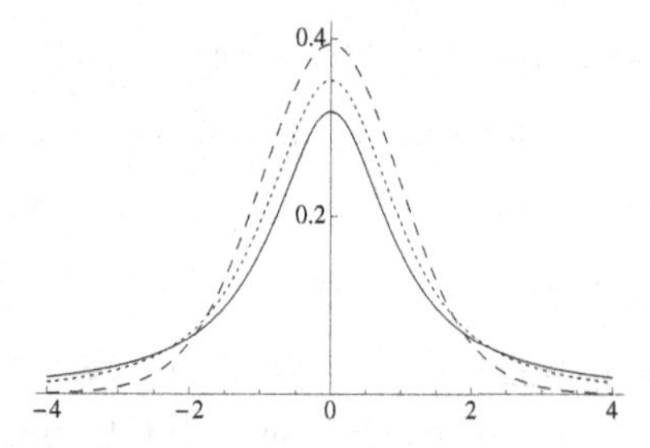

Abbildung 29.9. t-Verteilungen mit $m = 1$ (—), $m = 2$ (···) und $m = 20$ (- -) Freiheitsgraden.

der t-Verteilung mit m Freiheitsgraden durch jene der Standardnormalverteilung approximiert werden: $t_{m;p} \approx \sqrt{\frac{m}{m+1}}\, z_p$. Eine etwas bessere Approximation erhält man mit

$$t_{m;p} \approx z_p(1 + \frac{1 + z_p^2}{4m}) \quad \text{für} \quad m \gtrsim 30),$$

wobei z_p das p-Quantil der Standardnormalverteilung ist.

Satz 29.22 Sei S die Standardabweichung und $\overline{X}$ das arithmetische Mittel einer zufälligen Stichprobe $X_1, \ldots, X_n$ vom Umfang n, die aus einer normalverteilten Grundgesamtheit mit Erwartungswert μ stammt. Wir setzen voraus, dass die n Beobachtungen $X_1, \ldots, X_n$ unabhängig erfolgt sind. Dann besitzt die Zufallsvariable

$$T = \frac{\overline{X} - \mu}{S/\sqrt{n}}$$

eine t-Verteilung mit $m = n - 1$ Freiheitsgraden.

Die F-Verteilung

Diese Verteilung ist nach dem britischen Statistiker und Biologen Ronald A. Fisher benannt (1890–1962):

Definition 29.23 Seien X_1 und X_2 unabhängige Zufallsvariablen, die χ^2-verteilt mit m_1 bzw. m_2 Freiheitsgraden sind. Dann heißt die Verteilung von

$$X = \frac{X_1/m_1}{X_2/m_2}$$

F-Verteilung (oder **Fisher-Verteilung**) mit den Freiheitsgraden m_1 und m_2. Kurzschreibweise: $X \sim F(m_1; m_2)$. Erwartungswert und Varianz sind gegeben durch

$$\begin{aligned} \mathrm{E}(X) &= \frac{m_2}{m_2 - 2} \quad \text{für} \quad m_2 > 2, \\ \mathrm{Var}(X) &= \frac{2m_2^2(m_1 + m_2 - 2)}{m_1(m_2 - 4)(m_2 - 2)^2} \quad \text{für} \quad m_2 > 4. \end{aligned}$$

Der Erwartungswert existiert für $m = 1, 2$ nicht, da das zugehörige Integral divergiert. Die Varianz existiert für $m = 1, 2, 3$ nicht. Die Dichte ist gegeben durch:

$$f(x) = \frac{\Gamma(\frac{m_1+m_2}{2})}{\Gamma(\frac{m_1}{2})\Gamma(\frac{m_2}{2})}(\frac{m_1}{m_2})^{\frac{m_1}{2}} \frac{x^{\frac{m_1}{2}-1}}{(1+\frac{m_1}{m_2}x)^{\frac{m_1+m_2}{2}}},$$

für $x > 0$ und $f(x) = 0$ sonst.

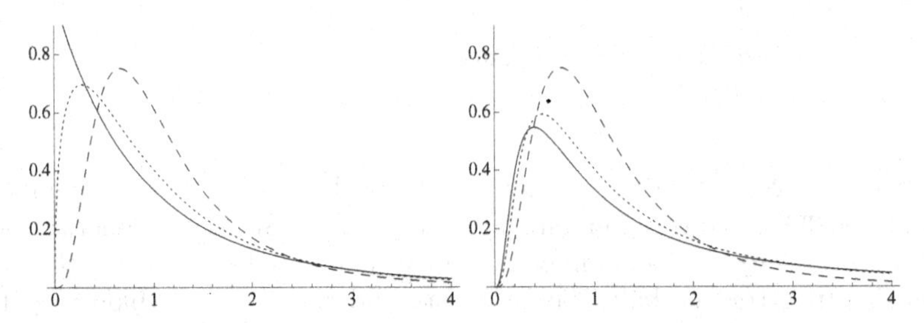

Abbildung 29.10. F-Verteilungen mit verschiedenen Freiheitsgraden. Links: $m_1 = 1, m_2 = 10$ (—), $m_1 = 3, m_2 = 10$ ($\cdots$) und $m_1 = 10, m_2 = 10$ (- -). Rechts: $m_1 = 10, m_2 = 2$ (—), $m_1 = 10, m_2 = 3$ ($\cdots$) und $m_1 = 10, m_2 = 10$ (- -).

Die Dichtekurven (Abbildung 29.10) sind linkssteil und streben für $x \to \infty$ gegen 0. Da die Quantile $F_{m_1;m_2;p}$ aufgrund der zwei Freiheitsgrade sehr aufwändig zu tabellieren sind, werden sie in der Regel nur für ausgewählte Werte der Freiheitsgrade angeführt. Es genügt weiters, nur Quantile mit Wahrscheinlichkeiten ab $p \geq 0.5$ zu tabellieren, da die folgende Beziehung gilt:

$$F_{m_1;m_2;1-p} = \frac{1}{F_{m_2;m_1;p}}.$$

Denn die Verteilungsfunktion erfüllt $F(X \leq x) = F(\frac{1}{X} \geq \frac{1}{x}) = 1 - F(\frac{1}{X} \leq \frac{1}{x})$.

Die Quantile der F-Verteilung werden bei Testverfahren der Regressions- und Varianzanalyse verwendet, sowie bei der Konstruktion von Konfidenzintervallen für den Anteilswert einer Grundgesamtheit.

Satz 29.24 Seien S_1^2 und S_2^2 die Varianzen von zwei unabhängigen zufälligen Stichproben vom Umfang n_1 bzw. n_2, die aus zwei normalverteilten Grundgesamtheiten stammen. Dann besitzt die Zufallsvariable

$$X = \frac{S_1^2}{S_2^2}\frac{\sigma_2^2}{\sigma_1^2}$$

eine F-Verteilung mit den Freiheitsgraden $m_1 = n_1 - 1$ und $m_2 = n_2 - 1$.

29.4 Mit dem digitalen Rechenmeister

Wie schon bei den diskreten Verteilungen kann der Erwartungswert mit `Mean` und die Varianz mit `Variance` berechnet werden. Die Anweisung `CDF` („cumulative distribution function") gibt die Verteilungsfunktion F und der Befehl `PDF` („probability density function") liefert die Dichtefunktion f.

Normalverteilung

Mit `NormalDistribution[`μ`, `σ`]` erhält man (symbolisch) die Normalverteilung mit den Parametern μ, σ:

```
In[1]:= ndist = NormalDistribution[4, 2];
        CDF[ndist, 6]//N
Out[1]= 0.841345
```

(Wir haben diese Normalverteilung mit `ndist` abgekürzt, um sie z. B. handlicher als Argument des `CDF`-Befehls schreiben zu können.) Wenn Sie nicht numerisch rechnen (also `//N` weglassen), so bekommen Sie einen symbolischen Output, der hier die **Errorfunktion** $\mathrm{erf}(x)$ enthält. Sie ist nichts anderes als eine Abkürzung für das (nur numerisch berechenbare) Integral $\mathrm{erf}(x) = \frac{2}{\sqrt{\pi}} \int_0^x \mathrm{e}^{-t^2}\, dt$.

p-Quantile

Das p-Quantil einer Verteilung erhalten wir mit dem Befehl `Quantile[`*verteilung*`, p]`. Für eine Normalverteilung ergibt sich zum Beispiel:

```
In[2]:= Quantile[NormalDistribution[100, 5], 0.05]
Out[2]= 91.7757
```

Die Normalverteilung als Näherung

Näherung der Binomialverteilung:

```
In[3]:= n = 10^7; p = 10^-5; μ = np; σ = √(np(1 − p)); x = 90;
        1−{CDF[BinomialDistribution[n, p], x], CDF[NormalDistribution[μ, σ], x+
        0.5]}//N
Out[4]= {0.828616, 0.828945}
```

Näherung der Poisson-Verteilung:

```
In[5]:= λ = 20; x = 14;
        {CDF[PoissonDistribution[λ], x], CDF[NormalDistribution[λ, √λ], x  +
        0.5]}//N
Out[6]= {0.104864, 0.109379}
```

Prüfverteilungen

Das 0.9-Quantil der Chi-Quadrat-Verteilung mit $m = 12$ Freiheitsgraden ist

```
In[7]:= Quantile[ChiSquareDistribution[12], 0.9]
Out[7]= 18.5493
```

Das 0.9-Quantil der t-Verteilung mit $m = 12$ Freiheitsgraden erhalten wir mit

```
In[8]:= Quantile[StudentTDistribution[12], 0.9]
Out[8]= 1.35622
```

Das 0.95-Quantil der F-Verteilung mit $m_1 = 2$ und $m_2 = 12$ Freiheitsgraden berechnet sich so:

```
In[9]:= Quantile[FRatioDistribution[2, 12], 0.95]
Out[9]= 3.88529
```

29.5 Kontrollfragen

Fragen zu Abschnitt 29.1: Die Normalverteilung

Erklären Sie folgende Begriffe: Normalverteilung, Gauß'sche Glockenkurve, Standardnormalverteilung, Symmetrie der Standardnormalverteilung, p-Quantil, $k\sigma$-Intervalle.

1. Wann ist eine Normalverteilung zu erwarten?
2. Welchen Wert hat a) $\Phi(0)$ b) $z_{0.5}$?
3. Die Quantile der Standardnormalverteilung können in der Regel nur für Wahrscheinlichkeiten ≥ 0.5 aus der Tabelle abgelesen werden. Warum ist das ausreichend? Wie erhalten Sie zum Beispiel $z_{0.1}$?
4. Welche Bedeutung haben die Parameter der Normalverteilung?
5. Was trifft für die Standardnormalverteilung zu ($z \in \mathbb{R}$ beliebig):
   a) $\Phi(-z) = -\Phi(z)$ b) $\Phi(-z) = 1 - \Phi(z)$ c) $\Phi(-z) = 1 + \Phi(z)$
6. Richtig oder falsch ($a \neq 0$, b seien beliebige reelle Zahlen):
   a) Wenn X normalverteilt ist, dann ist auch $aX + b$ normalverteilt.
   b) Die Verteilung von $aX + b$ ist immer gleich der Verteilung von X.

Fragen zu Abschnitt 29.2: Die Normalverteilung als Näherung

Erklären Sie folgende Begriffe: Additionssatz der Normalverteilung, zentraler Grenzwertsatz, asymptotisch normalverteilte Zufallsvariable.

1. Richtig oder falsch:
   a) Die Summe von zwei normalverteilten Zufallsvariablen ist wieder normalverteilt.
   b) Die Summe von zwei gleichverteilten Zufallsvariablen ist wieder gleichverteilt.
2. Seien X und Y unabhängig und normalverteilt mit $\mu_X = 2$, $\sigma_X^2 = 1$ bzw. $\mu_Y = 4$, $\sigma_Y^2 = 0.5$. Geben Sie die Verteilung, den Erwartungswert und die Varianz von $X + Y$ an.
3. Was sagt der zentrale Grenzwertsatz?
   a) Die Summe von „vielen“ identisch verteilten Zufallsvariablen ist näherungsweise normalverteilt.
   b) Die Summe von „vielen“ identisch verteilten und unabhängigen Zufallsvariablen ist näherungsweise normalverteilt.

Fragen zu Abschnitt 29.3: Drei wichtige Prüfverteilungen

Erklären Sie folgende Begriffe: Prüfverteilung, Chi-Quadrat-Verteilung, t-Verteilung, F-Verteilung.

1. Wie viele Parameter hat
   a) die Chi-Quadrat-Verteilung b) die t-Verteilung c) die F-Verteilung
2. Welche Verteilung ist symmetrisch?
   a) Chi-Quadrat-Verteilung b) t-Verteilung c) F-Verteilung
3. X_1 und X_2 seien standardnormalverteilt. Welche Verteilung hat:
   a) $X_1^2 + X_2^2$ b) $\overline{X}$ c) $\frac{\overline{X}/\sqrt{2}}{\sqrt{(X_1^2+X_2^2)/2}}$

Lösungen zu den Kontrollfragen

Lösungen zu Abschnitt 29.1

1. Eine Normalverteilung ist zu erwarten, wenn sich ein Merkmal als Summe von vielen zufälligen, voneinander unabhängigen, gleichberechtigten Einflüssen ergibt.
2. a) 50% b) 0
3. Es gilt $z_{1-p} = -z_p$. Wegen $z_{0.1} = -z_{0.9}$ genügt es daher, den Wert von $z_{0.9}$ tabelliert zu haben.
4. Das Maximum der Glockenkurve liegt an der Stelle μ, und die beiden Wendepunkte liegen an den Stellen $\mu \pm \sigma$.
5. a) falsch (alle Funktionswerte von Φ sind positiv)
   b) richtig
   c) falsch (alle Funktionswerte von Φ sind kleiner als 1, denn das ist die gesamte Fläche)
6. a) richtig b) falsch

Lösungen zu Abschnitt 29.2

1. a) Falsch: Das gilt nur, wenn die beiden normalverteilten Zufallsvariablen unabhängig sind!
   b) Falsch: Die Summe ist dreieckverteilt.
2. Normalverteilung mit $\mu = 2 + 4 = 6$ und $\sigma^2 = 1 + 0.5 = 1.5$
3. a) falsch b) richtig

Lösungen zu Abschnitt 29.3

1. a) 1 b) 1 c) 2
2. Nur die t-Verteilung.
3. a) chi-quadrat-verteilt ($m = 2$) b) normalverteilt ($\mu = 0$, $\sigma^2 = 1/2$)
   c) t-verteilt ($m = 2$); denn $\overline{X}/\sqrt{2}$ ist standardnormalverteilt, und $X_1^2 + X_2^2$ ist chi-quadrat-verteilt mit $m = 2$.

29.6 Übungen

Aufwärmübungen

1. Messwerte X sind normalverteilt mit $\mu = 40$ mm und $\sigma = 4$ mm. Wie groß ist die Wahrscheinlichkeit, dass ein Messwert
   a) höchstens 50 mm b) mindestens 37 mm c) genau 29 mm ist.
   d) Wie groß ist die Wahrscheinlichkeit, dass ein Messwert um weniger als 6 mm vom Erwartungswert abweicht?
2. Das Abfüllgewicht von Kekspackungen ist normalverteilt mit $\mu = 299$ g und $\sigma = 2$ g. Es ist ein Toleranzbereich von 300 ± 5 g vorgegeben. Mit welcher Wahrscheinlichkeit liegt eine abgefüllte Packung außerhalb dieses Toleranzbereichs?
3. Der elektrische Widerstand X von elektronischen Bauteilen ist normalverteilt mit $\mu = 200\ \Omega$ und $\sigma = 10\ \Omega$.
   a) Wie viel Prozent der Bauteile halten einen Mindestwert von 190 Ω ein?
   b) Welcher Widerstandswert wird nur von 2% aller Bauteile überschritten?
4. In einem Fertigungsprozess von elektronischen Bauteilen ist die Ausschussrate praktisch gleichbleibend 4%. Wie groß ist die Wahrscheinlichkeit, dass in einer Stichprobe von 1000 Einheiten
   a) höchstens 50 Stück b) mindestens 35 Stück fehlerhaft sind?
5. In einem Servicecenter gibt es (zur Hauptgeschäftszeit) pro Stunde durchschnittlich 16 Kundenanfragen. Die Anzahl der Anfragen kann als poissonverteilt angenommen werden. Wie groß ist die Wahrscheinlichkeit, dass weniger als 10 Kundenanfragen pro Stunde eintreffen?
6. Die Dichtefunktion der χ^2-Verteilung mit 4 Freiheitsgraden ist gegeben durch:

$$f(x) = \begin{cases} 0, & \text{für } x < 0 \\ \frac{x}{4}e^{-\frac{x}{2}}, & \text{für } x \geq 0 \end{cases}$$

   a) Berechnen Sie die Wahrscheinlichkeit $P(X \leq 4)$.
   b) Geben Sie die Verteilungsfunktion $F(x) = P(X \leq x)$ an.
   c) Berechnen Sie das 0.95-Quantil.

Weiterführende Aufgaben

1. Die Reaktionszeit X eines Autolenkers kann als normalverteilt angenommen werden. Angenommen, der Erwartungswert beträgt 0.6 Sekunden und die Standardabweichung 0.08 Sekunden.
   a) Mit welcher Wahrscheinlichkeit ist die Reaktionszeit größer als 0.5 Sekunden?
   b) Über welchem Wert liegt die Reaktionszeit mit 99%-iger Wahrscheinlichkeit?
2. Ein Assessment-Test, bei dem Punkte zu erreichen sind, ist näherungsweise normalverteilt mit $\mu = 100$ Punkten und $\sigma = 50$ Punkten.
   a) Berechnen Sie die Wahrscheinlichkeit eine Punkteanzahl zu erreichen, die größer als 120 ist.
   b) Bestimmen Sie jene Punkteanzahl, die höchstens 10% der Bewerber erreichen.

3. In einem großen Netzwerk treten pro Tag im Durchschnitt 16 Störungen auf. Man kann annehmen, dass die Anzahl der Störungen poissonverteilt ist. Wie groß ist die Wahrscheinlichkeit, dass pro Tag mehr als 20 Störungen auftreten?
4. Einem Hersteller ist bekannt, dass 3% der produzierten Halbleiter die Endkontrolle nicht bestehen. Wie groß ist die Wahrscheinlichkeit, dass in einer Stichprobe von 1000 Chips mindestens 25 fehlerhaft sind?
5. Leiten Sie die Dichtefunktion der $\chi^2(1)$-Verteilung aus Kenntnis der Dichtefunktion der Standardnormalverteilung her.
Tipp: $X = Z^2$ ist für standardnormalverteiltes Z chi-quadrat-verteilt mit $m = 1$. Verwenden Sie nun $P(X \leq x) = P(Z^2 \leq x)$ um die Verteilungsfunktion von X durch jene von Z auszudrücken.
6. Zeigen Sie, dass Satz 29.4 gilt. (Tipp: Zeigen Sie mithilfe partieller Integration, dass $\mathrm{E}(Z^n) = (n-1)\mathrm{E}(Z^{n-2})$ und verwenden Sie $\mathrm{E}(Z^0) = \mathrm{E}(1) = 1$.)
7. **Weibull-Verteilung**: Die Weibull-Verteilung ist gegeben durch
$$F(t) = 1 - \mathrm{e}^{-(\frac{t}{T})^b}.$$
Sie wird für die Modellierung von Lebensdauern verwendet. Dabei ist T die charakteristische Lebensdauer, bei der die Ausfallwahrscheinlichkeit gleich $F(T) = 1 - \frac{1}{\mathrm{e}} = 63.2\%$ ist. Zeigen Sie:
a) Ist X Weibull-verteilt, so gilt
$$\mathrm{E}(X^n) = T^n \Gamma(1 + \frac{n}{b}).$$
Insbesondere
$$\mathrm{E}(X) = T\,\Gamma(1 + \frac{1}{b}), \qquad \mathrm{Var}(X) = T^2(\Gamma(1 + \frac{2}{b}) - \Gamma(1 + \frac{1}{b})^2).$$
(Tipp: Substitution $s = (\frac{t}{T})^b$ und Vergleich mit der Definition der Gammafunktion $\Gamma(x)$ (siehe Beispiel 21.26).)
b) Ist X exponentialverteilt mit Parameter k, so ist $Y = X^c$ Weibull-verteilt mit Parametern $T = k^{-c}$ und $b = \frac{1}{c}$.
(Tipp: $P(Y \leq y) = P(X^c \leq y)$.)
8. **Logarithmische Normalverteilung**: Eine Zufallsvariable $X > 0$ heißt logarithmisch normalverteilt, wenn $\ln(X)$ normalverteilt ist. Kurz $X \sim LN(\mu, \sigma^2)$.

In der Finanzmathematik nimmt man meist an, dass die Renditen von Aktien logarithmisch normalverteilt sind.

Zeigen Sie:
a) Verteilungsfunktion und Dichte sind gegeben durch
$$F(x) = \Phi(\frac{\ln(x) - \mu}{\sigma}) \quad \text{bzw.} \quad f(x) = \frac{1}{\sigma x}\phi(\frac{\ln(x) - \mu}{\sigma}).$$
(Tipp: $P(X \leq x) = P(\ln(X) \leq \ln(x))$.)
b) Erwartungswert und Varianz sind gegeben durch:
$$\mathrm{E}(X) = \mathrm{e}^{\mu + \frac{\sigma^2}{2}}, \qquad \mathrm{Var}(X) = \mathrm{e}^{2\mu + \sigma^2}(\mathrm{e}^{\sigma^2} - 1).$$
Zeigen Sie die Formel für den Erwartungswert (schwer). (Tipp: Substitution $x = \mathrm{e}^y$ und danach in der Exponentialfunktion quadratisch ergänzen um mit der Normalverteilung vergleichen zu können.)

Lösungen zu den Aufwärmübungen

1. a) $P(X \leq 50) = F(50) = \Phi(\frac{50-40}{4}) = \Phi(2.5) = 99.38\%$, wobei wir $\Phi(2.5) = 0.9938$ aus der Tabelle abgelesen haben.
   b) $P(X \geq 37) = 1 - P(X < 37) = 1 - F(37) = 1 - \Phi(\frac{37-40}{4}) = 1 - \Phi(-0.75) = 1 - (1 - \Phi(0.75)) = \Phi(0.75) = 77.3\%$
   c) 0 (wie bei jeder stetigen Verteilung)
   d) $P(34 < X < 46) = F(46) - F(34) = \Phi(\frac{46-40}{4}) - \Phi(\frac{34-40}{4}) = \Phi(1.5) - \Phi(-1.5) = \Phi(1.5) - (1 - \Phi(1.5)) = 2\Phi(1.5) - 1 = 2 \cdot 0.9332 - 1 = 86.7\%$
2. $P(295 \leq X \leq 305) = F(305) - F(295) = \Phi(\frac{305-299}{2}) - \Phi(\frac{295-299}{2}) = \Phi(3) - \Phi(-2) = \Phi(3) - (1 - \Phi(2)) = 0.9759$ ist die Wahrscheinlichkeit dafür, dass eine Packung im Toleranzbereich liegt. Außerhalb des Toleranzbereichs liegt eine Packung daher mit der Wahrscheinlichkeit $1 - P(295 \leq X \leq 305) = 0.0241 = 2.4\%$.
3. a) $P(X \geq 190) = 1 - P(X < 190) = 1 - F(190) = 1 - \Phi(\frac{190-200}{10}) = 1 - \Phi(-1) = 1 - (1 - \Phi(1)) = \Phi(1) = 84.1\%$
   b) $0.98 = F(x_{0.98}) = \Phi(\frac{x_{0.98}-200}{10})$. Wir lesen aus der Tabelle für die Standardnormalverteilung ab, dass der Funktionswert 0.98 angenommen wird, wenn das Argument näherungsweise gleich 2.05 ist. Es muss also $\frac{x_{0.98}-200}{10} = 2.05$ sein. Daraus folgt $x_{0.98} = 10 \cdot 2.05 + 200 = 220.5$. Das heißt, ca. 98% aller Bauteile haben einen Widerstand unter 220.5 Ω.
4. Die Anzahl X der fehlerhaften Einheiten in der Stichprobe ist binomialverteilt mit $n = 1000$ und $p = 0.04$. Wegen $np(1-p) = 38.4 > 9$ kann durch eine Normalverteilung mit $\mu = 40$ und $\sigma = 6.2$ genähert werden:
   a) $P(X \leq 50) = F_B(50) \approx F_N(50.5) = 95.5\%$.
   b) $P(X \geq 35) = 1 - P(X < 35) = 1 - F_B(34) \approx 1 - F_N(34.5) = 81.3\%$.
5. Wegen $\mu = 16 > 9$ kann durch eine Normalverteilung mit $\mu = 16$ und $\sigma = 4$ genähert werden: $P(X < 10) = P(X \leq 9) = F_P(9) \approx F_N(9.5) = 5.2\%$.
6. a) $P(X \leq 4) = \int_0^4 \frac{x}{4} e^{-x/2} dx = -\frac{1}{2}(x+2)e^{-x/2}\Big|_0^4 = 1 - \frac{3}{e^2}$, wobei partiell integriert wurde.
   b) $F(x) = \int_0^x \frac{t}{4} e^{-t/2} dt = 1 - \frac{1}{2}(x+2)e^{-x/2}$ für $x \geq 0$, und $F(x) = 0$ sonst.
   c) $F(x) = 1 - \frac{1}{2}(x+2)e^{-x/2} = 0.95$. Diese Gleichung ist nach x aufzulösen. Sie kann nur numerisch gelöst werden: $x_{0.95} = 9.488$.

(Lösungen zu den weiterführenden Aufgaben finden Sie in Abschnitt B.29)

30

Schließende Statistik

30.1 Einführung

Wir betrachten eine endliche oder unendliche Grundgesamtheit (z. B. die Bevölkerung eines Landes, alle Artikel aus einer laufenden Produktion). Wenn sie endlich ist, so bezeichnen wir ihren Umfang mit N. An den Elementen der Grundgesamtheit interessiert uns ein Merkmal X (z. B. Alter, Durchmesser, ...).

Wir gehen weiters davon aus, dass es nicht möglich ist, alle Elemente der Grundgesamtheit zu untersuchen (z. B. weil die Grundgesamtheit unendlich groß ist, weil die Untersuchung eines Elementes dieses zerstören würde, oder es organisatorisch nicht möglich/zu teuer ist). Daher ziehen wir eine Stichprobe vom Umfang n, betrachten die Realisationen $x_1, \dots, x_n$ des interessierenden Merkmals, und schließen davon auf die Grundgesamtheit.

Für die Stichprobe werden zufällig Elemente aus der Grundgesamtheit gewählt (ohne Zurücklegen). Da die Stichprobe und somit die Ausprägungen des Merkmals X in ihr vom Zufall abhängen, liegt es nahe, sie mithilfe von Zufallsvariablen zu beschreiben:

Definition 30.1 Eine **Zufallsstichprobe** vom Umfang n ist eine Folge $X_1, \dots, X_n$ von unabhängigen, identisch verteilten Zufallsvariablen. Dabei ist X_i die Merkmalsausprägung des i-ten Elements der Stichprobe. Die X_i heißen **Stichprobenvariablen.**

Wird eine Stichprobe gezogen, so nehmen $X_1, \dots, X_n$ die konkreten Werte (Realisationen) $x_1, \dots x_n$ an.

Beispiel 30.2 Zufallsstichprobe
X = *Abfüllgewicht einer Tafel Schokolade* ist das interessierende Merkmal in der Grundgesamtheit aller produzierten Tafeln einer Anlage. In einer Stichprobe $X_1, \dots, X_{10}$ vom Umfang 10 könnten sich zum Beispiel die Werte (in Gramm)

$$100, 97, 101, 96, 98, 102, 96, 100, 101, 98$$

ergeben. In einer anderen Stichprobe finden wir wohl andere Werte.

Eine Stichprobe wird, wie gesagt, üblicherweise ohne Zurücklegen gezogen. Das bedeutet, dass nur im Fall einer *unendlichen* Grundgesamtheit die X_i unabhängig und identisch verteilt sind. Wir werden daher im Folgenden einen hinreichend großen Umfang N der Grundgesamtheit voraussetzen (und einen dazu vergleichsweise kleinen Stichprobenumfang n), sodass das Ziehen der einzelnen Elemente die Grundgesamtheit nur geringfügig ändert. Dann können die X_i praktisch als unabhängig und identisch verteilt angenommen werden.

Mit dieser Voraussetzung können wir leichter rechnen, denn sie ermöglicht z. B. die Anwendung des zentralen Grenzwertsatzes und die daraus resultierende Approximation durch eine Normalverteilung (siehe Abschnitt 29.2).

Die Information, die wir über das Merkmal X in der Grundgesamtheit haben möchten, lässt sich oft durch einen Parameter θ ausdrücken. Beispielsweise könnten wir am durchschnittlichen Gewicht einer Schokoladentafel aus der laufenden Produktion interessiert sein, also am Erwartungswert des Gewichtes X. Ein solcher Parameter ist eine feste, aber uns unbekannte Zahl. Er wird mithilfe der Stichprobe geschätzt.

Beispiel 30.3 Parameter einer Grundgesamtheit, Schätzung mithilfe einer Stichprobe

a) Grundgesamtheit: Studierende in einem bestimmten Jahr an einer bestimmten Universität (also eine endliche Grundgesamtheit). $X =$ *Alter*. Wir interessieren uns für das durchschnittliche Alter in der Grundgesamtheit, also für das arithmetische Mittel $\theta = \frac{1}{N}(x_1 + \ldots + x_N)$, wobei x_i das Alter der i-ten Person der Grundgesamtheit ist. Gehen wir davon aus, dass es nicht möglich/zu aufwändig ist, alle Elemente der Grundgesamtheit zu untersuchen. Daher schätzen wir θ mithilfe des arithmetischen Mittels in einer Stichprobe.

b) Grundgesamtheit: alle Schokoladentafeln einer laufenden Produktion. $X =$ *Gewicht einer Tafel.* Interessierender Parameter θ: durchschnittliches Gewicht. Da die Grundgesamtheit nun unendlich ist, wird das durchschnittliche Gewicht einer Tafel durch den Erwartungswert von X repräsentiert, also $\theta = E(X)$. Er wird ebenfalls durch das arithmetische Mittel einer Stichprobe geschätzt.

Beachten Sie, dass θ keine Zufallsvariable ist. Sein Wert ist dem Untersuchenden zwar unbekannt, er ist aber nicht vom Zufall abhängig.

Von einer Stichprobe kann mit unterschiedlichen Methoden auf die Grundgesamtheit geschlossen werden. Wir unterscheiden dabei **Punktschätzungen**, **Intervallschätzungen** und **Hypothesentests**.

30.2 Punktschätzungen

Um den Parameter θ zu schätzen, wird aus den Werten einer Stichprobe ein Schätzwert gebildet:

Definition 30.4 Eine Funktion $T(X_1, \ldots, X_n)$ der Stichprobenvariablen heißt **Stichprobenfunktion**. Sie ist selbst wieder eine Zufallsvariable. Wenn sie zur

Schätzung eines Parameters θ der Grundgesamtheit verwendet wird, so wird sie **Schätzfunktion** (oder **Schätzstatistik** oder **Schätzer**) für θ genannt.

Die Schätzfunktion T ist also eine Zufallsvariable, deren Realisationen Schätzwerte sind, die von den zugrunde liegenden Stichproben abhängen.

Beispiel 30.5 Schätzfunktion

a) Interessierender Parameter der Grundgesamtheit: durchschnittliches Gewicht μ einer Schokoladentafel. Schätzfunktion: arithmetisches Mittel $\overline{X} = \frac{1}{n}(X_1 + \ldots + X_n)$ einer Stichprobe. Die konkrete Stichprobe aus Beispiel 30.2 liefert den Schätzwert (= Realisation der Schätzfunktion) $\overline{x} = 98.9$.

b) Interessierender Parameter der Grundgesamtheit: Varianz σ^2 des Gewichtes einer Schokoladentafel. Schätzfunktion: Varianz $S^2 = \frac{1}{n-1}\sum_{i=1}^{n}(X_i - \overline{X})^2$ einer Stichprobe. Die konkrete Stichprobe aus Beispiel 30.2 ergibt den Schätzwert $s^2 = 4.77$.

c) Interessierender Parameter der Grundgesamtheit: Anteil p der Schokoladentafeln unter 100 g. Schätzfunktion: Anteil $\overline{P}$ der Schokoladentafeln unter 100 g in einer Stichprobe. Die konkrete Stichprobe aus Beispiel 30.2 liefert den Schätzwert $\overline{p} = \frac{5}{10} = 50\%$.

Ein Schätzwert hängt von der gezogenen Stichprobe ab, daher dürfen wir nicht davon ausgehen, dass er den gesuchten Parameter der Grundgesamtheit genau trifft. Wir erwarten aber von einer guten Schätzfunktion, dass die Schätzwerte, die sie liefert, im Mittel richtig sind. Weiters wünschen wir uns, dass die Schätzung umso genauer wird, je größer die zugrunde liegende Stichprobe ist:

Definition 30.6 Eine Schätzfunktion T heißt **erwartungstreu** (oder **unverzerrt**, engl. *unbiased*), wenn ihr Erwartungswert gleich dem zu schätzenden Parameter ist, das heißt

$$\mathrm{E}(T) = \theta.$$

Eine Schätzfunktion heißt **konsistent**, wenn sie stochastisch gegen θ konvergiert:

$$\lim_{n\to\infty} P(|T - \theta| < \varepsilon) = 1 \quad \text{für beliebiges } \varepsilon > 0.$$

Sie heißt **konsistent im quadratischen Mittel**, wenn die erwartete quadratische Abweichung im Grenzwert verschwindet:

$$\lim_{n\to\infty} \mathrm{E}((T - \theta)^2) = 0.$$

Eine Schätzfunktion T kann mit einem fest montierten Gewehr verglichen werden, das auf eine Zielscheibe gerichtet ist. Der zu schätzende Parameter θ entspricht der Mitte der Zielscheibe. Jede Schätzung ist ein Schuss auf die Zielscheibe. Durch zufällige Einflüsse trifft man nicht immer dieselbe Stelle. Bei einem erwartungstreuen Gewehr sind die Einschussstellen gleichmäßig um den Mittelpunkt der Zielscheibe verstreut. Je nach Varianz streuen sie mehr oder weniger. Ein nicht erwartungstreues Gewehr würde hingegen zum Beispiel systematisch zu weit nach links zielen.

Wegen

$$\begin{aligned} \mathrm{E}((T-\theta)^2) &= \mathrm{E}(T^2) - 2\theta\mathrm{E}(T) + \theta^2 = \mathrm{E}(T^2) - \mathrm{E}(T)^2 + (\mathrm{E}(T)-\theta)^2 \\ &= \mathrm{Var}(T) + (\mathrm{E}(T)-\theta)^2 \end{aligned}$$

bedeutet Konsistenz im quadratischen Mittel, dass sowohl die Varianz von T als auch die Abweichung $\mathrm{E}(T)-\theta$ für wachsenden Stichprobenumfang n verschwindet. Insbesondere ist eine erwartungstreue Schätzfunktion konsistent im quadratischen Mittel, wenn ihre Varianz für wachsenden Stichprobenumfang n verschwindet.

Konsistenz im quadratischen Mittel ist die stärkere Eigenschaft, denn es gilt:

Satz 30.7 Ist eine Schätzfunktion konsistent im quadratischen Mittel, so ist sie auch konsistent.

Das folgt aus der Ungleichung von Tschebyscheff.

In Satz 27.44 haben wir gezeigt, dass das arithmetische Mittel erwartungstreu und konsistent im quadratischen Mittel ist. Vollkommen analog folgt das für jede Schätzfunktion $\overline{T}$, die von der Form $\overline{T} = \frac{1}{n}\sum_{i=1}^{n} T_i$ ist und für die $\mathrm{E}(T_i) = \theta$ gilt. Damit erhalten wir auf einen Schlag:

Satz 30.8 Die Schätzfunktionen

- $\overline{X}$ (arithmetisches Mittel) für μ,
- $\overline{P}$ (empirischer Anteil) für p und
- $\overline{F}$ (empirische Verteilungsfunktion) für F

sind erwartungstreu und konsistent im quadratischen Mittel.

Für den Anteil p aller Elemente in der Grundgesamtheit mit einer bestimmten Eigenschaft lautet die Stichprobenfunktion

$$\overline{P} = \frac{1}{n}\sum_{i=1}^{n} P_i,$$

wobei P_i nur die Ausprägungen 0 (Eigenschaft nicht vorhanden) und 1 (Eigenschaft vorhanden) hat. Zum Beispiel könnte eine Stichprobe vom Umfang 5 so aussehen: $1, 1, 0, 1, 0$. Dann ist $\overline{P} = \frac{1}{n}\sum_{i=1}^{n} P_i = \frac{1+1+0+1+0}{5} = \frac{3}{5}$, also 3 von 5 Elementen haben die gewünschte Eigenschaft. Für $\overline{F}$ siehe Satz 27.47.

Sehen wir uns nun die Schätzfunktion

$$S^2 = \frac{1}{n-1}\sum_{i=1}^{n}(X_i - \overline{X})^2 = \frac{1}{n-1}\left(\sum_{i=1}^{n} X_i^2\right) - \frac{n}{n-1}\overline{X}^2$$

für die Varianz σ^2 an. Sie haben sich sicher schon gefragt, warum man hier durch $n-1$ dividiert (und nicht durch n). Der Grund ist, dass S nur in diesem Fall erwartungstreu ist:

Satz 30.9 Die Schätzfunktion S^2 (empirische Varianz) für σ^2 ist erwartungstreu und konsistent.

Da für beliebige Zufallsvariablen $\mathrm{E}(X^2) = \mathrm{Var}(X) + \mathrm{E}(X)^2$ gilt, folgt aus Satz 27.44

$$\mathrm{E}(X_i^2) = \sigma^2 + \mu^2 \quad \text{und} \quad \mathrm{E}(\overline{X}^2) = \frac{\sigma^2}{n} + \mu^2.$$

Also gilt

$$\mathrm{E}(S^2) = \frac{1}{n-1}\sum_{i=1}^{n}\mathrm{E}(X_i^2) - \frac{n}{n-1}\mathrm{E}(\overline{X}^2) = \frac{n}{n-1}(\sigma^2+\mu^2) - \frac{n}{n-1}(\frac{\sigma^2}{n}+\mu^2) = \sigma^2,$$

und damit ist S^2 erwartungstreu.

Mit der Schätzfunktion

$$\tilde{S}^2 = \frac{n-1}{n}S^2 = \frac{1}{n}\sum_{i=1}^{n}(X_i - \overline{X})^2$$

würde σ^2 systematisch unterschätzt werden, denn der zugehörige Erwartungswert ist

$$\mathrm{E}(\tilde{S}^2) = \frac{n-1}{n}\mathrm{E}(S^2) = \sigma^2 - \frac{\sigma^2}{n}.$$

Dass die nahe liegende Schätzfunktion $\tilde{S}^2$ nicht erwartungstreu für σ^2 ist, liegt daran, dass die Abweichungen vom Mittelwert $\overline{X}$, der ja aus derselben Stichprobe stammt, verwendet werden. Ersetzen wir $\overline{X}$ durch μ, so erhalten wir die erwartungstreue Schätzfunktion $\frac{1}{n}\sum_{i=1}^{n}(X_i-\mu)^2$. Sie ist für die Praxis aber unbrauchbar, da μ in der Regel unbekannt ist.

Für wachsenden Stichprobenumfang n geht aber der Korrekturfaktor gegen 1, der Unterschied zwischen S^2 und dem verzerrten Schätzer $\tilde{S}^2$ verschwindet also. Man sagt, dass $\tilde{S}^2$ **asymptotisch erwartungstreu** ist.

Achtung: Aus der Tatsache, dass S^2 erwartungstreu für die Varianz σ^2 ist, folgt nicht, dass S erwartungstreu für die Standardabweichung σ ist. Man kann aber zeigen, dass S asymptotisch erwartungstreu und konsistent ist. Das Gleiche gilt auch für den empirischen Korrelationskoeffizienten r_{xy} als Schätzfunktion für die Korrelation ρ_{XY}. Das Stichprobenquantil $\tilde{x}_p$ als Schätzfunktion für das Quantil x_p ist ebenfalls konsistent.

30.3 Intervallschätzungen

Eine Punktschätzung liefert uns einen Wert, der in der Regel den zu schätzenden Parameter nicht genau trifft. Ob bzw. wie weit der Schätzwert daneben liegt, ist offen. Eine Intervallschätzung behebt diesen Mangel. Hier wird mithilfe einer Stichprobe ein Intervall bestimmt, das den gesuchten Parameter θ mit einer hohen Wahrscheinlichkeit überdeckt. Diese Wahrscheinlichkeit wird vorab gewählt.

Definition 30.10 Ein Intervall,

$$[g_u(X_1,\ldots,X_n), g_o(X_1,\ldots,X_n)],$$

dessen Grenzen aus Stichprobenwerten berechnet werden, und das mit einer vorgegebenen Wahrscheinlichkeit $1-\alpha$ den gesuchten Parameter θ der Grundgesamtheit überdeckt,

$$P(\theta \in [g_u(X_1, \ldots, X_n), g_o(X_1, \ldots, X_n)]) = 1 - \alpha,$$

heißt **Konfidenzintervall** (oder **Vertrauensintervall** oder **Vertrauensbereich**) zum Niveau $1 - \alpha$. Man nennt $1 - \alpha$ **Konfidenzniveau** (oder **Vertrauenswahrscheinlichkeit**, auch **Sicherheit**).

Damit ist α die Wahrscheinlichkeit, dass das Verfahren ein Konfidenzintervall liefert, das den Parameter nicht überdeckt:

$$P(\theta \notin [g_u(X_1, \ldots, X_n), g_o(X_1, \ldots, X_n)]) = \alpha.$$

Man nennt α daher auch **Irrtumswahrscheinlichkeit**. Meist wird 0.95 (manchmal auch 0.9 oder 0.99) als Konfidenzniveau verwendet. Das bedeutet: Bei oftmaliger Anwendung des Verfahrens überdecken die berechneten Konfidenzintervalle in etwa 95% aller Fälle den gesuchten Parameter der Grundgesamtheit, und in 5% der Fälle erfassen sie ihn nicht.

Es ist nahe liegend zu sagen, der Parameter θ fällt mit 95%-iger Wahrscheinlichkeit ins Konfidenzintervall, aber streng genommen ist es umgekehrt: das Konfidenzintervall fällt um den Parameter. Denn die Grenzen des Konfidenzintervalls hängen vom Zufall ab, und nicht der Parameter. Wir können also gar nicht davon sprechen, dass θ etwas mit einer bestimmten Wahrscheinlichkeit macht, da θ zwar unbekannt, aber fest ist, und nicht vom Zufall abhängt.

Wir betrachten im Folgenden Konfidenzintervalle für

- den Erwartungswert einer Normalverteilung bei bekannter Standardabweichung,
- den Erwartungswert einer Normalverteilung bei unbekannter Standardabweichung,
- den Erwartungswert einer beliebigen Verteilung bei großem Stichprobenumfang,
- den Vergleich der Erwartungswerte von zwei Normalverteilungen,
- die Varianz bzw. Standardabweichung einer Normalverteilung,
- eine Wahrscheinlichkeit (einen Anteilswert) bei kleinem und großem Stichprobenumfang.

Die Idee und die prinzipielle Vorgehensweise ist dabei in allen Fällen ähnlich. Wir werden sie nun ausführlich anhand des Konfidenzintervalls für μ einer Normalverteilung bei bekanntem σ besprechen:

Konfidenzintervall für den Erwartungswert einer Normalverteilung bei bekannter Standardabweichung

Bei der Herstellung von Schokoladentafeln sei das Verpackungsgewicht X normalverteilt mit Standardabweichung $\sigma = 2$ (Gramm). Der Sollwert liegt bei 100. Der Hersteller möchte weder haben, dass $\mu < 100$ (denn dann müsste er Reklamationen der Verbraucher befürchten), noch dass $\mu > 100$ (unnötige Verschwendung und damit finanzielle Verluste). Eine Stichprobe vom Umfang $n = 10$ ergibt ein arithmetisches Mittel von $\overline{x} = 98.9$. Ist das eine zufällige Abweichung, oder ist das Verpackungsgewicht tatsächlich zu gering eingestellt? Wir fragen mit anderen Worten danach, ob man aufgrund dieser Stichprobe noch immer davon ausgehen kann, dass der Erwartungswert des Verpackungsgewichtes gleich dem Sollwert ist?

Überlegen wir, wie wir diese Frage beantworten können: Wir gehen von einer normalverteilten Zufallsvariablen X aus, deren Standardabweichung σ bekannt ist. Gesucht ist ihr Erwartungswert μ. Wir ziehen dazu eine Stichprobe $X_1, \ldots, X_n$ vom Umfang n, wobei die X_i unabhängig und normalverteilt nach $N(\mu; \sigma^2)$ sind.

Eine Schätzfunktion für μ ist das Stichprobenmittel $\overline{X}$, das wegen Satz 29.11 ebenso normalverteilt ist, ebenfalls mit Erwartungswert μ, aber geringerer Varianz $\frac{\sigma^2}{n}$ (Satz 27.44). Die zugehörige standardisierte Zufallsvariable ist standardnormalverteilt:

$$Z = \frac{\overline{X} - \mu}{\sigma/\sqrt{n}} \sim N(0; 1).$$

Wählen wir als Konfidenzniveau zum Beispiel den Wert $1 - \alpha = 0.90$. Wir möchten also den gesuchten Erwartungswert mit 90%-iger Wahrscheinlichkeit eingrenzen.

Nun bestimmen wir jenen z-Wert, für den die Fläche unter der Glockenkurve der Standardnormalverteilung zwischen $-z$ und $+z$ gerade gleich $1 - \alpha = 0.90$ ist (siehe Abbildung 30.1). Aufgrund

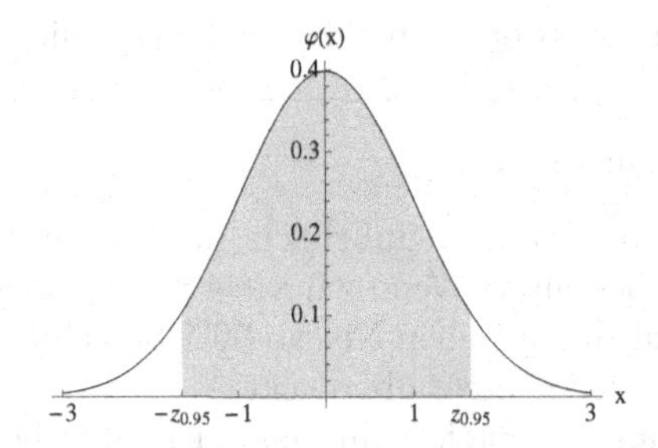

Abbildung 30.1. Die Fläche unter der Glockenkurve zwischen dem 0.05- und 0.95-Quantil ist gleich $1 - \alpha = 0.90$.

der Symmetrie ist das gerade das $(1 - \frac{\alpha}{2})$-Quantil der Standardnormalverteilung, also $z_{1-\alpha/2}$. Aus $1 - \alpha = 0.90$ erhalten wir $\alpha = 0.10$ bzw. $\frac{\alpha}{2} = 0.05$ und damit $1 - \frac{\alpha}{2} = 0.95$. Das zugehörige Quantil ist also $z_{0.95} = 1.645$.

Was haben wir damit gewonnen? Wir wissen nun, dass das standardisierte Stichprobenmittel Z mit 90%-iger Wahrscheinlichkeit einen Wert zwischen -1.645 und $+1.645$ annimmt. Allgemein nimmt es mit Wahrscheinlichkeit $1 - \alpha$ einen Wert zwischen $-z_{1-\alpha/2}$ und $z_{1-\alpha/2}$ an. Das heißt:

$$\begin{aligned} 0.90 &= P(-1.645 \leq Z \leq 1.645) = P\left(-1.645 \leq \frac{\overline{X} - \mu}{\sigma/\sqrt{n}} \leq 1.645\right) \\ &= P\left(-1.645\frac{\sigma}{\sqrt{n}} \leq \overline{X} - \mu \leq 1.645\frac{\sigma}{\sqrt{n}}\right) \\ &= P\left(\overline{X} - 1.645\frac{\sigma}{\sqrt{n}} \leq \mu \leq \overline{X} + 1.645\frac{\sigma}{\sqrt{n}}\right). \end{aligned}$$

Es wurden hier nur die Ungleichungen im Argument von P so umgeformt, dass nun in Worten dasteht: Mit 90%-iger Wahrscheinlichkeit liegt μ im Intervall $[\overline{X} - 1.645\frac{\sigma}{\sqrt{n}}, \overline{X} + 1.645\frac{\sigma}{\sqrt{n}}]$. Die Grenzen des Intervalls enthalten die Zufallsvariable $\overline{X}$, sind also selbst Zufallsvariablen. Das ist aber klar, denn sie hängen ja von der gezogenen Stichprobe ab.

Wir brauchen nun nur noch den Mittelwert $\overline{x} = 98.9$ aus unserer konkreten Stichprobe und die gegebenen Werte $n = 10$ bzw. $\sigma = 2$ einzusetzen, und schon haben wir das zu dieser Stichprobe gehörende Konfidenzintervall:

$$[98.9 - 1.645\frac{2}{\sqrt{10}}, 98.9 + 1.645\frac{2}{\sqrt{10}}] = [97.9, 99.9].$$

Dieses Intervall enthält mit 90%-iger Wahrscheinlichkeit den gesuchten Erwartungswert der Schokoladengewichte. Das Sollgewicht 100 g ist darin *nicht* enthalten. Also ist mit 90%-iger Wahrscheinlichkeit der Erwartungswert (er wird mit dieser Wahrscheinlichkeit vom Konfidenzintervall erfasst) ungleich dem Sollgewicht (denn dieses liegt außerhalb des Konfidenzintervalls).

Um das gesuchte Konfidenzintervall zu bestimmen, sind zusammenfassend folgende Schritte notwendig:

Konfidenzintervall für μ eines *normalverteilten* Merkmals bei *bekanntem* σ:

- Wähle ein Konfidenzniveau $1-\alpha$ (z. B. 0.90, 0.95 oder 0.99).
- Ziehe eine Stichprobe vom Umfang n und berechne $\overline{x}$.
- Bestimme das Quantil $z_{1-\alpha/2}$ der Standardnormalverteilung.
- Dann überdeckt das Konfidenzintervall

$$[\overline{x} - z_{1-\alpha/2}\frac{\sigma}{\sqrt{n}}, \overline{x} + z_{1-\alpha/2}\frac{\sigma}{\sqrt{n}}]$$

den gesuchten Erwartungswert μ mit der Wahrscheinlichkeit $1-\alpha$.

Einige Bemerkungen dazu:

- Der kleine Wert α ist die Wahrscheinlichkeit, dass μ vom Konfidenzintervall nicht überdeckt wird. Das bedeutet: Wenn wir viele Stichproben ziehen und jedes Mal ein Konfidenzintervall zum gleichen Niveau 90% berechnen, dann wird in ca. 10% aller Fälle der Parameter μ *nicht* überdeckt.
- Das Konfidenzintervall ist zentriert um das arithmetische Mittel $\overline{x}$ der zugehörigen Stichprobe. Die linke und die rechte Intervallgrenze liegen im Abstand $z_{1-\alpha/2}\frac{\sigma}{\sqrt{n}}$ von $\overline{x}$. Die Länge des Intervalls ist also gleich

$$L = 2z_{1-\alpha/2}\frac{\sigma}{\sqrt{n}}.$$

- Aus der Formel für die Länge des Konfidenzintervalls sehen wir, dass es (bei gleichem α) umso kürzer wird, je größer der Stichprobenumfang n ist. Das ist einleuchtend, denn je mehr Information verwertet wird, umso besser kann der Parameter eingegrenzt werden.
- Ebenso sehen wir aus der Formel, dass das Konfidenzintervall (bei gleichem Stichprobenumfang) umso länger wird, je größer das Konfidenzniveau $1-\alpha$ ist.

  Denn je größer die Fläche $1-\alpha$ zwischen $-z_{1-\alpha/2}$ und $z_{1-\alpha/2}$ ist, umso größer ist das Quantil $z_{1-\alpha/2}$.

  Ein Intervall zum Niveau 99% ist also bei gleichem Stichprobenumfang länger als ein Intervall zum Niveau 90%. Im Grenzfall, dass das Konfidenzniveau gegen 1 geht, ergibt sich ein unendlich langes Konfidenzintervall. Klar, denn mit 100%-iger Sicherheit kann man nur sagen, dass der Parameter irgendwo auf der reellen Achse liegt.
- Öfters gibt man vor, wie eng man den Parameter (mit der Wahrscheinlichkeit $1-\alpha$) eingrenzen möchte. Man legt also eine maximale Länge L_{max} des Konfidenzintervalls fest, und fragt nach dem dafür zumindest notwendigen Stichprobenumfang. Wenn wir die Bedingung

$$2z_{1-\alpha/2}\frac{\sigma}{\sqrt{n}} \le L_{max}$$

umformen, so sehen wir, dass der Stichprobenumfang dazu

$$n \geq \left(\frac{2 z_{1-\alpha/2} \sigma}{L_{max}} \right)^2$$

erfüllen muss.

- Wir sind hier von einem **zweiseitigen** Konfidenzintervall ausgegangen. Manchmal ist man nur an der Abweichung in eine Richtung interessiert.

  Zum Beispiel ist für eine Verbraucherorganisation nur eine Abweichung des Schokoladengewichts vom Sollwert *nach unten* interessant; bei einer Abweichung nach oben würde sie sich beim Hersteller wohl nicht beschweren.

  Eine solche Fragestellung führt auf ein **einseitiges Konfidenzintervall**. Dabei ist die untere Intervallgrenze gleich $-\infty$,

  $$(-\infty, \overline{X} + z_{1-\alpha} \frac{\sigma}{\sqrt{n}}],$$

  bzw. die obere Intervallgrenze gleich ∞:

  $$[\overline{X} - z_{1-\alpha} \frac{\sigma}{\sqrt{n}}, \infty).$$

  Es wird analog zum zweiseitigen Konfidenzintervall konstruiert. Soll das Intervall nach oben unbegrenzt sein, so gilt:

  $$\begin{aligned} 1 - \alpha &= P(Z \leq z_{1-\alpha}) = P(\frac{\overline{X} - \mu}{\sigma/\sqrt{n}} \leq z_{1-\alpha}) \\ &= P(\overline{X} - \mu \leq z_{1-\alpha} \frac{\sigma}{\sqrt{n}}) = P(\mu \geq \overline{X} - z_{1-\alpha} \frac{\sigma}{\sqrt{n}}). \end{aligned}$$

  Damit ergibt sich das einseitige Konfidenzintervall

  $$[\overline{X} - z_{1-\alpha} \frac{\sigma}{\sqrt{n}}, \infty).$$

  Analog erhalten wir das einseitige Konfidenzintervall mit Begrenzung nach unten.

Beispiel 30.11 (→CAS) Zweiseitiges Konfidenzintervall für μ einer Normalverteilung bei bekanntem σ
Bestimmen Sie das zweiseitige Konfidenzintervall zum Niveau 95% für Beispiel 30.2 unter der Annahme, dass die Grundgesamtheit normalverteilt mit $\sigma = 2$ ist.

Lösung zu 30.11 Das Konfidenzniveau ist $1 - \alpha = 0.95$, also $\alpha = 0.05$ bzw. $1 - \frac{\alpha}{2} = 0.975$. Der Umfang ist $n = 10$ und der Mittelwert $\overline{x} = 98.9$. Die Standardabweichung $\sigma = 2$ ist vorgegeben. Das gesuchte Quantil der Standardnormalverteilung ist $z_{0.975} = 1.96$. Daraus berechnet sich das Konfidenzintervall

$$[98.9 - 1.96 \frac{2}{\sqrt{10}}, 98.9 + 1.96 \frac{2}{\sqrt{10}}] = [97.7, 100.1],$$

das mit 95%-iger Wahrscheinlichkeit den Erwartungswert enthält. ■

Beispiel 30.12 Einseitiges Konfidenzintervall für μ einer Normalverteilung bei bekanntem σ
Eine Verbraucherorganisation möchte sich davon überzeugen, dass das Sollgewicht 100 g nicht unterschritten wird. Bestimmen Sie das entsprechende einseitige Konfidenzintervall zum Niveau 99% für Beispiel 30.2 unter der Annahme, dass die Grundgesamtheit normalverteilt mit $\sigma = 2$ ist.

Lösung zu 30.12 Das Konfidenzniveau ist $1 - \alpha = 0.99$. Der Umfang $n = 10$, der Mittelwert $\overline{x} = 98.9$ und die Standardabweichung $\sigma = 2$ sind bekannt. Das gesuchte Quantil der Standardnormalverteilung ist $z_{0.99} = 2.326$. Daraus berechnet sich das Konfidenzintervall

$$(-\infty, 98.9 + 2.326\frac{2}{\sqrt{10}}] = (-\infty, 100.4],$$

das mit 99%-iger Wahrscheinlichkeit den Erwartungswert enthält. ■

Beispiel 30.13 Notwendiger Stichprobenumfang für vorgegebene Maximallänge des Konfidenzintervalls
Wir gehen wieder von unserem normalverteilten Schokoladengewicht X mit Standardabweichung $\sigma = 2$ aus. Wie groß müsste der Stichprobenumfang n sein, damit bei einem gegebenen Niveau von 90% das Konfidenzintervall für den Erwartungswert die Länge 1 nicht überschreitet?

Lösung zu 30.13 Das Vertrauensniveau ist $1 - \alpha = 0.9$, also $\alpha = 0.1$ bzw. $1 - \frac{\alpha}{2} = 0.95$. Es muss

$$n \geq \left(\frac{2z_{1-\alpha/2}\sigma}{L_{max}}\right)^2 = \left(\frac{2 \cdot 1.645 \cdot 2}{1}\right)^2 = 43.29$$

gelten, also $n \geq 44$. ■

Konfidenzintervall für den Erwartungswert einer Normalverteilung bei unbekannter Standardabweichung

Wir haben bisher vorausgesetzt, dass die Standardabweichung σ der Normalverteilung bekannt ist. Das trifft in der Praxis meist nicht zu. Dann muss das Verfahren zur Gewinnung eines Konfidenzintervalls für μ etwas abgeändert werden:

Die Überlegung ist völlig analog wie zuvor: Wieder möchten wir $\overline{X}$, das normalverteilt ist nach $N(\mu; \sigma^2/n)$, als Schätzfunktion für μ verwenden. Da σ^2 nicht bekannt ist, schätzen wir es durch die erwartungstreue Stichprobenvarianz $S^2 = \frac{1}{n-1}\sum_{i=1}^{n}(X_i - \overline{X})^2$. Wir „standardisieren“ nun $\overline{X}$ mit diesem S,

$$\frac{\overline{X} - \mu}{S/\sqrt{n}}.$$

Diese Stichprobenfunktion ist nun nicht standardnormalverteilt, sondern t-verteilt mit $n - 1$ Freiheitsgraden (Satz 29.22). Wir bestimmen also nun, nachdem wir α gewählt haben, das zugehörige Quantil $t_{n-1;1-\alpha/2}$ und konstruieren damit analog wie zuvor unser Konfidenzintervall für μ.

Konfidenzintervall für μ eines *normalverteilten* Merkmals bei *unbekanntem* σ:

- Wähle ein Vertrauensniveau $1-\alpha$ (z. B. 0.90, 0.95 oder 0.99).
- Ziehe eine Stichprobe vom Umfang n und berechne $\overline{x}$ sowie s.
- Bestimme das Quantil $t_{n-1;1-\alpha/2}$ der t-Verteilung mit $n-1$ Freiheitsgraden.
- Dann überdeckt das Konfidenzintervall

$$[\overline{x} - t_{n-1;1-\alpha/2}\frac{s}{\sqrt{n}}, \overline{x} + t_{n-1;1-\alpha/2}\frac{s}{\sqrt{n}}]$$

den gesuchten Erwartungswert μ mit der Wahrscheinlichkeit $1-\alpha$.

Beispiel 30.14 (→CAS) Konfidenzintervall für μ einer Normalverteilung bei unbekanntem σ
Bestimmen Sie das zweiseitige Konfidenzintervall zum Niveau 95% für Beispiel 30.2 unter der Annahme, dass die Grundgesamtheit normalverteilt ist.

Lösung zu 30.14 Das Vertrauensniveau ist $1-\alpha = 0.95$, also $1-\frac{\alpha}{2} = 0.975$. Das gesuchte Quantil der t-Verteilung mit $n-1=9$ Freiheitsgraden ist $t_{9;0.975} = 2.262$. Daraus berechnet sich das Konfidenzintervall

$$[98.9 - 2.262\frac{2.183}{\sqrt{10}}, 98.9 + 2.262\frac{2.183}{\sqrt{10}}] = [97.3, 100.5],$$

das mit 95%-iger Wahrscheinlichkeit den Erwartungswert enthält. ■

Konfidenzintervall für den Erwartungswert einer beliebigen Verteilung bei großem Stichprobenumfang

Bisher haben wir den Erwartungswert μ eines *normalverteilten* Merkmals gesucht. Diese Voraussetzung können wir fallen lassen, wenn nur der Stichprobenumfang groß genug ist.

Wir betrachten eine Grundgesamtheit mit einem *beliebig* verteilten Merkmal X und interessieren uns für dessen Erwartungswert μ. Zu diesem Zweck ziehen wir wieder eine Zufallsstichprobe $X_1, \ldots, X_n$ (alle X_i sind unabhängig und gleich wie X verteilt mit dem Erwartungswert μ). Schätzfunktion ist wieder das Stichprobenmittel $\overline{X}$.

Nach dem zentralen Grenzwertsatz ist nun $\overline{X}$ für hinreichend großen Stichprobenumfang annähernd normalverteilt. Die zugehörige standardisierte Variable $Z = \frac{\overline{X}-\mu}{\sigma/\sqrt{n}}$ (falls σ bekannt) bzw. $\frac{\overline{X}-\mu}{S/\sqrt{n}}$ (falls σ nicht bekannt) ist dementsprechend annähernd standardnormalverteilt. Daher können wir analog wie zuvor ein näherungsweises Konfidenzintervall für μ berechnen.

Konfidenzintervall für μ eines *beliebig verteilten* Merkmals bei *großem Stichprobenumfang*:

- Wähle ein Vertrauensniveau $1-\alpha$ (z. B. 0.90, 0.95 oder 0.99).
- Ziehe eine Stichprobe von hinreichend großem Umfang n (Faustregel: $n \gtrsim 30$) und berechne $\overline{x}$ und ggf. s (falls σ unbekannt).

- Bestimme das Quantil $z_{1-\alpha/2}$ der Standardnormalverteilung.
- Dann überdeckt das Konfidenzintervall

$$[\overline{x} - z_{1-\alpha/2}\frac{\sigma}{\sqrt{n}}, \overline{x} + z_{1-\alpha/2}\frac{\sigma}{\sqrt{n}}], \quad \text{wenn } \sigma \text{ bekannt, bzw.}$$

$$[\overline{x} - z_{1-\alpha/2}\frac{s}{\sqrt{n}}, \overline{x} + z_{1-\alpha/2}\frac{s}{\sqrt{n}}], \quad \text{wenn } \sigma \text{ unbekannt}$$

annähernd den gesuchten Erwartungswert μ mit der Wahrscheinlichkeit $1 - \alpha$.

Beispiel 30.15 Konfidenzintervall für μ bei großem Stichprobenumfang
Eine Stichprobe vom Umfang $n = 100$ aus einer Grundgesamtheit ergab $\overline{x} = 20$ und $s = 1.5$. Bestimmen Sie das zweiseitige Konfidenzintervall zum Niveau 95%.

Lösung zu 30.15 Das Vertrauensniveau ist $1 - \alpha = 0.95$, also $1 - \frac{\alpha}{2} = 0.975$. Das gesuchte Quantil der Standardnormalverteilung ist $z_{0.975} = 1.96$. Daraus berechnet sich das Konfidenzintervall

$$[20 - 1.96\frac{1.5}{\sqrt{100}}, 20 + 1.96\frac{1.5}{\sqrt{100}}] = [19.71, 20.29].$$

Es überdeckt mit 95%-iger Wahrscheinlichkeit den Erwartungswert. ■

Der zentralen Grenzwertsatz sagt, dass die Annäherung einer konkreten Verteilung durch die Normalverteilung immer besser wird, je größer der Stichprobenumfang wird. Ab welchem Stichprobenumfang die Annäherung gut genug ist, hängt von der konkreten Verteilung ab: Wenn diese der Normalverteilung bereits sehr ähnlich ist, dann wird die Annäherung schon bei kleinerem Stichprobenumfang zufrieden stellend sein. Ist die Verteilung aber zum Beispiel sehr schief und/oder mehrgipfelig, dann wird die Annäherung erst bei größerem Stichprobenumfang gut. Meist liefert unsere Faustregel $n \gtrsim 30$ für eine beliebige Verteilung eine für die Praxis hinreichend gute Näherung.

Konfidenzintervall für den Vergleich der Erwartungswerte von zwei Normalverteilungen

In vielen Fällen möchte man die Erwartungswerte zweier Stichproben vergleichen. Zum Beispiel wollen wir bei zwei Herstellern herausfinden, wer die bessere Qualität bietet. Wenn wir aus beiden Grundgesamtheiten Stichproben entnehmen, kann diese Frage mithilfe eines Konfidenzintervalls für die Differenz der Erwartungswerte beantwortet werden.

Wir ziehen aus jeder der beiden Grundgesamtheiten eine Stichprobe. Die Umfänge n_1 bzw. n_2 dieser Stichproben können verschieden sein. Alle Ziehungen sind unabhängig und nach $N(\mu_1; \sigma_1^2)$ (Stichprobe aus Grundgesamtheit 1) bzw. nach $N(\mu_2; \sigma_2^2)$ (Stichprobe aus Grundgesamtheit 2) verteilt. Die zugehörigen Stichprobenmittel sind dann nach $N(\mu_1; \frac{\sigma_1^2}{n_1})$ bzw. $N(\mu_2; \frac{\sigma_2^2}{n_2})$ verteilt.

Die Differenz $\overline{X}_1 - \overline{X}_2$ ist eine erwartungstreue Schätzfunktion für $\mu_1 - \mu_2$. Sie ist nach dem Additionssatz 29.11 und dem Linearitätssatz 29.5 für Normalverteilungen normalverteilt,

$$\frac{\overline{X}_1 - \overline{X}_2 - (\mu_1 - \mu_2)}{\sqrt{\frac{\sigma_1^2}{n_1} + \frac{\sigma_2^2}{n_2}}} \sim N(0; 1).$$

Damit können wir das Konfidenzintervall für $\mu_1 - \mu_2$ wie gewohnt konstruieren.

Konfidenzintervall für den Vergleich der Erwartungswerte von zwei *Normalverteilungen mit bekannten Standardabweichungen*:

- Wähle ein Vertrauensniveau $1 - \alpha$ (z. B. 0.90, 0.95 oder 0.99).
- Ziehe aus jeder Grundgesamtheit eine Stichprobe (Umfänge n_1 bzw. n_2) und berechne die arithmetischen Mittel $\overline{x}_1$ bzw. $\overline{x}_2$.
- Bestimme das Quantil $z_{1-\alpha/2}$ der Standardnormalverteilung.
- Dann überdeckt das Konfidenzintervall

$$[\overline{x}_1 - \overline{x}_2 - z_{1-\alpha/2}\sqrt{\frac{\sigma_1^2}{n_1} + \frac{\sigma_2^2}{n_2}}, \overline{x}_1 - \overline{x}_2 + z_{1-\alpha/2}\sqrt{\frac{\sigma_1^2}{n_1} + \frac{\sigma_2^2}{n_2}}]$$

den gesuchten Parameter $\mu_1 - \mu_2$ mit der Wahrscheinlichkeit $1 - \alpha$.

In der Praxis sind meist die Varianzen σ_1 und σ_2 nicht bekannt. Man kann aber oft voraussetzen, dass sie gleich sind, also $\sigma_1 = \sigma_2$.

In diesem Fall kann man zeigen, dass

$$\frac{\overline{X}_1 - \overline{X}_2 - (\mu_1 - \mu_2)}{\sqrt{\left(\frac{n_1+n_2}{n_1 \cdot n_2}\right)\left(\frac{(n_1-1)S_1^2+(n_2-1)S_2^2}{n_1+n_2-2}\right)}} \sim t(n_1 + n_2 - 2).$$

Dann sehen die Schritte, die zum Konfidenzintervall führen, so aus:

Konfidenzintervall für den Vergleich der Erwartungswerte von zwei *Normalverteilungen mit unbekannten, aber gleichen Standardabweichungen*:

- Wähle ein Vertrauensniveau $1 - \alpha$ (z. B. 0.90, 0.95 oder 0.99).
- Ziehe aus jeder Grundgesamtheit eine Stichprobe (Umfänge n_1 bzw. n_2), berechne die arithmetischen Mittel $\overline{x}_1$ bzw. $\overline{x}_2$ und die Stichprobenvarianzen s_1^2 bzw. s_2^2.
- Bestimme das Quantil $t_{n_1+n_2-2;1-\alpha/2}$ der t-Verteilung mit $n_1 + n_2 - 2$ Freiheitsgraden.
- Dann überdeckt das Konfidenzintervall

$$[g_-, g_+], \quad g_\pm = \overline{x}_1 - \overline{x}_2 \pm t_{n_1+n_2-2;1-\alpha/2}\sqrt{\left(\frac{n_1+n_2}{n_1 \cdot n_2}\right)\left(\frac{(n_1-1)s_1^2+(n_2-1)s_2^2}{n_1+n_2-2}\right)},$$

den gesuchten Parameter $\mu_1 - \mu_2$ mit der Wahrscheinlichkeit $1 - \alpha$.
- Im Fall $n_1 = n_2 = n$ vereinfacht sich die Formel für das Konfidenzintervall:

$$[\overline{x}_1 - \overline{x}_2 - t_{2(n-1);1-\alpha/2}\sqrt{\frac{s_1^2 + s_2^2}{n}}, \overline{x}_1 - \overline{x}_2 + t_{2(n-1);1-\alpha/2}\sqrt{\frac{s_1^2 + s_2^2}{n}}].$$

Wenn das Konfidenzintervall nun den Wert 0 enthält, so spricht die zugehörige Stichprobe nicht dagegen, dass μ_1 und μ_2 gleich sind. Wenn das Konfidenzintervall jedoch

0 nicht enthält, dann kann man mit der Wahrscheinlichkeit $1-\alpha$ davon ausgehen, dass $\mu_1 \neq \mu_2$ ist.

Beispiel 30.16 (→CAS) Konfidenzintervall für den Vergleich zweier Erwartungswerte
Aus der Produktion von Seilen zweier Hersteller wurden Stichproben entnommen und die Reißfestigkeit (in Kilonewton) bestimmt:

Hersteller 1: 152, 148, 149, 146, 146, 152, 149, 150
Hersteller 2: 153, 150, 149, 149, 152, 151, 154, 152

Bestimmen Sie das Konfidenzintervall für die Differenz der Erwartungswerte $\mu_1 - \mu_2$ zum Niveau 90% unter der Annahme, dass beide Grundgesamtheiten normalverteilt mit gleicher Varianz sind.

Lösung zu 30.16 Es gilt $\overline{x}_1 = 149.0$, $s_1^2 = 5.429$ und $\overline{x}_2 = 151.25$, $s_2^2 = 3.357$ $(n = 8)$. Das Vertrauensniveau ist $1-\alpha = 0.9$, also $1 - \frac{\alpha}{2} = 0.95$. Das gesuchte Quantil der t-Verteilung mit $2(8-1) = 14$ Freiheitsgraden ist $t_{14;0.95} = 1.761$. Daraus berechnet sich das Konfidenzintervall

$$[-2.25 - 1.761\sqrt{\frac{5.429 + 3.357}{8}}, -2.25 + 1.761\sqrt{\frac{5.429 + 3.357}{8}}], = [-4.1, -0.4],$$

das mit 90%-iger Wahrscheinlichkeit die Differenz der Erwartungswerte enthält. Der Wert 0 wird von diesem Intervall nicht überdeckt, daher ist der Fall $\mu_1 = \mu_2$ praktisch ausgeschlossen. Da das Konfidenzintervall weiters nur negative Zahlen überdeckt, ist mit 90%-iger Wahrscheinlichkeit $\mu_1 - \mu_2 < 0$, also $\mu_1 < \mu_2$. Die Reißfestigkeit der Seile von Hersteller 2 ist also höchstwahrscheinlich besser. ■

Im Fall von *verbundenen Stichproben* kann man sich das Leben etwas erleichtern: Man bildet einfach die Differenzen $D = X_1 - X_2$ der Stichproben und wertet dann das Konfidenzintervall für $\overline{D} = \overline{X}_1 - \overline{X}_2$ wie im Fall einer einzelnen Stichprobe aus. **Verbundene Stichproben** bedeutet, dass es eine Beziehung zwischen dem i-ten Wert aus der ersten und dem i-ten Wert aus der zweiten Stichprobe geben muss (für alle $i = 1, \ldots, n$; beide Stichproben haben insbesondere denselben Umfang). Beispiele: die Produktivität des i-ten Mitarbeiters vor $(X_{1,i})$ und nach $(X_{2,i})$ einer Schulung; die Festigkeit eines Werkstücks nach der Behandlung mit zwei unterschiedlichen Verfahren (Sie zerschneiden ein Seil in zwei Teile, unterziehen beide Teile verschiedenen Verfahren und prüfen am Ende die Reißfestigkeit der beiden Teile).

Im Fall unbekannter und möglicherweise ungleicher Varianzen ist die Sache komplizierter. Man kann zeigen, dass

$$\frac{\overline{X}_1 - \overline{X}_2 - (\mu_1 - \mu_2)}{\sqrt{\frac{S_1^2}{n_1} + \frac{S_2^2}{n_2}}}$$

näherungsweise t-verteilt mit

$$m = \frac{\left(\frac{S_1^2}{n_1} + \frac{S_2^2}{n_2}\right)^2}{\frac{S_1^4}{n_1^2(n_1-1)} + \frac{S_2^4}{n_2^2(n_2-1)}}$$

Freiheitsgraden ist. Die Anzahl der Freiheitsgrade m wird hier im Allgemeinen nicht mehr ganzzahlig sein, man kann die t-Verteilung aber über die Formel für die Dichte auch für nicht ganzzahlige Werte definieren.

Konfidenzintervall für die Varianz einer Normalverteilung

Wir setzen wieder ein normalverteiltes Merkmal X voraus und sind nun an seiner Varianz σ^2 bzw. Standardabweichung σ interessiert. Der Erwartungswert braucht nicht bekannt zu sein.

Ziehen wir eine Stichprobe $X_1, \dots, X_n$, wobei alle X_i unabhängig und identisch nach $N(\mu; \sigma^2)$ verteilt sind. Dann ist die Stichprobenfunktion

$$Y = \sum_{i=1}^{n} \left(\frac{X_i - \overline{X}}{\sigma} \right)^2 = \frac{n-1}{\sigma^2} S^2$$

χ^2-verteilt ist mit $n-1$ Freiheitsgraden (Satz 29.19).

Analog wie bei den Verfahren zuvor bestimmen wir (nach Festlegung des Niveaus $1-\alpha$) die Quantile der χ^2-Verteilung so, dass links bzw. rechts davon die Fläche $\frac{\alpha}{2}$ abgeschnitten wird. Somit bleibt zwischen ihnen die Fläche $1-\alpha$ (siehe Abbildung 30.2). Das sind also das $\chi^2_{m;\alpha/2}$-Quantil und das

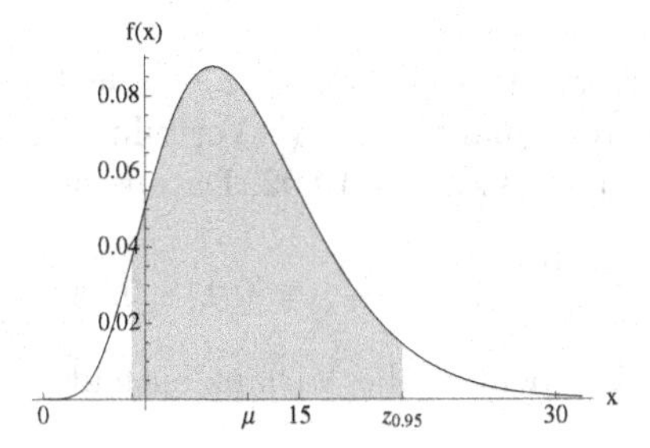

Abbildung 30.2. Dichtekurve der χ^2-Verteilung mit Freiheitsgrad $m = 12$. Die Fläche zwischen dem 0.05- und 0.95-Quantil ist gleich $1 - \alpha = 0.90$.

$\chi^2_{m;1-\alpha/2}$-Quantil. (Da die χ^2-Verteilung nicht symmetrisch ist, müssen beide Quantile bestimmt werden.) Dann folgt wie gewohnt:

$$\begin{aligned} 1-\alpha &= P(\chi^2_{m;\alpha/2} \le Y \le \chi^2_{m;1-\alpha/2}) = P\left(\chi^2_{m;\alpha/2} \le \frac{n-1}{\sigma^2} S^2 \le \chi^2_{m;1-\alpha/2}\right) \\ &= P\left(\frac{\chi^2_{m;\alpha/2}}{(n-1)S^2} \le \frac{1}{\sigma^2} \le \frac{\chi^2_{m;1-\alpha/2}}{(n-1)S^2}\right) \\ &= P\left(\frac{(n-1)S^2}{\chi^2_{m;1-\alpha/2}} \le \sigma^2 \le \frac{(n-1)S^2}{\chi^2_{m;\alpha/2}}\right). \end{aligned}$$

Konfidenzintervall für σ^2 eines *normalverteilten* Merkmals:

- Wähle ein Vertrauensniveau $1-\alpha$ (z. B. 0.90, 0.95 oder 0.99).
- Ziehe eine Stichprobe vom Umfang n und berechne s^2.

- Bestimme die Quantile $\chi^2_{n-1;\alpha/2}$ und $\chi^2_{n-1;1-\alpha/2}$ der χ^2-Verteilung mit $n-1$ Freiheitsgraden.
- Dann überdeckt mit der Wahrscheinlichkeit $1-\alpha$ das Konfidenzintervall

$$\left[\frac{(n-1)s^2}{\chi^2_{n-1;1-\alpha/2}}, \frac{(n-1)s^2}{\chi^2_{n-1;\alpha/2}}\right]$$

die gesuchte Varianz σ^2 bzw. das Konfidenzintervall

$$\left[\sqrt{\frac{(n-1)s^2}{\chi^2_{n-1;1-\alpha/2}}}, \sqrt{\frac{(n-1)s^2}{\chi^2_{n-1;\alpha/2}}}\right]$$

die gesuchte Standardabweichung σ.

Beispiel 30.17 (→CAS) Konfidenzintervall für σ^2 einer Normalverteilung
Eine Stichprobe vom Umfang $n = 10$ aus einer normalverteilten Grundgesamtheit ergab $s^2 = 0.25$. Bestimmen Sie das Konfidenzintervall für die Varianz zum Niveau 95%.

Lösung zu 30.17 Das Vertrauensniveau ist $1-\alpha = 0.95$, also $\frac{\alpha}{2} = 0.025$ bzw. $1-\frac{\alpha}{2} = 0.975$. Die gesuchten Quantile der χ^2-Verteilung mit $n-1 = 9$ Freiheitsgraden sind $\chi^2_{9;0.025} = 2.700$ und $\chi^2_{9;0.975} = 19.02$. Daraus berechnet sich das Konfidenzintervall

$$[\frac{9 \cdot 0.25}{19.02}, \frac{9 \cdot 0.25}{2.7}] = [0.118, 0.833],$$

das mit 99%-iger Wahrscheinlichkeit die Varianz enthält. ■

Konfidenzintervall für einen Anteilswert

Gegeben ist eine Grundgesamtheit, in der die Elemente eine bestimmte Eigenschaft A (z. B. defekter Artikel, ...) haben oder nicht. Wir interessieren uns für die Wahrscheinlichkeit $p = P(A)$, dass ein Element die Eigenschaft A hat (falls die Grundgesamtheit unendlich ist); bzw. für den Anteil p an Elementen der Grundgesamtheit mit dieser Eigenschaft (falls die Grundgesamtheit endlich ist). Mithilfe einer Stichprobe soll ein Konfidenzintervall für p konstruiert werden.

Der Anteil $\overline{P}$ aller Elemente in der Stichprobe mit der Eigenschaft A ist

$$\overline{P} = \frac{1}{n}\sum_{i=1}^{n} P_i,$$

wobei die Stichprobenvariable P_i angibt, ob das i-te Element der Stichprobe die Eigenschaft A hat ($P_i = 1$) oder nicht ($P_i = 0$). Wie ist $\overline{P}$ verteilt? Zunächst ist die Summe $P_1 + \ldots + P_n$ (= Anzahl der Elemente in der Stichprobe vom Umfang n mit Eigenschaft A) binomialverteilt nach $Bi(n;p)$. Sie hat also den Erwartungswert $\mu = np$ und die Varianz $\sigma^2 = np(1-p)$.

Für großes n ist daher nach dem zentralen Grenzwertsatz diese Summe annähernd normalverteilt nach $N(np; np(1-p))$ bzw. wegen der Linearität der Normalverteilung (Satz 29.5) ist $\overline{P} = \frac{1}{n}(P_1 + \ldots + P_n)$ annähernd normalverteilt nach $N(p; \frac{p(1-p)}{n})$.

Damit können wir den bereits altbekannten Weg gehen: Die zu $\overline{P}$ zugehörige standardisierte Zufallsvariable ist annähernd standardnormalverteilt, also

$$\frac{\overline{P}-p}{\sqrt{\frac{p(1-p)}{n}}} \overset{a}{\sim} N(0;1).$$

Wir legen daher α fest und wie zuvor ergibt sich das Konfidenzintervall aus:

$$\left|\frac{\overline{P}-p}{\sqrt{\frac{p(1-p)}{n}}}\right| \le z \quad \text{mit} \quad z = z_{1-\alpha/2}.$$

Um nach p auflösen zu können, quadrieren wir beide Seiten

$$\frac{(\overline{P}-p)^2}{\frac{p(1-p)}{n}} \le z^2$$

und formen um

$$p^2 - 2\frac{n}{n+z^2}(\overline{P}+\frac{z^2}{2n})p + \frac{n}{n+z^2}\overline{P}^2 \le 0.$$

Das ist eine nach oben offene Parabel, und der gesuchte Bereich liegt zwischen den beiden Nullstellen

$$\begin{aligned} g_\pm &= \frac{n}{n+z^2}(\overline{P}+\frac{z^2}{2n}) \pm \sqrt{\frac{n^2}{(n+z)^2}(\overline{P}+\frac{z^2}{2n})^2 - \frac{n}{n+z^2}\overline{P}^2} \\ &= \frac{n}{n+z^2}\left(\overline{P}+\frac{z^2}{2n} \pm z\sqrt{\frac{\overline{P}(1-\overline{P})}{n}+\frac{z^2}{4n^2}}\right). \end{aligned}$$

Approximatives Konfidenzintervall für eine Wahrscheinlichkeit bzw. einen Anteilswert p *bei großem Stichprobenumfang* ($n \gtrsim 20$):

- Wähle ein Vertrauensniveau $1-\alpha$ (z.B. 0.90, 0.95 oder 0.99).
- Ziehe eine Stichprobe vom Umfang n und berechne den Anteil $\overline{p}$ der Elemente mit der interessierenden Eigenschaft darin.
- Bestimme das Quantil $z_{1-\alpha/2}$ der Standardnormalverteilung.
- Dann überdeckt das Konfidenzintervall

$$[g_-, g_+], \quad g_\pm = \frac{n}{n+z_{1-\alpha/2}^2}\left(\overline{p}+\frac{z_{1-\alpha/2}^2}{2n} \pm z_{1-\alpha/2}\sqrt{\frac{\overline{p}(1-\overline{p})}{n}+\frac{z_{1-\alpha/2}^2}{4n^2}}\right)$$

  den gesuchten Parameter p mit der Wahrscheinlichkeit $1-\alpha$, wobei die Grenzen dieses Intervalls als Näherungswerte zu verstehen sind.
- Für $n\overline{p}(1-\overline{p}) \gtrsim 9$ kann die einfachere Formel

$$[\overline{p} - z_{1-\alpha/2}\sqrt{\frac{\overline{p}(1-\overline{p})}{n}}, \overline{p} + z_{1-\alpha/2}\sqrt{\frac{\overline{p}(1-\overline{p})}{n}}]$$

  verwendet werden.

Beispiel 30.18 (→CAS) Konfidenzintervall für einen Anteil p – Sonntagsfrage

500 Wahlberechtigte werden von einer Tageszeitung gefragt: „Welche Partei

würden Sie wählen, wenn am nächsten Sonntag Wahl wäre?" Dabei gaben $\overline{p} = 12\%$ aller Befragten an, dass sie für die Grün-Partei stimmen würden. Geben Sie ein näherungsweises Konfidenzintervall für den Anteil der Grün-Wähler zum Vertrauensniveau 95% an.

Lösung zu 30.18 Da $n\overline{p}(1-\overline{p}) = 52.8$, können wir mit der einfacheren Formel ein näherungsweises Konfidenzintervall für den unbekannten Anteil p der Grün-Wähler konstruieren. Dazu benötigen wir das Quantil $z_{1-\alpha/2}$ der Standardnormalverteilung. Wegen $1-\alpha = 0.95$ bzw. $\alpha = 0.05$ folgt $1 - \frac{\alpha}{2} = 0.975$. Wir erhalten daher $z_{0.975} = 1.96$. Damit lautet das Konfidenzintervall:

$$
\begin{aligned}
&[\overline{p} - z_{1-\alpha/2}\sqrt{\frac{\overline{p}(1-\overline{p})}{n}}, \overline{p} + z_{1-\alpha/2}\sqrt{\frac{\overline{p}(1-\overline{p})}{n}}] \\
&= [0.12 - 1.96\sqrt{\frac{0.12 \cdot 0.88}{500}}, 0.12 + 1.96\sqrt{\frac{0.12 \cdot 0.88}{500}}] \\
&= [0.092, 0.15].
\end{aligned}
$$

Das bedeutet, dass das Intervall $[9.2\%, 15\%]$ den Anteil der Grün-Wähler mit ca. 95%-iger Wahrscheinlichkeit enthält. ■

Wenn der Stichprobenumfang n nicht groß ist, dann kann die Normalverteilung nicht als Näherung verwendet werden. In diesem Fall können die Grenzen des Konfidenzintervalls exakt mithilfe der F-Verteilung bestimmt werden:

$$
[\frac{x}{x + (n-x+1)F_{2(n-x+1);2x;1-\frac{\alpha}{2}}}, \frac{(x+1)F_{2(x+1);2(n-x);\frac{\alpha}{2}}}{n - x + (x+1)F_{2(x+1);2(n-x);\frac{\alpha}{2}}}],
$$

wobei x die Anzahl der Treffer in der Stichprobe bedeutet und $F_{m_1;m_2;p}$ die Quantile zur Wahrscheinlichkeit p der F-Verteilung sind. Damit ergibt sich für obiges Beispiel das Konfidenzintervall $[0.093, 0.15]$.

30.4 Hypothesentests

Wie bei Punkt- oder Intervallschätzungen wird auch bei Testverfahren aus einer Stichprobe Information über die Grundgesamtheit gewonnen. Sehen wir uns die prinzipielle Idee und Vorgehensweise, die bei jedem Test gleich ist, anhand der Schokoladentafeln aus Beispiel 30.2 an:

Die Stichprobe von 10 Schokoladentafeln ergibt ein arithmetisches Mittel von 98.9 (Gramm). Deutet dieses Ergebnis darauf hin, dass der Erwartungswert in der Grundgesamtheit ungleich dem Sollwert von 100 ist? Oder ist das einfach eine zufällige Abweichung, die bei einer Stichprobe immer vorkommen kann? Im letzten Abschnitt haben wir diese Frage durch die Berechnung eines Konfidenzintervalls für den Erwartungswert beantwortet. In der Praxis ist es oft üblich, dieses Vorgehen in Form eines Tests zu formulieren.

Mathematisch gesehen passiert hierbei nichts Neues. Es geht uns vielmehr darum, die Sprechweisen aus der Praxis kennen und verstehen zu lernen.

Gehen wir davon aus, dass der wahre, unbekannte Erwartungswert gleich dem Sollwert ist: $\mu = 100$. Diese Hypothese, an der wir festhalten wollen, solange nicht

„schwerwiegende“ Beweise dagegen sprechen, nennen wir die Nullhypothese H_0. Die Gegenbehauptung $\mu \neq 100$ heißt die Alternativhypothese H_1. Also:

$$H_0 : \mu = 100, \qquad H_1 : \mu \neq 100.$$

Aufgrund der Stichprobe soll entschieden werden, ob wir H_0 beibehalten oder zugunsten von H_1 verwerfen.

Die Idee, die zu dieser Entscheidung führt, ist sehr einfach:

Stellen Sie sich vor, eine Stichprobe liefert den Mittelwert $\overline{x} = 99.8$. Dann sehen wir wohl „gefühlsmäßig“ wenig Grund, an unserer Annahme $\mu = 100$ zu zweifeln, denn zufällige Schwankungen des Mittelwerts um den Erwartungswert kommen ja immer vor. Wenn eine Stichprobe hingegen $\overline{x} = 82$ liefert, dann fällt es uns schwer, an $\mu = 100$ festzuhalten. Denn es ist ziemlich unwahrscheinlich, dass bei eingehaltenem Sollwert 100 eine solche Stichprobe zustande kommt. Wir werden also „gefühlsmäßig“ eher H_0 verwerfen. Die Aufgabe ist nun, eine objektive Entscheidungsregel zu finden:

Für die Alternative H_1 spricht offenbar, wenn das Stichprobenmittel $\overline{X}$ einen Wert annimmt, der „sehr stark“ von $\mu = 100$ abweicht. Wie groß muss diese Abweichung c von 100 sein, dass es „extrem unwahrscheinlich“ ist, dass dieses Stichprobenmittel unter H_0 zustande gekommen ist? Dazu müssen wir „extrem unwahrscheinlich“ präzisieren. Ein typischer Wert dafür ist in der Praxis $\alpha = 5\%$. Diesen Wert nennt man das *Signifikanzniveau* des Tests. Damit bestimmen wir nun den kritischen Wert c aus der folgenden Bedingung: Die Wahrscheinlichkeit, dass $\overline{X}$ bei Gültigkeit von H_0 einen Wert annimmt, der um mehr als c von $\mu = 100$ entfernt ist, ist gleich $\alpha = 5\%$:

$$P(|\overline{X} - \mu| > c) = \alpha.$$

Im letzten Abschnitt haben wir uns überlegt, dass bei bekannter Standardabweichung (hier $\sigma = 2$) diese Bedingung auf den kritischen Wert

$$c = z_{1-\alpha/2}\frac{\sigma}{\sqrt{n}} = 1.96 \cdot \frac{2}{\sqrt{10}} = 1.24$$

führt. Unsere Entscheidungsregel lautet damit: Wenn eine Stichprobe gezogen wird mit

$$\overline{x} < \mu - c = 100 - 1.24 = 98.8 \quad \text{oder} \quad \overline{x} > \mu + c = 100 + 1.24 = 101.2,$$

dann sehen wir ihr Zustandekommen unter H_0 als zu unwahrscheinlich an und verwerfen daher H_0.

Oder, in den Worten des letzten Abschnitts: Wir verwerfen H_0, wenn μ nicht im Konfidenzintervall zum Vertrauensniveau $1 - \alpha$ liegt (vergleiche Beispiel 30.11).

Unsere konkrete Stichprobe in Beispiel 30.11 hat einen Mittelwert von $\overline{x} = 98.9$. Dieser Wert liegt laut unserer Entscheidungsregel nicht im *Ablehnungsbereich* $(-\infty, 98.8) \cup (101.2, \infty)$ (siehe Abbildung 30.3). Wir behalten daher H_0 bei. Fassen wir allgemein zusammen:

Definition 30.19 Ein statistisches Testproblem besteht aus einer **Nullhypothese** H_0 und einer **Alternativhypothese** H_1. Diese schließen sich gegenseitig aus. Wenn

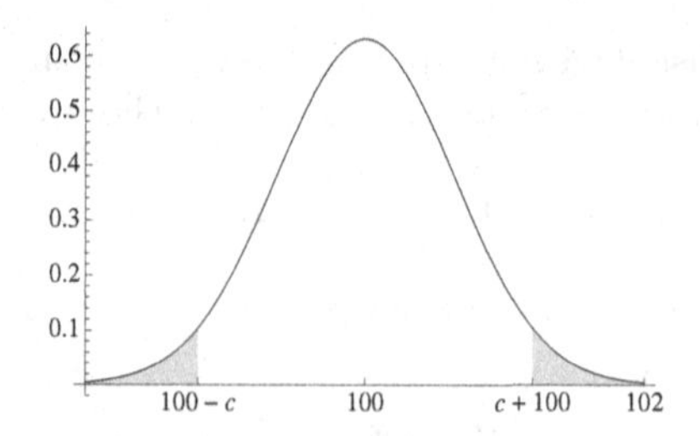

Abbildung 30.3. Ablehnungsbereich für H_0: Die schattierten Flächen, die an beiden Enden der Verteilung genau über dem Ablehnungsbereich liegen, haben jeweils den Wert $\frac{\alpha}{2}$.

die Hypothesen Aussagen über einen Parameter θ eines Merkmals der Grundgesamtheit machen, so spricht man von einem **parametrischen Test**. Eine Hypothese heißt

- **einfach**, wenn sie nur aus einem einzigen Parameterwert besteht, wie z. B. $\theta = \theta_0$.
- **zusammengesetzt**, wenn sie aus mehreren Parameterwerten besteht. Beispiele: $\theta \neq \theta_0$, $\theta \geq \theta_0$ oder $\theta \leq \theta_0$.

Der Test basiert auf einer Zufallsstichprobe und einer **Prüfgröße** (oder **Teststatistik**) $T(X_1, \ldots, X_n)$. Diese ist eine Funktion der Stichprobenvariablen, die sensibel für das Testproblem ist und deren Verteilung unter der Nullhypothese bekannt ist.

Der **Ablehnungsbereich** (auch **Verwerfungsbereich** oder **kritischer Bereich**) umfasst jene Werte der Prüfgröße, die für die Alternative H_1 sprechen und mit einer Wahrscheinlichkeit kleiner oder gleich α auftreten. Dieses α heißt **Signifikanzniveau** des Tests. Typische Werte für α sind 0.10 oder 0.05 oder 0.01.

Wenn der Wert der Prüfgröße für die dem Test zu Grunde liegende Stichprobe (**Prüfwert**) in den Ablehnungsbereich fällt, lautet die Testentscheidung: „**H_0 (zugunsten H_1) verwerfen**“. Andernfalls entscheidet man: „**H_0 beibehalten**“.

In unserem Beispiel war die Nullhypothese einfach, die Alternativhypothese war zusammengesetzt. Die Prüfgröße war das arithmetische Mittel $\overline{X}$ der Stichprobe. Das Signifikanzniveau des Tests war $\alpha = 0.05$. Der Ablehnungsbereich bestand aus den Werten $\overline{X} < 98.8$ bzw. $\overline{X} > 101.2$. Das arithmetische Mittel der konkreten Stichprobe (= Prüfwert) ist nicht in den kritschen Bereich gefallen, daher haben wir H_0 beibehalten.

Machen wir uns als Nächstes bewusst, was das Signifikanzniveau α anschaulich bedeutet. Gehen wir dazu in unserem Beispiel davon aus, dass der Erwartungswert der Schokoladentafeln tatsächlich gleich 100 g ist. Wenn wir in diesem Fall sehr viele Stichproben, alle vom Umfang $n = 10$, ziehen, so werden etwa $\alpha = 5\%$ davon ein arithmetisches Mittel liefern, das im Ablehnungsbereich unseres Tests liegt. Falls bei der Durchführung des Tests unglücklicherweise gerade so eine unwahrscheinliche Stichprobe gezogen wird, lautet die Entscheidung „H_0 verwerfen“, was dann eine Fehlentscheidung ist. Diese (geringe) Wahrscheinlichkeit, die Nullhypothese irrtümlich abzulehnen, ist also gleich dem vorgegebenen Signifikanzniveau α. Man nennt diese Fehlentscheidung einen *Fehler 1. Art* oder *α-Fehler*.

Bei manchen Tests ist die Wahrscheinlichkeit für eine solche Fehlentscheidung nicht *gleich*, sondern *kleiner* als das vorgegebene Signifikanzniveau α. Das ist zum Beispiel dann der Fall, wenn die

Prüfgröße *diskret* verteilt ist: dann kann man nicht zu jeder beliebigen Wahrscheinlichkeit einen zugehörigen kritischen Prüfwert finden; oder wenn H_0 zusammengesetzt ist: dann hängt die Wahrscheinlichkeit von den möglichen Werten für θ ab. In diesen Fällen definiert man α als obere Schranke für eine Fehlentscheidung (= Wahrscheinlichkeit, dass der Prüfwert T bei Gültigkeit der H_0-Hypothese in den Ablehnungsbereich K fällt). Die Wahrscheinlichkeit für eine Fehlentscheidung in Abhängigkeit vom wahren Wert θ wird als **Gütefunktion** (engl. **power function**) bezeichnet:

$$G(\theta) = P(T(X_1, \dots, X_n) \in K \,\|\, \theta).$$

Nun legt man α als kleinste obere Schranke (Supremum) für eine Fehlentscheidung fest, wenn der wahre Wert θ im für H_0 günstigen Bereich Θ_0 liegt: $\alpha = \sup_{\theta \in \Theta_0} G(\theta)$.

Es kann aber auch passieren, dass die Nullhypothese fälschlicherweise beibehalten wird, obwohl in Wirklichkeit H_1 zutrifft:

Definition 30.20 Bei einem statistischen Test spricht man von einem

- **Fehler 1. Art** (oder α-Fehler), wenn H_0 irrtümlich abgelehnt wird, obwohl sie wahr ist.
- **Fehler 2. Art** (oder β-Fehler), wenn H_0 irrtümlich beibehalten wird, obwohl sie falsch ist.

Die folgende Tabelle gibt einen Überblick über die möglichen Szenarien:

	Entscheidung für H_0	Entscheidung für H_1
H_0 wahr	ok	Fehler 1. Art (α-Fehler)
H_1 wahr	Fehler 2. Art (β-Fehler)	ok

Die H_0-Hypothese könnte zum Beispiel wie folgt lauten: „Es brennt", „Der Angeklagte ist unschuldig", „Der Patient ist krank" oder „Die Person hat keine Zugangsberechtigung".

Ein Fehler 1. Art passiert, wenn H_0 fälschlicherweise abgelehnt wird. In den gerade genannten Beispielen würden Fehler 1. Art sein: Der Feuermelder schlägt keinen Alarm, obwohl es brennt; Der Angeklagte wird zu Unrecht verurteilt; Eine Person wird zu Unrecht als gesund bezeichnet, obwohl sie tatsächlich krank ist usw. (Eine falsche Diagnose auf Gesundheit wird in der Medizin als **falsch negativ** bezeichnet.)

Ein Fehler 2. Art passiert, wenn man fälschlicherweise von H_0 ausgeht. Beispiele: Der Feuermelder schlägt Alarm, obwohl es nicht brennt; Die Person wird als krank befunden, obwohl sie tatsächlich gesund ist (**falsch positiv**).

Die Wahrscheinlichkeit für einen Fehler 1. Art wird zu Beginn des Tests durch Vorgabe von α nach oben beschränkt. Dieser Fehler ist also *unter Kontrolle*. Die Wahrscheinlichkeit β für einen Fehler 2. Art kann in der Regel nicht vorgegeben werden.

Durch Vorgabe von α wird der Ablehnungsbereich K festgelegt. Die Wahrscheinlichkeit, dass T nicht in den Ablehnungsbereich K fällt, kann mit der Gütefunktion als $P(T(X_1, \dots, X_n) \notin K \,\|\, \theta) = 1 - G(\theta)$ geschrieben werden. Damit erhält man als obere Schranke für einen Fehler 2. Art $\beta = \sup_{\theta \in \Theta_1}(1 - G(\theta))$, wobei Θ_1 der für H_1 günstige Bereich ist. Unter allen möglichen Tests mit Signifikanzniveau α sucht man daher nach solchen Tests, welche diese Wahrscheinlichkeit für einen β-Fehler möglichst gering halten. Daher kommt auch der Name Gütefunktion.

Deshalb ist es im Allgemeinen nicht möglich, beide Fehlerwahrscheinlichkeiten gleichzeitig zu kontrollieren.

Das ist anschaulich klar: Man kann einen Feuermelder nicht gleichzeitig so sensibel machen, dass er jeden Brand meldet und so robust, dass er keinen Fehlalarm auslöst.

Wenn die Konsequenzen von Fehlentscheidungen bekannt sind, so wird man den Fehler mit dem größeren Risiko zum Fehler 1. Art machen. Man wählt also H_1 so, dass unter H_1 nicht so viel passieren kann.

Es ist daher besser „Es brennt" als H_0-Hypothese zu wählen (anstelle von „Es brennt nicht"), da ein Feueralarm ohne Feuer weniger schlimm als ein nicht erkannter Brand ist.

Zur Veranschaulichung des β-Fehlers: Gehen wir davon aus, dass H_1 wahr ist. Im Beispiel mit den Schokoladentafeln würde das bedeuten, dass der wahre Erwartungswert ungleich 100 ist.

Nehmen wir an, dass dieser wahre Wert nahe beim H_0-Wert 100 liegt, etwa $\mu = 101$. Dann werden viele Stichproben mit hoher Wahrscheinlichkeit einen Mittelwert nahe bei 101 (und somit noch im Annahmebereich des Tests) liefern. Daher wird der Test dazu tendieren, die Nullhypothese fälschlicherweise beizubehalten. Die Wahrscheinlichkeit für einen β-Fehler ist also hoch.

Wenn andererseits der wahre Wert weit vom H_0-Wert 100 entfernt liegt, etwa $\mu = 105$, dann wird der Test das eher erkennen, denn die Stichprobenmittelwerte werden nun um 105 schwanken und damit meist im Ablehnbereich des Tests liegen. Die Wahrscheinlichkeit für einen β-Fehler ist also gering.

Je näher der wahre Wert des Parameters also an der Nullhypothese liegt, umso größer ist die Wahrscheinlichkeit für einen Fehler 2. Art.

Diese Ungleichbehandlung der beiden Fehlerarten führt dazu, dass auch die beiden Hypothesen nicht gleichberechtigt sind. Insbesondere ist eine Entscheidung für H_1 dadurch abgesichert, dass die Wahrscheinlichkeit, damit eine Fehlentscheidung getroffen zu haben, kleiner oder gleich α ist. Das Testergebnis „H_0 zugunsten H_1 verwerfen" ist also in diesem Sinn aussagekräftiger als das Ergebnis „H_0 beibehalten". Je kleiner α gewählt wird, umso eher wird der Test an der H_0-Hypothese festhalten.

„H_0 beibehalten" entspricht der Situation, dass für einen Angeklagten die Unschuldsvermutung gilt. Man geht so lange von der Unschuld (H_0) aus, bis schwerwiegende Beweise vorliegen, die dagegen sprechen.

Für den Grenzfall $\alpha = 0$ (man möchte also mit Sicherheit ein wahres H_0 nicht irrtümlich verwerfen) müsste die Testentscheidung immer „H_0 beibehalten" lauten. In diesem Fall wäre $\beta = 1$ (= die Wahrscheinlichkeit, dass eine falsche H_0-Hypothese irrtümlich beibehalten wird.)

Kommen wir nun zu weiteren Grundbegriffen. In unserem Schokoladebeispiel hatten die Hypothesen $H_0 : \mu = \mu_0$ und $H_1 : \mu \neq \mu_0$ gelautet. Wir können sie aber auch – je nach der Fragestellung – anders formulieren. Beispiel:

$$H_0 : \mu = \mu_0 \qquad \text{gegen} \qquad H_1 : \mu > \mu_0.$$

Die Hypothesen müssen nicht wie „Aussage" und „verneinte Aussage" zueinander stehen. Wichtig ist nur, dass sie sich gegenseitig ausschließen.

In diesem Fall sprechen große Abweichungen der Prüfgröße $\overline{X}$ von μ_0 nach oben für die Alternativhypothese. Der Ablehnbereich liegt demnach am rechten Rand der $N(\mu_0; \frac{\sigma^2}{n})$-Verteilung von $\overline{X}$. Das ist auch der Fall, wenn H_0 nicht nur aus dem einzigen Wert μ_0 besteht, sondern

$$H_0 : \mu \leq \mu_0 \qquad \text{gegen} \qquad H_1 : \mu > \mu_0$$

betrachtet wird. Auch dann verwenden wir für $\overline{X}$ die Verteilung $N(\mu_0; \frac{\sigma^2}{n})$ und konstruieren dementsprechend den Ablehnbereich am rechten Rand dieser Verteilung.

Vielleicht ist Ihnen hier aufgefallen, dass das nicht ganz selbstverständlich ist: Der Test wird ja unter der Annahme geführt, dass H_0 wahr ist. Wenn $H_0 : \mu = 15$, dann ist klar, dass das arithmetische Mittel der Stichprobe bei Gültigkeit von H_0 den Erwartungswert 15 hat. Wenn aber $H_0 : \mu \leq 15$ lautet, so ist von vornherein nicht klar, welchen Erwartungswert man nun für die Verteilung der Prüfgröße nehmen soll?

Man kann sich aber überlegen, dass dann die Wahl von $\mu = 15$ am günstigsten für H_0 ist (= jener Wert aus der Nullhypothese, der am dichtesten an der Alternativhypothese liegt). Denn wenn man den Ablehnbereich für die Prüfgröße mit $\mu = 15$ so bestimmt, dass die zugehörige Wahrscheinlichkeit gleich α ist, dann ist damit garantiert, dass für jeden anderen Wert aus der Nullhypothese, also $\mu < 15$, mit diesem Ablehnbereich die Wahrscheinlichkeit α *unterschritten* wird. Somit ist die Bedingung „Wahrscheinlichkeit für Fehler 1.Art ist $\leq \alpha$" für die Konstruktion des Ablehnbereiches für jedes μ aus H_0 erfüllt.

Analoges gilt für Testprobleme, bei denen der Ablehnbereich am *linken Rand* der Prüfgrößenverteilung liegt. Je nachdem, ob der Ablehnbereich an beiden oder nur an einer Seite dieser Verteilung liegt, spricht man von einem *zwei-* oder *einseitigen* Testproblem:

Definition 30.21 Ein Testproblem heißt

- **zweiseitig**, wenn es die Form

$$H_0 : \mu = \mu_0 \quad \text{gegen} \quad H_1 : \mu \neq \mu_0 \text{ hat.}$$

- **einseitig**, wenn es die Form

$$H_0 : \mu \leq \mu_0 \quad \text{gegen} \quad H_1 : \mu > \mu_0$$

bzw.

$$H_0 : \mu \geq \mu_0 \quad \text{gegen} \quad H_1 : \mu < \mu_0$$

hat.

In der Praxis wird die Prüfgröße in der Regel *standardisiert* und der Ablehnbereich gleich für die standardisierte Prüfgröße angegeben. Dadurch soll ein „rezeptartiges" Vorgehen erleichtert werden. Der folgende Test, der auch das Schokoladentafel-Beispiel einschließt, wird **Gauß-Test** (auch **z-Test** oder **u-Test**) genannt:

Test für μ eines *normalverteilten* Merkmals bei *bekanntem* σ (Gauß-Test):

- Formuliere die Hypothesen:

$$\begin{aligned} &\text{a) } H_0 : \mu = \mu_0 \quad \text{gegen} \quad H_1 : \mu \neq \mu_0 \\ &\text{b) } H_0 : \mu \geq \mu_0 \quad \text{gegen} \quad H_1 : \mu < \mu_0 \\ &\text{c) } H_0 : \mu \leq \mu_0 \quad \text{gegen} \quad H_1 : \mu > \mu_0 \end{aligned}$$

- Wähle ein Signifikanzniveau α (z. B. 0.10, 0.05 oder 0.01).
- Ziehe eine Stichprobe vom Umfang n, berechne $\overline{x}$ und den zugehörigen standardisierten Prüfwert

$$z = \frac{\overline{x} - \mu_0}{\sigma/\sqrt{n}}.$$

(Die zugehörige Prüfgröße Z ist standardnormalverteilt.)

- Bestimme das entsprechende Quantil der Standardnormalverteilung:

$$\text{a) } z_{1-\frac{\alpha}{2}} \quad \text{bzw.} \quad \text{b), c) } z_{1-\alpha}.$$

- Entscheidungsregel: H_0 ist zu verwerfen, falls

$$\begin{aligned} &\text{a)} \quad |z| > z_{1-\frac{\alpha}{2}}.\\ &\text{b)} \quad z < -z_{1-\alpha}.\\ &\text{c)} \quad z > z_{1-\alpha}.\end{aligned}$$

Diese Prüfgröße und dieselben kritschen Werte können auch verwendet werden, wenn das Merkmal nicht normalverteilt, sondern *beliebig verteilt* ist, aber der Stichprobenumfang groß ist (Faustregel: $n \gtrapprox 30$). Denn dann sind das Stichprobenmittel $\overline{X}$ und die zugehörige standardisierte Prüfgröße Z nach dem zentralen Grenzwertsatz *näherungsweise* normalverteilt.

Beispiel 30.22 (→CAS) Gauß-Test

Führen Sie den Gauß-Test für die Stichprobe vom Umfang $n = 10$ aus Beispiel 30.2 unter der Annahme einer normalverteilten Grundgesamtheit mit $\sigma = 2$ durch.
a) Testen Sie die Nullhypothese $H_0 : \mu \geq 100$ gegen die Alternativhypothese $H_1 : \mu < 100$ auf dem Signifikanzniveau $\alpha = 0.01$.
b) Ab welchem Signifikanzniveau müsste die Nullhypothese bei dieser Stichprobe verworfen werden?

Lösung zu 30.22

a) Wir gehen nach dem Rezept vor: Den Mittelwert $\overline{x} = 98.9$ haben wir bereits, und daraus ergibt sich der standardisierte Prüfwert

$$z = \frac{98.9 - 100}{2/\sqrt{10}} = -1.739.$$

Das gesuchte Quantil ist $z_{1-0.01} = z_{0.99} = 2.326$. Der Ablehnungsbereich ist also $z < -2.326$. Da der Prüfwert nicht im Ablehnungsbereich liegt, $-1.739 > -2.326$, wird H_0 beibehalten.

b) Die Nullhypothese wird verworfen, wenn der Stichprobenprüfwert kleiner als der kritische Wert ist, also sobald $z = -1.739 < -z_{1-\alpha}$ gilt. Wir suchen nun jenes α, für das gerade $-1.739 = -z_{1-\alpha} (= z_\alpha)$ gilt. Das bedeutet $\alpha = \Phi(-1.739) = 1 - \Phi(1.739) = 0.041$. Würde man also ein Signifikanzniveau ≥ 0.041 vorgeben, so müsste H_0 für unsere Stichprobe verworfen werden. ■

Der in diesem Beispiel berechnete Wert, ab dem die Nullhypothese verworfen werden muss, heißt *p-Wert*:

Definition 30.23 Der **p-Wert** gibt die Wahrscheinlichkeit an, bei Gültigkeit von H_0 den beobachteten Prüfwert oder einen in Richtung von H_1 extremeren Wert zu erhalten. Die Entscheidungsregel lautet: H_0 wird verworfen, falls der p-Wert kleiner ist als das Signifikanzniveau α.

Der p-Wert wird von den meisten Statistikprogrammen automatisch berechnet. Er enthält mehr Information als eine reine Ja/Nein Entscheidung, da er die Grenze für die Beibehaltung/Verwerfung von H_0 angibt.

Das Signifikanzniveau muss daher vor der Berechnung des p-Wertes festgelegt werden. Wenn man das Signifikanzniveau anhand des p-Werts anpasst, um ein genehmes Testergebnis zu bekommen, dann kann man sich den Test gleich sparen.

Analog können auch die weiteren Ergebnisse aus dem letzten Abschnitt in Form von Tests formuliert werden. Ein wichtiger Test ist der *t-Test*:

t-Test für μ eines *normalverteilten* Merkmals bei unbekanntem σ:

- Formuliere die Hypothesen:

$$\begin{array}{lll} \text{a) } H_0: \mu = \mu_0 & \text{gegen} & H_1: \mu \neq \mu_0 \\ \text{b) } H_0: \mu \geq \mu_0 & \text{gegen} & H_1: \mu < \mu_0 \\ \text{c) } H_0: \mu \leq \mu_0 & \text{gegen} & H_1: \mu > \mu_0 \end{array}$$

- Wähle ein Signifikanzniveau α (z. B. 0.10, 0.05 oder 0.01).
- Ziehe eine Stichprobe vom Umfang n, berechne daraus $\overline{x}$ und s sowie den zugehörigen Prüfwert

$$t = \frac{\overline{x} - \mu_0}{s/\sqrt{n}}.$$

  (Die zugehörige Prüfgröße T ist dann t-verteilt mit $n-1$ Freiheitsgraden.)
- Bestimme das entsprechende Quantil der t-Verteilung:

$$\text{a) } t_{n-1;1-\frac{\alpha}{2}} \quad \text{bzw.} \quad \text{b), c) } t_{n-1;1-\alpha}.$$

- Entscheidungsregel: H_0 ist zu verwerfen, falls

$$\begin{array}{ll} \text{a)} & |t| > t_{n-1;1-\frac{\alpha}{2}}. \\ \text{b)} & t < -t_{n-1;1-\alpha}. \\ \text{c)} & t > t_{n-1;1-\alpha}. \end{array}$$

Bei großem Stichprobenumfang ($n \gtrsim 30$) kann, wie schon beim Konfidenzintervall, die t-Verteilung durch die Standardnormalverteilung ersetzt werden.

Um die Varianz einer Normalverteilung zu testen, gehen wir analog nach folgendem Algorithmus vor:

χ^2-Test für σ^2 eines *normalverteilten* Merkmals:

- Formuliere die Hypothesen:

$$\begin{aligned} &a)\ H_0 : \sigma^2 = \sigma_0^2 \quad \text{gegen} \quad H_1 : \sigma^2 \neq \sigma_0^2 \\ &b)\ H_0 : \sigma^2 \geq \sigma_0^2 \quad \text{gegen} \quad H_1 : \sigma^2 < \sigma_0^2 \\ &c)\ H_0 : \sigma^2 \leq \sigma_0^2 \quad \text{gegen} \quad H_1 : \sigma^2 > \sigma_0^2 \end{aligned}$$

- Wähle ein Signifikanzniveau α (z. B. 0.10, 0.05 oder 0.01).
- Ziehe eine Stichprobe vom Umfang n, berechne daraus s^2 sowie den zugehörigen Prüfwert

$$y = \frac{n-1}{\sigma_0^2} s^2.$$

(Die zugehörige Prüfgröße Y ist dann χ^2-verteilt mit $n-1$ Freiheitsgraden.)

- Bestimme die entsprechenden Quantile der χ^2-Verteilung:

$$\begin{aligned} &a) \quad \chi^2_{n-1;\frac{\alpha}{2}} \text{ und } \chi^2_{n-1;1-\frac{\alpha}{2}} \\ &b) \quad \chi^2_{n-1;\alpha} \\ &c) \quad \chi^2_{n-1;1-\alpha} \end{aligned}$$

- Entscheidungsregel: H_0 ist zu verwerfen, falls

$$\begin{aligned} &a) \quad y < \chi^2_{n-1;\frac{\alpha}{2}} \text{ oder } y > \chi^2_{n-1;1-\frac{\alpha}{2}}. \\ &b) \quad y < \chi^2_{n-1;\alpha}. \\ &c) \quad y > \chi^2_{n-1;1-\alpha}. \end{aligned}$$

Achtung: Wenn die Grundgesamtheit *nicht* normalverteilt ist, kann dieser Test, auch bei großem Stichprobenumfang n, nicht verwendet werden.

Zum Abschluss wollen wir noch kurz darauf eingehen, wie man testen kann, ob eine bestimmte Verteilung (z.B. Normalverteilung, Binomialverteilung, usw.) vorliegt. Wir wählen dazu den so genannten **χ^2-Anpassungstest**. Er setzt eine große Stichprobe voraus.

Gegeben sei eine Zufallsvariable X. Wir teilen ihre möglichen Werte in Klassen A_i, $1 \leq i \leq k$, ein und ermitteln die zugehörigen Wahrscheinlichkeiten $p_i = P(X \in A_i)$. Wir ziehen nun eine Stichprobe mit dem Umfang n und stellen die Anzahl h_i der Stichprobenwerte in den Klassen A_i fest. Die Grundidee des Testes ist, dass diese in A_i *beobachteten* Anzahlen h_i mit den dort *erwarteten* Anzahlen $n\,p_i$ verglichen werden. Dazu bilden wir die Prüfgröße

$$Y = \sum_{i=1}^{k} \frac{(h_i - n\,p_i)^2}{n\,p_i} = \frac{1}{n}\left(\sum_{i=1}^{k} \frac{h_i^2}{p_i}\right) - n.$$

(Die zweite Formel folgt wegen $\sum_{i=1}^{k} h_i = n$ bzw. $\sum_{i=1}^{k} p_i = 1$.) Dann kann man zeigen, dass

$$Y \overset{a}{\sim} \chi^2(k-1)$$

für $n \to \infty$ gilt.

χ^2-Anpassungstest:

- Sei X eine Zufallsvariable. Es soll getestet werden, ob X eine bestimmte Verteilung besitzt. Bilde eine Zerlegung A_i, $1 \le i \le k$ in disjunkte Mengen, die alle möglichen Werte von X umfasst.
- Berechne die Wahrscheinlichkeiten p_i für die Ereignisse $X \in A_i$, $1 \le i \le k$, unter der angenommenen Verteilung.
- Formuliere die Hypothesen:

$$\begin{aligned} &H_0 : P(X \in A_i) = p_i, \quad 1 \le i \le k, \qquad \text{gegen} \\ &H_1 : P(X \in A_i) \neq p_i \quad \text{für mindestens ein } i. \end{aligned}$$

- Wähle ein Signifikanzniveau α (z. B. 0.10, 0.05 oder 0.01).
- Ziehe eine Stichprobe vom Umfang n, stelle die Anzahl h_i der Stichprobenwerte in A_i fest und berechne den Prüfwert

$$y = \sum_{i=1}^{k} \frac{(h_i - n\,p_i)^2}{n\,p_i} = \frac{1}{n}\left(\sum_{i=1}^{k} \frac{h_i^2}{p_i}\right) - n.$$

  (Die zugehörige Prüfgröße Y ist dann näherungsweise χ^2-verteilt mit $k-1$ Freiheitsgraden, falls $n\,p_i \gtrapprox 5$ für alle i.)
- Bestimme das entsprechende Quantil der χ^2-Verteilung:

$$\chi^2_{k-1;1-\alpha}.$$

- Entscheidungsregel: H_0 ist zu verwerfen, falls

$$y > \chi^2_{k-1;1-\alpha}.$$

Durch die Klasseneinteilung wird eigentlich nur getestet, ob X die Klassenwahrscheinlichkeiten p_i besitzt, die auf Grund der für X vermuteten Wahrscheinlichkeitsverteilung gelten. Der Test kann also nicht zwischen Verteilungen mit gleichen p_i's unterscheiden.

Bei einer diskreten Zufallsvariablen bietet es sich an, für die Bildung der Klassen A_i einfach die möglichen Werte von X zu nehmen. Bei einer stetigen Zufallsvariablen müssen die Klassen A_i sinnvoll gewählt werden (z. B. Intervalle). Je feiner die Zerteilung in Klassen ist, umso besser wird die „Güte" des Tests sein. Durch die Faustregel $n\,p_i \gtrapprox 5$ sind der Feinheit aber Grenzen gesetzt. Man muss daher gegebenenfalls Klassen so lange zusammenlegen, bis diese Bedingung erfüllt ist (oder es ist von vornherein anders zu gruppieren).

Beispiel 30.24 χ^2-Anpassungstest

Ein Supermarkt verkauft die Sorten *Wohlfühltee* und *Glückstee*. Von beiden Sorten wurden in der Vergangenheit die gleichen Mengen verkauft. Der *Wohlfühltee* wurde für eine Woche verstärkt beworben und es wurden in dieser Woche vom *Wohlfühltee* 56 und vom *Glückstee* 44 Stück verkauft. Handelt es sich um eine zufällige Schwankung oder kann man bei einem Signifikanzniveau von $\alpha = 0.05$ davon ausgehen, dass die Werbung einen Effekt gehabt hat?

Lösung zu 30.24 Unsere Zufallsvariable sei X mit dem Wert 0, falls sich der Kunde für den *Wohlfühltee* und 1, falls sich der Kunde für den *Glückstee* entscheidet. Die H_0-Hypothese ist: Die Wahrscheinlichkeiten für $X = 0$ und $X = 1$ sind jeweils gleich 0.5. (Das heißt, die Werbung hat keinen Einfluss gehabt). Die H_1-Hypothese ist daher: Die Wahrscheinlichkeiten für $X = 0$ und $X = 1$ sind nicht gleich 0.5 (Das heißt, die Werbung hat einen Einfluss gehabt.) Es bietet sich die Zerlegung $A_1 = \{0\}$ und $A_2 = \{1\}$ mit $p_1 = p_2 = 0.5$ an. Der Stichprobenumfang ist $n = 56 + 44 = 100$. Da es $k = 2$ Klassen gibt, benötigen wir das $1 - \alpha = 0.95$-Quantil mit $k - 1 = 1$ Freiheitsgrad der χ^2-Verteilung: $\chi^2_{1;0.95} = 3.841$. Der Prüfwert ist

$$y = \frac{56^2}{100 \cdot 0.5} + \frac{44^2}{100 \cdot 0.5} - 100 = 1.44.$$

Wegen $1.44 \not> 3.841$ ist die H_0-Hypothese beizubehalten. Das heißt, der erhöhte Absatz von *Glückstee* im Vergleich zu *Wohlfühltee* kann bei diesem Test durch eine zufällige Schwankung erklärt werden. ■

Möchte man nur testen, ob eine bestimmte Verteilung vorliegt, ohne die zugehörigen Parameter zu kennen, so kann der Test analog durchgeführt werden. Dabei ersetzt man die unbekannten Parameter durch Schätzwerte und reduziert für jeden unbekannten Parameter die Anzahl der Freiheitsgrade um eins. Wenn zum Beispiel getestet werden soll, ob gegebene Werte normalverteilt sind, so wählt man für μ und σ die entsprechenden Schätzwerte aus der Stichprobe und verwendet die χ^2-Verteilung mit $k - 3$ Freiheitsgraden (wobei k wieder die Klassenanzahl bedeutet).

Bei diesem Test auf Normalverteilung sollte für die Varianz die Schätzfunktion $\tilde{S}^2 = \frac{n-1}{n} S^2$ verwendet werden.

Für die Praxis ist dieser Test von besonderer Bedeutung, da die meisten der bisher besprochenen Verfahren davon ausgehen, dass eine Normalverteilung vorliegt. Diese Annahme muss daher durch einen Test bestätigt werden. Ein Beispiel dazu:

Beispiel 30.25 (→CAS) χ^2-Anpassungstest auf Normalverteilung
Für eine Stichprobe von $n = 100$ Flaschen wurde folgende Füllmengen bestimmt:

102.5, 115.7, 93.8, 102.6, 110., 111.5, 98.6, 96.8, 101.7, 110.9, 103., 104.4, 108.4, 104.2, 97.7, 105.5, 92.1, 100.3, 97.9, 105.5, 106.1, 90.3, 108.9, 96.4, 90.4, 91.5, 94.9, 99.9, 84.9, 102., 101.5, 96.8, 99.9, 104.6, 92.7, 87.9, 104., 108.6, 94.7, 107.3, 98.6, 96.6, 105.4, 101.4, 104., 94.2, 108.3, 106.2, 101.1, 109.1, 94., 95.6, 100.1, 89.5, 101.2, 94.1, 92., 100.1, 105.5, 105.1, 94.1, 113.1, 101.6, 86., 92.1, 91.5, 98.6, 90.6, 101.4, 93.6, 88.3, 88.5, 88.6, 95.9, 108.2, 101.2, 101.1, 96.9, 100.2, 104.7, 96.6, 109.2, 108.5, 108.4, 111.6, 99.2, 90.8, 111.7, 99.7, 100.4, 96., 95.7, 90.9, 95.5, 106.6, 100.2, 114.1, 101.6, 113.6, 98.5

Kann man bei einem Signifikanzniveau von $\alpha = 0.05$ davon ausgehen, dass die Daten normalverteilt sind?

Lösung zu 30.25 Da weder μ noch σ bekannt sind, müssen sie durch Schätzwerte ersetzt werden

$$\overline{x} = 100.135, \qquad \tilde{s} = 6.9834.$$

Alle Stichprobenwerte liegen zwischen 84 und 116. Wir sortieren daher die Daten und teilen sie in 16 Klassen A_i um 110 ein: $A_1 = (-\infty, 86]$, $A_2 = (86, 88], \ldots, A_{15} = (112, 114]$, $A_{16} = (114, \infty)$. Nun zählen wir die Anzahl der Stichprobenwerte h_i in A_i und berechnen jeweils die erwartete Anzahl $n\,p_i$. In A_1 liegen $h_1 = 2$ Werte und die erwartete Anzahl ist $n\,p_1 = 100\,\Phi(\frac{86-\bar{x}}{\tilde{s}}) = 100\,\Phi(-2.02) = 100(1-\Phi(2.02)) = 2.14$. Analog $h_2 = 1$ und $n\,p_2 = 100(\Phi(\frac{88-\bar{x}}{\tilde{s}}) - \Phi(\frac{86-\bar{x}}{\tilde{s}})) = 100\,\Phi(-1.74) - 2.14 = 2.0$, usw.:

A_i	h_i	$n\,p_i$	A_i	h_i	$n\,p_i$
$(-\infty, 86]$	2	2.1	$(100, 102]$	17	11.3
$(86, 88]$	1	2.0	$(102, 104]$	5	10.5
$(88, 90]$	4	3.2	$(104, 106]$	9	8.9
$(90, 92]$	8	4.9	$(106, 108]$	4	7.0
$(92, 94]$	6	6.8	$(108, 110]$	10	5.1
$(94, 96]$	10	8.7	$(110, 112]$	4	3.4
$(96, 98]$	8	10.3	$(112, 114]$	2	2.1
$(98, 100]$	8	11.2	$(114, \infty)$	2	2.4

Um unsere Faustregel $n\,p_i \gtrapprox 5$ zu erfüllen, legen wir noch einige Klassen zusammen,

A_i	h_i	n, p_i	A_i	h_i	$n\,p_i$
$(-\infty, 90]$	7	7.3	$(100, 102]$	17	11.3
$(90, 92]$	8	4.9	$(102, 104]$	5	10.5
$(92, 94]$	6	6.8	$(104, 106]$	9	8.9
$(94, 96]$	10	8.7	$(106, 108]$	4	7.0
$(96, 98]$	8	10.3	$(108, 110]$	10	5.1
$(98, 100]$	8	11.2	$(110, \infty)$	8	7.9

und berechnen den zugehörigen Prüfwert

$$y = \frac{1}{n}\left(\sum_{i=1}^{12} \frac{h_i^2}{p_i}\right) - n = 15.5.$$

Das gesuchte Quantil der χ^2-Verteilung ist $\chi^2_{12-3;0.95} = \chi^2_{9;0.95} = 16.9$ und wegen $15.5 \not> 16.9$ ist die H_0-Hypothese beizubehalten. Das heißt, es kann von einer Normalverteilung ausgegangen werden. ■

Ein Vorteil des χ^2-Anpassungstests ist, dass er auf stetige und diskrete Verteilungen anwendbar ist und dies auch bei einer Parameterschätzung. Ein Nachteil ist, dass er mitunter einen hohen Stichprobenumfang verlangt, um eine falsche H_0-Hypothese anzuzeigen. Besonders bei einer Prüfung auf Normalverteilung werden daher andere Tests vorgezogen (z. B. Kolmogoroff-Smirnoff-Lilliefors-Test, Shapiro-Wilk-Test oder Epps-Pulley-Test).

30.5 Mit dem digitalen Rechenmeister

Funktionen zur Berechnung von Konfidenzintervallen stehen nach dem Laden des Zusatzpakets

```
In[1]:= Needs["HypothesisTesting`"]
```

zur Verfügung. Die Daten aus Beispiel 30.2 sind

```
In[2]:= data = {100., 97., 101., 96., 98., 102., 96., 100., 101., 98.};
        {Mean[data], Variance[data], StandardDeviation[data]}
Out[3]= {98.9, 4.76667, 2.18327}
```

Konfidenzintervall für den Erwartungswert

Das Konfidenzintervall einer Stichprobe aus einer normalverteilten Grundgesamtheit mit bekannter Varianz erhalten wir mit:

```
In[4]:= MeanCI[data, KnownVariance → 4, ConfidenceLevel → .9]
Out[4]= {97.8597, 99.9403}
```

Ohne Angabe des Konfidenzniveaus (`ConfidenceLevel`) wird ein Niveau von $1-\alpha = 0.95$ verwendet:

```
In[5]:= MeanCI[data, KnownVariance → 4]
Out[5]= {97.6604, 100.14}
```

Wird die Varianz nicht angegeben, so wird sie automatisch als unbekannt angenommen:

```
In[6]:= MeanCI[data]
Out[6]= {97.3382, 100.462}
```

Konfidenzintervall für den Vergleich zweier Erwartungswerte

Das Konfidenzintervall für den Vergleich zweier Erwartungswerte bekommen wir so:

```
In[7]:= data1 = {152, 148, 149, 146, 146, 152, 149, 150};
        data2 = {153, 150, 149, 149, 152, 151, 154, 152};
        VarianceCI[data, EqualVariances → True, ConfidenceLevel → 0.9]
Out[9]= {−4.09578, −0.404222}
```

Konfidenzintervall für die Varianz

Das Konfidenzintervall für die Varianz bekommen wir mit

```
In[10]:= VarianceCI[data]
Out[10]= {0.119856, 0.844323}
```

Konfidenzintervall für einen Anteilswert

Ein Befehl zur Berechnung des Konfidenzintervalls für einen Anteilswert steht zwar nicht zur Verfügung, wir können aber leicht einen definieren. Da `Mathematica` die

F-Verteilung kennt, können wir die exakte Formel implementieren:

```
In[11]:= ProportionCI[n_, x_, opts___] := Block[{p, Fp},
      p = 1 - (1 - ConfidenceLevel)/2 /. {opts, ConfidenceLevel → .95}
      Fp[m1_, m2_] := Quantile[FRatioDistribution[m1, m2], p];
      { x/(x+(n-x+1)Fp[2(n-x+1),2x]), (x+1)Fp[2(x+1),2(n-x)]/(n-x+(x+1)Fp[2(x+1),2(n-x)]) }
   ];

In[12]:= ProportionCI[500, 60]
Out[12]= {0.092834, 0.151752}
```

Hypothesentests

Funktionen zur Durchführung von Hypothesentests stehen nach dem Laden des Zusatzpakets

```
In[13]:= Needs["HypothesisTesting`"]
```

zur Verfügung. Den Gauß-Test für $H_0 : \mu \geq 100$ bekommen wir so:

```
In[14]:= MeanTest[data, 100, KnownVariance → 4, SignificanceLevel → 0.01]
Out[14]= {OneSidedPValue → 0.0409952,
      Fail to reject null hypothesis at significance level → 0.01}
```

`Mathematica` führt automatisch einen einseitigen Test durch (je nachdem, ob $\overline{x} > \mu_0$ oder $\overline{x} < \mu_0$ gilt) und gibt den zugehörigen p-Wert aus. Wird die Varianz nicht angegeben, so wird automatisch ein t-Test durchgeführt. Einen zweiseitigen Test können wir durch Angabe der Option `TwoSided → True` erhalten. Mit der Option `FullReport → True` werden zusätzlich Stichproben-Mittelwert, Prüfwert und die verwendete Verteilung ausgegeben.

χ^2-Anpassungstest auf Normalverteilung

Wir beginnen mit den gegeben Füllmengen:

```
In[15]:= xlist = {102.5, 115.7, 93.8, 102.6, 110., 111.5, 98.6, 96.8, 101.7, 110.9,
      103., 104.4, 108.4, 104.2, 97.7, 105.5, 92.1, 100.3, 97.9, 105.5, 106.1,
      90.3, 108.9, 96.4, 90.4, 91.5, 94.9, 99.9, 84.9, 102., 101.5, 96.8, 99.9,
      104.6, 92.7, 87.9, 104., 108.6, 94.7, 107.3, 98.6, 96.6, 105.4, 101.4,
      104., 94.2, 108.3, 106.2, 101.1, 109.1, 94., 95.6, 100.1, 89.5, 101.2,
      94.1, 92., 100.1, 105.5, 105.1, 94.1, 113.1, 101.6, 86., 92.1, 91.5, 98.6,
      90.6, 101.4, 93.6, 88.3, 88.5, 88.6, 95.9, 108.2, 101.2, 101.1, 96.9,
      100.2, 104.7, 96.6, 109.2, 108.5, 108.4, 111.6, 99.2, 90.8, 111.7, 99.7,
      100.4, 96., 95.7, 90.9, 95.5, 106.6, 100.2, 114.1, 101.6, 113.6, 98.5}
```

Die gesuchten Schätzwerte sind

```
In[16]:= {m, s} = {Mean[xlist], (n - 1)/n Sqrt[Variance[xlist]]}
Out[16]= {100.135, 6.9834}
```

und die zugehörige Normalverteilung ist

```
In[17]:= ndist = NormalDistribution[m, s];
```

Nun berechnen wir für gegebene Klassengrenzen alle benötigten Werte:

```
In[18]:= clist = {-∞, 90, 92, 94, 96, 98, 100, 102, 104, 106, 108, 110, ∞};
         tab = Table[{{clist[[i]], clist[[i + 1]]},
           Count[xlist, y_/; (clist[[i]] < y ≤ clist[[i + 1]])],
           n CDF[ndist, clist[[i + 1]]] - CDF[ndist, clist[[i]]])]},
           {i, 1, Length[clist] - 1}];
         tab//MatrixForm
Out[18]//MatrixForm=
```

$$\begin{pmatrix} \{-\infty, 90\} & 7 & 7.33483 \\ \{90, 92\} & 8 & 4.86803 \\ \{92, 94\} & 6 & 6.78043 \\ \{94, 96\} & 10 & 8.70526 \\ \{96, 98\} & 8 & 10.3021 \\ \{98, 100\} & 8 & 11.2381 \\ \{100, 102\} & 17 & 11.3001 \\ \{102, 104\} & 5 & 10.4735 \\ \{104, 106\} & 9 & 8.94792 \\ \{106, 108\} & 4 & 7.04651 \\ \{108, 110\} & 10 & 5.11501 \\ \{110, \infty\} & 8 & 7.88814 \end{pmatrix}$$

Daraus folgt der gesuchte Prüfwert und das gesuchte Quantil:

```
In[19]:= {Sum[tab[[i, 2]]^2 / tab[[i, 3]], {i, 1, Length[clist] - 1}] - n,
         Quantile[ChiSquareDistribution[Length[clist] - 4], 0.95]}
Out[19]= {15.4801, 16.919}
```

30.6 Kontrollfragen

Fragen zu Abschnitt 30.1: Einführung

Erklären Sie folgende Begriffe: Zufallsstichprobe, Stichprobenvariablen.

1. Was trifft zu: Bei einer Zufallsstichprobe sind die Stichprobenvariablen
   a) identisch verteilt b) abhängig c) unabhängig
2. Wie ist der Mittelwert einer Zufallsstichprobe mit großem Umfang n verteilt?

Fragen zu Abschnitt 30.2: Punktschätzungen

Erklären Sie folgende Begriffe: Stichprobenfunktion, Schätzfunktion, Schätzwert, erwartungstreu, konsistent, konsistent im quadratischen Mittel, asymptotisch erwartungstreu.

1. Was trifft zu: Eine erwartungstreue Schätzfunktion T für θ ist genau dann konsistent im quadratischen Mittel, wenn
   a) $\lim_{n\to\infty} \mathrm{E}((T-\theta)^2) = 0$ b) $\lim_{n\to\infty} \mathrm{E}(T-\theta)^2 = 0$
   c) $\lim_{n\to\infty} \mathrm{Var}(T) = 0$
2. Was trifft zu: Ist eine Schätzfunktion konsistent im quadratischen Mittel, so ist sie auch automatisch
   a) erwartungstreu b) asymptotisch erwartungstreu c) konsistent

Fragen zu Abschnitt 30.3: Intervallschätzungen

Erklären Sie folgende Begriffe: einseitiges/zweiseitiges Konfidenzintervall, Konfidenzniveau, Irrtumswahrscheinlichkeit.

1. Wie verändert sich die Länge des Konfidenzintervalls für μ eines normalverteilten Merkmals, wenn sich σ verdoppelt?
2. Eine Stichprobe vom Umfang 1000 aus einer normalverteilten Grundgesamtheit mit $\sigma = 0.1$ ergab $\overline{x} = 5.3$. In welchem Intervall liegt der Erwartungswert mit Sicherheit?
3. Wie verändert sich die Länge des Konfidenzintervalls, wenn man
   a) den Stichprobenumfang vergrößert
   b) das Vertrauensniveau vergrößert?
4. Welche Verteilung benötigt man zur Berechnung des Konfidenzintervalls für μ eines normalverteilten Merkmals bei unbekannter Varianz?
5. Welche Verteilung benötigt man zur Berechnung des Konfidenzintervalls für σ^2 eines normalverteilten Merkmals?

Fragen zu Abschnitt 30.4: Hypothesentests

Erklären Sie folgende Begriffe: Nullhypothese, Alternativhypothese, Ablehnungsbereich, Signifikanzniveau, Irrtumswahrscheinlichkeit, Prüfgröße, Prüfwert, Fehler 1./2. Art, einseitiger/zweiseitigen Test, p-Wert, Gauß-Test, t-Test.

1. Wie groß ist die Wahrscheinlichkeit für das Auftreten eines α-Fehlers?
2. Wie lautet die Testentscheidung, wenn $\alpha = 0$ vorgegeben wird?
3. Richtig oder falsch:
   a) Der p-Wert entspricht jenem Signifikanzniveau, bei dem die Prüfgröße auf den kritischen Wert, also die Grenze zwischen Annahme- und Ablehnungsbereich, fallen würde.
   b) Der p-Wert kann als Fläche veranschaulicht werden.

Lösungen zu den Kontrollfragen

Lösungen zu Abschnitt 30.1

1. a) richtig b) falsch c) richtig
2. Näherungsweise normalverteilt (zentraler Grenzwertsatz).

Lösungen zu Abschnitt 30.2

1. a) richtig b) falsch c) richtig
2. a) falsch b) richtig c) richtig

Lösungen zu Abschnitt 30.3

1. Sie verdoppelt sich ebenfalls.
2. $(-\infty, \infty)$
3. a) Das Konfidenzintervall wird kürzer. b) Das Konfidenzintervall wird länger.
4. Die t-Verteilung.
5. Die χ^2-Verteilung.

Lösungen zu Abschnitt 30.4

1. Kleiner oder gleich als das Signifikanzniveau α.
2. Die Entscheidung ist in diesem Fall „H_0 beibehalten“ (das Risiko, H_0 irrtümlich abzulehnen, kann wegen $\alpha = 0$ nicht eingegangen werden).
3. a) richtig b) richtig

30.7 Übungen

Aufwärmübungen

1. Berechnen Sie die Schätzwerte $\overline{x}$, s^2 und s für die Stichprobe aus Beispiel 30.2.
2. Bestimmen Sie das zweiseitige Konfidenzintervall für den Erwartungswert auf dem Niveau 0.99 für Beispiel 30.2 unter der Annahme, dass die Grundgesamtheit normalverteilt mit $\sigma = 2$ ist.
3. Bestimmen Sie das zweiseitige Konfidenzintervall für den Erwartungswert auf dem Niveau 0.99 für Beispiel 30.2 unter der Annahme, dass die Grundgesamtheit normalverteilt ist.
4. Führen Sie den t-Test für die Stichprobe aus Beispiel 30.2 durch. Testen Sie die Nullhypothese $H_0 : \mu \geq 100$ auf einem Signifikanzniveau von $\alpha = 0.05$.

Weiterführende Aufgaben

1. Eine Verbraucherorganisation möchte anhand der Stichprobe aus Beispiel 30.2 feststellen, ob das Sollgewicht von 100 g unterschritten wird. Mit welcher Wahrscheinlichkeit enthält $(-\infty, 99.9]$ den Erwartungswert unter der Annahme, dass die Grundgesamtheit normalverteilt mit $\sigma = 2$ ist?
2. Aus einem laufenden Produktionsprozess von Kondensatoren wurden 25 Stück entnommen. Eine Prüfung ergab für die Kapazitäten (in μF) den Mittelwert $\overline{x} = 101$ und $s = 0.77$. Geben Sie das Konfidenzintervall für den Erwartungswert auf dem Niveau 0.95 unter der Annahme, dass die Grundgesamtheit normalverteilt ist, an.

3. Eine Firma stellt Präzisionswiderstände her. Der Erwartungswert darf um maximal 0.1% vom Sollwert 100 Ohm abweichen. Die Standardabweichung darf 0.2 nicht überschreiten. Zur Qualitätssicherung wird aus dem laufenden Produktionsprozess eine Stichprobe vom Umfang $n = 50$ mit Mittelwert $\overline{x} = 100.014$ und Standardabweichung $s = 0.11$ entnommen. Sind die Vorgaben auf einem Konfidenzniveau von 0.95 erfüllt (unter der Annahme einer normalverteilten Grundgesamtheit)?
4. Lösen Sie die Fragestellung aus Übungsaufgabe 3 mithilfe von Hypothesentests. Machen Sie dazu für den Erwartungswert zwei einseitige Tests.
5. Ein Bauer füttert seine Kühe mit zwei verschiedenen Futtermitteln *Supergras®* und *Turboheu®*. Er möchte den Einfluss auf die Milchleistung untersuchen und nimmt dazu zwei Stichproben (in Liter):

   Supergras®: 23.8, 28.6, 26.1, 32.0, 31.0, 27.1, 20.2, 26.8, 29.6, 23.6
   Turboheu®: 27.1, 32.2, 29.7, 32.0, 26.6, 33.8, 31.1, 28.9, 34.1, 29.2

   Bestimmen Sie das Konfidenzintervall für die Differenz der Erwartungswerte $\mu_S - \mu_T$ auf dem Niveau 0.95 unter der Annahme, dass beide Grundgesamtheiten normalverteilt mit derselben Varianz sind.
6. Ein Hersteller untersucht die Ausfallwahrscheinlichkeit von Bauteilen unter erhöhter Belastung. Ein Test mit 50 Bauteilen ergab 6 Ausfälle. Bestimmen Sie ein approximatives Konfidenzintervall auf dem Niveau 0.95 für die Ausfallwahrscheinlichkeit.

Lösungen zu den Aufwärmübungen

1. Der Mittelwert ist

$$\overline{x} = \frac{1}{10}(100 + 99 + 101 + 96 + 98 + 102 + 97 + 100 + 101 + 98) = 98.9$$

   und die Varianz ist

$$\begin{aligned} s^2 &= \frac{1}{9}\Big((100-98.9)^2 + (99-98.9)^2 + (101-98.9)^2 + (96-98.9)^2 \\ &\quad +(98-98.9)^2 + (102-98.9)^2 + (97-98.9)^2 + (100-98.9)^2 \\ &\quad +(101-98.9)^2 + (98-98.9)^2\Big) = 4.77. \end{aligned}$$

   Daraus folgt die Standardabweichung $s = \sqrt{4.77} = 2.183$.
2. Das Vertrauensniveau ist $1 - \alpha = 0.99$, also $\alpha = 0.01$ bzw. $1 - \frac{\alpha}{2} = 0.995$. Der Stichprobenumfang ist $n = 10$ und der Mittelwert $\overline{x} = 98.9$. Die Standardabweichung $\sigma = 2$ ist vorgegeben. Das gesuchte Quantil der Standardnormalverteilung ist $z_{0.995} = 2.5758$. Daraus berechnet sich das Konfidenzintervall

$$[98.9 - 2.5758\frac{2}{\sqrt{10}}, 98.9 + 2.5758\frac{2}{\sqrt{10}}] = [97.3, 100.5],$$

   das mit 99%-iger Wahrscheinlichkeit den Erwartungswert überdeckt.

3. Das Vertrauensniveau ist $1-\alpha = 0.99$, also $1-\frac{\alpha}{2} = 0.995$. Das gesuchte Quantil der t-Verteilung mit $n-1 = 9$ Freiheitsgraden ist $t_{9;0.995} = 3.25$. Damit berechnen wir das Konfidenzintervall

$$[98.9 - 3.25\frac{2.183}{\sqrt{10}}, 98.9 + 3.25\frac{2.183}{\sqrt{10}}] = [96.7, 101.1],$$

das mit 99%-iger Wahrscheinlichkeit den Erwartungswert enthält.
4. Wir gehen nach unserem Rezept vor: Den Umfang $n = 10$, den Mittelwert $\overline{x} = 98.9$ und die Standardabweichung $s = 2.183$ kennen wir bereits. Daraus ergibt sich der standardisierte Prüfwert:

$$t = \frac{98.9 - 100}{2.183/\sqrt{10}} = -1.593.$$

Das gesuchte Quantil ist $t_{9;1-0.05} = t_{9;0.95} = 1.833$. Wegen $-1.593 \not< -1.833$ wird H_0 beibehalten.

(Lösungen zu den weiterführenden Aufgaben finden Sie in Abschnitt B.30)

A

Tabellen

A.1 Differentiation und Integration

Differentiation	Integration
$(x^a)' = ax^{a-1}$	$\int x^a dx = \frac{x^{a+1}}{a+1} \qquad (a \neq -1)$
$(\mathrm{e}^x)' = \mathrm{e}^x$	$\int \frac{1}{x} dx = \ln(\lvert x \rvert)$
$(a^x)' = a^x \ln(a)$	$\int \mathrm{e}^{a\,x} dx = \frac{1}{a}\mathrm{e}^{a\,x}$
$(\ln(x))' = \frac{1}{x}$	$\int \ln(x) dx = x\ln(x) - x$
$(\sin(x))' = \cos(x)$	$\int \sin(x) dx = -\cos(x)$
$(\cos(x))' = -\sin(x)$	$\int \cos(x) dx = \sin(x)$
$(\tan(x))' = \frac{1}{\cos^2(x)}$	$\int \tan(x) dx = -\ln(\lvert\cos(x)\rvert)$
$(\cot(x))' = \frac{-1}{\sin^2(x)}$	$\int \cot(x) dx = \ln(\lvert\sin(x)\rvert)$
$(\sinh(x))' = \cosh(x)$	$\int \cosh(x) dx = \sinh(x)$
$(\cosh(x))' = \sinh(x)$	$\int \sinh(x) dx = \cosh(x)$
$(\tanh(x))' = \frac{1}{\cosh^2(x)}$	$\int \frac{dx}{x^2+a^2} = \frac{1}{a}\arctan(\frac{x}{a})$
$(\coth(x))' = \frac{-1}{\sinh^2(x)}$	$\int \frac{dx}{x^2+a^2} = \frac{1}{a}\mathrm{artanh}(\frac{x}{a})$
$(\arcsin(x))' = \frac{1}{\sqrt{1-x^2}}$	$\int \frac{dx}{\sqrt{a^2-x^2}} = \arcsin(\frac{x}{a})$
$(\arccos(x))' = \frac{-1}{\sqrt{1-x^2}}$	
$(\mathrm{arsinh}(x))' = \frac{1}{\sqrt{x^2+1}}$	$\int \frac{dx}{\sqrt{x^2+a^2}} = \mathrm{arsinh}(\frac{x}{a})$
$(\mathrm{arcosh}(x))' = \frac{1}{\sqrt{x^2-1}}$	$\int \frac{dx}{\sqrt{x^2-a^2}} = \mathrm{arcosh}(\frac{x}{a})$
$(\arctan(x))' = \frac{1}{1+x^2}$	$\int \sin^2(x) dx = \frac{1}{2}x - \frac{1}{4}\sin(2x)$
$(\mathrm{arccot}(x))' = \frac{-1}{1+x^2}$	$\int \cos^2(x) dx = \frac{1}{2}x + \frac{1}{4}\sin(2x)$
	$\int \tan^2(x) dx = \tan(x) - x$
	$\int \cot^2(x) dx = -\cot(x) - x$
	$\int \mathrm{e}^{ax}\sin(bx) dx = \frac{\mathrm{e}^{ax}}{a^2+b^2}(a\sin(bx) - b\cos(bx))$
	$\int \mathrm{e}^{ax}\cos(bx) dx = \frac{\mathrm{e}^{ax}}{a^2+b^2}(a\cos(bx) + b\sin(bx))$
	$\int x\,\mathrm{e}^{ax} dx = \frac{\mathrm{e}^{ax}}{a^2}(a\,x - 1)$
	$\int x\sin(ax) dx = \frac{1}{a^2}(\sin(ax) - a\,x\cos(ax))$
	$\int x\cos(ax) dx = \frac{1}{a^2}(\cos(ax) + a\,x\sin(ax))$
	$\int x^2\mathrm{e}^{ax} dx = \frac{\mathrm{e}^{ax}}{a^3}(a^2x^2 - 2a\,x + 2)$
	$\int x^2\sin(ax) dx = \frac{1}{a^3}((2 - a^2x^2)\cos(ax) + 2a\,x\sin(ax))$
	$\int x^2\cos(ax) dx = \frac{1}{a^3}((a^2x^2 - 2)\sin(ax) + 2a\,x\cos(ax))$

A.2 Standardnormalverteilung $\Phi(z)$

Standardnormalverteilung $\Phi(z)$ ($\Phi(-z) = 1 - \Phi(z)$):

z	0	0.01	0.02	0.03	0.04	0.05	0.06	0.07	0.08	0.09
0.0	0.5000	0.5040	0.5080	0.5120	0.5160	0.5199	0.5239	0.5279	0.5319	0.5359
0.1	0.5398	0.5438	0.5478	0.5517	0.5557	0.5596	0.5636	0.5675	0.5714	0.5753
0.2	0.5793	0.5832	0.5871	0.5910	0.5948	0.5987	0.6026	0.6064	0.6103	0.6141
0.3	0.6179	0.6217	0.6255	0.6293	0.6331	0.6368	0.6406	0.6443	0.6480	0.6517
0.4	0.6554	0.6591	0.6628	0.6664	0.6700	0.6736	0.6772	0.6808	0.6844	0.6879
0.5	0.6915	0.6950	0.6985	0.7019	0.7054	0.7088	0.7123	0.7157	0.7190	0.7224
0.6	0.7257	0.7291	0.7324	0.7357	0.7389	0.7422	0.7454	0.7486	0.7517	0.7549
0.7	0.7580	0.7611	0.7642	0.7673	0.7704	0.7734	0.7764	0.7794	0.7823	0.7852
0.8	0.7881	0.7910	0.7939	0.7967	0.7995	0.8023	0.8051	0.8078	0.8106	0.8133
0.9	0.8159	0.8186	0.8212	0.8238	0.8264	0.8289	0.8315	0.8340	0.8365	0.8389
1.0	0.8413	0.8438	0.8461	0.8485	0.8508	0.8531	0.8554	0.8577	0.8599	0.8621
1.1	0.8643	0.8665	0.8686	0.8708	0.8729	0.8749	0.8770	0.8790	0.8810	0.8830
1.2	0.8849	0.8869	0.8888	0.8907	0.8925	0.8944	0.8962	0.8980	0.8997	0.9015
1.3	0.9032	0.9049	0.9066	0.9082	0.9099	0.9115	0.9131	0.9147	0.9162	0.9177
1.4	0.9192	0.9207	0.9222	0.9236	0.9251	0.9265	0.9279	0.9292	0.9306	0.9319
1.5	0.9332	0.9345	0.9357	0.9370	0.9382	0.9394	0.9406	0.9418	0.9429	0.9441
1.6	0.9452	0.9463	0.9474	0.9484	0.9495	0.9505	0.9515	0.9525	0.9535	0.9545
1.7	0.9554	0.9564	0.9573	0.9582	0.9591	0.9599	0.9608	0.9616	0.9625	0.9633
1.8	0.9641	0.9649	0.9656	0.9664	0.9671	0.9678	0.9686	0.9693	0.9699	0.9706
1.9	0.9713	0.9719	0.9726	0.9732	0.9738	0.9744	0.9750	0.9756	0.9761	0.9767
2.0	0.9772	0.9778	0.9783	0.9788	0.9793	0.9798	0.9803	0.9808	0.9812	0.9817
2.1	0.9821	0.9826	0.9830	0.9834	0.9838	0.9842	0.9846	0.9850	0.9854	0.9857
2.2	0.9861	0.9864	0.9868	0.9871	0.9875	0.9878	0.9881	0.9884	0.9887	0.9890
2.3	0.9893	0.9896	0.9898	0.9901	0.9904	0.9906	0.9909	0.9911	0.9913	0.9916
2.4	0.9918	0.9920	0.9922	0.9925	0.9927	0.9929	0.9931	0.9932	0.9934	0.9936
2.5	0.9938	0.9940	0.9941	0.9943	0.9945	0.9946	0.9948	0.9949	0.9951	0.9952
2.6	0.9953	0.9955	0.9956	0.9957	0.9959	0.9960	0.9961	0.9962	0.9963	0.9964
2.7	0.9965	0.9966	0.9967	0.9968	0.9969	0.9970	0.9971	0.9972	0.9973	0.9974
2.8	0.9974	0.9975	0.9976	0.9977	0.9977	0.9978	0.9979	0.9979	0.9980	0.9981
2.9	0.9981	0.9982	0.9982	0.9983	0.9984	0.9984	0.9985	0.9985	0.9986	0.9986
3.0	0.9987	0.9987	0.9987	0.9988	0.9988	0.9989	0.9989	0.9989	0.9990	0.9990
3.1	0.9990	0.9991	0.9991	0.9991	0.9992	0.9992	0.9992	0.9992	0.9993	0.9993
3.2	0.9993	0.9993	0.9994	0.9994	0.9994	0.9994	0.9994	0.9995	0.9995	0.9995
3.3	0.9995	0.9995	0.9995	0.9996	0.9996	0.9996	0.9996	0.9996	0.9996	0.9997
3.4	0.9997	0.9997	0.9997	0.9997	0.9997	0.9997	0.9997	0.9997	0.9997	0.9998
3.5	0.9998	0.9998	0.9998	0.9998	0.9998	0.9998	0.9998	0.9998	0.9998	0.9998
3.6	0.9998	0.9998	0.9999	0.9999	0.9999	0.9999	0.9999	0.9999	0.9999	0.9999
3.7	0.9999	0.9999	0.9999	0.9999	0.9999	0.9999	0.9999	0.9999	0.9999	0.9999
3.8	0.9999	0.9999	0.9999	0.9999	0.9999	0.9999	0.9999	0.9999	0.9999	0.9999
3.9	1.0000	1.0000	1.0000	1.0000	1.0000	1.0000	1.0000	1.0000	1.0000	1.0000

Ablesebeispiel: Der Funktionswert für $z = 0.23$ steht in der Zeile 0.2 und der Spalte 0.03. Also $\Phi(0.23) = 0.591$.

p-Quantile z_p ($z_{1-p} = -z_p$):

p	0.6	0.7	0.8	0.9	0.95	0.975	0.99	0.995	0.999	0.9995
z_p	0.2533	0.5244	0.8416	1.2816	1.6449	1.9600	2.3263	2.5758	3.0902	3.2905

A.3 Quantile der Chi-Quadrat-Verteilung

p-Quantile $\chi^2_{m;p}$:

$m \setminus p$	0.005	0.01	0.025	0.05	0.1	0.9	0.95	0.975	0.99	0.995
1	0.000	0.000	0.001	0.004	0.016	2.706	3.841	5.024	6.635	7.879
2	0.010	0.020	0.051	0.103	0.211	4.605	5.991	7.378	9.210	10.60
3	0.072	0.115	0.216	0.352	0.584	6.251	7.815	9.348	11.34	12.84
4	0.207	0.297	0.484	0.711	1.064	7.779	9.488	11.14	13.28	14.86
5	0.412	0.554	0.831	1.145	1.610	9.236	11.07	12.83	15.09	16.75
6	0.676	0.872	1.237	1.635	2.204	10.64	12.59	14.45	16.81	18.55
7	0.989	1.239	1.690	2.167	2.833	12.02	14.07	16.01	18.48	20.28
8	1.344	1.646	2.180	2.733	3.490	13.36	15.51	17.53	20.09	21.95
9	1.735	2.088	2.700	3.325	4.168	14.68	16.92	19.02	21.67	23.59
10	2.156	2.558	3.247	3.940	4.865	15.99	18.31	20.48	23.21	25.19
11	2.603	3.053	3.816	4.575	5.578	17.28	19.68	21.92	24.72	26.76
12	3.074	3.571	4.404	5.226	6.304	18.55	21.03	23.34	26.22	28.30
13	3.565	4.107	5.009	5.892	7.042	19.81	22.36	24.74	27.69	29.82
14	4.075	4.660	5.629	6.571	7.790	21.06	23.68	26.12	29.14	31.32
15	4.601	5.229	6.262	7.261	8.547	22.31	25.00	27.49	30.58	32.80
16	5.142	5.812	6.908	7.962	9.312	23.54	26.30	28.85	32.00	34.27
17	5.697	6.408	7.564	8.672	10.09	24.77	27.59	30.19	33.41	35.72
18	6.265	7.015	8.231	9.390	10.86	25.99	28.87	31.53	34.81	37.16
19	6.844	7.633	8.907	10.12	11.65	27.20	30.14	32.85	36.19	38.58
20	7.434	8.260	9.591	10.85	12.44	28.41	31.41	34.17	37.57	40.00
21	8.034	8.897	10.28	11.59	13.24	29.62	32.67	35.48	38.93	41.40
22	8.643	9.542	10.98	12.34	14.04	30.81	33.92	36.78	40.29	42.80
23	9.260	10.20	11.69	13.09	14.85	32.01	35.17	38.08	41.64	44.18
24	9.886	10.86	12.40	13.85	15.66	33.20	36.42	39.36	42.98	45.56
25	10.52	11.52	13.12	14.61	16.47	34.38	37.65	40.65	44.31	46.93
26	11.16	12.20	13.84	15.38	17.29	35.56	38.89	41.92	45.64	48.29
27	11.81	12.88	14.57	16.15	18.11	36.74	40.11	43.19	46.96	49.64
28	12.46	13.56	15.31	16.93	18.94	37.92	41.34	44.46	48.28	50.99
29	13.12	14.26	16.05	17.71	19.77	39.09	42.56	45.72	49.59	52.34
30	13.79	14.95	16.79	18.49	20.60	40.26	43.77	46.98	50.89	53.67
31	14.46	15.66	17.54	19.28	21.43	41.42	44.99	48.23	52.19	55.00
32	15.13	16.36	18.29	20.07	22.27	42.58	46.19	49.48	53.49	56.33
33	15.82	17.07	19.05	20.87	23.11	43.75	47.40	50.73	54.78	57.65
34	16.50	17.79	19.81	21.66	23.95	44.90	48.60	51.97	56.06	58.96
35	17.19	18.51	20.57	22.47	24.80	46.06	49.80	53.20	57.34	60.27
36	17.89	19.23	21.34	23.27	25.64	47.21	51.00	54.44	58.62	61.58
37	18.59	19.96	22.11	24.07	26.49	48.36	52.19	55.67	59.89	62.88
38	19.29	20.69	22.88	24.88	27.34	49.51	53.38	56.90	61.16	64.18
39	20.00	21.43	23.65	25.70	28.20	50.66	54.57	58.12	62.43	65.48

Ablesebeispiel: $\chi^2_{12;0.9} = 18.55$

Für $m > 39$ kann folgende Approximation verwendet werden:

$$\chi^2_{m;p} \approx m\left(1 - \frac{2}{9m} + z_p\sqrt{\frac{2}{9m}}\right)^3,$$

wobei z_p das p-Quantil der Standardnormalverteilung ist.

A.4 Quantile der t-Verteilung

p-Quantile $t_{m;p}$ $(t_{m;1-p} = -t_{m;p})$:

$m \setminus p$	0.9	0.95	0.975	0.99	0.995	0.999
1	3.078	6.314	12.71	31.82	63.66	318.3
2	1.886	2.920	4.303	6.965	9.925	22.33
3	1.638	2.353	3.182	4.541	5.841	10.21
4	1.533	2.132	2.776	3.747	4.604	7.173
5	1.476	2.015	2.571	3.365	4.032	5.893
6	1.440	1.943	2.447	3.143	3.707	5.208
7	1.415	1.895	2.365	2.998	3.499	4.785
8	1.397	1.860	2.306	2.896	3.355	4.501
9	1.383	1.833	2.262	2.821	3.250	4.297
10	1.372	1.812	2.228	2.764	3.169	4.144
11	1.363	1.796	2.201	2.718	3.106	4.025
12	1.356	1.782	2.179	2.681	3.055	3.930
13	1.350	1.771	2.160	2.650	3.012	3.852
14	1.345	1.761	2.145	2.624	2.977	3.787
15	1.341	1.753	2.131	2.602	2.947	3.733
16	1.337	1.746	2.120	2.583	2.921	3.686
17	1.333	1.740	2.110	2.567	2.898	3.646
18	1.330	1.734	2.101	2.552	2.878	3.610
19	1.328	1.729	2.093	2.539	2.861	3.579
20	1.325	1.725	2.086	2.528	2.845	3.552
21	1.323	1.721	2.080	2.518	2.831	3.527
22	1.321	1.717	2.074	2.508	2.819	3.505
23	1.319	1.714	2.069	2.500	2.807	3.485
24	1.318	1.711	2.064	2.492	2.797	3.467
25	1.316	1.708	2.060	2.485	2.787	3.450
26	1.315	1.706	2.056	2.479	2.779	3.435
27	1.314	1.703	2.052	2.473	2.771	3.421
28	1.313	1.701	2.048	2.467	2.763	3.408
29	1.311	1.699	2.045	2.462	2.756	3.396
30	1.310	1.697	2.042	2.457	2.750	3.385
31	1.309	1.696	2.040	2.453	2.744	3.375
32	1.309	1.694	2.037	2.449	2.738	3.365
33	1.308	1.692	2.035	2.445	2.733	3.356
34	1.307	1.691	2.032	2.441	2.728	3.348
35	1.306	1.690	2.030	2.438	2.724	3.340
36	1.306	1.688	2.028	2.434	2.719	3.333
37	1.305	1.687	2.026	2.431	2.715	3.326
38	1.304	1.686	2.024	2.429	2.712	3.319
39	1.304	1.685	2.023	2.426	2.708	3.313

Ablesebeispiel: $t_{12;0.9} = 1.356$

Für $m > 39$ kann folgende Approximation verwendet werden:

$$t_{m;p} \approx z_p(1 + \frac{1 + z_p^2}{4m}),$$

wobei z_p das Quantil der Standardnormalverteilung ist.

A.5 Quantile der F-Verteilung

p-Quantile $F_{m_1;m_2;p=0.95}$:

$m_1 \backslash m_2$	1	2	3	4	5	6	7	8	9	10	12	14	16	18	20	22	24	26	28	30
1	161	18.5	10.1	7.71	6.61	5.99	5.59	5.32	5.12	4.96	4.75	4.60	4.49	4.41	4.35	4.30	4.26	4.23	4.20	4.17
2	199	19.0	9.55	6.94	5.79	5.14	4.74	4.46	4.26	4.10	3.89	3.74	3.63	3.55	3.49	3.44	3.40	3.37	3.34	3.32
3	216	19.2	9.28	6.59	5.41	4.76	4.35	4.07	3.86	3.71	3.49	3.34	3.24	3.16	3.10	3.05	3.01	2.98	2.95	2.92
4	225	19.2	9.12	6.39	5.19	4.53	4.12	3.84	3.63	3.48	3.26	3.11	3.01	2.93	2.87	2.82	2.78	2.74	2.71	2.69
5	230	19.3	9.01	6.26	5.05	4.39	3.97	3.69	3.48	3.33	3.11	2.96	2.85	2.77	2.71	2.66	2.62	2.59	2.56	2.53
6	234	19.3	8.94	6.16	4.95	4.28	3.87	3.58	3.37	3.22	3.00	2.85	2.74	2.66	2.60	2.55	2.51	2.47	2.45	2.42
7	237	19.4	8.89	6.09	4.88	4.21	3.79	3.50	3.29	3.14	2.91	2.76	2.66	2.58	2.51	2.46	2.42	2.39	2.36	2.33
8	239	19.4	8.85	6.04	4.82	4.15	3.73	3.44	3.23	3.07	2.85	2.70	2.59	2.51	2.45	2.40	2.36	2.32	2.29	2.27
9	241	19.4	8.81	6.00	4.77	4.10	3.68	3.39	3.18	3.02	2.80	2.65	2.54	2.46	2.39	2.34	2.30	2.27	2.24	2.21
10	242	19.4	8.79	5.96	4.74	4.06	3.64	3.35	3.14	2.98	2.75	2.60	2.49	2.41	2.35	2.30	2.25	2.22	2.19	2.16
12	244	19.4	8.74	5.91	4.68	4.00	3.57	3.28	3.07	2.91	2.69	2.53	2.42	2.34	2.28	2.23	2.18	2.15	2.12	2.09
14	245	19.4	8.71	5.87	4.64	3.96	3.53	3.24	3.03	2.86	2.64	2.48	2.37	2.29	2.22	2.17	2.13	2.09	2.06	2.04
16	246	19.4	8.69	5.84	4.60	3.92	3.49	3.20	2.99	2.83	2.60	2.44	2.33	2.25	2.18	2.13	2.09	2.05	2.02	1.99
18	247	19.4	8.67	5.82	4.58	3.90	3.47	3.17	2.96	2.80	2.57	2.41	2.30	2.22	2.15	2.10	2.05	2.02	1.99	1.96
20	248	19.4	8.66	5.80	4.56	3.87	3.44	3.15	2.94	2.77	2.54	2.39	2.28	2.19	2.12	2.07	2.03	1.99	1.96	1.93
22	249	19.5	8.65	5.79	4.54	3.86	3.43	3.13	2.92	2.75	2.52	2.37	2.25	2.17	2.10	2.05	2.00	1.97	1.93	1.91
24	249	19.5	8.64	5.77	4.53	3.84	3.41	3.12	2.90	2.74	2.51	2.35	2.24	2.15	2.08	2.03	1.98	1.95	1.91	1.89
26	249	19.5	8.63	5.76	4.52	3.83	3.40	3.10	2.89	2.72	2.49	2.33	2.22	2.13	2.07	2.01	1.97	1.93	1.90	1.87
28	250	19.5	8.62	5.75	4.50	3.82	3.39	3.09	2.87	2.71	2.48	2.32	2.21	2.12	2.05	2.00	1.95	1.91	1.88	1.85
30	250	19.5	8.62	5.75	4.50	3.81	3.38	3.08	2.86	2.70	2.47	2.31	2.19	2.11	2.04	1.98	1.94	1.90	1.87	1.84

Ablesebeispiel: $F_{2;12;0.95} = 3.89$

Approximation für $m > 30$: $F_{m_1;m_2;0.95} = \exp(\frac{3.2897}{\sqrt{h-0.95}} - 1.568g)$ mit $g = \frac{1}{m_1} - \frac{1}{m_2}$ und $h = \frac{2m_1m_2}{m_1+m_2}$

Es gilt $F_{m_1;m_2;1-p} = \frac{1}{F_{m_2;m_1;p}}$.

p-Quantile $F_{m_1;m_2;p=0.975}$:

$m_1\backslash m_2$	1	2	3	4	5	6	7	8	9	10	12	14	16	18	20	22	24	26	28	30
1	648	38.5	17.4	12.2	10.0	8.81	8.07	7.57	7.21	6.94	6.55	6.30	6.12	5.98	5.87	5.79	5.72	5.66	5.61	5.57
2	799	39.0	16.0	10.6	8.43	7.26	6.54	6.06	5.71	5.46	5.10	4.86	4.69	4.56	4.46	4.38	4.32	4.27	4.22	4.18
3	864	39.2	15.4	9.98	7.76	6.60	5.89	5.42	5.08	4.83	4.47	4.24	4.08	3.95	3.86	3.78	3.72	3.67	3.63	3.59
4	900	39.2	15.1	9.60	7.39	6.23	5.52	5.05	4.72	4.47	4.12	3.89	3.73	3.61	3.51	3.44	3.38	3.33	3.29	3.25
5	922	39.3	14.9	9.36	7.15	5.99	5.29	4.82	4.48	4.24	3.89	3.66	3.50	3.38	3.29	3.22	3.15	3.10	3.06	3.03
6	937	39.3	14.7	9.20	6.98	5.82	5.12	4.65	4.32	4.07	3.73	3.50	3.34	3.22	3.13	3.05	2.99	2.94	2.90	2.87
7	948	39.4	14.6	9.07	6.85	5.70	4.99	4.53	4.20	3.95	3.61	3.38	3.22	3.10	3.01	2.93	2.87	2.82	2.78	2.75
8	957	39.4	14.5	8.98	6.76	5.60	4.90	4.43	4.10	3.85	3.51	3.29	3.12	3.01	2.91	2.84	2.78	2.73	2.69	2.65
9	963	39.4	14.5	8.90	6.68	5.52	4.82	4.36	4.03	3.78	3.44	3.21	3.05	2.93	2.84	2.76	2.70	2.65	2.61	2.57
10	969	39.4	14.4	8.84	6.62	5.46	4.76	4.30	3.96	3.72	3.37	3.15	2.99	2.87	2.77	2.70	2.64	2.59	2.55	2.51
12	977	39.4	14.3	8.75	6.52	5.37	4.67	4.20	3.87	3.62	3.28	3.05	2.89	2.77	2.68	2.60	2.54	2.49	2.45	2.41
14	983	39.4	14.3	8.68	6.46	5.30	4.60	4.13	3.80	3.55	3.21	2.98	2.82	2.70	2.60	2.53	2.47	2.42	2.37	2.34
16	987	39.4	14.2	8.63	6.40	5.24	4.54	4.08	3.74	3.50	3.15	2.92	2.76	2.64	2.55	2.47	2.41	2.36	2.32	2.28
18	990	39.4	14.2	8.59	6.36	5.20	4.50	4.03	3.70	3.45	3.11	2.88	2.72	2.60	2.50	2.43	2.36	2.31	2.27	2.23
20	993	39.4	14.2	8.56	6.33	5.17	4.47	4.00	3.67	3.42	3.07	2.84	2.68	2.56	2.46	2.39	2.33	2.28	2.23	2.20
22	995	39.5	14.1	8.53	6.30	5.14	4.44	3.97	3.64	3.39	3.04	2.81	2.65	2.53	2.43	2.36	2.30	2.24	2.20	2.16
24	997	39.5	14.1	8.51	6.28	5.12	4.41	3.95	3.61	3.37	3.02	2.79	2.63	2.50	2.41	2.33	2.27	2.22	2.17	2.14
26	999	39.5	14.1	8.49	6.26	5.10	4.39	3.93	3.59	3.34	3.00	2.77	2.60	2.48	2.39	2.31	2.25	2.19	2.15	2.11
28	1000	39.5	14.1	8.48	6.24	5.08	4.38	3.91	3.58	3.33	2.98	2.75	2.58	2.46	2.37	2.29	2.23	2.17	2.13	2.09
30	1000	39.5	14.1	8.46	6.23	5.07	4.36	3.89	3.56	3.31	2.96	2.73	2.57	2.44	2.35	2.27	2.21	2.16	2.11	2.07

Ablesebeispiel: $F_{2;12;0.975} = 5.10$

Approximation für $m > 30$: $F_{m_1;m_2;0.95} = \exp(\frac{3.9197}{\sqrt{h-1.14}} - 1.948g)$ mit $g = \frac{1}{m_1} - \frac{1}{m_2}$ und $h = \frac{2m_1m_2}{m_1+m_2}$

Es gilt $F_{m_1;m_2;1-p} = \frac{1}{F_{m_2;m_1;p}}$.

B

Lösungen zu den weiterführenden Aufgaben

B.18 Elementare Funktionen

1. a) Nullstellen: keine; Polstellen: ± 1; gerade Funktion; asymptotisch wie $s(x) = 1$.
   b) Nullstellen: $-1, 2$; Polstelle: 3; asymptotisch wie $s(x) = \frac{x}{2} + 1$.
2. a) $s(x) = 1$, $q(x) = 2$. b) $s(x) = \frac{x}{2} + 1$, $r(x) = 4$.
3. -
4. -
5. $\frac{n(n+1)}{2} M + n\,A$ bzw. $n(M + A)$.
6. $B_0^0(t) = 1$, $B_0^1(t) = 1 - t$, $B_1^1(t) = t$
7. a) $V = 12.01$ km/h. b) $V = 15.00$ km/h.
8. $\frac{1}{3}x(x-1)(x-2)$
9. a) 3.8%. b) Zum Beispiel $n(t) = 1.038^t \cdot 7.8$ (Einheit = „10 Jahre“, $t = 0$ entspricht dem Jahr 1991). c) Im Jahr 2057.
10. -
11. Setzt man $u = \cos(x)$, so erhält man die Lösungen $x_n = \pm \arccos(\frac{1}{2}) + 2\pi n = \pm\frac{\pi}{3} + 2\pi n$, $n \in \mathbb{Z}$.
12. Setzen wir $s = \sin(\frac{\pi}{3})$ und $c = \cos(\frac{\pi}{3})$. Dann folgt aus der Formel von de Moivre $c^3 - 3cs^2 = -1$ und $3c^2 s - s^3 = 0$.
13. -
14. -
15. $x = \log(c \pm \sqrt{c^2-1}) = \pm\log(c + \sqrt{c^2-1})$.
16. b) Halbwertszeit $\tau = 4ms$.
17. -
18. -
19. a) Seien f, g gerade, also $f(-x) = f(x)$ und $g(-x) = g(x)$. Dann ist $(f+g)(-x) = f(-x)+g(-x) = f(x)+g(x) = (f+g)(x)$, also auch gerade. Der Rest geht analog.
20. $w_1 = \sqrt[6]{2} \cdot \mathrm{e}^{-\frac{\pi}{4}\mathrm{i}}$, $w_2 = \sqrt[6]{2} \cdot \mathrm{e}^{\frac{5\pi}{12}\mathrm{i}}$, $w_3 = \sqrt[6]{2} \cdot \mathrm{e}^{\frac{13\pi}{12}\mathrm{i}}$.
21. $\mathrm{e}^{-\frac{\pi}{2}}$

B.19 Differentialrechnung I

1. Ja.

2. $a = 3$
3. Ja: $f'(0) = 0$.
4. a) $3\cos(3x-1)\ln(x^2) + \sin(3x-1)\frac{2}{x}$ b) $-15e^{-3x+4}\sqrt{x^2-1} + \frac{x(5e^{-3x+4}+1)}{\sqrt{x^2-1}}$
   c) $-\frac{2(1+\frac{1}{x})}{x^2}$ d) $\frac{-1}{1-x} + \frac{1}{\cos(x)^2}$
5. Tipp: Nähern Sie durch die Tangente an der Stelle $x_0 = 0$. Es ergibt sich der Näherungswert: $e^{-0.01} \approx 0.99$.
6. a) Tangente: $h(t) = \frac{a}{b}t$ b) zum Zeitpunkt b c) a
7. a) $t(x) = -512.5 + 60x$ b) $C(16) \approx 447.5$
8. a) $D(p) = 1400 - 5p$, $0 \le p \le 280$ b) $p > 140$
9. a) $\frac{1}{2}$ b) 0 b) -1 c) 0
10. $+\infty$
11. a) 0 b) 3 c) $-\infty$

B.20 Differentialrechnung II

1. a) $T_4(x) = 1 - 2x^2 + \frac{2}{3}x^4$ b) $T_4(x) = -1 + 2(x-\frac{\pi}{2})^2 - \frac{2}{3}(x-\frac{\pi}{2})^4$
2. a) $T_1(x) = 1 - \frac{x}{2}$
   b) Das Maximum von $g(x) = f(x) - (1-\frac{x}{2})$ ist $g(-0.5) = 0.164214$ (das Minimum ist $g(0) = 0$).
   c) Taylorpolynom höheren Grades, zum Beispiel: $T_2(x) = 1 - \frac{x}{2} + \frac{3x^2}{8}$
3. Tipp: Setzen Sie in der Taylorreihe von e^x für $x = i\varphi$ ein. Vereinfachen Sie die entstehende Reihe unter Verwendung von $i^2 = -1$.
4. a) Streng monoton fallend für $x \le 2$, streng monoton wachsend für $x \ge 2$.
   b) Streng monoton fallend für $1 \le x \le 4$, streng monoton wachsend für $x \le 1$ und $x \ge 4$.
   c) Streng monoton fallend für $x \ge 1$, streng monoton wachsend für $x \le 1$.
5. a) Konvex für alle x.
   b) Konkav für $x \le \frac{5}{2}$, konvex für $x \ge \frac{5}{2}$.
   c) Konkav für $x \le 2$, konvex für $x \ge 2$.
6. Minimum bei $x = 2$.
7. Maximum $R_2(-\frac{\pi}{2}) = -1 + \frac{\pi}{2}$, Minimum $R_2(\frac{\pi}{2}) = 1 - \frac{\pi}{2}$.
8. $S(x)$ ist an der Stelle $\overline{x} = \frac{x_1+\ldots+x_n}{n}$ minimal.
9. Globales Minimum bei $x = 2$ und $x = 4$, globales Maximum bei $x = 0$.
10. Das Newton-Verfahren liefert die Folge $x_n = \frac{1}{2}\left(x_{n-1} + \frac{a}{x_{n-1}}\right)$, die für jeden beliebigen positiven Startwert gegen $\sqrt{a}$ konvergiert.
11. Maximaler Gewinn von 678.855 bei einem Preis von 13.0841.
12. Maximaler Gewinn 1968.75 bei einem Preis von 31.25.
13. a) $A_1(x_2) = 49.95 - 0.5x_2$ b) $A_2(x_1) = 47.62 - 0.48x_1$
    c) $(x_1, x_2) = (34.95, 38.10)$ bzw. $(x_1, x_2) = (34.30, 31.28)$
    d) Das Gleichgewicht liegt bei $(x_1, x_2) = (34.31, 31.28)$.
14. Das globale Maximum von $f(x) = x^n e^{-x}$ liegt bei $x = n$.

B.21 Integralrechnung

1. a) $-x + x\ln(x) + C$ b) -4π (zweimal partiell integrieren)
2. -
3. $G(1) \approx \frac{1}{2} + \frac{1}{\sqrt{2\pi}} = 0.898942$ (exakt: $G(1) = 0.841345$).
4. a) ∞ b) $\frac{e}{2}$ c) $-\infty$ d) ∞
5. Der Integrand hat bei $x = 0$ eine Polstelle. Das Integral hat den Wert ∞.

B.22 Fourierreihen

1. $F_8(t) = \frac{1}{4} - \frac{\sin(4\pi t)}{2\pi} - \frac{\sin(8\pi t)}{4\pi} - \frac{\sin(12\pi t)}{6\pi} - \frac{\sin(16\pi t)}{8\pi}$
2. $f(t) = \sum_{k=1}^{\infty} -\frac{2(-1)^k}{k} \sin(kt)$
3. $b_{27} = 0$
4. -

B.23 Differentialrechnung in mehreren Variablen

1. Die Funktion ist nicht stetig, denn für die Folge $\mathbf{x}_n = (0, \frac{1}{n})$ gilt $\lim_{n\to\infty} f(\mathbf{x}_n) = \lim_{n\to\infty} 0 = 0$. Für die Folge $\mathbf{x}_n = (\frac{1}{\sqrt{n}}, \frac{1}{\sqrt{n}})$ gilt aber $\lim_{n\to\infty} f(\mathbf{x}_n) = \lim_{n\to\infty} \frac{\sin(1/n)}{2/n} = \frac{1}{2}$ (wegen $\lim_{x\to 0} \frac{\sin(x)}{x} = 1$). Da $f(x_1, 0) = f(0, x_2) = 0$ existiert die Jacobi-Matrix an der Stelle $\mathbf{x}_0 = \mathbf{0}$ und lautet
$$\frac{\partial f}{\partial \mathbf{x}}(\mathbf{0}) = \begin{pmatrix} 0 & 0 \end{pmatrix}.$$
Da die Funktion bei $\mathbf{0}$ nicht stetig ist, ist sie dort auch nicht differenzierbar.
2. $x_1(2 + x_1x_2)e^{x_1x_2}$
3. $$-\cos(x_1 + x_2)\begin{pmatrix} 1 & 1 \\ 1 & 1 \end{pmatrix}.$$
4. Minimum bei $\mathbf{x}_0 = (0, 1)$.
5. Minimum bei $\mathbf{x}_0 = (1, 0)$, Sattelpunkt bei $\mathbf{x}_0 = (-1, 0)$.
6. Die optimale Bestellmenge ist $\mathbf{x} = (\sqrt{\frac{a}{c}}, \sqrt{\frac{b}{d}})$.
7. Die optimalen Werte sind $x_1 = x_2 = x_3 = \frac{1}{12}$ (also ein Würfel).

B.24 Differentialgleichungen

1. $x(t) = Ct$
2. $x(t) = \sqrt{1 + t^2}$
3. $x(t) = \frac{1}{2}(3e^t - \cos(t) - \sin(t))$
4. $f(x) = Ax^c$
5. Um ca. 22:34 Uhr.
6. $x(t) = e^{-t}\cos(\sqrt{3}t) + \sqrt{3}e^{-t}\sin(\sqrt{3}t)$

7. $y(x) = \frac{1}{a}(\cosh(ax) - 1)$
8. $x(t) = x_0 \cos(\omega t) + \frac{x_1}{\omega} \sin(\omega t)$
9. $x(t) = 10 - \frac{g}{\eta^2}(\mathrm{e}^{-\eta t} - 1 + t\eta)$. Die Gleichung $x(t_1) = 0$ ist nicht analytisch lösbar. Numerische Lösung ergibt $t_1 = 1.46$. Chefarzt Hofmann hat also etwas mehr als eine Sekunde.
10. $x(t) = 2\mathrm{e}^t - 2 - t$

B.25 Beschreibende Statistik und Zusammenhangsanalysen

1. –
2. $a = \overline{x}$ (arithmetisches Mittel der Daten)
3. a) $\overline{x} = 10.53$, $\tilde{x} = 10.4$, $\tilde{x}_{0.25} = 10.1$, $\tilde{x}_{0.75} = 11.1$, $s = 0.75$, $R = 2.6$.
   b) 53% c) 10.4 Liter
4. 36.6 cm
5. b) $r_F = -0.046$, $r_M = 0$
   c) $r = 0.503$; Scheinkorrelation: Das Merkmal „Geschlecht", das sowohl mit „Schuhgröße" als auch mit „Einkommen" inhaltlich korreliert ist, blieb hier unberücksicht. (Im Durchschnitt verdienen Männer mehr als Frauen und haben auch größere Füße.)
6. $r = 0.85$, $f(x) = 4.58 + 2.43x$

B.26 Elementare Wahrscheinlichkeitsrechnung

1. a) 80.8% b) 18.4% c) 0.8%
2. –
3. a) 72% b) 18% c) 2% d) 98%
4. Die beste Strategie ist zu wechseln. Die Gewinnwahrscheinlichkeiten sind a) $\frac{1}{2}$, b) $\frac{1}{3}$, bzw. c) $\frac{2}{3}$.
5. a) 1, b) 2, c) 80%.
6. a) 110 b) 0.019%

B.27 Zufallsvariablen

1. a) 33.3 b) 33.3 c) 2156 bzw. 72.22 d) nein
2. Tipp: Potenzreihen dürfen gliedweise differenziert werden (Satz 20.9).
3. a) $\mathbb{N}$ b) $p_i = \left(\frac{5}{6}\right)^{i-1}\left(\frac{1}{6}\right)$ c) 42.1%
4. Erzeugende Funktion: $\hat{p}(z) = \frac{pz}{1-(1-p)z}$.
5. a) $\mu = 5.5$ b) $\mu = 10$
6. a) 71% b) 26% c) 0.67%
7. a) $\mu = -2.70$ (diesen Geldbetrag verlieren Sie also im Mittel pro Spiel an das Casino;-), $\sigma = 100.0$
   b) $\mu = -2.70$, $\sigma = 10.0$ (das Risiko ist also bei dieser Strategie geringer)
8. a) $P \leq 13.68$ (keine brauchbare Aussage) b) $P \leq 0.684$

9. a) $V_n = 100 \cdot (2^n - 1)$ b) $G_n = 100 \cdot 2^{n-1}$ c) $n = 7$ d) $P(Gewinn) = 99\%$ und $P(Verlust) = 1\%$, $\mu = -20.5$
10. –
11. Tipp: Partielle Integration.
12. –

B.28 Spezielle diskrete Verteilungen

1. a) 98.7% b) 86.9% c) 0.58%
2. a) $Bi(3; 0.001)$ b) $P(X \geq 1) = 0.2997\%$ c) 0.003
3. 1.67%
4. a) 12.19% b) 30.1%
5. –
6. Erzeugende Funktion: $\hat{p}(z) = ((1-p) + p\,z)^n$. (Tipp: binomischer Lehrsatz.)
7. $33.72\% \approx 33.47\%$
8. exakt: 42.72%; genähert: 42.13%
9. Erzeugende Funktion: $\hat{p}(z) = \mathrm{e}^{\lambda(z-1)}$.

B.29 Spezielle stetige Verteilungen

1. a) 89.4% b) ca. 0.4 Sekunden
2. a) 34.5% b) 165 Punkte
3. ca. 12% (Näherung durch eine Normalverteilung)
4. ca. 85 % (Näherung durch eine Normalverteilung)
5. –
6. Tipp: Um partiell zu integrieren, schreiben Sie $x^n \mathrm{e}^{-\frac{x^2}{2}}$ als $x^{n-1} \cdot x\mathrm{e}^{-\frac{x^2}{2}}$.
7. –
8. –

B.30 Schließende Statistik

1. 94.3%
2. $[100.7, 101.3]$
3. Ja. (Konfidenzintervalle: $[99.98, 100.05]$ für μ bzw. $[0.092, 0.137]$ für σ.)
4. –
5. $[-6.6, -0.6]$
6. [0.056,0.29]

Literatur

Mathematische Vorkenntnisse

1. A. Adams et al., *Mathematik zum Studieneinstieg*, 5. Auflage, Springer, Berlin, 2008.
2. K. Fritzsche, *Mathematik für Einsteiger*, 4. Auflage, Spektrum, Heidelberg, 2007.
3. A. Kemnitz, *Mathematik zum Studienbeginn*, 10. Auflage, Vieweg, Braunschweig, 2011.
4. M. Knorrenschild, *Vorkurs Mathematik*, 3. Auflage, Carl Hanser, München, 2009.
5. W. Purkert, *Brückenkurs Mathematik für Wirtschaftswissenschaftler*, 7. Auflage, Teubner, Stuttgart, 2011.
6. P. Stingl, *Einstieg in die Mathematik für Fachhochschulen*, 4. Auflage, Carl Hanser, München, 2009.
7. W. Timischl und G. Kaiser, *Ingenieur-Mathematik I-IV*, E. Dorner, Wien, 1997–2012.

Mathematik für Informatiker

8. M. Brill, *Mathematik für Informatiker*, 2. Auflage, Carl Hanser, München, 2005.
9. W. Dörfler und W. Peschek, *Einführung in die Mathematik für Informatiker*, Carl Hanser, München, 1988.
10. D. Hachenberger, *Mathematik für Informatiker*, 2. Auflage, München, Pearson, 2008.
11. P. Hartmann, *Mathematik für Informatiker*, 5. Auflage, Vieweg, Braunschweig, 2012.
12. B. Kreußler und G. Pfister, *Mathematik für Informatiker*, Springer, Berlin, 2009.
13. M. Oberguggenberger und A. Ostermann, *Analysis für Informatiker*, 2. Auflage, Springer, Berlin, 2009.
14. W. Struckmann und D. Wätjen, *Mathematik für Informatiker*, Elsevier, München, 2007.

Mathematik für Technik oder Wirtschaft

15. M. Fulmek, *Finanzmathematik*, Skriptum, Universität Wien, 2005.
16. T. Ellinger et al., *Operations Research*, 6. Auflage, Springer, Berlin, 2003.
17. E. Kreyszig, *Advanced Engineering Mathematics*, 10th edition, John Wiley, New York, 2011.
18. P. Stingl, *Mathematik für Fachhochschulen: Technik und Informatik*, 8. Auflage, Carl Hanser, München, 2009.

19. P. Stingl, *Operations Research*, Fachbuchverlag Leipzig, München, 2003.
20. K. Sydsæter und P. Hammond, *Mathematik für Wirtschaftswissenschaftler*, 3. Auflage, Pearson, München, 2008.
21. J. Tietze, *Einführung in die angewandte Wirtschaftsmathematik*, 16. Auflage, Vieweg, Braunschweig, 2011.

Analysis

22. K. Fritzsche, *Mathematik für Einsteiger*, Spektrum, Heidelberg, 2001.
23. M. Oberguggenberger und A. Ostermann, *Analysis für Informatiker*, Springer, Berlin, 2005.

Statistik

24. L. Fahrmeir et al., *Statistik*, 5. Auflage, Springer, Berlin, 2004.
25. K. Mosler und F. Schmid, *Wahrscheinlichkeitsrechnung und schließende Statistik*, 2. Auflage, Springer, Berlin, 2006.
26. L. Sachs, *Angewandte Statistik*, 10. Auflage, Springer, Berlin, 2002.
27. M. Sachs, *Wahrscheinlichkeitsrechnung und Statistik für Ingenieurstudenten an Fachhochschulen*, Fachbuchverlag Leipzig, München, 2003.
28. J. Schira, *Statistische Methoden der VWL und BWL*, Pearson, München, 2003.
29. W. Timischl, *Qualitätssicherung*, 3. überarbeitete Auflage, Hanser, München, 2002.
30. P. Zöfel, *Statistik für Wirtschaftswissenschaftler*, Pearson Studium, München, 2003.

Historisches und Populärwissenschaftliches

31. E. Behrends, M. Aigner (Eds.), *Alles Mathematik – von Pythagoras zum CD-Player*, 3. Auflage, Vieweg, 2009.
32. D. Guedj, *Das Theorem des Papageis*, Bastei Lübbe, Bergisch Gladbach, 1999.
33. D. Harel, *Das Affenpuzzle und weitere bad news aus der Computerwelt*, Springer, Berlin, 2002.
34. D. Kehlmann, *Die Vermessung der Welt*, Rowohlt, 2008.
35. S. Singh, *Fermats letzter Satz*, Carl Hanser, München, 1998.
36. S. Singh, *Geheime Botschaften*, Carl Hanser, München, 1999.
37. H. Wußing, *6000 Jahre Mathematik – Eine kulturgeschichtliche Zeitreise, Band 1: Von den Anfängen bis Leibniz und Newton*, Springer, Berlin 2008.
38. H. Wußing, *6000 Jahre Mathematik – Eine kulturgeschichtliche Zeitreise, Band 2: Von Euler bis zur Gegenwart*, Springer, Berlin 2008.

Ressourcen im Internet

39. F. Embacher und P. Oberhuemer, mathe online, `http://www.mathe-online.at/`
40. E.W. Weisstein et al., *MathWorld – A Wolfram Web Resource*, `http://mathworld.wolfram.com/`
41. Wikipedia Mathematik, `http://de.wikipedia.org/wiki/Mathematik`
42. *Wolfram|Alpha: Computational Knowledge Engine*, `http://www.wolframalpha.com`

Verzeichnis der Symbole

$\vert A\vert$	... Mächtigkeit einer Menge
$A \cap B$	... Durchschnitt von Mengen
$A \cup B$	... Vereinigung von Mengen
$A \backslash B$	... Differenz von Mengen
$A \times B$	... kartesisches Produkt
$\emptyset$	... leere Menge
$\in$	... Element von
$\subseteq$	... Teilmenge
$\vert x\vert$	... Absolutbetrag
$f \circ g$	... Hintereinanderausführung
(a, b)	... offenes Intervall
$(a, b]$	... halboffenes Intervall
$[a, b)$	... halboffenes Intervall
$[a, b]$	... abgeschlossenes Intervall
$n!$	... Fakultät
$\binom{n}{k}$	... Binomialkoeffizient
$\Vert\mathbf{a}\Vert$	... Norm (Länge)
$\langle \mathbf{a}, \mathbf{b} \rangle$	... Skalarprodukt
$\overline{z}$	... zu z konjugiert komplexe Zahl

$C(D)$ ... Menge der auf D stetigen Funktionen, 61
$C^1(D)$ ... Menge der auf D stetig differenzierbaren Funktionen, 64
$C^k(D)$ ... Menge der auf D k-mal stetig differenzierbaren Funktionen, 74
$\chi^2_{m;p}$ ... p-Quantil der χ^2-Verteilung, 335
$F_{m_1;m_2;p}$ ... p-Quantil der F-Verteilung, 338
$F_n(x)$ ... Fourierpolynom, 144
$\Gamma(x)$ ... Gammafunktion, 132
grad ... Gradient, 169
i $= \sqrt{-1}$ Imaginäre Einheit
Im ... Imaginärteil
inf ... Infimum
$\int$ ... Integral, 123
e ... Euler'sche Zahl
$\mathrm{E}(X)$ ... Erwartungswert einer Zufallsvariable X, 276
ln $= \log_{\mathrm{e}}$ natürlicher Logarithmus, 19
$\log_a$ ... Logarithmus zur Basis a, 19
lim ... Grenzwert, 56
max ... Maximum
min ... Minimum
$\mathbb{N}$ $= \{1, 2, \ldots\}$ Menge der natürlichen Zahlen
$\mathbb{N}_0$ $= \mathbb{N} \cup \{0\} = \{0, 1, 2, \ldots\}$
$o(f)$ ... Landausymbol
$O(f)$ ... Landausymbol
∂ ... partielle Ableitung, 163
$\prod$ ... Produktzeichen
Φ ... Standardnormalverteilung, 326
$\mathbb{R}$ ... Menge der reellen Zahlen
Re ... Realteil
sign ... Vorzeichenfunktion, 58
sin ... Sinus, 24
sinh ... Sinus hyperbolicus, 22
$\sum$ ... Summenzeichen
sup ... Supremum
$t_{m;p}$ ... p-Quantil der t-Verteilung, 337
tan ... Tangens, 28
tanh ... Tangens hyperbolicus, 23
$T_n(x)$ ... Taylorpolynom, 84
$\mathrm{Var}(X)$ ... Varianz einer Zufallsvariable X, 281
$\mathbb{Z}$ $= \{\ldots, -2, -1, 0, 1, 2, \ldots\}$ Menge der ganzen Zahlen
z_p ... p-Quantil der Standardnormalverteilung, 326

Index